高等学校生物工程专业教材

发酵工程

李恩中　李　云　王明成　主编

中国轻工业出版社

图书在版编目（CIP）数据

发酵工程/李恩中，李云，王明成主编. — 北京：中国轻工业出版社，2022.8
ISBN 978-7-5184-3319-3

Ⅰ.①发… Ⅱ.①李… ②李… ③王… Ⅲ.①发酵工程－高等学校－教材 Ⅳ.①TQ92

中国版本图书馆CIP数据核字（2020）第259085号

责任编辑：江 娟 贺 娜
策划编辑：江 娟　　责任终审：唐是雯　　封面设计：锋尚设计
版式设计：王超男　　责任校对：晋 洁　　责任监印：张 可

出版发行：中国轻工业出版社（北京东长安街6号，邮编：100740）
印　　刷：三河市万龙印装有限公司
经　　销：各地新华书店
版　　次：2022年8月第1版第1次印刷
开　　本：787×1092　1/16　印张：30
字　　数：730千字
书　　号：ISBN 978-7-5184-3319-3　定价：78.00元
邮购电话：010-65241695
发行电话：010-85119835　传真：85113293
网　　址：http://www.chlip.com.cn
Email：club@chlip.com.cn
如发现图书残缺请与我社邮购联系调换
201095J1X101ZBW

本书编写委员会

主　　编　李恩中（黄淮学院）
　　　　　　李　云（黄淮学院）
　　　　　　王明成（黄淮学院）

副 主 编　王　震（黄淮学院）
　　　　　　王改玲（黄淮学院）
　　　　　　王端好（黄淮学院）
　　　　　　李思强（黄淮学院）
　　　　　　梁长利（黄淮学院）
　　　　　　谌馥佳（黄淮学院）

参编人员（按姓氏笔画排序）
　　　　　　王　冶（黄淮学院）
　　　　　　王智颖（天方药业有限公司）
　　　　　　朱志坚（黄淮学院）
　　　　　　朱晓利（黄淮学院）
　　　　　　刘向辉（河南豫坡酒业有限公司）
　　　　　　刘超英（黄淮学院）
　　　　　　李同彪（黄淮学院）
　　　　　　胡　莉（黄淮学院）
　　　　　　郭　双（黄淮学院）
　　　　　　曹华伟（驻马店华中正大有限公司）
　　　　　　鲁　珍（黄淮学院）

前　言

生物技术产业是国家经济发展的战略性支柱产业，它的发展与科技水平、人类文明和人类健康等息息相关。生物技术在解决伴随着经济和社会的迅速发展而出现的粮食短缺、环境污染、疾病危害、能源和资源短缺、气候异常等一系列重大问题中发挥重要作用。发酵工程作为现代生物技术产业化的支撑技术体系，与分子生物学、微生物基因组学、蛋白质组学、生物信息学、生物催化工程和人工智能控制学等多种前沿学科密切交融，上述学科的发展拓宽了发酵工程学的研究领域，使发酵工程学成为解决人类面临的能源、资源和环境等持续性发展问题的关键技术之一。

几年来发酵工业取得了迅猛的发展，国内外期刊每年发表大量发酵工程的研究和综述性论文，但是国内轻工业院校所使用的发酵工程教材普遍较早，无法让学生及时了解发酵工程领域内的最新进展。本教材撰写单位（黄淮学院）拥有河南省发酵工程实验教学中心、河南省农（副）产品资源化利用工程研究中心；生物工程专业获批为省级一流专业，《生物分离工程》《食用菌栽培技术》为省级一流课程。近年来，本教材撰写单位团队承担完成了多项国家自然科学基金、省级重大专项课题，为本书的编写提供了理论联系实践的案例素材。

为了满足理论与实践相结合和培养学生自主学习习惯等教学改革，本教材以工业微生物选育、保藏、发酵前期准备、发酵过程优化控制和发酵产品的分离纯化为主线。全书内容分为菌种选育与微生物代谢（工业微生物的选育、发酵培养基的制备、无菌工程、发酵工艺优化和微生物代谢）、发酵过程与控制（发酵动力学、发酵控制和杂菌污染的防治、发酵工艺放大、固态发酵）、分离纯化（固液分离、发酵产品初级纯化、发酵产品的精制及加工）和废弃物的处理（废渣和废液的处理、清洁生产）四部分。与国内外同类教材相比，本教材突出案例驱动式教学和线上线下混合式教学，每章给出和本章主要内容密切相关的案例，布置相应的任务，提供本章的参考数字资源（二维码），让学生在课前以任务为导向去预习本章和数字资源（包含校内或校外资源，仅供参考，与本章内容并不完全一致），完成本章的学习任务，带着问题上课，培养学生的自主学习习惯。因此，本教材不仅具有较强的理论指导意义，同时也具有实践价值，是一本适合普通高等教育生物工程、发酵工程、生物技术专业本科生使用的教材，也可供生物化工等相关行业的对应专业的研究生和科研人员参考。

本书在编写过程中，注意凝练每章的主要关键问题，并以问题为导向，引导学生自主学习、主动实践探索，本书设想通过该课程的学习，尽可能提高生物大类专业的学生面向生物产业的实践创新创业能力和专业自信，以满足生物产业快速发展之所需。为此，在引导学生学习过程中，还会配套组织各种网络资源，帮助学生按照导读问题不断深入学习，尽可能深刻透彻地掌握好这门课程。

尽管编写团队力图在本教材中注重结合理论性和实践性、突出系统性和科学性、体现前沿性和创新性，但限于学术功底、研究经验和写作能力，书中存有的疏漏和不妥之处，请广大读者批评指正。

另外，本教材在编写过程中引用和参考了部分已公开发表的论文、专著，在此一并感谢。

编者
2022 年 3 月

目　录

绪　论 ……………………………………………………………………………（ 1 ）

第一部分　菌种选育与微生物代谢

第一章　工业微生物菌种的选育与保藏 ………………………………………（ 11 ）
　　第一节　工业微生物的来源 …………………………………………………（ 11 ）
　　第二节　工业微生物菌种的选育 ……………………………………………（ 15 ）
　　第三节　菌种的退化、复壮与保藏 …………………………………………（ 34 ）
　　思考题 …………………………………………………………………………（ 40 ）
　　参考文献 ………………………………………………………………………（ 40 ）

第二章　发酵原料的制备 ………………………………………………………（ 42 ）
　　第一节　工业发酵培养基的组分 ……………………………………………（ 42 ）
　　第二节　发酵培养基的选择和配制原则 ……………………………………（ 47 ）
　　第三节　淀粉质可发酵性糖的制备 …………………………………………（ 52 ）
　　第四节　非淀粉质原料制备可发酵性糖 ……………………………………（ 56 ）
　　思考题 …………………………………………………………………………（ 59 ）
　　参考文献 ………………………………………………………………………（ 59 ）

第三章　无菌工程 ………………………………………………………………（ 60 ）
　　第一节　灭菌方法 ……………………………………………………………（ 60 ）
　　第二节　加热灭菌原理 ………………………………………………………（ 62 ）
　　第三节　培养基及设备灭菌 …………………………………………………（ 66 ）
　　第四节　无菌空气制备 ………………………………………………………（ 72 ）
　　思考题 …………………………………………………………………………（ 80 ）
　　参考文献 ………………………………………………………………………（ 80 ）

第四章　发酵工艺条件的优化 …………………………………………………（ 81 ）
　　第一节　培养基的设计和优化 ………………………………………………（ 81 ）
　　第二节　培养条件的优化 ……………………………………………………（ 92 ）
　　第三节　发酵工艺优化中的统计方法 ………………………………………（103）
　　思考题 …………………………………………………………………………（104）
　　参考文献 ………………………………………………………………………（104）

第五章　微生物代谢 ……………………………………………………………（105）
　　第一节　微生物的能量代谢 …………………………………………………（105）
　　第二节　微生物的物质代谢 …………………………………………………（121）
　　第三节　微生物的初级代谢与次级代谢 ……………………………………（137）

第四节　微生物的代谢调控与发酵生产 (144)
　　第五节　厌氧发酵产物积累机制 (147)
　　第六节　好氧发酵机制 (155)
　　思考题 (177)
　　参考文献 (177)

第二部分　发酵过程与控制

第六章　微生物反应动力学 (181)
　　第一节　微生物生长动力学 (183)
　　第二节　基质消耗动力学 (202)
　　第三节　代谢产物的生成动力学 (206)
　　第四节　细胞死亡动力学 (209)
　　思考题 (217)
　　参考文献 (218)

第七章　发酵过程控制 (220)
　　第一节　发酵过程中的主要参数的检测方法 (220)
　　第二节　发酵过程控制 (223)
　　第三节　发酵终点的判断 (248)
　　思考题 (250)
　　参考文献 (250)

第八章　工业发酵染菌的防治 (251)
　　第一节　工业发酵染菌的危害 (251)
　　第二节　染菌的检查、分析和防治 (254)
　　思考题 (263)
　　参考文献 (264)

第九章　发酵工程工艺放大 (265)
　　第一节　种子培养及放大 (265)
　　第二节　发酵工艺的放大 (272)
　　思考题 (290)
　　参考文献 (290)

第十章　固态发酵 (291)
　　第一节　白酒固态发酵 (291)
　　第二节　酱油的酿造 (313)
　　第三节　食醋的酿造工艺 (324)
　　第四节　酶制剂的固态发酵 (335)
　　第五节　生物农药的固态发酵 (341)
　　思考题 (345)
　　参考文献 (346)

第三部分 分离纯化

第十一章 发酵液的预处理和固液分离技术 (353)
- 第一节 发酵液的预处理 (353)
- 第二节 固液分离技术 (355)
- 第三节 细胞的破碎 (361)
- 思考题 (365)
- 参考文献 (365)

第十二章 发酵产品的初级分离 (367)
- 第一节 沉淀分离 (367)
- 第二节 膜分离 (370)
- 第三节 萃取 (372)
- 思考题 (373)
- 参考文献 (373)

第十三章 发酵产物的精制及加工 (375)
- 第一节 吸附和离子交换 (375)
- 第二节 层析 (385)
- 第三节 结晶 (392)
- 第四节 干燥 (397)
- 思考题 (399)
- 参考文献 (399)

第四部分 废弃物的处理

第十四章 发酵废弃物的处理 (403)
- 第一节 发酵废弃物生产单细胞蛋白 (403)
- 第二节 发酵纤维质废弃物生产酒精 (407)
- 第三节 其他生物能源开发 (415)
- 第四节 发酵废弃物资源化与生态农业 (420)
- 思考题 (424)
- 参考文献 (424)

第十五章 废液的处理 (425)
- 第一节 发酵工业废水好氧生物处理 (425)
- 第二节 发酵工业废水厌氧生物处理 (438)
- 第三节 发酵工程在工业有机废水处理中的典型应用 (450)
- 思考题 (455)
- 参考文献 (455)

第十六章 清洁生产 (456)
- 第一节 清洁生产的概念和理论基础 (456)

第二节　发酵企业实施清洁生产技术 …………………………………………………（460）
思考题 ……………………………………………………………………………………（468）
参考文献 …………………………………………………………………………………（468）

绪　论

一、发酵工程概述

1. 发酵工程概念

很久以前，人们就知道酒暴露于空气中会慢慢变酸，熟大米加曲保温两天后会变成酒，并称这种现象为发酵。英语中"Fermentation"（发酵）一词是从拉丁语"Ferver"（沸腾）派生而来，它描述酵母作用于果汁或麦芽浸出液时的现象。沸腾现象是由浸出液中糖在缺氧条件下降解而产生 CO_2 所引起的。

生物化学家与工业微生物学家对发酵有不同的理解。生物化学家更关注能量代谢，他们从能量代谢的角度分析，认为发酵是酵母无氧呼吸过程，即有机化合物的分解代谢，并产生能量；而工业微生物学家对发酵的定义范围则要广泛得多，指利用微生物代谢形成产物的过程，包括无氧过程和有氧过程，同时涉及分解代谢和合成代谢过程，而且有氧发酵在现代发酵工业中占有相当重要的地位。因此，发酵可以定义为：通过微生物的生长繁殖和代谢活动，产生和积累人们所需要的产品的生物反应过程。

发酵工程是指利用微生物的生长繁殖和代谢活动来大量生产人们所需产品过程的理论和工程技术体系，是生物工程与生物技术学科的重要组成部分。发酵工程也称作微生物工程，该技术体系主要包括菌种选育和保藏、菌种的扩大生产、微生物代谢产物的发酵生产和分离纯化制备，同时还包括微生物生理功能的工业化利用等。发酵工程学科支撑的传统发酵工业为人们的生产生活提供了大量所需的产品，包括酒类、发酵调味品等酿造食品，以及抗生素、氨基酸、核苷酸、有机酸、酶制剂、单细胞蛋白等广泛应用的生物产品。随着分子生物学与基因工程以及细胞工程学科的不断发展，给传统发酵工程不断注入新的活力，促进了现代发酵工程学科及生物产业的进步。

现代发酵工程是指将 DNA 重组及细胞融合技术、组学及代谢网络调控技术、发酵过程优化放大与精准控制技术等新技术与传统发酵工程融合，大大提高了传统发酵技术水平，拓展了传统发酵应用领域和产品范围的一种现代工业生物技术理论与工程技术体系。现代发酵工程学科的发展促进了发酵工业的大发展，主要表现在：大幅提升了传统发酵工业的生产水平；形成了以基因工程菌发酵大量生产异源表达产物的新型发酵工业类型；催生了以生物资源和发酵技术替代为特征的非粮甚至非糖发酵生产传统石油工业制造的大宗量生物基化学品的绿色制造行业，促进了循环生物经济的发展。

2. 发酵工程与其他相关学科的关系

发酵工程是现代生物技术的重要组成部分。21 世纪是生命科学和生物技术的世纪，而现代生物技术作为生命科学的核心备受重视，因为它可以在解决人类社会可持续发展过程中所面临的问题，如在人口、粮食、资源、能源、环境、健康等各个方面发挥关键性甚至在某些方面是不可替代的作用。通常将现代生物技术划分为基因工程、细胞工程、发酵工程、酶工程、生化工程等几个方面，它们之间彼此密切联系，不可分割。例如，基因工程和细胞工程主要是从源头上改良生物遗传特性，以获得具有优良生物加工和生物转化能力的生物新品种（或品系、株系），通常称为上游生物技术；发酵工程可使生物优良遗传性状通过微生物大量繁殖得到高效表达，生产所需的产品，包括代谢产物、酶制剂等；酶工程是指酶的修饰、生产和应用，以及利用酶的催化作用进行物质转化和产品的生产，主要内容包括酶的发酵生产、酶的分离纯化、酶分子修饰、酶和细胞固定化，酶的应用等方面；生化工程作为实验室所取得的生物技术成果产业化的工程技术支撑，生化工程与发酵工程密切相关，往往把发酵工程和生化工程统称为中下游生物技术，它们是现代生物技术实验成果产业化的关键技术。因此，发酵工程更是具有连接生物技术上下游的纽带作用，成为生物技术的中流砥柱，其学科地位显而易见。

3. 发酵工程的发展简史

（1）发酵本质的认识过程　虽然古人们在酿酒制醋时早已揭开了发酵工程应用的序幕，并在生产实践活动中广泛地自觉或不自觉地运用这种技术，但是，人们真正了解发酵的本质却是近 200 多年来的事。关于发酵现象本质的认识大致可以分为三个阶段。

①显微镜的出现：显微镜的出现使得对微生物观察成为可能，但此后自然发生说与关于发酵的生命理论争论不休。

②巴斯德实验：著名的巴斯德实验证明了发酵是微生物的作用，即以微生物代谢活动为基础的发酵本质理论。《关于乳酸发酵的记录》是微生物学界公认的经典论文。

微生物学奠基人法国的巴斯德（Pasteur）经过反复实践，创造了巴氏瓶并有力证明了发酵是由于微生物的作用。巴氏瓶是将一般烧瓶的头引申成毛细管"S"形，且与大气相通，不影响空气进入瓶内，但由于弯管和重力的双重作用，空气中的微生物不易进入瓶内。此瓶内盛肉汁或其他物质，煮沸并冷却后，经过多时仍不至腐败；然而，支持自然发生说的学者认为由于汤汁经过加热，就不适于微生物的发生。巴斯德将瓶头除去，则两日后汤汁即变腐败了。这是对自然发生说有力的反驳，彻底证明了汤汁的腐败是微生物作用的结果，且汤汁中的微生物不是自然发生的，而是来源于空气中已有的微生物。

1857 年，巴斯德以实验证明，要把培养基中所含的微生物杀灭，必须加热并要有一定的加热温度与加热时间。此外，培养基经过加热后仍然适用于微生物的繁殖。这不但为发酵的生命本质提供了有力的证据，而且为杀灭培养基中的微生物提供了理论和技术支持。同年，他又找到了能进行乳酸发酵的细菌，并对醋酸发酵和丁酸发酵也进行了研究。发现在无氧条件下，细菌发酵可以生成丁酸，进一步把微生物发酵分为好氧和厌氧两种，并确认各种发酵如酒精发酵、乳酸发酵、丁酸发酵等都是由不同的微生物作用所引起。自此，建立了发酵的生命理论，证明发酵是由于微生物的作用。

③毕希纳实验：1897 年，德国化学家爱德华·毕希纳（Eduard Büchner）发现将酵母的细胞壁磨碎，得到的酵母汁也可使糖液发酵产生酒精。他把酵母汁中所含有的具有发酵能力的物质称为酒化酶，由此得出结论：酵母可以产生酶，而这些酶即使离开酵母体，仍可利用糖汁引起酒精发酵，这就是近代酶学的基础。至此，人们才真正认识到发酵的本质就是由微生物的生命活动所产生的酶的催化作用所致。

（2）发酵工程的发展过程　发酵工程的发展简史，可以根据发酵工业的重大进步大致划分为以下六个阶段。

①自然发酵阶段（1900 年以前）：主要是酿造工业，主要产品有酒、酒精、醋、啤

酒、干酪、酸乳等。17世纪，第一次实现真正的大规模酿造，容量为1500桶（一桶约136L）。到1757年，已应用温度计；1801年，使用原始热交换器。这个阶段的主要特点：嫌气发酵（也称厌氧发酵）、非纯种发酵，发酵过程无法控制，产品质量不稳定。

②纯培养发酵技术的建立阶段（1900—1940年）：继巴斯德之后，微生物学发展史上的又一奠基人科赫（Koch）建立了微生物分离纯化和纯培养技术。科赫建立细菌的纯培养，并且改进了细菌的染色法。荷兰人汉森（Hansen）在研究啤酒发酵用的酵母时，创造了单细胞纯培养法。当时所用的固体培养基是由明胶制成，科赫的学生赫斯（Hesse）研究细菌时，发现细菌可以液化明胶，以致在使用上出现困难。赫斯的妻子建议改用琼脂，这就是现在使用琼脂培养基的起源。随后，佩特里（Petri）创造一种培养皿（Petri Dish）用于微生物平板分离。维诺格拉斯基（Winogradsky）和贝杰林克（Beijerinck）发明富集培养法，可分离特定的微生物。这个阶段的主要产品有酵母、甘油、乳酸、丙酮丁醇等。

第一次世界大战期间，魏茨曼（Weizmann）发明了丙酮丁醇发酵现象，建立了真正的无杂菌发酵。在面包酵母的生产中首先采用了分批补料培养技术。这个阶段的主要特点为：纯培养为主的嫌氧发酵，产品产量、质量控制水平大幅提高。因此，可以认为纯培养发酵技术的建立是发酵工业发展的第一个转折时期。

③深层液体通气搅拌纯培养发酵技术的建立阶段（1940—1950年）：这个时期正值第二次世界大战，抗生素的需求量急剧增大，促进了发酵工业的发展。主要表现为深层液体通气搅拌纯培养发酵技术的建立。主要标志为纯种培养深层发酵生产青霉素。主要技术进展有：通气搅拌解决了液体深层培养的供氧问题，无菌空气、培养基灭菌、无污染接种、大型发酵罐的密封与抗污染设计解决了耗氧发酵中的杂菌污染问题。这个阶段的主要特点为：实现了规模化纯培养好氧发酵一系列过程工程技术全面创新。这一阶段的发展推动了以抗生素发酵为主的整个发酵工业发展，建立了完整的好氧发酵放大技术体系及装备，奠定了现代发酵工业的理论和实践基础。

④诱变技术与代谢控制发酵技术的建立阶段（1950—1960年）：随着生物化学、微生物生理学及遗传学的发展，基于代谢调控实现菌种选育和控制发酵成为该阶段的主要特征。主要应用于氨基酸、核苷酸等初生代谢物的发酵生产过程。

⑤开拓发酵原料时期（也称石油发酵时期，1960—1970年）：当时为解决粮食问题以及饲料需求，许多研究机构开发了以烃类为碳源生产微生物细胞作为饲料蛋白质来源的技术。这一阶段的主要技术进步有：发展了高压喷射式、强制循环式等多种发酵罐及其发酵技术，以及计算机和自动控制技术的运用、灭菌和发酵过程的自动控制等，促进发酵工业朝连续化、自动化方向发展。这个阶段主要特点有：解决发酵原料及人畜争粮问题；规模化和自动化程度显著提高。

⑥基因工程菌发酵及细胞工程技术全面发展阶段（1970年后）：随着分子生物学发展，基因工程和细胞工程技术应用推广及新型基因工程菌发酵类型兴起成为这一阶段的主要标志。这个阶段的主要特点有：基因工程和细胞工程技术迅猛发展以及过程工程技术的全面进步，实现了基因工程菌发酵生产同源或异源表达产物，不仅大幅提升了传统发酵水平，而且催生了新型发酵产业，促进了以非粮甚至非糖发酵生产传统石油工业制造的大宗量生物基化学品的绿色制造行业的发展。

4. 发酵工业的类型及特点

按微生物对氧的不同需求，可以分为需氧发酵、厌氧发酵以及兼性厌氧发酵三大类型。

按培养基的物理性状，可以分为液体发酵和固体发酵两大类型，其中，常见的液体发酵又分为浅层发酵和深层发酵。

按发酵的一般过程，则可分为分批发酵、连续发酵和补料分批发酵等类型。

其中，深层液体需氧分批发酵属于典型的发酵工业类型。

发酵工业的主要特点有：①发酵过程一般在常温常压下进行；②一般采用较廉价的原料生产高附加值产品；③发酵生产过程不受自然条件限制；④菌种是发酵工业的核心，发酵过程优化控制是关键；⑤纯种发酵过程要求严格无菌；⑥工业菌种通常能高度选择性地对某些化合物进行特定的生物转化修饰。

5. 工业发酵的一般过程

除某些转化过程外，典型的深层液体需氧分批发酵工艺过程大致分为以下 6 个基本过程（图 0-1）：①用作种子扩大培养以及发酵生产的各种培养基的配制；②培养基、发酵罐系统及其附属的管道和设备的灭菌；③无菌接种并扩大培养有活性的适量纯种，再以一定比例将菌种接入发酵罐中；④控制最适的发酵条件使微生物生长繁殖并合成大量的代谢产物；⑤将微生物菌体与发酵液分离，提取并精制产物，以得到合格的发酵产品；⑥回收或处理发酵过程中所产生的"三废"。

二、发酵过程应用领域及前景

1. 传统发酵工程应用领域及产品类型

通常把没有出现基因工程菌发酵以前称之为传统发酵工程，对应的发酵工业产品主要是由该微生物菌种自身遗传特性和加工性能决定，即由该微生物菌体或其代谢过程所形成的产品。种类很多，但大体上可以分为微生物菌体、酶制剂、代谢产物、生物转化四大类，此外，还包括微生物特殊机能的工业化利用。

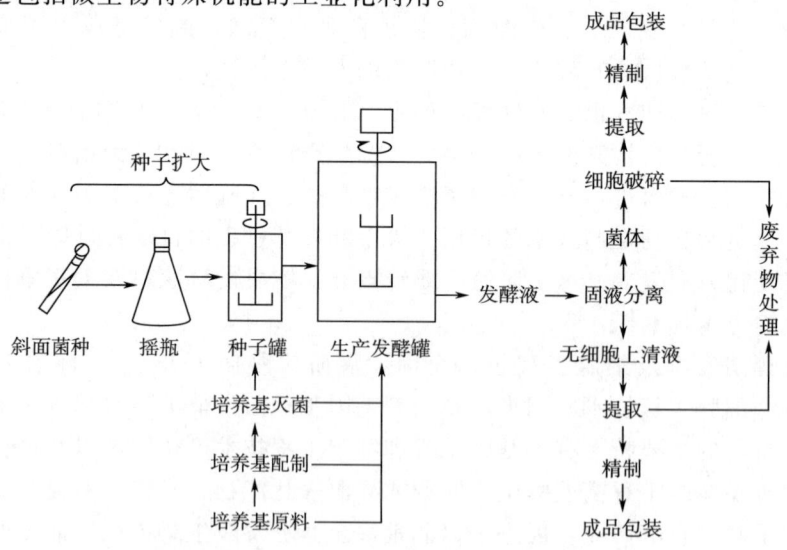

图 0-1 典型的深层液体需氧分批发酵工艺过程

(1) 微生物菌体 单细胞蛋白（SCP）、药食两用菌体、高硒菌体、微生物菌剂等，主要用作医药、食品、生物活性饲料、生物菌肥、生物杀虫剂、环境清洁剂等。如：面包酵母、高硒酵母、灵芝菌丝体、用于疫苗的菌苗、用于生物杀虫剂的芽孢杆菌及其伴孢晶体、用作生物活性饲料的富含多不饱和脂肪酸的菌体、用于环境清洁剂的富集重金属或降解环境污染物的菌剂等。

(2) 酶制剂

①药用酶制剂：胆固醇氧化酶、葡萄糖氧化酶、链激酶、大冬酰胺酶、溶菌酶、尿酸酶等。

②食用酶制剂：果胶酶、淀粉酶、蛋白酶、糖化酶、单宁酶、乳糖酶、脂肪酶等。

③饲料用酶制剂：木聚糖酶、β-葡聚糖酶、纤维素酶、植酸酶、角蛋白酶、麦芽糖酶、甘露聚糖酶等。

④基因重组技术用酶制剂：核酸酶，包括DNA、RNA的内切酶、外切酶、DNA限制性内切酶、DNA连接酶等。

(3) 代谢产物

①初级代谢产物：各种氨基酸、核苷酸、蛋白质、核酸、脂类和碳水化合物等。

②次级代谢产物：各种抗生素、类胡萝卜素、萜类、甾醇、生物碱、色素、酚类等。

(4) 生物转化 利用微生物中特定的高活性酶实施生物催化转化，将廉价的底物转化为高附加值产物，尤其是利用生物酶的特异性及其在非对称催化中的作用，这种生物转化功能在生产手性化合物方面具有化学催化无法比拟的优势。如：维生素C发酵生产中起主要氧化作用的葡糖酸杆菌可以将底物D-山梨醇或L-山梨糖的分子结构进行特异性改变，形成2-酮基-L-古洛糖酸，即维生素前体，进一步酸化后即为维生素C等。

(5) 微生物特殊机能的工业化利用 由于微生物拥有许多特殊机能，在富集放射性元素或重金属、降解各种污染物等清除环境危害方面，以及微生物湿法冶金、微生物脱胶、微生物防腐等诸多领域都有很好的应用，因此，可以广泛应用于环境治理、生物冶金、造纸以及麻类等生物纤维材料的脱胶、金属管道硫酸盐还原菌腐蚀的防治、放射性尾矿及核电站废渣的生物高密集处理等，尤其在各类废水废渣的微生物清洁处理与资源化方面应用极广。微生物特殊机能的工业化利用领域主要有以下五个方面。

①微生物降解与转化：指利用细菌或其他微生物的酶系活动分解有机物质的过程，主要用于生活废水废渣、农药、化肥等农业污染，以及塑料、增塑剂、合成洗涤剂、印染剂、重金属排放等工业废弃物的微生物降解转化、无害化甚至资源化，进而形成以发酵工程技术支撑的新兴的环保产业。

②微生物富集：利用特种微生物的特殊功能处理重金属或核废料。如利用球形芽孢杆菌处理被核废料污染的土壤，这种球形芽孢杆菌还能被用来富集重金属，如铀、铅、铜、镉等。同时，还可以用硫还原地杆菌来清除多种毒素、油污乃至核废料。英国科研人员发现，大肠杆菌配合肌醇磷酸可以用来回收被铀矿污染的水中的铀等。

③微生物浸矿：在特种微生物的催化作用下，使矿石中的金属溶解，适于处理贫矿、废矿及难采、难选、难冶矿的堆浸和就地浸出。

④微生物防腐：微生物防腐包括两个方面：一方面指利用微生物发酵产物作为天然防腐剂，有抗菌性强、安全无毒、水溶性好、热稳定性好、作用范围广等优点，如乳酸链球

菌素对革兰阳性菌的抑制作用等；另一方面指利用特定微生物抑制具有金属腐蚀作用的硫酸盐还原菌等有害微生物的生长繁殖从而抑制其产生的腐蚀作用。

⑤生物脱胶：生物脱胶是指利用微生物及其分泌的降解酶系在造纸的纸浆纤维以及麻类纤维生产过程中脱去胶质，生物脱胶克服了传统化学脱胶带来的酸碱用量大以及污染严重难治理的问题，易于采用发酵工程技术实现传统造纸行业和麻类纤维生产行业的清洁生产。

2. 现代发酵工程应用新领域及其发展前景

现代发酵工程应用是以基因工程和细胞工程技术的应用为标志。基因工程技术以及各种组学技术的迅猛发展，大幅提升了传统发酵工业的水平，尤其是大大拓展了传统发酵工业的应用领域，主要涉及利用微生物表达系统规模化发酵生产异源基因表达的产物，以及利用人工构建的微生物细胞工厂规模化发酵大量生产目标产物。这些产物主要包括医药、保健产品、生物材料以及大宗量的生物基化学产品等。因此，现代发酵工程应用的新领域主要包括新兴的医药工业、食品及保健产品行业、生物农药和生物饲料以及生物肥料行业、生物材料工业，生物环保以及生物能源和生物化工等诸多行业。需要特别说明的是，相对传统发酵工业，现代发酵工程技术正在致力于通过非粮和非粮原料发酵生产生物基化学品的技术突破，全面实现传统化石资源及其产品加工技术的替代，从而有望通过发酵工程等现代生物技术手段，改变现有的长期依赖化石资源所带来的资源枯竭和环境污染日益严重的危机局面，促进全社会产业结构调整和可持续发展。目前，以除粮食以外的秸秆等木质纤维素类农林废弃物为原料生产环境友好的生物基化学产品和绿色能源取得了长足的进展，主要有生物燃气、氢气、燃料乙醇和丁醇、1,3-丙二醇、生物乙烯、生物柴油以及乳酸、聚乳酸、聚羟基丁酸酯等生物可降解塑料等诸多产品投入工业化生产。

总之，发酵工业代表了现代生物制造业，已渗透到包括医药、化工、纺织和造纸以及制糖等轻工业，食品、农业、能源、环保材料和冶金等重要工业领域，事关我国制造业可持续发展和资源节约型经济建设的成败。目前，现代发酵工程支撑的新兴的生物产业领域日益拓展，已逐步形成新兴的微生物制药业、基因工程药物工业、现代食品发酵工业、微生物脱胶造纸及纤维制造业、生物能源工业、生物材料工业、生物饲料和生物肥料工业、生物农药工业、生物环保工业、生物冶金工业等。由此可见，现代发酵工程的应用前景极为广泛，而且随着与之相关的信息技术、互联网技术、智能控制装备技术的快速发展，基于大数据分析的数字发酵及自适应控制发酵技术的进步，不仅可以大幅提升传统发酵工业的发酵单位和生产技术水平，促进传统发酵工业过程的优化与强化，进一步提高传统发酵行业的发酵产量、底物转化率和转化效率，全面实现节能减排；而且可以显著提升新兴的基因工程菌异源表达药物的发酵技术水平以及大宗生物基化学品的生物制造工业发展水平，尤其是现代发酵工程技术不断发展，促进秸秆等木质纤维素生物资源替代传统的化石资源。越来越多的大宗生物基化学品采用以发酵技术为支撑的木质纤维素生物资源制造获得，从而促进全社会逐步由传统的碳氢经济生产方式向碳氧经济转型，使得利用煤炭和石油等碳氢化合物的高能耗、高污染的传统工业向环境友好的碳氧经济过渡、实现经济社会的可持续发展。因此，发酵工程应用前景巨大且作用非凡。

三、发酵工程的特点及主要内容

1. 发酵工程的特点

发酵工程作为生物技术成果产业化的核心课程，综合性和实践性都很强，既强调生物学与工程学的有机结合，又强调理论联系实际，培养学生综合分析和解决以发酵为核心的生物产业中出现的各种实际问题。因此，发酵工程这门学科一方面要求学生能够在掌握微生物学、生物化学、细胞生物学、遗传学和分子生物学等生物学理论知识基础上理解和探究微生物发酵过程发生的生物学现象及其规律，并能运用所学的生物学知识和技能优化甚至改造这一过程；另一方面要求学生具有一定的工程技术基础，尤其在过程原理与装备、过程建模与优化控制、流体力学及流场分析、传递工程等方面具有一定的基础，这样学生就能很好地理解生物技术成果如何通过发酵工程进行产业化应用，并能在发酵过程中运用"四传一反"（信号传导、质量传递、动量传递、热量传递和反应工程）等工程学原理实施过程建模、过程放大与优化控制等，真正做到将生物学与工程学有机结合、融会贯通，运用发酵工程原理和技术统筹解决生物技术产业化过程中出现的各种生物学和工程学问题。可见，发酵工程这一课程具有多学科交叉的特点，需要先修一些相关课程。

同时，发酵工程又具有系统性特点，强调上中下游贯通统筹解决问题。一般上游是指优良菌株选育与保藏，中游是指发酵过程优化与控制，下游则是指发酵产品的提取分离与纯化，而且上、中、下游密切关联，需要统筹考虑才能建立很好的发酵技术体系及生产工艺过程。

2. 发酵工程的先修课程

发酵工程涉及一些学科基础以及多学科交叉，所以，在学习发酵工程之前最好先修以下课程：微生物学、生物化学、细胞生物学、遗传学、分子生物学、基因工程、细胞工程、物理化学、化工原理与设备等课程或相关知识。

3. 发酵工程的主要内容

本教材分为四个部分，第一部分为菌种选育与微生物代谢，以发酵产品典型生产过程为主线，以菌种选育和过程优化与放大为重点，在分子、细胞和发酵罐三个层次上，以高强度、高转化率、低成本、低污染为目标，系统介绍发酵工程理论、发酵生产过程基本规律和基本技术。第二部分是发酵过程与控制，从微生物反应动力学为出发点，逐步介绍发酵工程染菌的防治、发酵工程工艺放大，以及最后的固态发酵，并具体介绍了相关实例的发酵过程和控制方法。第三部分是分离纯化，属于发酵工程的下游部分，上游发酵结束后，要对发酵产物进行分离和提纯，本部分着重介绍了发酵产物的初级分离、精制和加工。第四部分是废弃物的处理，经过发酵产物的分离纯化后，剩余废弃物部分需要合理处理，无论是固体废弃物还是液体废弃物，都不能对环境造成威胁，需符合国家的可持续发展战略，本部分内容主要介绍固、液废弃物处理方法以及清洁生产的必要性。

4. 发酵工程的学科前沿

发酵工程学科与其他学科一样，不断创新发展，而且随着相关交叉学科发展的巨大促进作用以及国家重大需求的牵引，发酵工程学科展现了巨大的发展前景，这些发展既受生物产业快速发展的需求驱动，又很快为生物产业所应用。可见，发酵工程学科进入了一个良好的发展时期。其学科前沿及主要发展方向概述如下。

（1）分子遗传学以及基因工程等相关学科的发展，尤其是组学技术和合成生物学的发展，为发酵工程上游的菌种选育与改良提供了源源不断的新技术和新方法，促进了整个发酵工业水平的不断提升。组学技术对菌种发酵机制的深度解析、新发展的基因定向打靶技术以及合成生物学方法，为构建新菌种、发展全新的发酵产业以及显著提升传统发酵产业带来了巨大的活力。

（2）新的传感技术快速发展，尤其是生物传感器的发展与应用，为发酵过程提供了越来越多的发酵过程参数检测方法，而且这些检测方法的灵敏度、稳定性显著提高，使人们可以深入了解发酵过程的动态变化，以便实施有效控制。同时，微量化、规模化检测，尤其是在线实时检测技术的发展将使发酵过程的检测与控制变得越来越方便、高效、可靠，可大幅提升发酵过程优化控制水平。

（3）基于信息化和互联网技术的发展，大数据分析技术、智能控制技术以及过程建模方法的发展，为更加全面地分析和模拟发酵过程、揭示高产和高强度发酵的机制及其主要影响因素、指导发酵过程最优控制提供了理论和技术支持。

（4）发酵过程集成优化技术和方法的发展，可以改变甚至颠覆传统发酵生产过程，使发酵过程上中下游一体化更加密不可分，一方面可以根据中游和下游需要改良上游菌种，以减少中游发酵及下游分离提取工序，如减少发酵副产物合成等，可显著提高产品的品质和生产效率，降低生产成本；另一方面可以通过改良设备和工艺，使发酵与产物分离过程实时耦合，这不仅可以提高生产效率，而且可以实现节能减排和降低成本。

（5）发酵与产物分离技术及装备不断更新也是发酵工程的重要发展方向，相关工程技术、材料技术及智能化控制技术的不断进步，可以为发酵及产物分离装备的现代化提供越来越好的硬件平台。其中，发酵罐朝着传递性能更好、智能化更高、适应性更强且操作更方便的方向快速发展。

此外，随着越来越多的极端微生物菌种的发现和应用，发酵工程的传统应用领域也得到广泛拓展，这些具有特殊生理功能的极端微生物被用于传统化工、冶金、环保等诸多领域，颠覆传统生产技术，促进传统行业的清洁生产技术发展。而且，随着微生物生态学和分子生态学技术的不断进步，多种微生物的混合发酵技术的工业应用得到迅速推广，如在传统食品的多种微生物发酵生产、有机废弃物的多种微生物协同降解，以及新兴的中药微生物发酵处理技术应用等方面都有很好的应用前景。这些应用和需求的不断发展，势必会促进发酵工程学科不断向前发展。

5. 发酵工程的学习方法

发酵工程是一门面向需求、多学科交叉、实践性很强的学科，而且十分符合未来产业发展方向和国家重大需求，具有很强的生命力。但是，要学习掌握好这门学科并不容易，必须了解该学科的特点，前期打好多学科基础，并在学习过程中理论联系实际，深入实践，活学活用，不断提高理论认识水平和工程实践能力。

发酵工程是一门系统工程，要学好发酵工程必须要有系统观，能够从多个层次、多个不同侧面或视角全面认识和分析解决问题，做到发酵上中下游一体化，才能深刻领会如何实现发酵产业的清洁生产，如何做到高强度、高转化率、低成本、低污染发酵等。为此，本教材在发酵原理与技术部分按照一条主线、两个重点、三个层次、四个目标来设置编排教学内容，即按照典型的液体深层发酵工艺为主线介绍发酵过程原理和技术特点，突出工业菌种和过程优化与放大两个重点，引导学生从分子、细胞和发酵罐三个层次进行综合分析理解发酵过程，并围绕高强度、高转化率、低成本、低污染四个目标来强化工业菌种和发酵过程的放大与优化控制。

第一部分
菌种选育与微生物代谢

随着生物技术的不断改进和完善，微生物菌种选育对整个发酵工业的产量和质量都有大幅度提高。菌种选育从常规菌种的自然突变筛选到近些年基因工程技术的干预，使得微生物菌种的优化选育变成提高产量和质量的一条有效途径。以突变和筛选为中心的传统育种技术在工业微生物发展到现在规模的过程中始终起着重要作用。各种外源基因在微生物细胞的克隆和表达研究中取得了重大成果，使菌种选育技术进入了真正意义的分子水平育种时代。

微生物在生长过程中机体内的复杂代谢过程是互相协调和高度有序的，并对外界环境的改变能够迅速做出反应。其原则是经济合理地利用和合成所需要的各种物质和能量，使细胞处于平衡生长状态。在实际生产中，往往需要高浓度的积累某一种代谢产物，而这个浓度又常常超出细胞正常生长和代谢所需的范围。对于微生物代谢机制的认知可以掌握产物的合成规律，从而能够打破微生物原有的代谢调控系统，建立新的微生物代谢方式，高浓度的积累人们所期望的产物，提高生产效率。

第一章　工业微生物菌种的选育与保藏

微生物菌种是决定发酵产品的工业价值以及发酵工程成败的关键，只有具备良好的菌种基础，才能通过改进发酵工艺和设备以获得理想的发酵产品。微生物菌种在发酵工程中作为活细胞催化剂，优良菌种的选育和保藏是发酵能否顺利实现的关键。从自然界直接分离到的野生型菌株积累产物的能力往往很低，无法满足工业生产的需要，需要进行选育。菌种的选育主要是采用遗传育种的方法，使出发菌株的DNA发生突变、重组，从而从中选出产量高、成品质量好或具有新的培养特性，如耐产物抑制、能利用廉价原料以及具有生产新品种能力的优良菌种。而为了使优良菌种的性状保持稳定，需要人为创造条件，使菌种的新陈代谢活动处于不活泼状态，即选取优良菌种的休眠体（孢子或芽孢）或富有生命力的悬浮液在低温或脱水状态下保存。

工业微生物菌种的选育与保藏

第一节　工业微生物的来源

任务

1. 掌握微生物工业对菌种的要求。
2. 掌握工业生产常用的微生物生长繁殖特点。

一、发酵工业菌种特点

自然界中微生物资源非常丰富，普遍存在于水、土壤和空气等环境中。发酵工业常用菌种一部分是从自然界中分离菌株并直接利用，一部分是对自然微生物进行人工诱变，获得突变菌株，应用于发酵生产。近几年由于基因工程以及细胞工程的不断发展，育种技术也随之不断更新，促进了发酵工业的蓬勃发展。为了使菌种能够高效、稳定、经济地进行发酵生产，作为大规模生产的发酵工业常用菌种，应尽可能具备以下特点。

（1）菌种能在廉价培养基中快速生长繁殖并高效合成发酵产品。

（2）菌种的发酵条件（糖浓度、温度、pH、溶解氧、渗透压等）稳定、易控制，便于发酵条件优化，以缩短发酵周期和提高发酵产量。

（3）菌种抗污染能力强，以防止感染杂菌而发生倒罐，造成发酵原料的浪费。

（4）菌种应具备较高的酶活性，可适当提高菌种生长繁殖速率，缩短发酵周期，降低生产成本。

（5）菌种纯粹，不易退化，非病原菌，不产生有害生物活性物质，保证发酵生产和产品质量稳定，确保安全生产。

（6）根据代谢调控要求选择高产菌株，如调节突变型菌株或营养缺陷型菌株。

（7）遗传特性稳定，确保菌体在增殖过程中，保证原有的遗传学特性。

（8）发酵产物易分离，发酵产物分离十分关键，直接影响发酵周期和成本。因此，选择的菌种与发酵产物分离的方法要相对简单。

二、工业生产常用的微生物

由于现代分子生物学技术的介入以及发酵工程的不断发展，部分藻类（Alga）、病毒（Virus）等也逐步地作为发酵微生物应用于工业生产。尽管如此，目前人们对微生物的认知依然有限，对于自然界微生物的研究不超过总量的10%。据统计，微生物代谢产物已超过1300多种，而能够用于大规模生产的不足100种；微生物代谢所产酶类有近千种，而能够应用于发酵工业生产的酶类寥寥无几。由此可见，微生物代谢产物转化为发酵产品的潜力巨大。在发酵工业中常用微生物主要有细菌、酵母菌、霉菌、放线菌、担子菌和部分藻类等。

1. 细菌（Bacteria）

细菌在自然界分布最广，数量最多，是大自然物质循环的主要参与者，与人类健康密切相关。细菌的结构较为简单，是一类形状细短，多以二分裂方式繁殖的原核生物。细菌根据形状可分为球、杆菌和螺形菌。根据生活方式可分为自养菌和异养菌，其中异养菌包括腐生菌和寄生菌。根据对氧气的需求可分为需氧（完全需氧和微需氧）和厌氧（不完全厌氧、有氧耐受和完全厌氧）细菌。发酵工业中常用的细菌大多数是杆菌。如枯草芽孢杆菌（*Bacillus subtilis*）、大肠杆菌（*Escherichia coli*）、乳酸杆菌（*Lactobacillus lactics*）、醋酸杆菌（*Acetobacter*）、棒状杆菌（*Corynebacterium*）、短杆菌（*Brevibacterium*）等。

（1）枯草芽孢杆菌　枯草芽孢杆菌是一种需氧型芽孢杆菌，革兰阳性菌，可形成内生抗逆芽孢，芽孢形成后菌体不膨大，菌体生长、繁殖速度较快，可用于发酵生产蛋白酶、淀粉酶、氨基酸、肌苷等。

（2）大肠杆菌　大肠杆菌又称大肠埃希菌，杆状，单个或成对，周生鞭毛，无芽孢，革兰阴性，生长周期短。在伊红美蓝培养基上菌落呈深蓝黑色，有金属光泽；在琼脂培养基上可出现光滑型或粗糙型菌落，最适生长温度为37℃。

在发酵工业中，大肠杆菌可生产氨基酸发酵产品，如苏氨酸、天冬氨酸和缬氨酸等。另外，大肠杆菌生产的谷氨酸脱羧酶可用于谷氨酸定量分析，还可利用大肠杆菌生产治疗白血病的天冬酰胺酶。对于细菌遗传变异研究以及基因工程菌的构建，大肠杆菌也是最理想的原核宿主菌。

（3）乳酸杆菌　乳酸杆菌是将糖类发酵转化为乳酸的一类细菌的总称，无芽孢，属革兰阳性菌，主要用来制造乳制品。根据发酵产物不同，乳酸杆菌发酵可分为两类：一类是同型乳酸发酵，发酵产物只含有乳酸；一类是异型乳酸发酵，发酵产物中除乳酸外还有CO_2和乙酸等。

此外，还有醋酸杆菌、棒状杆菌、短杆菌等主要用于生产乙酸（醋酸）等。

2. 酵母菌（Yeast）

酵母菌为单细胞真核生物（Unicellular Eukaryote），在自然界中普遍存在，主要分布于含糖质较多的酸性环境中，如水果、蔬菜、花蜜和植物叶子上，以及果园土壤中。石油酵母（*Petroleum yeast*）较多地分布在油田周围的土壤中。酵母菌大多为异养，常以单个细胞存在，以发芽形式进行繁殖。母细胞体积长到一定程度时就开始发芽。芽长大的同时母细胞缩小，在母子细胞间形成隔膜，最后形成同样大小的母细胞。如果子芽不与母细胞脱离就形成链状细胞，称为假菌丝（Pseudomycelium）。酵母菌在工农业生产中应用极为广泛，可用于酿酒、制造面包、制造低凝固点石油、生产酶制剂，生产可食用、药用和饲料用酵母菌体蛋白，还可从酵母菌中提取细胞色素 C、凝血质、核糖核酸及辅酶 A 等医药产品。

按照路德（Lodder）的分类系统，酵母菌共分 39 属，372 种。发酵工业上常用的酵母菌除了酵母属（Saccharomyces）外，还有假丝酵母属（Candida）、汉逊酵母属（Hansenula）、毕赤酵母属（Pichia）及裂殖酵母属（Schizosaccharomyces）等。下面介绍几种发酵工业常用的酵母菌。

（1）酿酒酵母（Saccharomyces cerevisiae） 酿酒酵母又称啤酒酵母，酵母属，是酵母菌中最重要、应用最广泛的一类，可用于生产啤酒、白酒、果酒的酿造和面包等。啤酒酵母的种类繁多，根据细胞长与宽的比例，可将啤酒酵母分为三类：第一类细胞多为圆形、短卵形，细胞长与宽之比小于 2，应用最为广泛，可用于生产啤酒、白酒和酒精发酵及面包制作等；第二类细胞为长卵形，长与宽之比通常为 2，常用于葡萄酒和果酒的酿造；第三类细胞为长圆形，长与宽之比大于 2，这类酵母细胞耐高渗透压，一般用甘蔗糖蜜作原料酒精发酵时，选择这类啤酒酵母。

（2）假丝酵母属 假丝酵母属细胞为圆形、卵形或长形，无性繁殖为多边芽殖，形成假菌丝，也可形成真菌丝或厚垣孢子，不产生色素。此属中有许多具有酒精发酵的能力，有的菌种能利用农业废弃物或碳氢化合物生产蛋白质，可食用或用于饲料。

热带假丝酵母（Candida Tropicalis）是最常见的假丝酵母，氧化烃类的能力强，在 230～290℃石油馏分的培养基中，经 22h 后，可得到相当于烃类质量 92%的菌体，是生产石油蛋白质的重要菌种。用农副产品和工业废物也可培养热带假丝酵母，如用生产味精的废液培养热带假丝酵母生产饲料，既扩大了饲料来源，又减少了工业废水对环境的污染。

产朊假丝酵母（Candidautilis）又称产朊圆酵母或食用圆酵母。其蛋白质和维生素 B 的含量都比啤酒酵母高，它能以尿素和硝酸作为氮源，在培养基中不需要加入任何生长因子即可生长。它能利用五碳糖和六碳糖作为碳源，可利用工业废弃物如糖蜜、木材水解液以及造纸工业的亚硫酸废液等作为发酵原料生产可食用蛋白质。

（3）毕赤酵母属和汉逊酵母属 毕赤酵母属和汉逊酵母属都是产膜酵母，其可在液体表面形成白色的膜，使液体浑浊，常是酒类饮料的污染菌，它们在饮料表面形成干而皱的菌醭，是酒精发酵工业及酿造工业的有害菌。

3. 霉菌（Mould）

霉菌不是一个分类学上的名词。凡生长在营养基质上形成绒毛状、网状或絮状菌丝的真菌（Fungi）统称为霉菌。霉菌在自然界分布很广，大量存在于土壤、空气、水和生物体等环境中。喜好偏酸性环境，大多数为好氧性，多腐生，少数寄生。霉菌的繁殖能力很强，大多以无性孢子繁殖为主，少数以有性孢子繁殖。生长方式是菌丝末端的伸长和顶端分支，彼此交错呈网状。菌丝的长度既受遗传性状的控制，又受环境的影响，其分支数量取决于环境条件。菌丝呈分散或菌丝团状生长。

霉菌与人类日常生活密切相关，除了用于传统的酿酒、制酱油外，近代广泛用于发酵工业和酶制剂工业。工业上常用的霉菌，有子囊菌纲的红曲霉（Monascus）、藻状菌纲的毛霉（Mucor）、根霉（Rhizopus）和犁头霉（Absidia），以及半知菌纲的曲霉（Aspergilli）及青霉（Penicillium）等。

（1）毛霉　毛霉是接合菌亚门中的重要类群，属接合菌纲毛霉目毛霉科，种类较多，在自然界分布广泛，大部分为腐生菌，生长于粪便、土壤、腐殖质及其他有机物残体上。也见于蔬菜、水果和各种淀粉性食品上，其中的不少种类还是水果和蔬菜的严重致病菌。毛霉菌也是化工产品和食品生产的重要微生物，毛霉淀粉酶的活力很强，可将淀粉转化为糖，用于合成重要的工业产品淀粉酶，是酿酒工业中淀粉质原料的糖化菌。毛霉还能产生蛋白酶和凝乳酶，有分解大豆蛋白质的能力，多用于制作豆腐乳和豆豉，有些毛霉还能产生柠檬酸、草酸、乳酸、琥珀酸和甘油等，常见菌种有高大毛霉（M. mucedo）、总状毛霉（M. racemosus）、鲁氏毛霉（M. rouxianus）等。

（2）曲霉属　曲霉属是发酵工业和食品工业的重要菌种，已有近60种曲霉用于工业生产。早在2000多年前，我国就用曲霉制酱。曲霉也是酿酒、制麸曲的主要菌种。现代工业利用曲霉生产各种酶制剂（淀粉酶、蛋白酶、果胶酶等）、有机酸（柠檬酸、葡萄糖酸、五倍子酸等），农业上用作糖化饲料菌种，如黑曲霉（Aspergillus niger）、米曲霉（Aspergillus oryzae）等。曲霉广泛分布在谷物、空气、土壤及各种有机体上，生长在食品上的曲霉，有的能产生对人体有害的真菌毒素，如黄曲霉毒素B_1能导致癌症，有的则引起水果、蔬菜、粮食霉腐。

（3）青霉属　青霉属是产生青霉素的重要菌种，广泛分布于空气、土壤和各种物品上，常生长在腐烂的柑橘皮上呈青绿色。目前已发现几百种，其中产黄青霉（P. chrysogenum）、点青霉（P. notatum）等都能大量产青霉素。青霉素的发现和大规模的生产应用对抗生素工业的发展起了巨大的推动作用。此外，有的青霉菌还用于生产灰黄霉素及磷酸二酯酶、纤维素酶、有机酸等。

4. 放线菌（Actinomycetes）

放线菌因菌落呈放线状而得名。它是一个原核生物类群，在自然界中分布很广，尤其在含有机质丰富的微碱性土壤中数量居多。生活方式大多以腐生为主，少数寄生。放线菌主要以无性孢子进行繁殖，也可借菌丝片段进行繁殖。后一种繁殖方式见于液体深层培养（Submerged Cultures）中。其生长方式是菌丝末端伸长和分支，彼此交错成网状结构，成为菌丝体。菌丝长度既受遗传性的控制，又与环境相关。

在液体深层培养中由于搅拌器的作用，常常形成短的分支旺盛的菌丝体，或呈分散生长，或呈菌丝团状生长。放线菌最大医用价值在于能产生多种抗生素。从微生物中发现的抗生素，有60%以上是放线菌产生的，如链霉素、红霉素、金霉素、庆大霉素等。常用的放线菌主要来自以下几个属：链霉菌属、小单孢菌属和诺卡菌属等。

（1）链霉菌属（Streptomyces）　链霉菌属是放线菌研究中最为广泛的一类。链霉菌属为分枝状菌丝体，菌丝无隔膜，直径0.4~1μm，长短不一，多核，菌丝体有营养菌丝、气生菌丝和孢子丝之分。孢子丝再形成分生孢子，成熟的链霉菌具有典型的基内菌丝、气生菌丝、孢子丝和分生孢子等各种放线菌结构。

已知的链霉菌属放线菌有千余种，大多生长在含水量较低、通气良好的土壤中。链霉菌能分解纤维素、石蜡、蜡与各种碳氢化合物，链霉菌是产生抗生素菌株的主要来源。许多常用抗生素如链霉素、土霉素，水稻纹枯病的井冈霉素等都是链霉菌属种的次生代谢产物。

（2）诺卡菌属（*Nocardia*） 诺卡菌属又称原放线菌属（*Proactinomyces*），在培养基上形成典型的菌丝体，菌丝纤细，多数弯曲如树根状，一般生长到十几小时开始形成横隔膜，并断裂成多形态的杆状、球状或带叉的杆状体。诺卡菌属中大多数种无气生菌丝，只有基内菌丝，菌落秃裸。有的则在基内菌丝体上覆盖着一层极薄的气生菌丝，有横隔，断裂成杆状。菌落比链霉菌的菌落小，表面多皱，致密干燥，或平滑凸起不等，有黄、黄绿、红橙等颜色。利福霉素由地中海诺卡菌（*N. mediterranei*）产生。有些诺卡菌可用于石油脱蜡、烃类发酵以及污水处理中分解脂类化合物。

5. 担子菌（Basidiomycete）

所谓的担子菌大部分就是人们通常所说的菇类（Mushroom）生物。担子菌的应用越来越引起人类的重视，如多糖、抗癌药物的开发。近几年来，日本、美国的一些科学家对香菇的抗癌作用进行了深入的研究，发现香菇中的"β-1,2-葡萄糖苷酶"及两种糖类物质具有抗癌作用。

第二节　工业微生物菌种的选育

任务

1. 掌握自然选育、诱变育种以及基因工程育种的流程。
2. 掌握高产突变菌株的筛选方法。
3. 熟悉诱变育种过程中常用的诱变剂。
4. 了解菌种诱变的影响因素。

【案例】

金霉素（Chlortetracyclin，氯四环素），由金色链霉菌（*Streptomyces aureofaciens*）发酵产生。其抗菌谱与四环素相似，因具有抑菌、促生长、饲料利用率高及在肌体内残留量低等优点。作为药物饲料添加剂广泛应用于畜牧业，近年来由于禽畜养殖规模的扩大和集约化、舍饲化程度的提高，国内外市场对药物饲料添加剂产品的需求日益增加。因此，如何快速高效地选育出高产金霉素的金色链霉菌株，提高金霉素生产水平，已成为该行业的首要问题。

【案例分析与讨论】

以金霉素生产菌金色链霉菌（*Streptomyces aureofaciens* FK-9）为出发菌株，经紫外线以及γ射线（Co^{60}辐射）诱变结合抗性筛选获得金霉素高产菌株。

利用微生物发酵生产产品，首先要有一个良好的菌种。因此必须进行菌种选育工作。菌种选育工作可大幅度提高微生物发酵的产量，促进微生物发酵工业的迅速发展。利用选育后菌种发酵生产抗生素、氨基酸、维生素、药用酶等，其发酵产量可提高几十倍、几百倍甚至几千倍。由于野生菌株生产能力低，往往不能满足工业上的需要。因为在正常生理条件下，微生物依靠其代谢调节系统，趋向于快速生长和繁殖。但是，发酵工业生产需要培养微生物，使之积累大量的代谢产物。为此，采用种种措施来打破菌的正常代谢，对代谢流进行调节控制，从而大量积累我们所需要的代谢产物。

菌种选育的目的是改良菌种的特性，使其符合工业生产的要求。菌种选育在提高产品质量、增加品种、改善工艺条件和生产菌的遗传学研究等方面也发挥重大作用。例如，青霉素的原始生产菌种产生黄色色素，使成品带黄色，经过菌种选育，生产菌不再分泌黄色色素；土霉素产生菌在培养过程中产生大量泡沫，经诱变处理后改变了遗传特性，发酵泡沫减少，可节省大量消泡剂并增加培养液的装量；红霉素等品种发酵遇到噬菌体侵袭时，发酵产量大幅度下降，甚至被迫停产，菌种经诱变处理获得抗噬菌体的特性，就可保证发酵生产的正常进行。菌种选育包括经验育种和定向育种，其中经验育种又分自然选育和诱变育种。

在生产过程中，不经过人工诱变处理，根据菌种的自发突变（又称自然突变）而进行菌种筛选的过程，称为自然选育。诱变育种是利用物理或化学等人工诱变方法处理微生物，再从中筛选出符合要求的突变菌株，用于发酵生产。定向育种分为杂交育种和分子育种。杂交育种是两个亲本菌株的染色体发生部分转移，形成部分结合子（Merozygote），直至重组体产生，经过特定方法进行菌株筛选，获得新品种。分子育种是将现在分子生物学技术应用于育种中，在分子水平上进行菌种选育，包括分子标记辅助育种和基因工程育种。

一、自然选育

自然选育包括从自然界分离获得菌株和根据菌种的自发突变进行筛选而获得菌种。

从自然界分离新菌种一般包括以下几个步骤：采样、增殖培养、纯种分离和性能测定等。

1. 采样

采样地点的确定要根据筛选的目的、微生物的分布概况及菌种的主要特征与外界环境关系等，进行综合、具体地分析来决定。如果预先不了解某种生产菌的具体来源，一般可从土壤中分离。采样的方法多是在选好地点后，用小铲去除表土，取离地面 5~15cm 处的土壤几十克，盛入预先消毒好的牛皮纸袋或塑料袋中，扎好，记录采样时间、地点、环境情况等，以备考查。一般土壤中芽孢杆菌、放线菌和霉菌的孢子忍耐不良环境的能力较强，不太容易死亡。由于采样后的环境条件与天然条件有着不同程度的差异，一般应尽快分离。对于酵母类或霉菌类微生物，由于它们对碳水化合物的需要量比较多，一般又喜欢偏酸性环境，所以酵母类、霉菌类主要分布于植物花朵、瓜果种子及腐殖质含量高的土壤等环境中。

2. 增殖培养

收集到的样品，如含目标菌株较多，可直接进行分离。如果样品含目标菌种很少，就要设法增加该菌的数量，进行增殖（富集）培养。所谓增殖培养就是给混合菌群提供一些有利于所需菌株生长或不利于其他菌型生长的条件，以促使目标菌株大量繁殖，从而有利于分离。例如筛选纤维素酶产生菌时，以纤维素作为唯一碳源进行增殖培养，使得不能分解纤维素的菌不能生长；筛选脂肪酶产生菌时，以植物油作为唯一碳源进行增殖培养，能更快、更准确地将脂肪酶产生菌分离出来。除碳源外，微生物对氮源、维生素及金属离子的要求也是不同的，适当地控制这些营养条件对提高分离效果也有一定的好处。另外，控制增殖培养基的pH，可排除对酸碱敏感的微生物；添加一些专一性的抑制剂，可提高分离效率，例如，在分离放线菌时，可先在土壤样品悬液中加10%的酚液数滴，以抑制霉菌和细菌的生长；适当控制增殖培养的温度，也是提高分离效率的有效途径。

3. 纯种分离

(1) 施加选择性压力分离法　施加选择性压力分离法主要是利用不同种类的微生物生长繁殖所需环境和营养的要求，如温度、pH、渗透压、氧气、碳源、氮源等，人为控制这些条件，使之利于某类或某种微生物生长，而不利于其他种类微生物的生存，使得目的菌种占优势，而达到快速分离纯化的目的。如控制培养时的氧，可将好氧微生物和厌氧微生物分离；通过控制温度，可将嗜热微生物和非嗜热微生物分离；控制pH，可将嗜酸、嗜碱微生物分离等。在分离培养基中也可以加入不同的抗生素或试剂来增加选择性。如在分离放线菌和细菌时，可加入抗真菌抗生素；分离真菌时，可加入抗细菌药物。

(2) 平板菌落生化反应筛选法　平板菌落生化反应筛选法是利用菌体在特定固体培养基平板上的生理生化反应，将肉眼观察不到的产量性状转化成可见的"形态"变化。具体的有纸片培养显色法、变色圈法、透明圈法、生长圈法和抑制圈法等，如图1-1所示，这些方法较粗放，一般只能定性或半定量用，常只用于初筛，但它们可以大大提高筛选的效率。缺点是由于在培养皿上培养与摇瓶培养尤其是发酵罐深层液体培养时的条件有很大的差别，有时会造成两者的结果不一致。平板菌落生化反应筛选法操作时应将培养的菌体充分分散，形成单菌落，以避免多菌落混杂一起，引起"形态"大小测定的偏差。

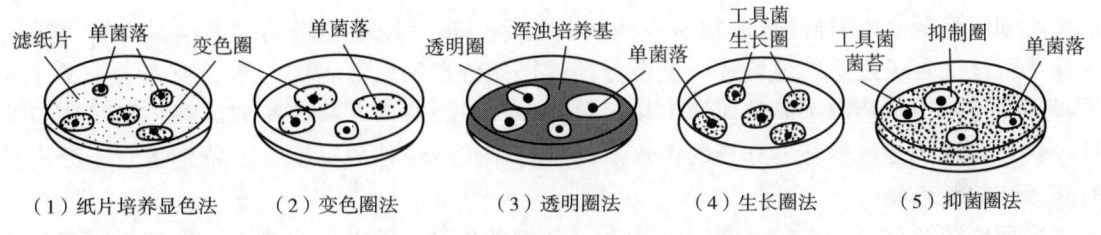

图1-1　平板菌落生化反应筛选法示意图

① 纸片培养显色法：将饱浸含某种指示剂的固体培养基的滤纸片置于培养皿中，在牛津杯下放小团浸有3%甘油的脱脂棉以保湿，将待筛选的菌悬液稀释后接种到滤纸上，保温培养形成分散的单菌落，菌落周围将会产生对应的颜色变化。从指示剂变色圈与菌落直径的比值可以了解菌株的相对产量性状。指示剂可以是酸碱指示剂，也可以是能与特定产物反应产生颜色的化合物。

② 透明圈法：在平板培养基中加入溶解性较差的底物，使培养基浑浊。能分解底物的微生物便会在菌落周围产生透明圈，圈的大小初步反映该菌株利用底物的能力。该法在分离水解酶产生菌时采用较多，如脂肪酶、淀粉酶、蛋白酶、核酸酶产生菌都会在含有底物的选择性培养基平板上形成肉眼可见的透明圈。

在分离某种产生有机酸的菌株时，也通常采用透明圈法进行初筛。在选择性培养基中加入碳酸钙，使平板成浑状，将样品悬浮液涂抹到平板上进行培养，由于产生菌能够把菌落周围的碳酸钙水解，形成清晰的透明圈，可以轻易地鉴别出来。分离乳酸产生菌时，由于乳酸是一种较强的有机酸，因此，在培养基中加入的碳酸钙不仅有鉴别作用，还有酸中和作用。

③变色圈法：对于一些不易产生透明圈产物的产生菌，可在底物平板中加入指示剂或显色剂，使所需微生物能被快速鉴别出来。如筛选果胶酶产生菌时，用含 0.2% 果胶为唯一碳源的培养基平板，对含微生物样品进行分离，待菌落长成后，加入 0.2% 刚果红溶液染色 4h，具有分解果胶能力的菌落周围便会出现绛红色水解圈。在分离谷氨酸产生菌时，可在培养基中加入溴百里酚蓝，它是一种酸碱指示剂，变色范围在 pH 6.2~7.6，当 pH 在 6.2 以下时为黄色，pH 在 7.6 以上时为蓝色。若平板上出现产酸菌，其菌落周围会变成黄色，可以从这些产酸菌中筛选谷氨酸产生菌。

④生长圈法：生长圈法通常用于分离筛选氨基酸、核苷酸和维生素的产生菌。工具菌是一些相对应的营养缺陷型菌株。将待检菌涂布于含高浓度的工具菌并缺少所需营养物的平板上进行培养，若某菌株能合成平板所需的营养物，在该菌株的菌落周围便会形成一个浑浊的生长圈。如嘌呤营养缺陷型大肠杆菌（如 $E. coli$ P264）与不含嘌呤的琼脂混合倒平板，在其上涂布含菌样品保温培养，周围出现生长圈的菌落即为嘌呤产生菌。

⑤抑菌圈法：常用于抗生素产生菌的分离筛选，工具菌采用抗生素的敏感菌。若被检菌能分泌某些抑制菌生长的物质，如抗生素等，便会在该菌落周围形成工具菌不能生长的抑菌圈，很容易被鉴别出来。

通过增殖培养还不能得到微生物的纯种，因为生产菌在自然条件下通常是与各种菌混杂在一起的，所以有必要进行分离纯化，才能获得纯种。纯种分离方法常选用单菌落分离法。把菌种制备成单孢子或单细胞悬浮液，经过适当的稀释后，在琼脂平板上进行划线分离。划线法是将含菌样品在固体培养基表面做有规则的划线（有扇形划线法、方格划线法及平行划线法等），菌样经过多次从点到线的稀释，最后经培养得到单菌落。也可以采用稀释法，该法是通过不断地稀释，使被分离的样品分散到最低限度，然后吸取一定量注入平板，使每一微生物都远离其他微生物而单独生长成为菌落，从而得到纯种。划线法简单且较快，稀释法在培养基上分离的菌落单一均匀，获得纯种的概率大，特别适宜于分离具有蔓延性的微生物。

采用单菌落分离法有时会夹杂一些由两个或多个孢子所生长的菌落，另外不同孢子的芽管间发生吻合，也可形成异核菌落。要克服这些困难，就要特别重视单孢子悬浮液的制备方法。为使单孢子悬浮液有良好的分散度，力求去除菌丝断片或粘接在一起的成串的孢子，可采用如下方法制备单孢子悬浮液：对于细菌，因其在固体斜面培养基上常粘在一起，故要求转种到新鲜肉汤液体中进行培养，以取得分散且生长活跃的菌体；对放线菌和霉菌的孢子，采用玻璃珠或石英砂振荡打散孢子后，用滤纸或棉花过滤；对某些黏性大的孢子，常加入 0.05% 的分散剂（如吐温-80）以获得分散的单个孢子。

为了提高筛选工作效率，在纯种分离时，培养条件对筛选结果影响也很大，可通过控制营养成分、调节培养基 pH、添加抑制剂、改变培养温度和通气条件及热处理等来提高筛选效率。平板分离后挑选单个菌落进行生产能力测定，从中选出优良的菌株。

4. 生产性能的测定

由于纯种分离后，得到的菌株数量非常大，如果对每一菌株都做全面或精确的性能测定，工作量巨大。一般采用两步法，即初筛和复筛，经过多次重复筛选，直到获得1~3株较好的菌株，供发酵条件的摸索和生产试验，进而作为育种的出发菌株。这种直接从自然界分离得到的菌株称为野生型菌株，以区别于用人工育种方法得到的变异菌株（也称突变株）。

二、诱变育种

一般微生物可遗传的特性发生变化称为变异，又称突变，是微生物产生变种的根源，同时也是育种的基础。自然突变是指在自然条件下出现的基因变化。目前，发酵工业中使用的生产菌种，几乎都是经过人工诱变处理后获得的突变株。这些突变株是以大量生成某种代谢产物（发酵产物）为目的筛选出来的，因而它们属于代谢调节失控的菌株。微生物的代谢调节系统趋向于最有效地利用环境中的营养物质，优先进行生长和繁殖，而生产菌种常常是打破了原有的代谢调节系统的突变株，因此常常表现出生活力比野生菌株弱的特点。此外，生产菌株是经人工诱变处理而筛选获得的突变株，遗传特性往往不够稳定，容易继续发生变异，使得生产菌株呈现出自然变异的特性，如果不及时进行自然选育，通常会导致菌种性能变化，使发酵产量降低，但也有变异使菌种获得优良性能的情况。

自发突变的频率较低，自然选育筛选出来的菌种，往往会出现产量低、副产物多、生长周期长等情况，不能满足育种工作的需要，不完全符合工业生产的要求。因而，育种不能仅停留在"选"种上，还要进行"育"种。如通过诱变剂处理菌株，就可以大大提高菌种的突变频率，扩大变异幅度，从中选出具有优良特性的变异菌株，这种方法称为诱变育种。

诱变育种一般采用物理、化学诱变因素使微生物DNA的碱基序列发生变化，以使碱基序列错误的DNA模板形成异常的遗传信息，造成某些蛋白质结构变异，而使细胞功能发生改变。诱变育种不仅可以提高菌株的生产能力，而且还可以改进产品的质量，扩大品种，简化工艺。诱变育种已在科学实验和生产上都得到了广泛应用，目前应用于工业化的生产菌几乎都是经过诱变的改良菌种。

按照生产的要求，根据生物的遗传和变异的理论，用人工的方法造成菌种变异，再经过筛选，而达到菌种选育的目的。诱变育种其实质就是通过诱变改善菌种的特性，获得优良菌株。诱变育种方案包括突变的诱发、突变株的筛选和突变高产基因的表现。这些环节是相互联系，缺一不可的。在诱变育种的早期阶段，工作一般是顺利的，高产突变株不断涌现。但经过长期诱变得到的高产突变株，在进一步提高时，进展逐渐变慢，困难也越来越多。因此，应在早期周密地设计一个选育工作方案。

诱发突变有可能出现多种多样变异性突变株。除了高产性状外，还要考虑其他有利性状。例如，生长速度快、产孢子多；消除某些色素或无益组分；能有效利用廉价发酵原材料；改善发酵工艺中某些缺陷（如泡沫过多、温度敏感、菌丝量太多、自溶早、过滤困难等）。但是所定的筛选目标不可太多，要充分估计人力、物力和测试能力等，要考虑实现这些目标的可行性。要选出一个高产菌株，往往要筛选数千个突变株，经历多次诱变和筛选，才能达到目的。

诱变育种和其他方法相比较，人工诱变能提高突变频率和扩大变异谱，具有速度快、方法简便等优点，是当前菌种选育的一种主要方法，在生产中使用得十分普遍。但是诱发突变随机性大，因此诱发突变必须与大规模的筛选工作相配合才能收到良好的效果。如果筛选方法得当，有可能定向地获得好的变异株。

诱变育种流程如图 1-2 所示，诱变育种的主要环节是：①以合适的诱变剂处理大量而均匀分散的微生物细胞（或孢子）悬浮液，以引起绝大多数细胞致死的同时，使存活个体中 DNA 碱基变异频率大幅度提高；②用合适的方法淘汰负变异株，选出极少数性能优良的正变异株，以达到培育优良菌株的目的。

1. 出发菌株的选择

工业上用来进行诱变处理的菌株，称为出发菌株（Parent Strain）。在许多情况下，微生物的遗传物质具有抗诱变性，这类遗传性质稳定的菌株用来生产是有益的，但作为诱变育种材料是不适宜的。出发菌株主要分为三类：一是从自然界分离得到的野生型菌株；二是通过生产选育，即由自发突变经筛选得到的高产菌株；三是已经诱变过的菌株，这类菌株作为出发菌株较为复杂。一般认为诱变获得高产菌株，再诱变易产生负突变，再度提高产量比较困难。采用连续诱变的方法，在每次诱变之后选出 3～5 株较好的菌株继续诱变，若遇到高产菌株再诱变进一步提高产量效果不佳时，可先行杂交，再作为诱变的出发菌株，就有可能收到较好效果。

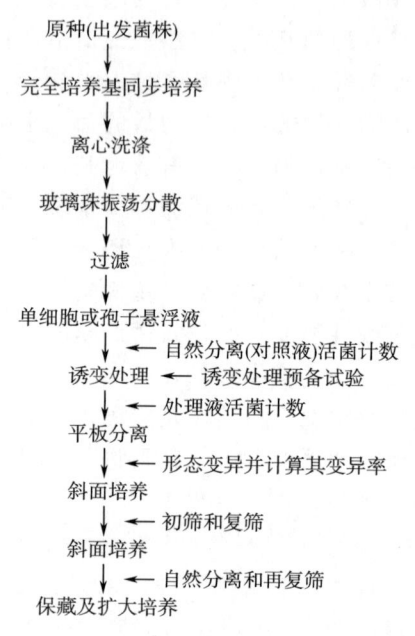

图 1-2 诱变育种流程

诱发突变易受到菌种的遗传特性、诱变剂、菌种的生理状态以及诱变环境的影响。出发菌株的选择是诱变育种工作成败的关键。出发菌株的性能，如菌种的系谱、菌种的形态、生理、传代、保存等特性，对诱变效果影响很大。挑选出发菌株应考虑如下几点。

（1）选择纯种作为出发菌株，借以排除异核体或异质体（表型相同，基因型不同）的影响。从宏观上讲，就是要选择发酵产量稳定、波动范围小的菌株为出发菌株。若出发菌株遗传性不纯，可用自然分离或用缓和的诱变剂进行处理，取得纯种作为出发菌株。

（2）选择出发菌株，不仅是选产量高的，还应该考虑其他因素。如产孢子早而多，色素多或少，生长速度快等有利于合成发酵产物的性状。特别重要的是选择的出发菌株应当具有我们所需要的代谢特性。例如，适合补料工艺的高产菌株是从糖、氮代谢速度较快的出发菌株得来的。用生活力旺盛而发酵产量较高的突变株作为出发菌株，常可收到好的效果。

（3）选择对诱变剂敏感的菌株作为出发菌株，不但可以提高变异频率，而且高产突变株的出现率较大。生产中经过长期选育的菌株，有时会对诱变剂不敏感。在此情况下，应设法改变菌株的遗传型，以提高菌株对诱变剂的敏感性。杂交、诱发抗性突变以及采用大剂量的诱变剂处理均能改变菌株的遗传性而提高菌株对诱变剂的敏感性。

2. 菌悬液的制备

采用生理状态一致（用选择法或诱导法使微生物同步生长）的单细胞或孢子进行诱变处理，可能均匀地接触诱变剂，又能减少分离现象的发生。处理前细胞尽可能达到同步生长状态，细胞悬液经玻璃珠振荡打散，并用脱脂棉或滤纸过滤，以达到单细胞状态。

一般处理细菌的营养细胞，采用生长旺盛的对数期，其变异率较高且重现性好。霉菌的菌株一般是多核的，因此对霉菌都用孢子悬浮液进行诱变，对放线菌同样采用孢子悬浮液进行诱变。由于孢子处于休眠状态，诱变时生理活性不及营养细胞，因此最好采用刚刚成熟时的孢子，其变异率高。或在处理前将孢子培养数小时，使其脱离静止状态，则诱变率也会增加。一般处理真菌的孢子或酵母时，其菌悬液的浓度大约为 10^6 个/mL，细菌和放线菌孢子的浓度大约为 10^8 个/mL。

3. 诱变处理

诱变处理前，将细胞在添加嘌呤、嘧啶等碱基或酵母膏的培养基中培养 20~60min，再进行诱变处理，变异率可大幅度提高。能诱发基因突变并使突变率提高到超自然突变水平的物理化学因子都称为诱变剂。

诱变剂所造成的DNA分子的某一位置的结构改变称为前突变。例如紫外线照射形成的胸腺嘧啶二聚体就是一种前突变。前突变可以通过影响DNA复制而成为真正的突变，也可以经过修复重新回到原有的结构，即不发生突变。许多环境因素可以影响突变的诱发过程，从而影响突变率。以下将讨论从诱变剂进入细胞到突变型出现的整个过程以及影响这一过程的一些因素。

（1）诱变剂 常用的诱变剂如表 1-1 所示。物理诱变剂主要为各种射线，如紫外线、X射线、α射线、β射线、γ射线和超声波等，其中以紫外线应用最广，紫外光谱正好与细胞内核酸的吸收光谱相一致，因此在紫外光的作用下能使DNA链断裂、DNA分子内和分子间发生交联形成嘧啶二聚体，从而导致菌体的遗传性状发生改变。

化学诱变剂的种类较多，根据它们对DNA的作用机制，可以分为三大类。

第一类是烷化剂，它与一个或多个核酸碱基起化学变化，因而引起DNA复制时碱基配对的转换而发生变异。例如硫酸二乙酯、亚硝酸、甲基磺酸乙酯、N-甲基-N'-亚硝基胍、亚硝基甲基脲等。

第二类是一些碱基类似物，它们通过代谢作用渗入DNA分子中而引起变异，例如 5-溴尿嘧啶、5-氨基尿嘌呤、2-氨基嘌呤、8-氮鸟嘌呤等。

第三类是吖啶类，它造成DNA分子增加或减少一两个碱基，从而引起碱基突变点以下全部遗传密码在转录和翻译时产生错误。

选择化学诱变剂时还应注意亚硝胺和烷化剂应用的范围较广，造成的遗传损伤较多，其中亚硝基胍和甲基磺酸乙酯被称为"超诱变剂"，甲基磺酸乙酯是毒性最小的诱变剂之一。碱基类似物和羟胺虽然具有很高的特异性，但很少使用，因其回复突变率高，效果不大。

表 1-1　　　　　　　　　　常用的诱变剂

诱变剂类型	常用诱变剂
物理诱变剂	紫外线、快中子、X射线、γ射线、激光

续表

诱变剂类型		常用诱变剂
化学诱变剂	碱基类似物	2-氨基嘌呤、5-溴尿嘧啶、8-氮鸟嘌呤
	与碱基反应的类似物	硫酸二乙酯（DES）、甲基磺酸乙酯（EMS）、亚硝基胍（NTG）、亚硝基甲基脲（NMU）、亚硝基乙基脲（NEU）、亚硝酸（NA）、氮芥（NM）、4-硝基喹啉（4-NQO）、乙烯亚胺（EI）、羟胺
	DNA 分子中插入或缺失一个或几个碱基物质	吖啶类物质、吖啶氮芥衍生物

诱变剂亚硝基胍和甲基磺酸乙酯虽然诱变效果好，但由于多数引起碱基对转换，得到的变异株回变率高。电离辐射、紫外线和吖啶类等诱变剂，能引起缺失、开放读码框（Open Reading Frame，ORF）移动等巨大损伤，则不易产生回复突变。另外，诱变处理剂量的选择也是一个较为复杂的问题，一般正突变较多出现在偏低剂量中，而负突变则较多地出现于偏高剂量中。一般来说，经过多次诱变而提高了产量的菌株，在较高剂量时负突变率更高。因此，目前，已采用偏低剂量的诱变剂，致死率的选择也从原来的90%～99%降低至70%～80%。各种化学诱变剂常用的剂量和处理时间如表1-2。

表1-2　　　　　　　　各种化学诱变剂常用的剂量和处理时间

诱变剂	诱变剂的剂量	处理时间	缓冲剂	终止反应方法
亚硝酸（HNO_2）	0.01～0.1mol/L	5～10min	pH4.5，1mol/L 醋酸缓冲液	pH8.6，0.07mol/L 磷酸氢二钠
硫酸二乙酯（DES）	0.5%～1%	10～30min 孢子18～24h	pH7.0，0.1mol/L 磷酸缓冲液	硫代硫酸钠或大量稀释
甲基磺酸乙酯（EMS）	0.05～0.5mol/L	10～60min 孢子3～6h	pH7.0，0.1mol/L 磷酸缓冲液	硫代硫酸钠或大量稀释
亚硝基胍（NTG）	0.1～1.0mol/L，孢子3mg/mL	15～60min，90～120min	pH7.0，0.1mol/L 磷酸缓冲液或Tris缓冲液	大量稀释
羟胺（H_3NO）	0.1%～0.5%	数小时或生长过程中诱变	—	大量稀释
氯化锂（LiCl）	0.3%～0.5%	加入培养基中，在生长过程中诱变	—	大量稀释
秋水仙碱（$C_{22}H_{25}NO_6$）	0.01%～0.2%	加入培养基中，在生长过程中诱变	—	大量稀释

诱变剂的选择主要是根据已经成功的经验，诱变效果不但决定于诱变剂，还受菌种的种类和出发菌株的遗传背景影响。一般对遗传上不稳定的菌株，可采用温和的诱变剂，或

采用已见效果的诱变剂；对于遗传上较稳定的菌株则采用强烈的、不常用的、诱变谱广的诱变剂。要重视出发菌株的诱变系谱，不应常采用同一种诱变剂反复处理，以防止诱变效应饱和；但也不要频频变换诱变剂，以避免造成菌种的遗传背景复杂，不利于高产菌株的稳定。

选择诱变剂时，还应该考虑诱变剂本身的特点。例如，紫外线主要作用于DNA分子的嘧啶碱基，而亚硝酸则主要作用于DNA分子的嘌呤碱基。紫外线和亚硝酸复合使用，突变谱宽，诱变效果好。

(2) 影响诱变效果的因素　除了出发菌株的遗传特性和诱变剂会影响诱变效果之外，菌种的生理状态、被处理菌株的培养条件以及诱变处理时的外界条件等都会影响诱变效果。

菌种的生理状态与诱变效果有密切关系，例如，有的碱基类似物、亚硝基胍（NTG）等只对分裂中的DNA有效，对静止的或休眠的孢子或细胞无效；而另外一些诱变剂，如紫外线、亚硝酸、烷化剂、电离辐射等能直接与DNA起反应，因此对静止的细胞也有诱变效应，但对分裂中的细胞更有效。因此，放线菌、真菌的孢子诱变前经培养稍加萌发可以提高诱变率。

诱变处理前后的培养条件对诱变效果有明显的影响。可在培养基中添加某些物质（如核酸碱基、咖啡因、氨基酸、氯化锂、重金属离子等）来影响细胞对DNA损伤的修复作用，使之出现更多的差错，而达到提高诱变率的目的。例如，菌种在紫外线处理前，在富有核酸碱基的培养基中培养，能增加其对紫外线的敏感性。相反，如果菌种在进行紫外线处理以前，培养于含有氯霉素（或缺乏色氨酸）的培养基中，则会降低突变率。紫外线诱变处理后，将孢子液分离到富有氨基酸的培养基中，则有利于菌种发生突变。诱变剂要进入细胞才能诱发突变，因此细胞对诱变剂的透性将影响诱变结果。诱变剂在接触DNA之前要经过细胞质，细胞质的某些组分可以与诱变剂相互作用而影响诱变效果。

突变的诱发还与基因所处的状态有关，而基因的状态又和培养条件有关。在培养基中加入诱导剂使基因处于转录状态，可能有利于诱变剂的作用。在转录时，DNA双链解开更有利于提高诱变率。诱变率还受到其他外界条件，如温度、氧气、pH、可见光等的影响。

(3) DNA损伤的修复　DNA损伤的修复和基因突变有着密切的关系。已发现微生物有五种修复DNA损伤方式：光复活作用、切补修复、重组修复、SOS修复系统以及DNA多聚酶的校正作用。

①光复活作用：人们发现某些经紫外线照射过的放线菌孢子，如果在可见光下培养时，存活数明显大于在黑暗中培养的同一样品。研究证明，这是有一种被可见光所激活的酶在起作用。这种酶能和经紫外线照射过的DNA在黑暗中结合，形成的复合物置于可见光下，酶和DNA解离，解离下来的DNA分子中不再存在原来的胸腺嘧啶二聚体。

②切补修复：在四种酶的协同作用下进行DNA损伤修复，这四种酶都不需要可见光的激活。首先在胸腺嘧啶二聚体5′端，在核酸内切酶的作用下造成单链断裂；其次在核酸外切酶的作用下切除胸腺嘧啶二聚体；然后在DNA多聚酶Ⅰ、Ⅲ的作用下进行修补合成；最后在DNA连接酶的作用下形成一个完整的双链结构。

③重组修复：必须在DNA进行复制的情况下进行，所以又称为复制后修复。重组修

复是在不切除胸腺嘧啶二聚体的情况下进行修复作用。以带有二聚体的单链为模板合成互补单链,可是在每一个二聚体附近留下一个空隙。一般认为通过染色体交换,空隙部位就不再面对着二聚体,而是面对着正常的单链,在这种情况下,DNA 多聚酶和连接酶就能把空隙部位修复好。

④SOS 修复系统:一种能够造成误差修复的"呼救信号"修复系统。当 DNA 受到诱变剂损伤而阻断 DNA 复制过程时,DNA 损伤相当于一个呼救信号,促使细胞中的有关酶系解除阻遏,而进行 DNA 的修复。在修复过程中,DNA 多聚酶在无模板的情况下进行 DNA 的修复合成,并将合成的 DNA 片段插入受损 DNA 的空隙处。SOS 修复系统的修复作用容易导致基因突变,大多数经诱变所获得的突变来源于此修复系统的作用。

⑤DNA 多聚酶的校正作用:除了上述种种修复作用以外,细胞还具有对复制过程中出现差错加以校正的功能。大肠杆菌中 DNA 的复制依赖于三种 DNA 多聚酶(多聚酶Ⅰ、Ⅱ、Ⅲ)的作用,这三种酶除了对于多核苷酸的多聚作用以外,还具有 $3'-5'$ 核酸外切酶的作用。一般认为依靠 DNA 多聚酶的这一作用,能在复制过程中随时切除不正常的核苷酸。如果 DNA 多聚酶发生突变而使其核酸外切酶活性减弱,则核酸外切酶切除不正常核苷酸的能力减弱,菌体的突变率相应地提高,成为增变突变型。DNA 多聚酶为 DNA 修复作用所必需,所以增变突变型对于诱变剂的作用格外敏感。

(4) 从前突变到突变 前突变形成后,细胞中几种修复系统就会对它施加作用。从对突变诱发的影响看,修复系统可以分为校正差错和引起差错这两类。一般认为光复活作用、切补修复和 DNA 多聚酶的校正作用这三种修复作用具有校正差错的性质而不利于突变的诱发,而重组修复和 SOS 修复系统这两种修复作用具有引起差错的性质而有利于突变的发生。可以认为,一切影响这些修复系统中的酶活性的因素都能影响由前突变到突变这一过程。例如,咖啡因能抑制切补修复系统,因而增强诱变作用;氯霉素能抑制细菌的蛋白质合成,从而抑制了依赖于蛋白质合成的 SOS 修复系统和重组修复,降低诱变率。相反地,一切有利于蛋白质合成的因素都有利于提高突变率。

与突变有关的一些酶的激活剂或抑制剂也会影响突变率。Ba^{2+} 对 DNA 多聚酶的 $3'-$核酸外切酶活性有抑制作用,从而可提高突变率。从上述可以看出,诱变前后的处理可影响诱变的效果。其原因主要有两方面:一是通过影响与 DNA 修复作用有关的酶活性而影响诱变的效果;二是通过使诱变的目的基因处于活化状态(复制或转录状态),使之更容易被诱变剂所作用,从而影响目的基因的突变率。

(5) 从突变到突变表型的出现 突变基因的出现并不等于突变表型的出现,表型的改变落后于基因型改变的现象称为表型迟延。表型迟延有两种原因:分离性迟延和生理性迟延。

①分离性迟延:分离性迟延实际上是经诱变处理后,细胞中的基因处于杂合的状态(野生型的基因和突变型的基因并存于同一细胞中),突变型基因由于属于隐性基因而暂时得不到表达,需经过复制、分离和纯化突变型基因,使细胞中只有突变型基因而没有野生型基因时,其性状才得以表达。

大肠杆菌在对数生长期含有 2~4 个核质体,当其中一个核发生突变时,这个细胞变成异核体。如果突变表型表现为某个基因所控制的产物的丧失,则这一突变在异核体内就是隐性的。因为其他的核继续生产该基因控制的产物。需要经历 1~2 个世代,通过细胞分裂而出现同一细胞的所有核中都带有这一突变基因时，突变表型才出现。

②生理性迟延：突变基因由杂合状态变为纯合状态时，还不一定出现突变表型，新的表型必须等到原有基因的产物稀释到某一程度后才能表现出来。而这些原有基因产物的浓度降低到能改变表型的临界水平以前，细胞已经分裂多次，经过了好几个世代。例如，某个产酶基因发生了突变，可是细胞中原有的酶仍在起作用，细胞所表现的仍是野生型表型。只有通过细胞分裂，原有的酶已经足够稀释或失去活性时，才出现突变型的表型。生理性迟延最明显的例子是噬菌体抗性突变的表达。用诱变剂处理噬菌体敏感菌，将存活菌体立即分离在含噬菌体的培养基上，其抗性菌株不立即出现。而将存活菌先在不含噬菌体的培养基中繁殖几代后，再分离后接到含有噬菌体的培养基中，则可得到大量抗性菌。有些诱发突变要经历十几个世代才能表达。敏感菌对某一些噬菌体敏感是因为其细胞表面具有该噬菌体的受体，抗性菌因不产生该受体而对噬菌体具有抗性。但是基因发生了抗性突变而细胞表面具有受体的细胞仍会受到噬菌体的感染，抗性突变的表型必须等到经过多次细胞分离，细胞表面不再存在受体时才能表现出来。

4. 高产突变菌株的筛选

通过诱变处理，在微生物群体中出现各种突变型的个体，但其中多数是负突变体。为在短时间内获得好的效果，应采用效率较高的筛选方案或筛选方法。实际工作中，一般分初筛和复筛两阶段进行，前者以量为主，后者以质为主。

在工业中，为了提高筛选效率，往往也将诱变菌种的筛选工作分为初筛和复筛两步进行。初筛的目的是删去明确不符合要求的大部分菌株，把生产性状类似的菌株尽量保留下来，使优良菌种不至于漏网。复筛的目的是确认符合生产要求的菌株，应精确测定每个菌株的生产指标。筛选方案如图1-3所示。

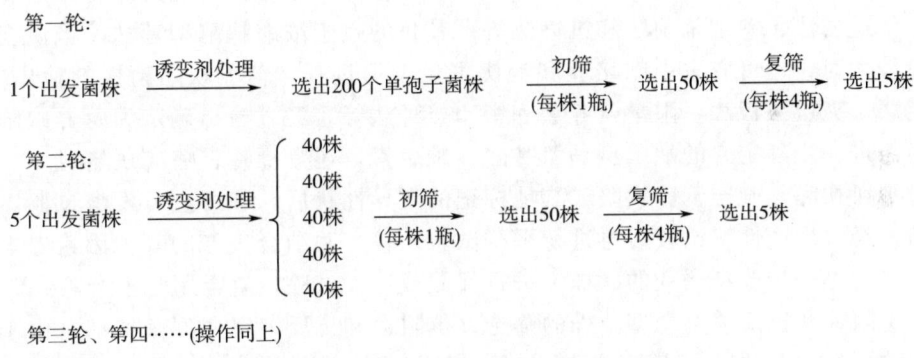

图1-3 工业用微生物高产突变株的筛选

初筛和复筛工作可以连续进行多轮，直到获得较好的菌株为止。采用这种筛选方案，不仅能以较少的工作量获得良好的效果，而且，还可使某些眼前产量虽不很高，但有发展前途的优良菌株不至于落选。筛选获得的优良菌株还将进一步做工业生产试验，考察它们对工艺条件和原料等的适应性及遗传稳定性。

诱变处理后的孢子在斜面上活化后，进行生产能力测试筛选。为了获得优良菌株，初筛菌株的量要大，可在粗放条件下进行发酵和测试。例如，可以采用琼脂平板筛选法进行初筛，也可以采用一个菌株一个摇瓶的方法进行初筛。随着以后一次一次的复筛，对发酵和测试条件的要求应逐步提高，复筛一般每个菌株进3～5个摇瓶，如果生产能力继续保持优异，再重复几次复筛。初筛和复筛均需有亲株作对照以比较生产能力是否优良。复筛后，对于有发展前途的优良菌株，可考察其稳定性、菌种特性和最适培养条件等。真正的高产菌株，往往需要经过产量提高的逐步累积过程，才能变得越来越明显。所以有必要多挑选一些出发菌株进行多步育种，以确保挑选出高产菌株。

根据形态变异淘汰低产菌株。突变一旦发生，突变细胞能够把突变的性状遗传给子代。如果诱变处理确实有效的话，在一定的培养基上，很容易发现一些菌落的性状或色泽等和亲代菌株不同，这可作为诱变效果的定性指标。某些菌落形态与生产性能有直接的相关性，可采取在平皿直接筛选。但就目前的研究，多数变异菌落的外观形态与生理的相应关系尚未完全清楚。根据平皿直接反应挑取高产菌株。所谓平皿直接反应是指每个菌落产生的代谢产物与培养基内的指示物作用后的变色圈或透明圈等。因其可表示菌株的生产活力高低，所以可以作为初筛的标志，常用的有纸片培养显色法、透明圈法、琼脂片法、深度梯度法。菌体细胞经诱变剂处理后，要从大量的变异菌株中把一些具有优良性状的突变株挑选出来，这需要有明确的筛选目标和筛选方法，需要进行认真细致的筛选工作。

（1）营养缺陷型的筛选　营养缺陷型（Auxotroph）是指原菌株由于发生基因突变，致使合成途径中某一步骤发生缺陷，从而丧失了合成某些物质的能力，必须在培养中外源补加该营养物质才能生长的突变型菌株。原养型（Prototroph）一般指营养缺陷型突变株经回复突变或重组后产生的菌株，其营养要求在表型上与野生型（Wild Type）相同，如能在基本培养基（MM）上生长，但基因型不一定相同。

营养缺陷型的筛选，一般是经诱变后，再经中间培养、淘汰野生型、检出营养缺陷型、确定生长谱等步骤。中间培养的目的是减少以后筛选中再产生分离子，其培养基是完全培养基（CM）或补充培养基（SM），并且培养过夜。淘汰野生型菌株的方法有：抗生素法、菌丝过滤法、差别杀菌法和饥饿法等。其目的在于浓缩缺陷型菌株。当诱变后的缺陷型数量较大时，也可省去中间培养和淘汰野生型等过程。营养缺陷菌株的检出方法有：逐个测定法、夹层平板法、限量营养法和影印接种法等。经过检出确定为营养缺陷型菌株之后，尚需进一步确定它的缺陷型是氨基酸、维生素，还是嘌呤、嘧啶缺陷型。

经过平皿初筛，确定营养缺陷或其他标记的变异性状后，即可进行发酵试验，检查其生产性状，经过生产性状比较，再进行平行试验比较，并结合生产的其他因素考虑，可确定用于生产或进一步改良诱变的菌株，进行保藏或扩大试验，直至用于生产等。

（2）抗阻遏和抗反馈突变型菌株的筛选　抗阻遏和抗反馈突变型菌株都是由于代谢失调所造成的，它们有共同的表型，即在细胞中已经有大量最终代谢产物时仍然继续不断地合成这一产物。如果这一终产物是我们所需要的某种氨基酸或核苷酸，那么这种突变型必然大大提高其产量。一般常用的方法是通过诱变处理后，选育结构类似物抗性突变株，这些抗性突变株就包括了抗阻遏和抗反馈两种类型突变。

结构类似物是指一些和细菌体内氨基酸、嘌呤、维生素等代谢产物结构相类似的物质。当把细菌培养在含有结构类似物的培养基上时，如苯丙氨酸的结构类似物对氟苯丙氨酸，细菌的生长就受到抑制，即在不加苯丙氨酸的基本培养基上细菌不能生长，这是因为这些结构类似物和代谢产物结构相似，因此它也能和阻遏蛋白或变构酶相结合，阻遏或抑制了苯丙氨酸的合成。而且，由于这些结构类似物往往不能代替氨基酸合成蛋白质，它们在细胞内的浓度不会降低，因此它们和阻遏物或变构酶的结合是不可逆的，这就使得有关的酶不可逆地停止了合成或是酶的催化活性不可逆地被抑制，因此细菌不能合成苯丙氨酸而受到抑制。

结构类似物抗性菌株是指在含有类似物的环境中，其生长不被抑制的菌株。这种抗性菌株是由于变构酶结构基因或调节基因发生突变，使结构类似物不能与结构发生了变化的阻遏蛋白质或变构酶结合，细菌也照样合成终产物，生长不受抑制。例如，对氟苯丙氨酸是苯丙氨酸的结构类似物，因此对氟苯丙氨酸抗性菌株所产生的苯丙氨酸也不能与阻遏蛋白或变构酶结合，这样必然会在有苯丙氨酸存在的情况下，细胞仍然不断地合成苯丙氨酸，使其得到过量积累，这就是抗阻遏或抗反馈突变株。

(3) 抗性突变株的筛选　抗性突变株的筛选相对较容易，只要有 10^{-6} 概率的突变体存在，就容易筛选出来。抗性突变株的筛选常用的有一次性筛选法和阶梯性筛选法两种。

①一次性筛选法：一次性筛选法就是指在对出发菌株完全致死的环境中，一次性筛选出少量抗性变异株。一次性抗性筛选适用于抗噬菌体菌株和耐高温、高渗、高压、高浓度酒精等微生物的筛选。

抗噬菌体菌株常用此方法筛选。将对噬菌体敏感的出发菌株经变异处理后的菌悬液大量接入含有噬菌体的培养液中，为了保证敏感菌不能存活，可使噬菌体数大于菌体细胞数而继续生长繁殖，通过平板分离即可得到纯的抗性变异株。耐高温菌株在工业发酵中的应用意义在于它可以节约冷却水的用量，尤其是在夏季，并能减少染菌的机会。耐高温菌株所产生酶的热稳定性较高，适用于一些特殊的工艺流程。耐高温菌株也常采用此法筛选。将处理过的菌悬液在一定高温下处理一段时间后再分离，对此温度敏感的细胞被大量杀死，残存的细胞则对高温有较好的耐受性。

耐高浓度酒精的酵母菌的酒精发酵能力较强，也适宜提高发酵醪液浓度，提高醪液酒精浓度。而耐高渗透压的酵母菌株具有积累甘油的性能，可用于甘油发酵。耐高酒精度、高渗透压的菌株也可分别在高浓度酒精或加蔗糖等造成的高渗环境下一次性筛选获得。

②阶梯性筛选法：药物抗性即抗药性突变株可在培养基中加入一定量的药物或对菌体生长有抑制作用的代谢物结构类似物来筛选，大量细胞中少数抗性菌在这种培养基平板上能长出菌落。但是在相当多的情况下，无法知道微生物究竟能耐受多高浓度的药物，这时，药物抗性突变株的筛选需要应用阶梯性筛选法。因为药物抗性常受多位点基因的控制，所以药物的抗性变异也是逐步发展的，时间上是渐进的，先是可以抗较低浓度的药物，而对高浓度药物敏感，经"驯化"或诱变处理后，可能成为抗较高浓度药物的突变株。阶梯筛选法由梯度平板或纸片扩散，在培养的空间中造成药物的浓度梯度，可以筛选出耐药浓度不等的抗性变异菌株，使暂时耐药性不高，但有发展前途的菌株不至于被遗漏。所以说，阶梯性筛选法较适合于药物抗性菌株的筛选，特别是在暂时无法确定微生物可以接受的药物浓度情况下使用。

(4) 基于培养基优化筛选优良菌种　一个突变株由于基因突变，失去生理特性的平衡，同时也因此降低了与原来环境条件的适应能力。由于这种环境因素的选择作用，不适应的突变株优良性状不能表达，甚至被淘汰。在实际选育中，当选育到一个优良突变株时，要改变环境条件，即调整培养基配方和培养条件，使突变株处于一个适应的环境中，从而得到充分表达的机会，使高产性状及其他优良特性完全发挥出来，这就是"表型=基因型＋环境"的作用。

基于上述道理，对诱变1~2代后的优良菌株，要进行培养基和培养条件的调整，使它在短时间内的群体遗传结构占优势，从而表现出更高的生产性能，达到最佳水平。培养基的调整方法包括正交设计和响应面方法。

三、杂交育种

杂交育种是指将两个基因型不同的菌株经细胞的互相联结、细胞核融合，随后细胞核进行减数分裂，遗传性状会出现分离和重新组合的现象，产生具有各种新性状的重组体，然后经分离和筛选，获得符合要求的生产菌株。尽管一些优良菌种的选育主要是采用诱变育种的方法，但是某一菌株长期使用诱变剂处理后，其生活能力一般要逐渐下降，如生长周期延长、孢子量减少、代谢减慢、产量增加缓慢、诱变因素对产量基因影响的有效性降低等，因此，常采用杂交育种的方法继续优化菌株。另外，由于杂交育种是选用已知性状的供体和受体菌种作为亲本，因此不论在方向性还是自觉性方面，都比诱变育种前进了一大步，所以它是微生物菌种选育的另一重要途径。

四、基因工程育种

体外重组DNA技术（或称基因工程、遗传工程）是以分子遗传学的理论为基础，综合分子生物学和微生物遗传学的最新技术而发展起来的一门新兴技术。它是现代生物技术的一个重要组成方面，是20世纪70年代以来生命科学发展的最前沿。利用基因工程能够使任何生物的DNA插入某一细胞质复制因子中，进而引入寄主细胞进行成功表达。

1. DNA重组过程

体外重组DNA技术操作的对象是单个基因，它的发展应归功于以下三方面的发现：一是在细菌中发现了除染色体外能自主复制的质粒，它们可作为分子克隆的载体；二是发现了许多识别序列不同的限制性核酸内切酶，使不同来源的DNA分子得以切割和连接；三是在大肠杆菌中发现了质粒转化系统。

基因操作就是把外源DNA分子结合到任何病毒、质粒或其他载体系统中，组成新的遗传物质，并转入宿主细胞内继续繁殖的过程。通过DNA片段的分子克隆，可以从复杂的DNA分子中分离出单独的DNA片段，这是常规物理或化学方法难以办到的；也可以大量生产高纯度的基因片段及其产物；也可以在大肠杆菌中研究来自其他生物的基因，还可在高等动植物细胞中发展和建立这种基因操作系统。

基因工程育种一般包括四步，如图1-4所示，即目的基因片段的获得、目的基因与载体DNA分子的连接、重组DNA分子导入宿主细胞及从中选出含有所需重组DNA分子的宿主细胞。对于发酵工业的工程菌，在此四步之后还需加上外源基因的表达及稳定性的考虑。

（1）目的基因的分离　DNA的提取通常包括去垢剂［如十二烷基硫酸钠（SDS）］裂解细胞壁、用酚和蛋白酶除去蛋白质、核糖核酸酶除去RNA，以及乙醇沉淀等步骤。但从总体DNA中分离特异的目的基因，则是相当困难的，主要有物理分离法、互补DNA（cDNA）分离法和"鸟枪"法等。

（2）DNA分子的切割与连接　DNA分子的切割是由限制性核酸内切酶（简称限制酶）来实现的。限制酶主要是从原核生物中分离的，可分为三类。在分子克隆中应用的主

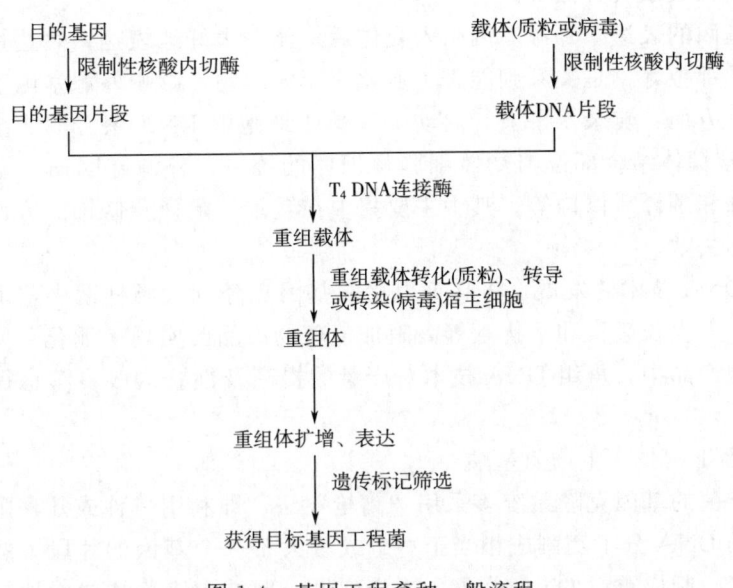

图 1-4 基因工程育种一般流程

要是Ⅱ类限制酶，其分子质量较小，在 DNA 上有各种不同的识别顺序，被称为"分子手术刀"。它不仅对切点邻近的两个核苷酸有严格要求，而且对较远的核苷酸顺序也有严格要求。限制酶的识别顺序通常为 4~6 个核苷酸，这些位点的核苷酸都呈旋转对称排列。DNA 片段的连接主要通过限制酶产生的黏性末端、末端转移酶合成的同聚物接尾以及合成的人工接头等，利用 DNA 连接酶来实现。大肠杆菌的 DNA 连接酶和 T_4 噬菌体感染大肠杆菌产生的 T_4 DNA 连接酶，都能修复互补黏性末端之间的单链缺口。T_4 连接酶还能连接平末端的双链 DNA 分子或连接上合成的人工接头等。

(3) 载体　能够克隆外源 DNA 片段并能在大肠杆菌中繁殖的载体有四种类型：质粒 (plasmids)、噬菌体 λ、黏粒（柯斯质粒）和单链噬菌体 M13 等。这四类载体大小、结构以及生物特性各不相同，但具有以下共同点。

①能在大肠杆菌中自主复制，在共价连接了外源 DNA 片段后仍能自主复制，即载体本身就是一个单独的复制子；

②对某些限制酶来说只有一个切口，并在酶作用后不影响其自主繁殖能力；

③从细菌核酸中分离和纯化很容易；

④在宿主中能以多拷贝形式存在，有利于插入的外源基因的表达，能在宿主中稳定地遗传。

(4) 宿主细胞转化　外源 DNA 片段与载体连接形成的重组体必须进入宿主细胞才能进一步增殖和表达。以质粒为载体的重组 DNA 以转化的方式进入宿主细胞；以噬菌体为载体的重组 DNA（不带包装蛋白）则以转染的方式进入宿主细胞；经体外包裹进入噬菌体外壳的噬菌体载体重组体或柯斯质粒，则以转导的方式进入宿主细胞。

(5) 重组体的鉴定　从转化、转染或转导的受体细胞群体中选择被研究的重组体，一般分两步：一是根据载体的遗传标记等选择出含有重组分子的转化细胞；二是进一步根据外源 DNA（目标基因）的遗传特性进行鉴定。鉴定转化细胞的方法主要有遗传学方法、免疫化学方法和核酸杂交方法等。

（6）外源基因的表达　外源基因引入受体后，能否很好地表达，表达蛋白能否分泌或到达催化反应的部位等，是关系到能否工业化应用的问题。影响外源基因表达的因素主要表现在以下几个方面：转录水平上，启动子和受体细胞中 RNA 聚合酶的统一；翻译水平上，mRNA 的核糖体结合部位与受体细胞核糖体的统一；外源基因插入方向对表达的影响；转录后修饰和翻译后修饰等。其中主要集中在转录、翻译及修饰三方面，任何一步的失效均造成表达失败。

随着重组 DNA 技术的发展，将高等生物的基因克隆到大肠杆菌中，由大肠杆菌发酵生产人胰岛素、人生长激素和干扰素等高附加值药物产品已实现工业化。同时，在微生物发酵生产的其他产品中，重组 DNA 技术对产量的提高及性状的改良等也得到了广泛的研究和应用。

2. 利用基因工程技术生产氨基酸

氨基酸生产菌的基因克隆系统多采用"鸟枪"法，即利用一种或几种限制性核酸内切酶将某一菌株的 DNA 分子切割成相当于一个或者大于一个基因的片段，然后将这些片段分别与载体连接，制成重组 DNA 分子，转化到另一菌株中进行体内无性繁殖，最后对所有带有重组 DNA 分子的细菌（组成基因文库）进行培养和选择，从中挑出含有目的基因的转化子。

利用基因工程技术将氨基酸合成酶基因克隆是提高氨基酸产量的有效途径。目前，几乎所有的氨基酸合成酶基因都可以在不同系统中克隆与表达。其中，苏氨酸、色氨酸、脯氨酸和组氨酸等的工程菌已达到工业化生产水平。例如，在 L-色氨酸生产中，利用色氨酸合成酶基因和丝氨酸转羟甲基酶（催化甘氨酸和甲醛合成丝氨酸的酶）基因的重组质粒，在大肠杆菌中克隆化。通过添加甘氨酸来制造 L-色氨酸，该方法能使上述两种酶的活性提高而增产 L-色氨酸。基因工程育种技术还应该和其他育种技术相结合才更为有效。例如，色氨酸的工程菌经过菌种筛选，工程菌的色氨酸产量由最初的 6.2g/L 上升到 50g/L。

五、原生质体融合

原生质体融合一般包括标记菌株的筛选、原生质体的制备、原生质体的融合、融合子的选择、实用性菌株的筛选等。图 1-5 所示为原生质体融合的基本过程示意图。

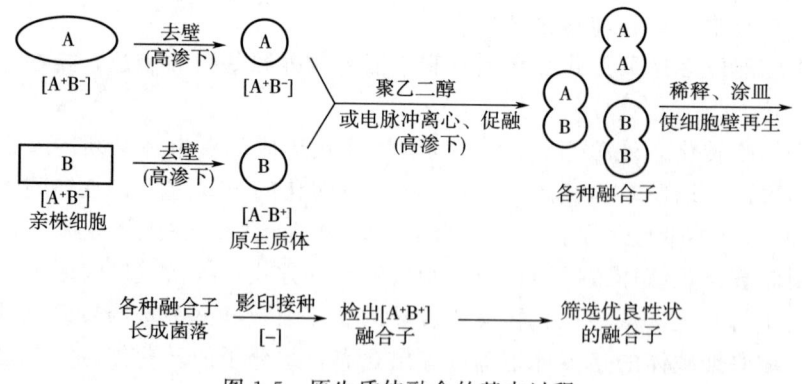

图 1-5　原生质体融合的基本过程

原生质体无细胞壁，易于接受外来遗传物质，不仅可能将不同种的微生物融合在一起，而且可能使亲缘关系更远的微生物融合在一起。原生质体易于受到诱变剂的作用，而成为较好的诱变对象。实践证明，原生质体融合能使重组频率大大提高。因此，此项技术能使来自不同菌株的多种优良性状通过遗传重组组合到一个重组菌株中。原生质体融合作为一项新的生物技术，为微生物育种工作提供了一条新的途径。现将原生质体融合过程简述如下。

1. 标记菌株的筛选

为了获得高产优质的融合子，首先应该选择遗传性状稳定且具有优势互补的两个亲株。同时，为了能明确检测到融合后产生的重组子并计算重组频率，参与融合的亲株一般都需要带有可以识别的遗传标记，如营养缺陷型或抗药性等。这些遗传标记可以通过诱变剂对原种进行处理来获得。在进行原生质体融合前，应先测定菌株各遗传标记的稳定性，如果自发回复突变的频率过高，应考虑该菌株是否适用。

2. 原生质体的制备

获得有活力、去壁较为完全的原生质体对于随后的原生质体融合和原生质体再生是非常重要的。除去细胞壁是制备原生质体的关键，一般都采用酶解法去壁。根据微生物细胞壁组成和结构的不同，需分别采用不同的酶，如溶菌酶、纤维素酶、蜗牛酶等。对于细菌和放线菌，主要采用溶菌酶；对于酵母菌和霉菌，则一般采用蜗牛酶和纤维素酶。有时需结合其他措施，如在生长培养基中添加甘氨酸、蔗糖或抗生素等，以提高细胞壁对酶解的敏感性。一些微生物细胞的去壁方法见表1-3。

在菌体生长的培养基中添加甘氨酸，可以使菌体较容易被酶解。甘氨酸的作用机制并不十分清楚，有人认为甘氨酸渗入细胞壁肽聚糖中代替D-丙氨酸的位置，影响细胞壁中各组分间的交联度。不同菌种对甘氨酸的最适需求量各不相同。在菌体生长阶段添加蔗糖也能提高细胞壁对溶菌酶的敏感性。蔗糖的作用可能是扰乱了菌体的代谢，最适的蔗糖添加浓度随不同菌种而变化。青霉素能干扰肽聚糖合成中的转肽作用，使多糖部分不能交联，从而影响肽聚糖网状结构的形成，所以，在菌体生长对数期加入适量青霉素，就能使细胞对溶菌酶更敏感。

表1-3　　　　　　　　　　　一些微生物细胞的去壁方法

	微生物	细胞壁主要成分	去壁方法
革兰阳性菌	芽孢杆菌（Bacillus） 葡萄球菌（Staphyloccocus） 链霉菌（Streptomyces）	肽聚糖	溶菌酶处理 溶葡萄球菌素处理 溶菌酶处理（菌丝生长时补充0.5%～5.0%甘氨酸或10%～34%蔗糖）
革兰阴性菌	大肠杆菌（Escherichia coli） 黄色短杆菌（Brevibacterium flavum）	肽聚糖和脂多糖	溶菌酶和EDTA处理 溶菌酶处理（生长时补充0.41mol/L蔗糖及0.3U/mL青霉素）
霉菌		纤维素和几丁质	纤维素酶或真菌中分离的溶壁酶
酵母菌		葡聚糖和几丁质	蜗牛酶

原生质体对渗透压极其敏感，低渗将引起细胞破裂。一般是将原生质体放在高渗的环境中以维持它的稳定性。对于不同微生物，原生质体的高渗稳定液组成也是不同的。例如，细菌的稳定液常用 SMM 液（用于芽孢杆菌原生质体制备和融合，其主要成分是蔗糖 0.5mol/L、丁烯二酸 0.02mol/L、$MgCl_2$ 0.02mol/L）和 DF 液［用于棒状杆菌（*Corynebacterium*）原生质体制备和融合，主要成分是蔗糖 0.25mol/L、琥珀酸 0.25mol/L、EDTA 0.001mol/L、K_2HPO_4 0.02mol/L、KH_2PO_4 0.11mol/L、$MgCl_2$ 0.01mol/L］。在链霉菌中用得较多的是 P 液（主要成分为蔗糖 0.3mol/L、$MgCl_2$ 0.01mol/L、$CaCl_2$ 0.25mol/L 及少量磷酸盐和无机离子）。真菌中广为使用的是 0.7mol/L NaCl 或 0.6mol/L $MgSO_4$ 溶液，高渗稳定液使原生质体内空泡增大，浮力增加，易与菌丝碎片分开。影响原生质体制备的因素有许多，主要有以下几个方面。

(1) 菌体的预处理　在使用脱壁酶处理菌体以前，先用某些化合物对菌体进行预处理，有利于原生质体制备。例如，用 EDTA、甘氨酸、青霉素或 D-环丝氨酸等处理细菌，可使菌体的细胞壁对酶的敏感性增加。EDTA 能与多种金属离子形成络合物，避免金属离子对酶的抑制作用而提高酶的脱壁效果。甘氨酸可以代替丙氨酸参与细胞壁肽聚糖的合成，其结果干扰了细胞壁肽聚糖的相互交联，便于原生质体化。

(2) 菌体的培养时间　为了使菌体细胞易于原生质体化，一般选择对数生长期后期的菌体进行酶处理。这时的细胞正在生长，代谢旺盛，细胞壁对酶解作用最为敏感。采用这个时期的菌体制备原生质体，原生质体形成率高，再生率也很高。

(3) 酶浓度　一般来说，酶浓度增加，原生质体的形成率也增大，超过一定范围，则原生质体形成率提高不明显。酶浓度过低，则不利于原生质体的形成；酶浓度过高，则导致原生质体再生率的降低。为了兼顾原生质体形成率和再生率，有人建议以使原生质体形成率和再生率之乘积达到最大时的酶浓度为最适酶浓度。

(4) 酶解温度　温度对酶解作用有双重影响，一方面随着温度升高，酶解反应速度加快；另一方面，随着温度升高，酶蛋白变性而使酶失活。一般酶解温度控制在 20~40℃。

(5) 酶解时间　充足的酶解时间是原生质体化的必要条件。但是，如果酶解时间过长，则再生率随酶解时间的延长而显著降低。其原因是当酶解达到一定的时间后，绝大多数的菌体细胞均已形成原生质体，因此，再进行酶解作用，酶便会进一步对原生质体发生作用而使细胞质膜受到损伤，造成原生质体失活。

(6) 渗透压稳定剂　原生质体对溶液和培养基的渗透压很敏感，必须在高渗透压或等渗透压的溶液或培养基中才能维持其生存，在低渗透压溶液中，原生质体将会破裂而死亡。对于不同的菌种，采用的渗透压稳定剂不同。对于细菌或放线菌，一般采用蔗糖、丁二酸钠等作为渗透压稳定剂；对于酵母菌则采用山梨醇、甘露醇等；对于霉菌则采用 KCl 和 NaCl 等。稳定剂的使用浓度一般为 0.3~0.8mol/L，一定浓度的 Ca^{2+}、Mg^{2+} 等二价阳离子可增加原生质膜的稳定性，所以是高渗透压培养基中不可缺少的成分。

3. 原生质体的融合与再生

原生质体再生就是使原生质体重新长出细胞壁，恢复完整的细胞形态结构。不同微生物的原生质体的最适再生条件不同，甚至一些非常接近的种，最适再生条件也往往有所差别。但最重要的一个共同点是都需要高渗透压。能再生细胞壁的原生质体只占总量的一部分。细菌的再生率一般为 3%~10%。

影响原生质体融合的因素主要有：菌体的前处理、菌体的培养时间、融合剂的浓度、融合剂作用的时间、阳离子的浓度、融合的温度及体系的 pH 等。

影响原生质体再生的因素有：菌种自身的再生性能、原生质体制备的条件、再生培养基成分、再生培养条件等。检查原生质体形成和再生的指标有两个，即原生质体的形成率和原生质体的再生率，可以通过如下方法来求得：

① 将用酶处理前的菌体经无菌水系列稀释，涂布于完全培养基平板上培养，计算出原菌数，设该数值为 A。

② 将用酶处理后得到的原生质体分别经如下两个过程的处理：首先，用无菌水适当稀释，在完全培养基平板上培养计数，由于原生质体在低渗透压条件下会破裂失活，所以生长出的菌落数为未形成原生质体的原菌数，设该值为 B；然后，用高渗透压液适当稀释，在再生培养基平板上培养计数，生长出的菌落数为原生质体再生的菌数和未形成原生质体的原菌数之和，设该数值为 C。以原生质体形成率和再生率为指标，可确定原生质体制备最佳条件。原生质体形成率和再生率的计算如下所示。

$$原生质体形成率 = \frac{A-B}{A} \times 100\% \tag{1-1}$$

$$原生质体再生率 = \frac{C-B}{A-B} \times 100\% \tag{1-2}$$

4. 优良性状融合重组子的筛选

原生质体融合后，来自两亲代的遗传物质经过交换并发生重组而形成的子代称为融合重组子。这种重组子通过两亲株遗传标记的互补而得以识别，如两亲株的遗传标记分别为营养缺陷型 A^+B^- 和 A^-B^+，融合重组子应是 A^+B^+ 或 A^-B^-。重组子的检出方法有两种，即直接法和间接法。

（1）直接法　将融合液涂布在不补充亲株生长需要的生长因子的高渗再生培养基平板上，直接筛选出原养型重组子。

（2）间接法　把融合液涂布在营养丰富的高渗再生平板上，使亲株和重组子都再生成菌落，然后用影印法将它们复制到选择培养基上检出重组子。

从实际效果来看，直接法虽然方便，但由于选择条件的限制，对某些重组子的生长有影响。虽然间接法操作上要多一步，但不会因营养关系限制某些重组子的再生。特别是对一些有表型延迟现象的遗传标记，宜用间接法。若原生质体融合的两亲株带有抗药性遗传标记，可以用类似的方法筛选重组子。

原生质体融合后，两亲株的基因组之间有机会发生多次交换，产生多种多样的基因组合，从而得到多种类型的重组子，而且参与融合的亲株数不限于两个，可以多至三四个。这些都是常规杂交育种不可能达到的。

以上获得的仅仅是融合重组子，还需要对它们进行生理生化测定及生产性能的测定，以确定它是否是符合育种要求的优良菌株。

由于原生质体融合后会产生两种情况：一种是真正的融合，即产生杂合二倍体或单倍重组体；另一种是暂时的融合，形成异核体。两者均可以在选择培养基上生长，一般前者较稳定，而后者不稳定，会分离成亲本类型，有的甚至可以异核状态移接几代。因此，要获得真正的融合子，必须在融合体再生后，进行几代自然分离、选择，才能确定。

5. 灭活原生质体融合技术在育种中的应用

灭活原生质体融合技术是指采用热、紫外线、电离辐射以及某些生化试剂、抗生素等作为灭活剂处理单一亲株或双亲株的原生质体，使之失去再生的能力，经细胞融合后，由于损伤部位的互补可以形成能再生的融合体。灭活处理的条件应该适当温和一些，以保持细胞DNA的遗传功能和重组能力。例如，在一株链霉菌中，其原生质体用55℃热处理30min，存活率为零，种内单亲株灭活融合，能够得到融合子；而处理时间为60min时，则得不到融合子。

（1）单一亲株灭活　该方法可以采用灭活野生型亲株的原生质体，与另一带有营养缺陷型标记的非灭活亲株融合，然后筛选原养型重组体。例如，有人在小单孢菌中用热灭活野生型亲株的原生质体，与另一营养缺陷型耐链霉素亲株融合，在再生群体中分离到的原养型菌株有80%为链霉素耐药菌。一般认为，被灭活的亲株在融合中起遗传物质供体的作用。

（2）双亲株或多亲株灭活　常规的杂交育种和原生质体融合，一般都要用诱变方法给双亲株进行遗传标记，这不仅要耗费很大的人力和时间，而且往往对亲株的生产性能有重大的不利影响。双亲株原生质体灭活，只要其致死损伤不一致，就有可能通过融合而互补产生活的重组体。有人将链霉素产生菌灰色链霉菌（*S. griseus*）的高产菌株36~81、84~102和野生型亲本菌株的原生质体等量混合后，均等分成两份，分别用热和紫外线灭活，然后进行融合，获得的融合子中有一株兼有生产菌株的效价高和野生型菌株的生长快的双重优点。该方法由于可以不用遗传标记等优点，在育种工作中已初见成效。

第三节　菌种的退化、复壮与保藏

任务

1. 了解菌种退化的原因以及表现。
2. 掌握防止菌种退化的措施。
3. 掌握菌种保藏的常用方法。

【案例】

冷冻干燥保藏法是在低温下迅速地将细胞冻结以保持细胞结构的完整，然后在真空下使水分升华，使菌种的生长和代谢处于极低水平，不易发生变异或死亡，从而保存菌种。那么，如何用冷冻干燥保藏法保藏基因工程菌？

【案例分析与讨论】

冷冻干燥保藏法是一种最常用的菌种保藏技术，采用真空冷冻干燥机在干燥、低温、缺氧的条件下进行保藏，适用于菌种的长期保藏。

一、菌种的退化

菌种退化是指整个菌体在多次接种传代过程中逐渐造成菌种发酵力（如糖、氮的消耗）或繁殖力（如孢子的产生）下降或发酵产物得率降低的现象。对此，首先要鉴定是否由于染菌引起产量下降或菌种生长延缓，可直接进行镜检判断或采用划线分离来确定是染菌还是菌种退化；其次要判断是否由于培养条件引起的暂时性变化，可通过培养几批菌种观察生长代谢情况来确定。

1. 菌种退化原因

随着菌种保藏时间的延长或菌种的多次转接传代，菌种本身所具有的优良的遗传性状可能得到延续，也可能发生变异。变异有正变（自发突变）和负变两种，其中负变即菌株生产性状的劣化或有些遗传标记的丢失均称为菌种的退化。菌种衰退的原因有两个方面：一是菌种保藏不妥；二是菌种生长的条件要求没有得到满足，或是遇到不利的条件，或是失去某些需要的条件。此外还有经诱变得来的新菌株发生回复突变，从而丧失新的特征等情况。

菌种的退化会使微生物个体和群体特征的各个方面发生变化，其中最重要的是使所需产物的生产产量下降、营养物质代谢和生长繁殖能力下降、发酵周期延长、抗不良环境条件的性能减弱等。菌种的退化不同于培养过程中由环境条件变化引起的表面的、暂时的变化，而是由个别、少数菌体细胞衰退后逐渐导致整个菌株衰退的一个从量变到质变的遗传变异过程。

菌种连续传代是菌种发生退化的直接原因。由于连续传代使菌种经常处于旺盛的生长状态，且每次传代时营养和环境等培养条件都是在不断地变化，与处于休眠状态的菌种相比，细胞的自发突变率要高得多。因此，菌株经过连续传代后，含突变基因的个体在数量上逐渐占优势，退化现象就逐渐显露出来。培养基灭菌升、降温的不同，培养基存放时间的不同，采用老龄菌和多核菌丝传代等都比较容易引起菌种衰退。

菌种保藏不妥也会引起菌种的退化。菌种的保藏主要是通过控制低温、干燥、缺氧等条件，使微生物营养体或休眠体处于不活泼的状态，维持最低代谢水平，尽可能保证活力且不发生变异。但是，各种菌种的保藏法对阻止菌种变异的效果不尽相同，用效果较差的条件保藏菌种时，菌种就较易发生退化。此外，保藏操作不当也会影响保藏效果，甚至导致菌种的变异。

菌种自身突变引起菌种退化。菌种的自发突变和回复突变是引起菌种自身衰退的主要原因。微生物细胞在每一世代中的突变概率一般为 $10^{-9} \sim 10^{-8}$，保藏在 0~4℃ 时这一突变概率更小，但仍然不能排除菌种衰退的可能。诸如对营养缺陷型菌种未充足供给所需营养物，菌种就会发生突变而丧失已有的特性。

菌种的回复突变是指突变菌株因遗传组成的自身修复，使原有的遗传障碍解除，代谢途径发生变化，从而恢复原有的特性，表现出原育种过程中已获得的优良性状的退化。突变不完全造成菌体遗传组成的差异。对于单核细胞的菌株，菌体内的 DNA 双链中仅有一条链发生位点突变，并复制成变异菌的 DNA 链，而未发生变化的一条链，复制成原菌的 DNA 链，结果形成不纯的菌落，经移植后表现出菌种的衰退现象。同样，对于具有两个核以上细胞的菌株，如果只有一个或几个核发生变异，将会产生异核菌丝，不纯的异核菌丝分裂，便会形成性状不同的菌丝，而一旦性状不同的菌丝占优势，就将表现出菌株的衰退，而不再具有优良的性状。如果菌落不是由一个孢子或一个细胞形成，当其中只有一个高产突变的孢子或细胞，通过移植后，高产菌株数量就比较少，表现出菌种退化。

2. 菌种退化的表现

在生产实践中，必须将由于培养条件的改变导致菌种形态和生理上的变异与菌种退化区别开来，因为优良菌株的生产性能是和发酵工艺条件紧密相关的。如果培养条件发生变化，如培养基中缺乏某些元素，会导致产孢子数量减少，也会引起孢子颜色的改变；温度、pH 的变化也会使发酵产量发生波动等。所有这些，只要条件恢复正常，菌种原有性能就能恢复正常，因此这些原因引起的菌种变化不能称为菌种退化。常见的菌种退化的表现在菌种性能、生理状况以及代谢活动减弱等方面。

(1) 菌种性能的改变　菌种遗传特性的改变是从菌种遗传机理这一微观角度来看，菌种遗传特性的改变主要有如下原因。

①异核现象导致微生物群体发生变异：某些菌丝生长时会和邻近的菌丝细胞间发生吻合，形成异核菌丝体（简称异核体），即在一条菌丝里含有几个遗传特性不同的细胞核，共同生活在均一的细胞质里。异核体可以由遗传性不同的菌丝吻合后形成，也可由多核菌丝中个别核发生突变而产生。异核体所产生的单核或多核的孢子具有不同的遗传特性和不同的生长繁殖速度，其结果是伴随着菌种传代培养，菌种的遗传特性发生改变。在菌种选育过程中，许多从培养基中新分离出来的丝状菌是异核体。在抗生素生产中，从产生单核分生孢子的异核体进行单孢子自然分离，可以得到同核的单菌落，其中很多表现出稳定的生产能力。

②自发突变导致菌种遗传特性改变：由于 DNA 在复制过程中会出现偶然的差错，以及环境中某些物质和某些微生物自身的代谢产物对微生物有刺激作用，菌种以很低的频率发生自发突变。突变所产生的变种或杂交重组所形成的杂种往往不稳定，容易发生回复突变或产生分离子，以致在菌种这一群体中形成具有不同基因型（也称遗传型）的个体。以上是导致菌种变异的遗传因素，这些因素将通过环境得以表现。生产菌种在使用过程中，需要在人工培养条件下进行传代，虽然原始斜面菌种是由单菌落发育而来，但菌落上的许多分生孢子已经具有不同的遗传基础，所以菌种的性状实际上是孢子群体的特征。较纯的群体，传代后变异较少；不纯的群体，传代后变异较多。

在菌种传代培养过程中，导致菌种遗传特性改变的以上几个原因都可起作用，其结果使群体中变异菌株增多。传代培养还具有某种选择作用。通常所说的菌种优良性状和大量生成目的产物的有关的高产菌株往往表现出生活力弱、生长繁殖速度慢的特点。这些特点使得传代培养实质上具有富集低产菌株的作用。所以，菌种传代次数过多会导致菌种衰退。此外，菌种保藏条件不当也会使菌种发生变异。在菌种保藏过程中采用的一些手段，例如，冷冻干燥会对菌体细胞的结构和 DNA 造成损伤，在修复这些损伤时，菌体就可能发生变异。

(2) 菌种生理状况的改变　菌种的遗传特性需要在一定条件下才能表现出来。由于培养条件不适当，使菌种处于不利于发酵生产的生理状况，其结果也表现为菌种衰退。菌种处于不利于发酵的生理状况有以下三个方面的原因。

①变异株混合菌种：一个菌种不是纯的群体，而是由一些变异株混合组成，这些变异株所占的比例决定该菌种的特性。一个由单菌落发育而来的菌种在固体培养基上分离，可以长出许多种形态培养特征的菌落。这些不同的菌落类型在代谢和生长繁殖速度等方面有一定差异。培养条件可以影响各变异株在培养物中的比例而改变该菌种的特性。同一个菌

种的单孢子分离在不同的培养基上，所生长出的单菌落，其形态培养特征有显著差异，各种类型菌落所占的比例也不同。如灰色链霉菌（*Streptomyces griseus*）在豌豆琼脂培养基上，单孢子分离呈现出3~4种菌落类型，而在黄豆粉培养基上仅出现两种菌落类型。在开始菌种选育工作时，要研究单菌落的分离培养基，找出能呈现较多菌落类型的分离培养基。菌落类型和发酵产量之间存在着某种程度的相关性。在选种实践中，人们经过对菌落形态的考察，有意识地丢弃一些被认为是低产的菌落，挑选那些可能是高产的菌落。

②培养基：菌种培养基可通过影响菌种的生理状况而影响发酵产量。菌种培养基营养过于丰富不利于孢子形成，因而影响发酵。菌种培养基营养贫乏也同样不利于发酵。因为菌种在营养贫乏的培养基中多次传代，会使菌体细胞内缺乏某些生长因子而衰老甚至死亡。因此，自然选育或菌种培养所用的培养基应选择具有菌种传代后生产能力下降不明显、菌体不易衰老和自溶的正常形态菌落、孢子丰富的培养基。

③培养条件：在某些培养条件下，菌体的某些基因处于活化状态或阻遏状态，而使菌种的生理状态改变。这种改变可能以类似于生理性迟延或细胞分化的机制保持较长一段时间。

由于菌种的衰退将会引起发酵过程的产量急剧下降，一旦发生菌种衰退，就必须采取有效的预防和防治措施，防止菌种的优良性状发生退化。同时若发现某些优良性状退化，应及时进行分离纯化，使生产菌种保持稳定的优良特性。防止菌种衰退的措施主要有菌种的复壮、提供良好的环境条件、定期纯化菌种、防止自身突变等方面。

3. 菌种退化的预防措施

(1) 菌种的分离　菌种发生衰退的同时，并不是所有的菌种都衰退，其中未衰退的菌体往往是经过环境条件考验的、具有更强生命力的菌体。因此，采用单细胞菌株分离措施，即用稀释平板法或平板划线法，以取得单细胞长成的菌落，再通过菌落和菌体的特征分析和性能测定，就可获得具有原来性状的菌株，甚至性能更好的菌株。如对芽孢杆菌，可先将菌液用沸水处理几分钟，再用平板进行分离，从所剩下的孢子中挑选出最优的菌体。如果遇到某些菌株即使进行单细胞分离仍不能达到复壮的效果，则可改变培养条件，以达到复壮的目的。例如，栖土曲霉（*Asp. terricola*）AT 3.942的产孢子能力下降，可适当提高培养温度，恢复其能力。同时，通过实验选择一种有利于高产菌株而不利于低产菌株的培养条件。

(2) 提供良好的环境条件　进行合理的传代、减少传代次数可防止由于菌种的遗传稳定性变化而引起的自发突变，以及由于环境条件变化导致的退化。菌种允许使用的传代次数必须通过传代的稳定性试验确定。发酵生产中一般只用三代内的菌种。采用合适的传代条件使培养条件有利于高产菌的生长，而不利于低产菌的生长，减少突变的发生。

(3) 优良的保藏方法　尽可能采用诸如斜面冰箱保藏法、沙土管保藏法、真空冷冻干燥保藏法以及采用干孢子保藏等优越的保藏方法保藏菌种，以防止菌种的衰退。

(4) 定期纯化菌种　对菌种进行定期的分离纯化，可减少其中共存的自发突变菌或"突变不完全"产生的退化型菌株的增殖机会，保持原来的优良特性。诸如对营养缺陷型菌种在纯化过程中提供足够的营养物，以保持菌株的优势，避免回复突变体的竞争。同样，在进行抗性突变的菌种纯化时，在培养基中加入对应于抗性的药物，可保持菌株的抗性优势，避免产生无抗性的回复突变体。

二、菌种的复壮

菌种的复壮有狭义的复壮和广义的复壮。狭义的复壮指的是菌种已经发生衰退后,再通过纯种分离和性能测定等方法,从衰退的群体中找出尚未衰退的少数个体,以达到恢复该菌种原有典型性状的一种措施。而广义的复壮应该是一种积极的措施,即在菌种的生产性能尚未衰退前就经常有意识地进行纯种分离和生产性能的测定工作,使菌种的生产性能逐步提高,所以,这实际上是一种利用自发突变(正突变)从生产中不断进行选种的工作。

1. 纯种分离

通过纯种分离,可把退化菌种中的一部分仍保持原有典型性状的单细胞分离出来,经过扩大培养,就可恢复原菌株的典型性。常用的菌种纯化方法很多,大体上可把它们归纳成两类:一类较粗放,只能达到"菌落纯"的水平,即从种的水平上来说是纯的,如在琼脂平板上进行划线、表面涂布或与琼脂培养基混匀以获得单菌落等方法;另一类是较精细的单细胞或单孢子分离方法,它可以达到"细胞纯"即菌株纯的水平。后一类方法应用较广,种类很多,既有简单的利用培养皿或凹玻片等作分离室,也有利用复杂的显微操纵器的菌株分离方法。如果遇到不长孢子的丝状菌,则可用无菌小刀取菌落边缘的菌丝尖端进行分离移植,也可用无菌毛细管插入菌丝尖端以截取单细胞而进行纯种分离。

2. 寄主复壮

对寄生性微生物的衰退菌株,可通过接种到相应昆虫或动物寄主体内以提高菌株毒性。如经过长期人工培养的杀螟杆菌,会发生毒力减退、杀虫率降低等现象,这时可将衰退的菌株去感染菜青虫的幼虫,然后再从病死的虫体内重新分离菌株。如此反复多次,就可提高菌株的杀虫率。

3. 淘汰衰退个体

有人曾对"5406"菌种采用在低温($-30\sim-10$℃)下处理其分生孢子7d,使其死亡率达到80%,结果发现在抗低温的存活个体中留下了未退化的健壮个体。

以上综合了一些在实践中收到一定效果的防止衰退和达到复壮目的的措施。但是,在使用这类方法之前,还要仔细分析和判断菌种究竟是衰退、污染还是仅属一般性的表型改变,只有对症下药才能使复壮工作奏效。

三、菌种保藏

微生物工业生产与纯种培养、菌种质量密切相关,而菌种质量又与菌种的制备和保藏直接相关,所以说,菌种保藏是微生物工业生产的重要环节。菌种保藏的目的是保证菌种在长时间内尽可能保持原有菌株优良的生产性能,提高菌种的存活率,减少菌种的变异,以及不被杂菌污染以利于生产上长期使用。

菌种保藏的基本原理是根据菌种的生理、生化特点,创造条件使菌种的代谢活动处于不活泼状态。在长期保藏菌种的实践中人们采用了多种方法,以适应不同的微生物。虽然不同的菌种的保藏方法各有优缺点,但其基本原则相同:选用优良纯种和创造一个最有利于菌种休眠的环境,即微生物生长繁殖和代谢受抑且不易突变的环境。这种环境要求干燥、低温、缺氧、缺营养、添加保护剂等。由于微生物种类繁多,代谢特点各异,对各种外界环境因素的适应能力不一致,一个菌种选用何种方法保藏较好,要根据具体情况而定。下面介绍微生物工业菌种常用的保藏方法。

1. 斜面低温保藏法

将菌种接到培养基斜面进行斜面培养或穿刺培养,也可进行液体培养,待长成健壮的菌体(对数期细胞、有性孢子、无性孢子等)后,置于4℃冰箱保存,间隔一定时间需要重新进行移植培养。例如,细菌通常1个月移种一次,芽孢杆菌3～6个月移种一次,放线菌3个月移种一次,酵母菌4～6个月移种一次,丝状真菌4个月移种一次。

保存期间要注意冰箱的温度,不可波动太大,不能在0℃以下保存,否则培养基会结冰脱水,造成菌种性能衰退或死亡。影响斜面保存时间的突出问题是培养基水分蒸发而收缩,使培养基成分浓度增大,更主要的是培养基表面收缩造成板结,对菌种造成机械损伤而使菌种致死。为了克服斜面培养基水分的蒸发,用橡皮塞代替棉塞有较好的效果,也可克服棉塞受潮而长霉污染的缺点。有研究者将2株枯草芽孢杆菌、1株大肠杆菌和1株金黄色葡萄球菌,分别接种在18mm×180mm试管斜面上,当培养成熟后将试管口用喷灯火焰熔封,置于4℃冰箱中保存了12年后,启封移种检查,结果除1株金黄色葡萄球菌已死亡,其余3株仍生长良好,这说明对某些菌种采用这种保藏方法,可以保存较长的时间。

2. 液体石蜡封存保藏法

在斜面菌种上加入灭菌后的液体石蜡,用量高出斜面1cm,使菌种与空气隔绝,试管直立,置于4℃冰箱保存。保存期约1年。此法适用于不能以石蜡为碳源的菌种。液体石蜡采用蒸汽灭菌。

3. 液氮超低温保藏法

此法被公认为最有效和适用范围最广的菌种长期保藏技术之一,需要液氮罐或液氮冰箱、圆底安瓿或塑料液氮保藏管。由于保藏采用-196～-150℃低温,必须按照"先慢后快"的原则进行操作。具体操作步骤如下:

(1) 将10%甘油或二甲亚砜作为保护剂分装于安瓿中。

(2) 将长有菌落的琼脂悬浮于已灭菌的保护剂中。

(3) 熔封安瓿口。

(4) 以1min下降1℃的速度降至-35℃,使瓶内悬浮液体冻结,然后将安瓿置于液氮冰箱中,于-130℃以下保藏。

(5) 恢复培养时,从液氮中取出安瓿,立即于38～40℃水浴中摇动,至瓶内的冰全部融化,按常法进行培养。

4. 甘油低温保藏法

与液氮超低温保藏法类似,采用含10%～30%甘油的蒸馏水悬浮菌种,置于-80～-70℃温度下保藏,因此需要超低温冰箱。该法保藏期一般在1年以上,特别适于基因工程菌株的保藏。

5. 沙土保藏法

此法适于芽孢杆菌、放线菌、曲霉菌等的保藏,保藏方法简单,主要过程如下:土壤(河沙需要10%～20% HCl溶液洗去有机质)经风干、过24目筛、分装灭菌后,加入10滴置备好的细胞或孢子悬液,然后在干燥器中吸干水分,再用火焰熔封管口,在室温或低

6. 麸皮保藏法

麸皮保藏法又称为曲法保藏，常用于放线菌、霉菌等的保藏。将麸皮或其他谷物与培养基或水按一定比例（按菌种要求而定，一般质量比为1∶1）拌匀，分装、灭菌后加入菌种培养，至长出菌丝，用干燥器干燥后在20℃条件下可长期保藏而不退化，故工厂经常采用。

7. 冷冻干燥保藏法

此法的原理是在低温下迅速地将细胞冻结以保持细胞结构的完整，然后在真空下使水分升华。这样菌种的生长和代谢活动处于极低水平，不易发生变异或死亡，因而能长期保藏，一般为5~10年。此法适用于各种微生物，具体的做法是将菌种制成悬浮液，与保护剂（一般为脱脂牛乳或血清等）混合，放在安瓿内，用低温酒精或干冰（−15℃以下）使之速冻，在低温下用真空泵抽干，最后将安瓿真空熔封，低温保存备用。

冷冻干燥保藏法是非常有效的菌种保藏法，采用干燥、低温、缺氧的条件保藏菌种，但需要冷冻干燥机等设备，操作复杂，菌种存活率的影响因素多，故其应用受限，主要在专业菌种保存单位采用。

思考题

1. 工业化菌种的要求有哪些？
2. 自然界分离微生物的一般步骤有哪些？
3. 什么是自然选育？自然选育在工艺生产中的意义是什么？
4. 什么是诱变育种？常用的诱导剂有哪些？
5. 菌种选育分子改造的目的是什么？
6. 什么是正突变？什么是负突变？
7. 菌种复壮的方法或措施有哪些？
8. 如何防止菌种衰退？
9. 谷氨酸发酵过程中，灭菌不彻底，发酵液会受到噬菌体污染，如何从受污染的发酵液中分离出抗噬菌体菌种？
10. 简述甘油低温保藏法保藏菌种的一般流程。
11. 某校农业废弃物资源化利用研究团队现已筛选出高效降解纤维素的草酸青霉菌，试述如何从草酸青霉菌分离出纤维素酶基因，并构建纤维素酶基因工程菌？

参考文献

[1] 姚汝华. 微生物工程工艺原理 [M]. 广州：华南理工大学出版社，2017.
[2] 余龙江. 发酵工程原理与技术应用 [M]. 北京：化学工业出版社，2011.
[3] 蒋新龙. 发酵工程 [M]. 浙江：浙江大学出版社，2011.
[4] 施巧琴. 工业微生物育种学 [M]. 北京：科学出版社，2013.
[5] 周桃英. 发酵工艺 [M]. 北京：中国农业大学出版社，2010.
[6] 徐岩. 发酵工程 [M]. 北京：高等教育出版社，2012.
[7] 金志华. 工业微生物育种学 [M]. 北京：化学工业出版社，2017.

［8］邓子新. 微生物学［M］. 北京：高等教育出版社，2017.

［9］李学如. 发酵工艺原理与技术［M］. 武汉：华中科技大学出版，2016.

［10］党建章. 发酵工艺教程［M］. 北京：中国轻工业出版社，2017.

［11］鲁珍. 高产中性蛋白酶菌株的筛选及其产酶条件的研究［J］. 黑龙江农业科学，2016，(5)：110-113.

［12］孙菲. 金霉素高产菌株选育及发酵工艺优化［C］. 第十三届全国抗生素学术会议论文集. 2017：145-152.

［13］李同彪. N'-二硫键及芳香族氨基酸对木聚糖酶 XynZF-2 热稳定性的影响［J］. 食品与发酵工业，2016，42：26-30.

［14］Chen-Yan Zhou，Tong-Biao Li，Yong-Tao Wang，et al. Exploration of a N-terminal disulfide bridge to improve the thermostability of a GH11 xylanase from *Aspergillus niger*［J］. Journal of General & Applied Microbiology，2016，62：83-89.

［15］王端好. 氧化葡萄糖酸杆菌的特性及应用［J］. 贵州农业科学，2013，41(10)：112-115，120.

第二章 发酵原料的制备

培养基是微生物纯种培养的基础，它直接影响菌体的生长、代谢、产物的合成和纯化。微生物对简单的营养物质如葡萄糖、氨基酸能够直接吸收利用，但由于发酵直接采用纯品葡萄糖和氨基酸，不但发酵成本提高，而且也使得含有这些营养物质的原料如淀粉、豆粕等中的其他营养物质，如无机盐、生长因子等在制备这些纯品原料时被分离掉，在发酵过程中还需要添加这些营养物质。另外，有的微生物不能够直接利用大分子原料如淀粉、蛋白质、纤维素等，但又具有极高的转化单体营养物质（单糖、氨基酸）生成发酵产物的能力，如酿酒酵母不能利用淀粉生产酒精，但具有高效利用葡萄糖生成乙醇的能力，因此，针对微生物对原料的处理特点，需要对发酵原料进行预处理和制备，使其更符合所选菌种的营养要求。

发酵工业培养基

第一节 工业发酵培养基的组分

任务

1. 了解微生物生长所需的五大元素。
2. 熟悉常见氨基酸发酵的前体物质。

从微生物的营养要求来看，所有的微生物都需要碳源、氮源、无机盐、水和生长因子，如果是好氧微生物则还需要氧气。碳源是供给菌体生命活动所需的能量和构成菌体细胞以及代谢产物的基础。氮源主要是构成菌体细胞物质和代谢产物，即蛋白质、氨基酸之类的含氮代谢物。微生物生长发育过程和生物合成过程也需要大量元素和微量元素，如镁、硫、磷、钾、锰等。一些特殊的微量生长因子如生物素、硫胺素、肌醇等，对缺陷型微生物是必不可少的。生物体内各种生化作用必须在水溶液中进行，营养物质必须溶解于水中，才能透过细胞膜被微生物利用。另外有些产品的生产还需要使用诱导剂、前体和促进剂。在实验室规模上配制含有纯化合物的培养基是相当简单的，虽然它能满足微生物的生长要求，但在大规模生产上往往是不适合的。在发酵工业中，必须使用廉价的原料来配制培养基，使之尽可能地满足下列条件：

（1）消耗每克底物将产生最大的菌体得率或产物得率。
（2）能产生最高的产品或菌体的浓度。
（3）能得到产物生成的最大速率。
（4）副产品的得率最小。
（5）价廉并具有稳定的质量。
（6）来源丰富且供应充足。
（7）通气和搅拌、提取、纯化、废物处理等生产工艺过程都比较容易。

值得注意的是，培养基的选择还会影响到发酵罐的设计。例如，利用甲醇和氨生产单细胞蛋白以气升式反应器代替普通的机械通风搅拌罐，从而克服了由于高速通气和高速搅拌所产生的热量问题，并节约了能源。同样如果发酵罐是现成的，将很明显限制了培养基的选择。

从实验室放大到中试规模，最后到工业生产，放大效应会产生各种各样的问题。比如实验室使用的培养基一般黏度较高，而在大型发酵罐中使用，由于气液传递速率降低，高黏度的培养基显然要消耗更高的搅拌功率，故要加以调整。除了能满足生长和产物形成的要求外，培养基的组成也会影响pH的变化、泡沫的形成、氧化还原电位和微生物的形态。

发酵培养基的组分如下所示。

一、工业上常用的碳源

在微生物发酵过程中，普遍以碳水化合物作为碳源，如表2-1所示。使用最广的碳水化合物是玉米淀粉，也可使用其他农产品，如大米、马铃薯、甘薯、木薯淀粉等。淀粉可用酸法或酶法水解产生葡萄糖，满足生产使用。

表 2-1　　　　　　　　　　　工业上常用的碳源及其来源

碳源	来源
葡萄糖	纯葡萄糖、水解淀粉
乳糖	纯乳清、乳清粉
淀粉	大麦、花生粉、燕麦粉、黑麦粉、大豆粉等
蔗糖	甜菜糖蜜、甘蔗糖蜜、粗红糖、精白糖等

大麦经发芽制成麦芽，麦芽除含有淀粉外，还含有许多糖分。麦芽是啤酒生产的主要原料，其碳水化合物组成见表2-2，麦芽汁也可由发芽的其他谷物制备得到。

表 2-2　　　　　　　　　　　麦芽的碳水化合物组成（总干重）

碳水化合物	含量/%	碳水化合物	含量/%
淀粉	58～60	其他糖	2
蔗糖	3～5	半纤维素	6～8
还原糖	3～4	纤维素	5

蔗糖一般来自甘蔗或甜菜。在发酵培养基中常用的甜菜糖蜜或甘蔗糖蜜是在糖精制过程中留下的残液。用于生产疫苗的动物细胞培养基，通常是用牛血清蛋白、牛肉汁等蛋白质作为碳源。

现在人们对诸如酒精、简单的有机酸、烷烃等含碳物质在发酵过程中作为碳源越来越感兴趣，虽然它们的价格比相同数量的粗碳水化合物要昂贵得多，但由于纯度较高，便于发酵结束后产物的回收和精制。甲烷、甲醇和烷烃已经用于微生物菌体的生产，例如，将甲醇作为底物生产单细胞蛋白，用烷烃进行有机酸、维生素等的生产。工业发酵过程碳源的选择主要取决于发酵的产品，当然也会受到政府法规等因素的影响。

二、工业上常用的氮源

工业生产上所用的微生物都能利用无机或有机氮源,无机氮源包括氨水、铵盐或硝酸盐等;有机氮源包括玉米浆、豆饼粉、花生饼粉、棉籽粉、鱼粉、酵母浸出液等。其功能是构成菌体成分,作为酶的组成成分或维持酶的活性,调节渗透压、pH、氧化还原电位等。除玉米浆外,还有其他的一些原料如豆饼粉等,它们既能作氮源又能作碳源。

三、无机盐

无机盐或矿质元素主要为微生物提供除 C、N 源以外的各种生物元素。凡生长所需浓度在 $10^{-4} \sim 10^{-3}$ mol/L 元素,称为大量元素,如 P、S、K、Mg、Ca、Na、Fe 等;凡生长所需浓度在 $10^{-8} \sim 10^{-6}$ mol/L 的元素,则称为微量元素,如 Mn、Zn、Cu、Cl、Co、Mo、Ni、B、W、Sn、Se 等。不同微生物有时所需的无机盐浓度有时差别很大,上述划分只是为了使用上方便。

在配制微生物培养基时,对于大量元素,可加入相关化学试剂,常用 K_2HPO_4 及 $MgSO_4$,它们可提供 4 种需要量最大的元素。对于微量元素,由于水、化学试剂、玻璃器皿或其他天然成分的杂质中已含有可满足微生物生长需要的各种微量元素,因此在配制普通培养基时一般不再另行添加。但如果要配制研究营养代谢等的精细培养基,所用的玻璃器皿应是硬质的,试剂是高纯度的,此时就需要加入必要的微量元素。

四、生长因子

从广义来说,凡是微生物生长不可缺少的微量有机物质,如氨基酸、嘌呤、嘧啶、维生素等均称为生长因子,其功能是构成细胞的组成成分,促进生命活动的进行。生长因子不是所有微生物都必需的,它只是对于某些自己不能合成这些成分的微生物才是必不可少的营养物。

目前以糖质原料为碳源的谷氨酸产生菌均为生物素缺陷型,以生物素为生长因子。有些菌株还可以硫胺素为生长因子,有些变异株油酸缺陷型以油酸为生长因子。

1. 生物素

生物素的作用主要影响谷氨酸产生菌细胞膜的通透性,同时也影响菌体的代谢途径。生物素浓度对菌体生长和谷氨酸积累都有影响,大量合成谷氨酸所需要的生物素浓度比菌体生长的需要量低,即为菌体生长需要的"亚适量"谷氨酸发酵最适的生物素浓度随菌种、碳源种类和浓度以及供氧条件不同而异,一般为 $5\mu g/L$ 左右。如果生物素过量,就大量繁殖而不产或少产谷氨酸,而产乳酸或琥珀酸,在生产中表现为长菌快,pH 低,尿素消耗多。若生物素不足,菌体生长不好,谷氨酸产量也低,表现为长菌慢,耗糖慢,发酵周期长。当供氧不足,生物素过量时,则发酵向乳酸发酵转换。供氧充足,生物素过量,糖代谢倾向于完全氧化。

菌体从培养液中摄取生物素的速度是很快的,远远超过菌体繁殖所消耗的生物素量,因此,培养液中残留的生物素量很低,在发酵过程中菌体内生物素含量由"丰富转向贫乏"过渡。有人试验得出结果,当菌体内生物素从 $20\mu g/g$ 干菌体降到 $0.5\mu g/g$ 干菌体,菌体就停止生长,继续发酵,在适宜条件下就大量积累谷氨酸。

生物素是 B 族维生素的一种，又称为维生素 H 或辅酶 R，是一种弱一元酸（$K_a = 6.3 \times 10^{-8}$），在 25℃时，它的钠盐溶解度很大，在酸性或中性水溶液中对热较稳定。

生物素存在于动植物的组织中，多与蛋白质呈结合状态存在，用酸水解可以分开。米糠中含量为 270μg/kg，酵母中含量为 600~1800μg/kg，豆饼水解液中含量为 120μg/kg。

2. 维生素 B_1（硫胺素）

维生素 B_1 对某些谷氨酸菌种的发酵有促进作用。在水中的溶解度为 1g/mL。其 1% 水溶液的 pH 为 3.13；0.1% 水溶液的 pH 为 3.58。pH5.5 的硫胺素盐酸盐水溶液在 120℃加热稳定，pH5.5 以上易破坏，有氧化剂或还原剂存在时易失去活性。

3. 提供生长因子的农副产品原料

（1）玉米浆　玉米浆是用亚硫酸浸泡玉米而得到浸泡液的浓缩物，也是玉米淀粉生产的副产品。玉米浆的成分因玉米原料来源及处理方法而变动。每批原料使用前均需进行小型试验，以确定用量。玉米浆用量还应根据淀粉原料不同，糖浓度及发酵条件不同而异。一般用量为 0.4%~0.8%。虽然玉米浆主要用作氮源，但它含有乳酸、少量还原糖和多糖，含有丰富的氨基酸、核酸、维生素、无机盐等，因此常作为提供生长因子的物质。

（2）麸皮水解液　麸皮水解液可以代替玉米浆，但蛋白质、氨基酸等营养成分比玉米浆少。用量一般为 1%（以干麸皮计）左右。

（3）糖蜜　甘蔗糖蜜和甜菜糖蜜均可代替玉米浆，但氨基酸等有机氮含量较低。甘蔗糖蜜用量为 0.1%~0.4%。

（4）酵母　可用酵母膏、酵母浸出液或直接用酵母粉。

五、前体物质和促进剂

随着原料转换，生产菌种不断更新，为了进一步大幅度提高发酵产率，在某些工业发酵过程中，发酵培养基除了碳源、氮源、无机盐、生长因子和水分五大成分外，考虑到代谢控制方面，还需要添加某些特殊功用的物质。这些物质加入培养基中有助于调节产物的形成，但不促进微生物的生长，例如，某些氨基酸、抗生素、核苷酸和酶制剂的发酵需要添加前体物质、促进剂、抑制剂及中间补料等，添加这些物质往往与菌种特性和生物合成产物的代谢控制有关，目的在于大幅度提高发酵产率、降低成本。

1. 前体物质

某些化合物加到发酵培养基中，能直接被微生物在生物合成过程结合到产物分子中去，而其自身的结构并没有多大变化，但产物的产量却因加入而有较大的提高，这类化合物称为前体物质。有些氨基酸、核苷酸和抗生素发酵必须添加前体物质才能获得较高的产率，例如丝氨酸、色氨酸、异亮氨酸及苏氨酸发酵时，培养基中分别添加各种氨基酸的前体物质，如甘氨酸、吲哚、1-羟基-3-甲基硫代丁酸、α-氨基丁酸及高丝氨酸等，这样可避免氨基酸合成途径的反馈抑制作用，从而获得较高的产率。目前应用添加前体物质的方法大规模发酵生产丝氨酸在日本已经实现，色氨酸和甲硫氨酸的生产也可望工业化。又如 5′-核苷酸可以由糖在加有化学合成的腺嘌呤为前体物质情况下，用腺嘌呤或鸟嘌呤缺陷变异菌株直接发酵生成。氨基酸发酵的前体物质如表 2-3 所示。

表 2-3　　　　　　　　　　　　　氨基酸发酵的前体物质

氨基酸	菌株	前体物质	产率/%
丝氨酸	嗜甘油棒状杆菌	甘氨酸	1.6
色氨酸	异常汉逊酵母	氨基酸	0.8
色氨酸	麦角菌	吲哚	1.3
甲硫氨酸	脱氮极毛杆菌	1-羟基-3-甲基硫代丁酸	1.1
异亮氨酸	黏质赛杆菌	α-氨基丁酸	0.8
异亮氨酸	阿氏棒状杆菌	D-苏氨酸	1.5
苏氨酸	谷氨酸小球菌	高丝氨酸	2.0

2. 促进剂和抑制剂

在氨基酸、抗生素和酶制剂发酵生产过程中，可以在发酵培养基中加入某些对发酵起一定促进作用的物质，称为促进剂或刺激剂。例如在酶制剂发酵过程中，加入某些诱导物、表面活性剂及其他一些产酶促进剂，可以大大增加菌体的产酶量。

添加诱导物，对产诱导酶（如水解酶类）的微生物来说，可使原来很低的产酶量大幅度地提高，这在生产酶制剂新品种时尤其明显。一般的诱导物是相应酶的作用底物或一些底物类似物，这些物质可以"启动"微生物体内的产酶机构，如果没有这些物质，这种机构通常是没有活性的，产酶是受阻抑的。

在培养基中添加微量的促进剂可大大地增加某些微生物酶的产量。常用促进剂有各种表面活性剂（洗净剂、吐温-80、植酸等）、二乙胺四乙酸、大豆油抽提物、黄血盐、甲醇等，如栖土曲霉3942生产蛋白酶时，在发酵2～8h添加0.1% LS 洗净剂，就可使蛋白酶产量提高50%以上。添加占培养基0.02%～1%的植酸盐可显著地提高枯草杆菌、假单胞菌、酵母、曲霉等的产酶量。在生产葡萄糖氧化酶时，加入金属螯合剂二乙胺四乙酸（EDTA）对酶的形成有显著影响，酶活性随二乙胺四乙酸用量而递增。添加大豆油抽提物，米曲霉蛋白酶可提高187%的产量，脂肪酶可提高150%的产量。在酶制剂发酵过程中添加促进剂能促进产量增加的原因主要是改进了细胞膜的渗透性，同时增强了氧的传递速度，改善了菌体对氧的有效利用。

抗生素工业在发酵过程中加入某些促进剂或抑制剂（表2-4），可促进抗生素的生物合成。在不同的情况下，不同的促进剂所起的作用也各不相同。有的可能起生长因子的作用，如加入微量植物刺激剂可促进某些放线菌的生长发育，缩短发酵周期或提高抗生素发酵单位；有的可推迟菌体的自溶，如巴比妥药物能增加链霉素产生菌的菌丝抗自溶能力（巴比妥主要对链霉素生物合成酶系统具有刺激作用）；有的是抑制了某些合成其他产物的途径而使之向所需产物的途径转化；有的是降低了生产菌的呼吸作用，使之利于抗生素的合成，如在四环素发酵中添加硫氰化苄，可降低在三羧酸循环中某些酶的活性，而增强戊糖代谢，使之利于四环素的合成；有的可改变发酵液的物理性质，改善通气效果，如加入聚乙烯醇、聚丙烯酸钠、聚二乙胺等水溶性高分子化合物或加入某些表面活性剂后改善了通气效果，进而促进发酵单位提高；有的可与抗生素形成复盐，从而降低发酵液中抗生素的浓度和促进抗生素的合成，如在四环素发酵液中加入 N,N'-二苄基乙二胺二乙酸

(DBED)与四环素形成复盐，促使发酵向有利于四环素合成的方向进行。

表 2-4　　　　　　　　　　　　抗生素的抑制剂

抗生素	被抑制的产物	抑制剂
链霉素	甘露糖链霉素	甘露聚糖
去甲基链霉素	链霉素	乙硫氨酸
四环素	金霉素	溴化物、硫脲等
去甲基金霉素	金霉素	磺胺化合物、乙硫氨酸
头孢菌素	头孢霉素 N	L-甲硫氨酸
利福霉素	利福霉素	巴比妥药物

氨基酸发酵易于发生的问题，一是谷氨酸发酵时噬菌体引起的异常发酵，由于噬菌体有宿主专一性，现在的措施是交替更换菌种或选用抗噬菌体菌株，但噬菌体也可以发生宿主范围突变，因此也有采用添加氯霉素、多聚磷酸盐、植酸等防止；二是赖氨酸发酵等营养缺陷型菌株易发生回复突变，现在发酵时已采用定时添加红霉素而解决。在发酵过程中添加促进剂的用量极微，效果较显著，一般来说，促进剂的专一性较强，往往不能相互套用。

第二节　发酵培养基的选择和配制原则

任务

1. 了解培养基的常见类型。
2. 熟悉培养基的配制原则。

培养基是提供微生物生长繁殖和生物合成各种代谢产物所需要的、按一定比例配制的多种营养物质的混合物。培养基组成对菌体生长繁殖、产物的生物合成、产品的分离精制乃至产品的质量和产量都有重要的影响。微生物的营养活动是依靠向外界分泌大量的酶，将周围环境中大分子蛋白质、糖类、脂肪等营养物质分解成小分子化合物，借助于细胞膜的渗透作用，吸收这些小分子营养物质来实现的。不同的微生物的生长情况不同或合成不同的发酵产物时所需的培养基有所不同，但对于所有发酵生产用培养基的设计仍存在某些共同点可供遵循，这就是所有的发酵培养基都必须提供微生物生长繁殖和产物合成所需的碳源、氮源、无机元素、生长因子、水和氧气等。对于大规模发酵生产，除考虑上述微生物的需要外，还必须重视培养基原料的价格和来源。

一、培养基的类型

培养基种类很多，可根据构成培养基的成分、物理状态、用途将培养基分成若干类型。

1. 合成、半合成与天然培养基

根据构成培养基的化学成分的了解程度，可将培养基分成合成、半合成和天然培养基三大类。

(1) 天然培养基（Complex Media，Undefined Media） 是指用化学成分并不十分清楚或化学成分不恒定的天然有机物质配制而成的培养基。常用的有机物有牛肉膏、酵母膏、蛋白胨、麦芽汁、豆芽汁、玉米粉、麸皮、牛奶、血清等。如实验室常用于培养细菌的牛肉膏蛋白胨培养基等就属于此类培养基。

优点是营养丰富、种类多样、配制方便、价格低廉；缺点是成分不十分清楚、不稳定。因此，通常只适用于一般实验室中的菌种培养、发酵工业中生产菌种的培养和某些发酵产物的生产等。

(2) 合成培养基（Synthetic Media） 又称组合培养基。它是由化学成分完全了解的物质配制而成的培养基。例如，用于分离培养放线菌的高氏1号培养基，其组分均为明确已知的化学成分。优点是成分明确、复制性好；缺点是价格较贵、配制麻烦，且微生物生长较一般，因此，通常仅适用于营养、代谢、生理、生化、遗传、育种、菌种鉴定或生物测定等对定量要求较高的研究工作中。

(3) 半合成培养基（Semi-synthetic Media） 又称半组合培养基，是指一类主要用已知化学成分的试剂配制，同时又添加某些未知成分的天然物质制备而成的培养基。如一般用于培养霉菌的马铃薯蔗糖培养基。

2. 液体、固体与半固体培养基

根据其物理状态将培养基分成液体培养基、固体培养基与半固体培养基等类型。

(1) 液体培养基（Liquid Media） 指呈液体状态的培养基。无论在实验室还是生产实践中，液体培养基被广泛应用。尤其是工业生产上，液体培养基被用于培养微生物细胞获得代谢产物。

(2) 固体培养基（Solid Media） 即指呈固体状态的培养基。根据固态性状，又可分为以下几种类型。

①固化培养基：也称固体培养基，是由液体培养基中加入凝固剂而成。琼脂（融化温度、凝固温度分别约为96℃和40℃）是最优良且应用最广泛的凝固剂。常在液体培养基中加入1%～2%的琼脂配制固体培养基。

②不可逆固体培养基：这类培养基一旦凝固就不能再被融化，故称之为不可逆固体培养基。如医学微生物分离培养中常用的血清培养基及用于化能自养细菌的分离、纯化与培养的硅胶培养基等。

③天然固体培养基：指由天然固态营养基质制备而成的固体培养基。常用的天然固态营养基质有麦麸、米糠、木屑、植物秸秆纤维粉、马铃薯片、胡萝卜条、大豆、大米、麦粒等。如食用菌生产常用植物秸秆纤维粉为主要原料的天然固体培养基。

④滤膜：即一种坚韧且带有无数微孔的醋酸纤维薄膜。将滤膜制成圆片覆盖在营养琼脂或浸有液体培养基的纤维素衬垫上，就形成具有固化培养基性质的培养条件。滤膜主要用于对含菌量很少的水中微生物进行过滤、浓缩，然后揭下滤膜，放于含合适培养基的衬垫上培养，根据长出的菌落数，可算出水样中的实际含菌量。

固体培养基在科研和生产实践上用途广泛，如菌种分离、鉴定、菌落计数、检验杂菌、选种、育种、菌种保藏、生物活性物质的生物测定，获取大量真菌孢子，以及用于微生物的固体培养和大规模生产等。

(3) 半固体培养基（Semi-solid Media） 在液体培养基中加入少量凝固剂而制成的坚硬度较低的固体培养基。一般常用的琼脂浓度为 0.2%～0.7%。半固体培养基常用于细菌运动性观察、趋化性研究、厌氧菌培养、分离和计数，细菌和酵母菌的菌种保藏，以及双层平板法测定噬菌体效价等。

3. 选择与鉴别培养基

根据培养基对微生物的功能可分为选择性培养基和鉴别性培养基等。

(1) 选择性培养基（Selective Media） 根据某些微生物的特殊营养要求或其对化学、物理因素的抗性而设计的培养基，具有使混合菌中的劣势菌变成优势菌的功能，广泛用于菌种筛选等领域。

选择性培养基配制时可根据不同的用途选择特殊的营养成分或添加特定的抑制剂，以达到分离特定微生物的目的。在实践中有两种方式：一种是正选择（投其所好）；另一种是反选择（取其所抗）。

正选择是添加某种特定成分为培养基主要或唯一的营养物，以分离能利用该种营养物质的微生物。如从混杂的微生物群落中选择性地分离能利用纤维素的微生物时，则把纤维素作为选择性培养基的唯一碳源，把混杂的微生物群落样品涂布于此种培养基上，凡能在该培养基上生长繁殖的微生物即为能利用纤维素的微生物。以此类推，可以分离利用各种各样营养物质的微生物。

反选择是在培养基中加入某种或某些微生物生长抑制剂，以抑制所不希望出现的微生物，从而从混杂的微生物群体中分离不被抑制和所需要的目标微生物。如在选择性培养基中加入青霉素、链霉素以抑制细菌，从而分离霉菌与酵母菌；在基因工程中，也常用加入抗生素的选择性培养基来筛选带有抗生素标记基因的基因工程菌株或转化子。

(2) 鉴别性培养基（Differential Media） 鉴别性培养基是用于鉴别不同类型微生物的培养基。如在培养基成分中加有能与目的菌的无色代谢产物发生显色反应的指示剂，从而达到只需用肉眼辨别颜色就能方便地从近似菌落中找出目的菌菌落的培养基。鉴别性培养基主要用于微生物的分类鉴定和分离或筛选产生某种或某些代谢产物的微生物菌株。

如伊红美蓝（Eosin Methylene Blue，EMB）培养基中的伊红和美蓝两种苯胺染料可抑制 G^+ 菌和一些难培养 G^- 菌。在低酸度下，这两种染料会结合并形成沉淀，起着产酸指示剂的作用。因此，试样中多种肠道细菌会在 EMB 培养基平板上产生易于用肉眼识别的多种特征性菌落，特别是大肠杆菌（$E.coli$）因其能强烈分解乳糖而产生大量混合酸，表面带 H^+，故可染上酸性染料伊红，伊红与美蓝结合使菌落呈现深紫色，且从菌落表面的反射光中还可看到似金龟子色的绿色金属闪光。关于选择性、鉴别性培养基只是为应用方便而人为划分的。实际应用时两种功能常结合在一起，如 EMB 培养基既是鉴别性培养基又是选择性培养基。

4. 孢子培养基、种子培养基和发酵培养基

培养基按其用途可分为孢子培养基、种子培养基和发酵培养基三种。

(1) 孢子培养基 孢子培养基是供菌种繁殖孢子的一种常用固体培养基，对这种培养基的要求是能使菌体迅速生长，产生较多优质的孢子，并要求这种培养基不易引起菌种发生变异。所以对孢子培养基的基本配制要求是：第一，营养不要太丰富（特别是有机氮源），否则不易产孢子。如灰色链霉菌在葡萄糖-硝酸盐-其他盐类的培养基上都能很好地

生长和产孢子，但若加入 0.5％酵母膏或酪蛋白后，就只长菌丝而不长孢子。第二，所用无机盐的浓度要适量，不然也会影响孢子量和孢子颜色。第三，要注意孢子培养基的 pH 和湿度。生产上常用的孢子培养基有：麸皮培养基、小米培养基、大米培养基、玉米碎屑培养基和用葡萄糖、蛋白胨、牛肉膏和食盐等配制成的琼脂斜面培养基。大米和小米常用作霉菌孢子培养基，因为它们含氮量少、疏松、表面积大，所以是较好的孢子培养基。大米培养基的水分需控制在 21％～50％，而曲房空气相对湿度需控制在 90％～100％。

（2）种子培养基　种子培养基是供孢子发芽、生长和大量繁殖菌丝体，并使菌体长得粗壮，成为活力强的"种子"。所以种子培养基的营养成分要求比较丰富和完全，氮源和维生素的含量也要高些，但总浓度以略稀薄为好，这样可达到较高的溶解氧，供大量菌体生长繁殖。种子培养基的成分要考虑在微生物代谢过程中能维持稳定的 pH，其组成还要根据不同菌种的生理特征而定。一般种子培养基都用营养丰富而完全的天然有机氮源，因为有些氨基酸能刺激孢子发芽。但无机氮源容易利用，有利于菌体迅速生长，所以在种子培养基中常包括有机及无机氮源。最后一级的种子培养基的成分最好能较接近发酵培养基，这样可使种子进入发酵培养基后能迅速适应，快速生长。

（3）发酵培养基　发酵培养基是供菌种生长、繁殖和合成产物之用。它既要使种子接种后能迅速生长，达到一定的菌丝浓度，又要使长好的菌体能迅速合成所需产物。因此，发酵培养基的组成除有菌体生长所必需的元素和化合物外，还要有合成产物所需的特定元素、前体和促进剂等。但若因生长和合成产物需要的总的碳源、氮源、磷源等的浓度太高，或生长和合成两阶段所需的最佳条件要求不同时，则可考虑培养基用分批补料来加以满足。

二、培养基的选择

不同的微生物对培养基的需求是不同的，因此，不同微生物培养过程对原料的要求也是不一样的。应根据具体情况，从微生物营养要求的特点和生产工艺的要求出发，选择合适的营养基，使之既能满足微生物生长的需要，又能获得高产的产品，同时也要符合增产节约、因地制宜的原则。

1. 根据微生物的特点选择培养基

用于大规模培养的微生物主要有细菌、酵母菌、霉菌和放线菌四大类。它们对营养物质的要求不尽相同，有共性也有各自的特性。在实际应用时，要依据微生物的不同特性，来考虑培养基的组成，对典型的培养基配方需做必要的调整。

2. 根据发酵方式选择培养基

液体和固体培养基各有用途，也各有优缺点。在液体培养基中，营养物质是以溶质状态溶解于水中，这样微生物就能更充分接触和利用营养物质，更有利于微生物的生长和更好地积累代谢产物。工业上，利用液体培养基进行的深层发酵具有发酵效率高，操作方便，便于机械化、自动化，降低劳动强度，占地面积小，产量高等优点。所以发酵工业中大多采用液体培养基培养种子和进行发酵，并根据微生物对氧气的需求，分别进行静止或通风培养。而固体培养基则常用于微生物菌种的保藏、分离、菌落特征鉴定、活细胞数测定等方面。此外，工业上也常用一些固体原料，如小米、大米、麸皮、马铃薯等直接制作成斜面或茄子瓶来培养霉菌、放线菌。

3. 从生产实践和科学试验的不同要求选择培养基

生产过程中，由于菌种的保藏、种子的扩大培养到发酵生产等各个阶段的目的和要求不同，因此，所选择的培养基成分配比也应该有所区别。一般来说，种子培养基主要是供微生物菌体的生长和大量增殖。为了在较短的时间内获得数量较多的强壮的种子细胞，种子培养基要求营养丰富、完全，氮源、维生素的比例应较高，所用的原料也应是易于被微生物菌体吸收利用。常用葡萄糖、硫酸铵、尿素、玉米浆、酵母膏、麦芽汁、米曲汁等作为原料配制培养基。而发酵培养基除需要维持微生物菌体的正常生长外，主要是要求合成预定的发酵产物，所以，发酵培养基碳源物质的含量往往要高于种子培养基。当然，如果产物是含氮物质，应相应地增加氮源的供应量。除此之外，发酵培养基还应考虑便于发酵操作以及不影响产物的提取分离和产品的质量。

4. 从经济效益方面考虑选择生产原料

从科学的角度出发，培养基的经济性通常是不被那么重视，而对于生产过程来讲，由于配制发酵培养基的原料大多是粮食、油脂、蛋白质等，且工业发酵消耗原料量大，因此，在工业发酵中选择培养基原料时，除了必须考虑容易被微生物利用并满足生产工艺的要求外，还应考虑到经济效益，必须以价廉、来源丰富、运输方便、就地取材以及没有毒性等为原则选择原料。

三、培养基的配制原则

培养基的配制必须提供合成微生物细胞和发酵产物的基本成分；有利于减少培养基原料的单耗，单位营养物质所合成产物数量大或产率高；有利于提高培养基产物的浓度，以提高单位容积发酵罐的生产能力；有利于提高产物的合成速度，缩短发酵周期；尽量减少副产物的形成；减少对发酵过程中通气搅拌的影响，有利于提高氧气的利用率、降低能耗；有利于产品的分离和纯化；并尽可能减少产生"三废"物质。

当然，设计任何一种培养基都不可能面面俱到地满足上述各项要求，需根据具体情况，抓主要环节。使其既满足微生物的营养要求，又能获得优质高产的产品，同时也符合增产节约、因地制宜的原则。发酵培养基的主要作用是为了获得预期的产物，必须根据产物特点来设计培养基。因此要求营养要适当丰富和完备，菌体迅速生长和健壮，整个代谢过程pH适当且稳定；糖、氮代谢能完全符合高单位罐、批的要求，能充分发挥生产菌种合成代谢产物的能力。此外还要求成本低。

1. 根据不同微生物的营养需要配制不同的培养基

不同的微生物所需要的培养基成分是不同的，要确定一个合适的培养基，就需要了解生产用菌种的来源、生理生化特性和一般的营养要求，根据不同生产菌种的培养条件、生物合成的代谢途径、代谢产物的化学性质等确定培养基。

2. 营养成分的恰当配比

微生物所需的营养物质之间应有适当的比例，培养基中的碳氮的比例（C/N）在发酵工业中尤其重要。不同的微生物菌种、不同的发酵产物所要求的碳氮比是不同的。菌体在不同生长阶段，对其碳氮比的最适要求也不一样。培养基的碳氮比不仅会影响微生物菌体的生长，同时也会影响到发酵的代谢途径。由于碳既作碳源又作能源，所以用量要比氮多。从元素分析来看，酵母细胞中碳氮比约为100∶20，霉菌约为100∶10。一般发酵工业中培养基碳氮比为100：（0.2~2.0），但在氨基酸发酵中，因为产物中含有氮，所以碳氮比中的氮就相对高一些。如谷氨酸发酵的碳氮比为100：（15~21），若碳氮比为100：（0.2~2.0），则会出现只长菌体，几乎不产谷氨酸的现象。

碳氮比随碳水化合物及氮源的种类以及通气搅拌等条件而异，很难确定统一的比值。一般情况下，碳氮比偏小，能导致菌体的旺盛生长，易造成菌体提前衰老自溶，影响产物的积累；碳氮比过大，菌体繁殖数量少，不利于产物的积累；碳氮比较合适，但碳源、氮源浓度高，仍能导致菌体的大量繁殖，增大发酵液黏度，影响溶解氧浓度，容易引起菌体的代谢异常，影响产物合成；碳氮比较合适，但碳源、氮源浓度过低，会影响菌体的繁殖，同样不利于产物的积累。

3. 渗透压

配制培养基时，应注意营养物质要有合适的浓度。营养物质的浓度太低，不仅不能满足微生物生长对营养物质的需求，而且也不利于提高发酵产物的产量和提高设备的利用率。但是，培养基中营养物质的浓度过高时，由于培养基溶液的渗透压太大，会抑制微生物的生长。此外培养基中的各种离子的浓度比例也会影响到培养基的渗透压和微生物的代谢活动，因此，培养基中各种离子的比例需求要平衡。在发酵生产过程中，在不影响微生物的生理特性和代谢转化率的情况下，通常趋向在较高浓度下进行发酵，以提高产物产量，并尽可能选育高渗透压的生产菌株。当然，培养基浓度太大会使培养基黏度增加和溶氧量降低。

4. pH

各种微生物的正常生长均需要合适的pH，一般霉菌和酵母菌比较适于微酸性环境，放线菌和细菌适于中性或微碱性环境。为此，当培养基配制好后，若pH不合适，必须加以调节。当微生物在培养过程中改变培养基的pH而不利于本身的生长时，应以微生物菌体对各种营养成分的利用速率来考虑培养基的组成，同时加入缓冲剂，以调节培养液的pH。

5. 氧化还原电位

对大多数微生物来说，培养基的氧化还原电位一般对其生长的影响不大，即适合它们生长的氧化还原电位范围较广。但对于厌氧菌，由于氧的存在对其有毒害作用，因而往往在培养基中加入还原剂以降低氧化还原电位。

在配制培养基时，除应注意以上几条原则外，还要考虑到营养成分的加入顺序，为了避免生成沉淀而造成营养成分的损失，加入的顺序一般为先加入缓冲化合物，溶解后加入主要物质，然后加入维生素、氨基酸等生长因子类的物质。

第三节　淀粉质可发酵性糖的制备

任务

1. 了解淀粉的糊化过程。
2. 掌握淀粉质原料糖化的主要方法。

【案例】

<h2 style="text-align:center">马铃薯糖化工艺</h2>

马铃薯是我国主要的粮食和蔬菜作物之一，深受广大人民群众的喜爱。马铃薯产值高且具有较高的开发利用价值。据分析，鲜马铃薯中含有丰富的碳水化合物（17.5~28.0g/100g），因此，马铃薯是酒精及醋酸发酵理想的原料，为了能够充分利用原料中的碳水化合物产生更多的可发酵性糖，结合酶学理论，通过实验确定合理的糖化工艺路线。

【案例分析与讨论】

以马铃薯为原料，经过预处理、高温液化、糖化，以葡萄糖当量（DE值）为评价指标，制备马铃薯可发酵性糖。

可发酵性糖主要包括蔗糖、麦芽糖、葡萄糖、果糖和半乳糖等。生产中通常用的是蔗糖和葡萄糖，其次是麦芽糖和果糖。利用淀粉质原料，直接将原料中的淀粉分解成可发酵性糖；同时，由于原料中还含有蛋白质、微量元素和矿物质，这些营养成分也可以为微生物的生长提供营养。

可用于制备可发酵性糖的淀粉质原料很多，主要有薯类、玉米、小麦、高粱、大米等含淀粉原料。根据原料淀粉的性质及采用的水解催化剂的不同，淀粉水解为葡萄糖的方法主要有酸水解法、酶水解法和酸酶结合法。采用不同的水解制糖工艺，各有其优点和存在的问题，但从水解糖液的质量和降低糖耗、提高原料利用率方面来考虑，酶解法最好，其次是酸酶法，酸解法最差。从淀粉水解整个过程所需的时间来看，酸解法最短，酶解法最长。

淀粉质原料预处理通常包括蒸煮（液化）、糖化等处理。蒸煮可使淀粉糊化，并破坏细胞，形成均一的醪液，目前多数厂家开始利用 α-淀粉酶的液化作用来替代蒸煮过程，这样可大大减少能源消耗。液化后的醪液能更好地接受糖化酶的作用，并转化为可发酵性糖。

<h2 style="text-align:center">一、淀粉质原料制备可发酵性糖的必要性</h2>

1. 多种微生物不能直接利用淀粉

就目前的状况而言，发酵工业所用的碳源供给原料都是以玉米粉、淀粉或糖质为主，而许多微生物并不能直接利用淀粉。例如，在以糖质为原料发酵生产氨基酸的过程中，几乎所有的氨基酸生产菌都不能直接利用（或只能微弱地利用）淀粉和糊精。同样，在酒精发酵过程中，酵母菌也不能直接利用淀粉或糊精，这些淀粉或糊精必须经过水解制成淀粉糖以后才能被酵母菌所利用。此外，在抗生素、有机酸、有机溶剂以及酶制剂发酵过程中，大都也要求对淀粉进行加工处理以提供给微生物可利用的碳源。

2. 能利用淀粉的微生物发酵过程缓慢

有些微生物能够直接利用淀粉作原料，但这一过程必须在微生物分解出胞外淀粉酶类以后才能进行，过程非常缓慢，致使发酵过程周期过长，实际生产中无法被采用。因此，在氨基酸、抗生素、有机酸、有机溶剂等的生产中，都要求将淀粉进行糖化，制成可发酵性糖使用。

3. 淀粉质原料中存在的杂质影响糖液的质量

淀粉质原料带来的杂质（如蛋白质、脂肪等）以及其分解产物也混入可发酵性糖液中。一些低聚糖类、复合糖等杂质则不能被利用，它们的存在会降低淀粉的利用率，增加粮食消耗，而且常影响到糖液的质量，降低糖液中可发酵成分。因此，如何提高淀粉的出糖率，保证可发酵性糖液的质量，满足发酵高产的要求，是一个不可忽视的重要环节。

二、淀粉可发酵性糖的制备

1. 淀粉质原料的蒸煮

（1）蒸煮的目的　薯类、谷类、野生植物等淀粉质原料，吸水后在高温、高压条件下进行蒸煮，使植物组织和细胞彻底破裂，原料内含的颗粒，由于吸水膨胀而被破坏，使淀粉由颗粒变成溶解状态的糊液，目的是使它易受淀粉酶的作用，把淀粉水解成可发酵性糖。其次，由于原料表面附着大量的微生物，如果不将这些微生物杀死，会引起发酵过程的严重污染，使生产失败。经过高温高压蒸煮后，对原料进行了灭菌。

（2）蒸煮物料发生的物理和化学变化　淀粉是一种亲水胶体，当淀粉与水接触，水就渗透薄膜而进入淀粉颗粒里面，淀粉颗粒吸水后能发生膨胀现象，使淀粉的巨大分子链发生扩张，因而体积膨大，质量增加。

①淀粉糊化：淀粉颗粒在冷水或温水中浸泡后，会稍微有些膨胀，这种膨胀是由于少量的水分子进入淀粉颗粒的晶区引起的。膨胀作用的第一阶段，原料吸收20%～25%的水分。当温度升至40℃时，实际上膨胀作用的第二阶段已开始，随着温度升高而继续膨胀。当温度升至糊化温度60～80℃时，淀粉颗粒体积已膨胀到50～100倍，此时，各分子之间的联系削弱，使淀粉颗粒之间分开，此现象在工艺上称为淀粉糊化。

②不同种类淀粉的糊化差异性：各种不同原料的淀粉，它们的糊化温度也不相同，直链淀粉溶解在热水中，形成有黏性的糖化液状态。当温度升至100℃时，支链淀粉开始溶解于水，形成非常黏滞的液体，等到温度继续上升至135℃以上时，支链淀粉溶解得更多。

③淀粉的糊化过程：加热后，原料中淀粉溶解的过程如下：当温度在糊化温度下，原料吸水膨胀，淀粉粒开始解体；当温度逐渐升到120℃时，支链淀粉开始溶解；而温度在120～150℃进行高温、高压蒸煮，则使淀粉继续溶解；当温度达到135℃以上时，细胞破裂，淀粉游离，细胞壁软化。

原料蒸煮后，由于糖分分解时会形成着色物质，因而蒸煮醪常带淡褐色，因此可根据蒸煮醪液的颜色来判断糊化程度。在蒸煮时，可发酵性糖主要是转化糖，其中特别是果糖容易损失，同时有一部分淀粉水解为糊精（高分子产物）。

2. 淀粉质原料的糖化

可以用来制备淀粉水解糖的原料很多，主要有薯类（木薯、甘薯）淀粉、玉米淀粉、小麦淀粉、大米淀粉（也有采用碎米淀粉）等。根据原料淀粉的性质及采用的水解催化剂的不同，水解淀粉转化为葡萄糖有以下三种方法。

（1）酸解法　又称为酸糖化法，是以酸（无机酸或有机酸）为催化剂，在高温高压下将淀粉水解转化为葡萄糖的方法。用酸解法生产葡萄糖具有如下优点：生产方法简单易行，对设备要求简单，由淀粉逐步水解转化为葡萄糖的整个化学反应过程仅仅在一个高压容器里进行，水解时间短。例如，采用质量分数为10%的淀粉，在0.294MPa（表压）压力下需 20min 左右，而在 0.343MPa（表压）压力下仅需 7～10min 即可将淀粉转化为葡萄糖，设备生产能力大。但是，由于水解作用是在高温、高压及一定酸浓度条件下进行的，因此，酸解法要求耐腐蚀、耐高温高压的设备，同时淀粉在酸水解过程中所发生的化学变化是很复杂的，有副反应发生，这将造成葡萄糖的损失而使淀粉转化率降低。酸解法对淀粉原料要求严格，淀粉颗粒不宜过大，颗粒过大易造成水解不透彻，且颗粒大小要均匀；淀粉浓度也不宜过高，浓度过高使淀粉转化率降低。这些都是酸解法尚待解决的问题。

(2) 酶解法 酶解法是用淀粉酶将淀粉水解转化为葡萄糖的方法。酶解法制葡萄糖分为两步：第一步是利用 α-淀粉酶将淀粉液化转化为糊精及低聚糖，使淀粉的可溶性增加，这个过程称为"液化"。第二步是利用糖化酶将糊精或低聚糖进一步水解，转变为葡萄糖等单糖或双糖，这一过程在生产上称为"糖化"。淀粉的"液化"和"糖化"都是在由微生物所产生的酶的作用下进行的，又称为双酶水解法。

双酶水解法制葡萄糖的优点如下。

①淀粉水解是在酶的作用下进行的，酶解反应条件较温和。如果采用细菌 α-淀粉酶 BF7658，反应温度在 85～95℃，pH6.0～7.0；用糖化酶，反应温度仅为 50～60℃，pH3.5～5.0。因此，不需耐高温高压、耐酸的设备，便于就地取材，容易上马。

②微生物酶作用的专一性强，淀粉的水解副反应少，因而水解糖液纯度高，淀粉的转化率（出糖率）高。

③可在较高淀粉浓度下水解。酸解法一般采用含淀粉 18%～20% 的原料；酶解法采用含淀粉 34%～40% 的原料，且可采用粗原料。

④由于微生物酶制剂中菌体细胞的自溶，使糖液的营养物质较丰富，可简化发酵培养基的组成。

⑤用酶法制得的糖液颜色浅、较纯净、无苦味、质量高，有利于糖液的精制。双酶水解法制葡萄糖的缺点是：酶解反应时间较长（从投料到糖化完毕需 2～3d），要求的设备较多，需具备专门孵育酶的条件，且由于酶本身是蛋白质，易造成糖液过滤困难。但是，随着酶制剂生产规模的扩大，其应用技术不断提高，酶法制糖逐渐取代酸法制糖，已成为淀粉水解制糖的一个发展趋势。

(3) 酸酶结合水解法 是集酸法及酶法制糖的优点而采用的结合生产工艺。根据原料淀粉性质又可分为酸酶法和酶酸法。

①酸酶法：酸酶法即事先将淀粉酸解成糊精或低聚糖，然后用糖化酶将其水解为葡萄糖的工艺。有些淀粉如玉米、小麦等谷类淀粉，淀粉颗粒坚实，如用 α-淀粉酶液化，在短时间内作用，液化反应往往不彻底。因此，有些企业针对这种情况，采用酸（盐酸）将淀粉先水解至葡萄糖当量（DE 值）为 10%～15%，再将水解液降温、中和，然后再加入糖化酶进行糖化。

用酸酶法水解淀粉制糖，液化速度快，且糖化是由酶来进行的，对液化液要求不高，可采用较高的淀粉乳浓度，以提高生产效率。如某厂采用酸酶法水解淀粉制葡萄糖，其生产条件如下：淀粉乳质量分数 33%～36%，盐酸用量为淀粉用量的 0.2%～0.22%，pH 2.5，0.245～0.265MPa（表压）压力下水解 25～30min（以 0.5% 稀碘液检定出现棕色或深棕色为止），然后加糖化酶在 55℃、pH 4.8 的条件下糖化 40～48h，即可将淀粉水解完毕。此法用酸量较少，产品颜色浅，糖液质量高。

②酶酸法：酶酸法是将淀粉乳先用α-淀粉酶液化到一定程度，然后用酸水解成葡萄糖的工艺。有些淀粉原料颗粒大小不一（如碎米淀粉等），如果用酸法水解。则常使水解不均匀。出糖率低，故先用α-淀粉酶液化，过滤除杂质后，再用酸法水解制成葡萄糖。在生产上应用此法，可采用粗原料淀粉。淀粉浓度较酸法水解高，且酸水解 pH 稍高，可减少淀粉水解副反应的发生，使糖液色泽较浅。例如某厂以大米为原料制备水解糖液的方法是将大米用水浸泡 2~3h，磨成 60~80 目细粉，然后在下列条件下水解：淀粉乳质量分数 27%，pH5.8，80℃下每克淀粉中加入 8~10U 的 α-淀粉酶，$CaCl_2$ 0.3%，加热至 88℃时保温 30min（以碘液检验液化终点）；液化完毕，升温至 100℃灭酶 10min，过滤后每 100L 糖液加浓盐酸 3kg，pH 2.0~2.5，0.1~0.294MPa（表压）压力下水解 20~30min，可糖化完毕。

总之，采用不同的水解制糖工艺，各有其优缺点，但从水解糖液的质量及降低糖耗、提高原料利用率方面来考虑，则以酶解法最好，其次是酸酶法，酸解法最差（表 2-5）。从淀粉水解整个过程所需的时间来看，则是酸解法最短，酶解法最长。

表 2-5　　　　　　　　　　不同糖化工艺所得糖化液质量比较

项目	酸解法	酸酶法	酶解法
DE 值/%	91	95	98
葡萄糖（对干基）/%	86	93	97
灰分/%	1.6	0.4	0.1
蛋白质/%	0.08	0.08	0.10
羟甲基糠醛/%	0.30	0.008	0.003
色度/°	10.0	0.3	0.2
葡萄糖得率/%	—	较酸解法高 5%	较酸解法高 10%

注：100%淀粉水解葡萄糖（含果糖）的理论葡萄糖得率为 180/162×100%＝111%，但淀粉中含有水分和其他物质，故葡萄糖得率实际上小于 110%，一般为 100%。

从表 2-5 可以看出，酶解法水解的糖化程度最高，水解液的葡萄糖含量高，相对来说，淀粉的出糖率较高，原料单耗较小。酶解法水解的糖液杂质（灰分、羟甲基糠醛、色素等）最少，水解液葡萄糖纯度高（DE 值在 98%以上），糖化液质量高，糖的精制容易。酶解法制葡萄糖采用较高淀粉浓度，可提高设备生产能力，节省酸、碱的消耗。目前，随着耐高温α-淀粉酶、糖化酶的成本降低，酶解法应用更加广泛。

第四节　非淀粉质原料制备可发酵性糖

任务

1. 了解纤维素质原料预处理的方法。
2. 熟悉糖蜜预处理的方法。

一、木质纤维素制备可发酵性糖

废弃的农作物秸秆、森林木屑等木质纤维素在各地分布非常广泛，如何有效地利用这些生物资源已经受到世界各国的关注。目前，关于木质纤维素的利用研究主要集中在以木质纤维素为原料生产燃料乙醇，弥补全球对化石燃料的依赖。由于不同种类的木质纤维素组分中纤维素、半纤维素、木质素及其他成分的含量和比例均不相同，因此同一种预处理方法对于不同木质纤维素的预处理效果各不相同，降解产物的组成也有一定差异。从木质纤维素预处理水解产生糖的利用效率来分析，并非所有木质纤维素都适合生产燃料乙醇。水解木质纤维素使纤维素和半纤维素分解成为单糖和低聚糖，再通过化学或生物化学法制取乙醇、木糖、木糖醇、糠醛、乙酰丙酸等产品，对木质纤维素原料的综合利用将更加合理。

木质纤维素原料必须经过预处理才能获得较高的转化率。通过预处理，将纤维素、半纤维素和木质素进行分离，打破纤维素的结晶结构，提高纤维素对酶的可及性，使纤维素酶渗透进入纤维素，提高酶解纤维素的效率。

预处理是木质纤维素原料利用工艺中的关键技术环节，对后续工序和经济成本控制都会产生重要影响。较好的预处理方法可以减少酶的用量，尽量降低纤维素和半纤维素在预处理过程中降解产物的损失。通过对物理、化学、物理化学和微生物等预处理方法的研究，建立一种高效、经济的获取各种糖的预处理平台，从而实现纤维素、半纤维素和木质素高效分离的目的，同时减少降解产物糖的损失量。在预处理过程中充分考虑各种原料的差异和特点，用水解得到的糖生产各种化工产品，这将更加具有经济性和可操作性，对木质纤维素原料的综合利用也将更加具有意义。

1. 纤维素质原料常规预处理

目前常规的预处理方法主要有物理法、化学法、物理化学法和微生物法，这些方法都存在不同程度的问题。例如，机械粉碎法能耗高；微波处理法效率不高；碱处理法虽有较强的脱出木质素和降低纤维素结晶度的能力，但木质素脱出的同时，半纤维素也被分解造成损失，同时还存在试剂的回收、中和、洗涤等问题；氨处理、臭氧处理、中性溶剂处理同样存在这样的问题；微生物法中白腐菌（*Phlebia*）、褐腐菌等活性都不高，一般难以得到应用。白腐菌具有一定的分解木质素的能力，但是白腐菌还能产生分解纤维素和半纤维素的酶，造成纤维素和半纤维素的损失。

2000 年，由美国国家可再生能源实验室（National Renewable Energy Laboratory，NREL）、奥本大学（Auburn University）等组成的合作团队专门研究生物质预处理技术，他们以玉米秸秆为原料，分别对稀酸、氨水循环、氨爆破、石灰预处理等 6 种预处理方法进行了优化和对比研究，从经济和效率各方面因素综合考虑，稀酸处理与氨爆破处理是两种比较可行的处理方式。

常规稀酸预处理虽能增强反应能力，显著提高水解率，但常规稀酸预处理容易使降解产物糖继续降解生成糠醛、甲基呋喃等小分子发酵抑制物，造成糖的损失。常规稀酸预处理对设备有一定的腐蚀性，必须在糖发酵前将酸中和，处理温度较高，能耗相对较大，需增加后续酸处理工艺。因此，采用更低浓度酸预处理木质纤维素将更具有意义。

2. 超低浓度酸预处理

超低浓度酸水解是稀酸水解的一种新型工艺，因酸浓度非常低，对反应器材质要求相对较低，而且酸液不需要回收，同时水解液中生成的抑制物较少，因此超低浓度酸水解经济性较好，符合绿色环保的要求。近年来，超低浓度酸（≤0.1%）预处理木质纤维素日益受到重视。国内目前主要研究超低浓度酸预处理木质纤维素对水解液中还原糖得率和纤维素转化率的影响等方面，缺乏对整个木质纤维素物料在预处理过程中变化情况的监控。

3. 电解水预处理技术

研究发现，纯水在高温条件下会电离，使反应液形成一定的酸性，热水在一定压力下可以穿透生物质细胞表皮结构，水解纤维素，除去半纤维素。其中，水的 pK_a 受反应温度的影响，如当温度为 200℃ 时，pH 大约为 5.0。由于纯水具有特殊的高介电常数，使离子化半纤维素游离并且分解。采用电解水预处理的优势是不需要使用额外的化学试剂。同时，相对于酸预处理来说，采用控制电解水的 pH 的预处理方法可以很大程度地减少水解得到的寡糖降解成副产物，避免水解得到的寡糖在高温条件下生成乙醛、糠醛等物质。

二、糖蜜制备可发酵性糖

糖蜜是糖厂产糖的副产物，又称糖浆、橘水，是制糖工业将压榨出的甘蔗、甜菜、柑橘、玉米糖等的汁液，经加热、中和、沉淀、过滤、浓缩、结晶等工序制糖后所剩下的浓稠液体。糖蜜含糖量很高，在 50% 以上，是一种非结晶糖分。糖蜜是很好的发酵原料，用糖蜜原料发酵生产，可降低成本，节约能源，简化操作，便于实现高糖发酵工艺，有利于产品得率和转化率的提高。糖蜜原料中，有些成分不适用于发酵。糖蜜中干物质浓度很大，如果不进行处理，微生物无法生长和发酵。所以，在使用糖蜜原料时，可先进行处理，以满足不同发酵产品的需求。糖蜜前处理程序包括稀释、酸化、灭菌及澄清等过程，主要处理方法有加酸通风沉淀法、加热加酸沉淀法、添加絮凝剂澄清处理法三种方法。

1. 糖蜜原料的分类及组成

根据来源不同，糖蜜分为甘蔗糖蜜、甜菜糖蜜和高级糖蜜等。甘蔗糖蜜是以甘蔗为原料的糖厂生产的一种副产品，它的产量为原料甘蔗的 2.5%~3%，甘蔗糖蜜中含有 30%~36% 的蔗糖和 20% 的转化糖。甜菜糖蜜是以甜菜为原料的糖厂生产的一种副产品，其产量占甜菜量的 3%~4%，含蔗糖 5%，转化糖 1%。高级糖蜜是指在甘蔗榨汁（糖浆）中加入适量的硫酸或用酵母转化酶处理，制成转化糖。该糖蜜由于提高了溶解度，可使糖浓度提高 70%~85%。此外还有两种废糖蜜：一种是粗糖精制时分离出的糖蜜，称为粗糖蜜；另一种是葡萄糖工业上不能再结晶葡萄糖的母液，称为葡萄糖蜜。

2. 糖蜜的预处理

糖蜜的预处理，包括澄清和脱钙处理，对于生物素缺陷型菌株（如谷氨酸生产菌），还应该进行脱生物素处理。

（1）糖蜜澄清处理　糖蜜中由于含有大量的灰分和胶体，不但影响菌体生长，也影响产品的纯度，特别是胶体的存在，致使发酵中产生大量的泡沫，影响发酵生产。因此，糖蜜应进行适当的澄清处理。

（2）谷氨酸发酵中糖蜜的预处理　目前，谷氨酸发酵中使用生物素缺陷型菌株。发酵培养基中的生物素为 5μg/L 左右，而糖蜜中特别是甘蔗糖蜜中的生物素含量为 1~10μg/g，显然不适合谷氨酸的发酵。因此，在使用糖蜜为原料发酵生产谷氨酸时，必须想方设法降低糖蜜中生物素含量，一般通过活性炭处理法、树脂法以吸附生物素，以及用化学药剂拮抗生物素或使用其他营养缺陷型菌株（如氨基酸缺陷型菌株、甘油或油酸缺陷型菌株、精氨酸缺陷型菌株等）。通过改进生产工艺，如添加青霉素，改变细胞的渗透性，即使培养基中生物素含量高，细胞膜仍可使谷氨酸向外渗透，因而不影响谷氨酸产量。

思考题

1. 简述淀粉水解的原理以及一般工艺。
2. 简述糖蜜原料的性质和预处理方法。
3. 简述甘蔗糖蜜制备可发酵性糖的工艺流程。

参 考 文 献

[1] 姚汝华. 微生物工程工艺原理 [M]. 广州：华南理工大学出版社，2017.

[2] 韩北忠. 发酵工程 [M]. 北京：中国轻工业出版社，2013.

[3] 陈必链. 微生物工程 [M]. 北京：科学出版社，2010.

[4] 周桃英. 发酵工艺 [M]. 北京：中国农业大学出版社，2010.

[5] 张卉. 微生物工程 [M]. 北京：中国轻工业出版社，2010.

[6] 邓毛程. 微生物工艺技术 [M]. 北京：中国轻工业出版社，2011.

[7] 廖宇静. 微生物遗传育种学 [M]. 北京：气象出版社，2010.

[8] 诸葛健. 工业微生物遗传育种学 [M]. 北京：化学工业出版社，2018.

[9] 关统伟. 微生物学 [M]. 北京：中国轻工业出版社，2018.

[10] 苏佳. 三种淀粉质原料糖化工艺的优化 [J]. 江苏调味副食品，2015，143（3）：30-35.

[11] 张俊奇，佟毅，袁敬伟，等. 基于响应面法的玉米水稻混合原料发酵工艺优化研究 [J]. 酿酒科技，2020，5：48-52.

[12] 王震，王春弘，蔡英丽，等. 羊肚菌人工栽培技术 [J]. 中国食用菌，2016，35（4）：87-91.

[13] 王端好. 富硒酵母的选育及其培养基组分优化研究 [J]. 广东化工，2014，41（6）：45-46，+67.

第三章 无菌工程

在工业微生物发酵过程中,只允许生产菌株存在和生长繁殖,不允许其他微生物共存,所有的发酵过程必须是纯种培养。由于环境中存在大量的微生物,而且发酵培养基中含有丰富的营养物质,因此发酵过程中很容易受到杂菌的污染,进而产生各种不良的后果。特别是在种子移植、扩大培养过程中以及发酵前期,如果杂菌侵染生产过程,就会在短期内与生产菌株争夺养分,严重影响生产菌株正常生长和发酵,以致发酵异常。所以在整个发酵过程中必须牢固树立无菌观念,严格进行无菌操作,除了设备应严格按规定保证没有死角、没有构成染菌的可能因素外,必须对培养基和生产环境进行严格的消毒和灭菌,防止杂菌和噬菌体的污染。在好氧发酵时,通入系统中的空气须为净化后的空气,若空气中夹带有各类其他微生物,这些微生物将会在培养系统合适的条件下大量繁殖,从而干扰纯种发酵的正常进行,使发酵过程彻底失败,造成严重的经济损失。因此,无菌空气的制备是好氧发酵过程中的一个重要环节。

无菌技术

第一节 灭菌方法

灭菌是指利用物理和化学的方法杀灭或去除物料及设备中一切生命物质的工艺过程。灭菌的方法有很多种,可分为物理法和化学法两种。物理法包括干热灭菌法、湿热灭菌法、火焰灭菌法、过滤除菌法和射线灭菌法等;化学法主要是利用有机或无机化学药品进行灭菌。在实际生产过程中,应根据微生物特点、待灭菌物品材料和工艺要求选择合适的灭菌方法。

1. 干热灭菌法

干热灭菌法主要利用微生物细胞发生氧化、蛋白质变性和电解质浓缩引起中毒等作用来达到灭菌的目的。由于微生物对干热的耐受力比湿热强得多,所以干热灭菌法所需温度更高、时间更长。干热灭菌法主要用于要求灭菌后保持干燥的物料、器具等。

2. 湿热灭菌法

湿热灭菌法是借助蒸汽释放的热能使微生物细胞中的蛋白质、酶和核酸分子内部的化学键,特别是氢键受到破坏,引起不可逆的变性,使微生物死亡。相对干热灭菌法,湿热灭菌过程中蒸汽有很强的穿透能力,灭菌效果会更好。同时,由于蒸汽来源方便,价格低廉,灭菌效果可靠,湿热灭菌法是目前最常用的培养基灭菌方法。

3. 火焰灭菌法

利用火焰直接杀死微生物的灭菌方法称为火焰灭菌法。该方法简单,灭菌彻底,但使用范围有限,仅适用于接种针、玻璃棒、三角瓶口等的灭菌。

4. 过滤除菌法

过滤除菌法是利用适当的过滤介质对热敏性液体或空气进行过滤、去除微生物的方法。发酵工业中常用过滤法大量制备无菌空气,供好氧微生物培养过程使用。

5. 射线灭菌法

通常利用紫外线、X 射线和 γ 射线等进行灭菌,以紫外线最为常用。紫外线对芽孢和营养细胞都能起作用,但细菌芽孢和霉菌孢子对紫外线的抵抗力强。紫外线的穿透力低,只能用于表面灭菌,对固体物料灭菌不彻底,也不能用于液体物料灭菌,一般用于无菌室、培养间等空间灭菌。波长 250~270nm 的射线灭菌效率高,以波长 260nm 左右的射线灭菌效率最高。

6. 化学药品灭菌法

化学药品灭菌法适用于生产车间环境灭菌、接种操作前小型器具的灭菌等。化学药品灭菌根据灭菌对象的不同,有浸泡、添加、喷洒、气态熏蒸等方法。下面介绍发酵工业中常用的化学药品灭菌剂。

(1) 高锰酸钾溶液　高锰酸钾溶液的灭菌作用是使蛋白质、氨基酸氧化,使微生物死亡,常用 0.1%~0.25% 的溶液。

(2) 漂白粉　漂白粉的化学名称是次氯酸盐[次氯酸钙 $Ca(ClO)_2$],它是强氧化剂,同时也是价廉易得的灭菌剂。漂白粉溶液在碱性、无其他金属离子、避光的条件下稳定,加入次氯酸钠可增加其稳定性。漂白粉的杀菌作用是次氯酸钙分解为次氯酸,后者不稳定,在水溶液中分解为新生态氧和氯,使细菌受强烈氧化作用而导致死亡,对杀死细菌和噬菌体均有效。

(3) 75% 酒精溶液　75% 酒精溶液的杀菌作用在于使细胞脱水,引起蛋白质凝固变性。对营养细胞、病毒、霉菌孢子均有杀灭作用,但对细菌芽孢杀灭作用较差。常用于皮肤和器具表面杀菌。

(4) 新洁尔灭　新洁尔灭是表面活性剂类消毒剂。它在水溶液中以阳离子形式与菌体表面结合,引起菌体外膜损伤和蛋白质变性。作用 10min 后能杀灭营养细胞,但对细菌芽孢几乎没有杀灭作用。一般用于器具和生产环境消毒,不能与合成洗涤剂合用,不能接触铝制品。

(5) 甲醛　甲醛是强还原剂,能与蛋白质的氨基结合,使蛋白质变性,这是甲醛作为灭菌剂的依据。使用时可以用 2 份 37% 甲醛溶液与 1 份 $KMnO_4$ 混合,或者将 37% 甲醛溶液直接加热,产生气态甲醛用于灭菌。甲醛灭菌的缺点是穿透力差。

(6) 过氧乙酸　过氧乙酸是强氧化剂,它是广谱、高效、速效的化学杀菌剂,对营养细胞、细菌芽孢、真菌孢子和病毒都有杀灭作用。一般使用 0.02%~0.2% 的溶液。

(7) 戊二醛　戊二醛是广泛使用的一种广谱、高效、速效的化学杀菌剂。在酸性条件下,不具有杀死芽孢的能力,只有在碱性条件下(加入碳酸氢钠或碳酸钠),才具有杀死芽孢的能力,常用于器具、仪器和工具等灭菌。

(8) 酚类　苯酚作为消毒和灭菌剂已有百年历史,但苯酚的毒性较大,易污染环境,且水溶性差,使应用受到限制,而酚类衍生物的使用,扩大了作为消毒剂的使用范围。如苯酚经磺化得到甲酚磺酸,水溶性有所提高,且毒性降低,使用量 0.1%~0.15%(体积分数),作用 10~15min 可杀灭大肠杆菌。

第二节 加热灭菌原理

一、微生物的热阻

每种微生物都有一定的最适生长温度范围，如一些嗜冷菌的最适生长温度为 5~10℃（最低限 0℃，最高限 20~30℃），大多数微生物的最适生长温度为 25~37℃（最低限 5℃，最高限 45~50℃），一些嗜热菌的最适生长温度为 50~60℃（最低限为 30℃，最高限为 70~80℃）。当微生物处于最低温度以下时，代谢作用几乎停滞而处于休眠状态。当温度超过最高限度时，微生物细胞中的蛋白质（原生质体和酶的基本成分）发生不可逆的变化，即凝固变性，使微生物在很短时间内死亡。加热灭菌就是根据微生物这一特性灭菌的。

一般微生物的营养细胞在 60℃下加热 10min 会全部死亡，而产芽孢细菌的芽孢能经受较高的温度，在 100℃下需要几分钟甚至几个小时才能被杀灭。某些嗜热菌在 120℃需 30min，甚至更长的时间才能被杀灭，但这种菌在培养基中出现的机会不多。一般来说，灭菌的彻底与否以能否杀死芽孢细菌为评判依据。

杀死微生物的极限温度称为致死温度。在致死温度下，杀死全部微生物所需要的时间称为致死时间。在致死温度以上，温度愈高，致死时间愈短。不同种类微生物对热的抵抗力不同，微生物对热的抵抗力称为热阻。表 3-1 是几种微生物对热的相对抵抗力，可见细菌的芽孢比大肠杆菌对热的抵抗力约大 300 万倍。

表 3-1　　　　　　　　几种微生物对热的相对抵抗力

微生物名称	大肠杆菌	细菌芽孢	霉菌孢子	病毒
相对抵抗力	1	3000000	2~10	1~5

二、微生物的热致死规律

微生物热致死是指微生物受热失活直到死亡。微生物受热死亡主要是由于微生物细胞内酶蛋白受热凝固，丧失活性所致。在一定温度下，微生物受热后，其失活细胞个数的变化如化学反应的浓度变化一样，遵循分子反应速率理论。在微生物受热失活的过程中，微生物不断杀死，活菌数不断减少。因此，微生物热死速率可以用分子反应速率来表示，即微生物个数减少的速度与任一瞬间残存的菌数成正比。

$$\frac{dN}{dt} = -kN \tag{3-1}$$

式中　N——培养基中残留活菌数，个

　　　t——受热时间，min

　　　k——反应速率常数，也可称比死亡速率常数，$\min^{-1}$

反应速率常数 k 是微生物耐热性的一个参数，它随微生物的种类和灭菌温度而异。在相同的温度下，k 值越小，则此微生物越耐热。细菌芽孢的 k 值比营养细胞小得多，即细菌芽孢耐热性比营养细胞大。同一种微生物在不同的灭菌温度下，k 值不同，灭菌温度越低，k 值越小；灭菌温度越高，k 值越大。如硬脂嗜热芽孢杆菌 FS1518 在 104℃，k 值为

$0.0342min^{-1}$，121℃时 k 值为 $0.77min^{-1}$，131℃时 k 值为 $15min^{-1}$。因此，提高灭菌温度，k 值增大，灭菌时间显著缩短。121℃下某些细菌的 k 值见表3-2。

表 3-2　　　　　　　　　　121℃下某些细菌的 k 值

细菌名称	k/min^{-1}	细菌名称	k/min^{-1}
枯草芽孢杆菌	3.8～2.6	硬脂嗜热芽孢杆菌 FS617	2.9
硬脂嗜热芽孢杆菌 FS1518	0.77	产气梭状芽孢杆菌 PA3679	1.8

反应速率常数 k 随微生物的种类和加热温度而变化。从 $0 \to t$，$N_0 \to N_t$，积分式（3-1）得

$$\int_{N_0}^{N_t} \frac{dN}{N} = -k \int_0^t dt \tag{3-2}$$

$$N_t = N_0 e^{-kt} \tag{3-3}$$

$$t = \frac{1}{k} \ln \frac{N_0}{N_t} \text{ 或 } t = \frac{2.303}{k} \lg \frac{N_0}{N_t} \tag{3-4}$$

式中　N_0——开始灭菌时原菌数，个

　　　N_t——经时间 t 后残留菌数，个

　　　e——自然对数运算的底数

式（3-4）即表示对数残留定律，可以根据残留菌数 N 的要求用式（3-4）计算灭菌时间 t。将存活率 $\frac{N_t}{N_0}$ 对时间 t 在半对数坐标上绘图，可以得到一条直线，其斜率的绝对值为比死亡速率常数 k。灭菌时间有时也采用 1/10 衰减时间 t' 表示，即活菌数在受热过程中减少到原菌数的 1/10 时所需的时间。从式（3-3）得式（3-5）、式（3-6）。

$$\frac{N_t}{N_0} = \frac{1}{10} = e^{-kt} \tag{3-5}$$

$$t' = \frac{2.303}{k} \tag{3-6}$$

随时间的延长，加热灭菌后的残存菌数呈对数减少，且温度越高，死亡越快。通常必要的灭菌条件是 110～130℃，5～20min。芽孢对热耐受力强，为此需要更高的温度并维持更长的时间。对细菌芽孢来说，并不始终符合对数残留规律，特别是在受热后很短的时间内，培养液中油脂、糖类及一定浓度的蛋白质会增加微生物的耐热性；高浓度盐类、色素能削减其耐热性。随着灭菌条件的加强，培养基成分的热变质加速，特别是维生素。因此培养液灭菌一般都采用高温短时间加热的方式，这样可以达到彻底灭菌和把营养成分的破坏减少到最低限度的目的。

从式（3-4）可见，灭菌时间取决于污染的程度（N_0）、灭菌的程度（残留菌数 N_t）和 k 值。在培养基中有各种各样的微生物，不可能逐一加以考虑。如果将全部微生物作为耐热的细菌芽孢来考虑计算灭菌时间和温度，就得延长加热时间和提高灭菌温度。因此，一般只考虑芽孢细菌和细菌的芽孢之和作为计算依据较为合理。另一个问题就是灭菌的程度，即残留菌数，如果要达到彻底灭菌，即 $N_t = 0$，则 t 为 ∞，这在实际操作中是不可能的。因此，在设计时常采用 $N_t = 0.001$（也就是说 1000 次灭菌中有一次失败的机会）。

微生物的比死亡速率常数 k 除了取决于菌体的抗热性能，还明显地受灭菌温度 T 的影响。实验表明 k 与灭菌热力学温度 T 的关系可用阿累尼乌斯（Arrhenius）方程表征，即：

$$k = A e^{-\frac{\Delta E}{RT}} \tag{3-7}$$

式中　A——频率因子，min^{-1}

　　　ΔE——杀死微生物所需的活化能，J/mol

　　　R——通用气体常数，8.314J/（mol·K）

　　　T——热力学温度，K

从式（3-7）可以看出：①活化能 ΔE 的大小对 k 值有重大影响。其他条件相同时，ΔE 越高，k 值越低，热死速率越慢。②不同菌的孢子加热死亡所需的 ΔE 不相同，在相同的 T 条件下灭菌，不能肯定 ΔE 低的孢子热死速率一定比 ΔE 高的快，因为 k 值并不唯一地取决于 ΔE，还和 T 有关。③比死亡速率常数 k 是 ΔE 和 T 的函数，k 对 T 的变化率与 ΔE 有关。对式（3-7）两边取自然对数，可得：

$$\ln k = -\frac{\Delta E}{RT} + \ln A \tag{3-8}$$

对式（3-8）两边取 T 的导数，得：

$$\frac{d\ln k}{dT} = \frac{\Delta E}{RT^2} \tag{3-9}$$

由式（3-9）得出重要结论：反应的 ΔE 越高，$\ln k$ 对 T 的变化率越大，即 T 的变化对 k 的影响越大。

三、培养基灭菌温度的选择

在培养基灭菌的过程中，除微生物被杀死外，还伴随着营养成分的破坏。实验证明，在高压加热情况下，氨基酸和维生素极易被破坏，仅 20min 就有 50% 的赖氨酸、精氨酸及其他碱性氨基酸被破坏，甲硫氨酸和色氨酸也有相当数量被破坏。因此，需要选择最有效的灭菌工艺条件，既可以保证灭菌彻底，又能够最大限度地保证培养基各种营养成分不受到破坏。

培养基灭菌时，杂菌不断地死亡，杂菌死亡属于一级动力学类型，$\frac{dN}{dt} = -kN$，其比死亡速率常数 k 与灭菌热力学温度的关系也可用阿累尼乌斯方程表示：

$$k = A e^{-\frac{\Delta E}{RT}} \tag{3-7}$$

在灭菌的过程中，伴随微生物的死亡，培养基中的营养成分也遭到破坏。由于大部分培养基的破坏为一级分解反应，其反应动力学方程为：

$$\frac{dc}{dt} = -k'c \tag{3-10}$$

式中　c——反应物的浓度，mol/L

　　　t——反应时间，min

　　　k'——化学反应速率常数（随温度及反应类型而变），min^{-1}

在灭菌的同时，培养基中的营养成分也遭到破坏，其他条件不变，则化学反应速率常数和温度的关系用阿累尼乌斯方程表示：

$$k' = A'e^{-\frac{\Delta E'}{RT}} \tag{3-11}$$

式中　A'——比例常数

$\Delta E'$——反应所需的活化能，J/mol

R——气体常数，8.314J/(mol·K)

T——热力学温度，K

式（3-11）也可以写成如下形式：

$$\lg k = \frac{-\Delta E}{2.303RT} + \lg A \tag{3-12}$$

若以 $\lg k$ 与 $1/T$ 作图，得一直线，从此直线的斜率及截距中可求得 ΔE 及 A 值。

式（3-11）也可以写成：

$$\lg k' = \frac{-\Delta E'}{2.303RT} + \lg A' \tag{3-13}$$

以 $\lg k'$ 对 $1/T$ 作图，也得一直线，其斜率为 $\dfrac{-\Delta E'}{2.303RT}$，截距为 $\lg A'$，从斜率和截距可求得 A' 和 $\Delta E'$ 的值。

在灭菌时，温度由 T_1 升高到 T_2，杂菌死亡速率常数 k：

$$k_1 = Ae^{-\frac{\Delta E}{RT_1}} \tag{3-14}$$

$$k_2 = Ae^{-\frac{\Delta E}{RT_2}} \tag{3-15}$$

两式相除，得：

$$\ln\frac{k_2}{k_1} = \frac{\Delta E}{R}\left(\frac{1}{T_1} - \frac{1}{T_2}\right) \tag{3-16}$$

同理，当温度由 T_1 升高到 T_2，培养基成分破坏的速率常数为 k'，也可得类似的关系：

$$\ln\frac{k'_2}{k'_1} = \frac{\Delta E'}{R}\left(\frac{1}{T_1} - \frac{1}{T_2}\right) \tag{3-17}$$

将式（3-16）和式（3-17）相除，得：

$$\frac{\ln\dfrac{k_2}{k_1}}{\ln\dfrac{k'_2}{k'_1}} = \frac{\Delta E}{\Delta E'} \tag{3-18}$$

实验研究表明，一般杀灭微生物营养细胞的 ΔE 为 $2.09\times10^5 \sim 2.71\times10^5$ J/mol，杀死微生物芽孢的 ΔE 约为 4.48×10^5 J/mol，一般酶及维生素等营养成分分解的 $\Delta E'$ 为 $8.36\times10^3 \sim 8.36\times10^4$ J/mol。微生物细胞死亡的活化能 ΔE 大于培养基营养成分破坏的活化能 $\Delta E'$，因此，$\ln\dfrac{k_2}{k_1} > \ln\dfrac{k'_2}{k'_1}$，即随着温度升高，比死亡速率常数增加的倍数大于培养基中营养成分分解的速率常数增加的倍数。

当灭菌温度升高时，微生物死亡速率提高，且超过了培养基营养成分破坏的速率。据测定，每升高 10℃，速率常数的增加倍数为 Q_{10}，一般的化学反应 Q_{10} 为 $1.5\sim2.0$，杀灭芽孢的反应 Q_{10} 为 $5\sim10$，杀灭微生物细胞的反应 Q_{10} 为 35 左右。从上述情况可以看出，在热灭菌的过程中，同时发生微生物死亡和培养基成分破坏两个过程。温度均能加速其过程进行的速率,当温度升高时,微生物死亡得更快。因此,可以采用较高的温度,较短的灭菌时间,以减少培养基营养成分的破坏,这就是通常所说的"高温瞬时灭菌法"。

生产实践也证明:灭菌温度较高而时间较短,要比温度较低而时间较长效果好。如对同样的培养基进行126~132℃、5~7min连续灭菌,其所得的培养基的质量要比采用120℃、30min的实罐灭菌好,可以得到较高的发酵水平;又如同一类培养基进行120℃、20min的实罐灭菌,其所得培养基的发酵水平高于120℃、30min的对照,而同样达到灭菌的要求。不同灭菌条件下培养基营养成分的破坏情况见表3-3。

表3-3 不同灭菌条件下培养基营养成分的破坏情况

温度/℃	灭菌时间/min	营养成分破坏/%	温度/℃	灭菌时间/min	营养成分破坏/%
100	400	99.3	130	0.5	8
110	30	67	140	0.08	2
115	15	50	150	0.01	<1
120	4	27			

在实际工作中,无论采用哪种灭菌的方法,都不能也没有必要做到理论上的彻底无菌。对发酵工业而言,只要做到残留杂菌的概率在1%以下,就可满足发酵的基本要求。过高的灭菌指标往往造成营养物质的过度损失,能耗及其他操作成本的增加。

第三节 培养基及设备灭菌

任务

1. 掌握金霉素工业发酵培养基灭菌方法。
2. 掌握金霉素工业发酵过程设备灭菌操作。
3. 了解不同灭菌方法的优缺点。
4. 掌握连续灭菌原理及流程。
5. 掌握连续灭菌时间计算方法。

【案例1】

金霉素是金色链霉菌发酵产生的一种高效广谱抗生素,对多种病原菌有较强的抑制作用,广泛应用于动物各种传染性疾病的治疗。在工业生产过程中,根据不同阶段营养需求不同,金霉素发酵过程用到的培养基有种子培养基、发酵培养基、补料培养基等,为了保证纯种培养,提高发酵效能和产品质量,各种培养基及设备的灭菌是否彻底就显得尤为重要。

【案例分析与讨论】

1. 以发酵培养基为例说明灭菌流程

(1) 按配方配制发酵培养基,在配料罐内加水定容 [60m³ 发酵罐装液量(30±2)

m³]，搅拌均匀后泵入已清洗、检修并经严密度检查合格的发酵罐内。

（2）发酵罐内培养基在温度118～125℃条件下灭菌30～40min（实消：把蒸汽引入物料进行的灭菌），待罐温降至培养温度时即可移种。

2. 以过滤器消毒为例说明设备灭菌流程

（1）关闭预过滤器后面的连通阀门，由维修人员配合对蒸汽阀门、精过滤器滤芯进行检查，并装好。

（2）对精过滤器及各排汽阀门拆检，打开预过滤器后面的连通阀门试漏。

（3）拆检、试漏完毕，打开蒸汽过滤器下方的小排汽阀及蒸汽第一阀，排净蒸汽冷凝水后收小小排汽阀，然后打开蒸汽第二阀，缓慢进汽升至（0.090±0.010）MPa时，保压30～40min（保压过程中要不断巡检，确保各路小排汽畅通，并根据总蒸汽压力变化而不断调整进汽）。

（4）蒸汽过滤器一路的蒸汽管道定期检查排汽，防止管道内部锈死而堵塞。预过滤器、精过滤器下方小排汽阀经常检查有无水，保持滤芯干燥。

【案例2】

有一发酵罐内装40m³培养基，若此培养基采用连续灭菌，灭菌温度为131℃。原污染程度为1mL有2×10^5个耐热细菌芽孢，131℃下比死亡速率常数为15min^{-1}，求灭菌失败概率为0.001时所需要的灭菌时间。

【案例分析与讨论】

解：

$$C_0 = 2\times10^5 （个/mL）$$

$$C_s = \frac{1}{40\times10^6\times10^3} = 2.5\times10^{-11} （个/mL）$$

$$t = \frac{2.303}{15}\lg\frac{2\times10^5}{2.5\times10^{-11}} \approx 0.15\times15.95 \approx 2.39 （min）$$

因此，灭菌失败概率为0.001时所需要的灭菌时间为2.39min。

一、发酵培养基的灭菌

1. 培养基湿热灭菌方法

（1）间歇灭菌　培养基的间歇灭菌是将配制好的培养基放在发酵罐或其他装置中，通入蒸汽将培养基和所用设备一起进行加热灭菌的过程，通常也称为实罐灭菌（简称实消）。间歇灭菌过程包括升温、保温和冷却3个阶段。

间歇灭菌是在所用的发酵罐或其他培养装置中进行的。它是在配制罐中配好培养基后，将培养基通过专用管道输入发酵罐等培养设备中，然后开始灭菌。在进行培养基的间歇灭菌之前，通常先将发酵罐等培养装置的分过滤器进行灭菌，并且用空气将分过滤器吹干。开始灭菌时，应先放去夹套或蛇管中的冷水，开启排气管阀，通过空气管向发酵罐内的培养基通入蒸汽进行加热，同时也可在夹套内通蒸汽进行间接加热，使罐压和温度保持在一定水平上进行保温（最常用的灭菌条件是121℃、20～30min）。保温结束后，依次关闭各排气、进气阀门,待罐内压力低于无菌空气压力后,向罐内通入无菌空气,在夹套或蛇管中通冷水降温,使培养基的温度降到所需的温度,进行下一步的发酵和培养。

由于培养基的间歇灭菌不需要专门的灭菌设备,投资少,对设备要求简单,对蒸汽的要求也比较低,且灭菌效果可靠,因此是中小型生产工厂经常采用的一种培养基灭菌方法。

(2)连续灭菌 培养基的连续灭菌(简称连消),就是将配制好的培养基在向发酵罐等培养装置输送的同时进行加热、保温和冷却的灭菌。连续灭菌时,培养基可在短时间内加热到保温温度,并且能很快地被冷却,因此可在比间歇灭菌更高的温度下进行灭菌,而由于灭菌温度很高,保温时间就相应地可以很短,有利于减少培养基中营养物质的破坏。培养基采用连续灭菌时,需在培养基进入发酵罐前,直接用蒸汽进行空罐灭菌(简称空消),用无菌空气保压,待培养基流入罐后,开始冷却。

培养基连续灭菌的流程如图 3-1 所示。连续灭菌的基本设备一般包括:①配料罐,将配制好的料液预热到 60~70℃,以避免连续灭菌时由于料液与蒸汽温度相差过大而产生水汽撞击声;②加热塔,其作用主要是使高温蒸汽与料液迅速接触混合,并使料液的温度很快(20~30s)升高到灭菌温度(126~132℃);③维持罐、连消塔加热的时间很短,光靠这段时间的灭菌是不够的,维持罐的作用是使料液在灭菌温度下保持 5~7min,以达到进一步灭菌的目的;④冷却管,从维持罐出来的料液要经过冷却排管进行冷却,生产上一般采用冷水喷淋冷却,冷却到 40~50℃后,输送到预先已经灭过菌的罐内。

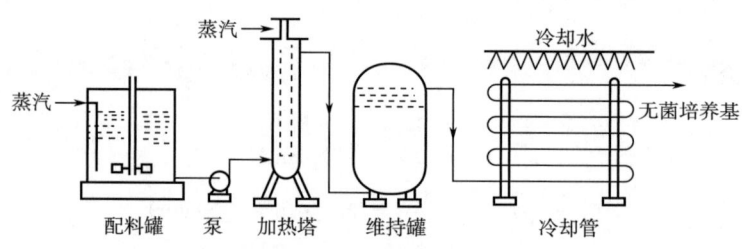

图 3-1 培养基连续灭菌流程

除了上述基本灭菌流程,实际生产中广泛应用的还有薄板换热器灭菌流程,如图 3-2 所示。该流程中采用了薄板换热器作为培养液的加热和冷却器,蒸汽在薄板换热器的加热段 20s 内使培养液的温度升高至杀菌温度,经维持管保温一定时间后,培养基在薄板换热器的冷却段 20s 内冷却到发酵温度,从而使培养基的预热、加热灭菌及冷却过程可在同一设备内完成。薄板换热器效率高,既冷却了热培养基,又预热了冷培养液,从而节约了蒸汽和冷却水的用量。

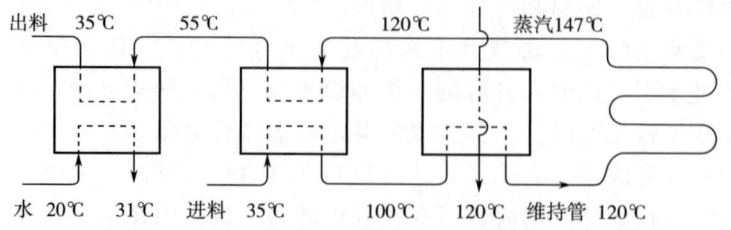

图 3-2 培养基薄板换热器灭菌流程

2. 培养基灭菌时间计算

（1）间歇灭菌时间计算　如果不计升温阶段所杀灭的菌数，把培养基中所有的菌均看作是在保温阶段（灭菌温度）被杀灭，这样可以简单地利用式（3-4）粗略地求得灭菌所需的时间。

【例 3-1】 有一发酵罐内装 $40m^3$ 培养基，在121℃下进行实罐灭菌。原污染程度为 1mL 有 $2×10^5$ 个耐热细菌芽孢，121℃时比死亡速率常数为 $1.8min^{-1}$。求灭菌失败概率为 0.001 时所需要的灭菌时间。

解：$N_0 = 40×10^6 × 2×10^5 = 8×10^{12}$（个）

$N_t = 0.001$ 个，$k = 1.8min^{-1}$

灭菌时间：$t = \dfrac{2.303}{k}\lg\dfrac{N_0}{N_t} = \dfrac{2.303}{1.8}\lg(8×10^{15}) = 20.34$（min）

但是实际上，培养基在加热升温时（即升温阶段）就有部分菌被杀灭，特别是当培养基加热至100℃以上，这个作用较为显著。因此，保温灭菌时间实际上比上述计算的时间要短。严格地讲，在降温阶段也有杀菌作用，但降温时间较短，在计算时一般不考虑。

在升温阶段，培养基温度不断升高，比死亡速率常数也不断增大，速率常数与温度的关系如式（3-11）所示。当以某耐热杆菌的芽孢为灭菌对象时，此时 $A = 1.34×10^{36}s^{-1}$，$\Delta E = 2.84×10^4 J/mol$，因此，式（3-12）可写为：

$$\lg k = \dfrac{-14845}{T} + 36.12 \tag{3-19}$$

利用式（3-19）可求得不同温度下的比死亡速率常数。升温阶段（如温度从 T_1 升至 T_2）的平均菌死亡速率常数，可以用式（3-20）求得。

$$k_m = \dfrac{\int_{T_1}^{T_2} k\,dT}{T_2 - T_1} \tag{3-20}$$

式（3-20）中的积分值也可利用图解积分法求得。

若培养基加热时间（一般以100℃至保温的升温时间）t_p 已知，k_m 已求得，则升温阶段结束时，培养基中残留菌数（N_p）可从式（3-21）求得。

$$N_p = \dfrac{N_0}{e^{k_m t_p}} \tag{3-21}$$

再由式（3-22）求得保温所需要的时间：

$$t = \dfrac{2.303}{k}\lg\dfrac{N_p}{N_t} \tag{3-22}$$

【例 3-2】 例 3-1 中，灭菌过程的升温阶段，培养基从100℃上升至121℃，共需15min。求升温阶段结束时，培养基中芽孢数和保温所需时间。

解：$T_1 = 373K$，$T_2 = 394K$

根据式（3-19）求得 373~394K 若干 k 值，$k-T$ 关系如表3-4所示。

表3-4　　　　　　　　　　　　　　　　$k-T$ 关系

T/K	373	376	379	382	385	388	391	394
k/s^{-1}	$2.35×10^{-4}$	$4.57×10^{-4}$	$1.03×10^{-4}$	$2.09×10^{-4}$	$4.08×10^{-4}$	$8.14×10^{-4}$	$1.62×10^{-4}$	$2.87×10^{-4}$

由此可得：

$$k_\mathrm{m} = \frac{\int_{T_1}^{T_2} k\,\mathrm{d}T}{T_2 - T_1} = \frac{0.128}{394 - 373} = 0.0061(\mathrm{s}^{-1})$$

根据式（3-21），求升温阶段结束时培养基中残留的芽孢数为：

$$N_\mathrm{p} = \frac{N_0}{\mathrm{e}^{k_\mathrm{m} t_\mathrm{p}}} = \frac{8 \times 10^{12}}{\mathrm{e}^{0.0061 \times 15 \times 60}} = \frac{8 \times 10^{12}}{\mathrm{e}^{5.46}} = 3.3 \times 10^{10}\ (\text{个})$$

根据式（3-22），求得保温所需的时间：

$$t = \frac{2.303}{k} \lg \frac{N_\mathrm{p}}{N_\mathrm{t}} = \frac{2.303}{1.8} \lg \frac{3.3 \times 10^{10}}{10^{-3}} = 17.3\ (\mathrm{min})$$

（2）连续灭菌时间计算　连续灭菌时间，仍可用式（3-4）计算，但培养基中的含菌数，应改为1mL培养基的含菌数，则式（3-4）变换为式（3-23）：

$$t = \frac{2.303}{k} \lg \frac{C_0}{C_\mathrm{s}} \tag{3-23}$$

式中　C_0——单位体积培养基灭菌前的含菌数，个/mL

C_s——单位体积培养基灭菌后的含菌数，个/mL

3. 分批灭菌和连续灭菌比较

连续灭菌与分批灭菌相比具有很多优点，尤其是当生产规模大时，优点更为显著。主要体现在：①可采用高温短时灭菌，培养基受热时间短，营养成分破坏少，有利于提高发酵产率；②发酵罐利用率高；③蒸汽负荷均衡；④采用板式换热器时，可节约大量能量；⑤适宜采用自动控制，劳动强度小。

但当培养基中含有固体颗粒或培养基有较多泡沫时，以采用分批灭菌为好，因为在这种情况下用连续灭菌容易导致灭菌不彻底。对于容积小的发酵罐，连续灭菌的优点不明显，而采用分批灭菌比较方便。

4. 影响培养基灭菌的因素

影响培养基灭菌的因素除了所污染杂菌的种类和数量、灭菌温度和时间外，培养基成分、pH、培养基中的颗粒、泡沫等对培养基灭菌效果也有很大影响。

（1）培养基成分　油脂、糖类及一定浓度的蛋白质能增加微生物的耐热性。高浓度有机物会包在细胞的周围，形成一层薄膜，影响热的传递，因此在固形物含量高的情况下，灭菌温度可高些。例如，大肠杆菌在水中加热60～65℃便死亡；在10%糖液中，需70℃加热4～6min；在30%糖液中，需70℃加热30min。但大多数糖类在加热灭菌时均发生某种程度的改变，并且形成对微生物有毒害作用的产物。因此，灭菌时应考虑这一因素。低质量分数（1%～2%）的NaCl溶液对微生物有保护作用。随着质量分数的增加，保护作用减弱，当质量分数达8%～10%，则减弱微生物的耐热性。

（2）pH　pH对微生物的耐热性影响很大。pH在6.0～8.0，微生物耐热性最强；pH<6.0，氢离子易渗入微生物细胞内，从而改变细胞的生理反应，促使其死亡。因此，培养基的pH越低，灭菌所需的时间越短。

（3）培养基中颗粒　培养基中的颗粒小，灭菌容易；颗粒大，灭菌困难。一般小于1mm的颗粒对培养基灭菌影响不大；但颗粒过大时，影响灭菌效果，应过滤除去。

（4）泡沫　培养基中的泡沫对灭菌极为不利，因为泡沫中的空气形成隔热层，使传热困难，热难穿透进去杀灭微生物。对于易产生泡沫的培养基，在灭菌时可加入少量消泡剂。对有泡沫的培养基进行连续灭菌时，更应注意消泡。

（5）其他　如培养基中微生物的数量、微生物细胞的含水量、菌龄、微生物的耐热性等，均会影响培养基灭菌的效果。

二、培养基与设备、管道灭菌条件

1. 灭菌锅内灭菌

培养基及物品灭菌所需压力均为 0.098MPa。固体培养基维持 20～30min；液体培养基维持 15～20min；玻璃器皿及用具维持 30～60min。

2. 种子罐、发酵罐、计量罐、补料罐等空罐灭菌及管道灭菌

从有关管道通入蒸汽，使罐内蒸汽压力达 0.147MPa，维持 45min。灭菌过程从阀门、边阀排出空气，并使蒸汽到达死角。灭菌完毕，关闭蒸汽后，待罐内压力低于空气过滤器压力时，通入无菌空气保持罐压 0.098MPa。

3. 空气总过滤器和分过滤器灭菌

从过滤器上部通入蒸汽，并从上、下排气口排气，维持压力 0.174MPa，灭菌 2h。灭菌完毕，通入压缩空气吹干。

4. 种子培养基实罐灭菌

从夹层通入蒸汽间接加热至 80℃，再从取样管、进风管、接种管通入蒸汽直接加热，同时关闭夹层蒸汽进口阀门，升温到 121℃，维持 30min。谷氨酸发酵的种子培养基实罐灭菌为 110℃，维持 10min。

5. 发酵培养基实罐灭菌

从夹层或盘管进入蒸汽，间接加热至 90℃，关闭夹层蒸汽，从取样管、进风管、放料管三路进蒸汽，直接加热至 121℃，维持 30min。谷氨酸发酵培养基实罐灭菌为 105℃，维持 25min。

6. 发酵培养基连续灭菌

一般培养基为 130℃，维持 5min。谷氨酸发酵培养基为 115℃，维持 6～8min。发酵罐需在培养基灭菌之前，直接用蒸汽进行空罐灭菌。空消之后不能立即冷却，先用无菌空气保压，待灭菌的培养基输入罐内后，才可以开冷却系统进行冷却。

7. 油罐（消泡剂罐）灭菌

一般条件为 0.15～0.18MPa，维持 60min。

8. 补料实罐灭菌

视物料性质而定，如糖水为 0.1MPa（120℃），保温 30min；淀粉料液为 121℃，维持 5min。

9. 尿素溶液灭菌

常用灭菌条件为 105℃，维持 5min。

第四节 无菌空气制备

一、发酵对无菌空气要求

空气是一种气态物质的混合物,除氧和氮外,还含有惰性气体、CO_2 和水蒸气等。通常微生物在固体或液体培养基中繁殖后,很多细小而轻的菌体、芽孢或孢子会随水分的蒸发、物料的转移被气流带入空气中或黏附于灰尘上随风飘浮。它们在空气中的含量和种类随地区、距离地面高低、季节、空气中尘埃含量和人们的活动情况而变化。一般寒冷的北方比暖和、潮湿的南方含菌量少,离地面越高含菌量越少,农村比工业城市空气含菌量少。空气中的微生物以细菌和细菌芽孢为主,也有酵母、霉菌、放线菌和噬菌体。

不同的发酵工业生产中,由于所用菌种的生产能力强弱、生长速度快慢、发酵周期长短、产物性质、培养基营养成分和 pH 差异等,对所用的空气质量有不同的要求。其中,空气的无菌程度是一项关键指标。如酵母培养过程,因它的培养基是以糖源为主,能利用无机氮源,有机氮比较少,适宜的 pH 较低,在这种条件下,一般细菌较难繁殖,而酵母的繁殖速度较快,在繁殖过程中能抵抗少量的杂菌影响,因而对空气无菌程度的要求不如氨基酸、抗生素发酵那么严格。而氨基酸与抗生素发酵因周期长短不同,对无菌空气的要求也不同。总的来说,生产中应用的"无菌空气"是指通过除菌处理使空气中含菌量降低到零或极低,从而使污染的可能性降低至极小。一般按染菌率为 10^{-3} 来计算,即 1000 次发酵周期所用的无菌空气只允许 1 次染菌。

对不同的生物发酵生产和同一工厂的不同生产区域(环节),应有不同的空气无菌程度的要求。空气无菌程度用空气洁净度来表示,空气洁净度是指洁净环境中空气含尘(微粒)量多少的程度,含尘浓度高则洁净度低,含尘浓度低则洁净度高。空气洁净度的具体高低是用空气洁净级别来区分的,而这种级别又是用操作时间内空气的计数含尘量(就是单位体积空气中所含某种大小微粒的数量)来表示的,也就是从某一个低的含尘浓度起到不超过另一个高的含尘浓度为止,这一含尘浓度范围定为某一个空气洁净级别。我国参考美国、日本等的标准也提出了空气洁净级别(表 3-5)。

表 3-5 　　　　　　　　　环境空气洁净度等级

生产区分类	洁净级别/级[①]	每升空气中 ≥0.5μm 尘粒数	每升空气中 ≥5μm 尘粒数[②]	菌落数/皿[③]
控制区	100000 级	≤3500	≤25	≤10
	10000 级	≤350	≤2.5	≤3
洁净区	1000 级	≤35	≤0.25	≤2
	100 级	≤3.5	≤0	≤1

注:①洁净室空气洁净度等级的检验应以动态条件下测试的尘粒数为依据。
②对于空气洁净度为 100 级的洁净室内≥5μm 尘粒的计算应进行多次采样。当其多次出现时,方可认为该测试数值是可靠的。
③双碟露置 0.5h、37℃ 培养 24h。

发酵使用的无菌空气除对空气的无菌程度有要求外，还要充分考虑空气的温度、湿度与压力。

二、空气净化的方法

空气净化就是除去或杀灭空气中的微生物。破坏微生物体活性的方法很多，如辐射杀菌、加热杀菌、化学药物杀菌，都是将有机体蛋白质变性而破坏其活力。而静电吸附和介质过滤除菌的方法是把微生物的粒子用分离的方法除去。空气净化的方法主要有辐射灭菌、热灭菌、静电除菌和介质过滤除菌。

1. 辐射灭菌

辐射灭菌技术是指利用电磁射线、加速电子照射被灭菌的对象从而杀死微生物的一种杀菌技术。从理论上来说，α射线、β射线、紫外线、超声波等都能破坏蛋白质等生物活性物质，从而起到杀菌作用。辐射灭菌目前仅用于一些器皿表面的灭菌及有限空间内空气的灭菌，对大规模空气的灭菌还不能采用此种方法。

2. 热灭菌

热灭菌时，微生物活体细胞很容易被杀死。细菌芽孢则能耐受较高的温度，但在160℃保持1~2h也不能存活。一般而言，空气温度升高到200℃以上保持数十秒即可实现有效除菌。早期的设计是利用空气被压缩时产生的热量使温度升高，主要用于丁醇等不易染菌的发酵生产中。由于空气的传热系数很低，热灭菌的方法无法保证除菌效果。因此，现在的无菌空气制备中通常不再采用该方法。

3. 静电除菌

此种除菌方法是化工、冶金等工业生产中净化空气使用的方法，在发酵工业中也可使用。静电除菌的特点是能量消耗少。

静电除菌原理是使空气中的灰尘成为载电体，然后将其捕集在电极上，通过这种静电引力吸附带电粒子而达到除菌除尘的目的。悬浮于空气中的微生物，其孢子大多带有不同的电荷，没有带电荷的微粒进入高压静电场时都会被电离成带电微粒，但对于一些直径很小的微粒，它所带的电荷很小，当产生的引力等于或小于气流对微粒的作用力或微粒布朗扩散运动的作用力时，则微粒不能被吸附而沉降，所以静电除尘灭菌对很小的微粒效率较低。

4. 介质过滤除菌

介质过滤除菌是发酵工业中广泛应用的无菌空气制备方法。早期的过滤介质多采用棉花，后来发展出玻璃纤维、聚丙烯纤维等，20世纪80年代开始使用烧结金属、陶瓷过滤器，后又被成本相对较低、效果更好的膜过滤器替代。目前发酵工业中普遍采用膜过滤器除菌。膜过滤器主要由聚丙烯膜过滤器作为预过滤器，聚四氟乙烯（PTFE）膜和聚偏氟乙烯（PVDF）膜作为终过滤器，膜孔径为0.1~0.22μm，能对细菌做到绝对过滤。

在发酵工业中，通常用的除菌方式是过滤。早期的技术水平不够高，空气过滤失效导致的染菌是发酵失败的主要原因之一。随着技术进步和成本下降，目前的空气采用绝对过滤器，除菌效率可达到99.9999%，而且已被广泛应用。

不过，目前的空气过滤尚有两方面的不足值得继续研究。无菌空气的制备和供应是发酵工业中高能耗的工艺之一，高效低能耗的过滤器是发酵工业急需的；另外，目前的空气过滤主要是针对细菌，而体积更小的病毒和噬菌体则不做考虑，若能得到既能过滤病毒，经济上又可以接受的过滤器，发酵工业中的噬菌体问题将迎刃而解。

三、空气介质过滤除菌原理

以棉花、玻璃纤维、尼龙等纤维类或者活性炭作为介质填充成一定厚度的过滤层，或者将玻璃纤维、聚乙烯醇、聚四氟乙烯、金属烧结材料制成过滤层，其介质间的空隙度大于被滤除的尘埃或微生物。那么悬浮于空气中的微生物菌体何以能被过滤除去呢？当气流通过滤层时，基于滤层纤维的层层阻碍，迫使空气在流动过程中出现无数次改变气流速度大小和方向的绕流运动，从而使微生物微粒与滤层纤维间产生撞击、拦截、布朗扩散、重力及静电引力等作用，将其中的尘埃和微生物截留在介质层内，达到过滤除菌的目的。下面对过滤时除菌机理进行介绍。

1. 惯性撞击截留作用

过滤器中的滤层交织着无数纤维，并形成层层网格，随着纤维直径的减小和填充密度的增大，所形成的网格也就越细致、紧密，网格的层数也就越多，纤维间的间隙就越小。当含有微生物颗粒的空气通过滤层时，空气流仅能从纤维间的间隙通过，由于纤维纵横交错，层层叠叠，迫使空气流不断地改变它的运动方向和速度大小。空气中的微粒在运动中与气流具有一致的方向，当达到某一速度时，微粒具有了一定的惯性。鉴于微生物颗粒的惯性大于空气，因而当空气流遇阻而绕道前进时，微生物颗粒不能及时改变它的运动方向，其结果便会撞击纤维并被截留于纤维的表面。

2. 拦截截留作用

在一定条件下，空气速度是影响截留效率的重要参数，改变气流的流速就是改变微粒的运动惯性。通过降低气流速度，可以使惯性截留作用接近于零，此时的气流流速称为临界气流速度。气流速度在临界速度以下，微粒不能因惯性截留于纤维上，截留效率显著下降，但实践证明，随着气流速度的继续下降，纤维对微粒的截留效率又回升，说明有另一种机理在起作用，这就是拦截截留作用。

因为微生物微粒直径很小，质量很轻，它随气流流动慢慢靠近纤维时，微粒所在主导气流流线受纤维所阻改变流动方向，绕过纤维前进，并在纤维的周边形成一层边界滞留区。滞留区的气流流速更慢，进到滞留区的微粒慢慢靠近和接触纤维而被黏附截留。拦截截留的截留效率与气流的雷诺数及微粒和纤维的直径比有关。

3. 重力沉降作用

重力沉降起到一个稳定的分离作用，当微粒所受的重力大于气流对它的拖带力时微粒就沉降。就单一的重力沉降情况来看，大颗粒比小颗粒作用显著，对于小颗粒只有气流速度很慢时才起作用。一般它是配合拦截截留作用，即在纤维的边界滞留区内微粒的沉降作用提高了拦截截留的效率。

4. 静电吸引作用

当具有一定速度的气流通过介质滤层时，由于摩擦会产生诱导电荷。当菌体所带的电荷与介质所带的电荷相反时，就会发生静电吸引作用。带电的微粒会受带异性电荷的物体所吸引而沉降。此外表面吸附也归属于这个范畴，如活性炭的大部分过滤效能是表面吸附的作用。

在过滤除菌中，有时很难分辨上述各种机理各自所做贡献的大小。随着参数的变化，各种作用之间有着复杂的关系，目前还未能做准确的理论计算。一般认为惯性撞击截留、拦截截留和布朗扩散截留的作用较大，而重力沉降和静电吸引的作用则很小。

四、空气介质过滤除菌介质

用于空气过滤的过滤介质有纤维状物质或颗粒状物质、过滤纸、微孔滤膜等各种类型。

1. 纸类过滤介质

一般应用时需将3~6张滤纸叠在一起使用，这类过滤介质的过滤效率相当高，对于大于$0.3\mu m$的颗粒的去除率为99.99%以上，同时阻力也比较小，压降较小。其缺点是强度不大，特别是受潮后强度更差。为了增加强度，在纸浆中加入7%~50%的木浆。玻璃纤维纸很薄，纤维间的孔隙为$1~1.5\mu m$，厚度为$0.25~0.4mm$，密度为$2600kg/m^3$，堆积密度为$384kg/m^3$，填充率为14.8%。

2. 纤维状或颗粒状过滤介质

（1）棉花　常用的过滤介质，通常是脱脂棉。它的特点是有弹性，纤维长度适中。使用时一般填充密度是$130~150kg/m^3$，填充率为8.5%~10%。

（2）玻璃纤维　其优点是纤维直径小，不易折断，过滤效果好。纤维直径为$5~19\mu m$，填充密度为$130~280kg/m^3$，填充率为5%~11%。

（3）活性炭　要求活性炭质地坚硬，不易压碎，颗粒均匀，装填前应将粉末和细粒筛去。常用小圆柱体的颗粒活性炭，大小为$\varPhi(3\times10)mm~(3\times15)mm$，密度$1.140kg/m^3$，填充密度为$470~530kg/m^3$，填充率为44%。

实际应用过程中通过过滤介质的气流速度一般为$0.2~0.5m/s$，压降为$0.01~0.05MPa$。纤维状或颗粒状过滤介质过滤除菌靠惯性、拦截、布朗运动、静电吸引等作用。对$0.3\mu m$以下的颗粒的过滤效率仅为99%，难以满足发酵工业的无菌要求，需要多次过滤。该类过滤介质的缺点是体积大，占有空间大，操作困难，装填介质费时费力，介质装填的松紧程度不易掌握，空气压降大，介质灭菌和吹干耗用大量蒸汽和空气。

3. 微孔滤膜类过滤介质

微孔滤膜类过滤介质的空隙小于$0.5\mu m$，甚至小于$0.1\mu m$，能将空气中的细菌真正滤去，也即绝对过滤。它的特点是易于控制过滤后的空气质量，节约能量和时间，操作简便。微孔滤膜类过滤介质对空气中的细菌和尘埃除有滤除作用外，还有静电作用。通常在空气过滤之前应将空气中的油、水除去，以提高此类过滤介质的过滤效率和使用寿命。

五、空气净化流程及相关设备

1. 空气净化流程

空气净化一般是把吸气口吸入的空气先经过压缩前的过滤，然后进入空气压缩机。从空气压缩机出来的空气（一般压力在$1.96\times10^5 Pa$以上，温度120~150℃），先冷却到适当的温度（20~25℃）除去油和水，再加热至30~35℃，最后通过总过滤器和分过滤器除菌，从而获得洁净度、压力、温度和流量都符合要求的无菌空气。具有一定压力的无菌空气可以克服空气在预处理、过滤除菌及有关设备、管道、阀门、过滤介质等的压力损失，并在培养过程中能够维持一定的罐压。因此过滤除菌的流程必须有供气设备——空气压缩机，对空气提供足够的能量，同时还要具有高效的过滤除菌设备以除去空气中的微生物颗粒。对于其他附属设备则要求尽量采用新技术以提高效率，精简设备流程，降低设备投资、运转费用和动力消耗，并简化操作。但流程的制订要根据具体所在地的地理、气候环境和设备条件来考虑。如在环境污染比较严重的地方要改变吸风的条件（如采用高空吸风），以降低过滤器的负荷，提高空气的无菌程度；而在温暖潮湿的地方则要加强除水设施以确保和发挥过滤器的最大除菌效率。要保持过滤器在比较高的效率下进行过滤，并维持一定的气流速度和不受油、水的干扰，则要有一系列的加热、冷却及分离和除杂设备来保证。空气净化的一般流程图如图 3-3 所示。

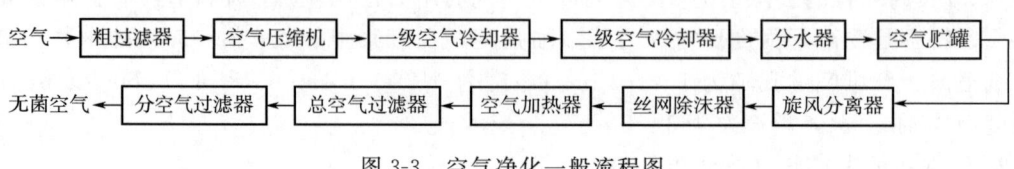

图 3-3 空气净化一般流程图

空气过滤除菌有多种工艺流程，下面分别介绍几种比较典型的流程。

（1）两级冷却、加热除菌流程　图 3-4 是两级冷却、加热除菌流程示意图，它是一个比较完善的空气除菌流程。可以适应各种气候条件，能充分地分离空气中含有的水分，使空气在低的相对湿度下进入过滤器，提高过滤除菌效率。这种流程的特点是：两次冷却、两次分离、适当加热。两次冷却、两次分离油水的主要优点是可节约冷却用水，油和水雾分离除去比较完全。经第一次冷却后，大部分的水、油都已结成较大的雾粒，且雾粒浓度比较大，故适宜用旋风分离器分离。第二级冷却器使空气进一步冷却后析出较小的雾粒，宜采用丝网分离器分离，这类分离器可分离较小直径的雾粒且分离效率高。经两次分离后，空气带的雾沫就较小，两级冷却可以减少油膜污染对传热的影响。

两级冷却、分离、加热除菌流程尤其适用于潮湿地区，其他地区可根据当地的情况，对流程中的设备做适当的增减。

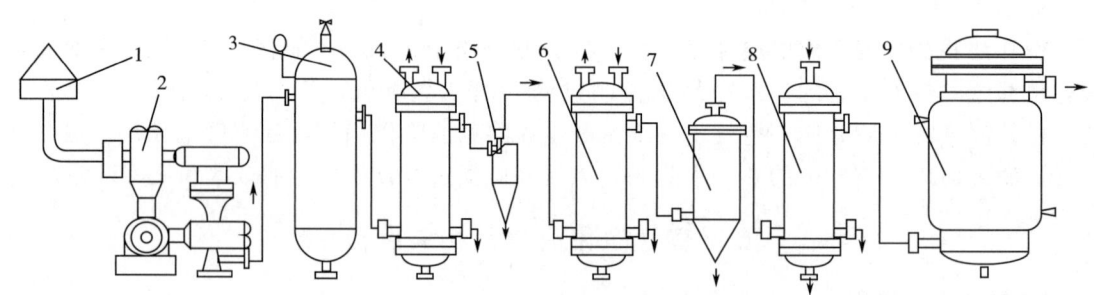

图 3-4 两级冷却、加热除菌流程示意图
1—粗过滤器　2—空气压缩机　3—空气贮罐　4,6—空气冷却器　5—旋风分离器
7—丝网分离器　8—空气加热器　9—空气过滤器

（2）冷热空气直接混合式空气除菌流程　如图 3-5 所示，压缩空气从空气贮罐出来后分成两部分，一部分进入冷却器，冷却到较低温度，经分离器分离水、油雾后与另一部分

未处理的高温压缩空气混合,此时混合空气温度在 30~35℃,相对湿度在 50%~60%,再进入过滤器过滤。与两级冷却、加热除菌流程相比,该流程减少了一级冷却设备和加热设备,流程简单,冷却水用量少,节省能源,但不能用于空气中水分含量过高的地区,仅适用于中等湿度地区。

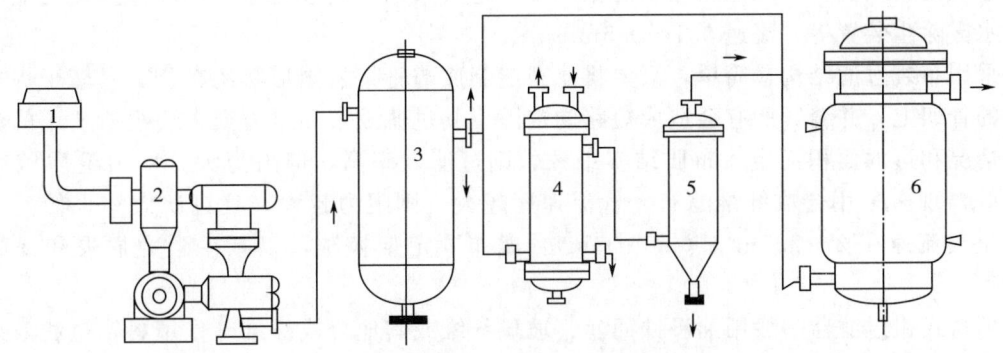

图 3-5 冷热空气直接混合式空气除菌流程
1—粗过滤器 2—空气压缩机 3—空气贮罐 4—空气冷却器 5—丝网分离器 6—空气过滤器

(3) 高效前置过滤空气除菌流程 图 3-6 是高效前置过滤空气除菌流程,是伴随着粉末烧结金属过滤器、薄膜空气过滤器等的出现,最近几年发展起来的新型过滤流程。其主要特点是在空气压缩机前加了高效率的前置过滤设备,利用压缩机的抽吸作用,使空气先经中、高效过滤后,再进入空气压缩机,此时空气的无菌程度已经相当高,空气再经油水分离后进入主过滤器,即可达到无菌水平。优点是通过前置高效过滤器减轻了主过滤器的负荷。

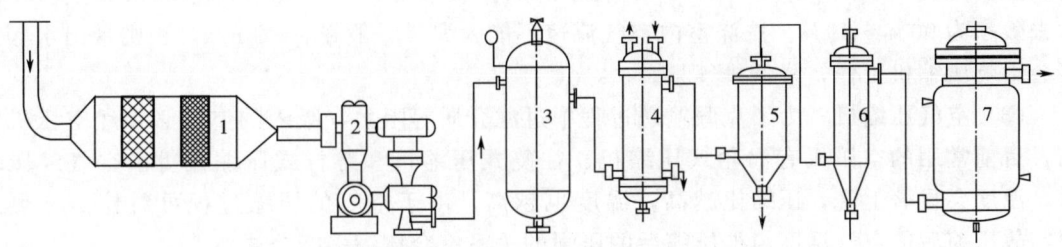

图 3-6 高效前置过滤空气除菌流程
1—高效前置过滤器 2—空气压缩机 3—空气贮罐 4—空气冷却器 5—丝网分离器 6—空气加热器 7—空气过滤器

2. 空气净化相关设备

(1) 采风塔 空气中的微生物通常不单独游离存在,一般附着在尘埃和雾沫上。提高压缩前空气洁净度的主要措施是提高空气吸气口的位置和加强吸入空气的前过滤。一般认为,高度每上升 10m,空气中微生物量下降一个数量级,因此,空气吸入口一般都选在比较洁净处,并尽量提高吸入口的高度,以减少吸入空气的尘埃含量和微生物含量。在工厂空气吸入口选择安装位置时,应选择在当地的上风口地点,并远离尘埃集中处,高度一般在 10m 左右,设计流速为 8m/s。

(2) 粗过滤器　吸入的空气在进入压缩机前先通过粗过滤器过滤（或前置高效过滤器），可以保护空气压缩机，延长空气压缩机的使用寿命，滤去空气中颗粒较大的尘埃，减少进入空气压缩机的灰尘和微生物含量及压缩机的磨损，并减轻主过滤器的负荷，提高除菌空气的质量。对于这种前置过滤器，要求过滤效率高、阻力小、容灰量大，否则会增加压缩机的吸入负荷和降低压缩机的排气量。通常采用布袋过滤器、填料过滤器、油浴洗涤和水雾除尘装置等，流速 0.1～0.5m/s。

采用布袋过滤结构最简单，只要将滤布缝制成与骨架相同形状的布袋，紧套于焊在进气管的骨架上，并缝紧所有会造成短路的空隙。其过滤效率和阻力损失要视所选用的滤布结构情况和过滤面积而定。布质结实细致，则过滤效率高，但阻力大。采用毛质绒布效果较好，现多采用合成纤维滤布。气流速度越大，则阻力越大，且过滤效率也低。一般要求空气流速在 $2\sim2.5m^3/(m^2 \cdot min)$。滤布要定期换洗，以减少阻力损失和提高过滤效率。

填料式粗过滤器一般用油浸铁回丝、玻璃纤维或其他合成纤维等作填料，过滤效果比布袋过滤稍好，阻力损失也较小，但结构较复杂，占地面积也较大，内部填料经常洗换才能保持一定的过滤作用，操作比较麻烦。

油浴洗涤装置是在空气进入装置后要通过油箱中的油层洗涤，空气中的微粒被油黏附逐渐沉降于油箱底部而被除去，经过油浴的空气因带有油雾，需要经过百叶窗式的圆盘分离较大颗粒油雾，再经过滤网分离小颗粒油雾后，由中心管吸入压缩机。这种洗涤器效果比较好，若有分离不彻底的油雾进入压缩机时也无影响，阻力也不大，但耗油量大。

水雾除尘装置是空气从设备底部进入，经上部喷下的水雾洗涤，将空气中的灰尘、微生物微粒黏附沉降，从底部排出。带有微细小水雾的洁净空气经上部过滤网过滤后排出，进入压缩机经洗涤后的空气可除去大部分的微粒和小部分微小粒子，一般对 $0.5\mu m$ 粒子的去除效率为 50%～70%，对 $1.0\mu m$ 粒子的除去效率为 55%～88%，对 $5\mu m$ 以上粒子的除去效率为 90%～99%。洗涤室内空气流速不能太大，一般在 1～2m/s，否则带出水雾太多会影响压缩机工作，降低排气量。

(3) 空气压缩机　为了克服输送过程中过滤介质等阻力，吸入的空气必须经空压机压缩，目前常用的空压机有涡轮式压缩机、往复式压缩机和螺杆式压缩机等。空气经压缩后，温度会显著上升，压缩比越高，温度也越高。由于空气的压缩过程可看作是绝热过程，故压缩后的空气温度与被压缩后的压强的关系符合压缩多变公式。

①涡轮式压缩机：一般由电机直接带动涡轮，靠涡轮高速旋转时所产生的"空穴"现象吸入空气，并使空气获得高速离心力，再通过固定的导轮和涡轮形成机壳，使部分动能转变为静压后输出。涡轮式压缩机的特点是输气量、输出空气压力稳定，效率高，设备紧凑，占地面积小，输出的空气不带油雾等。在选择涡轮式压缩机时应选择出口压力较低但能满足工艺要求的型号，这样可以节省动力消耗。

②往复式压缩机：是靠活塞在汽缸内的往复运动而将空气抽吸和压出的，因此出口压力不够稳定，且汽缸内要加入润滑油以润滑活塞，这样又容易使空气中带进油雾。

③螺杆式压缩机：是容积式压缩机中的一种，空气的压缩是靠装置于机壳内相互平行啮合的阴阳转子的齿槽的容积变化而沿着转子轴线由吸入侧推向前排出侧，完成吸入、压缩、排气3个工作过程。螺杆压缩机具有优良的可靠性能，如机组质量轻、振动小、噪声

低、操作方便、易损件少、运行效率高等。

（4）空气贮罐　空气贮罐的作用是消除压缩机排出空气量的脉动，维持稳定的空气压力，同时也可以利用重力沉降作用分离部分油雾。大多数是将贮罐紧接着压缩机安装，虽然由于空气温度较高，容器要求稍大，但对设备防腐、冷却器热交换都有好处。特别是当采用往复式空气压缩机时，由于排气压力不稳定，在其后安装空气贮罐，可以使后面的管道、空气压力稳定，气流速度均匀。贮罐的结构较简单，是一个装有安全阀、压力表的空罐壳体，有些单位在罐内加装冷却蛇管，利用空气冷却器排出的冷却水进行冷却，提高冷却水的利用率。也有在贮罐内加装导筒，使进入贮罐的热空气沿一定路线流过，增加一定热杀菌效果。

（5）空气冷却器　空气压缩机出口温度一般为120℃左右，若将此高温压缩空气直接通入空气过滤器，会引起过滤介质的炭化或燃烧，而且还会增大培养装置的降温负荷，给培养过程温度的控制带来困难，同时高温空气还会增加培养液水分的蒸发，对微生物的生长和生物合成都是不利的，因此要将压缩空气降温。另外在潮湿地域和季节，空气中含水量较高，为了避免过滤介质受潮而失效，冷却还可以达到降湿的目的。

用于空气冷却的设备一般有列管式换热器和翅板式换热器两种。列管式换热器进行冷却时，其传热系数大约为105J/（m^2·s·K）。翅板式换热器则以强制流动的冷空气冷却，其总传热系数可达350J/（m^2·s·K）。

一般中小型工厂采用两级空气冷却器串联来冷却压缩空气。在夏季第一级冷却器可用循环水来冷却压缩空气，第二级冷却器采用9℃左右的低温水来冷却压缩空气。由于空气被冷却到露点以下会有凝结水析出，故冷却器外壳的下部应设置排除凝结水的接管口。

（6）气液分离器　经冷却降温后的空气相对湿度增大，超过其饱和度时（或空气温度冷却至露点以下时），就会析出水来，使过滤介质受潮失效，因此压缩后的湿空气要除水，同时由于空气经压缩机后不可避免地会夹带润滑油，故除水的同时尚需进行除油。在实际操作中，将空气压缩后，经过冷却就会有大量水蒸气及油凝结下来，经油水分离器分离后再通过过滤器。油水分离器有两类：一类是利用离心力进行沉降的旋风分离器，另一类是利用惯性进行拦截的介质过滤器。旋风分离器是利用气流从切线方向进入容器，在容器内形成旋转运动时产生的离心力来分离质量较大的微粒。介质过滤器是利用填料的惯性拦截作用，将空气中的水雾和油雾分离出来。填料的种类有焦炭、活性炭、瓷环、金属丝网、塑料丝网等，分离效率随表面积增大而增大。

（7）空气的加热　压缩空气冷却到一定温度，分去油水后，空气的相对湿度仍为100%，若不加热升温，只要湿度稍有所降低，便会再度析出水分，使过滤介质受潮而降低或丧失过滤效能。所以必须将冷却除水后的压缩空气加热到一定温度，使相对湿度降低，才能输入过滤器。压缩空气加热温度的选择对保证空气干燥，保证空气过滤器的除菌效率十分关键。一般来讲，降温后的温度与升温后的温度温差在10~15℃，即能保证相对湿度降低至一定水平，满足进入过滤器的要求。空气的加热一般采用列管式换热器来实现。

（8）空气过滤器　空气过滤器是过滤除菌的最主要设备，它区分为总过滤器和分过滤器。总过滤器是为全部发酵罐或某一个车间发酵罐或某一个品种发酵罐提供无菌空气的过滤器。分过滤器是空气经总过滤器过滤除菌后，在进入发酵罐之前，为确保万无一失，对空气再进行一次过滤的过滤器。

总过滤器的体积较大，因为它承担着为多个发酵罐提供无菌空气的任务。一般设计为立式圆筒形，内部填充过滤介质，也称介质层过滤器，空气由下向上通过过滤介质，以达到除菌目的。过滤器外部设计有夹层，用于灭菌前后对过滤介质的加热和保温。生产上使用的过滤器其滤层长度1～2m，采用多孔板将过滤介质分成几层，层与层之间留有一定的空间，使气流在此空间中进行重分布，避免短路的危险。分过滤器的体积较小，因为它只为一个发酵罐过滤无菌空气，有平板式、管式、折叠式等，这类过滤器介质填充不需很厚，但除菌效率较高。

思考题

1. 设计培养基的灭菌方案时，应从哪些角度考虑？
2. 请根据本章内容设计啤酒车间设备灭菌方案。
3. 比较分批灭菌和连续灭菌的优缺点。
4. 设计发酵用无菌空气净化流程并进行分析。
5. 分析空气过滤除菌机理和影响因素，思考如何提高过滤除菌效果。

参 考 文 献

[1] 贺小贤. 生物工艺原理 [M]. 北京：化学工业出版社，2015.

[2] 陈坚，堵国成. 发酵工程原理与技术 [M]. 北京：化学工业出版社，2012.

[3] 宋渊. 发酵工程 [M]. 北京：中国农业大学出版社，2017.

[4] 蒋新龙. 发酵工程 [M]. 杭州：浙江大学出版社，2011.

[5] 张嗣良. 发酵工程原理 [M]. 北京：高等教育出版社，2013.

[6] 余龙江. 发酵工程原理与技术应用 [M]. 北京：化学工业出版社，2008.

第四章 发酵工艺条件的优化

发酵工艺条件的优化在发酵过程中有着举足轻重的地位。它是提高目的产物得率的重要技术手段，也是发酵行业人员的必备能力之一。

发酵工艺条件的优化方法有很多，它们之间不是孤立的，而是相互联系的。在一个发酵工艺中，往往是多种优化方法的结合。为了提高发酵生产水平，人们首先考虑的是菌种的选育或基因工程菌的构建，而实际上，发酵工艺的优化，不仅包括菌种的制备，还包括发酵环境条件的优化，如温度、pH、溶氧、搅拌转速、营养物质浓度等，也包括生物反应器中的工程问题。因此，保证工程菌在合适的生物反应器内，使温度、pH、溶氧、搅拌转速等不断变换，始终为其提供最佳的环境条件，才能达到提高目的产物得率的最优效果。在发酵放大实验中，往往会忽视细胞代谢流的变化，例如，在溶解氧浓度的测量与控制中，关心的是最佳氧浓度或其临界值，而不注意细胞代谢时的摄氧率；用氨水调节pH时，关心的是最佳pH，却不注意添加氨水时的动态变化及其与其他发酵过程的参数的关系，而这些变化对细胞的生长代谢却非常重要。

本章内容主要介绍发酵工艺中培养基的设计和优化、培养条件的优化、发酵工艺优化中的统计方法。

第一节 培养基的设计和优化

任务
1. 理解并掌握正交设计实验安排并能独立分析实验结果。
2. 理解并掌握响应面分析法并能独立分析实验结果。

发酵工业培养基

【案例】
  赖氨酸产生菌FB31的发酵培养基主要成分为玉米浆、豆饼水解液、硫胺素。在实验环节，我们不知道这三种成分对发酵工艺的影响，也不知道什么样的配比最合适，如果想以较低的成本获得最大的赖氨酸产率，我们必须对FB31的培养基做适当的设计和优化。

【案例分析与讨论】
1. 什么是培养基？培养基的成分有哪些？其中包含哪些基本营养源？
2. 什么是碳源？其作用是什么？工业发酵常用的碳源有哪些？
3. 什么是氮源？其作用是什么？工业发酵常用的氮源有哪些？
4. 培养基有哪些分类方法？
5. 淀粉水解糖有哪些制备方法？试比较酸解法与酶解法的优缺点。
6. 糖蜜作为发酵培养基碳源，为何要对其进行预处理？糖蜜预处理包括哪些步骤？

7. 请根据培养基设计、优化的原则和方法，设计并优化一株枯草芽孢杆菌产淀粉酶的发酵培养基。

广义上讲，培养基是指一切可供微生物细胞生长繁殖所需的一组营养物质和原料，同时培养基也为微生物提供除营养物质外的其他生长所必需的条件。常用的培养基都必须符合一些基本的条件，如：①都必须含有合成细胞组成所必需的原料；②满足一般生化反应的基本条件；③一定的 pH 条件等。工业生产上选择的培养基俗称发酵培养基，还应包括能够促进微生物合成产物所必需的成分。

培养基的种类很多，如广泛用于微生物分类研究的各种分类培养基，用于微生物分离的各种鉴定培养基等。微生物发酵过程由于所使用微生物的种类和生产产品类别的不同，所采用的发酵培养基也不尽相同。但是一个适宜于大规模发酵的培养基应该具有以下几个共同的特点：①培养基能够满足产物最经济的合成；②发酵后所形成的副产物尽可能少；③培养基的原料应因地制宜、价格低廉，且性能稳定、资源丰富，便于采购运输，适合大规模储藏，能保证生产上的供应；④所选用的培养基应能满足总体工艺的要求，如不应该影响通气、提取、纯化及废物处理等。

一、培养基成分设计的目的

能否设计出一个好的发酵培养基，是一个发酵产品工业化成功中非常重要的一环。有关发酵培养基的设计，目前虽然可以从微生物学、生物化学、细胞生理学等找到理论上的依据，但对于具体产品在培养基设计时几乎会受到各种因素的制约，如原材料的成本、发酵工厂的地理位置等，因而大规模发酵培养基的设计应该说具有相当的艺术性。尽管如此，在许多情况下，还是有可能对培养基进行科学的设计，只有这样才能在实践中少走弯路，早日实现发酵产品的工业化。

对发酵培养基进行科学的设计，包括两个方面的内容：一是对发酵培养基的成分及原辅材料的特性有较为详细的了解；二是在此基础上结合具体微生物和发酵产品的代谢特点对培养基的成分进行合理的选择和优化。

一般来讲，培养基的选择首先是培养基成分的确定，然后决定各成分之间如何最佳的复配。由于培养基的组分（包括这些组分的来源和加工方法）、配比、缓冲能力、黏度、灭菌是否彻底、灭菌后营养破坏的程度以及原料中杂质的含量都对菌体生长和产物形成有影响，但目前还不能完全从生化反应的基本原理来推断和计算出适合某一菌种的培养基配方，只能用生物化学、细胞生物学、微生物学等的基本理论，参照前人所使用的较适合某一菌种的培养基配方，再结合所用菌种和产品的特性，采用摇瓶、玻璃罐等小型发酵设备，按照一定的实验设计和实验方法选择出较为适合的培养基。尽管用于发酵工业的培养基配制缺乏一定的理论性，但近百年来发酵工业的不断发展和有关学科的发展，为我们提供了相当丰富的经验和理论依据。

二、培养基成分选择的原则

在考虑某一菌种对培养基的总体要求时，在成分选择时应注意以下几个方面的问题。

1. 菌体的同化能力

一般只有小分子能够通过细胞膜进入细胞体内进行代谢。微生物能够利用复杂的大分子是由于微生物能够分泌各种各样的水解酶类，在体外将大分子水解为微生物能够直接利用的小分子物质。由于微生物来源和种类的不同，所能分泌的水解酶系是不一样的。因此有些微生物由于水解酶系的缺乏只能够利用简单的物质，而有些微生物则可以利用较为复杂的物质。因而在考虑培养基成分选择的时候，必须充分考虑菌种的同化能力，从而保证所选用的培养基成分是微生物能够利用的。

这一点在碳源和氮源的选取上特别要注意。许多碳源和氮源都是复杂的有机物大分子，如淀粉、黄豆饼粉等，用这类原料作为培养基，微生物必须具备分泌胞外淀粉酶和蛋白酶的能力，但不是所有的微生物都具备这种能力的。

对于酵母，一般仅能利用二糖和三糖，最多为四糖，因此酿造行业用粮食原料酿酒时，对于原材料必须经过一系列处理，最终获得酵母能够利用的碳源。如以中国为代表的制曲（大曲中含有丰富的淀粉酶和糖化酶，可以将淀粉转化为糖）酿酒工艺，国外以麦芽（麦芽中含有丰富的淀粉水解酶类，可以将淀粉转化为麦芽糖）酿酒为代表的酿酒工艺，这些都是千百年来广大劳动人民实践的结果。

葡萄糖是几乎所有的微生物都能利用的碳源，因此在培养基选择时一般被优先加以考虑。但工业上由于直接选用葡萄糖作为碳源成本相对较高，一般采用淀粉水解糖。在工业生产上将淀粉水解为葡萄糖的过程称为淀粉的"糖化"，所得的糖液称为淀粉水解糖。

淀粉水解糖液中主要的糖类是葡萄糖。因水解条件的不同，糖液中尚有少量的麦芽糖及其他一些二糖、低聚糖等复合糖类，这些低聚糖的存在不仅降低了原料的利用率，而且会影响糖液的质量，降低糖液可发酵的营养成分含量。除此以外原料中带来的杂质如蛋白质、脂肪等以及其分解产物也混于糖液之中。因此为了保证发酵正常生产，水解糖液必须达到一定的质量指标（表 4-1）。影响淀粉水解糖的质量因素除原料外很大程度和制备方法密切相关，目前淀粉水解糖的制备方法有酸解法、酸酶法和酶解法，其中以酶解法制得的糖液质量最好（表 2-5）。

表 4-1　　　　　　　　　　谷氨酸生产中糖液的质量指标

项目	要求	项目	要求
色泽	浅黄、杏黄色透明液	葡萄糖值（DE）	90%以上
糊精反应	无	透光率	60%以上
还原糖含量	18%左右	pH	4.6~4.8

对于氮源也一样，许多有机氮源都是复杂的大分子蛋白质。有些微生物，如大多数氨基酸产生菌，缺乏蛋白质分解酶，不能直接分解蛋白质，必须将有机氮源水解后才能被利用。常用的有大豆饼粉、花生饼粉和毛发的水解液。各种蛋白质水解液的氨基酸含量见表 4-2。豆饼水解液制备方法如下：豆饼粉（100kg）＋水（133kg）＋盐酸，调 pH1.0 以下，100℃，常压水解 16h，或 0.25~0.3MPa 压力水解 6h，也可用硫酸水解，用氨水中和。

表 4-2　　　　　　　　　　各种蛋白质水解液的氨基酸含量

组成/%	棉籽饼水解液	毛发水解液	血蛋白水解液	味精母液	豆饼水解液
精氨酸	12.12	4.16	4.50	2.10	7.00
组氨酸	2.70	0.33	6.40	0.88	5.60
赖氨酸	4.40	1.32	9.20	0.55	6.60
酪氨酸	1.30	1.08	2.50	2.06	1.20
色氨酸	2.20	—	1.40	—	3.20
苯丙氨酸	5.40	0.98	7.70	1.80	4.80
胱氨酸	1.60	4.96	1.40	—	1.20
甲硫氨酸	1.40	0.45	1.20	—	1.10
丝氨酸	3.90	2.66	8.40	—	5.60
苏氨酸	3.40	2.26	4.40	—	3.90
亮氨酸	5.70	3.25	11.60	4.14	7.60
异亮氨酸	3.60	1.23	2.30	—	5.80
缬氨酸	4.60	1.81	8.30	0.88	5.20
谷氨酸	17.10	4.60	9.30	0.77	18.50
天冬氨酸	10.00	2.41	12.40	0.84	8.30
甘氨酸	3.90	1.33	4.70	0.46	1.90
丙氨酸	4.00	1.73	1.00	3.77	4.50
脯氨酸	3.00	6.29	4.90	3.00	5.40

2. 代谢的阻遏和诱导

在配制培养基考虑碳源和氮源时，应根据微生物的特性和培养目的，注意快速利用的碳（氮）源和慢速利用的碳（氮）源的相互配合，发挥各自的优势，避其所短。

对于快速利用的碳源葡萄糖来讲，当菌体利用葡萄糖时产生的分解代谢产物会阻遏或抑制某些产物合成所需的酶系的形成和酶的活性，即发生葡萄糖效应。因此在抗生素发酵时，种子培养基所含的快速利用的碳源和氮源往往比用于合成目的产物的发酵培养基所含的多。当然也可考虑分批补料和连续补料的方式，以及在基础培养基中添加诸如磷酸三镁等称为铵离子捕捉剂的化合物来控制微生物对底物的合适的利用速率，以解除所谓的"葡萄糖效应"来得到更多的目的产物。另外，对于孢子培养基的配制来说，营养不能太丰富（特别是有机氮源），否则只长营养菌丝而不产孢子。这种培养基中所用无机盐浓度要适量，不然也会影响孢子量和孢子颜色。

对于酶制剂生产，应考虑碳源的分解代谢阻遏的影响。对许多诱导酶来说，易被利用的碳源（如葡萄糖与果糖等）不利于产酶，而一些难以被利用的碳源（如淀粉、糊精等）对产酶是有利的（表 4-3）。因而，淀粉糊精等多糖也是常用的碳源，特别是在酶制剂生产中几乎都选用淀粉类原料作为碳源。

表 4-3　　　　　　　　　　　　　碳源对生长和产酶的影响

碳源	地衣芽孢杆菌		黑曲霉
	细胞量/(g/L)	α-淀粉酶活性/(U/mL)	果胶酶活性/(U/mL)
葡萄糖	4.2	0	0.77
果糖	4.18	0	—
蔗糖	4.02	0	0.66
糊精	3.06	38.2	0.52
淀粉	3.09	40.2	1.93

微生物利用氮源的能力因菌种、菌龄的不同而有差异，多数能分泌胞外蛋白酶的菌株，在有机氮源（蛋白质）上可以良好地生长。同一微生物处于生长不同阶段时，对氮源的利用能力不同，在生长早期容易利用易同化的铵盐和氨基氮，在生长中期则由于细胞的代谢酶系已形成则利用蛋白质的能力增强。因此，在培养基中有机和无机氮源应当混合使用。

有些产物会受氮源的诱导与阻遏，这在蛋白酶的生产中表现尤为明显，除个别外（例如黑曲霉生产酸性蛋白酶需高浓度的铵盐），通常蛋白酶的生产中受培养基中蛋白质和多肽的诱导，而受铵盐、硝酸盐、氨基酸的阻遏，这时在培养基氮源选取时应考虑以有机氮源（蛋白质类）为主。

3. 合适的碳氮比

培养基中碳氮比对微生物生长繁殖和产物合成的影响极为显著。氮源过多，会使菌体生长过于旺盛，pH 偏高，不利于代谢产物的积累；氮源不足，则菌体繁殖量少，从而影响产量。碳源过多则容易形成较低的 pH；若碳源不足则容易引起菌体的衰老和自溶。另外，碳氮比不当还会引起菌体正常吸收营养物质，从而直接影响菌体的生长和产物的合成。

4. pH 的要求

微生物的生长和代谢除了需要适宜的营养环境外，其他环境因子也应处于适宜的状态。其中 pH 是极为重要的一个环境因子。微生物在利用营养物质后，由于酸碱物质的积累或代谢酸碱物质的形成会造成培养体系 pH 的波动。发酵过程中调节 pH 的方式一般不主张直接用酸碱来调节，因为培养基 pH 的异常波动常常是由于某些营养成分的过多（或过少）而造成的，因此用酸碱虽然可以调节 pH，但不能解决引起 pH 异常的原因，其效果常常不甚理想。

要保证发酵过程中 pH 能满足工艺的要求，合理配制培养基是成功的决定因素。因而在配制培养基选取营养成分时，除了考虑营养的需求外，也要考虑其代谢后对培养体系 pH 缓冲体系的贡献，从而保证整个发酵过程中 pH 能够处于较为适宜的状态。

三、培养基设计的方法

应该指出的是选择培养基成分、设计培养基配方虽然有一些理论依据，但最终的确定是通过实验方法获得的。一般一个培养基设计的过程大约经过以下几个步骤：①根据前人的经验以及确定培养基成分时必须考虑的问题,初步确定可能的培养基成分;②通过单因子实验最终确定出最为适宜的培养基成分;③当培养基成分确定后,剩下的问题就是各成分最适的浓度,由于培养基成分很多,为减少实验次数常采用一些合理的实验设计方法。

有关培养基成分的确定可以参见前面的内容,各成分适宜浓度的确定往往是通过实验最终设计出一个合适的培养基,以满足本章开始提出的四条标准。作为一个适宜的培养基首先必须满足产物最经济的合成,也就是说所配制的培养基中原材料的利用率要高。这就是一个转化率(单位质量的原料所产生的产物的量)的问题。考察发酵过程的转化率一般有两个值:理论转化率和实际转化率。所谓理论转化率是指理想状态下根据微生物的代谢途径进行物料衡算,所得出的转化率的大小。实际转化率是指实际发酵过程中转化率的大小。由于实际发酵过程中副产物的形成、原材料的利用不完全等因素的存在,实际转化率往往要小于理论转化率。因此如何使实际转化率接近于理论转化率是发酵控制的一个目标。

1. 理论转化率的计算

对于确定的化学反应,其反应理论转化率可以通过反应方程式的物料衡算得出,生物反应其本质上也是化学反应,因此理论转化率也是通过反应方程式的物料衡算得出的。

由于生物反应的复杂性,要给出反应物和产物的代谢总反应方程式,必须对生物代谢过程的每一步反应进行深入的解析。因而对于很多产品和反应底物要给出定量的代谢总反应方程式,至少在目前来讲是相当困难的,但是这方面的研究一直是发酵控制研究中的重点。

一些主要的代谢产物,因为它们的代谢途径比较清楚,所以可以给出它们的代谢总反应方程式,例如在酒精生产中葡萄糖转化为酒精的理论转化率计算如下。

葡萄糖转化为酒精的代谢总反应衡算式为:

$$C_6H_{12}O_6 \longrightarrow 2C_2H_5OH + 2CO_2 \tag{4-1}$$

因此,葡萄糖转化为酒精的理论得率为:

$$Y = 2 \times 46/180 \times 100\% = 51\%$$

对于某些次级代谢产物,通过代谢途径的解析也可给出代谢的总反应衡算式,如Cooney根据化学反应的计量关系和经验数据得出葡萄糖转化为青霉素的代谢总反应衡算式为:

$$10/6 C_6H_{12}O_6 + 2NH_3 + H_2SO_4 + 1/2 O_2 + C_8H_8O_2 \longrightarrow C_{16}H_{18}O_4N_2S + 2CO_2 + 9H_2O \tag{4-2}$$

葡萄糖　　　　　　　　　　　　　苯乙酸　　　青霉素

因此葡萄糖转化为青霉素的理论得率为:$Y=110\%$。

式(4-2)中,苯乙酸是前体,由于在产物合成中的作用比较明显,理论得率可按物质的量比计算,如对青霉素发酵理论上1mol的苯乙酸合成1mol的青霉素。

例:计算红霉素发酵过程中发酵单位为4000U/mL时,理论上要加入多少丙酸?

解:红霉素的大环内酯环有21个碳,丙酸由7个3碳化合物组成,所以红霉素与丙酸的物质的量比为1∶7(红霉素的相对分子质量为733,丙酸的相对分子质量为74),4000U/mL红霉素相当于每升培养液中有4g红霉素,所以加入的丙酸量为:

$$7 \times 74 \times 4 \div 733 = 2.83 \text{ (g/L)}$$

上述得率都是理论转化率,指基质在理想状态下完全转化为产物时的转化率。在实际过程中如确定碳源的数量时还要考虑到用于维持菌体生长所消耗的量，表 4-4 列出了菌体在不同碳源中的细胞得率，对于前体还要考虑到实际利用率，其他营养物质也有相类似或另一些影响因素存在，因而实际的转化率要小于理论转化率。但是理论得率为培养基成分在浓度确定时提供了重要的参考，而且发酵过程中如何控制实际转化率尽可能地接近理论转化率一直是一个努力的方向。

表 4-4　　　　　　　　　　　　　菌体在不同碳源中的细胞得率

碳源	细胞得率/（g 细胞/g 基质）	碳源	细胞得率/（g 细胞/g 基质）
葡萄糖（糖蜜）	0.51	乙醇	0.68
甲烷	0.62	醋酸盐	0.34
正烷	1.03	顺丁烯二酸	0.36
甲醇	0.40		

2. 实验设计

最终培养基成分和浓度的确定都是通过实验获得的。一般首先是通过单因子实验确定培养基的成分，然后通过多因子实验确定各成分对培养基的影响大小及适宜的浓度，最后为了精确确定主要影响因子的适宜浓度也可以进行进一步的单因子实验。

单因子实验比较简单，对于多因子实验，为了通过较少的实验次数获得所需的结果常采用一些合理的实验设计方法，如正交实验设计、响应面分析等。

（1）正交实验设计　正交实验设计是安排多因子的一种常用方法，通过合理的实验设计，可用少量的具有代表性的试验来代替全面试验，较快地取得实验结果。正交实验的实质就是选择适当的正交表，合理安排实验和分析实验结果的一种实验方法。具体可以分为下面 4 步：①根据问题的要求和客观的条件确定因子和水平，列出因子水平表；②根据因子和水平数选用合适的正交表，设计正交表头，并安排实验；③根据正交表给出的实验方案，进行实验；④对实验结果进行分析，选出较优的"试验"条件以及对结果有显著影响的因子。

例：确定赖氨酸产生菌 FB31 发酵培养基成分玉米浆、豆饼水解液、硫酸铵适宜浓度及其对发酵的影响。

解：利用正交设计安排实验并分析结果。

①确定因子和水平，根据经验列出因子水平表，豆饼水解液、玉米浆和硫酸铵的浓度变化见表 4-5，共 3 个因子，每个因子取 3 个水平。

表 4-5　　　　　　　　　　　　　　　　因子水平表

水平	因子		
	豆饼水解液/%	玉米浆/%	硫酸铵/%
1	0.5	2.5	3
2	1.0	3.0	4
3	1.5	3.5	5

②根据因子和水平数选用合适的正交表,设计正交表头,并安排实验,由于是三因子三水平,所以选用 $L_9(3^4)$,将硫酸铵、豆饼水解液、玉米浆分别安排在第 2、3、4 列,第 1 列为空列,共安排 9 个试验点,见表 4-6。

表 4-6　　　　　　　　　　正交实验结果

试验号	列号 1	2 硫酸铵	3 豆饼水解液	4 玉米浆	产酸/(g/L)
1	1	1	1	1	21.0
2	1	2	2	2	42.0
3	1	3	3	3	31.0
4	2	1	2	3	38.0
5	2	2	3	1	22.0
6	2	3	1	2	33.0
7	3	1	3	2	24.0
8	3	2	1	3	36.0
9	3	3	2	1	30.0
k_1		28.0	30.0	24.0	
k_2		33.0	37.0	33.0	
k_3		31.0	26.0	35.0	
极差		5.0	11.0	11.0	

③实验结果及分析:正交实验的统计分析方法有极差分析法和方差分析法两种。

(2) 响应面分析法　虽然正交实验设计是多因子实验安排中最常用的实验设计方法,其他实验设计方法还有很多,特别是一些实验方法结合计算机统计分析软件,使实验的安排和对结果的分析较正交设计更加完善和方便,这里我们仅仅举响应面分析法做一个介绍。

响应面分析(Response Surface Analysis)方法是数学与统计学相结合的产物,和其他统计学方法一样,由于采用了合理的实验设计,能以最经济的方式,用很少的实验数量和时间对实验进行全面研究,科学地提供局部与整体的关系,从而取得明确的、有目的的结论。它与"正交设计法"不同,响应面分析方法以回归方法作为函数估算的工具,将多因子实验中,因子与实验结果的相互关系,用多项式近似,把因子与实验结果(响应面)的关系函数化,对此可对两数的面进行分析,研究因子与响应值之间、因子与因子之间的相互关系,并进行优化。

例:采用响应面分析方法对赖氨酸产生菌 FB42 的发酵培养基组成中玉米浆、豆饼水解液、硫酸铵进行优化。

解:①确定因子和水平安排响应面实验,以这三个因子为自变量,以产酸值为响应值,设计三因子三水平实验,见表 4-7。

表 4-7　　　　　　　　　　　　　　　　因子水平表

水平	因子		
	豆饼水解液（X_1）	玉米浆（X_2）	硫酸铵（X_3）
−1	1%	2%	4%
0	2%	3%	5%
1	3%	4%	6%

②对实验结果进行分析，见表 4-8。

表 4-8　　　　　　　　　　　　　　　响应面实验结果

实验号	豆饼水解液（X_1）	玉米浆（X_2）	硫酸铵（X_3）	产酸/（g/L）
1	−1	−1	0	45.44
2	−1	0	−1	49.01
3	−1	0	1	48.20
4	−1	1	0	44.70
5	0	−1	−1	43.20
6	0	−1	1	42.21
7	0	1	−1	39.66
8	0	1	1	40.22
9	1	−1	0	39.14
10	1	0	−1	40.45
11	1	0	1	39.08
12	1	1	0	35.02
13	0	0	0	54.20
14	0	0	0	54.45
15	0	0	0	53.54

③运用 SAS 软件 RSREG 程序对 15 个实验点的响应值进行回归分析，根据分析结果绘制趋势图。

四、培养基优化

一个分批发酵（包括流加发酵）过程从开始到结束经历着不同的阶段，对于大多数产品总是可以分为生长期和产物形成期两个阶段。生长阶段表现为微生物快速的生长，并很快积累到较高的浓度，产物几乎不合成或仅有少量合成；接下来的一个阶段为产物形成阶段，产物形成阶段一般在整个生产过程中占据较多的时间，在这一阶段微生物菌体的浓度仅有少量的变化，而产物在快速地积累。因此对于分批发酵（包括流加发酵）过程微生物体内的酶系是处于不断变化之中的，但是从大多数产品的生产过程来看，在产物形成阶段似乎可以认为菌体的酶系是相对稳定的，对于一个好的发酵过程，当菌体生长阶段结束时，菌体内的酶系应当最有利于产物的形成。

由上述分析，对于分批发酵（流加发酵）过程的优化控制应当分为两个阶段，而且各个阶段的控制重点应当有所侧重。

第一阶段是控制菌体的生长，目的是使长好的菌体能够处于最佳的产物合成状态，即如何控制有利于微生物催化产物合成所需酶系的形成。这一阶段虽然占整个发酵过程中的时间较少，但却是发酵过程好坏成功的关键，因为微生物酶系的形成往往是不可逆的。这一阶段的研究必须从产物合成的代谢调控机制入手，具体从每个产品制约着产物合成的主要代谢调控机制入手，来分析发酵开始的营养条件（包括供氧）和环境条件（如温度、pH等），找出主要的影响因素对其进行控制，从而保证菌体长好后，有利于产物合成和分泌的酶系开启，而不利于产物合成的酶系关闭，处于最佳的产物合成状态。

第二阶段是控制产物的合成，在这阶段由于微生物体内的酶系相对稳定，这就有可能从反应速度的研究入手，分析底物浓度对反应速度的影响，找出对反应速度影响最显著的底物，以此建立动力学方程，进行优化控制，并保证其他底物浓度能维持在一个恰当的水平，使产物的合成过程最经济。

围绕上面发酵过程两个阶段的分析，对于一个分批发酵（包括流加发酵）过程研究的重点和控制的目的应当是：在菌体生长阶段，找出影响产物分泌酶系的主要因素并加以控制，使菌体长好后处于最佳的产物合成阶段；在产物形成阶段，找出影响反应速度变化的主要因素并加以控制，使产物的形成速度处于最佳或底物的消耗最经济。这两个阶段由于控制本质的不同，其关键控制因子常常是不一样的。

目前在流加（或分批）发酵优化控制研究中，往往过分强调反应速度的控制，即仅仅从动力学的角度研究发酵过程的优化控制问题，常采用的方法是对影响微生物系统的众多因素进行了简化，将整个发酵阶段影响微生物生长和产物形成的因素归结为某种主要因素的影响，并以此建立起动力学模型，进一步在动力学模型的基础上运用数学方法进行过程优化。这种研究方法除了在连续发酵中有较为成功的应用外，在流加发酵的最优化研究中虽然有很多报道，但真正经得起实践考验的不多。其原因也正是对菌体生长阶段和产物形成阶段的控制差异点和重要性考虑不足，对生长阶段的控制本质研究得不透彻。

对于生长阶段的控制，适宜的培养基配制是最重要的手段也可以说是成功的关键。正如前面分析所指出的，生长阶段控制的目的是使得生长好的菌体处于最有利于产物合成的状态。因而必须找出影响产物分泌最适酶系形成的关键因子加以控制。目前已经有些非常成功的报道，最典型的是谷氨酸发酵中控制生物素的亚适量。但是由于微生物代谢调控机制的复杂性，对于大多数产品仍然要做相当细致的工作。由于这些关键控制因子常常是一些微量的物质（它们是以包含在其他培养基原料如有机氮源中被添加到培养基中），这在一般培养基的设计和优化过程中往往被忽略。这就造成了发酵前期控制的困难，发酵过程的控制常处于一种不确定的状态，例如，原材料产地的变化、原材料加工方法的变化等都对发酵有着重要的影响。因此可以说目前培养基的设计对大多数产品仍处于个较低层次的研究水平上，随着发酵过程动力学研究和计算机自动控制应用的深入，它越来越变成发酵过程优化控制研究中的瓶颈问题。

五、培养基设计时应注意的问题

有关培养基的设计优化前面已介绍了一些原则，但在具体应用时还要注意许多相关的问题，以确保培养基的设计符合稳定、大规模发酵产品的需要。

1. 原料及设备的预处理

发酵培养基所用的原料，有些必须经过适当的预处理。如一些谷物或红薯干等农产品，使用前要去除杂草、泥块、石头、小铁钉等杂物以避免损坏粉碎机。国外抗生素用的培养基均要通过 200 目的筛子。有些谷物如大麦、高粱、橡子等原料最好先去皮，这样一方面可以防止皮壳中有害物质如单宁等带入发酵醪，影响微生物的生长和产物的形成；另一方面大量的皮壳占去一定的体积，降低了设备的利用率，且易堵塞管道，增加流动阻力。

在使用糖蜜时，要特别注意，由于糖蜜中含有大量的无机盐、胶体物质和灰分，对于有些产品的生产，必须进行预处理。例如在柠檬酸生产时，由于糖蜜中富含铁离子会导致异柠檬酸的形成，所以糖蜜要预先加入黄血盐除铁。在酒精或酵母生产时，由于糖蜜中干物质浓度大，糖分高、产酸菌多、灰分和胶体物质也很多，酵母无法生长，因此必须经过稀释、酸化、灭菌、澄清和添加营养盐等处理后才能被使用。

工业上一般使用铁制的发酵罐，这种发酵罐内的溶液即使不加入任何含铁的化合物，其铁离子的浓度也可达 $30\mu g/mL$。有些产品对铁离子是非常敏感的，如青霉素的最适铁离子浓度应在 $20\mu g/mL$ 以下。因此新发酵罐或锈蚀的发酵罐会造成铁离子浓度过高，这在生产过程中必须加以重视。目前常用的处理方法是在罐内壁涂生漆或耐热环氧树脂作保护剂以防止铁离子脱落。

2. 原材料的质量

培养基的配制在发酵过程的控制和优化中占有着极其重要的地位。但是由于目前研究的不深入，可以说对于绝大部分产品培养基成分中关键的调控因子还不很清楚。这些关键的调控因子常常是一些微量的物质，它们包含在碳源、氮源等中特别是有机氮源中被添加到培养基中。因而这些物质（碳源、氮源等）质量（包括成分、含量）的稳定性是获得连续、稳定高产的关键。

在选择培养基所用的有机氮源时，特别要注意原料的来源、加工方法和有效成分的含量以及储存方法，有机氮源大部分为农副产品，其中所含的成分受产地、加工、储存等的影响较大。如常用的黄豆饼粉虽然加工方法都是压榨法，但所用的压榨温度可以是低温（40~50℃）、中温（80~90℃）、高温（100℃以上）。黄豆饼粉不同的加工方法对抗生素发酵的影响很大，如在红霉素生产时应该用热榨的黄豆饼粉，而在链霉素发酵时应该用冷榨的黄豆饼粉。因此，每个工厂对这些原料都应进行定点采购和加工；如原料有变化，应事先进行试验，一般不得随意更换原料。对所有的培养基组成都要有一定的质量标准。

3. 发酵特性的影响

培养基中各成分的含量往往是根据经验和摇瓶或小罐试验结果来决定的，但在大规模发酵时要综合考虑。如红霉素摇瓶发酵时提高基础培养基中的淀粉含量能够延缓菌丝自溶、提高发酵单位。但在大规模发酵时，由于淀粉含量过高不仅成本增加且发酵液黏稠影响氧的传质，进而影响红霉素的生物合成和后工段的处理。因此在抗生素发酵生产中往往喜欢所谓的"稀配方"，因为它既降低成本、灭菌容易且使氧传递容易而有利于目的产物的生物合成。如果营养成分缺乏，则可通过中间补料的方法予以弥补。

使用淀粉时，如果浓度过高培养基会很黏稠，所以当培养基中淀粉的含量大于2%时，应该先用淀粉酶糊化，然后再混合、配制、灭菌，以免产生结块现象。糊精的作用和淀粉极为相似，因其在热水中的溶解性，所以补料中一般不补淀粉而补糊精。

4. 灭菌

发酵培养基都要经过灭菌，目前所使用的方法基本上是湿热蒸汽灭菌法。在灭菌的同时必然存在着营养物质的损失。由于灭菌条件的差异造成培养基营养成分的差异，这一点也常常是造成放大的失败和发酵结果波动的重要原因。在大规模发酵中应该尽可能地采取连续灭菌的操作，而且保证灭菌条件的稳定是保证发酵稳定的前提。

不适当的灭菌操作除了降低营养物质的有效浓度外，还会带来其他有害物质的积累，进一步抑制产物的合成。所以有时避免营养物质在加热的条件下相互作用，可以将营养物质分开消毒。如培养基中钙盐过多时，会形成磷酸钙沉淀，降低了培养基中可溶性磷的含量。因此，当培养基中磷和钙均要求较高浓度时，可将二者分别消毒或逐步补加。

有些物质由于挥发和对热非常敏感，就不能采用湿热的灭菌方法。如氨水的灭菌常用过滤除菌的方法进行灭菌。

第二节 培养条件的优化

任务

1. 理解并掌握培养条件正交设计实验安排并能独立分析实验结果。
2. 理解并掌握培养条件响应面分析法并能独立分析实验结果。
3. 在学习正交试验和响应面分析法的基础上了解更多的优化方法。

【案例】

赖氨酸产生菌 FB31 的发酵培养基主要成分为玉米浆、豆饼水解液、硫酸铵，在之前的实验环节，我们确定了培养基中的三种主要成分对发酵工艺的影响，也确定了这三者最合适的配比，但是，在发酵过程中也有很多影响产物得率的影响因素，如发酵温度、pH、搅拌转速、离子浓度等，这些发酵条件的选择对发酵结果影响很大。我们必须对赖氨酸产生菌 FB31 的发酵条件做适当的设计和优化。

【案例分析与讨论】

1. 温度对微生物发酵有何影响？
2. 生产中如何有效控制溶氧在所需的最适范围内？
3. 提高发酵液中溶氧水平的措施有哪些？
4. pH 影响发酵的机制是什么？引起 pH 上升或下降的因素有哪些？
5. 发酵生产中如何控制 pH？
6. CO_2 对细胞作用的机制是什么？
7. 发酵过程中采取中间补料的目的是什么？

发酵体系是一个非常复杂的多相共存的动态系统，其主要特征如下：①微生物细胞内部结构及代谢反应的复杂性。微生物细胞内同时进行着上千种不同的生化反应，并受到各种各样的调控机制的影响，它们之间相互影响，又相互制约，如果某个反应受阻，就可能影响整体代谢变化。②微生物所处的生物反应器环境复杂，环境是气相、液相、固相混合的三相系统。③系统状态的时变性及包含参数的复杂性，这些参数互为条件，相互制约。

在发酵过程中，微生物细胞的生长繁殖和代谢产物的生物合成都受到菌体遗传物质的控制，发酵产量的高低是由遗传物质决定的。但是，遗传基因的表达也受发酵条件的影响，发酵液中各种生物、化学、物理因素对遗传基因的表达都会产生影响。例如通气量过大时，可以使发酵液变得黏稠，因此使氧气的传递受到影响，溶解氧浓度降低时，可影响到菌体的生长和代谢产物的生物合成。因此，要想取得理想的发酵产量，必须对发酵过程进行参数优化。以红霉素的发酵为例，对于一次性投料的简单发酵过程，发酵过程中不对营养物质进行优化，其放罐时发酵单位只能达到 4000U/mL 左右；但如果对发酵过程中的营养物质浓度进行优化，根据需要调整其浓度，则放罐时发酵单位可以达到每小时 8000U/mL，甚至更高。由此可以看出，对发酵过程培养条件进行优化对于提高代谢产物的发酵产量是非常必要的。

一、培养条件的主要参数

微生物发酵要取得理想的效果，即取得高产并保证产品的质量，就必须对培养条件进行严格的控制和合理优化，培养条件优化是否得当，对发酵是否能取得预期的效果至关重要。与培养条件有关的主要参数可分为物理参数、化学参数和生物学参数。

1. 物理参数

发酵过程中的物理参数及其测定方法见表 4-9。

表 4-9　　　　　　　　发酵过程中的物理参数及其测定方法

参数名称	单位	测定方法	测定意义
温度	℃，K	传感器	维持生长、合成
罐压	Pa	压力表	维持正压、增加溶氧
空气流量	L/(L·min)	传感器	供氧，排出废气，提高 k_La
搅拌转速	r/min	传感器	物料混合，提高均匀程度
搅拌功率	kW	传感器	反映搅拌情况
黏度	Pa·s	黏度计	反映菌体生长
密度	g/cm^3	传感器	反映发酵液性质
装液量	m^3，L	传感器	反映发酵液数量
浊度（透光度）	%	传感器	反映菌体生长情况
泡沫	—	传感器	反映发酵代谢情况
体积溶氧系数 k_La	h^{-1}	简洁计算，在线检测	反映供氧效率
加消泡剂速率	kg/h	传感器	反映泡沫情况
加中间体或前体速率	kg/h	传感器	反映前体和基质利用情况
加其他基质速率	kg/h	传感器	反映基质利用情况

（1）温度　发酵整个过程或不同阶段所维持的温度。温度的高低与发酵中的酶反应速率、氧在培养液中的溶解度和传递速率、菌体生长速率和产物合成速率等有密切关系。

（2）罐压　发酵过程中发酵罐维持的压力。罐内维持正压可以防止外界空气中的杂菌侵入而避免污染，以保证纯种的培养。同时罐压的高低还与氧和 CO_2 在培养液中的溶解度有关，间接影响菌体代谢。罐压一般维持在 $(0.2\sim0.5)\times10^5$ Pa。

（3）搅拌转速　搅拌器在发酵过程中的转动速度，通常以每分钟的转数来表示。它的大小与氧在发酵液中的传递速率与发酵液的均匀性有关。

（4）搅拌功率　搅拌器搅拌时所消耗的功率，常指每立方米发酵液所消耗的功率（kW/m^3）。它的大小与液相体积溶氧系数 k_La 有关。

（5）空气流量　指每分钟内每单位体积发酵液通入空气的体积，也是需氧发酵的控制参数。它的大小与氧的传递和其他控制参数有关。

（6）黏度　黏度大小可以作为细胞生长或细胞形态的一项标志，也能反映发酵罐中菌丝分裂过程的情况。通常用表观黏度表示。它的大小可改变氧传递的阻力，又可表示相对菌体浓度。

（7）浊度　浊度是能及时反映单细胞生长状况的参数，它对某些产品的生产是极其重要的。

（8）料液流量　料液流量是控制流体进料的参数。

2. 化学参数

发酵过程中的化学参数及其测定方法见表 4-10。

表 4-10　　发酵过程中的化学参数及其测定方法

参数名称	单位	测定方法	测定意义
酸碱度（pH）	—	传感器	反映菌的代谢情况
溶解氧浓度	$\times10^{-6}$	传感器	反映氧的供给和消耗情况
尾气氧含量	%	传感器，热磁氧分析	了解耗氧情况
氧化还原电位	mV	传感器	反映菌的代谢情况
溶解 CO_2 含量	%	传感器	了解 CO_2 对发酵的影响
尾气 CO_2 含量	%	传感器，红外吸收	了解菌的呼吸情况
总糖、葡萄糖、蔗糖、淀粉浓度	kg/m^3	取样	了解基质在发酵过程中的变化
前体或中间体浓度	mg/mL	取样	产物生成情况
氨基酸浓度	mg/mL	取样	了解氨基酸含量的变化情况
矿物质盐浓度	%	取样，离子选择电极	了解离子含量对发酵的影响

（1）酸碱度（pH）　发酵液的 pH 是发酵过程中各种产酸和产碱的生化反应的综合结果。它是发酵工艺控制的重要参数之一。它的高低与菌体生长和产物合成有着重要的关系。

（2）基质浓度　这是发酵液中糖、氮、磷等重要营养物质的浓度。它们的变化对产生菌的生长和产物的合成有着重要的影响，也是提高代谢产物产量的重要优化手段。因此，在发酵过程中，必须定时测定糖（还原糖和总糖）、氮（氨基氮或无机氮）等基质的浓度。

(3) 溶解氧浓度　溶解氧（DO，简称溶氧）是需氧菌发酵的必备条件。氧是微生物体内的一系列经细胞色素氧化酶催化产能反应的最终电子受体，也是合成某些代谢产物的基质，所以溶解氧浓度大小的影响是多方面的。利用溶解氧浓度的变化，可了解产生菌对氧利用的规律，反映发酵的异常情况，也可作为发酵中间控制的参数及设备供氧能力的指标。溶解氧浓度一般用绝对含量（g/mL）来表示，有时也用在相同条件下，氧在培养液中的饱和度来表示。

(4) 氧化还原电位　培养基的氧化还原电位是影响微生物生长及其生化活性的因素之一。对各种微生物而言，培养基最适宜的与所允许的最大电位，应与微生物本身的种类和生理状态有关。氧化还原电位常作为控制发酵过程的参数之一，特别是某些氨基酸发酵是在限氧条件下进行的，氧电极已不能精确使用，这时用氧化还原参数控制则较为理想。

(5) 产物的浓度　这是发酵产物产量高低或合成代谢正常与否的重要参数，也是决定发酵周期长短的根据。

(6) 尾气中的氧含量　尾气中的氧含量与产生菌的摄氧率和 k_La 有关。从尾气中的氧和 CO_2 的含量可以算出产生菌的摄氧率、呼吸熵和发酵罐的供氧能力。

(7) 尾气中的 CO_2 含量　尾气中的 CO_2 就是产生菌呼吸放出的 CO_2。测定它可以算出产生菌的呼吸熵，从而了解产生菌的呼吸代谢规律。

3. 生物学参数

发酵过程中的生物学参数及其测定方法见表4-11。

表 4-11　　　　　　　　　发酵过程中的生物学参数及其测定方法

参数名称	单位	测定方法	测定意义
菌体浓度	g/L（DCW①）	取样	了解菌的生长情况
菌体中 RNA、DNA 含量	mg/g（DCW）	取样	了解菌的生长情况
菌体中 ATP、ADP、AMP 含量	mg/g（DCW）	取样	了解菌的能量代谢情况
菌体中 NADH 含量	mg/g（DCW）	在线荧光法	了解生长和产物情况
效价或产物浓度	g/mL	取样（传感器）	产物生成情况
菌丝形态	—	取样，离线	了解菌的生长情况

注：①DCW（Dry Cell Weight）表示细胞干重。

(1) 菌丝形态　丝状菌发酵过程中菌丝形态的改变是生化代谢变化的反映。一般都以菌丝形态作为衡量种子质量、区分发酵阶段、控制发酵过程的代谢变化和决定发酵周期的依据之一。

(2) 菌体浓度　菌体浓度是控制并优化微生物发酵的重要参数之一，特别是对抗生素次级代谢产物的发酵。它的大小和变化速度对菌体的生化反应都有影响，因此测定菌体浓度具有重要意义。菌体浓度与培养液的表观黏度有关，间接影响发酵液的溶氧浓度。在生产上，常常根据菌体浓度来决定合适的补料量和供氧量，以保证生产达到预期的水平。

根据发酵液的菌体量和单位时间的菌体浓度、溶解氧浓度、糖浓度、氮浓度和产物浓度等的变化，即可分别算出菌体的比生长速率、氧比消耗速率、糖比消耗速率、氮比消耗速率和产物比生产速率。这些参数也是控制产生菌的代谢、决定补料和供氧工艺条件的主要依据,多用于发酵动力学的研究。

除上述外,还有跟踪细胞生物活性的其他参数,如 NAD/NADH 体系,ATP/ADP/AMP 体系,DNA、RNA、生物合成的关键酶等,需要时可查有关资料。

发酵工艺条件对过程的影响是通过各种检测参数反映出来的,发酵过程中主要控制参数有以下几种:酸碱度、温度、溶解氧浓度、基质含量、空气流量、压力、搅拌转速、搅拌功率、浊度、料液流量、产物浓度、氧化还原电位、尾气中的 CO_2 浓度、细胞形态和菌体浓度等。这些参数可作为发酵过程生产菌的代谢方向、补料、供氧等工艺控制的主要依据,同时为研究发酵动力学及进一步优化控制提供了可能。

二、发酵过程中 pH 参数优化

发酵过程中培养液的 pH 是微生物在一定环境条件下代谢活动的综合指标,是非常重要的发酵参数。掌握发酵过程中 pH 变化的规律,及时检测并进行控制,可以使发酵处于生产的最佳状态。

1. pH 对发酵的影响

发酵液 pH 的改变将对发酵产生很大的影响。主要表现在以下几个方面。

(1) 改变细胞质膜的电荷性质,影响新陈代谢的正常进行 细胞质膜具有胶体性质,在一定 pH 时细胞质膜可以带正电荷,而在另一 pH 时,细胞质膜则带负电荷。这种电荷的改变同时会引起细胞质膜对个别离子渗透性的改变,从而影响微生物对培养基中营养物质的吸收及代谢产物的分泌,妨碍新陈代谢的正常进行。如产黄青霉的细胞壁厚度随 pH 的增加而减小,其菌丝的直径在 pH 6.0 时为 $2\sim3\mu m$,在 pH 7.4 时,则为 $1.8\sim2\mu m$,呈膨胀状酵母细胞,随 pH 下降菌丝形状可恢复正常。

(2) 影响菌体代谢方向 如采用基因工程菌毕赤酵母生产重组人血清白蛋白,生产过程中最不希望产生蛋白酶。在 pH 5.0 以下,蛋白酶的活性迅速上升,对白蛋白的生产很不利;而在 pH 5.6 以上则蛋白酶活性很低,可避免白蛋白的损失。不仅如此,pH 的变化还会影响菌体中的各种酶活性以及菌体对基质的利用速率,从而影响菌体的生长和产物的合成。故在工业发酵中维持生长和产物合成的最适 pH 是生产成功的关键之一。

2. pH 变化对代谢产物合成的影响

培养液的 pH 对微生物的代谢有更直接的影响。在产气杆菌中,与吡咯并喹啉醌 (PQQ) 结合的葡萄糖脱氢酶受培养液 pH 影响很大。在钾营养限制性培养基中,pH 8.0 时不产生葡萄糖酸,而在 pH 5.0~5.5 时产生的葡萄糖酸和 2-酮基葡萄糖酸最多。此外,在硫或氨营养限制性的培养基中,此菌生长在 pH 5.5 下产生葡萄糖酸与 2-酮基葡萄糖酸,但在 pH 6.8 时不产生这些化合物。发酵过程中在不同 pH 范围内以恒定速率加糖,青霉素产量和糖耗并不一样。如表 4-12 所示。

表 4-12 在不同 pH 范围内恒定速率加糖时青霉素产量和糖耗的关系

pH	糖耗/%	残糖/%	青霉素 G 相对单位
pH 6.0~6.3	10	0.5	较高

续表

pH	糖耗/%	残糖/%	青霉素G相对单位
pH 6.6~6.9	7	0.2	高
pH 7.3~7.6	7	>0.5	低
pH 6.8 控制加糖	<7	<0.2	最高

3. 影响 pH 变化的因素

发酵过程中 pH 会发生变化。pH 变化的幅度取决于所用的菌种、培养基的成分和培养条件。在正常情况下，发酵过程中 pH 的变化有如下规律：在菌体的生长阶段，pH 有上升或下降的趋势；在生产阶段，pH 趋于稳定；在自溶阶段，pH 有上升的趋势。

外界环境发生较大变化时，pH 将会不断地波动。导致酸性物质的释放或产生，碱性物质的消耗会引起发酵液 pH 下降；导致碱性物质释放或产生，酸性物质的消耗会引起发酵液 pH 上升。影响发酵液中 pH 变化的因素很多，主要是培养基的成分、中间补料、代谢中间产物和代谢终产物等。造成 pH 上升的原因主要有以下几个方面：①培养基中碳氮比（C/N）偏低；②生理碱性物质存在，如硝酸钠；③中间补料中氨水或尿素等碱性物质加入过量。造成 pH 下降的原因主要有以下几个方面：①培养基中碳氮比偏高；②生理酸性物质存在，如硫酸铵；③消泡剂加入过量。

pH 的变化会引起各种酶活性的改变，影响菌对基质的利用速度和细胞的结构，以致影响菌体的生长和产物的合成。pH 还会影响菌体细胞质膜电荷状况，引起膜的渗透性改变，因而影响菌体对营养物质的吸收和代谢产物的形成等。因此，确定发酵过程中的最适 pH 及时采取有效控制措施是保证或提高产量的重要环节。

4. 发酵最适 pH 的确定

每一类微生物都有最适的和所能耐受的 pH 范围。大多数细菌生长的最适 pH 为 3~7.5；霉菌最适生长 pH 为 4.0~5.8；酵母最适生长 pH 为 3.8~6.0；放线菌最适生长 pH 为 6.5~8.0。有的微生物生长繁殖阶段的最适 pH 与产物形成阶段的最适 pH 是一致的，但也有许多是不一致的。表 4-13 列举了几种抗生素发酵的最适 pH 范围与产物形成最适 pH 范围不一致的例子。

表 4-13　　　　　　　　　　几种抗生素发酵的最适 pH 范围

产品	菌体生长最适 pH	产物形成最适 pH
青霉素	6.5~7.2	6.2~6.8
链霉素	6.3~6.9	6.7~7.3
四环素	6.1~6.6	5.9~6.3
土霉素	6.0~6.6	5.8~6.1
红霉素	6.6~7.0	6.8~7.3
灰黄霉素	6.4~7.0	6.2~6.5

选择最适 pH 有利于菌体的生长和产物合成，应以获得较高的产量为依据。以利福霉

素为例，由于利福霉素 B 分子中的所有碳单位都是由葡萄糖衍生的，在生长期葡萄糖的利用情况对利福霉素 B 的生产有一定的影响。试验证明，其最适 pH 在 7.0～7.5。当 pH 7.0 时，平均得率系数达最大值；pH 6.5 时为最小值。在利福霉素 B 发酵的各种参数中，从经济角度考虑，平均得率系数最重要。故 pH 7.0 是生产利福霉素 B 的最佳条件。在此条件下葡萄糖的消耗主要用于合成产物，同时也能保证适当的菌量。试验结果表明，与整个发酵过程中维持 pH 7.0 相比，生长期和生产期时分别维持 pH 6.5 和 pH 7.0，可使利福霉素 B 的产率提高 14%。

5. 发酵过程中 pH 的调节和控制

由于微生物不断地吸收、同化营养物质和排出代谢产物，因此，在发酵过程中，发酵液的 pH 是一直在变化的。这不但与培养基的组成有关，而且与微生物的生理特性有关。各种微生物的生长和发酵都有各自的最适 pH。为了使微生物能在最适 pH 范围内生长、繁殖和发酵，首先应根据不同微生物的特性，不仅要在原始培养基中控制适当的 pH，而且要在整个发酵过程中，随时检查 pH 的变化情况，并进行相应的调控。实际生产中，可从以下几个方面进行。

(1) 调整培养基组分　适当调整碳氮比，使盐类与碳源配比平衡。一般情况下，碳氮比高时（真菌培养基），pH 降低；碳氮比低时（一般细菌），经过发酵后，pH 上升；此外，基础料中若含有玉米浆，pH 呈酸性，必须调节 pH。若要控制消化后 pH 在 6.0，消化前 pH 往往要调到 6.5～6.8。

(2) 在基础料中加入维持 pH 的物质

①添加 $CaCO_3$：当用 NH_4^+ 盐作为氮源时，可在培养基中加入 $CaCO_3$，用于中和 NH_4^+ 被吸收后剩余的酸。

②氨水流加法：氨水可以中和发酵中产生的酸，且 NH_4^+ 可作为氮源，供给菌体营养。通氨一般是使用压缩氨气或工业用氨水（浓度 20% 左右），采用少量间歇添加或连续自动流加，可避免一次加入过多造成局部偏碱。发酵过程中使用氨水中和有机酸来调节需谨慎，过量的氨会使微生物中毒，导致呼吸强度急速下降。故在需要用通氨气来调节 pH 或补充氮源的发酵过程中，可通过监测溶氧浓度的变化防止菌体出现氨过量中毒。氨极易和铜反应产生毒性物质，对发酵产生影响，故需避免使用铜制的通氨设备。

③尿素流加法：此法味精厂多用。尿素首先被菌体脲酶分解成氨，氨进入发酵液，使 pH 上升，当 NH_4^+ 被菌体作为氮源消耗并形成有机酸时，发酵液 pH 下降，这时随着尿素的补加，氨进入发酵液，可使发酵液 pH 上升，氮源得到补充，如此循环，直至发酵液中碳源耗尽，完成发酵。

(3) 通过补料调节 pH　在发酵过程中根据碳氮消耗需要进行补料。在补料与调节 pH 没有矛盾时采用补料调节 pH，如调节补糖速率来调节 pH，当氨态氮低而 pH 低时补氨水，当氨态氮低且 pH 高时补 $(NH_4)_2SO_4$ 等；当补料与调节 pH 发生矛盾时，加酸碱调节 pH。

氨基酸发酵常用此法。这种方法既可以达到稳定 pH 的目的，又可以不断补充营养物质，特别是能产生阻遏作用的物质。少量多次补加还可以解除对产物合成的阻遏作用，提高产物产量。也就是说，采用补料的方法，可以同时实现补充营养、延长发酵周期、调节 pH 和培养液的特性（如菌体浓度等）等几个目的。

(4) 应急措施　必要时采取应急措施。如改变搅拌转速或通气量，以改变溶解氧浓度、控制有机酸的积累量及其代谢速度;改变温度,以控制微生物代谢速度;改变罐压及通气量,降低 CO_2 的溶解量;改变加消泡剂的量或加糖量,以调节有机酸的积累量等。

在实际生产过程中,一般可以选取其中一种或几种方法,并结合 pH 的在线检测情况,对 pH 进行快速有效控制,以保证 pH 长期处于合适的范围。

三、发酵过程中溶解氧工艺的优化

影响溶解氧的条件有:温度、通气量、发酵液性质、物料的性质、补料的情况、压力、搅拌的形式、设备的各种参数、菌丝本身的情况、染菌等。

1. 溶解氧调整顺序

控制好溶解氧要从各个方面分析入手,比如,在不同的周期要调整各种影响溶解氧的条件顺序,前期调整通气量、罐压、温度、搅拌转速等条件对生产指标影响不大,但是在发酵后期则要注意:如果菌种和产物的生产对温度敏感,则需要最后调整温度;如果对压力或者 CO_2 敏感则最后再调整压力。其他情况一样,也可以通过顺序调整来节省成本。

2. 搅拌器

搅拌器的形式很多,根据设备的不同选型有所不同,但是必须要根据发酵液的性质和电机的功率等进行选择。注意一点:搅拌器的选择要注意它的接口和缝隙,避免染菌。

3. 空气分布器

空气分布器可以根据设备的情况进行设计,保证它和物料的混合度达到最大,不过一定要考虑它对染菌的影响,以及方便清洗和消毒,不易堵塞等。

4. 补料

通过补料可以缓解溶解氧,尤其是物料成分对发酵后期有很大影响的时候,通过合适的补料时间和补料量的控制可达到提高发酵指标的效果,具体问题具体分析。

另外,通气量可以根据菌丝 pH 的变化和溶氧计的测量进行控制,同时可以根据补料量的多少进行控制,这些均可以作为调整溶解氧的参考依据。

5. 金属离子

有些产品的发酵生产对金属离子相当敏感,因为有些金属离子是中间代谢酶的抑制剂或激活剂。因此对于有重大影响的金属离子必须严格控制。如柠檬酸发酵中铁、锰和锌离子都能明显影响产量,钙离子对细菌淀粉酶的生产有促进作用,而钴离子对葡萄糖异构酶的发酵是必需的,这些在培养基配制时都必须予以注意。

6. 温度

通常在生物学范围内每升高 10℃,生长速度就加快一倍,所以温度直接影响酶反应,对于微生物来说,温度直接影响其生长和合成酶。

机体的重要组成如蛋白质、核酸等都对温度较敏感,随着温度的增高有可能遭受不可逆的破坏。微生物可生长的温度范围较广,总体说在 -10~95℃。

7. 消毒(灭菌)工艺的优化

消毒又称为灭菌,但是两者又有很多区别,企业里一般称其为消毒。消毒有很多的学问在里面,有调查显示,一个好的消毒人员可以达到一年内千分之一的染菌率,这对于规模化生产的重要性不言而喻。

(1) 消毒的质量　发酵液经过消毒会遭到很大的破坏,所以首先需要控制消毒前的

pH，而后控制消毒时的温度和时间（非常重要，有时候对发酵指标有很大的影响），在维生素 B_{12} 发酵中，消毒的质量可以直接影响发酵的水平，从消毒后的指标就几乎能得出放罐时的指标，所以必须控制消毒的温度和时间。

（2）消毒的方式　消毒方式的不同对发酵影响也很大，企业里一般分实消（间断消毒）和连消（连续消毒）两种，连消的发酵液质量较好，但是对设备仪器要求很严格。实消操作简单，但是控制不容易，对发酵罐破坏较大，因为它的升降温度时间很长，对设备破坏较大。

（3）消毒设备　螺旋板换热器连续消毒设备，方便又经济，它的原理和连消塔相似，只是它靠板式换热，不和蒸汽直接接触，它的消毒蒸汽冷凝水可以回流到原培养基进口处加热培养基，可以节约成本，而且可以控制培养基的体积，但是对设备的要求很严格（为了保证无菌要求）。

（4）补料消毒　发酵的补料消毒可以对调节好 pH 的几种物料一起进行消毒，节约成本，如果有的发酵中对几种物料的利用按比例进行，而且这些物料不发生任何反应，这样消毒既可以调节浓度控制蒸发量，又可以节约能源，一举两得。

部分补料可以加入某种不溶性物质，消毒后再分开。保证设备的干净和无菌等，例如，油里面可以加入其他易溶于水的物质等，消毒后分离水时可以把它们分开。

另外，消毒在保证无菌的前体下，还要考虑经济、对培养基破坏情况、操作方便（节省维修时间人员等）、工艺改进等。

8. 培养方式及补料的优化

利用分批培养的方式，在培养过程中，间歇或连续地补加一种或多种成分的新鲜培养基的培养方法，与传统的分批集中补料培养方法相比，它有以下优点：①可以避免在分批发酵中因一次投料过多引起发酵液环境突变，造成菌丝大量生长等问题，改善发酵液流变学性质，使得发酵过程泡沫得以控制，节省消泡剂，并提高了装罐系数；②可以控制细胞质量，以提高芽孢的比例，并使 pH 得以稳定；③可以解除底物抑制、产物反馈抑制和分解阻遏作用；④可以使"放料和补料"方法得以实施，该方法在发酵后期产生了一定数量代谢产物后，在发酵液体积测量监控下，放出一部分发酵液，同时连续补充部分新鲜营养液，实现连续带放，既有利于提高产物产量，又可降低成本，使得发酵指数得以大幅度提高；⑤利用补料分批发酵（Fed - batch Culture，简称 FBC）技术，可以使菌种保持最大的生产力状态。随着传感技术以及对发酵过程动力学理论的深入研究，用模拟复杂的数学模型使通过在线方式实现最优控制成为可能。

连续补料控制目前采用有反馈控制和无反馈控制两种方式。

（1）有反馈控制　选择与过程有直接关系的可检测参数作为控制指标，例如，可以测量、控制发酵液 pH、采用定量控制葡萄糖流加，稳定 pH 在次级代谢最旺盛水平。

（2）无反馈控制　是指无固定的反馈参数，以经验和数学模型相结合的办法来操作最优化控制，从而使抗生素发酵产量得以大幅度提高。如发酵过程中前体的补加。由此可见，要实现对发酵过程的有效控制，就先要解决连续补料的控制问题。

目前国外发酵生产过程连续补料采用：流量计（电磁流量计、液体质量流量计）、小型电动、气动隔膜调节阀和控制器来实现连续补料控制。发酵工厂在中试试验中还成功地运用了电子秤加三阀控制的自动补料系统。至于装液量的问题，应该从以下几个方面考虑：①保持在所需要的转速培养情况下（尤其是在后期，菌丝很多时，转速很高时），不能让发酵液把塞子湿掉，容易造成染菌；②装液量的体积在消毒过程中，不能因为沸腾把塞子湿掉，或者跑出三角瓶，装液量太多会出现这样的情况，很容易染菌；③考虑菌种的情况、发酵液的黏度和需要的混匀程度等方面的问题；④做一个梯度试验以便找到合适的装液量。剩余空气的排除在灭菌完毕后（100℃左右），立刻用盖子或者其他用品把培养摇瓶盖好，如果菌种要求很严，最好用干冰加入已经灭菌的空摇瓶后，立刻用其他样品培养基分装即可，当然也可以用氮气，最好是二氧化碳。

四、温度对发酵工艺的影响及其优化

1. 影响发酵温度变化的因素

发酵过程中，随着菌体对培养基的利用，以及机械搅拌的作用，将产生一定的热量，同时，因为发酵罐壁散热、水分蒸发等也带走部分热量，包括生物热、搅拌热及蒸发热、辐射热等。引起发酵过程中温度变化的原因是在发酵过程中所产生的热量，这个热量称为发酵热，即发酵过程中释放出来的净热量，它是由产热因素和散热因素两方面所决定的，如式（4-3）所示。

$$Q_{发酵} = Q_{生物} + Q_{搅拌} - Q_{蒸发} - Q_{显} - Q_{辐射} \tag{4-3}$$

微生物在生长繁殖过程中产生的热称为生物热（$Q_{生物}$）。营养物质代谢释放出来的能量，部分用于合成高能化合物，部分用来合成代谢产物，其余以热的形式散发出来。其中以生长对数期产生的热量最多，同时培养基越丰富则生物热就越大。搅拌使发酵液之间、液体和设备之间摩擦产生的热称为搅拌热（$Q_{搅拌}$）。发酵液随气体带走蒸汽（主要是水蒸气）的热量称为蒸发热（$Q_{蒸发}$）。进入发酵罐的空气和排出发酵罐的废气因温度差而带走或带入的热量称为显热（$Q_{显}$）。发酵液中部分热通过罐体向大气辐射热量称为辐射热（$Q_{辐射}$）。

2. 温度对微生物生长的影响

温度决定微生物生长发育是否旺盛：每一种微生物都有其最适生长温度，在生物学范围内每升高10℃，生长速度加快1倍。温度影响细胞的各种代谢过程和生物大分子的组分等，例如，比生长速率随温度上升而增大，细胞中的RNA和蛋白质的比例也随着增长。这说明为了支持高的生长速率，细胞需要增加RNA和蛋白质的合成。例如，将温度从30℃更改为42℃可诱导重组蛋白产物的形成。

几乎所有微生物的脂质成分均随生长温度而变化。温度降低时细胞脂质的不饱和脂肪酸含量增加。微生物的脂肪酸成分随温度而变化的特性是微生物对环境变化的响应。脂质的熔点与脂肪酸的含量成正比。因膜的功能取决于膜中脂质组分的流动性，而后者又取决于脂肪酸的饱和程度，故微生物在低温下生长时必然会伴随脂肪酸不饱和程度的增加。

超出温度范围微生物则会停止生长或死亡。微生物的死亡速率比生长速率对温度更为敏感，高温能快速灭菌，原因是高温能使蛋白质变性或凝固。微生物对低温的抵抗力一般较对高温的为强。原因是微生物体积小，在细胞内不能形成冰晶体，不能破坏细质，所以利用低温能保存菌种。不同生长阶段对温度的敏感程度不同。菌体置于最适温度附近，可以缩短适应期；在最适温度范围内提高培养温度可加快菌体生长；处于生长后期的细菌，生长速度主要取决于氧而非温度。

3. 温度对发酵的影响

同一种生产菌，菌体生长和积累代谢产物的最适温度也往往不同。最适温度是最适于菌体生长或发酵产物生成的温度。如谷氨酸菌的最适生长温度为30～32℃，产谷氨酸的最适温度为34～37℃。整个发酵周期内仅选用一个最适温度不一定好，因适合菌体生长的温度不一定适合产物的合成。例如，黄原胶的发酵前期的生长温度控制在27℃，中后期控制在32℃，可加速前期的生长和明显提高产胶量约20%。在过程优化中应了解温度对生长和发酵过程的影响是不同的。依据不同的菌种、培养条件（培养基成分和浓度、工艺参数等）、酶反应类型和菌生长阶段，选择相应的最适温度，以获得微生物最快的生长速度和最高的产物产率。例如，青霉素发酵的变温培养比25℃恒温培养所得青霉素产量高14.7%。

一般情况下，发酵温度升高，酶反应速率增大，生长代谢加快，生产期提前，但酶本身很容易因过热而失去活性，表现在菌体容易衰老，发酵周期缩短，从而影响发酵过程最终产物的产量。温度除了直接影响发酵过程的各种反应速率外，还通过改变发酵液的物理性质，如氧的溶解度和基质的传质速率以及菌对养分的分解和吸收速率，间接影响产物的合成。

温度影响酶系组成及酶的特性，通过改变酶的调节机制实现，从而影响生物合成的方向。例如，金色链霉菌的四环素发酵中，在低于30℃主要合成金霉素，温度达35℃则只产四环素。近年来发现温度对微生物的代谢有调节作用。在20℃，氨基酸合成途径的终产物对第一个酶的反馈抑制作用比在正常生长温度37℃的更大。故可考虑在抗生素发酵后期降低发酵温度，让蛋白质和核酸的正常合成途径关闭得早些，从而使发酵代谢转向产物合成。

在分批发酵中研究温度对发酵影响的试验数据有很大的局限性，因为产量的变化究竟是温度的直接影响还是因生长速率或溶氧浓度变化的间接影响难以确定。用恒化器可控制其他与温度有关的因素，如生长速率等的变化等，使在不同温度下保持恒定，从而能不受干扰地判断温度对代谢和产物合成的影响。

温度的选择还应参考其他发酵条件，应灵活掌握。例如，在供氧条件差的情况下最适的发酵温度可能比在正常良好的供氧条件下低一些。这是由于在较低的温度下氧溶解度相应大些，菌的生长速率相应小一些，从而弥补了因供氧不足而造成的代谢异常。此外，还应考虑培养基的成分和浓度。使用稀薄或较易利用的培养基时提高发酵温度则养分往往过早耗竭，导致菌丝过早自溶，产量降低。例如，提高红霉素发酵温度在玉米浆培养基中的效果就不如在黄豆饼粉培养基的好，因提高温度有利于黄豆饼粉的同化。

4. 发酵过程温度的选择与控制

(1) 根据菌种及生长阶段来选择最适温度　微生物种类不同，所具有的酶系及其性质不同，所要求的温度范围也不同。如黑曲霉生长温度为37℃，谷氨酸产生菌棒状杆菌的生长温度为30～32℃，青霉菌生长温度为30℃。在产物分泌阶段，其温度要求与生长阶段又不一样，应选择最适生产温度。如青霉素产生菌生长的最适温度为30℃，但产生青霉素的最适温度是20℃。

(2) 根据培养条件选择最适温度　温度选择还要根据培养条件综合考虑，灵活选择。比如，通气条件差时可适当降低温度，使菌体呼吸速率降低些，溶氧浓度也可高些；培养基稀薄时，温度也该低些，因为温度高营养利用快，会使菌体过早自溶。

（3）根据菌体生长情况选择最适温度　菌体生长快，维持在较高温度时间要短些；菌体生长慢，维持在较高温度时间可长些。培养条件适宜，如营养丰富，通气能满足，那么前期温度可高些，以利于菌体的生长。总的来说，温度的选择根据菌种生长阶段及培养条件综合考虑。要通过反复实践来定出最适温度。

（4）工业生产上的温度控制　工业生产上，所用的大发酵罐在发酵过程中一般不需要加热，因发酵中释放了大量的发酵热，需要冷却的情况较多。利用自动控制或手动调整的阀门，将冷却水通入发酵罐的夹层或蛇形管中，通过热交换来降温，保持恒温发酵。如果气温较高，冷却水的温度又高，就可采用冷冻盐水进行循环式降温，以迅速降到最适温度。因此，大工厂需要建立冷冻站，提高冷却能力，以保证在正常温度下进行发酵。

第三节　发酵工艺优化中的统计方法

一、协同效应与关键因素

优化发酵工艺实质是考察各个变量对优化目标的效应以获得各因素（变量）对目标值的影响关系，进而以此为基础确定最优操作条件。同其他学科一样，在发酵优化时如果能建立各因素对目标的数学表达函数是最为理想的。但由于发酵中微生物性质的复杂性（微生物内部的代谢机理、调控机制等）及发酵环境多样的传递特性（热、质量、动量），使得要建立一个准确的机理模型十分困难。因此目前常见的发酵模型多为黑箱模型，即拟合模型（虽然随着对微生物代谢调控机制的了解及生化反应动力学的发展，不少成功的机理模型也被建立并用于发酵的优化和调控，可参见诸多生化反应动力学教程及研究文献）。同时，更简单的单因素试验或稍复杂的正交试验也在发酵工艺优化中得到普遍应用。虽然针对不同的优化要求，优化手段当然可以也应该尽量简单，但采用正交试验也有弊端，特别是对试验数据的统计处理不够重视，相关的检验欠缺。因为在发酵时，涉及微生物性质（种类、菌龄、活力、接种量），生长条件（pH、温度），培养基组成，传递条件（溶氧量、搅拌速度或转速）等多个变量，所以不仅要考察每个因素的效应，还应考察是否存在不同因素的协同效应。一般而言，存在如此多的因素，协同效应在所难免。而要高效判别协同效应，就不可不重视统计手段。此外，要高效地进行优化时，也应该借助统计手段确定各个因素的效应大小，选择重要的因素进行重点考察，即抓住主要矛盾把好钢（精力）用在刀刃（关键因素）上。因此，在优化发酵工艺时，一定要有意识地应用统计手段，首先确定关键因素（包括产生重要协同效应的因素），而后再集中精力优化关键因素。值得一提的是，要事半功倍地实现优化目标，就应该时刻牢记要抓住主要矛盾。

二、用统计学方法建立数学模型

如果我们能准确地定量了解各个因素是如何影响发酵目标的，那要进行优化就是个简单的求最值的问题。之所以进行单因素试验或者正交试验，目的就是通过考察"输入－输出"关系建立"变量－响应"间的关系。我们如果仅仅通过考察几个孤立的点就想得到一个系统的全局的关系往往会有局限性：获得一个局部的关系，得到一个局部的极值而非全局最值；或者获得失真的关系，得到连极值都不是的结果。而如果借助统计学方法，我们可以有意识地选取一些有代表性的点，以获得全局的正确关系。比如，如果确定一个正方体的考察空间，那可以选择八个顶点和一个中心点，还可以补充考察六个面上的中心点。如此一来，不仅对全局做到了有效考察，而且最少只用9个点就可以达到目标，胜于无目的地考察正方体的其他点。

三、确定有效因素

如果有12个因素需要考察，那考虑到因素间的两两协同效应，则要另增加 $12 \times 11 = 132$ 个因素。如果采用单因素试验或正交试验，试验将非比寻常。如果借助适当的统计学方法，则可大大减少试验次数。如 Plackett-Burman 试验（PB试验），n 次试验可以考察 $n-1$ 个因素，即进行12次试验可以考察11个因素。虽然PB试验有一定的缺陷，但一般而言的确是高效而又实用的。类似的非平衡或平衡块统计手段还有许多，我们可以根据需要选择合适的手段进行试验以达到目的。

总之，应用统计优化的好处非常多，建立数学模型、选择合适的方法也对优化过程和结果大有裨益。借助最陡爬坡试验、中心点试验、响应面方法、均匀设计等方法能让你准确、高效地完成试验。借助 SAS、SPAA、Statistics 等统计手段，可以快速完成数据的分析、模型构建及假设检验。而且这些统计软件还提供了强大的绘图能力，可以看到所建模型的三维图像，得到直观印象，轻松进行最优求解以得到优化条件。另外，最优算法发展比较快，基因算法、神经元网络算法也广为应用。

综上所述，为了提高产率，降低成本，必须不断进行发酵工艺的优化，同时，通过优化工艺过程来提高产物的纯净度。发酵工艺是古老的，又是年轻的，更是大有发展前景的。

思考题
1. 简述优化培养基的原因。
2. 简述如何设计和优化培养基。
3. 简述发酵工艺优化的方案。
4. 简述工艺优化中统计学方法及其原理。

参 考 文 献

[1] 蒋新龙. 发酵工程 [M]. 浙江：浙江大学出版社，2011.
[2] 杨生玉. 发酵工程 [M]. 北京：科学出版社，2018.
[3] 陈坚，堵国成. 发酵工程原理与技术 [M]. 北京：化学工业出版社，2012.
[4] 许赣荣，胡鹏刚. 发酵工程 [M]. 北京：科学出版社，2018.
[5] 田华. 发酵工程工艺原理 [M]. 北京：化学工业出版社，2019.
[6] 张嗣良. 发酵工程原理 [M]. 北京：高等教育出版社，2013.
[7] 姜伟，曹云鹤. 发酵工程实验教程 [M]. 北京：科学出版社，2018.
[8] 宋渊. 发酵工程 [M]. 北京：中国农业大学出版社，2017.

第五章　微生物代谢

新陈代谢简称"代谢",是生命活动的基本过程,是维持生物体的生长、繁殖、运动等生命活动的基础,为生命体与内、外界所进行的一切化学反应的总和。

微生物代谢是指微生物吸收营养物质维持生命和增殖并降解基质的一系列化学反应过程,包括有机物的降解和微生物的增殖。在分解代谢中,有机物在微生物作用下,发生氧化、放热和酶降解过程,使结构复杂的大分子降解;在合成代谢中,微生物利用营养物质及分解代谢中释放的能量,发生还原吸热及酶的合成过程,使微生物生长增殖。内源呼吸是细胞质进行自身氧化并放出能量的过程,当有机物充足时,细胞质得到大量合成,而内源呼吸则并不显著;当缺乏营养时,则只能通过内源呼吸吸收氧化自身的细胞物质而获得微生物生命活动所需的能量。

分解代谢与产能代谢紧密相连;合成代谢与耗能代谢紧密相连。微生物的代谢离不开酶,无论是分解代谢还是合成代谢都必须在酶的催化作用下才能进行,具体关系见图5-1。

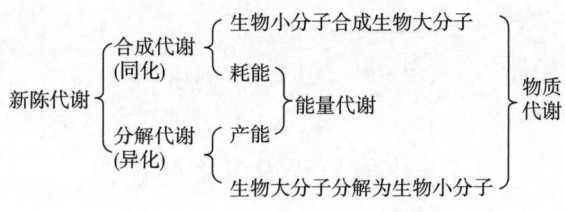

图 5-1　代谢活动的关系

第一节　微生物的能量代谢

任务

掌握糖转变成乙醇的机制。阐述酿酒酵母将葡萄糖经过糖酵解途径降解成丙酮酸,丙酮酸作为氢受体后转变为乙醇的过程。

微生物的代谢

【案例】

白酒酿造企业在用高粱生产乙醇的过程中,先将高粱经过蒸煮使淀粉转化为糖,再经大曲、小曲的作用生产乙醇。

一切生命活动都需要能量,微生物新陈代谢的核心问题是能量代谢。自然界中的能量以多种形式存在,但微生物只能利用光能或化学能。能量代谢的主要任务就是将外界环境中各种形式的最初能源转换成一切生命活动都能利用的通用能源,从而被生物体所利用。在生物体内,能够提供能量的物质有多种,其中最主要、最直接的通用能源载体是ATP,

主要由二磷酸腺苷（ADP）磷酸化生成。ATP的生成和利用是微生物能量代谢的核心，研究微生物的能量代谢实际上是追踪光能或化学能如何在微生物体内一步步转化，并释放出ATP以支持微生物生命活动的过程。

$$\text{复杂分子（有机物）} \xrightleftharpoons[\text{合成代谢}]{\text{分解代谢}} \text{简单小分子} + ATP + [H]$$

对微生物来说，它们可利用的最初能源有三大类：有机物、日光和还原态无机物，如图5-2所示。

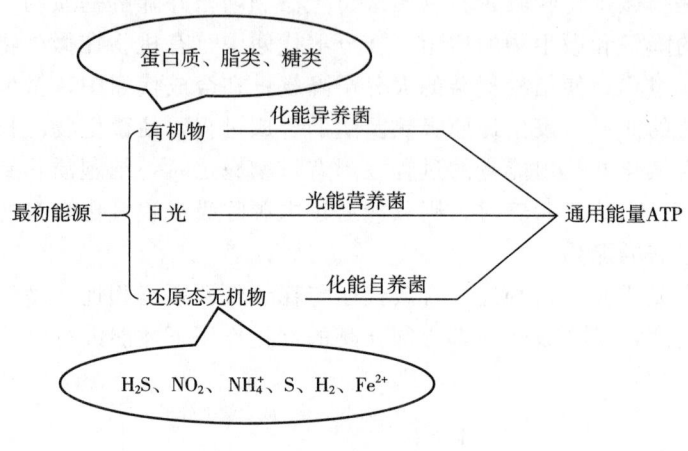

图5-2 微生物的最初能源

一、化能异养微生物的代谢

微生物在生命活动过程中主要通过生物氧化反应获得能量。生物氧化是发生在活细胞内的一系列氧化还原反应的总称，是有机物在生物体细胞内氧化分解产生二氧化碳、水，并释放出大量能量的过程，又称细胞呼吸或组织呼吸。真核细胞内，生物氧化都是在线粒体内进行的。原核生物则在细胞膜上（细胞质基质中）进行。

多数微生物是化能异养微生物，通过降解有机物获得能量和产生一些中间化合物。葡萄糖和果糖是化能异养微生物可利用的主要碳源和能源，戊糖要经转化后进入葡萄糖降解途径，其他糖、寡糖、多糖则要经转化或降解成葡萄糖或果糖后才能被利用。醇、醛、酸、氨基酸、烃类芳香族等有机化合物必须经过转化才能进入葡萄糖降解途径进行能量代谢。葡萄糖在厌氧条件下经糖酵解途径产生丙酮酸，这是厌氧和兼性厌氧微生物进行葡萄糖无氧降解的共同途径。丙酮酸以后的降解，因不同种类的微生物具有不同的酶系统，使之有多种发酵类型，可产生不同的发酵产物。

生物氧化是发生在活细胞内的一系列产能性氧化反应的总称。生物氧化的形式包括物质与氧结合、脱氢或失去电子3种形式；生物氧化的过程可分为脱氢（或电子）、递氢（或电子）和受氢（或电子）3个阶段；生物氧化的功能则有产能（ATP）、产还原力[H]和产小分子中间代谢物3种。异养微生物氧化有机物的方式，根据氧化还原反应中电子受体的不同可分成发酵和呼吸两种类型，而呼吸又可分为有氧呼吸和无氧呼吸两种方式。

1. 发酵与能量代谢

发酵是指微生物细胞将有机物氧化释放的电子直接交给底物本身未完成氧化的某种中间产物，同时释放能量并产生各种不同的代谢产物。在发酵条件下有机化合物只是部分被氧化，因此只释放出一小部分的能量。发酵过程的氧化是与有机物的还原耦联在一起的。被还原的有机物来自初始发酵的分解代谢，即不需要外界提供电子受体。

发酵的种类有很多，可发酵的底物有糖类、有机酸、氨基酸等，其中以微生物发酵葡萄糖最为重要。生物体内葡萄糖被降解成丙酮酸的过程称为糖酵解，主要分为四种途径：糖酵解途径（Embden-Meyerhof-Parnas Pathway，EMP 途径）、戊糖磷酸途径（Hexose Monophosphate Pathway，HMP 途径）、2-酮-3-脱氧-6-磷酸葡萄糖酸裂解途径（2-keto-3-deoxy-6-phospho-gluconate Aldolase Splitting Pathway，KDPG 裂解途径，ED 途径）、磷酸酮糖裂解途径（Ketose Phosphate Cleavage Pathway，WD 途径）。

（1）EMP 途径 EMP 途径是葡萄糖在无氧条件下生成丙酮酸的途径。整个 EMP 途径大致可分为两个阶段：第一阶段是葡萄糖分子的两次激活与异构化，转化成 1,6-二磷酸果糖，然后在醛缩酶的催化下，裂解成 2 分子三碳化合物，即磷酸二羟丙酮和 3-磷酸甘油醛，是一个耗能阶段，要消耗 2 分子 ATP；第二阶段是 2 分子三碳化合物转化为丙酮酸的过程，即 3-磷酸甘油醛首先氧化成 1,3-二磷酸甘油酸，再经一系列酶的作用转化成丙酮酸，同时通过底物水平磷酸化产生 4 分子 ATP 以及 2 分子 NADH。每分子 NADH 经呼吸链的氧化磷酸化产生 3 分子 ATP，或者被用作还原反应中 H^+ 的来源，该阶段是一个产能阶段。

整个 EMP 途径有 10 步反应，大致分为两个阶段。第一阶段可认为是不涉及氧化还原反应及能量释放的准备阶段，只是生成 2 分子的主要中间代谢产物：3-磷酸甘油醛。第二阶段发生氧化还原反应，合成 8 分子 ATP 并形成 2 分子的丙酮酸（图 5-3）。

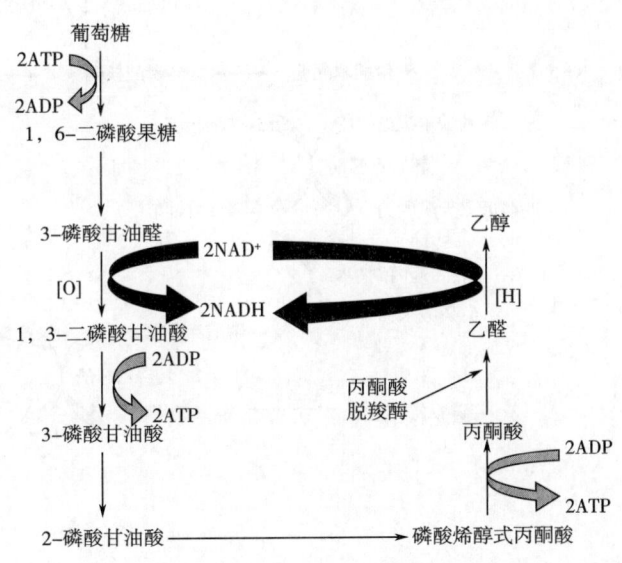

图 5-3 EMP 途径

ATP—三磷酸腺苷 NAD^+—烟酰胺腺嘌呤二核苷酸（辅酶Ⅰ） ADP—二磷酸腺苷 NADH—还原型辅酶Ⅰ

EMP途径的总反应式为：

葡萄糖＋2Pi＋2ADP＋2NAD$^+$ ⟶ 2丙酮酸＋2ATP＋2NADH＋2H$^+$＋2H$_2$O

EMP途径的特征性酶是1,6-二磷酸果糖醛缩酶，它催化1,6-二磷酸果糖裂解生成两个三碳化合物，即3-磷酸甘油醛和磷酸二羟丙酮。其中磷酸二羟丙酮在磷酸丙糖异构酶作用下转变为3-磷酸甘油醛。2分子3-磷酸甘油醛经过磷酸烯醇式丙酮酸在丙酮酸激酶作用下生成2分子丙酮酸。在有氧条件下，EMP途径生成的丙酮酸进入三羧酸循环（TCA循环）后被彻底氧化成CO_2和水。在无氧条件下，丙酮酸可进一步代谢，在不同的生物体内形成不同的产物。例如，在酵母细胞中丙酮酸被还原成乙醇，并释放CO_2，这就是各种酒类酿造的基本原理，而在乳酸菌细胞中丙酮酸被还原成乳酸。

EMP途径是多种微生物的共有代谢途径，虽然其产能效率低，但该代谢途径却有重要的生理功能：①提供ATP形式的能量和NADH形式的还原力；②是连接其他几个重要的代谢途径（如TCA循环、HMP途径、ED途径）的桥梁，如6-磷酸葡萄糖和3-磷酸甘油醛可以参与HMP和ED途径，丙酮酸可以参与TCA循环；③为生物合成提供多种中间代谢物，这些代谢产物有些对人类非常有用，有些是合成其他重要化合物的中间物；④通过EMP途径的逆向反应可进行多糖的合成。

（2）HMP途径　又称为己糖单磷酸途径、己糖磷酸支路等，该途径的特点是葡萄糖经HMP途径而不经EMP途径和TCA循环可以得到彻底的氧化，并能产生大量的还原型辅酶Ⅱ（NADPH）和多种重要的中间代谢物。反应循环见图5-4。

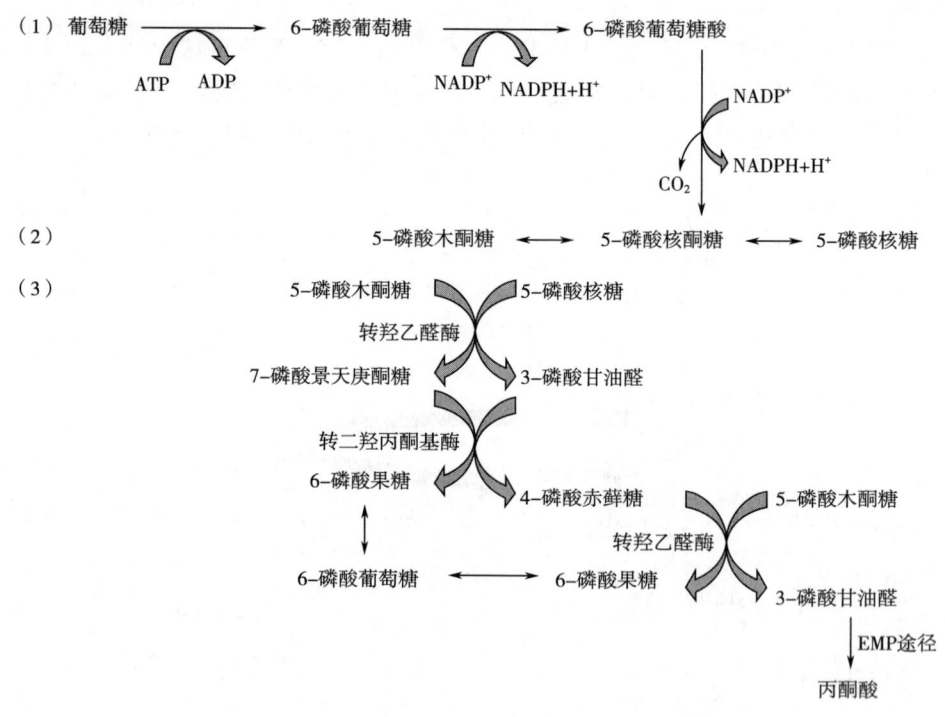

图5-4　HMP途径

HMP途径总反应式为：

$$6\ 6\text{-磷酸葡萄糖}+12\text{NADP}^++6\text{H}_2\text{O}\longrightarrow 5\ 6\text{-磷酸葡萄糖}+12\text{NADPH}+12\text{H}^++6\text{CO}_2+\text{Pi}$$

HMP途径可概括为3个阶段：第一阶段是葡萄糖分子经过一步激活和连续两步氧化，产生1分子5-磷酸核酮糖和1分子CO_2；第二阶段是5-磷酸核酮糖发生同分异构化、表异构化而分别产生5-磷酸核糖和5-磷酸木酮糖；第三阶段是上述几种磷酸戊糖在无氧条件下发生碳架重排，产生了磷酸己糖和磷酸丙糖，磷酸丙糖可能通过EMP途径转化成丙酮酸再进入TCA循环进行彻底氧化，也可能通过二磷酸果糖醛缩酶和二磷酸果糖酶的作用而转化为磷酸己糖葡萄糖。

从上述代谢途径中可以看出，HMP途径进行一次循环需要6分子6-磷酸葡萄糖分子同时参与，其中有5分子的6-磷酸葡萄糖再生，用去1分子6-磷酸葡萄糖，产生大量的NADPH形式的还原力，生成的中间代谢物也多，代谢途径比较复杂。

EMP途径不能产生五碳糖，RNA、DNA合成时所需的核糖是葡萄糖经过HMP途径转化来的。HMP途径是一条能产生大量NADPH形式的还原力和多种重要中间代谢物的代谢途径。

具有HMP途径的多数好氧微生物和兼性厌氧微生物中往往同时存在EMP途径。单独具有HMP途径或EMP途径的微生物较少。HMP途径和EMP途径中的一些中间产物可以交叉转化和利用，以满足微生物代谢的多种需要。

HMP途径在微生物生命活动中有着极其重要的意义，具体表现在：①供生物合成原料，产生核酸生物合成所需要的磷酸戊糖，产生芳香族和杂环氨基酸合成所需的重要原料4-磷酸赤藓糖。②产生还原力，产生大量的NADPH形式的还原力，它不仅是合成脂肪酸、类固醇等重要细胞物质的供氢体，还可以通过呼吸链产生大量能量，因此，凡存在HMP代谢途径的微生物，在有氧条件下，就不必再依赖于TCA循环以获得产能所需的NADH了。③与EMP途径在1,6-二磷酸果糖和3-磷酸甘油醛处连接，可以调剂戊糖供需关系。如果微生物对戊糖的需要超过HMP途径的正常供应量时，可通过EMP途径与本途径在1,6-二磷酸果糖和3-磷酸甘油醛处的连接来加以调节。④由于在反应中有C_3~C_7的各种糖存在，尤其是C_5，所以凡具有HMP途径的微生物利用碳源的范围更广，适应性更强；⑤通过HMP途径可产生很多重要的发酵产物，如核苷酸、若干氨基酸、辅酶和乳酸（异型乳酸发酵）等都可以通过该途径获得。

（3）ED途径 由Entner和Doudoroff于1952年在嗜糖假单胞菌（*Pseudomonas saccharophila*）中发现，故称ED途径，因该途径中生成一个很特殊的化合物2-酮-3-脱氧-6-磷酸葡萄糖酸（KDPG），所以该途径也称2-酮-3脱氧-6-磷酸葡萄糖酸裂解途径。其特点是葡萄糖只经4步反应即可获得丙酮酸。该途径是少数缺乏完整EMP途径的微生物所具有的一种替代途径。反应循环见图5-5。

ED途径的总反应式为：

$$C_6H_{12}O_6+\text{ADP}+\text{Pi}+\text{NADP}^++\text{NAD}^+\longrightarrow 2CH_3COCOOH+\text{ATP}+\text{NADPH}+\text{NADH}+2H^+$$

目前发现ED途径在G^-菌中分布较广，特别是嗜糖假单胞菌（*P. saccharophila*）、铜绿假单胞菌（*P. aeruginosa*）、荧光假单胞菌（*P. fluorescens*）、林氏假单胞菌（*P. lindneri*）、运动发酵单胞菌（*Zymomonas mobilis*）和真养产碱菌（*Alcaligenes eutrophus*）等微生物中，这些菌一般没有完整的EMP途径。

该途径的特点是利用葡萄糖的反应步骤简单，但产能效率低，1分子葡萄糖只能产生

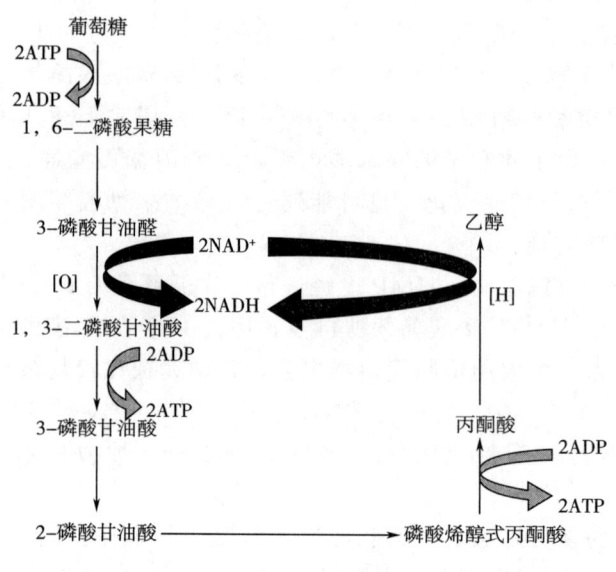

图 5-5　ED 途径

1 分子 ATP。葡萄糖醛酸、果糖酮酸、甘露糖醛酸等都可转化成 KDPG，然后进入 ED 途径降解。KDPG 在脱水酶和醛缩酶的作用下，产生 1 分子 3-磷酸甘油醛和 1 分子丙酮酸，3-磷酸甘油醛再进入 EMP 途径转变成丙酮酸。

由于 ED 途径可与 EMP 途径、HMP 途径和 TCA 循环等各种代谢途径相连接，因此，可以相互协调，以满足微生物对还原力、能量和不同中间代谢产物的需要。例如，通过与 HMP 途径连接可获得必要的戊糖和 NADPH 等。此外，对微好氧菌（如运动发酵单胞菌）来说，在 ED 途径中产生的 2 分子丙酮酸可脱羧生成乙醛，乙醛进一步被还原生成 2 分子乙醇。此种由 ED 途径发酵产生乙醇的过程与酵母菌经 EMP 途径生产乙醇不同，因此称为细菌酒精发酵。近年来，细菌酒精发酵已经用于工业生产，而且还具有一定的优点，如代谢速率和产物转化率高、菌体生成和副产物生成少、不必定期供氧等；但也有一些缺点，如菌体生长 pH 高（pH 5 以上），易感染杂菌，对乙醇的耐受浓度也较低（细菌一般耐受 7% 乙醇，而酵母菌耐受 10% 以上，有些甚至更高）。

总之，1 分子葡萄糖经 ED 途径最后生成 2 分子丙酮酸、1 分子 ATP、1 分子 NADH 和 NADPH。ED 途径可不依赖于 EMP 和 HMP 途径而单独存在，但对于靠底物水平磷酸化获得 ATP 的厌氧菌而言，ED 途径不如 EMP 途径经济。

(4) WD 途径　磷酸解酮酶途径是明串珠菌在进行异型乳酸发酵过程中分解戊糖的途径。该代谢途径的特征性酶是磷酸解酮酶，磷酸解酮酶把磷酸木酮糖或磷酸己糖裂解为 2 分子的小分子化合物，这些小分子化合物的代谢途径和上述的 EMP、HMP 代谢途径相联系，完成对糖的降解。根据解酮酶裂解化合物的不同，该途径又可以分为磷酸戊糖解酮酶途径（Phosphate-pentose-ketolase Pathway，PK 途径）和磷酸己糖解酮酶途径（Phospate-hexose-ketolase Pathway，HK 途径），见图 5-6。

① PK 途径：该途径是 HMP 的变异途径，从葡萄糖到 5-磷酸木酮糖均与 HMP 途径相同，但 5-磷酸木酮糖在关键酶——磷酸戊糖解酮酶的作用下，生成乙酰磷酸和 3-磷酸

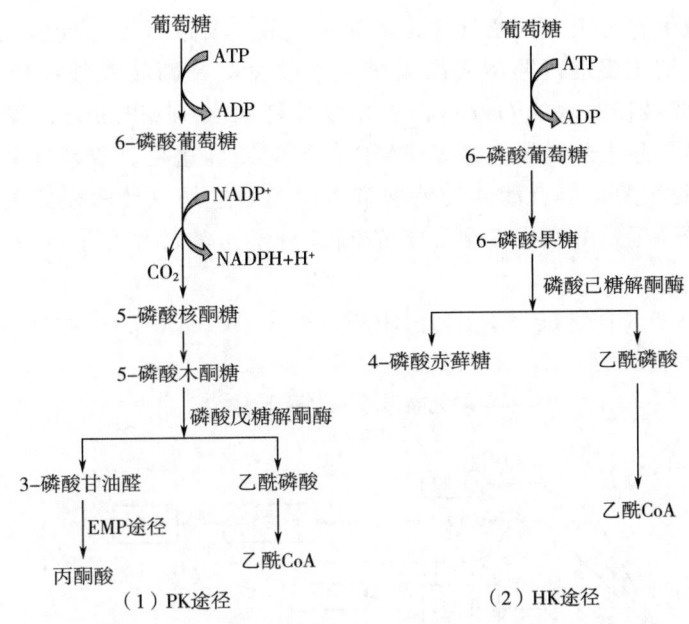

图 5-6 磷酸戊糖解酮酶（PK）途径和磷酸己糖解酮酶（HK）途径

甘油醛，两者进一步代谢分别产生乙醇和乳酸。该途径使得微生物既可以利用葡萄糖，又可以利用戊糖（D-核糖、D-木糖、L-阿拉伯糖），但该途径的产能效率比较低，1分子葡萄糖只产生1分子丙酮酸，所得 ATP 也只是 EMP 途径的一半。

其总反应式如下：

$$C_6H_{12}O_6 + ADP + Pi + NADH + H^+ \longrightarrow CH_3CHOHCOOH + CH_3CH_2OH + NAD^+ + ATP + CO_2 + H_2O$$

肠膜明串珠菌肠膜亚种通过 PK 途径利用葡萄糖时发酵产物为乳酸、乙醇、二氧化碳，而利用核糖时的发酵产物为乳酸和乙酸，利用果糖的发酵产物为乳酸、乙酸、二氧化碳和甘露醇等。此外，根霉（*Rhizopus*）也可进行异型乳酸发酵。

②HK途径：该途径是 EMP 的变异途径，从葡萄糖到 6-磷酸果糖的变化过程与 EMP 代谢途径完全相同，但 6-磷酸果糖在磷酸己糖解酮酶的作用下被裂解成 1 分子二碳化合物乙酰磷酸和 1 分子四碳化合物 4-磷酸赤藓糖，这两种化合物就和 TCA 循环联系起来。磷酸己糖解酮酶是这一途径的关键酶。

在糖降解过程中生成一个很重要的化合物丙酮酸，丙酮酸的去路主要是生成乙醇或者乳酸。在无氧条件下，很多微生物可以发酵葡萄糖产生乙醇，如酵母菌、根霉、曲霉和某些细菌都可以发酵糖类生成乙醇。如酵母菌主要是利用 EMP 途径生成乙醇，细菌主要是利用 ED 途径生成乙醇。许多细菌能利用葡萄糖产生乳酸；这类细菌统称为乳酸菌（LAB）。乳酸菌因对人体有各种有益的功能，人们常把它们称为益生菌，是当前研究的一大热点。不同微生物利用丙酮酸的发酵类型如图 5-7 所示。

根据乳酸发酵产物的主要种类，常把乳酸发酵分为同型乳酸发酵、异型乳酸发酵和双歧发酵。所谓同型乳酸发酵是指发酵产物中主要成分只有乳酸，如嗜酸乳杆菌（*L. acidophilus*）在发酵糖类时就属于同型乳酸发酵。异型乳酸发酵是指发酵产物中除乳酸外，还有乙酸等有机酸，如短乳杆菌（*L. brevis*）常进行异型乳酸发酵。蔬菜在进行腌制的过程中，前期由于微生物种类多，空气也比较充足，故主要进行异型乳酸发酵，但这类菌一般不耐酸，到中后期主要进行同型乳酸发酵。双歧发酵是两歧双歧杆菌（*Bifidobacterium bifidum*）、短双歧杆菌（*B. breve*）、婴儿双歧杆菌（*B. infantis*）等双歧杆菌分解葡萄糖的非典型异型乳酸发酵途径，这是 EMP 途径的变异途径。双歧杆菌既无醛缩酶，也无 6-磷酸葡萄糖脱氢酶，但有活性的磷酸解酮酶类，这是双歧途径的关键酶。通过双歧途径可将 2 分子葡萄糖发酵产生 2 分子乳酸和 3 分子乙酸，并产生 5 分子 ATP。总反应式为：

$$2C_6H_{12}O_6 + 5ADP + 5Pi \longrightarrow 2CH_3CHOHCOOH + 3CH_3COOH + NAD^+ + 5ATP$$

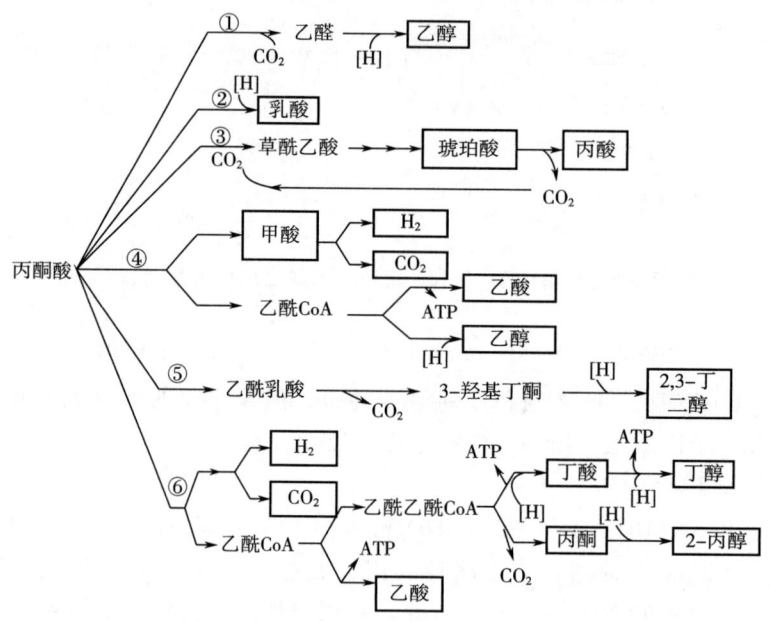

图 5-7　不同微生物利用丙酮酸的发酵类型
①—酵母型酒精发酵　②—同型乳酸发酵　③—谢氏丙酸杆菌的丙酸发酵
④—大肠杆菌的混合酸发酵　⑤—产气肠杆菌的 2,3-丁二醇发酵　⑥—多种厌氧菌（如丁酸梭菌）的丁酸发酵

部分微生物细胞内葡萄糖不同降解途径占比如表 5-1 所示。

表 5-1　　　　　部分微生物细胞内葡萄糖不同降解途径占比　　　　　单位:%

微生物	EMP	HMP	ED	DW	微生物	EMP	HMP	ED	DW
酿酒酵母	88	12	—		铜绿假单胞菌	—	29	71	
产朊假丝酵母	66~81	19~34	—		氧化醋单胞菌	—	100		
灰色链霉菌	97	3	—		运动发酵单胞菌	—	—	100	
产黄青霉	77	23	—		嗜糖假单胞菌	—	—	100	
大肠杆菌	72	28	—		肠膜明串珠菌	—	—	—	100
枯草芽孢杆菌	74	26	—		番茄乳杆菌	—	—	—	100
藤黄八叠球菌	70	30	—		双歧杆菌	—	—	—	100

2. 呼吸与能量代谢

微生物在降解葡萄糖分子时，会产生大量的电子，如果有氧或其他外源电子受体存在，底物分子在降解过程中脱下的还原型 H^+ 交给 NAD、NADP、FAD 或 FMN 等电子受体，这些化合物会经过完整的呼吸链系统将电子交给氧或无机物，释放出大量的 ATP，底物则被彻底氧化成二氧化碳，这一过程称作呼吸作用。

呼吸是大多数微生物用来产生能量 ATP 的一种主要方式。微生物在降解底物的过程中，如果以分子氧作为最终电子受体，则称为有氧呼吸。呼吸作用与发酵作用的根本区别在于电子载体不是将电子直接传递给葡萄糖分子降解的中间产物，而是交给电子传递系统，逐步释放出能量后再交给最终电子受体。而微生物在降解底物的过程中，如果以无机物分子作为最终受体，则称为无氧呼吸。

(1) 有氧呼吸　在发酵过程中，葡萄糖经糖酵解作用形成的丙酮酸，在有氧呼吸过程中，丙酮酸经三羧酸循环（TCA 循环，也称 Krebs 循环或柠檬酸循环）与电子传递链两部分的化学作用，使葡萄糖彻底氧化成二氧化碳，并经过呼吸链产生大量的 ATP。

在微生物进行有氧呼吸氧化底物时，以分子氧作为最终电子受体的生物氧化，这种呼吸作用必须有脱氢酶、氧化酶，以及电子传递链参与。脱氢酶使基质脱氢，通过细胞色素 c 将电子和氢传递给氧，氧化酶使分子状态的氧活化，成为氢受体，最终产物为 CO_2 和 H_2O。总反应方程式为：

$$葡萄糖 \longrightarrow CO_2 + H_2O + ATP$$

以葡萄糖为基质的有氧呼吸可分为两个阶段，第一阶段是葡萄糖在细胞质中经糖酵解途径生成丙酮酸；第二阶段是 1 分子丙酮酸进入 TCA 循环，共释放出 3 分子 CO_2。第一分子 CO_2 是在生成乙酰辅酶 A 时产生的，第二分子 CO_2 是在异柠檬酸脱羧生成 α-酮戊二酸时产生的，第三分子 CO_2 是在 α-酮戊二酸脱羧生成琥珀酰辅酶 A 的过程中产生的。同时生成 4 分子 NADH 和 1 分子 $FADH_2$。另外，琥珀酰辅酶 A 在氧化成琥珀酸时，产生 1 分子 GTP，GTP 随后转化成 ATP，如图 5-8 所示。

产生的 NADH 和 $FADH_2$ 通过电子传递系统被氧化，每氧化 1 分子的 NADH 可生成 2.5 分子的 ATP，而每氧化 1 分子 $FADH_2$ 可生成 1.5 分子 ATP，加上 1 分子的 GTP。因此，1 分子丙酮酸经 TCA 循环彻底氧化后可形成 12.5 分子 ATP。1 分子葡萄糖经糖酵解产生丙酮酸，消耗 2 分子 ATP，产生 4 分子 ATP 和 2 分子还原型 NADH，因此，1 分子葡萄糖经糖酵解和有氧呼吸后，共产生 32 分子 ATP。

具体计算方法为：

①糖酵解：葡萄糖→2 丙酮酸＋2NADH＋2ATP

②丙酮酸→乙酰 CoA，产生 1 分子 NADH

③1 分子乙酰 CoA 经过三羧酸循环，产生 $3NADH + 1FADH_2 + 1FADH_2 + 1ATP/GTP$

经过呼吸链：1NADH→2.5ATP（旧数据 3ATP）

$1FADH_2$→1.5ATP（旧数据 2ATP）

所以，产生的 ATP 为 $10NADH + 2FADH_2 + 4ATP = 25ATP + 3ATP + 4ATP = 32ATP$

葡萄糖经不同途径的产能效率如表 5-2 所示。

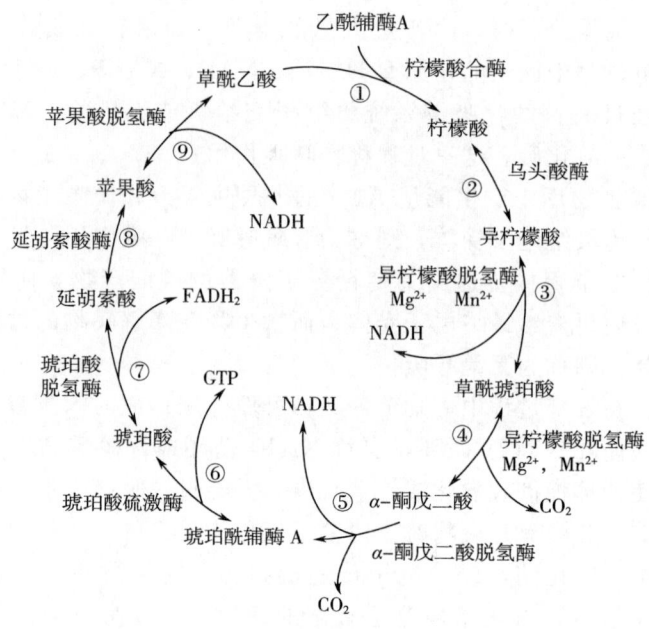

图 5-8 TCA 循环

表 5-2 葡萄糖经不同途径的产能效率

产能形式	EMP	HMP	ED	EMP+TCA
最终产物	丙酮酸	$C_3 \sim C_7$	丙酮酸	CO_2
生成 3-磷酸甘油醛（底物）的产能	2	0	13	2 或 4
$NADH+H^+$	2（5ATP）	—	1（2.5ATP）	2+8（25ATP）
$NADPH+H^+$	—	12（30ATP）	1（1.5ATP）	—
$FADH_2$	—	—	—	2（3ATP）
产 ATP 总量	7	30	6	30 或 32

在 EMP 和 TCA 循环途径中，脱下的氢或释放的电子经过电子传递链，最后传递到 O_2，于是葡萄糖被彻底地氧化，终产物为 CO_2 和 H_2O。

EMP 途径的非氧化过程在胞液中进行，生成 3-磷酸甘油醛。原核细胞的氧化过程在细胞质基质中（细胞膜上）进行，1 分子的单糖经 EMP+TCA 产生 32 分子 ATP。真核细胞的氧化过程在线粒体中进行，需要 3-磷酸甘油醛由胞液穿梭到线粒体中，需要消耗 2 分子 ATP（NADH 转换为 $FADH_2$）。1 分子的单糖经 EMP+TCA 产生 30 分子 ATP。

电子传递系统是由一系列氢和电子传递体组成的多酶氧化还原体系。NADH 和 $FADH_2$ 以及其他还原型载体上的氢原子，以质子和电子的形式在其上进行定向传递。在原核微生物中，其组成酶系位于细胞质膜上；而在真核微生物中，这些酶系位于线粒体的基质中。电子传递系统具有 2 种基本功能：①从电子供体接受电子，并将电子传递给电子受体；

②通过合成 ATP 把在电子传递过程中释放的一部分能量保存起来，如图 5-9 所示。

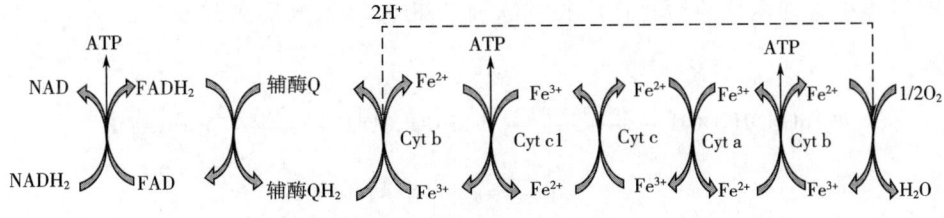

图 5-9　电子传递与 ATP 产生

（2）无氧呼吸　又称厌氧呼吸，某些厌氧和兼性厌氧微生物在无氧条件下进行无氧呼吸，无氧呼吸的最终电子受体不是氧分子，而是一些无机氧化物，如 NO_3^-、NO_2^-、SO_4^{2-}、$S_2O_3^{2-}$、CO_2，个别情况下也有有机物。

无氧呼吸的特点是底物按照常规的途径脱氢后，经部分呼吸链传递氢，最终由氧化态的无机物或有机物受氢，并完成氧化磷酸化的产能反应。但由于是部分能量随电子转移给最终电子受体，所以生成的能量不如有氧呼吸生成的多。根据呼吸链末端受氢体的不同，可将无氧呼吸分为很多种，见图 5-10。

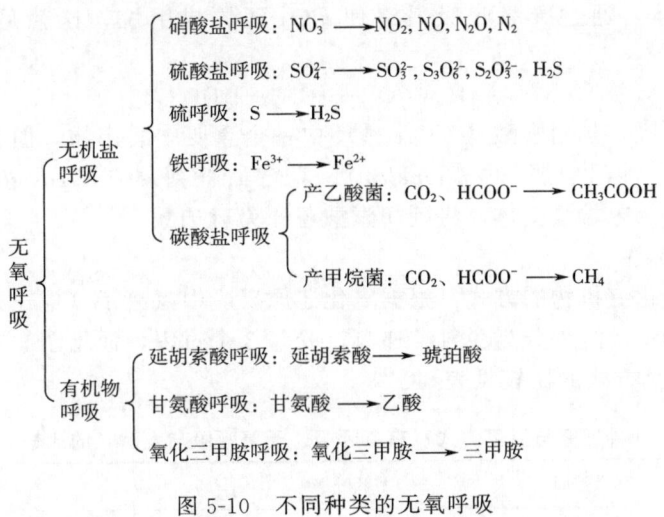

图 5-10　不同种类的无氧呼吸

①硝酸盐呼吸：又称反硝化作用（Denitrification），是一些兼性厌氧微生物如地衣芽孢杆菌（*B. licheniformis*）、脱氮副球菌（*Paracoccus denitrificans*）、铜绿假单胞菌（*P. aeruginosa*）、脱氮硫杆菌（*Thiobacillus denitrificans*）等在通气不良的土壤中进行这种作用，造成肥力的损失甚至还会引起环境污染。硝酸盐在生命活动中有两种功能：一是在无氧条件下，硝化菌以硝酸盐为氮源，对硝酸盐进行还原，称为同化性硝酸盐还原作用；二是在无氧条件下，兼性厌氧微生物将硝酸盐作为呼吸链的最终电子受体，把硝酸盐还原为 NO_2^-、NO、N_2O 甚至是 N_2，这一过程称为异化性硝酸盐还原作用。

②硫酸盐呼吸：一些严格的厌氧细菌如脱硫弧菌（*Desulfovibrio dsulfuricans*）、巨大

脱硫弧菌（*Desulfovibrio gigas*）、致黑脱硫肠状菌（*Desulfotomaculum nigrificans*）等还原细菌能以有机物作为氧化的基质，氧化放出的电子可以使 SO_4^{2-} 逐步还原成 H_2S，在传递氢的过程中，与氧化磷酸化作用相耦联而获得 ATP，其反应式如下：

$$4CH_3CHOHCOOH \xrightarrow{\text{乳酸脱氢酶}} 4CH_3COCOOH \xrightarrow{4H_2O} 4CH_3COOH + 4CO_2$$

$$8H + 8e^- + SO_4^{2-} \rightarrow H_2S + 4H_2O$$

③硫呼吸：一些厌氧或兼性厌氧菌如氧化乙酸脱硫单胞菌（*Desulfuromonas acetoxidans*）能以无机硫作为呼吸链的最终氢受体进行呼吸，并产生 H_2S。

④铁呼吸：一种利用分子态氧将 Fe^{2+} 氧化为 Fe^{3+}，并固定 CO_2 的化能自养细菌，如加氏铁柄杆菌属（*Gallionella*）、纤毛菌属（*Leptothrix*）都具有这种能力。氧化亚铁硫杆菌（*Thiobacillus ferrooxidans*）在酸性条件下可氧化 Fe^{2+} 和固定 CO_2，生长的最适 pH 为 2.5~4.0。氧化铁离子时，要有硫酸参与。其反应为：

$$4FeSO_4 + O_2 + 2H_2SO_4 \longrightarrow 2Fe_2(SO_4)_3 + 2H_2O$$

电子传递系统为细胞色素 c 等，Fe^{2+} 由细胞色素 c 还原酶还原细胞色素 c 而生成 Fe^{3+}。在电子传递系统中生成 ATP，由 ATP 电子逆流还原 NAD 进行 CO_2 的还原。

⑤碳酸盐呼吸：产甲烷细菌能在氢、乙酸和甲醇等物质的氧化过程中，以 CO_2 作为最终的电子受体，通过厌氧呼吸最终使 CO_2 还原成甲烷，这就是通常所说的甲烷发酵。其反应如下：

$$4H_2 + CO_2 \longrightarrow CH_4 + 2H_2O$$

⑥延胡索酸呼吸：延胡索酸是 TCA 循环中一个重要中间产物，但在一些菌如埃希菌属（*Escherichia*）、沙门菌属（*salmonella*）、克雷伯杆菌属（*Klebsiella*）的微生物中，却能以延胡索酸作为末端氢受体，将延胡索酸还原为琥珀酸。

3. 氢离子的传递

异养微生物氧化有机物的方式，根据氧化还原反应中氢离子（电子）的不同状态，可以将葡萄糖提供能量的过程分为脱氢、递氢、受氢 3 个过程，详见图 5-11。

3 种递氢与受氢方式的比较见表 5-3。

表 5-3　　　　3 种递氢与受氢方式（有氧呼吸、无氧呼吸与发酵）的比较

反应体系	有氧呼吸	无氧呼吸	发酵
氧化基质	有机物	有机物	有机物
最终电子受体	O_2	无机氧化物、延胡索酸等	氧化型中间代谢产物醛、酮等
产物	CO_2、H_2O	CO_2、H_2O、NO_2、N_2	还原型中间代谢产物醇、酸
产能	多	次之	少
电子传递链	完整	不完整	无，底物水平磷酸化

二、自养微生物的生物氧化与产能

自养微生物是以 CO_2 作为主要或唯一的碳源，以无机氮化物作为氮源，通过细菌光

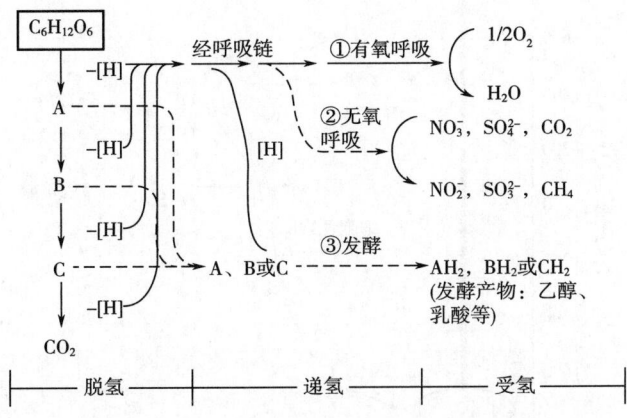

图 5-11 有氧呼吸、无氧呼吸和发酵过程中氢离子的传递

合作用或化能合成作用获得能量的微生物。

1. 光能自养菌的生物氧化与产能

光能自养菌是通过光合磷酸化将光能转变为化学能储存于 ATP 中。光能转变为化学能的过程：当一个叶绿素分子吸收光量子时，叶绿素即被激活，导致其释放一个电子而被氧化，释放出的电子在电子传递系统的传递过程中逐步释放能量，这就是光合磷酸化的基本动力。光能营养型生物的分类如图 5-12 所示。

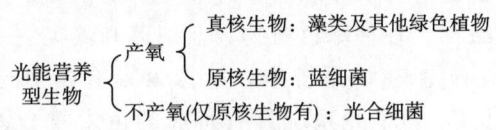

图 5-12 光能营养型生物的分类

光合作用是自然界产生有机化合物的最主要方式，过程也比较复杂。目前已知所有的光合作用都有两组紧密联系而又不同的反应：①光反应，即光合色素吸收光能并将它转变为生物可利用的能量形式；②暗反应，即利用由光反应产生的化学能还原 CO_2 为有机化合物。

根据在光合作用过程中是否产生氧气，可将光合细菌分为两大类，即产氧光合细菌和不产氧光合细菌。产氧光合细菌主要以非循环式光合磷酸化方式产生 ATP，并释放氧；而不产氧光合细菌主要以循环式光合磷酸化产生 ATP，不释放氧。

(1) 循环式光合磷酸化　光合细菌主要通过循环式光合磷酸化（Photophosphorylation）作用产生 ATP，这类细菌包括紫色硫细菌、绿色硫细菌、紫色非硫细菌和绿色非硫细菌。紫色硫细菌的循环式光合磷酸化途径见图 5-13。

在光合细菌中，细菌菌绿素 P_{870}（Bacteriochlorophyll，Bchl）吸收光量子而被激活，从而释放出高能电子，于是菌绿素分子带有正电荷。释放出的高能电子交给脱镁菌绿素（Bacteriopheophytin，Bph），然后电子依次通过铁氧化还原蛋白、辅酶 Q、细胞色素 b 和细胞色素 c，再返回菌绿素，这样就构成了一个回路，故称为循环式光合磷酸化。在辅酶

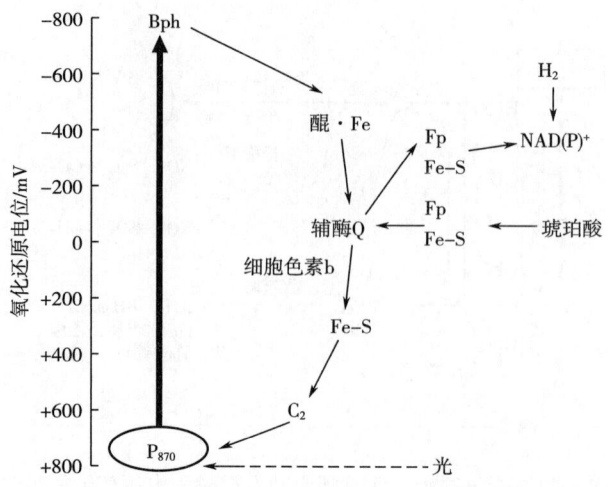

图 5-13 紫色硫细菌的循环式光合磷酸化途径

Q 将电子传递给细胞色素 c 的过程中，产生 ATP 以及还原力，这类光合细菌产生还原力的方式因电子供体不同而不同，当环境中有 H_2 存在时，H_2 能被直接用来产生 NADH；当环境中无 H_2 时，这类光合细菌像化能无机自养型细菌一样，能够利用无机物 H_2S、S、Fe^{2+} 等提供电子，并消耗部分 ATP，使电子在电子传递链中逆向流动生成 NADH。

目前已在光合细菌中发现 6 种菌绿素，分别被命名为菌绿素 a、b、c、d、e 和 g，其中菌绿素 a 的结构和蓝细菌、植物中叶绿素 a 的结构基本相似，只是吸收光谱有所不同。

(2) 非循环式光合磷酸化　各种绿色植物、蓝细菌和藻类主要通过非循环式光合磷酸化产生 ATP，同时释放出 O_2。在该系统中，叶绿素 a 有两个光反应系统，即光系统Ⅰ（PSⅠ）和光系统Ⅱ（PSⅡ），两个光系统具有特殊的色素复合体和一些物质。前者的光吸收峰是 700nm，后者为 680nm。非循环式光合磷酸化途径见图 5-14。

光系统Ⅰ的光反应是长波光反应，能使 $NADP^+$ 还原。光系统Ⅰ的叶绿素分子 P_{700} 吸收光量子被激活，释放出一个高能电子。这个高能电子传递给铁氧化还原蛋白（Ferredoxin，Fd），并使之被还原。还原型的铁氧化还原蛋白在 NADP 还原酶的参与下，将 $NADP^+$ 还原成 NADPH。光系统Ⅱ的电子使 P_{700} 还原进行循环反应。

光系统Ⅱ的反应是短波光反应。首先是光系统Ⅱ中的藻蓝素（Phycocyanin，Phc，又称藻蓝蛋白）和藻红素（Phycoerythrin，Phe，是一种色素蛋白）吸收光量子并把能量传递给异藻蓝素（Allophycocyanin，Aphc），异藻蓝素再把能量传递给叶绿素分子 P_{680}，释放出一个高能电子，这个高能电子先传递给辅酶 Q，再经一系列电子传递物质最后传给光系统Ⅰ，使 P_{700} 还原。失去电子的 P_{680} 靠水光解产生的电子来补充，并释放氧。光合链将两个光系统之间连接起来，它实质是由一系列电子传递物质组成，这些电子传递物质主要包括质体醌、细胞色素 b、细胞色素 f 和质体蓝素（Plastocyanin）等。

光合作用中，电子传递和磷酸化是耦联的，在光反应的电子传递过程中产生 ATP，其能量来自光能。

2. 化能自养菌的生物氧化和产能

化能自养菌一般都是好氧微生物，可以从氧化无机物如 NH_4^+、NO_2^-、H_2S、H_2 中获

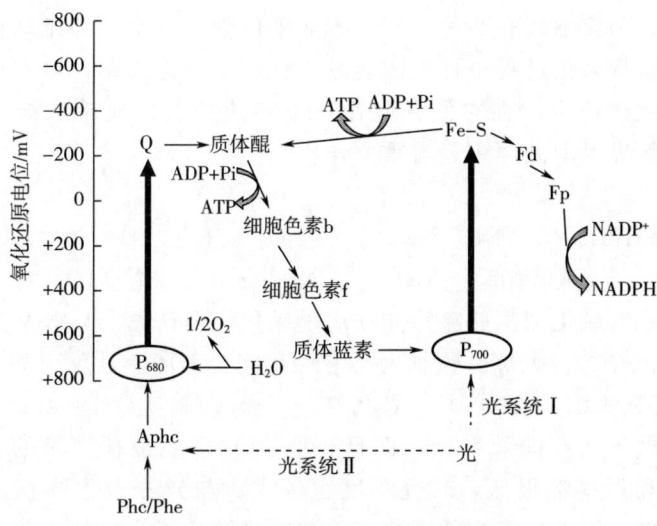

图 5-14 非循环式光合磷酸化途径

得能量，其产能途径也是经过呼吸链的氧化磷酸化反应。这类微生物的种类很多，广泛分布在土壤和水域中，并对自然界物质转化起着重要的作用。一些微生物可以从氧化无机物获得能量，同化合成细胞物质，这类细菌称为化能自养微生物。它们在无机能源氧化过程中通过氧化磷酸化产生 ATP。

（1）氢的氧化　氢细菌能利用分子氢氧化产生的能量同化 CO_2，也能利用其他有机物获得能量，是一些革兰阴性的兼性化能自养菌。其反应如下：

$$\text{氢细菌} \quad H_2 + 1/2O_2 \longrightarrow H_2O + 237.2 kJ$$

在该菌中，电子直接从氢传递给电子传递系统，电子在呼吸链传递过程中产生 ATP。在多数氢细菌中有两种与氢的氧化有关的酶。一种是位于壁膜间隙或结合在细胞质膜上的不需 NAD^+ 的颗粒状氧化酶，它在氧化氢并通过电子传递系统传递电子的过程中，可驱动质子的跨膜运输，形成跨膜质子梯度为 ATP 的合成提供动力；另一种是可溶性氢化酶，它能催化氢的氧化，而使 NAD^+ 还原的反应。所生成的 NADH 主要用于 CO_2 的还原。

（2）硫的氧化　硫杆菌能够氧化一种或多种还原态或部分还原态的硫化合物（包括硫化物、元素硫、硫代硫酸盐、多硫酸盐和亚硫酸盐）获得能量还原 CO_2。硫化氢首先被氧化成元素硫，随之被硫氧化酶和细胞色素系统氧化成亚硫酸盐，最后被氧化成硫酸盐，放出的电子在传递过程中可以耦联磷酸化反应产生 4 分子 ATP。其反应如下：

$$\text{硫细菌} \quad S^{2-} + 2O_2 \longrightarrow SO_4^{2-} + 794.5 kJ$$

亚硫酸盐的氧化可分为两条途径，一是直接氧化成 SO_4^{2-} 的途径，由亚硫酸盐经细胞色素 c 还原酶和末端细胞色素系统催化，产生 1 分子 ATP；二是经磷酸腺苷硫酸的氧化的途径，每氧化 1 分子 SO_3^{2-} 产生 5 分子 ATP。

（3）氨的氧化　硝化细菌是一些广泛分布于各种土壤和水体中的化能自养微生物，专性好氧（以分子氧为最终电子受体），革兰阳性，大多数是专性无机营养型。它们的细胞都具有复杂的膜内褶结构，这有利于增加细胞的代谢能力。硝化细菌无芽孢，多数为二分裂殖，生长缓慢，平均代时在 10h 以上。

硝化细菌常见用作能源的无机氮化合物是铵盐（NH_4^+）和亚硝酸盐（NO_2^-），它们能被硝化细菌所氧化。硝化细菌有2种类型：①亚硝化细菌或氨化细菌，可把铵盐氧化成亚硝酸盐，它们利用铵盐氧化过程中释放的能量生长；②硝化细菌，可将亚硝酸盐氧化成硝酸盐。这两类细菌往往伴生，在它们共同作用下将铵盐氧化成硝酸盐，避免亚硝酸的积累，这类细菌在自然界氮素循环中起着重要作用。

其反应如下：

亚硝化细菌　　$NH_4^+ + 2/3O_2 \longrightarrow NO_2^- + H_2O + 2H^+ + 270.7 kJ$

硝化细菌　　$NO_2^- + 1/2O_2 \longrightarrow NO_3^- + 77.4 kJ$

（4）铁的氧化　铁氧化细菌能够将亚铁离子氧化为高铁离子，并利用这个过程所产生的能量和还原力同化CO_2。大部分铁细菌是专性化能自养菌。其反应如下：

铁细菌　　$2Fe^{2+} + 1/2O_2 + 2H^+ \longrightarrow 2Fe^{3+} + H_2O + 44.4 kJ$

由于化能自养微生物产能效率低，而且还原CO_2需要消耗大量的能量，因此，化能自养菌的生长速率和得率都很低，研究难度也较大。与异养微生物相比，除产能效率低外，还具有以下特点：①无机底物的氧化直接与呼吸链相连产生能量，环节较少，而异养菌对糖类底物的氧化要经过多个步骤逐级脱氢；②呼吸链的组分更多样化，还原态H^+进入呼吸链的位置也多。

三、微生物能量的获得

在能量代谢过程中，微生物可通过以下三种方式获得ATP。在产能代谢过程中，微生物通过底物水平磷酸化和氧化磷酸化将某种物质氧化而释放的能量储存于ATP高能分子中，对光合微生物而言，则可通过光合磷酸化将光能转变为化学能储存于ATP中。

1. 底物水平磷酸化

物质在生物氧化过程中，常生成一些含有高能磷酸键的化合物，这些高能化合物往往不稳定，可直接将能量转移给ADP或GDP而形成ATP或GTP，这种产生ATP等高能分子的方式称为底物水平磷酸化（Substrate Level Phosphorylation）。发酵过程、呼吸过程都存在底物水平磷酸化。例如，在EMP途径中1,3-二磷酸甘油酸转变为3-磷酸甘油酸以及磷酸烯醇式丙酮酸转变为丙酮酸的过程中都分别耦联着1分子ATP的形成；在三磷酸循环过程中，琥珀酰辅酶A转变为琥珀酸时耦联着1分子ATP的形成。

2. 氧化磷酸化

物质在生物氧化过程中形成大量的还原型NAD(P)H和$FADH_2$，这些还原型的辅酶可通过位于线粒体内膜（真核生物）和细菌质膜上的电子传递系统，将电子传递给氧或其他氧化型物质，本身的H_2被氧化为水，在这个过程中耦联着ATP的生成，这种产生ATP的方式称为氧化磷酸化（Oxidative Phosphorylation）。1分子NAD(P)H和$FADH_2$可分别产生2.5分子ATP、1.5分子ATP。

3. 光合磷酸化

光合作用是自然界一个极其重要的生物学过程，其实质是通过光合磷酸化将光能转变成化学能，以用于从CO_2合成细胞物质。进行光合作用的生物体除了绿色植物外，还包括光合微生物，如藻类、蓝细菌和光合细菌（包括紫色细菌、绿色细菌、嗜盐菌等）。它们利用光能维持生命，同时也为其他生物（如动物和异养微生物）提供了赖以生存的有机物。

能进行光合作用的植物含有叶绿素，而细菌则含有菌绿素。在光的照射下，叶绿素（菌绿素）吸收光量子被激活，释放出一个电子而被氧化，释放出的电子在电子传递系统的传递过程中耦联着 ATP 的生成，这一过程称为光合磷酸化（Photophosphorylation），这是将光能转变为能被生物直接利用的化学能的最有效途径。光合磷酸化根据释放的电子是否又回到叶绿素（菌绿素）而被分为循环光合磷酸化和非循环光合磷酸化。

四、ATP 的利用

微生物能量代谢活动中所涉及的主要是 ATP（高能分子）形式的化学能，ATP 的分子结构式如图 5-15 所示。ATP 是生物体内能量的载体或流通形式。当微生物获得能量后，都是先将获得的能量转换成 ATP。当需要能量时，ATP 分子上的高能键水解，重新释放出能量。

ATP 主要用于供应合成细胞物质（包括储藏物质）所需的能量。此外，细胞对营养物质的吸收、鞭毛的运动、细菌的滑动、发光细菌的发光等所消耗的能量，均要由 ATP 供给。组成微生物细胞的物质主要是蛋白质、核酸、类脂和多糖，合成这些物质都需要 ATP 提供能量。从理论上计算，1 毫摩尔的 ATP 可合成 33.3mg 的细胞物质，但经试验证明，1 毫摩尔的 ATP 仅能合成 10mg 左右的细胞物质。ATP 的释放与储存过程见图 5-16。

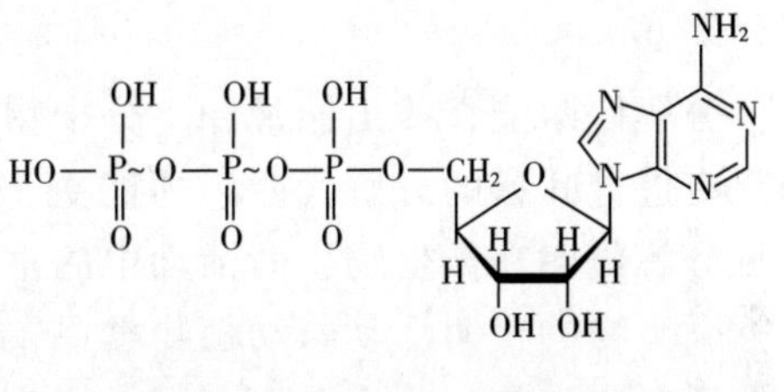

图 5-15　ATP 的分子结构式

当微生物细胞无论进行哪一种生理活动时都是由 ATP 将其高能磷酸键断裂，将末端磷酸根 P 放出，转移给其他大分子使其活化，ATP 则变为低能的 ADP。

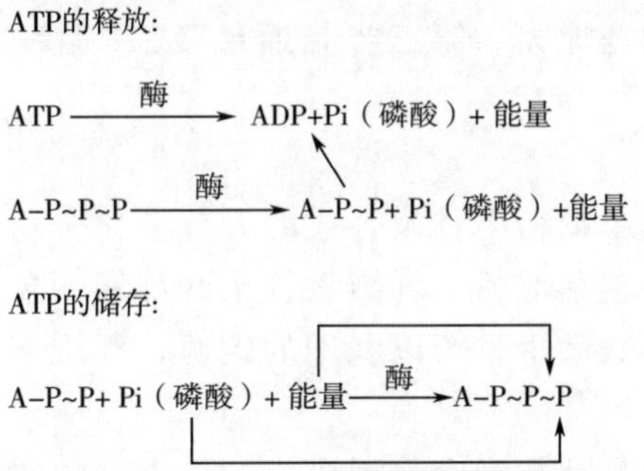

ATP的释放：

$$ATP \xrightarrow{酶} ADP + Pi（磷酸）+ 能量$$

$$A-P\sim P\sim P \xrightarrow{酶} A-P\sim P + Pi（磷酸）+ 能量$$

ATP的储存：

$$A-P\sim P + Pi（磷酸）+ 能量 \xrightarrow{酶} A-P\sim P\sim P$$

图 5-16　ATP 的释放与储存过程

第二节　微生物的物质代谢

任务

白酒酿造过程中，如何发挥酿酒酵母的最大功能？

【案例】

白酒酿造企业在用高粱生产乙醇的过程中，先将高粱经过蒸煮使淀粉转化为糖。再经大曲、小曲的作用生产乙醇。

微生物独特的合成代谢途径

微生物的物质代谢和能量代谢是紧密联系的，没有物质代谢，就没有能量代谢，物质代谢是基础，能量代谢是必然。物质代谢涉及物质的分解和合成，即分解代谢和合成代谢。即物质代谢＝分解代谢＋合成代谢，并伴随能量代谢。

分解代谢是指生物细胞将大分子物质降解成简单小分子物质的过程，并伴随能量的释放。合成代谢是指生物细胞利用简单的小分子物质合成复杂大分子物质的过程，并消耗大量的能量。分解代谢为合成代谢提供许多小分子物质（也可能来源于营养源），合成代谢利用这些小分子化合物合成生物细胞所需的生物大分子，保障生命活动的正常运转。

一、分解代谢

分解代谢能释放出能量和小分子物质，保障细胞生命活动的正常进行，因此微生物体内只有进行旺盛的分解代谢，才能更多地合成微生物的细胞物质，并使其迅速生长繁殖，可见分解代谢在微生物生命活动中的重要性。

微生物的代谢活动与动植物食品的加工和储藏有密切关系。食品中含有大量的糖类、蛋白质和脂类等生物大分子，是生物能量的主要来源，也是微生物利用的碳源和氮源来源，如果环境条件适宜，微生物可在食品中大量生长繁殖，造成食品腐败变质，同时人们也可利用有益菌对这三大物质进行分解代谢产生中间物的原理，生产各种发酵食品、药品和饲料等。

微生物对生物大分子的分解代谢分三个步骤：第一步是将生物大分子降解成小分子物质；第二步是将第一步的分解产物进一步降解为更简单、可以进入 TCA 循环的中间产物，在此阶段同时会产生能量和还原力；第三步是通过 TCA 循环将第二步的产物完全降解成 CO_2，并产生能量和还原力。

1. 碳水化合物的分解

碳水化合物是由单糖或单糖衍生物聚合成的大分子化合物，是自然界最丰富的碳源与能源物质，种类很多，主要包括淀粉、纤维素、半纤维素、果胶和几丁质等多糖以及小分子的寡糖等。其中淀粉是多数微生物可以利用的碳源，纤维素、半纤维素、几丁质、果胶质等只被个别微生物利用。

（1）淀粉的分解　淀粉是植物光合作用合成的最丰富的碳水化合物，基本组成单位是葡萄糖，是葡萄糖通过糖苷键连接而形成的一种大分子物质。淀粉有直链淀粉和支链淀粉两种，前者为葡萄糖单元以 α-1,4-糖苷键连接形成的直链分子；后者带有分枝，只有分枝处，葡萄糖单元之间以 α-1,6-糖苷键连接，其他葡萄糖仍是以 α-1,4-糖苷键连接。一般在天然淀粉中，直链淀粉占 10%～20%，支链淀粉占 80%～90%。

微生物本身并不能直接以淀粉作为生长的碳源与能源，只有当淀粉水解为小分子的糖类后才可以被利用。在生物体内，含有各种淀粉酶，能够将淀粉水解。细菌、放线菌和霉菌均能产生淀粉酶。枯草芽孢杆菌（*B. subtilis*）的淀粉酶活性高，通常用作淀粉酶的生产菌株。淀粉酶主要有以下几种类型。

①α-淀粉酶：系统名称为α-1,4-D-葡聚糖水解酶，别名为液化型淀粉酶、液化酶、α-1,4-糊精酶。该酶随机水解淀粉的α-1,4-糖苷键，很快将大分子淀粉降解为较小的糊精、小分子糖类等，使淀粉糊的黏度迅速下降。发芽的种子、动物的胰脏、唾液中都含有此酶，细菌、放线菌、霉菌均能产生此酶。发酵工业中常用枯草芽孢杆菌生产中温α-淀粉酶，用地衣芽孢杆菌生产高温α-淀粉酶。

②β-淀粉酶：又称淀粉-1,4-麦芽糖苷酶，也是作用于水解淀粉的α-1,4-糖苷键，从淀粉分子的非还原性末端依次切下一个麦芽糖，可将直链淀粉彻底水解成麦芽糖。遇到分子中的α-1,6-糖苷键即停下来，所以淀粉经此酶的作用产物为麦芽糖和β-极限糊精。因麦芽糖有一定的甜度，故此酶也称为糖化酶。根霉和米曲霉等可产生大量的β-淀粉酶。

③葡萄糖淀粉酶：又称淀粉-1,4-葡萄糖苷酶或葡萄糖生成酶。此酶既作用于淀粉的α-1,4-糖苷键，也作用于α-1,6-糖苷键，但水解方式是从淀粉的非还原性末端依次切下一个葡萄糖分子。所以，理论上而言，该酶作用于直链、支链淀粉的终产物是葡萄糖。工业生产中一般用根霉和曲霉生产葡萄糖淀粉解。

④异淀粉酶：又称淀粉-1,6-葡萄糖苷酶，只水解糖原或支链淀粉分枝点的α-1,6-糖苷键，切下整个侧枝，形成长短不一的直链淀粉。黑曲酶、米曲霉可产生此酶。

(2) 纤维素的分解　纤维素是植物细胞壁的主要成分，也是自然界最丰富的碳水化合物，如果加上秸秆、树木等所含的碳水化合物，数量要远远超过淀粉。纤维素的基本糖单元也是葡萄糖，但它是葡萄糖通过β-1,4-糖苷键连接而成的，不溶于水，在环境中比较稳定。只有在产生纤维素酶的微生物作用下，才被分解成简单的糖类（图5-17）。

纤维素酶的研究一直是一个热点，但始终进展不大，酶的活性比较低。我国有几个大型酒精企业试图利用秸秆等纤维素原料生产酒精，但纤维素酶活性低的问题还没有得到很好解决。

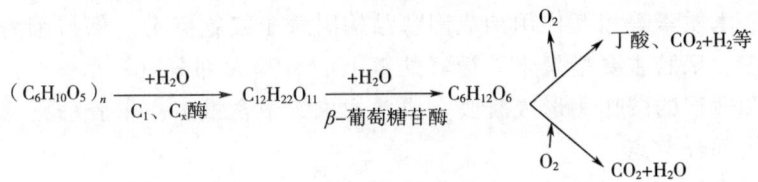

图5-17　纤维素分解途径

纤维素酶是指能水解纤维素β-1,4-葡萄糖苷键使纤维素变成纤维二糖和葡萄糖的一组酶的总称，它是一个多组分的酶系，主要由葡聚糖内切酶（也称C_x酶）、葡聚糖外切酶（也称C_1酶）、β-葡萄糖苷酶（也称纤维二糖苷酶）三个主要成分组成。

①C_x酶：又称β-1,4-葡聚糖酶。严格来讲，该酶既有外切酶活性又有内切酶活性。内切酶主要从纤维素的内部水解β-1,4-糖苷键，使纤维素的分子质量很快下降，该作用方式类似于α-淀粉酶作用于淀粉生成纤维糊精、纤维二糖和葡萄糖；外切酶是从纤维素的非还原性末端依次切下一个纤维二糖，这种作用方式类似于β-淀粉酶作用于淀粉，它对纤维寡糖的亲和力强，能迅速水解内切酶作用后产生的纤维寡糖。

②C_1酶：是一种葡聚糖外切酶，主要作用于天然纤维素不溶性的固体表面，使形成结晶结构的纤维素链开裂，长链分子的末端部分游离，从而使纤维素链易于水化，转变为水合非结晶纤维素，为C_x酶提供许多新的作用位点。

③β-葡萄糖苷酶：该酶水解纤维二糖和寡糖为葡萄糖，至此纤维素得到了彻底水解。

细菌的纤维素酶结合于细胞膜上，已观察到它们分解纤维素时，细胞需附着在纤维素上。真菌、放线菌的纤维素酶为胞外酶，分泌到培养基中，可通过过滤或离心分离得到。

尽管能产生纤维素酶的微生物种类很多，但大多纤维素酶的活性都不高，真正用于生产纤维素酶的菌主要是一些真菌，比较典型的有木霉属、曲霉属和青霉属的真菌。细菌、放线菌所含的纤维素酶活性都较低，很难用于实际酶的生产中。

（3）半纤维素的分解　植物细胞壁中，除纤维素以外的多糖统称为半纤维素。半纤维素是由几种不同类型的单糖构成的异质多聚体，这些糖有五碳糖和六碳糖，包括木糖、阿拉伯糖、甘露糖和半乳糖等，其结构随着植物种类或所在部位不同而有明显区别。仅包含一种单糖，如木聚糖、半乳聚糖、甘露聚糖等的半纤维素称为同聚糖；包含两种以上不同的糖的半纤维素分子称为异聚糖，最常见的半纤维素是木聚糖，它约占草本植物干重的一半。真菌的细胞壁中也含有半纤维素。

由于组成半纤维素的糖类型很多，因而分解它们的酶也各不相同。例如，木聚糖酶催化木聚糖的水解，阿拉伯聚糖酶催化阿拉伯聚糖的水解。与纤维素相比，半纤维素的分解要容易些。曲霉、根霉与木霉等是生产半纤维素酶的主要微生物。半纤维素酶通常与其他酶混合使用，可以改善植物性食物的质量，提高淀粉原料的利用率和果汁的出汁率，加速果汁的澄清。

（4）果胶的分解　果胶的基本组成成分是D-半乳糖醛酸，通过α-1,4-糖苷键连接而成的直链状的高分子聚合物，高等植物细胞间的主要物质之一就是果胶。大部分植物体内的果胶实际是以原果胶、果胶和果胶酸的形式存在的。所谓原果胶是指果胶物质和纤维素、半纤维素、木质素等相互作用构成网状结构附着于细胞壁上，保持细胞的硬度，未成熟果实中含量多。果胶主要指聚半乳糖醛酸链上的羧基大部分（一般75%以上）甲基化，可与适量的糖和适当的酸作用形成凝胶，成熟的果实中含量多。果胶酸指的是聚半乳糖醛酸链上的羧基大部分游离。

果胶的水解也是在一系列果胶酶的作用下进行的，果胶酶的种类虽然很多，但水解果胶的酶实质只有两类：一类是水解果胶酯键，将果胶水解为果胶酸；另一类是果胶裂解酶，主要作用是将果胶的α-1,4-糖苷键裂解，终产物有可能是半乳糖醛酸。

一些细菌和真菌能分泌较高活性的果胶酶，例如，芽孢杆菌属（*Bacillus*）、梭状芽孢杆菌属（*Clostridium*）、曲霉属（*Aspergillus*）、葡萄孢霉属（*Botrytis*）和镰刀霉属（*Fusarium*）等都是分解果胶能力较强的微生物。

（5）几丁质的分解　几丁质是一种由N-乙酰葡萄糖胺通过β-1,4-糖苷键连接起来、不容易被分解的含氮多糖类物质。它是真菌细胞壁和昆虫体壁的组成成分，一般的生物都不能分解与利用它，只有某些细菌（如几丁质芽孢杆菌）和放线菌（链霉菌）能分解与利用它进行生长。这些能分解几丁质的微生物能合成与分泌几丁质酶，使几丁质水解生成几丁二糖，再通过几丁二糖酶进一步水解生成N-乙酰葡萄糖胺。N-乙酰葡萄糖胺再经脱氨基酶作用，生成葡萄糖和氨。

2. 含氮有机物的分解

含氮物质特别是蛋白质、氨基酸，可以作为微生物的氮源，也可以作为微生物的能源，核酸通常作为微生物的生长因子（如氨基酸、嘌呤、嘧啶等）。蛋白质水解后既可以促进蛋白质的消化吸收，又可以增加风味。由于蛋白质是由氨基酸以肽键结合组成的大分子物质，不能直接透过菌体细胞膜，故微生物需要先分泌蛋白酶至细胞外，将蛋白质水解成短肽后进入细胞，再由细胞内的肽酶将短肽水解成氨基酸后才被利用。

（1）蛋白质的分解　蛋白质是由 20 种氨基酸通过肽键连接起来的大分子化合物。蛋白质的降解主要是在蛋白酶的作用下进行的，蛋白酶不同于糖酶，糖酶对糖苷键的水解没有选择性，而蛋白酶却对肽键两端的氨基酸有严格的要求。蛋白酶的种类很多，大部分是内切酶。不同的蛋白酶对形成肽键的羧基和氨基的氨基酸有要求，因此，选择蛋白酶时要了解蛋白酶的水解特性。当蛋白质被酶水解后就成为小分子肽，这些肽在肽酶的作用下水解为氨基酸。肽酶一般为外切酶，根据切下末端氨基酸的要求，肽酶又可分为氨肽酶和羧肽酶。氨肽酶从蛋白质的氨基端依次切下一个氨基酸，而羧肽酶则从蛋白质的羧基端依次切下一个氨基酸。一般而言，蛋白酶是胞外酶，而肽酶大多则为胞内酶。蛋白质水解过程如下：

$$蛋白质 \xrightarrow{蛋白酶} 多肽 \xrightarrow{肽酶} 氨基酸$$

氨基酸发生脱羧、脱氨等化学反应，即生成各种分子大小的碳水化合物，碳水化合物随后参与正常的代谢。

对微生物而言，大多分泌蛋白酶活性比较强的菌主要是真菌，曲霉属、毛霉属的真菌蛋白酶的活性都比较高，生产上也常用这些菌生产蛋白酶。在细菌中，一般是革兰染色阳性菌比革兰染色阴性菌的分解蛋白质的能力强。放线菌中不少链霉菌均产生蛋白酶。

有些微生物只有肽酶而无蛋白酶，因而只能分解蛋白质的降解产物，例如乳酸杆菌、大肠杆菌等不能水解蛋白质，但是可以利用蛋白胨、肽和氨基酸等。在食品行业中，传统的食品，如酱油、豆豉、腐乳等制作中也都利用了微生物对蛋白质的分解作用。枯草芽孢杆菌、栖土霉菌、费氏放线菌等可用来生产蛋白酶。

（2）氨基酸的分解　氨基酸通常被作为原料合成微生物生命活动所需的蛋白质和酶等，但在厌氧与缺乏碳源的条件下，也能被某些细菌用作能源与碳源物质，维持机体正常的生命活动。此外，氨基酸的分解产物对许多发酵食品，如酱油、干酪等的挥发性风味组分有重要影响。

不同微生物分解氨基酸的能力不同，有的几乎能分解所有的氨基酸，如大肠杆菌、变形杆菌和绿脓杆菌，而有些微生物分解氨基酸的能力较差，如乳杆菌、链球菌等。脱羧与脱氨作用是微生物进行氨基酸代谢的基础，经过脱羧、脱氨反应产生的分解物可进一步参与代谢。

①脱羧作用：许多微生物细胞内都具有氨基酸脱羧酶，尤其是腐败菌。氨基酸脱羧酶可以催化氨基酸脱羧生成少一个碳原子的胺和 CO_2。该酶具有高度的专一性，基本上是由

一种脱羧酶催化一种氨基酸脱羧。一元氨基酸脱羧生成一元胺，二元氨基酸脱羧生成二元胺。如酪氨酸脱羧形成酪胺、精氨酸脱羧成精胺、色氨酸脱羧形成色胺，组氨酸脱羧形成组胺，这些胺往往具有一定的毒性和不良的风味甚至臭味，食用后会对身体造成一定的毒害作用，其含量也可以作为评定蛋白食品新鲜度的指标之一。

其通式如下：

$$R-\underset{NH_2}{CH}-COOH \xrightarrow{\text{氨基酸脱羧酶}} R-CH_2-NH_2 + CO_2$$

利用氨基酸脱羧酶具有高度专一性的特性，可以测定脱羧酶的活性。例如，谷氨酸被谷氨酸脱羧酶脱羧后，可产生 γ-氨基丁酸和 CO_2，可以根据 CO_2 气体量的测定结果，计算发酵液中谷氨酸的含量。

②脱氨作用：脱氨方式比脱羧方式要多，脱氨后生成的化合物种类也不一样，这一过程通常称为氨化作用（Ammonification）。脱氨作用方式主要有以下几种：

a. 氧化脱氨：好氧性微生物在有氧条件下使氨基酸氧化脱氨，生成 α-酮酸和氨，有浓烈的氨臭味。生成的酮酸被微生物继续转化为羟基酸和醇。其反应式如下：

$$R-\underset{NH_2}{CH}-COOH + 1/2 O_2 \longrightarrow R-\underset{O}{\overset{\|}{C}}-COOH + NH_3$$

b. 还原脱氨：某些专性厌氧细菌，如梭状芽孢杆菌属的细菌在厌氧条件下生长时，可以进行还原脱氨，使氨基酸转变为有机酸和氨，并获得能量供微生物生长所需。在这种脱氨方式中，往往有两种氨基酸参与反应，一种氨基酸作为氢的供体（类似于还原剂），另一种氨基酸作为氢的受体（类似于氧化剂），进行氧化还原反应，分别生成酮酸和羧酸。这一反应是 Stickland 等人研究厌氧发酵机制时发现的，所以这一反应也称为 Stickland 反应。丙氨酸、缬氨酸、亮氨酸常用作供氢体，甘氨酸、羟脯氨酸、脯氨酸则常用作对应的受氢体。其反应式如下：

$$CH_3-\underset{NH_2}{CH}-COOH + \underset{NH_2}{CH}-COOH \longrightarrow CH_3-\underset{O}{\overset{\|}{C}}-COOH + CH_3COOH + 2NH_3$$

c. 水解脱氨：一些好氧微生物如米曲霉（A. oryzae）可使氨基酸水解产生羟基酸与氨，羟酸经脱羧生成一元醇。因此，在这一反应中，氨基酸脱氨过程往往同时伴随有脱羧过程，并生成一元醇、氨和二氧化碳。例如，丙氨酸先经水解脱氨生成乳酸和氨，然后再经过脱羧作用生成乙醇、CO_2。

某些细菌，如大肠杆菌、变性杆菌等能使色氨酸水解脱氨基生成吲哚（靛基质）、丙酮酸和氨。当吲哚与对二甲基氨基苯甲醛试剂发生反应时，生成玫瑰红色的吲哚环，此为吲哚试验阳性反应。可根据细菌能否分解色氨酸产生吲哚来鉴定细菌。

有些细菌，如沙门菌、变性杆菌、枯草芽孢杆菌等可以水解胱氨酸、半胱氨酸生成丙酮酸、氨和硫化氢。如果在含有蛋白胨的细菌培养基里加入醋酸铅或硫酸亚铁，培养后如出现黑色沉淀,黑色沉淀为硫化铁或硫化铅,此为硫化氢阳性反应。此实验可作为细菌分类鉴定的指标之一。

d. 直接分解脱氨:氨基酸直接脱去氨基,生成不饱和酸与氨,在细菌和酵母菌中都有这种脱氨反应,此反应为可逆反应,也是通过不饱和有机酸合成氨基酸的途径之一。如大肠杆菌具有 L-天冬氨酸裂解酶,该酶能催化 L-天冬氨酸分解脱氨生成延胡索酸和氨。其反应式如下:

$$HOOC-CH_2-CH(NH_2)-COOH \Longleftrightarrow HOOC-CH=CH-COOH + NH_3$$

细菌、真菌和放线菌都具有分解蛋白质和氨基酸的能力,细菌中分解氨基酸的能力比较强的菌有大肠杆菌(*E. coli*)、变形杆菌属(*Proteus*)和铜绿假单胞菌(*P. aeruginosa*),而乳杆菌属(*Lactobacillus*)、链球菌属(*Streptococcus*)等属的细菌分解氨基酸的能力稍差一些。毛霉属、曲霉属、根霉属、青霉属的许多种分解蛋白质和氨基酸能力强。土壤中的许多放线菌也具有较强的蛋白酶活性。

在食品和发酵工业中,氨基酸的分解产物对许多发酵食品,如酱豆、豆腐乳、发酵香肠等的挥发性风味组分有重要贡献。

3. 脂肪和脂肪酸的分解

脂肪是由甘油与三个长链脂肪酸通过酯键连接起来的甘油三酯,在自然界广泛存在。脂肪除具有一定的生理功能外,也常作为微生物的碳源和能源。脂肪提供的能量是碳水化合物和蛋白质提供的能量的两倍。脂肪和脂肪酸可作为微生物的碳源和能源,一般被微生物缓慢利用。如果环境中含有易于被微生物利用的其他碳源和氮源时,脂肪类物质一般不被微生物利用。

脂肪在微生物细胞合成的脂肪酶的作用下,水解成甘油和脂肪酸。甘油可被微生物迅速吸收利用,甘油在甘油酶的催化下生成 α-磷酸甘油,α-磷酸甘油经过脱氢酶催化产生磷酸二羟丙酮,磷酸二羟丙酮可以进入 EMP 途径或其他途径进一步被氧化降解。

$$甘油 \xrightarrow[ADP]{ATP} 3\text{-磷酸甘油} \xrightarrow[FADH_2]{FAD} 磷酸二羟丙酮 \longrightarrow 3\text{-磷酸甘油醛} \xrightarrow[ATP]{ADP} 丙酮酸 \longrightarrow TCA 循环$$

脂肪酸经过 β-氧化形成脂肪酰 CoA(乙酰 CoA 或丙酰 CoA)。

$$RCH_2CH_2COOH + ATP + HSCoA \xrightarrow{\text{酰基CoA合成酶(膜上)}} RCH_2CH_2COCoA + AMP + PPi$$

脂肪酸的 β-氧化在原核细胞的细胞膜上和真核细胞的线粒体内进行。若脂肪酸分子的碳原子数为偶数,最终得乙酰 CoA;若脂肪酸分子的碳原子数为奇数,则同时也得到丙酰 CoA。乙酰 CoA 直接进入 TCA 循环降解,丙酰 CoA 则经琥珀酰 CoA 进入 TCA 循环被氧化降解,或以其他途径被氧化降解。

$$丙酰CoA + CO_2 + ATP \xrightarrow{\text{丙酰CoA羧化酶}} 琥珀酰CoA + ADP + Pi$$

脂肪酶一般广泛存在于真菌中，假丝酵母属（*Candida*）、镰刀菌属（*Fusarium*）和青霉菌属（*Penicillium*）等属的真菌产生脂肪酶能力较强，而细菌产生脂肪酶的能力较弱。

二、合成代谢

微生物的合成代谢（也称同化作用）是指微生物利用分解代谢所产生的能量、中间产物以及从外界吸收的小分子物质，合成复杂的细胞物质的过程，因此，合成代谢要具备的三要素是能量、还原力与小分子前体物质。

(1) 能量合成代谢所需要的能量由分解代谢产生的ATP提供。

(2) 还原力主要是指还原型的NADH、NADPH和$FADH_2$，这些还原型化合物主要在糖降解与TCA循环中生成，而在具有光合作用的植物、藻类和蓝细菌中，有两个光反应中心，水在光反应中心Ⅱ中发生光解形成还原力NAD(P)H，在其他光合细菌里，只有一个光反应中心处所含菌绿素通过光激发放出高能电子，该电子去还原NAD(P)或由外源电子供体提供的电子去还原NAD(P)生成NAD(P)H，有些光合细菌还可以利用H_2作供氢体形成NAD(P)H。还原型化合物有3个去路：①还原某些中间代谢产物；②进入呼吸链产ATP；③用于细胞物质合成，需要注意的是NADH往往要经过转化生成NADPH之后才可以被用于细胞物质合成。

(3) 小分子前体物质通常是指糖代谢过程中产生的中间体碳架物质，这些物质是可以直接用来合成生物分子的单体，如三磷酸甘油醛、丙酮酸、乙酰CoA、草酰乙酸等。

尽管分解代谢和合成代谢有着密切的联系甚至有共同的中间代谢产物，但合成代谢并不是分解代谢的逆反应。它们之间有本质的区别：①反应的酶系不同，分解代谢和合成代谢涉及的酶系有很大差异；②分解代谢是产能反应，而合成代谢需要消耗大量的能源；③在真核生物中，分解代谢和合成代谢在不同的细胞区域内进行，而在原核生物中，分解代谢和合成代谢的区域没有本质的区别，主要是由不同的酶来催化完成的。

1. CO_2 固定

CO_2是自养微生物唯一的碳源。将空气中的CO_2转化成为细胞所需大分子物质的过程，称为CO_2的固定或同化。微生物固定CO_2的方式主要有4条，即卡尔文循环、逆向TCA循环、厌氧乙酰-CoA途径、羟基丙酸途径。

(1) 卡尔文循环　也称为核酮糖二磷酸途径或还原型戊糖磷酸途径，这是自养生物固定CO_2的主要途径。该途径中有两个很特殊的酶参与：一个是二磷酸核酮糖羧化酶（Ribulose Bisphosphate Carboxylase，RuBisCo），另一个是磷酸核酮糖激酶（Phosphoribulokinase）。根据反应性质，可将卡尔文循环分为三个阶段。

①羧化反应：1,5-二磷酸核酮糖在二磷酸核酮糖羧化酶的作用下将CO_2固定，形成2分子的3-磷酸甘油酸（PGA），反应过程见图5-18。

②还原反应：3-磷酸甘油酸被还原为3-磷酸甘油醛，3-磷酸甘油醛缩合生成己糖，这一反应需要消耗能量ATP和还原型NADPH，反应过程见图5-19。

③CO_2受体的再生：5-磷酸核酮糖在磷酸核酮糖激酶的作用下生成1,5-二磷酸核酮糖，这一过程需要消耗能量ATP，见图5-20。

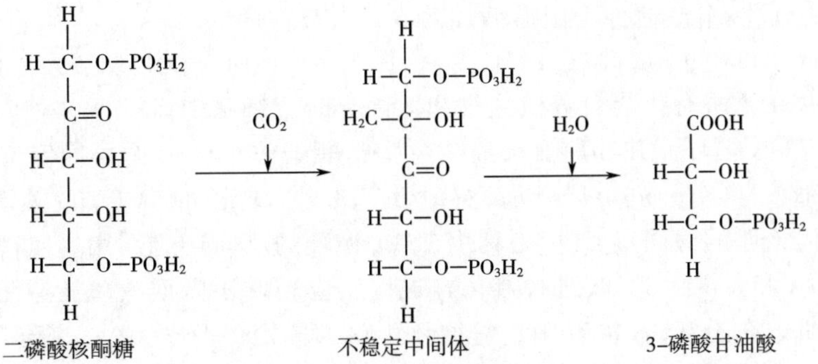

图 5-18 CO_2 的羧化过程

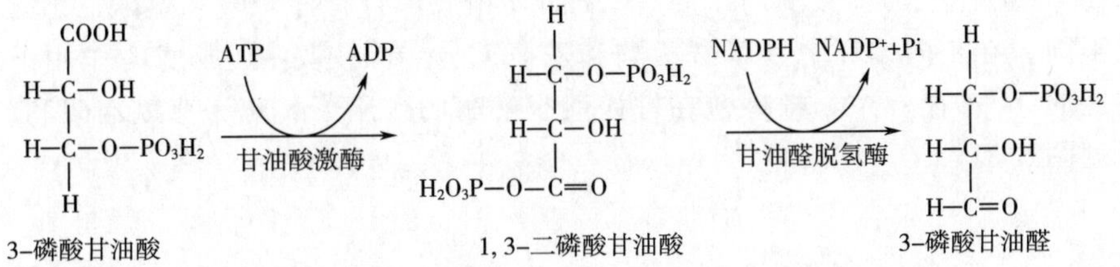

图 5-19 CO_2 的还原过程

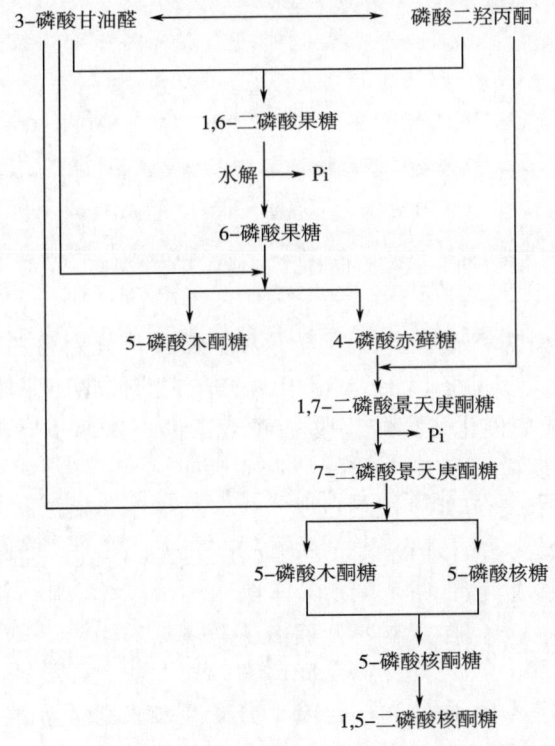

图 5-20 卡尔文循环中 CO_2 受体再生

每循环一次需要 3 分子 1,5-二磷酸核酮糖、3 分子 CO_2、9 分子 ATP 和 6 分子 NAD(P)H 参与，合成一个己糖分子则需循环两次，总反应式为：

$$6CO_2 + 18ATP + 12NAD(P)H \longrightarrow C_6H_{12}O_6 + 18ADP + 12NAD(P)^+ + 18Pi$$

这个途径存在于所有化能自养微生物和大部分光合细菌中。

(2) 逆向 TCA 循环　并非所有自养微生物都能通过卡尔文循环固定 CO_2，绿色光合细菌嗜硫绿硫细菌（*Chlorobium thiosulphatophilum*）缺乏固定 CO_2 的关键酶二磷酸核酮糖羧化酶，因而该属的菌固定 CO_2 是利用 TCA 循环的反向还原作用，对磷酸烯醇式丙酮酸、琥珀酰 CoA 和 α-酮戊二酸进行羧化，这些反应需要还原型铁氧还原蛋白的参与，同时需要消耗能量。在逆 TCA 循环中，每循环 1 次，固定 2 分子 CO_2，循环中的柠檬酸在柠檬酸裂解酶的作用下，裂解为草酰乙酸和乙酰 CoA，乙酰 CoA 再固定 1 分子 CO_2 生成丙酮酸，丙酮酸可以生成丙糖、己糖等生命活动所需的各种物质。

逆向 TCA 循环中的多数酶与正向 TCA 循环相似，只有柠檬酸和草酰乙酸之间的变化涉及的酶不同。在正向循环中，草酰乙酸和乙酰 CoA 在柠檬酸合成酶的作用下合成柠檬酸，而在逆向 TCA 循环中，柠檬酸在柠檬酸裂解酶的作用下裂解为草酰乙酸和乙酰 CoA。反应途径见图 5-21。

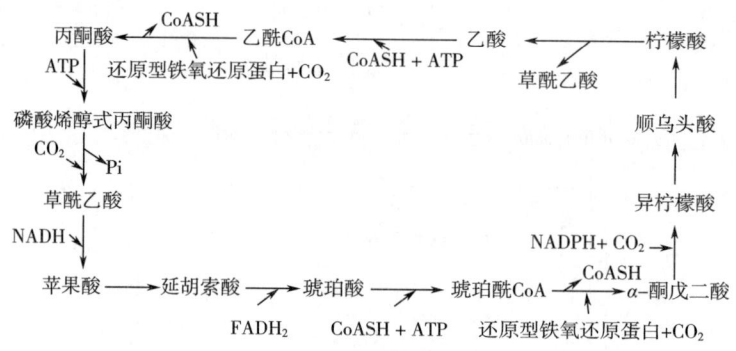

图 5-21　固定 CO_2 的逆向 TCA 循环

在这个途径中还原型铁氧还原蛋白参与了两步反应，分别是乙酰 CoA 的还原羧化和琥珀酰 CoA 的还原羧化，其中乙酰 CoA 由丙酮酸合成酶催化还原羧化成丙酮酸，琥珀酰 CoA 由 α-酮戊二酸合成酶催化还原羧化成 α-酮戊二酸。这两步反应只在厌氧条件下才能进行，同时都是不可逆反应，循环中其他的反应均可逆。一般好氧微生物没有这种固定 CO_2 的能力。反应式如下：

$$CH_3CO-SCoA + CO_2 + Fd(red) \longrightarrow CH_3COCOOH + CoASH - Fd(ox)$$

$$HOOC(CH_2)_3-CO-SCoA + CO_2 + Fd(red) \longrightarrow HOOC(CH_2)_3-COCOOH + CoASH - Fd(ox)$$

$$丙酮酸 + ATP + Pi \xrightarrow[\text{(光合细菌)}]{Mg^{2+}，丙酮酸磷酸二激酶} PEP + AMP + PPi$$

每循环一次，可固定 4 分子 CO_2，合成 1 分子草酰乙酸，消耗 3 分子 ATP、2 分子 NADPH 和 1 分子 $FADH_2$。这个途径存在于光合细菌和绿硫细菌中。

(3) 羟基丙酸途径　少数绿色硫细菌（*Chloroflexus*，绿弯菌属）既无卡尔文循环，也无逆向 TCA 循环途径，而是采用另外一个称为羟基丙酸途径（Hydroxypropionate

Pathway）来固定 CO_2，把 2 分子 CO_2 转变为草酰乙酸，这种途径中的电子供体是 H_2 或 H_2S。在该途径中，从乙酰 CoA 开始，羧化 1 分子 CO_2，增加 1 个碳原子，成为三碳化合物甲醛乙酰 CoA，该化合物被还原成为羟基丙酰 CoA，羟基丙酰 CoA 再一次被还原成为丙酰 CoA，然后再一次被羧化成为四碳化合物甲基丙二酰 CoA，该化合物经过还原与分子结构的异构化成为苹果酰 CoA，苹果酰 CoA 可以被裂解为乙酰 CoA 和乙醛酸，乙酰 CoA 参与下一轮 CO_2 的固定，乙醛酸则参与体内各种代谢，也可以进入甲基苹果酸循环中。反应过程见图 5-22。

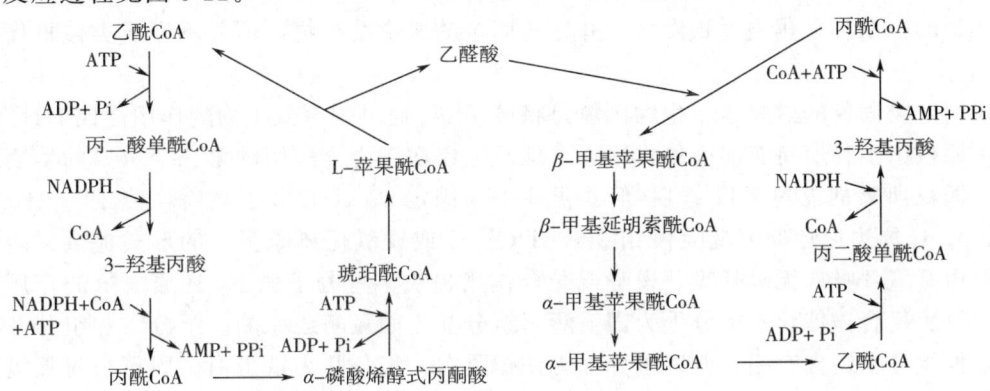

图 5-22 羟基丙酸途径固定 CO_2

甲基苹果酸循环与 3-羟基丙酸循环途径的起始物质相同，即乙酰 CoA 经过丙二酸单酰 CoA、3-羟基丙酸生成丙酰 CoA，随后丙酰 CoA 与 3-羟基丙酸循环的产物乙醛酸反应，经过一系列中间物，最终再生成乙酰 CoA 和丙酮酸，丙酮酸作为通用的结构单元参与生物合成过程。甲基苹果酸循环与 3-羟基丙酸循环不同的是，丙酰 CoA 不是继续转化为 α-甲基丙二酸单酰 CoA，而是与 3-羟基丙酸循环的产物乙醛酸反应，经过一系列中间物，最终再生成乙酰 CoA 和丙酮酸。

3-羟基丙酸途径的最终结果是将 3 分子的 CO_2 转化为 1 分子的丙酮酸，此过程需要消耗大量还原性物质以及能量。这个途径总反应式为：

$$3HCO_3^- + 6NADPH + 5ATP + 4H^+ + FAD \longrightarrow CH_3COCOOH + 6NADP^+ + 3ADP + 3Pi +$$
$$2AMP + 2PPi + H_2O + FADH_2$$

2. 氮的固定

生物固氮（Biological Nitrogen Fixation）是指生物将大气中的分子 N_2（无机）催化还原为 NH_3（有机）的过程，目前已知只有部分原核生物才可以固氮。能够固氮的微生物称为固氮微生物。固氮过程是氮分解的一个逆过程，在氮素循环中起重要作用。

所有的生命都需要氮，氮的最终来源是无机氮。尽管大气中氮气的比例占了 79%，但所有的动植物以及大多数微生物都不能利用分子态氮作为氮源。目前仅发现一些特殊类群的原核生物能够将分子态氮还原为氨，然后再由氨转化为各种细胞物质。

微生物将氮还原为氨的过程称为生物固氮。具有固氮作用的微生物近 50 个属，包括细菌、放线菌和蓝细菌。目前尚未发现真核微生物具有固氮作用。

根据固氮微生物与高等植物以及其他生物的关系，可以把它们分为三大类：自生固氮体系、共生固氮体系和联合固氮体系。

好氧自生固氮菌以固氮菌属较为重要，固氮能力较强。常见的微生物有蓝细菌、红螺菌属、克雷伯菌属、铜绿假单胞菌。厌氧自生固氮菌以巴氏固氮梭菌较为重要，但固氮能力较弱。

共生固氮菌中最为人们所熟知的根瘤菌，它与其所共生的豆科植物有严格的种属特异性。常见的微生物有根瘤菌属、满江红鱼腥蓝细菌及地衣。此外，弗兰克菌能与非豆科植物共生固氮。

联合固氮的固氮菌有生脂固氮螺菌、芽孢杆菌属、肠杆菌属、克雷伯菌属等，它们在某些作物的根系黏膜鞘内生长发育，并把所固定的氮供给植物，但并不形成类似根瘤的共生结构。

(1) 生物固氮的六要素　生物固氮是将分子 N_2 通过固氮微生物的作用形成 NH_3 的过程，为原核微生物所特有的固氮作用，是地球上仅次于光合作用的第二个重要的生物合成反应。固氮所需的能量是以 ATP 形式供应的。固定 1mol/L 分子氮需耗费 18~24mol/L 的 ATP。还原力以还原型吡啶核苷酸 NAD(P)H 或铁氧化还原蛋白的形式提供。能量与还原力由有氧呼吸、无氧呼吸、发酵或光合作用提供。将分子氮 N_2 还原成氨的作用由双组分固氮酶复合体催化。组分Ⅰ为固氮酶，组分Ⅱ为固氮酶还原酶。组分Ⅰ和组分Ⅱ都含有铁，但组分Ⅰ还含有钼，所以组分Ⅰ为铁钼蛋白，组分Ⅱ为铁蛋白。固氮酶对氧极其敏感，所以固氮需要有严格厌氧的微环境。固氮时还需要有 Mg^{2+} 的存在。

(2) 固氮酶的氢化反应　固氮酶除能催化 $N_2 \rightarrow NH_3$ 外，还具有催化 $2H^+ \rightarrow H_2$ 反应的氢酶活性。当固氮菌生活在缺 N_2 条件下时，其固氮酶可将 H^+ 全部还原成 H_2；在有 N_2 条件下，固氮酶也总是把 75% 的还原力 [H] 去还原 N_2，而把另外 25% 的还原力 [H] 以形成 H_2 的方式浪费了，但在大多数的固氮菌中，还含有另一种经典的氢酶，它能将被固氮酶浪费的分子氢重新激活，以回收一部分还原力 [H] 和 ATP。总反应式为：

$$N_2 + 8H^+ + 8e^- + n\text{ATP} \xrightarrow[\text{Mg}^{2+}]{\text{固氮酶}} NH_3 + H_2 + n\text{ADP} + n\text{Pi}$$

3. 糖类的合成

糖类是生物生命活动最重要的大分子化合物，它不仅提供生命活动的能量，而且为其他化合物的合成提供碳架。微生物在生长过程中，要不断地从简单化合物合成糖类，以构成细胞生长所需要的单糖、多糖等。糖在微生物细胞内多以多糖、糖磷酸酯、糖核苷酸的形式存在。

(1) 单糖的合成　EMP 途径是糖降解的最主要方式，在该循环中，大多数反应是可逆的。无论是自养微生物还是异养微生物，其合成单糖的途径一般都是通过 EMP 途径逆行合成 6-磷酸葡萄糖，然后再转化为其他的糖（图 5-23）。

糖异生途径是由非糖物质合成新的葡萄糖分子的过程。糖异生途径的重要物质是磷酸烯醇式丙酮酸，它是糖酵解过程中的一种中间代谢物。磷酸烯醇式丙酮酸可在不同于糖酵解途径中酶的作用下，逆向合成 6-磷酸葡萄糖。糖异生途径中所需的磷酸烯醇式丙酮酸主要由草酰乙酸脱羧而得，而草酰乙酸是三羧酸循环中的一个重要中间产物。

(2) 糖原的合成　在糖原合成中，6-磷酸葡萄糖是一个关键中间代谢物。它可通过单糖互变方式合成其他单糖。但 6-磷酸葡萄糖必须首先转化为糖核苷酸，即 UDP-葡萄糖

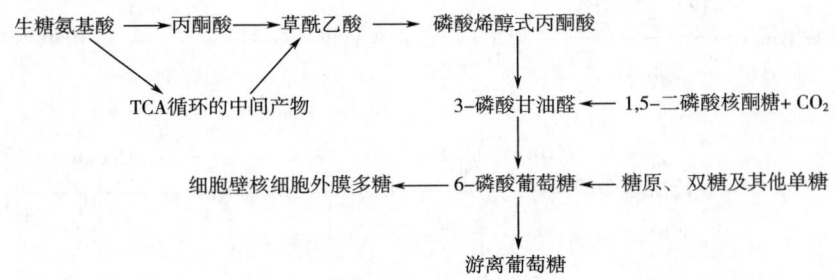

图 5-23 己糖生物合成的主要途径

(UDP 是尿嘧啶磷酸)。

$$6\text{-磷酸葡萄糖} \xrightleftharpoons{\text{变位酶}} 1\text{-磷酸葡萄糖} \xrightarrow[\text{UDP-葡萄糖焦磷酸化酶}]{\text{UTP} \quad \text{PPi}} \text{UDP-葡萄糖} \xrightarrow{\text{NAD}^+ \quad \text{NADH}} \text{UDP-葡萄糖醛酸}$$

$$\text{UDP-葡萄糖} \xrightarrow{\text{表异构酶}} \text{UDP-半乳糖}$$

在糖原合成中,通常以 UDP-葡萄糖作为起始物,逐步加到多糖链的末端,使糖链延长。

$$(\text{UDP-葡萄糖})_n + (\text{葡萄糖})_m \xrightarrow{\text{葡萄糖基转移酶}} (\text{UDP})_n + (\text{葡萄糖})_{m+n}$$

因此,糖核苷酸在微生物细胞中具有 2 种功能:①为某单糖的合成提供一种转换合成的底物;②为多糖的合成提供糖基。

(3) 肽聚糖的合成　肽聚糖的合成比较复杂,先分别在细胞质中和细胞膜中合成肽聚糖的单体,之后将单体运送到细胞膜外进行组装。最早被用来研究肽聚糖合成的微生物是金黄色葡萄球菌(S. aureus),以下这些合成反应就是在该菌中进行的,需要 20 多步反应才能完成肽聚糖的合成,一般将肽聚糖的合成分成三个阶段。

①合成肽聚糖的前体物质——"park"核苷酸:"park"核苷酸即 UDP-N-乙酰胞壁酸五肽,以其发现者 James Theodore Park 命名。此反应在细胞质中进行,分两步完成。

首先由 6-磷酸葡萄糖合成 UDP-N-乙酰葡萄糖胺和 UDP-N-乙酰胞壁酸,过程如下:

$$6\text{-磷酸葡萄糖} \rightarrow 6\text{-磷酸果糖} \rightarrow 6\text{-磷酸葡萄糖胺} \rightarrow 1\text{-磷酸葡萄糖胺}$$

$$\text{UDP-}N\text{-乙酰胞壁酸} \xleftarrow[\text{NADPH}]{\text{NADP+PPi}} \text{UDP-}N\text{-乙酰葡萄糖胺} \xleftarrow[\text{PPi}]{\text{UTP}} N\text{-乙酰葡萄糖胺-1-磷酸}$$

再由 UDP-N-乙酰胞壁酸合成 "park" 核苷酸,过程如下:

```
                    ATP   ADP+Pi                           ATP   ADP+Pi
UDP-N-乙酰胞壁酸 ─────┬────→ UDP-N-乙酰胞壁酸 ─────┬────→ UDP-N-乙酰胞壁酸
                   L-Ala                         D-Glu                   │
                                                                       L-Ala
                                                                         │
                                                                       D-Glu

                    ADP+Pi  ATP                            ADP+Pi  ATP
UDP-N-乙酰胞壁酸 ←─────┬─── UDP-N-乙酰胞壁酸 ←─────┬───
       │              D-Ala          │              L-Lys
     L-Ala                         L-Ala
       │                              │
     D-Glu                          D-Glu
       │                              │
     L-Lys                          L-Lys
       │
     D-Ala
       │
     D-Ala
```

从上述反应中可以看出，"park"核苷酸合成需要消耗大量的能量 ATP，前三个氨基酸依次加入，最后两个丙氨酸是以二肽形式加上的。由于环丝氨酸与 D-丙氨酸的结构相似，因此它可能影响 D-丙氨酰-D-丙氨酸二肽的合成，进而影响"park"核苷酸的合成。

② "park"核苷酸合成肽聚糖单体：此反应在细胞膜中进行。"park"核苷酸是亲水性的，是在细胞质中合成的，而细胞膜是疏水性的，故必须借助一个两性化合物将"park"核苷酸运至细胞膜上，承担这一运输任务的是细菌萜醇（Bactoprenol，Bcp）。细菌萜醇是一种含有 11 个异戊二烯单位的类脂载体，它可通过磷酸基与 UDP-N-乙酰胞壁酸分子的磷酸基相接，使糖的中间代谢物呈现很强的疏水性，从而能顺利通过疏水性很强的细胞膜。在细胞膜上，再连接上 N-乙酰葡萄糖胺和甘氨酸五肽，成为肽聚糖单体。

③ 合成完整的肽聚糖网络结构：此反应在膜外完成。肽聚糖单体合成后，由十一异戊烯焦磷酸运至细胞膜外。在运送过程中，会受到杆菌肽的影响。杆菌肽能与十一异戊烯焦磷酸络合，因此能抑制焦磷酸酶的作用，这样也就阻止了十一异戊烯磷酸糖基载体的再生，从而使细胞壁（肽聚糖）的合成受阻。

十一异戊烯焦磷酸将肽聚糖单体运至细胞膜外肽聚糖合成部位。在膜外的肽聚糖合成部位，一般由细胞内一种被称为自溶素（Autolysin）的酶解开已有的肽聚糖网络，形成新的结合位点，肽聚糖单体与新位点间先进行转糖基作用（Transglycosylation），使多糖链延伸一个双糖单位，紧接着再通过转肽酶（Transpeptidase）的转肽作用（Transpeptidation）使相邻的两条多糖链被甘氨酸五肽连接起来，形成纵向交联。

转糖基化作用（横向连接）：被运送到细胞膜外的肽聚糖单体必须在有细胞壁残余（至少 6~8 个肽聚糖亚单位）作引物的条件下，肽聚糖单体与引物分子间，通过转糖基作用使多糖链延伸一个双糖单位。

转肽作用（纵向连接）：转肽作用时先是 D-丙氨酰-D-丙氨酸间的肽链断裂，释放出一个 D-丙氨酰残基，然后倒数第二个 D-丙氨酸的游离羧基与相邻甘氨酸五肽的游离氨基间形成肽键而实现交联。

在转肽作用过程中，因 β-内酰胺类抗生素（青霉素、头孢霉素）是 D-丙氨酰-D-丙氨酸的结构类似物，两者相互竞争转肽酶的活性中心，可以阻断肽聚糖的纵向连接，双糖肽间的肽桥无法交联，肽聚糖就缺乏应有的强度，结果形成细胞壁缺损的细胞，在不利的渗透压环境中极易破裂而死亡。由此可见，青霉素的抑菌作用，只能是活跃生长的细菌，对处于休眠阶段的细菌几乎无作用。

4. 氨基酸的合成

微生物细胞内能合成所有的氨基酸，其生物合成主要包括氨基酸碳骨架的合成，以及氨基的结合两个方面。在氨基酸合成中，主要需要两种原料：一是氨基酸的碳架，另一个是氨基。碳架主要来源于糖代谢的各种中间产物，特别是一些酮酸。而氨的来源则比较多样化：①可能来自外界环境；②通过其他含氮化合物分解得到；③通过固氮微生物合成；④由硝酸还原作用生成氨。合成含硫氨基酸时，还需要供给硫。

有了上述的基本原料后，生物体内可能通过以下三种途径合成氨基酸。

（1）直接氨基化作用　指α-酮酸与氨直接反应形成相应的氨基酸，在生物体内普遍存在。反应式如下：

$$\alpha\text{-酮戊二酸} + NH_3 \xrightarrow[NADPH \quad NADP^+]{\text{谷氨酸脱氢酶}} \text{谷氨酸} + H_2O$$

（2）从另一氨基酸转氨基作用　在转氨酶的作用下，直接把氨基酸上的氨基转移给酮酸，使酮酸生成氨基酸，而氨基酸则生成酮酸。转氨基作用普遍存在于各种微生物内，是氨基酸合成代谢和分解代谢中极为重要的反应。其反应如下：

$$\text{谷氨酸} + \text{草酰乙酸} \xleftrightarrow{\text{转氨酶}} \alpha\text{-酮戊二酸} + \text{天冬氨酸}$$

（3）初生氨基酸的进一步转化　丙氨酸、谷氨酸、天冬氨酸和甘氨酸可以通过以上两种途径获得，这几种氨基酸是重要的初生氨基酸，以这些氨基酸为基础，经过体内一系列的生化反应可以生成其他氨基酸。例如，谷氨酸是合成脯氨酸、鸟氨酸、瓜氨酸和精氨酸的前体，天冬氨酸是合成二氨基庚二酸、赖氨酸、甲硫氨酸和苏氨酸的前体，甘氨酸是合成丝氨酸的前体，丝氨酸又是合成半胱氨酸和胱氨酸的前体。可见，除少数初生氨基酸外，大多数氨基酸都需要从初生氨基酸转化而来。根据前体的不同，可将氨基酸的合成分为以下几种形式（图5-24）。

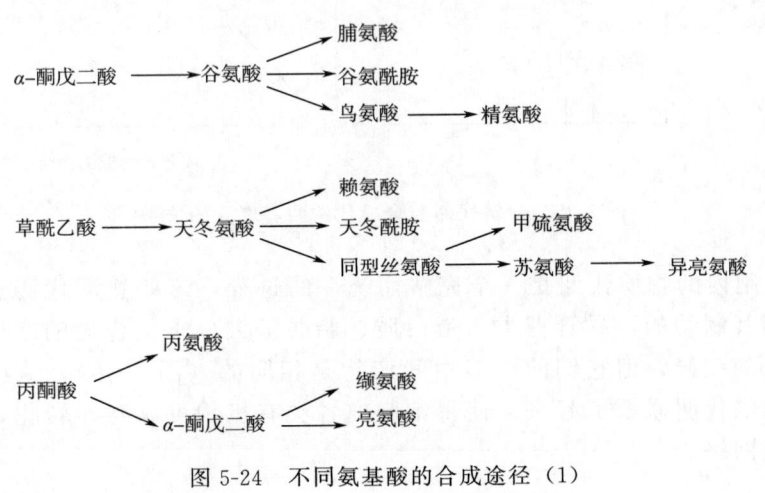

图5-24　不同氨基酸的合成途径（1）

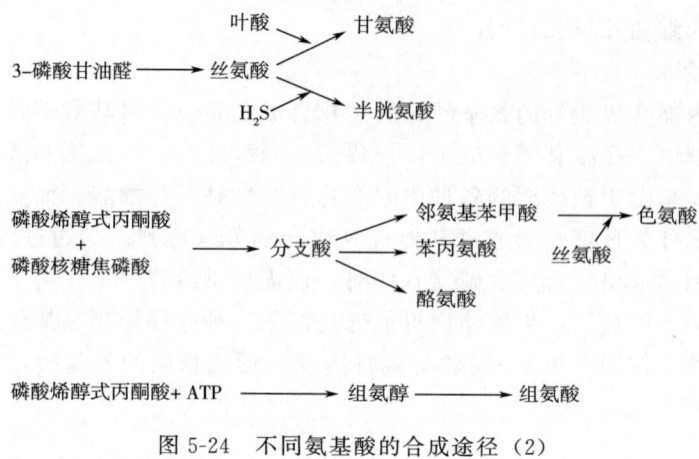

图 5-24　不同氨基酸的合成途径（2）

三、分解代谢和合成代谢的关系

代谢活动是生命的基础，代谢活动包括分解代谢与合成代谢，两者既有区别，又紧密相关（图 5-25）。分解代谢以食物大分子物质为原料，分解成为生物需要的小分子营养物，并为合成代谢提供能量及原料；合成代谢以分解代谢的小分子化合物为原料，在各种合成酶的参与下，合成生命活动所需的大分子化合物。两种代谢在生物体中耦联进行，相互对立而又统一，决定着生命的存在与发展。

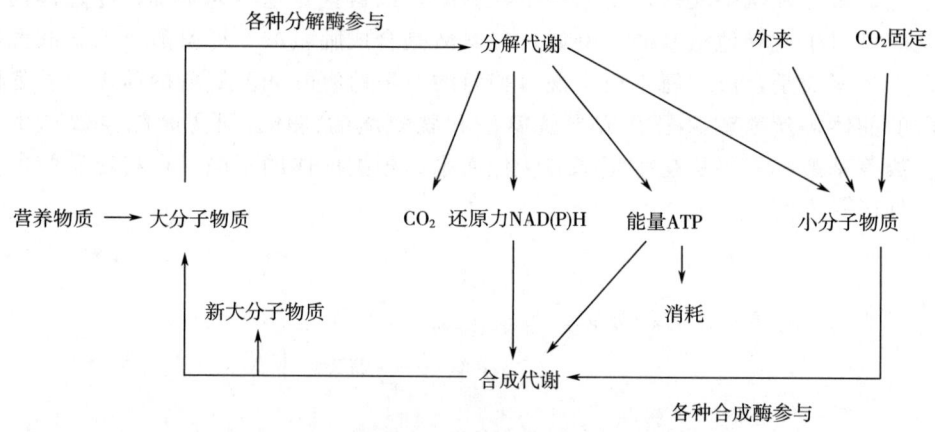

图 5-25　分解代谢与合成代谢两者之间的关系

微生物细胞内的物质代谢是一个完整而统一的过程，这些物质代谢过程是密切地相互促进和相互制约的。尽管糖类、蛋白质、脂肪等大分子化合物的结构不同，代谢途径也有很大的差异，但它们的许多中间产物是相同的（图 5-26），这些相同的代谢产物就将不同的代谢联系了起来，使得细胞内各类有机物可以互相转化，形成了一个微生物的代谢网络。

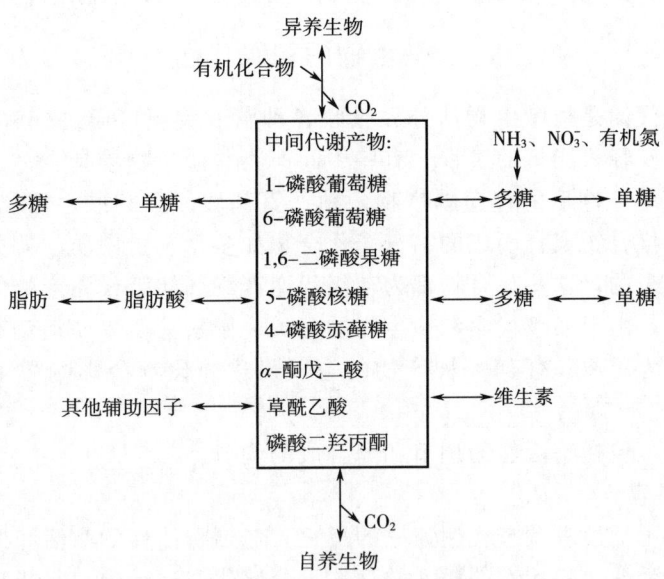

图 5-26 分解代谢和合成代谢过程中的重要中间产物

第三节 微生物的初级代谢与次级代谢

任务

1. 微生物次级代谢产物一般具备什么特点？
2. 微生物初级代谢产物与次级代谢产物的关系是什么？
3. 发酵过程中，如何提高肺炎链球菌 UDP-Glc 的产率？

微生物次级
代谢与产物

【案例】

肺炎链球菌荚膜多糖的生物合成需要其次级代谢产物核苷酸糖作为糖基供体。其中，尿嘧啶二磷酸葡萄糖（UDP-Glc）是肺炎链球菌普遍存在的、重要的糖基供体，其在肺炎链球菌中的浓度会影响荚膜多糖的产率。同时，UDP-Glc 也是体外合成多种微生物寡糖/多糖的重要糖供体。因此，在发酵过程中，提升肺炎链球菌 UDP-Glc 的浓度既是提高荚膜多糖产率的有效手段之一，也为 UDP-Glc 的分离纯化打下基础。

生物体内存在着相互联系、相互制约的代谢过程，微生物的代谢也是一样。生长和繁殖是细胞内所有反应的总和。不难想象，生物体内成千上万种代谢反应都是井然有序地进行，如果这些反应紊乱，生物的生长繁殖就受到影响或出现病变。要维持这么多的反应有序、有度地进行，生物体内的调控就显得尤为重要。生物体内的调控主要是由酶来完成的。从表型上看，培养基的成分、外界环境条件、生成的产物都具有一定的调控作用，但这些因素最终还是通过酶的作用来实现代谢调控的。

尽管微生物细胞内的代谢多种多样，但基本可以将这些代谢分为初级代谢和次级代谢两种类型，它们既有区别，又相互联系，组成了微生物体内的代谢系统。

一、微生物的初级代谢

微生物的初级代谢是指微生物从外界吸收各种营养物质，通过分解代谢和合成代谢，生成一些中间物以及释放能量的过程，有些中间产物是微生物维持生命活动所需要的，有些则是微生物在一定条件下的代谢副产物。糖、氨基酸、脂肪酸、核苷酸、酒精、乙酸、乳酸等以及由这些化合物聚合而成的高分子化合物如多糖、蛋白质、酶类和核酸等都是通过营养成分转化而来的，这些化合物都为初级代谢产物。初级代谢产物的量往往和营养成分的消耗量成正比。由于初级代谢和微生物的生长、繁殖甚至生命活动有关，所以微生物的初级代谢调节尤为重要。任何一种产物的合成发生障碍都会影响微生物正常的生命活动，甚至导致死亡。

初级代谢的调节包括酶活性的调节和酶合成的调节。

1. 酶活性的调节

通过改变酶分子活性来调节代谢速率的过程，包括酶活性的激活和抑制。

（1）酶活性的激活　酶活性的激活常存在于分解代谢途径中，是指后面的反应可被前面反应的中间产物所促进。如 1,6-二磷酸果糖可以大大提高粪链球菌（*Streptococcus faecalis*）的乳酸脱氢酶的活性。

（2）酶活性的抑制　酶活性抑制的类型较多，反馈抑制是酶活性的主要抑制方式，是指代谢途径的终产物直接抑制该途径中第一个酶的活性，减缓甚至完全抑制终产物的生成，从而避免了终产物的过多累积。反馈抑制具有作用直接、效果快速以及当末端产物浓度降低时又可快速解除抑制等优点，主要有以下几种抑制方式。

①直线式代谢途径中的反馈抑制：大肠杆菌合成异亮氨酸的第1步是苏氨酸在苏氨酸脱氨酶的作用下生成 α-酮丁酸，这一反应是限速反应，而苏氨酸脱氨酶活性可以被反应终产物异亮氨酸反馈抑制。如果反应体系中有过量异亮氨酸存在，苏氨酸脱氨酶的活性被抑制，使 α-酮丁酸及其后一系列中间代谢物都无法合成，反应终止，如图 5-27 所示。另外，谷氨酸棒杆菌利用谷氨酸合成精氨酸的途径也属于直线式反馈抑制。直线式反馈抑制是最简单的抑制类型。

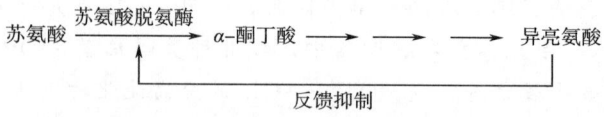

图 5-27　异亮氨酸合成途径中的反馈抑制

②分支代谢途径中的反馈抑制：所谓分支代谢是指一种底物可以经过不同的代谢路径生成不同的产物。在分支代谢途径中，反馈抑制的情况比较复杂。微生物自身具有多种调节方式来保证代谢产物的顺利合成。为避免在一个分支上的产物过多，影响另一分支上产物的供应，微生物有下列多种调节方式。

a. 同工酶调节：同工酶（Isoenzyme）是指能催化相同的生化反应，但酶蛋白分子结构有差异的一类酶。它们可以同时存在于一种生物的组织或器官里，也可以出现在真核细胞的细胞器中。在分支反应中，如果在分支点以前的一个反应是由几个同工酶同时催化的，通常几个最终产物会分别对这几个同工酶发生抑制作用。

b. 协同反馈抑制：协同反馈抑制（Concerted Feedback Inhibition）是指分支代谢途径中的几个末端产物同时过量时才能抑制共同途径中的第一个酶的活性，当某一产物单独过量时，只对生成这一产物的分支途径中的第一个酶起抑制作用。例如多黏芽孢杆菌（*Bacillus polymyxa*）在合成天冬氨酸族氨基酸时，天冬氨酸激酶受赖氨酸和苏氨酸的协同反馈抑制，如果仅苏氨酸或赖氨酸过量，则仅抑制分支途径中的第一个酶，并不抑制反应第一个酶的活性。如图 5-28 所示。

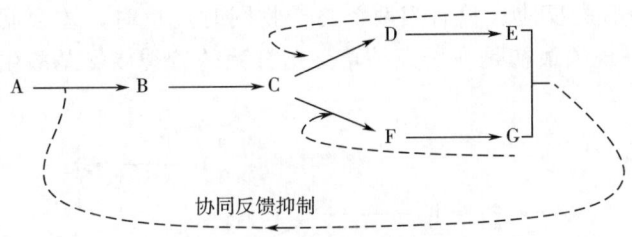

图 5-28　协同反馈抑制

c. 合作反馈抑制：合作反馈抑制（Cooperative Feedback Inhibition）又称增效反馈抑制，指两种末端产物同时存在时反馈抑制作用明显大于一种末端产物的反馈抑制作用（图 5-29），例如，AMP 和 GMP 虽可分别抑制磷酸核糖焦磷酸酶（PRPP）的活性，但两者同时存在时抑制效果却要大得多。

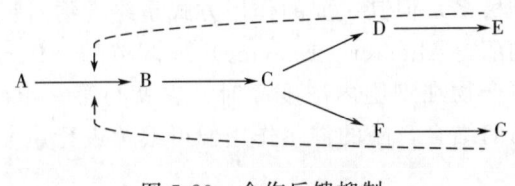

图 5-29　合作反馈抑制

d. 累积反馈抑制：每一分支途径的末端产物按一定百分比单独抑制共同途径中前面的酶，所以当几种末端产物共同存在时，它们的抑制作用是累积的，在各末端产物之间既无协同效应，也无拮抗作用（图 5-30）。例如，*E. coli* 的谷氨酰胺合成酶调节即累积反馈抑制（Cumulative Feedback Inhibition），该酶受 8 个最终产物的累积反馈抑制，只有当它们同时存在时，酶活性才被全部抑制。如色氨酸单独存在时，可抑制酶活性的 16%，CTP 相应为 14%，氨基甲酰磷酸为 13%，AMP 为 41%。这 4 种末端产物同时存在时，酶活性的抑制程度可这样计算：色氨酸先抑制 16%，剩下的 84% 又被 CTP 抑制 11.8%（即 84%×14%），留下的 72.2% 活性中又被氨基甲酰磷酸抑制 9.4%（即 72.2%×13%），还剩余 62.8%。这 62.8% 再被 AMP 抑制 25.8%（即 62.8%×41%），最后只剩下原活性的 37%。当 8 个产物同时存在时，酶活性才被全部抑制。

e. 顺序反馈抑制：在顺序反馈抑制（Sequential Feedback Inhibition）中，终产物不会对该反应的第一个酶起抑制作用，而是抑制分支点后酶的活性，造成分支点产物的过度积累，再由这个过量积累的分支点中间产物去抑制该反应第一个酶的活性。如图 5-31 所示，

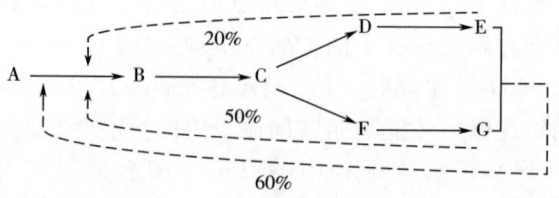

图 5-30 累积反馈抑制

当 E 过多时,可抑制 C→D 的反应,当 G 过多时,就抑制 C→F 的反应,造成 C 浓度增大,C 再去抑制 A→B 的反应。只有当两个终产物同时过量时,才会间接对反应中第一个酶起抑制作用。这一现象最初是在研究枯草芽孢杆菌的芳香族氨基酸生物合成时发现的。

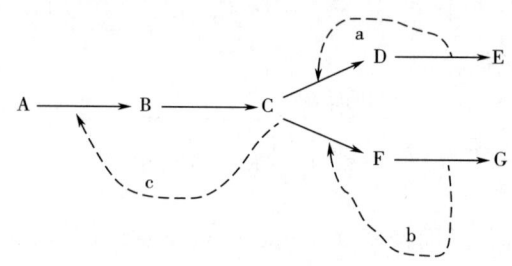

图 5-31 顺序反馈抑制
注:a,b,c 表示抑制的先后顺序。

尽管反馈抑制的类型极多,但其主要的作用方式是终产物对反应途径中第一个酶的抑制,第一个酶往往是变构酶(Allosteric Enzyme)或调节酶(Regulatory Enzyme)。这种抑制是可逆的,当代谢终产物在细胞内浓度高时,它就与第一个酶结合,降低酶的活性,当浓度低时,它就不再与酶结合,酶的催化作用便可继续进行。

2. 酶合成的调节

酶合成的调节是一种通过调节酶的合成量进而调节代谢速率的调节机制,这是一种在基因水平上(在原核生物中主要在转录水平上)的代谢调节。凡能促进酶生物合成的现象,称为诱导(Induction),而能阻碍酶生物合成的现象,则称为阻遏(Repression)。与反馈抑制调节酶活性等相比,调节酶的合成(即产酶量)而实现代谢调节的方式是一类较间接而缓慢的调节方式,其优点则是根据需求原则阻止酶的过量合成,有利于节约生物合成的原料和能量。在正常代谢途径中,酶活性调节和酶合成调节同时存在,且密切配合、协调进行。

(1)酶合成的诱导 当加入诱导物后,微生物可以同时或几乎同时诱导几种酶的合成,称为同时诱导。微生物在诱导物存在条件下,可以先合成能分解底物的酶,再依次合成分解各中间代谢物的酶,这种诱导称为顺序诱导。顺序诱导能够对复杂代谢途径进行分段调节。根据酶的生成是否需要该酶底物或其有关物,可将酶分成组成酶和诱导酶。组成酶是细胞固有的酶类,其合成受相应基因的控制,不受底物或其结构类似物的影响,例如 EMP 代谢途径中的酶都是组成酶。诱导酶则是细胞为适应外来底物或其结构类似物而合成的一类酶,例如,$E.\ coli$ 在含乳糖培养基中所产生的 β-半乳糖苷酶能促进诱导酶产生的物质称为诱导物，它可以是该酶的底物，如乳糖；也可以是难以代谢的底物类似物或是底物的前体物质，如乳糖的结构类似物硫代甲基半乳糖苷（TMG）和异丙基-β-D-硫代半乳糖苷（IPTG）。

（2）酶合成的阻遏　在微生物代谢过程中，当代谢途径中某末端产物过量时，除可用前述的反馈抑制方式来抑制该途径中关键酶的活性外，还可通过阻遏作用来阻碍代谢途径中包括关键酶在内的一系列酶的生物合成。从而更彻底地控制代谢，减少末端产物的合成。阻遏作用有利于生物体节省有限的养料和能量。阻遏的类型主要有末端代谢产物阻遏和分解代谢物阻遏两种。

①末端代谢产物阻遏：末端代谢产物阻遏（End-product Repression）指由某代谢途径末端产物的过量累积而引起的阻遏。在嘌呤、嘧啶和氨基酸的生物合成中，有关酶就受到末端产物阻遏的调节。如精氨酸的直线式生物合成途径中即存在末端产物阻遏（图5-32），这种阻遏作用的结果保证了微生物细胞内氨基酸浓度的稳定。

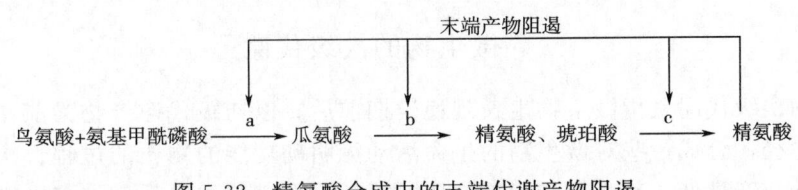

图 5-32　精氨酸合成中的末端代谢产物阻遏

注：a，b，c表示不同的酶。

②分解代谢物阻遏：分解代谢物阻遏（Catabolite Repression）指细胞内同时有两种类型的分解底物（碳源或氮源）存在时，利用快的那种分解底物会阻遏利用慢的分解底物有关酶的合成。现在已知，这种阻遏作用并不是由分解底物直接引起的，而是由中间代谢物引起的。例如将 E. coli 培养在含乳糖和葡萄糖的培养基上，该菌可优先利用葡萄糖，当葡萄糖用尽后才开始利用乳糖，导致在两个对数生长期中间产生一个短暂的生长延滞期，即"二次生长现象"，这是由于葡萄糖的分解代谢中间物对乳糖分解酶的合成有阻遏作用，这种作用又称葡萄糖效应。用山梨醇或乙酸来代替乳糖时，也有类似的结果。

微生物可以通过控制与酶合成的相关基因的开放或关闭来调节酶合成的量。诱导和阻遏都可以用操纵子理论来解释。乳糖操纵子是目前研究得最清楚的代谢调节模式。细菌的乳糖操纵子由启动子、操纵基因和结构基因组成，包括三个结构基因 lacZ、lacY 和 lacA、一个操纵基因 O（lacO）、一个启动基因 P 和一个调节基因 I。lacZ 基因编码 β-半乳糖苷酶能够将乳糖分解成葡萄糖和半乳糖，以作为细菌的碳源和能源；lacY 基因编码 β-半乳糖苷通透酶，能帮助半乳糖苷透过 E. coli 的细胞壁和原生质膜进入细胞；基因编码半乳糖苷乙酰转移酶，将乙酰辅酶 A 上的乙酰基转移到半乳糖苷上，形成乙酰半乳糖，它在乳糖利用上并非是必需的，可能具有使类似物乙酰化的解毒功能。所以，E. coli 在以乳糖为唯一碳源和能源的培养基上生长时，β-半乳糖苷酶和 β-半乳糖苷通透酶是必需的。

在缺乏乳糖等诱导物时，lacI 基因产物是一种阻遏蛋白，它结合于 lacO 基因上，这就阻止了 RNA 聚合酶与启动子的结合，抑制了结构基因进行转录。相反，当培养基中存在乳糖时，作为诱导物的乳糖与 lac 阻遏蛋白结合并改变了它的构象，结果降低了 lac 阻遏蛋白与操纵基因间的亲和力，使之不能与操纵基因 O 结合，RNA 聚合酶就可以与 $lacP$ 基因结合，从而转录 $lacZ$、$lacY$ 和 $lacA$ 基因。当诱导物耗尽后，lac 阻遏蛋白再次与操纵基因相结合，酶无法合成，同时，细胞内已转录好的 mRNA 也迅速地被核酸内切酶水解，导致细胞内酶的量急剧下降。如图 5-33 所示。

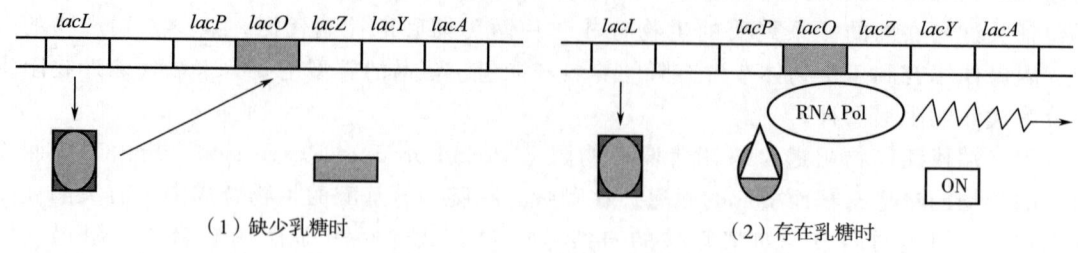

图 5-33　lac 操纵子模型

二、微生物的次级代谢

微生物的次级代谢是指微生物生长到稳定期前后，以初级代谢产物为前体物质，通过复杂的代谢途径，合成一些对微生物的生命活动无明确功能的物质的过程。次级代谢产物往往结构复杂、产量低，其产量和营养物质的消耗没有直接的关系。许多次级代谢产物具有重要的生物学效应，也具有较高的应用价值。因此，次级代谢产物的生成和应用也日益受到重视，抗生素、毒素、激素、色素等是重要的次级代谢产物。

初级代谢和次级代谢产物比较见表 5-4。

表 5-4　　　　　　　　　初级代谢和次级代谢产物比较

比较特性	初级代谢产物	次级代谢产物
对于生长繁殖是否必需	是	否
产生阶段	始终产生	生长到一定阶段后产生
菌种特异性	无	有
分布位置	细胞内	细胞内或细胞外
种类	氨基酸、核苷酸、多糖、脂类、维生素等	激素、毒素、色素、抗生素

如同初级代谢一样，微生物的次级代谢也存在调节，这种调节作用也是通过激活、抑制酶的活性或诱导、阻遏酶的合成来实现的，可能存在以下几种调节方式。

1. 初级代谢对次级代谢的调节

次级代谢产物的合成是以初级代谢产物为原料的，因此，初级代谢的活跃程度以及代谢产物的量和次级代谢有密切的关系，次级代谢必然会受到初级代谢的调节。如赖氨酸强烈抑制青霉素的合成，而赖氨酸合成的前体 α-氨基己二酸可以缓解赖氨酸的抑制作用，并能刺激青霉素的合成。这是因为 α-氨基己二酸是合成青霉素和赖氨酸的共同前体，如果赖氨酸过量，它就会抑制这个反应途径中的第一个酶，导致 α-氨基己二酸的产量减少，从而进一步影响青霉素的合成。

2. 分解代谢产物的调节

在菌体快速生长阶段，碳源的分解物能够阻遏次级代谢酶系的合成，因此，当碳源被消耗完之后，这种阻遏作用就自动解除，微生物才开始次级代谢，合成次级代谢产物，如葡萄糖分解物能阻遏青霉素环化酶的合成，使它不能把 α-氨基己二酸-半胱氨酸-缬氨酸三肽转化为青霉素 G。

3. 诱导作用及终产物的反馈抑制

在次级代谢中也存在着诱导作用。例如，巴比妥虽不是利福霉素的前体，但具有促使将利福霉素 SV 转化为利福霉素 B 的作用。同样，次级代谢终产物的过量积累也能像初级代谢那样，反馈抑制其酶的活性。如用委内瑞拉链霉菌（S. venezuelae）生产氯霉素时，芳香氨合成酶受到终产物氯霉素的反馈抑制，其活性下降，影响氯霉素的生物合成。

此外，培养基中的磷酸盐、溶解氧、金属离子及细胞膜透性也会对次级代谢产生或多或少的影响。

三、微生物初级代谢和次级代谢的关系

1. 概念不同

在微生物的新陈代谢中，一般将微生物从外界吸收各种营养物质，通过分解代谢和合成代谢，生成维持生命活动的物质和能量的过程，称为初级代谢。而次级代谢是相对于初级代谢而提出的一个概念。一般认为，次级代谢是指微生物在一定的生长时期，以初级代谢产物为前体，合成一些对微生物的生命活动无明确功能的物质的过程。

2. 产物不同

初级代谢的产物有单糖或单糖衍生物、核苷酸、维生素、氨基酸、脂肪酸等单体以及由它们组成的各种大分子聚合物，如蛋白质、核酸、多糖、脂质等生命必需物质。

通过次级代谢合成的产物称为次级代谢产物，大多是分子结构比较复杂的化合物。根据其作用，可将其分为抗生素、激素、生物碱、毒素等类型。

次级代谢产物可积累在细胞内，但通常都分泌到细胞外，有些与机体的分化有一定的关系，并在同其他生物的生存竞争中起着重要的作用。

3. 存在范围不同

初级代谢的代谢系统、代谢途径和代谢产物在各类生物中都基本相同，它是一类普遍存在于各类微生物中的基本代谢类型。

次级代谢只存在于某些微生物中，并且代谢途径和代谢产物因生物不同而不同，就是同种生物也会由于培养条件不同而产生不同的次级代谢产物。

4. 对微生物的作用不同

通过初级代谢，能使营养物质转化为结构物质、具生理活性物质或为生长提供能量，因此初级代谢产物通常都是机体生存必不可少的物质，只要在这些物质的合成过程的某个环节上发生障碍，轻则引起生长停止，重则导致机体发生突变或死亡，是一种基本代谢类型。

次级代谢产物一般对菌体自身的生命活动无明确功能，不参与细胞结构组成，也不是酶活性必需的，不是机体生长与繁殖所必需的物质，即使在次级代谢的某个环节上发生障

碍，也不会导致机体生长的停止或死亡，至多只是影响机体合成某种次级代谢产物的能力。但许多次级代谢产物通常对人类和国民经济的发展有重要作用。

5. 同微生物生长过程的关系

初级代谢自始至终存在于生活的菌体中，同菌体的生长过程呈平行关系，只有微生物大量生长，才能积累大量初级代谢产物。次级代谢则是在菌体生长到一定时期内（通常是微生物的对数生长期末期或稳定期）产生的，它与机体的生长不呈平行关系，一般可明显地表现为菌体的生长期和次级代谢产物形成期两个不同的时期。

6. 对环境条件的敏感性或遗传稳定性上明显不同

初级代谢产物对环境条件的变化敏感性小（即遗传稳定性大），而次级代谢产物对环境条件变化很敏感，其产物的合成往往因环境条件变化而停止。

7. 相关酶的专一性不同

相对来说，催化初级代谢产物合成的酶专一性强，催化次级代谢产物合成的某些酶专一性不强，因此在某种次级代谢产物合成的培养基中加入不同的前体物质时，往往可以导致机体合成不同类型的次级代谢产物。

另外，催化次级代谢产物合成的酶往往是一些诱导酶，它们是在菌体对数生长末期或稳定生长期里，由于某种中间代谢产物积累而诱导机体合成的一种能催化次级代谢产物合成的酶，这些酶通常因环境条件变化而不能合成。

8. 两者既有区别性又有连续性

在微生物的新陈代谢中，先产生初级代谢产物，后产生次级代谢产物。初级代谢是次级代谢的基础，它可以为次级代谢产物合成提供前体物质和所需要的能量；初级代谢产物合成中的关键性中间体也是次级代谢产物合成的重要中间体物质，比如糖降解过程中乙酰 CoA 是合成四环素、红霉素的前体；在菌体生长阶段，被快速利用的碳源的分解物阻遏了次级代谢酶系的合成；因此，只有在对数后期或稳定期，这类碳源被消耗完之后，解除阻遏作用，次级代谢产物才能得以合成。

而次级代谢则是初级代谢在特定条件下的继续与发展，可避免初级代谢过程中某种（或某些）中间体或产物过量积累对机体产生的毒害作用。

第四节　微生物的代谢调控与发酵生产

任务

1. 从代谢调控角度出发，提升肺炎链球菌糖基转移酶表达量和活性的方法有哪些？
2. 从代谢调控育种的角度出发，提升肺炎链球菌荚膜多糖产率的方法有哪些？

【案例】

肺炎链球菌荚膜多糖的生物合成受到多种酶、糖供体、糖受体等因素的影响。其中，糖基转移酶是荚膜多糖生物合成的关键酶，该类酶的表达量和活性显著影响荚膜多糖的产率。糖基转移酶的表达量和活性受到发酵条件的影响，比如发酵温度、pH、含氧量等以及培养基中阻遏物、抑制剂、激动剂的浓度。因此，在肺炎链球菌发酵过程中，既要考虑提升菌体的生物量，又要考虑糖基转移酶的表达量和活性，以期获得高产率的荚膜多糖。

微生物在正常条件下的代谢过程中，各种调节控制措施使代谢经济而高效地运转，代谢产物不会过量积累，也不会过多消耗能源，这种代谢对微生物而言最经济，但却远远不能满足人类的需要。在实际生产中，常常人为地打破微生物细胞内的自动代谢调节机制，使代谢的某一中间产物大量积累，这就是所谓的代谢调控。这种人为控制代谢、控制微生物发酵途径、提高发酵产率的方法，因目的代谢产物不同，所采用的方法和途径也各有差异，归纳起来，主要是改变微生物遗传特性和控制发酵条件，目的都在于解除（或加强）微生物的调控机制，获得更多人类需要的代谢产物，但改变微生物遗传特性往往是控制代谢的更有效途径。

一、改变微生物的遗传特性进行发酵生产

改变微生物的遗传特性将会影响细胞原有的代谢调控机制，有可能使某一产物大量积累，满足人们的需求。常用的方法是选育营养缺陷型菌株、解除终产物的反馈抑制和反馈阻遏作用，或选育抗反馈调节突变株，使细胞内的合成酶不受过量终产物的影响，从而提高某一产物的量。

1. 利用营养缺陷型菌株

对于营养缺陷型菌株，由于发生基因突变，导致代谢途径中某一步反应不能正常进行，因此在直线式的代谢途径中，只能累积中间代谢产物而不能累积末端代谢产物，在分支代谢途径中，可以累积另一分支途径的末端代谢产物，人们正是利用这一特性，使微生物大量积累一种末端产物。在氨基酸发酵生产中，多数利用营养缺陷型菌株。例如赖氨酸是通过分支途径合成的，它的前体是天冬氨酸。天冬氨酸先经天冬氨酸激酶催化，生成天冬氨酰磷酸，再经一系列反应，最后合成三种产物：苏氨酸、甲硫氨酸和赖氨酸。其中苏氨酸和赖氨酸协同反馈抑制共同途径的第一个酶——天冬氨酸激酶的活性。高丝氨酸缺陷型菌株谷氨酸棒杆菌（*Corynebacterium glutamicum*）高丝氨酸脱氢酶的活性很低，基本丧失了合成高丝氨酸的能力，也就不能合成苏氨酸，从而解除了苏氨酸对天冬氨酸激酶的协同反馈抑制，这样就能大量合成赖氨酸（图 5-34）。

渗漏缺陷型（Leaky Mutant）是一种不完全遗传障碍营养缺陷型，能自己合成微量的某一代谢终产物，但达不到反馈调节的浓度，所以不会造成反馈抑制而影响中间代谢产物的积累。与营养缺陷型不同的是，不需外源添加所缺的物质。

2. 利用抗反馈调节突变株

这类突变株也是由于相关基因发生突变而导致细菌不再受正常反馈调节作用的影响，对反馈抑制不敏感，或对反馈阻遏有抗性，从而大量合成终产物。

已知将微生物生长时常需要的一些代谢物的结构类似物加入培养基中，这些结构类似物能和正常代谢物竞争性地与阻遏物及变构酶结合，使有关酶的合成不可逆地停止，从而使某一产物的浓度降低。但如果细胞的变构酶基因或是调节基因发生突变，使变构部位或者阻遏蛋白不能再与代谢产物（结构类似物）结合，那么，正常代谢的终产物不能与结构发生改变的变构酶或阻遏物相结合，这种酶一直合成，导致细胞中大量积累终产物。如钝

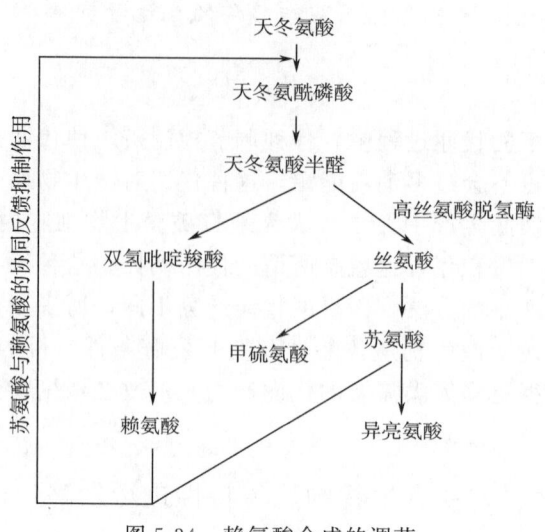

图 5-34 赖氨酸合成的调节

齿棒杆菌（*Corynebacterium crenatum*）在含苏氨酸和异亮氨酸的结构类似物 α-氨基-羟基戊酸（AHV）的培养基中培养时，由于 AHV 可以干扰该菌关键酶的合成，故影响正常生长。如果采用诱变获得抗 AHV 突变株进行发酵，就能分泌较多的苏氨酸和异亮氨酸，使得苏氨酸和异亮氨酸大量积累。

3. 利用组成型突变体

没有诱导物时仍能正常地合成诱导酶的突变体称为组成型突变体。酶合成不依赖诱导物时，调节基因可能发生了某些突变，不能合成有活性的阻遏蛋白，或是操纵基因发生突变，使结构基因的转录不受控制，酶的生成将不再需要诱导剂或不再被末端产物或分解代谢物阻遏。组成型突变体的筛选方法有多种：一种方法是在恒化器中加入限量浓度的诱导物，连续培养细菌（恒化器的概念参见第六章第一节）；另一种方法是使用某种不能作为诱导剂的化合物作为碳源，用来培养经受诱变的细胞，只有组成型突变体才可以在此条件下生长。例如，在乙硫氨酸中分离出的突变体可使硫醚合成酶（甲硫氨酸合成中的一种酶）含量增加 120 倍。

二、控制细胞膜的渗透性

微生物的细胞膜对于细胞内外物质的运输具有高度的选择性。代谢产物常常以很高的浓度积累在细胞膜内，并通过反馈阻遏限制了它们进一步的合成。如果采取一些生理学或遗传学的手段，改变细胞膜的透性，使细胞内的代谢产物迅速渗漏到细胞外，从而降低细胞内代谢物的浓度，解除末端产物的反馈抑制作用，可以提高发酵产物的产量。

一般可通过限制与细胞膜成分合成有关的营养因子的浓度而提高细胞膜的透性。生物素是脂肪酸生物合成中的辅酶，而脂肪酸是合成细胞膜磷脂的主要成分，因此控制生物素的含量就可以改变细胞膜的透性。例如，在谷氨酸发酵中，如果将生物素浓度控制在亚适量，可以增加谷氨酸棒杆菌细胞膜的通透性，使谷氨酸不断地分泌到细胞外，提高谷氨酸产量。当培养液中生物素含量很高时，添加适量的青霉素也可以提高谷氨酸的产量，其原因是青霉素可抑制细菌细胞壁肽聚糖合成中转肽酶的活性，造成细胞壁的缺损。

三、控制发酵条件

菌种的生理特性对于目的产物的生成是关键因素,但是发酵条件,如基质成分及其浓度、温度、pH、溶解氧等的控制也极大地影响代谢产物的产量。

生物合成酶往往受终产物阻遏,通过限制终产物(辅助阻遏物)在胞内积累,可使酶产量明显增加。最有效的方法是控制营养缺陷型菌株所需物质的补加量,使菌体细胞处于半饥饿状态,可提高中间物或终产物的浓度。例如,在鸟氨酸发酵中限量添加瓜氨酸,赖氨酸发酵中限量添加高丝氨酸,可以相应提高鸟氨酸和赖氨酸的产量。如果所需物质添加量过多,由于酶的缺失引起的代谢障碍就会消失,菌体进行正常的增殖,而不积累所需的产物。因此,营养缺陷型菌株的生长阶段与发酵阶段对所缺陷的生长因子的需求量是不同的,因菌种与培养条件而异。

工业生产的酶大多受分解阻遏或分解抑制的控制,因此在培养基中避免使用可阻遏的碳源(或氮源),将可大大促进对分解阻遏敏感的酶的生产。还可采用各种加料方法来限制生长速率,使酶产量大幅度提高。例如,采用缓慢流加葡萄糖的方法,可使荧光假单胞菌纤维素酶的产量增加 200 倍。

另外还可以使用混合碳源,即碳源中一部分是易被快速利用的,有助于菌体的生长;另一部分是缓慢被利用的,有利于产物的合成。例如,青霉素发酵采用葡萄糖和乳糖以适当比例组合的混合碳源进行生产,可大大提高青霉素的产量。

在培养基中添加产物的前体物质,绕过反馈阻遏,也可提高某些代谢产物的产量。例如,由异常汉逊酵母($H.anomala$)进行色氨酸发酵时,过量的色氨酸对 3-脱氧-2-酮-D-阿拉伯庚酮糖酸合成酶有反馈抑制作用。如果往培养基中加入直接参与色氨酸合成反应,但不经过 3-脱氧-2-酮-D-阿拉伯庚酮糖-7-磷酸阶段的邻氨基苯甲酸,则可以不再受过量色氨酸的影响,使色氨酸得以不断合成。

第五节 厌氧发酵产物积累机制

一、糖酵解途径的特点及调节机制

1. 糖酵解途径的特点

糖酵解途径是葡萄糖经 EMP 途径分解形成丙酮酸,总的反应如下式所示:

$$C_6H_{12}O_6+2ADP+2Pi+2NAD—2CH_3COCOOH+2ATP+2NADH$$

所生成的丙酮酸在不同微生物体内、不同条件下生成不同的代谢产物。糖酵解途径归纳起来有以下特点:

(1) 糖酵解途径广泛存在于各种细胞内,它的任何一个反应均不需要氧。

(2) 糖酵解可分为以下两个阶段

①准备阶段:从葡萄糖生成 6-磷酸葡萄糖至 1,6-二磷酸果糖,再变成 3-磷酸甘油醛,即由六碳糖变成三碳糖,消耗 2 分子 ATP。

②第二阶段:从三碳糖开始生成丙酮酸,产生 4 分子 ATP,而丙酮酸的去路则因有机体和环境条件不同而不同。

(3) 糖酵解过程有 10 步反应，每一步都由酶催化进行，这些酶除烯醇化酶和丙酮酸脱羧酶外，可分为激酶 (Kinases)、变位酶 (Mutases)、异构酶 (Isomerases) 和脱氢酶 (Dehydrogenase) 四类。

(4) 其他糖类作为碳源和能源时，先通过少数几步反应转化为葡萄糖或糖酵解的中间产物，这和从葡萄糖合成细胞基体的标准反应序列是同样有效的，不必修改。

(5) 辅酶的均衡——丙酮酸的不同去路 在糖酵解中，3-磷酸甘油醛受 3-磷酸甘油醛脱氢酶作用，氧化生成 1,3-二磷酸甘油酸时，脱下的氢被 NAD^+ 接收生成 $NADH+H^+$，而要使反应继续下去，就要使 $NADH+H^+$ 再氧化成 NAD^+。在不同的机体和不同条件下，H 的受体不同，因此丙酮酸的去路也不同。

糖代谢生成丙酮酸还有 HMP 途径、ED 途径、PPK 途径（磷酸戊糖酮解途径）、磷酸己糖酮解途径等 EMP 变异途径，这些途径是自然界进化过程中生物为适应不同环境进化而来，这也形成了自然界生物多样性。

在无氧条件下，丙酮酸主要发生如下变化：①在乳酸菌中，受乳酸脱氢酶的作用，丙酮酸作为受氢体而被还原为乳酸，即同型乳酸发酵；②在酵母中，在丙酮酸脱羧酶作用下，丙酮酸脱羧生成乙醛，后者在乙醇脱氢酶的作用下，乙醛作为受氢体被还原成乙醇，即酒精发酵；③在梭状芽孢杆菌中，丙酮酸脱羧生成乙酰 CoA，之后经一系列变化生成丁酰 CoA、丁醛，两者作为受氢体被还原为丁醇，生成物还有丙酮、乙醇，称为丙酮-丁醇发酵，见图 5-35。

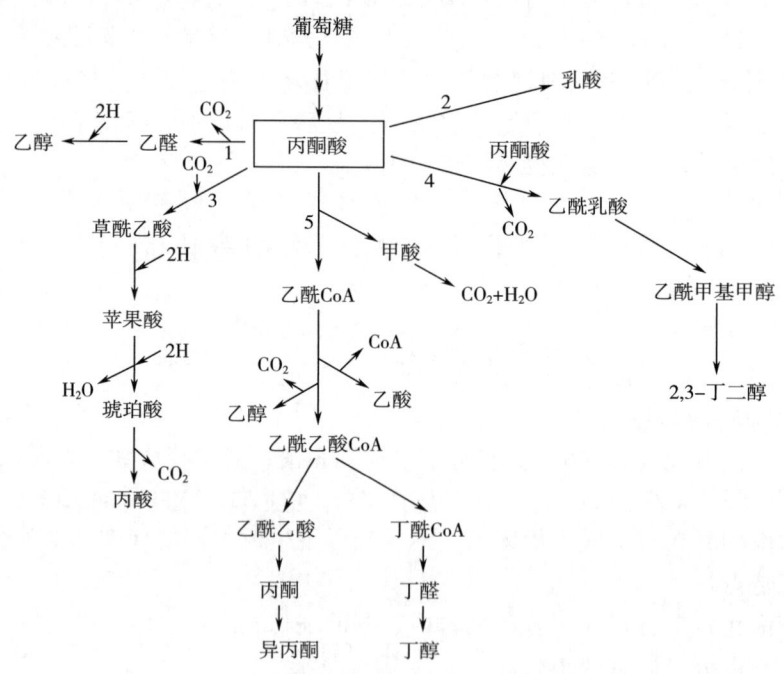

图 5-35 微生物厌氧发酵类型及主要产物
1—乙醇发酵（酵母） 2—乳酸发酵（乳酸、链球菌、乳酸杆菌） 3—丙酸发酵（丙酸菌）
4—混合酸发酵（大肠杆菌） 5—丁酸发酵（梭状芽孢杆菌）

2. 糖酵解的调节机制

糖酵解和糖新生的主要调节作用的调节点主要在三个激酶，即己糖激酶、磷酸果糖激酶和丙酮酸激酶。它们是糖酵解途径中的关键酶，是糖酵解途径的三个不可逆步骤，只参与糖酵解，不参与糖新生，在糖新生中由别的酶起催化作用。这些酶有它们的调控因子，它们的作用是将糖酵解途径组成一个整体，以维持有机体的功能。

糖代谢的调节主要是能荷的调节，就是受细胞内能量水平的控制。在生物体内 ATP 和 ADP 是有一定比例的，在细胞内维持一定的能荷，才能对糖酵解进行有效调节。当体系中 ATP 含量高时，ATP 抑制磷酸果糖激酶和丙酮酸激酶的活性，使酵解速度变慢，酵解产物减少。当需能反应加强，ATP 分解为 ADP 和 AMP，ATP 减少，ADP、AMP 增加，ATP 的抑制作用被解除，同时 ADP、AMP 激活己糖激酶和磷酸果糖激酶，使 6-磷酸葡萄糖、1,6-二磷酸果糖、3-磷酸甘油醛含量增加，它们都是丙酮酸激酶的激活剂，使糖酵解速度加快。无机磷也是糖酵解的调节物质，它解除 6-磷酸葡萄糖对己糖激酶的抑制，使更多的葡萄糖酵解。柠檬酸、脂肪酸和乙酰 CoA 对糖酵解系统也有调控作用。

二、酒精发酵机制

（一）乙醇生成机制

在酵母菌细胞内，葡萄糖经酵解途径生成丙酮酸，在无氧条件下，由丙酮酸脱羧酶催化丙酮酸脱羧生成乙醛，反应如下：

$$丙酮酸 \xrightleftharpoons{丙酮酸脱羧酶} 乙醛 + CO_2$$

丙酮酸脱羧酶需要焦磷酸硫胺素为辅酶，并需要 Mg^+，所生成的乙醛在乙醇脱氢酶的作用下成为受氢体，被还原成乙醇，反应如下：

$$乙醛 \xrightleftharpoons{NADH+H^+ \quad NADH^+} 乙醇$$

由葡萄糖生成乙醇的总反应式为：

$$C_6H_{12}O_6 + 2ADP + 2H_3PO_4 \longrightarrow 2CH_3CH_2OH + 2CO_2 + 2ATP + 104.600 kJ$$

由 1mol 葡萄糖生成 2mol 乙醇的理论转化率为：

$$(2 \times 46.05 \div 180.16) \times 100\% \approx 51.1\%$$

式中 46.05 为乙醇的相对分子质量，180.16 为葡萄糖的相对分子质量。但是，在实际生产中约有 5% 的葡萄糖用于合成酵母细胞和副产物，乙醇生成量约为理论值的 95%，则乙醇对糖的转化率约为 48.5%。

（二）巴斯德效应

在有氧条件下酵母发酵能力降低，这个事实很早就被巴斯德发现，称为巴斯德效应。巴斯德效应与其说是乙醇的积累在有氧条件下减少，不如说是细胞内糖代谢降低。这种现象不仅在酵母中，在具有呼吸和发酵能力的细胞中一般普遍存在。

关于巴斯德效应的机制，很早就提出了许多学说。现已证实，第一个调节点是磷酸果糖激酶，此酶是变构酶，它受 ATP、柠檬酸及其他高能化合物抑制，被 AMP、ADP 激活。在有氧条件下，糖代谢进入三羧酸循环，产生柠檬酸等，并通过氧化磷酸化生成大量 ATP，细胞内柠檬酸生成量增加，反馈阻遏磷酸果糖激酶的合成，这种阻遏作用由于 ATP 的存在而加强，同时 ATP 反馈抑制此酶的活性。由于磷酸果糖激酶受抑制，导致

6-磷酸果糖积累,当反应 6-磷酸葡萄糖→6-磷酸果糖达平衡时,醛糖与酮糖的物质的量之比为 7:3,导致 6-磷酸葡萄糖积累。在酵母中,6-磷酸葡萄糖反馈抑制己糖激酶,抑制葡萄糖进入细胞内,最终导致葡萄糖利用率降低。

同时,在有氧条件下,丙酮酸激酶的活性降低,此酶受磷酸果糖激酶催化生成的1,6-二磷酸果糖的激活,因此,丙酮酸激酶活性降低也是磷酸果糖激酶活性降低所致。丙酮酸激酶活性降低,导致磷酸烯醇式丙酮酸积累,后者反馈抑制己糖激酶的活性,从而也降低了糖的酵解速率。

(三)酒精发酵副产物的生成

在酒精发酵中,主要产物是乙醇和 CO_2,但也伴随着生成 40 多种副产物,主要是醇、醛、酸和酯等。副产物的生成一方面消耗糖分,另一方面影响产品的质量。

1. 杂醇油的生成

杂醇油是碳原子数大于 2 的脂肪族醇类的统称,主要由正丙醇、异丁醇(2-甲基-1-丙醇)、异戊醇(3-甲基-1-丁醇)和活性戊醇(2-甲基-1-丁醇)组成。这些高级醇是构成酒类风味的重要组成物质,量虽少,但影响很大,当其过量时会影响产品质量,在酒类产品中列为质量指标之一,应予以控制。同时,高级醇的生成会消耗碳源而降低乙醇的生成率。

(1)酒精发酵中高级醇形成的途径

①氨基酸氧化脱氨作用:根据对啤酒酵母无细胞抽出液的研究,分析氨基酸形成高级醇的机理,提出如图 5-36 所示途径。

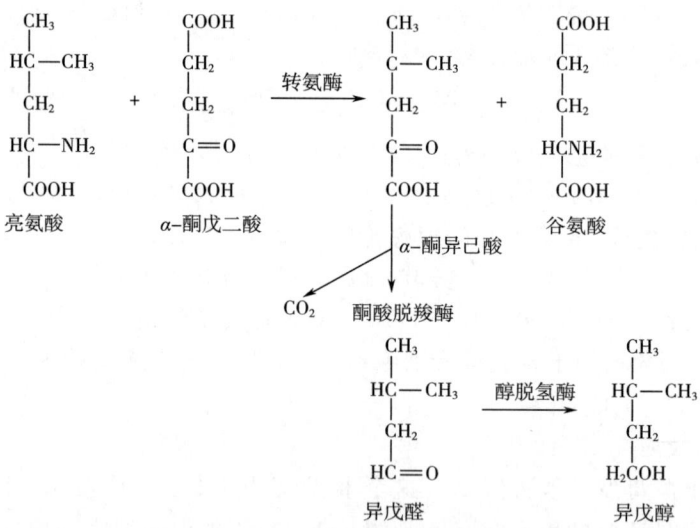

图 5-36 氨基酸氧化脱氨作用途径

试验证明,转氨基是在 α-酮戊二酸间进行。同时证明了在天冬氨酸、异亮氨酸、缬氨酸、甲硫氨酸、苯丙氨酸、色氨酸、酪氨酸等中均有此转氨基作用。根据此机制可知,由缬氨酸产生异丁醇,异亮氨酸产生活性戊醇,酪氨酸产生酪醇,苯丙氨酸产生苯乙醇等。

②由葡萄糖直接生成：酵母通过糖代谢生成的中间产物α-酮酸（碳原子数较少的）与活性乙醛缩合，再经过还原、异构、脱水作用形成相应的α-酮酸（碳原子数较多的），此α-酮酸脱羧形成少一个碳原子的高级醇，或者此α-酮酸经加氨形成缬氨酸、亮氨酸和异亮氨酸等，再进一步生成相应的醇。

由糖代谢生成的合成代谢途径如图 5-37 所示。

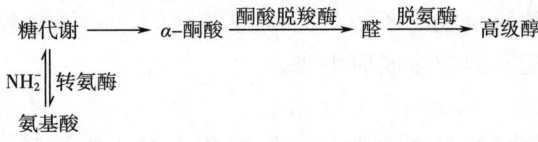

图 5-37　糖代谢生成的合成代谢途径

例如，啤酒发酵中高级醇 75% 来自糖代谢，25% 来自氨基酸脱羧还原。正丙醇、异丁醇、异戊醇生成的糖代谢途径和氨基酸代谢途径如图 5-38 所示，其中异戊醇含量通常占啤酒总高级醇的 50%。

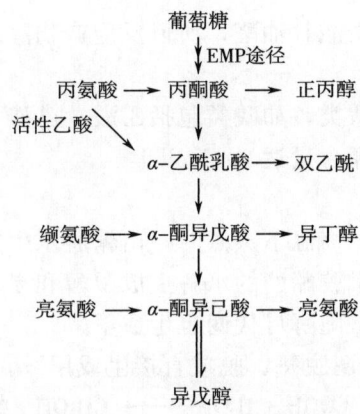

图 5-38　高级醇生成途径简图

③正丙醇的形成：正丙醇的形成是由苏氨酸在苏氨酸脱水酶的作用下生成α-氨基-2-丁烯酸，经脱氨生成α-丁酮酸，经脱羧生成醛再还原生成正丙醇。

（2）影响杂醇油形成的条件　在酿酒过程中，影响杂醇油生成的因素主要是酵母菌种、培养基组成和发酵条件。

①菌种：在相同条件下，不同菌种的杂醇油生成量相差很大。如啤酒酵母，有些杂醇油生成量为 40mg/L，有些则高达 200mg/L。酵母的杂醇油生成量与醇脱氢酶的活性关系密切，该酶活性高，杂醇油生成量大。但采用缺少支链氨基酸的含氨基酸转移酶基因的工程菌株或者选育支链氨基酸（亮氨酸或异亮氨酸）营养缺陷型突变菌株都可显著降低总高级醇的产量。

②培养基组成：培养基中由于分支链氨基酸（亮氨酸、异亮氨酸、缬氨酸）的存在，通过埃利希反应会增加相应的高级醇（异戊醇、活性戊醇和异丁醇）的生成量。

有试验发现，培养基中氮水平高，则形成杂醇油量少，杂醇油总形成量因氮水平高而降低。因为杂醇油的形成与酮酸溢流机理有关,酵母为自身的生长将葡萄糖降解为酮酸,在缺少氮源的条件下,酮酸无法转变成氨基酸而积累,过量的酮酸经脱羧、还原而生成少一个碳原子的高级醇;当无机氮源丰富时,所生成的酮酸就转变成相应的氨基酸,用于合成蛋白质,使酮酸的量减少。杂醇油的形成也与原料中蛋白质的氨基酸组成有关。例如,玉米蛋白质中异亮氨酸、亮氨酸含量高,因此玉米醪的异戊醇和活性戊醇含量比麦芽醪高。可见,原料组成不同,对发酵产品质量有影响。

③发酵条件:高级醇的生成与乙醇的生成是平行的,一般发酵温度高,乙醇生成快,高级醇的生成量也大,随乙醇的生成而生成。

2. 琥珀酸的生成

琥珀酸的生成与谷氨酸的存在有关。在发酵醪中加入谷氨酸时,可增加琥珀酸的产量。其总反应式如下:

$$C_6H_{12}O_6 + HOOC(CH_2)_2CH(NH_2)COOH + 2H_2O \longrightarrow$$
$$HOOC(CH_2)_2COOH + 2CH_2OHCH(OH)CH_2OH + CO_2 + NH_3$$

在此反应中由于受氢体是磷酸甘油醛,所以反应产物除琥珀酸外,还有甘油。

3. 酯类的生成

由于发酵产物中有醇类和酸类,如酸类包括乙酸、己酸等,因此醇与酸经酯化反应生成各种酯类,这使中国白酒总酯含量达 2g/L 以上。

4. 糠醛、甲醇等的生成

糠醛是采用淀粉原料在高压高温下蒸煮时,由糖脱水生成的。

甲醇是原料中的果胶质受果胶酯酶的水解生成甲醇和果胶酸,随着加压、加热也能使果胶分解出甲醇。另外,甘氨酸随酵母代谢也生成甲醇。

(1) 甘氨酸(Gly)可经代谢脱氨、脱羧直接生成甲醇,反应式为:

$$NH_2CH_2-COOH + H_2O \longrightarrow CH_3OH + NH_3 + CO_2$$

(2) 甘氨酸也可经甘氨酸脱羧酶的作用生成甲胺,甲胺再与亚硝酸反应生成甲醇,反应式为:

$$H_2N-CH_2-COOH \xrightarrow{\text{甘氨酸脱羧酶}} CH_3NH_2 + CO_2$$
$$CH_3NH_2 + HNO_2 \longrightarrow CH_3OH + N_2 + H_2O$$

三、乳酸发酵机制

乳酸发酵有同型乳酸发酵和异型乳酸发酵两种类型。前者的发酵产物只有乳酸,后者的产物中除乳酸外,还有乙醇和 CO_2。两者的发酵菌种不同,发酵机制也不同。

1. 同型乳酸发酵

同型乳酸发酵是乳酸菌利用葡萄糖经酵解途径生成丙酮酸。由于大多数乳酸菌不具有脱羧酶,因此,丙酮酸不能脱羧生成乙醛,而在乳酸脱氢酶的催化下(需要还原型辅酶Ⅰ),丙酮酸作为受氢体被还原为乳酸,如图 5-39 所示。

根据这一途径,由葡萄糖合成乳酸的总反应式为:

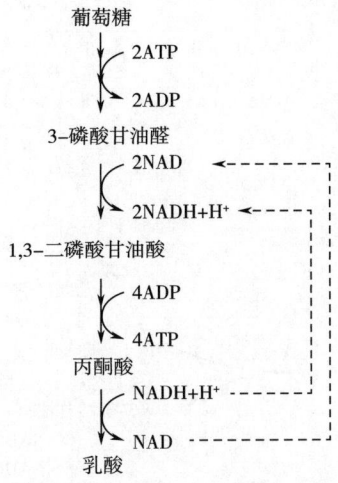

图 5-39 同型乳酸发酵

$$C_6H_{12}O_6 + 2ADP + 2H_3PO_4 \longrightarrow 2CH_3CHOHCOOH + 2ATP + 135.56kJ$$

则 1mol 葡萄糖生成 2mol 乳酸的理论转化率为：

$$(90 \times 2 \div 180) \times 100\% = 100\%$$

进行同型乳酸发酵的细菌主要有：乳酸链球菌（*Streptococcus lactis*）、酪乳杆菌（*Lac. Casei*）、保加利亚乳杆菌（*Lac. bulgaricus*）、德氏乳杆菌（*Lac. delbrueckii*）等。

2. 异型乳酸发酵

异型乳酸发酵除生成乳酸外，还生成 CO_2 和乙醇或乙酸，其生物合成途径有两种。

（1）6-磷酸葡萄糖酸途径　葡萄糖经 6-磷酸葡萄糖酸生成 5-磷酸核酮糖，再经差向异构作用生成 5-磷酸木酮糖。后者经磷酸酮解酶催化，分解为 3-磷酸甘油醛和乙酰磷酸。乙酰磷酸经磷酸转乙酰酶作用变为乙酰 CoA，再经乙醛脱氢酶和醇脱氢酶的作用生成乙醇。而 3-磷酸甘油醛经 EMP 途径生成丙酮酸。后者经乳酸脱氢酶催化还原为乳酸。上述转化过程如图 5-40 所示。

这是一条磷酸酮解途径，1mol 葡萄糖生成 1mol 乳酸和 1mol 乙醇。乳酸对糖的理论转化率是 50%。

肠膜明串珠菌（*Leuconostoc mesenteroides*）和葡聚糖明串珠菌（*L. dextranicum*）等通过该途径进行异型乳酸发酵。

（2）双歧途径　图 5-41 为两歧双歧杆菌（*Bifidobacterium bifidum*）分解葡萄糖生成乳酸的途径，这也是一条磷酸酮解途径。该途径的特点是：①有两个磷酸酮解酶参与；②在没有氧化作用和脱氢作用的反应参与下，2 分子葡萄糖分解为 3 分子乙酸和 2 分子 3-磷酸甘油醛。然后，在 3-磷酸甘油醛脱氢酶和乳酸脱氢酶的参与下，3-磷酸甘油醛转变为乳酸。

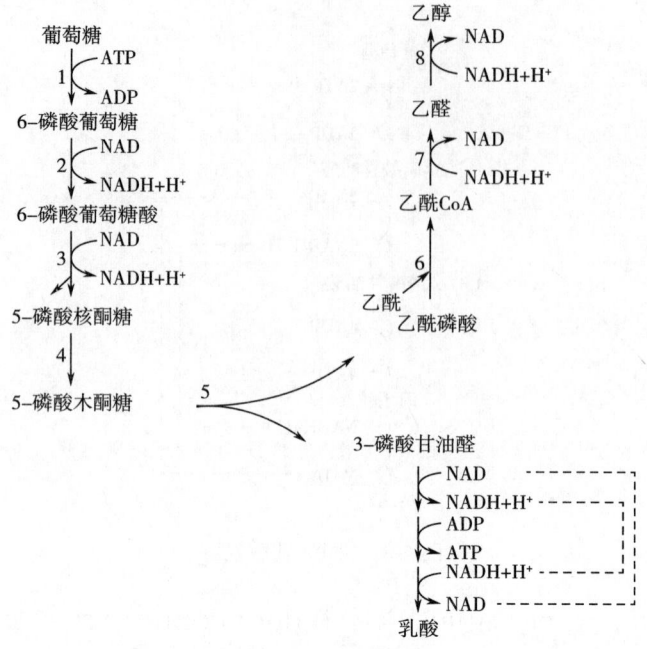

图 5-40 6-磷酸葡萄糖酸途径

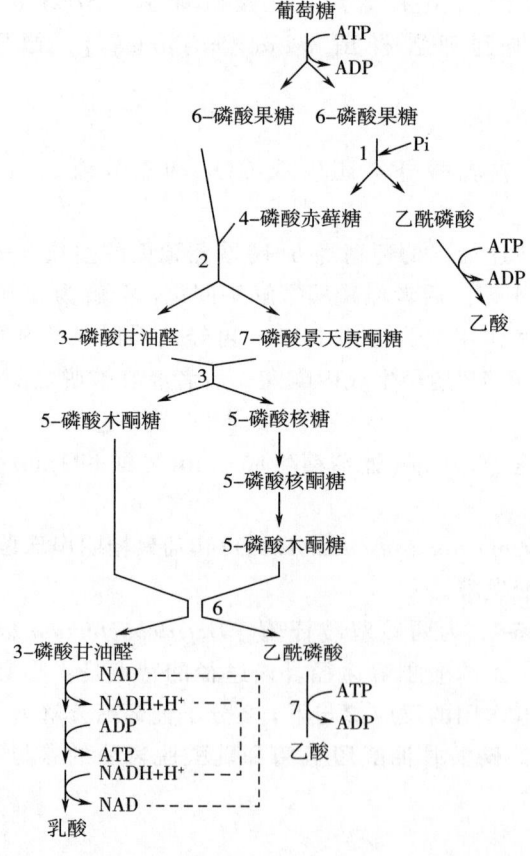

图 5-41 两歧双歧杆菌分解葡萄糖生成乳酸的途径

第六节　好氧发酵机制

一、柠檬酸发酵机制

(一) 柠檬酸生物合成途径

柠檬酸作为一种有重要应用价值的有机酸，其合成机制是在阐明酵母酒精发酵机制和 Krebs 在 1940 年提出三羧酸循环学说的基础上才逐渐发现的。现已被许多学者研究证实的柠檬酸的合成途径是：葡萄糖经过 EMP 途径生成丙酮酸，一方面丙酮酸氧化脱羧生成乙酰 CoA，另一方面丙酮酸羧化生成草酰乙酸，而草酰乙酸与乙酰 CoA 缩合生成柠檬酸，柠檬酸合成途径如图 5-42 所示。

在柠檬酸积累的条件下，三羧酸循环已被阻断，不能由此提供合成柠檬酸所需的草酰乙酸。研究结果表明，草酰乙酸是由丙酮酸（PYR）或磷酸烯醇式丙酮酸（PEP）羧化生成的，而 CO_2 的固定作用对柠檬酸的积累有生理学上的重要意义。Johnson 等在研究黑曲霉的 CO_2 固定作用时，发现有两个 CO_2 固定系统，这两个系统需要 Mg^{2+}、K^+，究其原因，一是 PYR 在丙酮酸羧化酶的作用下羧化，生成草酰乙酸，此酶的反应平衡常数 K_{ep} 为 0.818，催化反应如下：

$$PYR + CO_2 + ATP \longrightarrow 草酰乙酸 + ADP + Pi$$

二是 PEP 在 PEP 羧激酶的作用下羧化，此酶的反应平衡常数 K_{ep} 为 0.049，反应式如下：

$$PEP + CO_2 + ADP \longrightarrow 草酰乙酸 + ATP$$

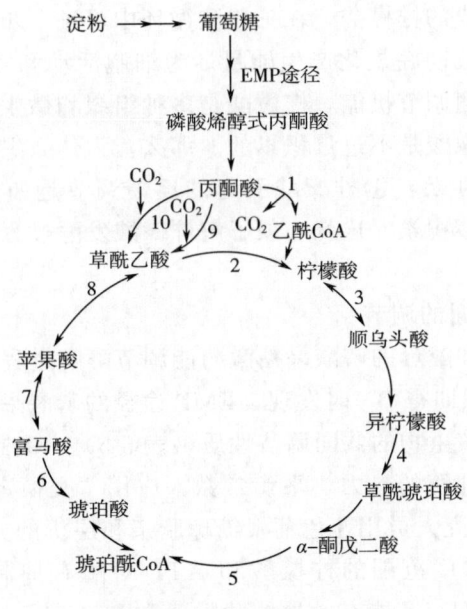

图 5-42　柠檬酸合成途径

可见，丙酮酸羧化酶对 CO_2 固定有更大的作用。现已从黑曲霉中提纯此酶，且已证实此酶为组成酶。在黑曲霉中不存在苹果酸酶，不可能由此催化丙酮酸还原羧化生成苹果酸。

根据上述生物合成途径，葡萄糖生成柠檬酸的全部历程中碳原子没有损失，在乙酰CoA 与草酰乙酸缩合时，还从水中引进一个原子氧（图 5-42），总反应式如下：

$$2C_6H_{12}O_6 + 3O_2 \rightarrow 2C_6H_8O_7 + 4H_2O$$

可见，柠檬酸发酵对糖的理论转化率为 106.7%，以含 1 个结晶水的柠檬酸计，其理论转化率为 116.7%。

在能量平衡方面，在 EMP 途径中由底物水平磷酸化产生 2 分子 ATP，由氧化磷酸化可产生 9 分子 ATP，但部分经侧系呼吸链而没有产生 ATP，实际产生 ATP 分子数少于此数，所生成的 ATP 可供菌体维持渗透功能等的需要，不必经 TCA 循环通过消耗碳源产生能量。图 5-43 为葡萄糖生成柠檬酸的碳平衡和能量平衡。

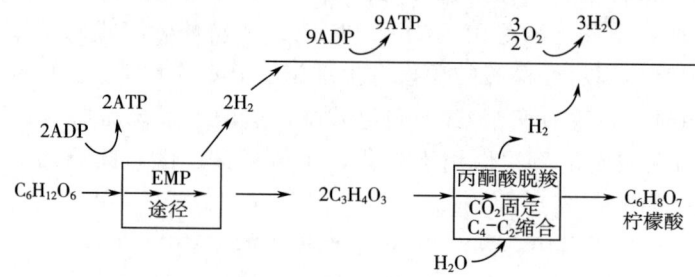

图 5-43　葡萄糖生成柠檬酸的碳平衡和能量平衡

（二）柠檬酸生物合成的代谢调节

正常生长的细胞所合成的柠檬酸，在三羧酸循环中可进一步合成其他有机酸，以提供合成细胞物质的中间体，或彻底氧化产生能量，为细胞活动和需能的合成代谢提供能量。由于正常细胞具有自我代谢调节机能，柠檬酸是多种组织和微生物一个重要的代谢调节因子，因此，正常细胞中柠檬酸是不过量积累的。那么，为什么黑曲霉能够过量积累柠檬酸呢？要解释这一问题必然涉及：①柠檬酸引起的反馈调节是如何进行的？如何最终被克服？②什么机制造成柠檬酸积累？这就必须了解柠檬酸发酵过程中黑曲霉的代谢调节，如图 5-44 所示。

1. 糖酵解及丙酮酸代谢的调节

现已公认，哺乳动物和酵母的磷酸果糖激酶能调节酵解过程，此酶为酵解途径的第一个调节点。Habison 研究黑曲霉 B_{60} 时发现，EMP 途径的磷酸果糖激酶（PFK）是一种调节酶，它显示出典型的真核生物的共同调节性质（表 5-5）。1981 年 Rohr 等通过比较糖酵解中间代谢产物浓度和各种酶的热力学平衡常数，应用"交换定理"，确认产柠檬酸黑曲霉的 PFK 也是调节酶，研究人员用蓝色葡聚糖琼脂亲和层析的方法将黑曲霉的 PFK 提纯了约 60 倍，在正常生理浓度范围的柠檬酸和 ATP 对酶有抑制作用。AMP、无机磷和 NH_4^+ 对酶有活化作用，NH_4^+ 还能有效地解除柠檬酸和 ATP 对此酶的抑制。由表 5-6 可知，NH_4^+ 在细胞内的生理浓度水平下，PFK 对柠檬酸不敏感。考察柠檬酸发酵时 PFK 的这些效应物在细胞内的浓度表明，NH_4^+ 浓度与柠檬酸生成速度有密切关系，正是细胞

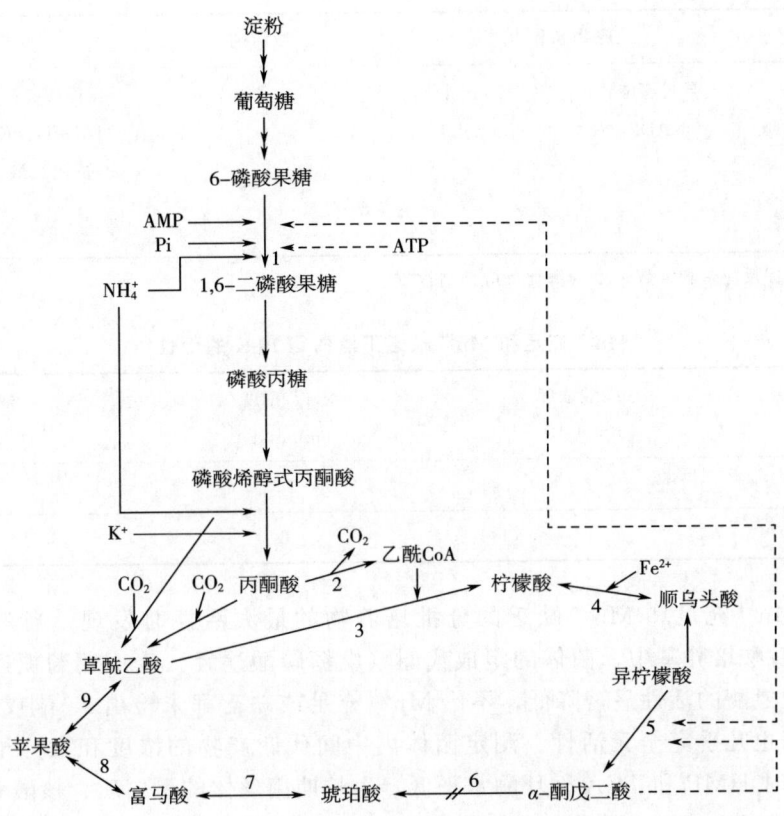

图 5-44 柠檬酸发酵过程中黑曲霉的代谢调节

内 NH_4^+ 浓度升高，使 PFK 对细胞内积累的大量柠檬酸不敏感。

表 5-5　　　　　　　　　　　有关柠檬酸合成酶的调节性质

酶	底物亲和力	激活剂	抑制剂
磷酸果糖激酶	6-磷酸果糖：$K_m=1.7$mmol/L $n=4$	NH_4^+ AMP Pi	柠檬酸：$K_i=0.25$mmol/L PEP：$K_i=0.25$mmol/L ATP（浓度较高时）
丙酮酸激酶	ATP：$K_m=0.05$mmol/L PEP：$K_m=0.026$mmol/L	NH_4^+：$K_m=26$mmol/L K^+：$K_m=20$mmol/L	
丙酮酸羧化酶	ADP：$K_m=0.07$mmol/L PYR：$K_m=0.28$mmol/L CO_2：$K_m=1.33$mmol/L ATP：$K_m=0.28$mmol/L	K^+	天冬氨酸：$K_i=1.9$mmol/L Pi：$K_i=40\sim140$mmol/L
柠檬酸合成酶	乙酰CoA：$K_m=0.01$mmol/L 草酰乙酸：$K_m=0.0045$mmol/L	K^+ NH_4^+	CoA：$K_i=0.15$mmol/L ATP-Mg：$K_i\approx6$mmol/L

续表

酶	底物亲和力	激活剂	抑制剂
异柠檬酸脱氢酶	异柠檬酸：$K_m=0.05$mmol/L NADP：$K_m=0.05$mmol/L		柠檬酸：$K_i=0.15$mmol/L NADPH：$K_i=0.04$mmol/L α-酮戊二酸：$K_m=1$mmol/L
琥珀酸脱氢酶			草酰乙酸：$K_i=0.001$mmol/L

注：K_m 为酶促反应亲和常数，K_i 为酶促反应抑制常数。

表 5-6　　　　　Mn^{2+} 充足和 Mn^{2+} 缺乏下黑曲霉 PFK 的活性

因子	柠檬酸浓度 (mmol/L)	NH_4^+ 浓度/ (mmol/L)	酶活性 (Arbitrary 单位)
Mn^{2+} 充足	4	15	1.1
Mn^{2+} 缺乏	1	3	1.0

在比较 Mn^{2+} 充足和 Mn^{2+} 缺乏的分批培养物的最大活性时发现，当黑曲霉在缺乏 Mn^{2+} 的产柠檬酸培养基中，菌体的组成代谢（戊糖磷酸途径、生成葡萄糖途径）酶和三羧酸循环的脱氢酶的活性显著降低，不论 Mn^{2+} 充足或缺乏都未检出 α-酮戊二酸脱氢酶，乙醛酸支路酶也几乎完全无活性。测定菌体内中间代谢产物的浓度和大分子的组成后表明，缺 Mn^{2+} 时 HMP 和 TCA 循环酶水平低，生长期菌丝体的蛋白质、核酸和脂肪含量明显减少，氨基酸和 NH_4^+ 水平升高，丙酮酸和草酰乙酸水平升高，甘油三酯和磷脂水平降低，细胞壁几丁质增多，但 β-葡聚糖和聚半乳糖减少，而糖酵解和三羧酸循环中间代谢产物含量增高（表 5-7）。可见，Mn^{2+} 缺乏时黑曲霉的组成代谢受损伤，这与柠檬酸的积累有关。

表 5-7　Mn^{2+} 充足（+）和缺乏（-）时黑曲霉菌丝体大分子物质含量和中间代谢物的量

化合物	培养 40h		培养 120h		化合物	培养 40h		培养 120h	
	（+）	（-）	（+）	（-）		（+）	（-）	（+）	（-）
蛋白质/%*	21.9	15.3	20.3	9.2	草酰乙酸/(μmol/g)	0.002	0.07	0.02	0.06
核酸/%*	6.5	5.3	4.9	4.1	苹果酸/(μmol/g)	20	29	7.5	16
脂类/%*	17	3.8	12	4.1	富马酸/(μmol/g)	9	11	2.8	3
总氨基酸/(μmol/g)	1.9	1.4	0.5	5.3	柠檬酸/(μmol/g)	210	80	180	1800
6-磷酸葡萄糖/(μmol/g)	0.4	0.8	0.1	0.3	异柠檬酸/(μmol/g)	1.3	3.1	1.2	1.5
磷酸果糖/(μmol/g)	0.7	1.6	0.25	0.4	α-酮戊二酸/(μmol/g)	3	0.3	13	1.2

续表

化合物	培养40h		培养120h		化合物	培养40h		培养120h	
	(+)	(−)	(+)	(−)		(+)	(−)	(+)	(−)
丙酮酸/($\mu mol/g$)	0.2	0.13	0.3	0.7	谷氨酸+谷酰胺/($\mu mol/g$)	19.5	40.3	3.5	73.3

注：＊为菌体干重的质量分数。

当黑曲霉生长在缺 Mn^{2+} 的高浓度糖培养基中时，细胞内 NH_4^+ 浓度异常高，达 25mmol/L，随之出现几种氨基酸（谷氨酸、谷氨酰胺、鸟氨酸、精氨酸和 γ-氨基丁酸）的积累和分泌，使 NH_4^+ 对细胞的毒性解除。这些氨基酸的积累可能是由于蛋白质合成受干扰，从而导致蛋白质分解相应增加，使细胞内蛋白质和核酸减少。有 Mn^{2+} 存在时，添加环己酰亚胺（Cycloheximide）可以促进 NH_4^+ 和氨基酸积累。由此可得出结论，NH_4^+ 积累是由于蛋白质和 RNA 转换过程中细胞蛋白质的再合成受损引起的，后者是由于 Mn^{2+} 缺乏所致。虽然在这一过程中 Mn^{2+} 的主要作用尚不清楚，但在添加 Mn^{2+} 后要经过几小时的延迟，并需要通过细胞质蛋白质（不是线粒体蛋白质）的合成才对柠檬酸发酵产生抑制效应。可以认为，Mn^{2+} 的效应是通过 NH_4^+ 水平升高而减少柠檬酸对 PFK 的抑制，NH_4^+ 水平升高是因为 Mn^{2+} 缺乏使蛋白质和核酸合成受阻。

现已证明，某些真菌的丙酮酸激酶是酵解过程的第二个调节点，但是关于黑曲霉尚未得到证实。测定柠檬酸发酵时酵解中间代谢产物的量可推断流经丙酮酸激酶的量增加。

丙酮酸是真菌糖代谢的一个重要分叉点，它既可由丙酮酸脱氢酶催化氧化脱羧生成乙酰 CoA，也可由丙酮酸羧化酶催化经 CO_2 固定生成草酰乙酸。CO_2 固定的强度对柠檬酸积累的重要意义早在 20 世纪 50 年代就已受到重视。保持丙酮酸这两个反应的平衡是获得柠檬酸高产率的一个重要条件。黑曲霉的丙酮酸羧化酶已被提纯，与其他真菌相反，此酶不被乙酰 CoA 抑制，α-酮戊二酸对其只有微弱的抑制作用，但该酶的调节性很差，为组成型酶。

2. 三羧酸循环的调节

在许多细胞中三羧酸循环起始酶——柠檬酸合成酶是一种调节酶。然而，根据柠檬酸合成与 CO_2 固定之间的关系为化学计量关系，可以推断黑曲霉的柠檬酸合成酶没有调节作用。此酶仅对 CoA 和 ATP 敏感，而 ATP-Mg 络合物只是一种弱抑制剂，其他有调节作用的化合物不起作用。由于细胞中 ATP 是以镁络合物形式存在的，所以 ATP 的影响并不显著，此酶的动力学性质是不平常的，它对乙酰 CoA 的亲和力取决于草酰乙酸的浓度，在柠檬酸积累的情况下，草酰乙酸浓度可提高此酶对乙酰 CoA 的亲和力。

从理论上推测，顺乌头酸水合酶失活，TCA 循环阻断是积累柠檬酸的必要条件，顺乌头酸水合酶需要 Fe^{2+}。有报道称，在积累柠檬酸时，顺乌头酸水合酶和异柠檬酸脱氢酶活性降低。顺乌头酸水合酶是含铁的非血红素蛋白，以 Fe_4S_4 作为辅基，催化底物发生脱水、加水反应。因此，添加亚铁氰化钾等络合剂可使铁离子生成 Fe^{2+} 络合物，使反应液中的 Fe^{2+} 减少，从而使该酶活性降低甚至失活，或者通过诱变等方法获得顺乌头酸水合酶缺失或活性大大降低的菌种，从而积累柠檬酸。随着柠檬酸的积累，发酵液 pH 快速下降，当降到 pH2.0 以下时，由于高酸环境可进一步造成顺乌头酸水合酶、NAD 和

NADP-异柠檬酸脱氢酶失活。但当柠檬酸发酵开始时，需要少量铁的存在以促进菌体生长和为合成柠檬酸做准备，随后要控制Fe^{2+}的存在才能开始并大量合成柠檬酸。

近期研究表明，黑曲霉中有一种单纯的、位于线粒体上的顺乌头酸水合酶，它在催化时能建立下面平衡（物质的量之比，以下同）：

$$n（柠檬酸）:n（顺乌头酸）:n（异柠檬酸）=90:3:7$$

是否就是这个平衡造就了柠檬酸的最初积累，使pH降低，目前尚未定论。黑曲霉中NAD-异柠檬酸脱氢酶只有一种，且活性很低。NADP-异柠檬酸脱氢酶有两种：一种在细胞质中，不受柠檬酸抑制；另一种在线粒体中，与TCA循环有关，它们受生理浓度的柠檬酸抑制。可以推测，一旦柠檬酸积累到一定水平，就能抑制其自身的进一步分解，从而促进自身的积累。柠檬酸对NADP-异柠檬酸脱氢酶的抑制作用在碱性pH和Mn^{2+}浓度达30mmol/L时被消除，这可能是Mn^{2+}对柠檬酸的积累起毒害作用的缘故之一。

黑曲霉中TCA循环的另一个特点是α-酮戊二酸脱氢酶被葡萄糖和NH_4^+抑制。在柠檬酸生成期，菌体内不存在α-酮戊二酸脱氢酶或其活性很低，在乙酸为碳源时有α-酮戊二酸脱氢酶活性存在。对于其他真菌也有α-酮戊二酸脱氢酶缺失的报道。α-酮戊二酸脱氢酶催化的反应是TCA循环中唯一不可逆的反应步骤。这时的苹果酸、富马酸、琥珀酸由草酰乙酸生成，这种现象称为TCA循环的马蹄形表达形式。

氧和pH对柠檬酸发酵有很大的影响。从图5-45可知，氧是发酵过程（EMP途径和丙酮酸脱氢）生成的NADH重新氧化时所需。黑曲霉不仅有一条标准呼吸链，还有一条侧系呼吸链，后者对水杨酰异羟肟酸（SHAM）敏感。柠檬酸发酵产酸期受SHAM强烈抑制，而生长期不受它抑制。在生产中发现，只要很短时间中断供氧，就会导致柠檬酸产率的急剧下降，但对菌体生长并无影响，这种现象可解释为NADH通过标准呼吸链氧化时产生ATP，会抑制PFK，而通过侧系呼吸链不产生ATP，缺氧会导致侧系呼吸链的不可逆失活，从而导致产酸下降，但不影响菌体生长。

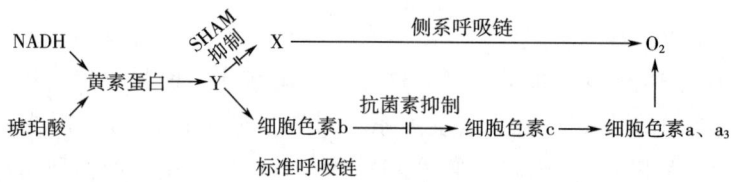

图5-45 黑曲霉的呼吸链

TCA循环在柠檬酸积累中所起的作用可归纳如下：

(1) 大量生成草酰乙酸是积累柠檬酸的关键。

(2) 丙酮酸羧化酶和柠檬酸合成酶基本上不受代谢调节的控制或其控制极微弱，而且这两个反应的平衡保证了草酰乙酸的供应，增加了柠檬酸的合成能力。

(3) TCA循环的阻断作用微弱（即顺乌头酸水合酶、异柠檬酸脱氢酶和α-酮戊二酸脱氢酶活性降低），导致循环中间代谢产物积累。由于各种酶处于平衡状态，使柠檬酸积累，当柠檬酸浓度超过一定水平时，就通过抑制异柠檬酸脱氢酶活性来提高自身的积累。

综上所述，柠檬酸的积累机制可归纳为：①由于锰离子缺乏抑制了蛋白质合成，导致细胞内 NH_4^+ 浓度升高和形成一条呼吸活力强的、不产生 ATP 的侧系呼吸链，这两方面的原因分别解除了对 PFK 的代谢调节，促进了 EMP 途径的畅通。②由于丙酮酸羧化酶是组成型，不被调节控制，会源源不断地提供草酰乙酸。③丙酮酸氧化脱羧生成乙酰 CoA 和 CO_2 固定两个反应的平衡，以及柠檬酸合成酶不被调节，都增强了合成柠檬酸的能力。④由于顺乌头酸水合酶在催化时建立以下平衡：

$$n（柠檬酸）：n（顺乌头酸）：n（异柠檬酸）=90：3：7$$

同时在控制 Fe^{2+} 含量时，顺乌头酸水合酶活性低，使柠檬酸开始积累。⑤当柠檬酸浓度升高到某一水平，就会抑制异柠檬酸脱氢酶的活性，从而进一步促进柠檬酸的自身积累。柠檬酸的积累使 pH 下降，到 pH2.0 时，顺乌头酸水合酶和异柠檬酸脱氢酶失活，更有利于柠檬酸的积累并排出体外。

3. 乙醛酸循环和醋酸发酵柠檬酸

上述理论能够解释由糖生成柠檬酸，却不能解释乙醇和醋酸或烃类发酵生成柠檬酸。由于丙酮酸氧化脱羧反应是不可逆的，因此草酰乙酸的供给只能由乙醛酸循环来完成。由于黑曲霉中存在异柠檬酸裂解酶，此酶催化异柠檬酸裂解为乙醛酸和琥珀酸，而由醋酸或乙醇或烃类合成柠檬酸的途径（图 5-46）可看出，在理论上 3mol 醋酸可以合成 1mol 柠檬酸，在此过程中没有碳原子损失。由于合成柠檬酸的 C_4 二羧酸只能由乙醛酸循环来提供，因此，柠檬酸向异柠檬酸的转化和后者的裂解是必不可少的。但理想的情况是柠檬酸转化的量应为生成量的 1/2。这显然需要极为复杂的调节机制来控制，循环中的中间体都必须存在，发酵产物不仅仅是柠檬酸。例如，酵母的烃类发酵产物中除柠檬酸外，还含有较多的异柠檬酸，有时高达总酸的 50%。现已探明，酵母的烷烃发酵、柠檬酸的积累是在培养基中氮源耗尽以后开始的。在氮源耗尽时，细胞内 AMP 浓度陡然下降，这就抑制了 NAD-异柠檬酸脱氢酶的活性，这时柠檬酸的合成远大于分解，从而积累起来。

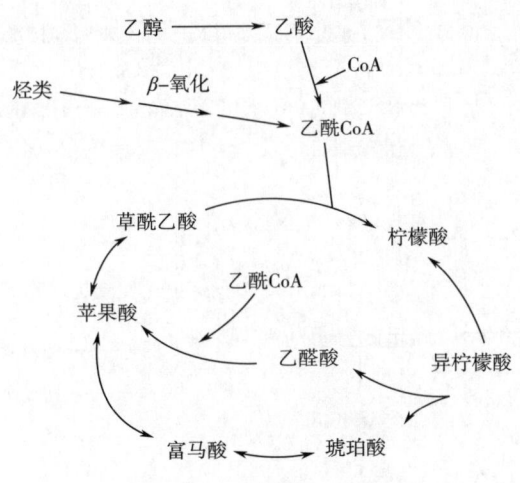

图 5-46 柠檬酸的合成途径

在酵母柠檬酸发酵中，异柠檬酸的积累量很高，但顺乌头酸水合酶催化反应平衡为：

$$n（柠檬酸）：n（异柠檬酸）：n（顺乌头酸）=90：7：3$$

对于这种现象的解释是这三种酸在细胞中存在于不同位点，柠檬酸完全存在于线粒体中，异柠檬酸在线粒体、细胞质和过氧化物酶体中均存在。由于细胞质中无顺乌头酸水合酶，异柠檬酸可以在此高度积累，因此异柠檬酸可以比顺乌头酸水合酶催化的平衡式高得多的比例分泌出胞外。

二、抗生素的发酵机制

（一）抗生素的生物合成

1. 微生物的次级代谢与初级代谢的关系

（1）菌体代谢方面　抗生素是微生物的次级代谢产物中的一大类。微生物的初级代谢与次级代谢既有区别，又有联系。初级代谢是指微生物合成它们在生长和繁殖中所必需的物质，如糖、氨基酸、脂肪酸、核酸，以及由这些化合物聚合而成的高分子化合物，如多糖、蛋白质、酯类和核酸等，这些化合物称为初级代谢产物。微生物还合成一些在微生物生长和繁殖中功能不明确的化合物，如抗生素、酶抑制剂、色素等，一般将生成这些化合物的代谢称为次级代谢，这些化合物称为次级代谢产物。次级代谢产物的合成，至少有一部分取决于与初级代谢产物无关的遗传物质，并和由这类遗传物质形成的酶所催化的代谢途径有关，它们多数是特异菌株。从代谢途径来看，次级代谢产物是以初级代谢产物为前体经进一步代谢衍生而来的，其产生量受初级代谢产物量的限制，见图5-47。

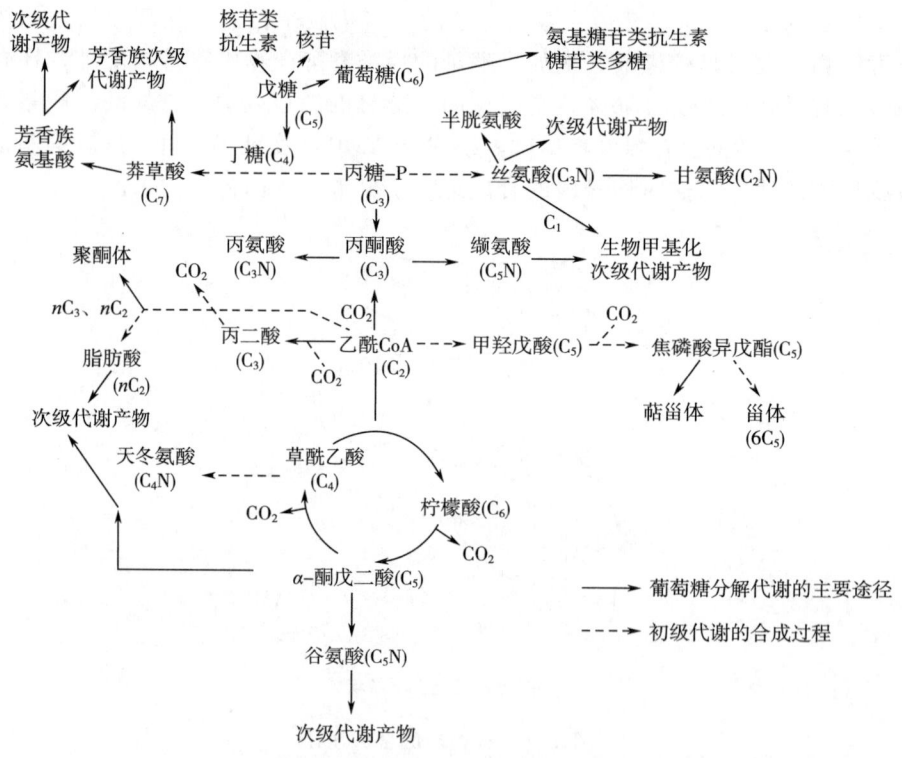

图 5-47　初级代谢与次级代谢产物的联系

抗生素的化学结构虽呈多样化，但它们的生物合成途径有相似之处。所谓多聚乙酰

(Polyketide)概念的假说,与脂肪酸合成相似(脂肪酸合成是将丙二酰CoA中的两个碳单位加到乙酰CoA上)。而在放线菌体内是以丙酰CoA为引子,以甲基丙二酰为伸展者,形成带甲基的多聚乙酰,然后再经过环化,并以此为出发点,形成各种抗生素的前体而合成不同的抗生素,如四环素、红霉素及利福霉素等。当然,并非所有的抗生素都是按这一途径合成的,有些抗生素的各部分前体是初级代谢产物,如氨基酸、糖等,并进行拼凑而合成的,如β-内酰胺类抗生素和氨基环醇类抗生素。另外一种完全不同的合成方法是非核蛋白质多肽装配过程,这是许多杆菌产生的抗生素合成特征。

糖代谢中间体既可用来合成初级代谢产物,又可用来合成次级代谢产物,这种中间体称为分叉中间体。如丙二酰CoA,它可由葡萄糖经EMP或HMP途径生成的乙酰CoA进一步羧化生成,在初级代谢中经脂肪酸合成酶系的催化作用合成脂肪酸,而在次级代谢中则经重复缩合、环化或闭环等生化反应,形成四环类或其他抗生素。类似的分叉中间体见表5-8。

表5-8　　　　　　　　　　初级代谢和次级代谢的分叉中间体

分叉中间体	初级代谢产物	次级代谢产物
α-氨基己二糖	赖氨酸	青霉素、头孢菌素
丙二酰CoA	脂肪酸	利福霉素族、四环素族
乙酰CoA		大环内酯族、多烯族抗生素、灰黄霉素、橘霉素、环己酰亚胺、棒曲霉素
莽草酸	对氨基苯丙氨酸	氯霉素
	苯丙氨酸	绿脓菌素
	酪氨酸、对氨基苯甲酸、色氨酸	新生霉素

由初级代谢产物衍生的次级代谢产物的生物合成途径有7种,见表5-9。在这些次级代谢途径中所涉及的酶,有的是初级代谢酶,有的是次级代谢所特有的酶。初级代谢与次级代谢都受菌体的代谢调节,在调节控制上是相互影响的,当与抗生素合成有关的初级代谢途径受到控制时,抗生素的生物合成必然受阻。

表5-9　　　　　　　　　　生物合成途径与次级代谢产物

生物合成途径	次级代谢产物
葡萄糖碳架掺入途径	氨基酸苷类抗生素(链霉素、卡那霉素)
莽草酸途径	氯霉素、绿脓菌素、新生霉素、灰藤黄菌等
与核苷有关的途径	杀结核菌素、蛹虫草菌素
聚酮糖和聚丙酸途径	四环素、制霉菌素、灰黄霉素、环己酰亚胺
由氨基酸衍生的途径	青霉素类、头孢菌素类、杆菌肽、短杆菌肽S
甲羟戊酸途径	赤霉素、蜡黄酸、棱链孢酸
其他复合途径	博来霉素、大环内酯抗生素等

（2）遗传代谢方面　初级代谢与次级代谢同样都受到核内 DNA 的调节控制，而次级代谢产物还受到与初级代谢产物合成无关的遗传物质的控制，即受核内遗传物质（染色体遗传物质）和核外遗传物质（质粒）的控制。图 5-48 为次级代谢产物生物合成与初级代谢产物的关系，从图中可以看出，代谢产物的形成取决于由质粒产生的酶所控制的代谢途径，这类物质称为质粒产物。当然，质粒易在微生物细菌间传递，导致质粒类次级代谢产物多种多样。由于这类物质的形成直接或间接地受质粒遗传物质的控制，因而产生了质粒遗传的观点。当然，也有只由染色体 DNA 控制的抗生素产物。

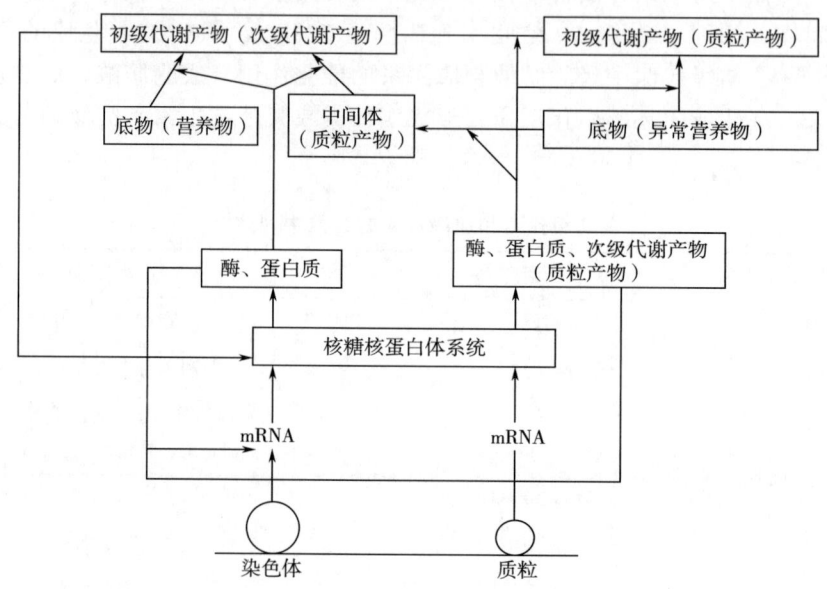

图 5-48　次级代谢产物生物合成与初级代谢产物的关系

2. 抗生素的生物合成类型

根据抗生素的生物合成方式及其代谢途径的不同，临床上将抗生素分为以下几个类群。

（1）蛋白质衍生物

①简单的氨基酸衍生物，如环丝氨酸、重氮丝氨酸等。

②寡肽抗生素，如青霉素、头孢菌素等。

③多肽类抗生素，如多黏菌素、杆菌肽等。

④多肽大环内酯抗生素，如放线菌素等。

⑤含嘌呤和嘧啶碱基的抗生素，如曲古霉素、嘌呤霉素等。

（2）糖类衍生物

①糖类抗生素，如链霉素、新霉素、卡那霉素、巴龙霉素等。

②与大环内酯连接的糖苷抗生素，如红霉素、碳霉素等。

③其他糖苷抗生素，如新生霉素等。

（3）以乙酸为单位的衍生物

①乙酸衍生物的抗生素，如四环类抗菌素、灰黄霉素等。

②丙酸衍生物的抗生素，如红霉素等。

③多烯和多炔类抗生素，如制霉菌素、曲古霉素等。

3. 几种抗生素的生物合成

（1）青霉素、头孢菌素的生物合成　青霉素和头孢菌素是两类结构非常相似的三肽抗生素，其化学结构如图5-49所示。

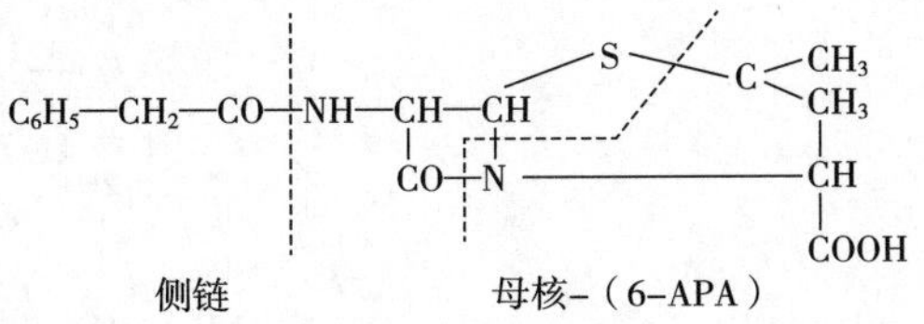

图 5-49　青霉素和头孢菌素C的化学结构

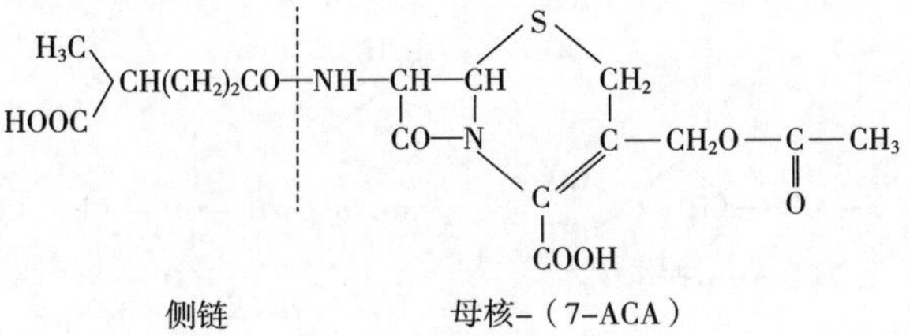

从青霉素的化学结构可以看出，它由两部分组成，一部分是带酰基的侧链，另一部分是青霉素的母核，称为6-氨基青霉烷酸（6-APA）。头孢菌素C也由两部分组成，一部分是侧链，为α-氨基己二酸；另一部分是母核，为7-氨基头孢霉酸（7-ACA）。它们都是相同的β-内酰胺环，且在生物合成过程中具有同一的中间体α-氨基己二酰半胱氨酰缬氨酸；所不同的是组成青霉素母核的另一个环是噻唑环，而构成头孢菌素C的另一个环为双氢噻唑环。其生物合成途径见图5-50。

青霉素G生物合成的化学计量式如下：

$$1.5\ 葡萄糖 + 2NH_3 + H_2SO_4 + 2NADH + PAA + 5ATP \longrightarrow 青霉素\ G$$

（2）链霉素的生物合成　链霉素是由链霉胍、链霉糖和N-甲基-L-氨基葡萄糖组成的三糖，其分子结构如图5-51所示。

利用^{14}C全标记的D-葡萄糖做跟踪试验的结果证明，葡萄糖参与链霉素的生物合成，除胍基侧链外，放射活性被均匀分配在链霉素的三部分，如表5-10所示。

表 5-10　来自^{14}C标记葡萄糖的链霉素中放射活性分布

化合物	放射活性/%	化合物	放射活性/%
链霉素	100	胍基的碳	3
链霉胍	34	链霉糖	32
链霉胺	30	N-甲基-L-氨基葡萄糖	34

①链霉胍的生物合成：从链霉素的分子结构可知，链霉胍部分是由2个胍基和环己六

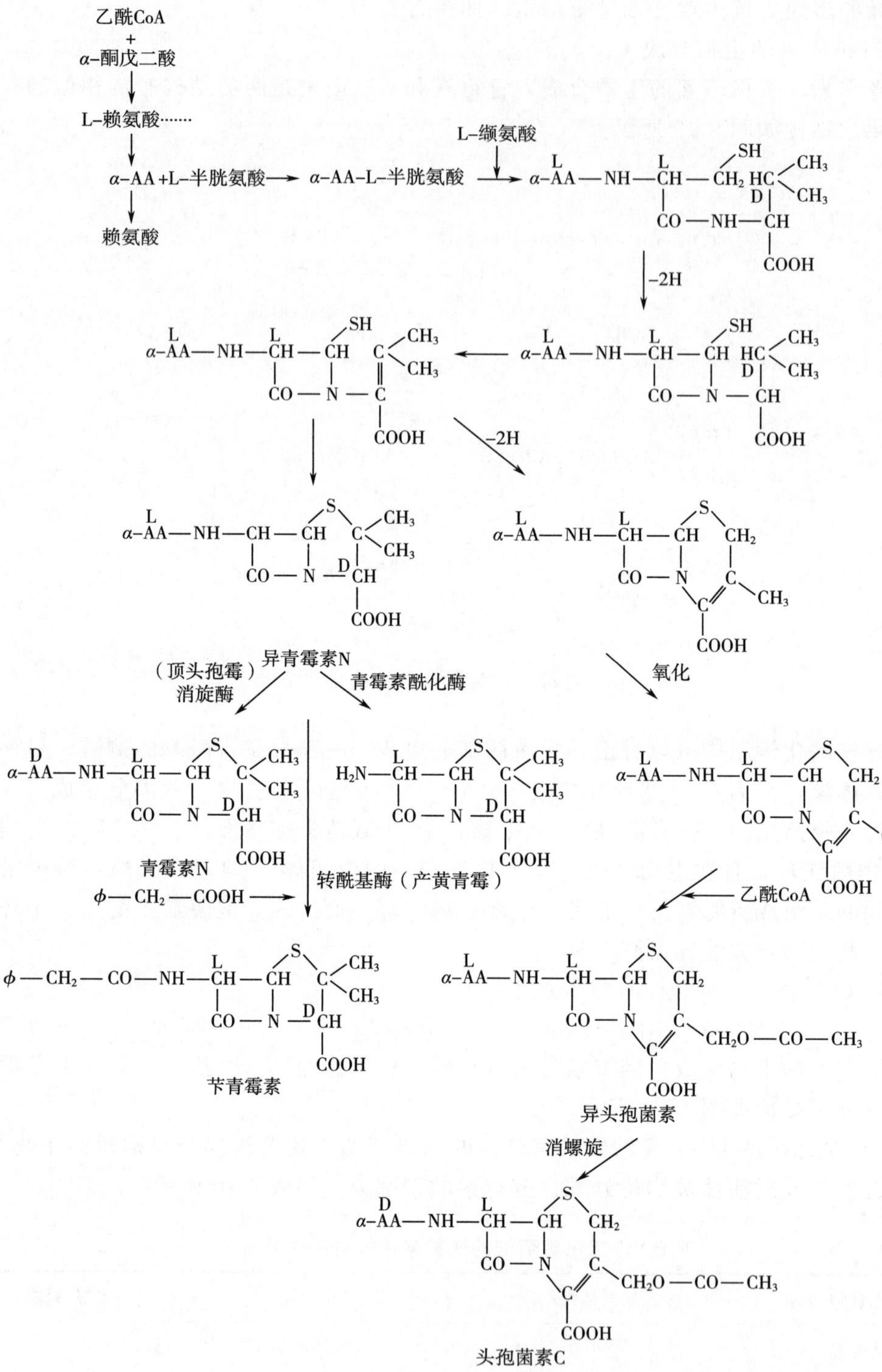

图 5-50 头孢菌素 C 的生物合成途径

注：φ—苯基

醇组成的。利用同位素试验证明，环己六醇是由 D-葡萄糖经过 6-磷酸酯环化成环己六

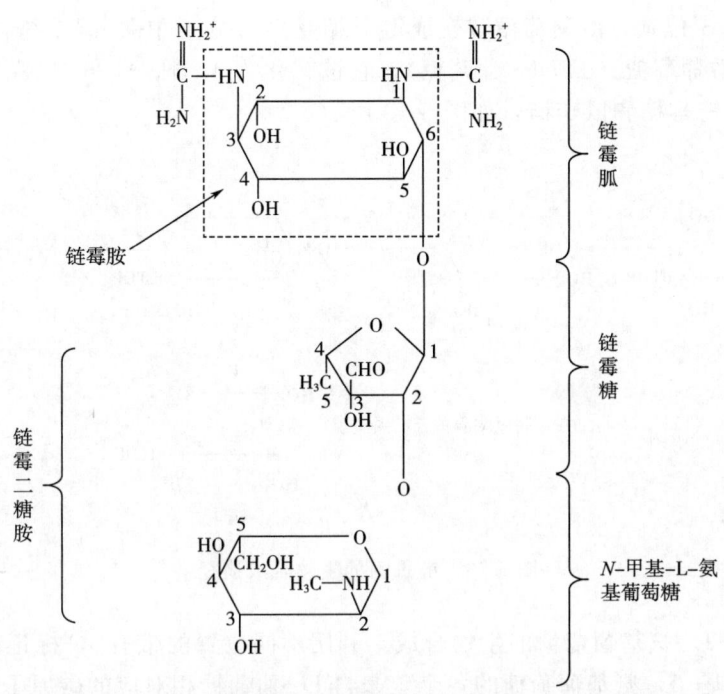

图 5-51 链霉素的分子结构

醇-1-磷酸酯，再经脱磷酸生成肌-环己六醇，肌-环己六醇经过氧化作用、氨基化作用、磷酸化作用、胍化作用和去磷酸化作用生成链霉胍，链霉胍的胍基来自精氨酸，精氨酸来自鸟氨酸循环，如图 5-52 所示。

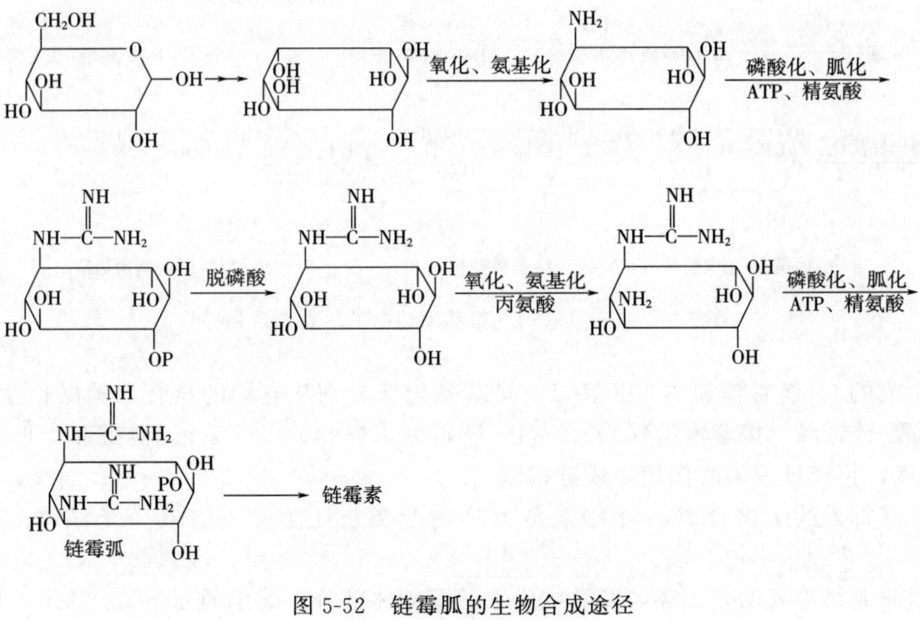

图 5-52 链霉胍的生物合成途径

②链霉糖的生物合成：链霉糖由葡萄糖生物合成。葡萄糖1，2，3和6位碳提供了链霉糖1，2，3′和5′位碳，由葡萄糖转变成链霉糖是经过分子中碳-碳重排，并涉及脱氧胸腺核苷5′-二磷酸葡萄糖（dTDP-葡萄糖），它被转化为4-酮-4，6-二脱氧-D-葡萄糖，最后转化为二氢链霉糖和鼠李糖，如图5-53所示。

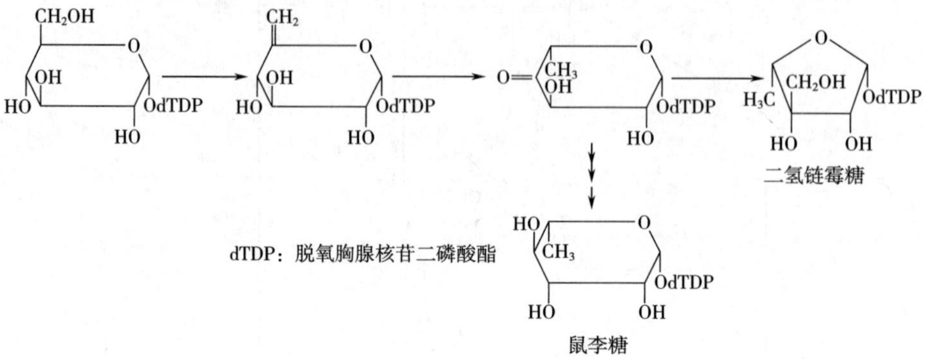

图5-53 链霉糖的生物合成途径

③N-甲基-L-氨基葡萄糖的生物合成：利用不同位置的带有^{14}C标记的D-葡萄糖试验证明了N-甲基-L-氨基葡萄糖的各个碳来自D-葡萄糖相对应的碳原子，并且D-氨基葡萄糖-1-^{14}C也可进入N-甲基-L-氨基葡萄糖的相应部分，用同位素证明了其甲基来自甲硫氨酸，如图5-54所示。

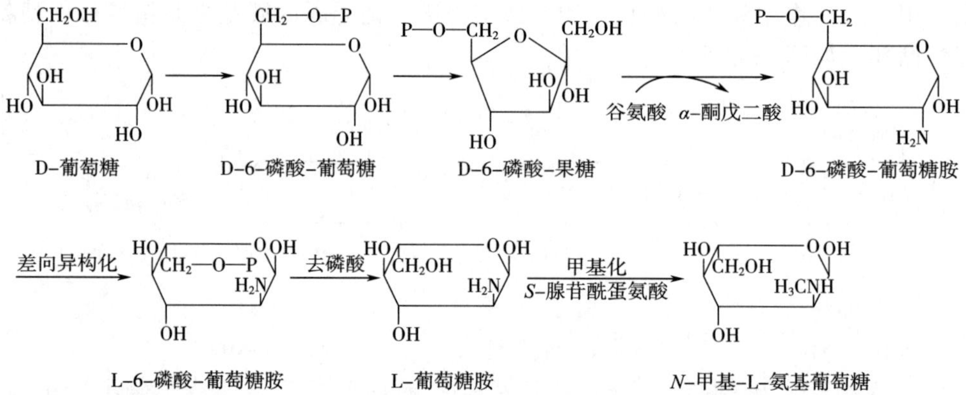

图5-54 N-甲基-L-氨基葡萄糖的生物合成途径

所生成的L-链霉糖和N-甲基-L-氨基葡萄糖分别从它们的核苷二磷酸衍生物输送至6-磷酸-链霉胍，接着输送到O-2-L-链霉糖（1→4）-6-磷酸-链霉胍，形成6-磷酸-链霉素，再经过脱磷酸作用生成链霉素。

(3) 红霉素的生物合成　红霉素是大环内酯类抗生素之一，其分子结构如图5-55所示。

大量研究结果表明，大环内酯类抗生素的配糖体部分由简单的C_2~C_4单元，如乙酸、丙酸、丙二酸、2-甲基丙二酸、丁酸和（或）2-乙基丙二酸形成（表5-11）。配糖体的生

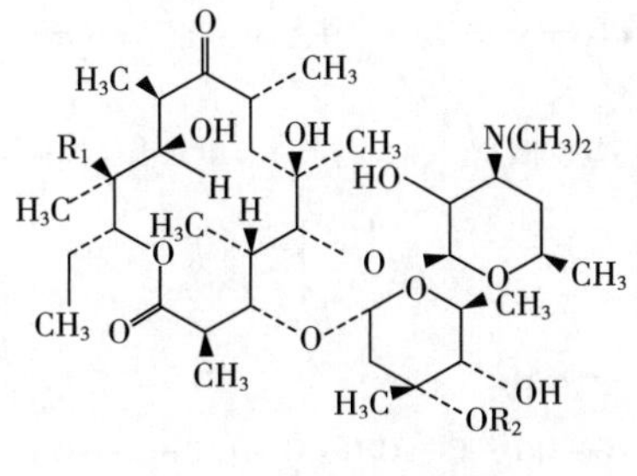

图 5-55 红霉素的分子结构

物合成是经过所谓多聚乙酰途径，由构成单元的头对尾反复缩合而形成一个多聚乙酰链。如下所示：

$$R-\overset{O}{C}-CH_2-\overset{O}{C}-CH_2-\overset{O}{C}-CH_2-\overset{O}{C}-CH_2-\overset{O}{C}-SCoA$$

表 5-11

红霉素	R_1	R_2	红霉素	R_1	R_2
A	OH	CH_3	C	OH	H
B	H	CH_3	D	H	H

其中 R 表示各种启动单元的游离基，如甲基、乙基等。图 5-56 为红霉素合成途径，表明大环内酯配糖体的生物合成与饱和长链脂肪酸的生物合成相似。在与丙二酸、2-甲基丙二酸或 2-乙基丙二酸的一步反应中，单体与活化羧基缩合形成长链的聚脂肪酸，至少一个酮基经生物还原后，能形成内酯环，而链延长与链延续每一步所引入的 β-酮基是否改变无关。催化大环内酯链缩合的是脂肪缩合酶。使用 ^{14}C 和 ^{13}C 标记的前体试验证实了红霉素内酯的缩合过程，如图 5-57 所示。

据同位素示踪和突变株研究发现，红霉素生物合成反应过程是：丙酰辅酶 A 与六分子的 2-甲基丙二酰辅酶 A 缩合产生多聚 β-酮中间体，此中间体经若干修饰得 6-脱氧-红霉内酯 B，在 C_6 羟基化作用后得到红霉内酯 B，发生由 dTDP-L-红霉糖转移 L-红霉糖基于内酯环的 3 位羟基，红霉氨基糖结构部分转移至 C_5 羟基后得红霉素 D，红霉素 D 是代谢的一个分支点，甲基化后得红霉素 B，在 C_{12} 羟基化可得红霉素 C，红霉素 C 再甲基化则得红霉素 A。

（二）抗生素生物合成的调节机制

微生物具有极精细的代谢控制系统，微生物体内的一系列生化反应都是由酶催化的。具有遗传能力的典型细胞形成 1000 多种酶，以确保功能协调，在瞬间需要某种恰当量酶时即可形成。这些酶既受转录和转译有关基因的表达控制，又受某些营养因素的活化和调控。尽管有稳定基因型，但微生物本身有一种巧妙能力可改变其成分，并能在变化了的培养基中代谢。培养基成分不能改变基因型，但能影响其表型。控制微生物灵活性的主要调节控制，倾向于制止中间物和终产物的过量生成。这涉及几种调节机制，一种调节机制由

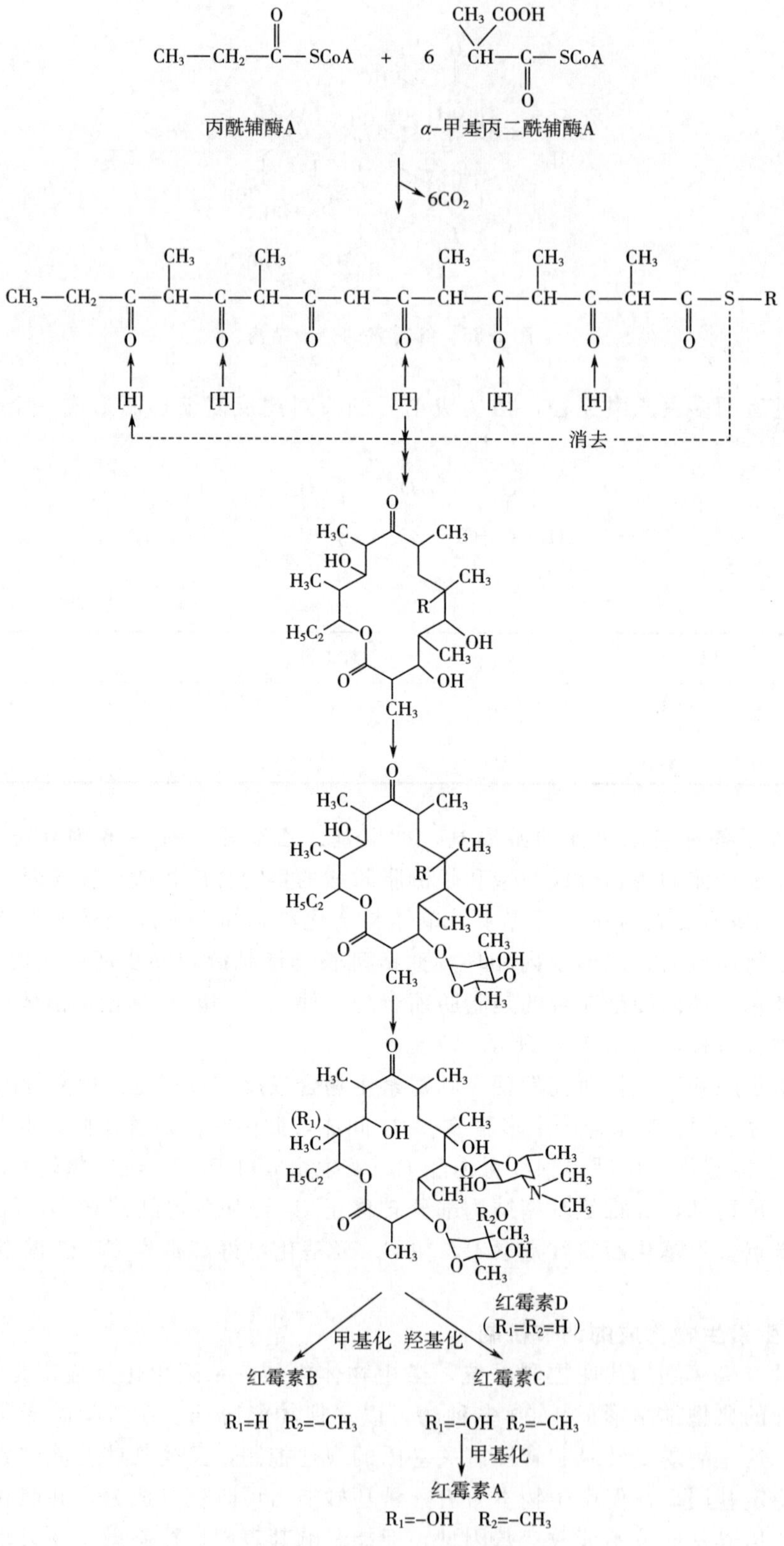

图 5-56 红霉素的合成途径

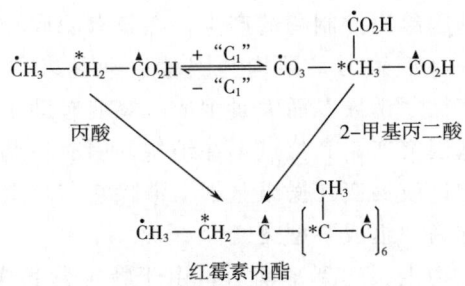

图 5-57　红霉素内酯的缩合过程

注：·　＊　▲表示不同的标记过程。

产生菌生成一种诱导剂或激活剂，或把其加入以启动生物合成；另一种调节机制由一个小分子物质作为辅助阻遏剂或抑制剂，阻遏或抑制抗生素合成酶的形成，这些阻遏剂或抑制剂必须在抗生素合成前耗尽或中和，这种调节机制包括碳分解调节、氮分解调节和磷酸盐调节等。

1. 细胞生长期到抗生素生产期的过渡

次级代谢产物生成的特点是一般不在细胞迅速生长期产生，而是在菌体生长到达相对静止期才产生。由细胞生长期过渡到抗生素合成期，必然有某种目前尚未完全识别的机制所控制。在细胞生长阶段，负责次级代谢产物合成的酶处于抑制状态，因而不产生抗生素，一旦生长接近尾声，这些酶便开始被激活或被合成。这种现象在抗生素（如链霉素、青霉素、金霉素、多黏菌素、红霉素、丝裂霉素 C、杆菌肽、新生霉素、新霉素和放线菌素等）的合成中相当普遍。在生长期后解除阻遏的关键酶包括链霉素生物合成的转脒基酶、青霉素生物合成的酰基转移酶和草酸乙酰活化酶、放线菌素生物合成的酚氧氮杂蒽酮综合酶等。

这里所讲的解除某些抗生素合成酶的阻遏，包括蛋白质合成阻遏作用的解除。蛋白质合成的抑制，阻止了酶的生成和抗生素的合成。这是由于生产抗生素的基因在正常生长中明显地被阻遏，这种被阻遏可能是由于以下几方面的原因。

（1）一种诱导因子在生长期末积累或从外源加入以解除生产期的阻遏作用。当诱导物出现并与阻遏物结合时，使阻遏物发生构型变化，不能再与操纵基因结合，使转录开始，形成抗生素生物合成所需的酶。

（2）初级代谢的终产物对次级代谢途径的反馈阻遏作用，当终产物耗尽后，受阻遏的基因就被解除阻遏。

（3）在一种易被利用的糖源中生长，其分解代谢物对抗生素生物合成有阻遏作用，当这些阻遏剂被利用后，便解除了阻遏作用。

（4）抗生素合成途径受高能化合物的阻遏，当 ATP 形成减少后，阻遏作用随即解除。

（5）在生长期，RNA 聚合酶只能启动生长期基因的转录作用，它不能附着在生产期操纵的促进子的位置上，结果次级代谢途径的酶合成受阻遏；当生长停止后，酶的结构改变，允许 RNA 聚合酶启动生产期基因的转录作用，负责抗生素合成的酶开始生成。

2. 酶的诱导作用

微生物中的诱导酶只有在培养基中含有底物或底物类似物时才形成，后者并不攻击酶且是最好的诱导物。结构基因编码控制酶的产生，在没有酶底物存在时是没有活性的，即正常抑制酶产生，当加入一种底物时，结构基因就启动起来，酶即产生，这一过程称为"诱导"或"消除阻遏"，酶被"诱导"而大量生成。突变有助于消除酶形成依赖添加的诱导物，这种突变称为调节基因突变，其位点不在结构基因而在调节基因上。如突变在调节基因上消除一种活性阻遏物，或突变在操纵基因上消除它与阻遏物结合的能力，那就不需要添加诱导物，这种突变称为"组成"型突变。

抗生素的合成是在微生物生长达到平衡后，由于特定营养成分减少而停止快速生长，进入有限的生长期。此时，次级代谢才开始进行，在营养期一般不产生催化次级代谢的酶，所以可以认为在转换期发生了次级代谢酶的诱导或解阻遏。例如，色氨酸刺激麦角菌产生麦角灵（Ergoline）生物碱。生物碱的合成在发酵后期出现，但必须在生长期加入色氨酸，才能刺激生物碱的生物合成。色氨酸类似物对生物碱的生物合成有同样的刺激作用，但它没有参与生物碱的合成。研究证实，色氨酸及其类似物诱导合成了生物碱合成的第一个酶——二甲基烯丙基-色氨酸合成酶，从而启动了生物碱的合成途径。

研究发现，有一种A因子[2(S)-异辛酰基-3R-羟甲基-γ-丁酸内酯]强烈影响灰色链霉菌产生链霉素。1mg A因子加入A因子缺失的菌株的培养基中，可使它产生50000mg链霉素。在突变株中，当加入A因子后，即可测定出催化链霉素合成的转氨酶，且只有在接种后立即或不久加入A因子才能表现出促进链霉素产生的效果。A因子诱导链霉素合成的机制目前尚不清楚，可能与碳代谢有关。A因子还可控制灰色链霉菌的形态分化。

甲硫氨酸刺激顶头孢霉生物合成头孢菌素C，甲硫氨酸必须在生长期加入培养基中才能发挥作用。当顶头孢霉经突变得到甲硫氨酸类似物硒代谢甲硫氨酸抗性突变株，在不诱加甲硫氨酸时可使头孢菌素C增产，亮氨酸为甲硫氨酸的非硫类似物，也是一种诱导剂。

此外，类似诱导的例子还有展开青霉素生物合成途径中的一些酶是由中间体（如6-甲基水杨酸和m-羟基苄乙醇）协同诱导的。5，5-二乙基巴比妥盐（巴比妥）对利福霉素和蒽环类抗生素（Galirubin）生物合成的刺激作用，也可能是诱导现象。

3. 分解代谢产物的调节控制

分解代谢产物的调节包括分解产物阻遏和分解产物抑制。葡萄糖的迅速分解和利用减少了许多抗生素的生物合成，这种现象最早发现于青霉素发酵受葡萄糖抑制实验，故称为"葡萄糖效应"。以后的研究证实了这种效应不是葡萄糖本身的作用，而是它的分解产物作用所致，因此称为"分解产物调节"，见表5-12。

表5-12　　　　　　　　　　抗生素合成酶的碳分解调节

抗生素	作用酶	阻遏物	非阻遏物	产生菌
青霉素	三肽合成酶	葡萄糖	乳糖	*Penicillium chrysogenum*
头孢菌素	CPC乙酰水解酶	葡萄糖、麦芽糖、蔗糖	甘油、琥珀酸盐	*Cephalosporium acremonium*
	CPC合成酶、青霉素环化酶	葡萄糖	蔗糖	*Cephalosporium acremonium*

续表

抗生素	作用酶	阻遏物	非阻遏物	产生菌
链霉素	甘露糖链霉素合成酶、脒基转移酶、链霉胍激酶	葡萄糖、糊精、甘露糖		灰色链霉菌
太乐霉素	胸苷二磷酸葡萄糖氧化还原酶、胸苷二磷酸-4-酮-脱氧葡萄糖甲基酶	葡萄糖	麦芽糖	弗氏链霉菌
新霉素	新霉素磷酸酶	葡萄糖	麦芽糖	弗氏链霉菌
巴龙霉素	O-甲基巴龙霉素甲基转移酶	葡萄糖	甘油	白黑链霉菌
卡那霉素	N-酰基卡那霉素基水解酶	葡萄糖、麦芽糖、甘露糖	半乳糖	卡那霉素链霉菌
新生霉素		柠檬酸	葡萄糖	雪白链霉菌
嘌呤霉素	O-去甲基嘌呤霉素合成酶	葡萄糖	甘油	白黑链霉菌
放线菌素	氧化吩嗯嗪酮合成酶	葡萄糖、甘油	果糖	抗生链霉菌
	犬尿素甲酰胺酶、色氨酸吡咯酶、羟基犬尿素酶	葡萄糖、甘油	果糖	小小链霉菌
杀念珠菌素	PABA 合成酶			灰色链霉菌
丰加霉素				龟裂链霉菌
桑吉瓦霉素	鸟苷三磷酸-8-甲酰水解酶			短芽孢杆菌
短杆菌肽 S	短杆菌肽 S 合成酶			
杆菌肽	杆菌肽合成酶	葡萄糖	柠檬酸	地衣芽孢杆菌
紫苏霉素		葡萄糖	麦芽糖	委内瑞拉链霉菌
氯霉素	β-半乳糖苷酶	葡萄糖	甘油	委内瑞拉链霉菌
头霉素		甘油	淀粉	
丝裂霉素		葡萄糖	低浓度葡萄糖	

在含有葡萄糖和第二种碳源的培养基中，葡萄糖首先被利用，葡萄糖分解代谢的中间产物会抑制抗生素的生物合成。只有在葡萄糖耗尽时，利用第二种碳源所需的酶才开始形成，并解除对抗生素生物合成的抑制。葡萄糖对青霉素和头孢菌素生物合成的阻遏作用，是由于葡萄糖分解产物阻遏 ACV 三肽（α-AA-Cys-Val）合成酶的合成，如图 5-58 所示。

当然，不排除对其他青霉素合成酶的阻遏。胞内效应物调节葡萄糖效应看来是葡萄糖的一种磷酸化衍生物。头孢菌素的生物合成明显受葡萄糖阻遏，使青霉素 N 不能转化为头孢菌素 C。葡萄糖也阻遏青霉素环化酶，使它不能把 ACV 三肽转化为青霉素 C。

在放线菌素合成中，氧化吩嗯嗪酮合成酶催化两分子 3-羟基-4-甲基邻氨基苯甲酸或其肽衍生物的氧化缩合。当采用含有 0.1% 葡萄糖和 1% 半乳糖的谷氨酸无机盐培养基时，

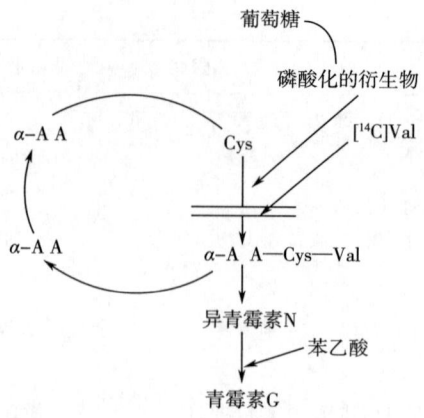

图 5-58　葡萄糖对青霉素生物合成的阻遏作用
注：假定葡萄糖代谢成为磷酸化的衍生物，它切断酶与 α - AA、
半胱氨酸和缬氨酸的连接，以形成 ACV 三肽（α - AA - Cys - Val）。

在 20~24h 内葡萄糖已被利用 90%，形成 75% 菌体，30h 后葡萄糖耗尽，培养物进入静止期。开始 20h 内几乎不合成氧化吩噁嗪酮合成酶，在 20~36h，该酶活性增加 5~6 倍，至 40h 则为 12 倍。放线菌素的合成比酶合成稍晚，在 24h 后才能被检出，在葡萄糖耗尽后才开始缓慢利用半乳糖。在半乳糖培养基中加入葡萄糖、甘露糖、甘油，会明显抑制氧化吩噁嗪酮合成酶的合成。

解除分解产物阻遏的方法是：一方面选育对葡萄糖类似物抗性突变型菌株来解除容易利用的碳分解产物调节，以提高抗生素产量；另一方面在培养过程中逃避分解产物阻遏，如使用利用缓慢的碳源，或连续流加葡萄糖来保持培养基中的低浓度葡萄糖，避开它对有关生物合成酶的阻遏，或使用能慢慢向培养基内渗出营养物质的颗粒（锭剂）。

4. 磷酸盐的调节

磷酸盐对抗生素生产的影响早已为人们所知晓。高浓度磷酸盐对许多抗生素，如链霉素、新霉素、金霉素、四环素、土霉素、万古霉素、新生霉素、紫霉素、杀假丝菌素等的合成具有阻遏和抑制作用。这些抗生素的合成只有在磷酸盐含量为生长的"亚适量"时才能合成。在高浓度磷酸盐中只长菌体，不合成抗生素；但磷酸盐太少时，菌体生长不够，也不利于合成抗生素。因此，发酵工艺上要严格控制"亚适量"的磷酸盐浓度。

磷酸盐抑制抗生素合成的机制可能有以下两方面。

（1）抑制或阻遏抗生素生物合成途径中有关酶的活性和合成　例如，金色链霉菌合成四环素时，磷酸盐阻遏脱水四环素氧化酶和环化氧化酶；在链霉素合成中抑制链霉素磷酸酯酶；在万古霉素合成中抑制碱性磷酸酯酶活性；阻遏泰乐菌素的 dTDP - 葡萄糖 - 4，6 - 脱氢酶，dTDP 合成酶和大菌素甲基酶。这些关键酶被抑制或阻遏，都将引起抗生素生物合成大幅度减产。同样，过量磷酸盐抑制链霉素产生菌，是比基尼链霉菌合成中间体链霉胍所需的转脒基酶活性的 80%，会大幅度降低链霉素产量。

（2）改变代谢途径　过量磷酸盐能促使葡萄糖代谢由 HMP 途径转变为 EMP 途径，使一些抗生素的芳香族前体合成减少。例如，过量磷酸盐抑制四环素的生物合成是由于戊糖循环减少，而通过糖酵解途径进行。

5. NH_4^+ 的抑制作用

在抗生素发酵中，若供给高浓度的无机氨态氮或其他容易被迅速利用的氮源，会促进生长，而强烈地抑制抗生素的合成。例如，黄豆粉用作放线菌发酵的氮源，消除了氨和氨基酸对抗生素生物合成的氮分解阻遏，这可能是黄豆粉的颗粒被放线菌的蛋白酶逐渐分解，不会抑制抗生素合成的缘故。因此，在链霉素发酵中，黄豆粉是首位非常理想的氮源。同样在红霉素发酵中加入某种类的氮源，其产量会大为降低。带小棒链霉菌生产头霉素和雪白链霉菌生产新生霉素时，在抗生素生成期流加氮源，会促使细胞生长而抗生素生成量显著降低。受氮分解产物调节抗生素生物合成的还有多种抗生素，如氯霉素、头孢菌素、青霉素、棒曲霉素、利福霉素等。

6. 初级代谢调节对次级代谢的作用

许多次级代谢产物来自初级代谢的关键中间体，因此次级代谢也受初级代谢调节的影响。

在青霉素的生物合成中，初级代谢调节控制对青霉素生成有很大影响。青霉素由 α-AA（α-氨基己二酸）、L-半胱氨酸和 L-缬氨酸合成。合成青霉素的缬氨酸是 D 型，D 型是在形成 ACV 三肽时形成的，而不是在形成噻唑环时形成的，因此真正的前体是 L-缬氨酸。L-缬氨酸的生物合成见图 5-59。L-缬氨酸反馈抑制乙酰羟酸合成酶，影响青霉素的合成。通过选育乙酰羟酸合成酶对 L-缬氨酸的反馈抑制作用敏感性低或不敏感的变异株，这样在菌体内积累较多的内源缬氨酸，从而增加青霉素产量。

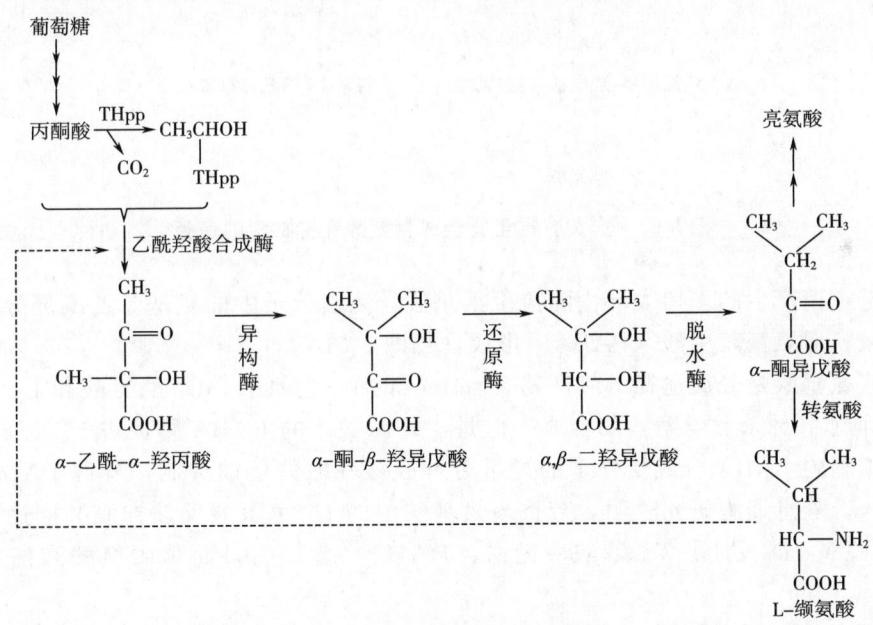

图 5-59　L-缬氨酸的生物合成

α-AA 是产黄青霉生物合成青霉素和赖氨酸的共同前体物质，赖氨酸抑制青霉素合成是由于赖氨酸反馈抑制同型柠檬酸合成酶，使 α-AA 生成量减少，从而影响青霉素的合成。

由图 5-60 可知，δ-腺苷-α-AA 是 α-AA 的活化型，是一种特殊化合物。生化突变株试验说明，赖氨酸和青霉素代谢途径的分支点是在δ-腺苷-α-AA，而不在α-AA。

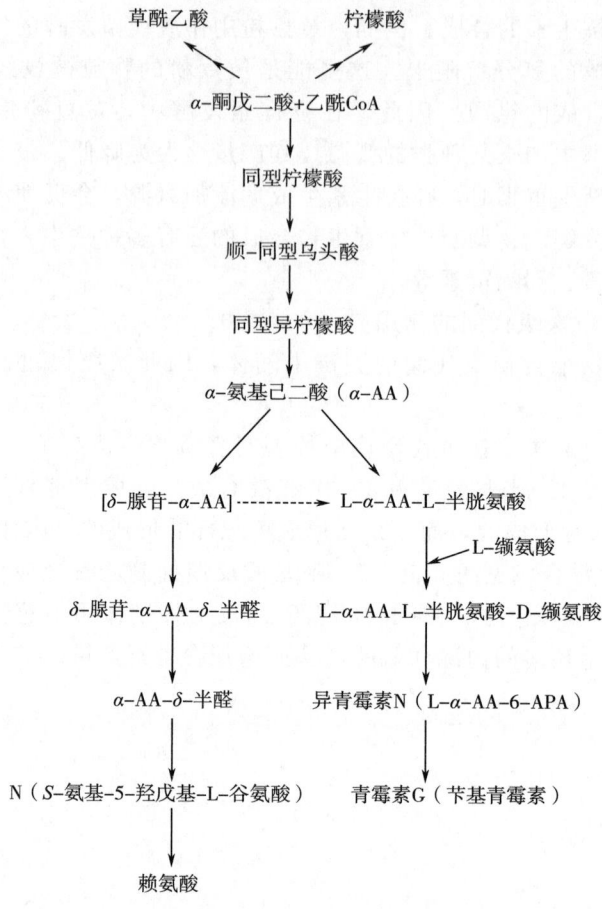

图5-60 产黄青霉生物合成赖氨酸和青霉素的途径

灰黄链霉菌产生的多烯大环内酯抗生素杀假丝菌素分子中的氨基苯乙酮部分，由葡萄糖经莽草酸、对氨基苯甲酸（PABA）形成，见图5-61。

芳香族氨基酸是分支途径的终产物，5mmol的L-色氨酸、L-酪氨酸和L-苯丙氨酸混合物能抑制50%杀假丝菌素的合成。但是，外源加入的PABA则促进50%杀假丝菌素的合成。细胞内PABA合成受外来的过量芳香族氨基酸的反馈抑制，外源PABA可被更高效地摄入。静息细胞研究表明，芳香族氨基酸中的L-色氨酸反馈抑制共同途径的前期酶，即3-脱氧-D-乙酮-7-磷酸庚糖酸（DAHP）合成酶，而苯丙氨酸和酪氨酸无此作用。

7. 次级代谢的反馈抑制

现已发现，许多抗生素达到一定浓度后，就能阻止自身的合成，其机制类似初级代谢产物反馈抑制，如氯霉素、雷斯托霉素、嘌呤霉素、放线菌素、维及霉素、霉酚酸、制霉菌素、青霉素等抗生素。氯霉素对自身合成的控制，首先是对分枝酸到氯霉素合成途径中的第一个酶——芳香胺合成酶的阻遏作用。产黄青霉变异株E-15的青霉素发酵中，任何

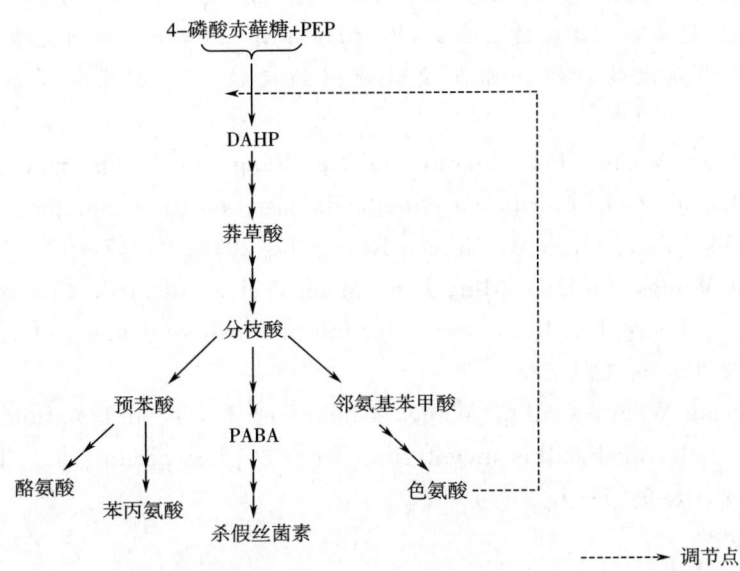

图 5-61 芳香族氨基酸对芳香族多烯大环内酯生物合成的调节机制

时期加入苯氧甲基青霉素（青霉素 V），都会抑制青霉素的进一步合成，但对菌体的生长无影响。青霉素对自身合成的抑制由青霉素酰基转移酶反馈抑制所致。卡那霉素阻遏卡那霉素乙酰化酶的生成，从而抑制了自身的合成。

8. 次级代谢的能荷调节

生物体内酶反应涉及化学能的转移，能荷定量测定以 ATP＋1/2ADP/（ATP＋ADP＋AMP）表示。高能量负荷抑制某些初级代谢酶，而激活另一些酶。能荷调节机制对次级代谢途径的控制也是有效的。许多次级代谢物的产生受磷酸盐的调节控制，如金霉素发酵，当磷酸盐耗尽后才开始形成抗生素，因为高浓度磷酸盐可增加细胞内 ATP 形成，导致细胞内能荷增加而抑制金霉素的合成。金霉素高产菌株的 ATP 含量维持在较低水平，而低产菌株的 ATP 含量始终比高产菌株高 2～4 倍。

在金霉素链霉菌、龟裂链霉菌中，氟代乙酸、亚铁氰化钾可使三羧酸循环活性下降，从而促进四环素的产生。这是由于三羧酸循环活性降低而导致 ATP 含量的下降，促使已积累的乙酸和磷酸烯醇式丙酮酸生成丙二酰 CoA，从而促进四环素的合成。

思考题
1. 试列表比较发酵、有氧呼吸和无氧呼吸的异同点。
2. 什么是电子传递系统？简述其功能。
3. 解释氨基酸代谢中的脱羧与脱氨作用。
4. 在赖氨酸发酵中如何应用代谢调控？

参 考 文 献

[1] 赵江华，房欢，张大伟. 微生物次级代谢产物生物合成的研究进展 [J/OL]. 生

物技术通报. https：//doi. org/10. 13560/j. cnki. biotech. bull. 1985. 2020－0475.

［2］樊明涛，赵春燕，雷晓凌. 食品微生物学［M］. 郑州：郑州大学出版社，2011.

［3］吴子强. 微生物初级代谢与次级代谢的比较［J］. 生物学教学，2006，31（5）：79.

［4］Mingcheng Wang，Hui Zhang，Gailing Wang，et al. The role of EmSOX2 in maintaining multipotency of pluripotent stem cells based on the technology of induced pluripotent stem cells［J］. Journal of Biotech Research，2016；7：57－62.

［5］Gailing Wang，Li Hu，Mingcheng Wang，et al. Identification of pathogens in the groundwater of laying hen flocks and selection of sensitive drugs［J］. Journal of Biotech Research，2017，8：27－32.

［6］Mingcheng Wang，Gailing Wang，Chuanfeng Li，et al. Isolation and identification of ammonia reducing Bacillus megaterium from chicken cecum［J］. Journal of Biotech Research，2018，9：1－7.

第二部分
发酵过程与控制

发酵过程是指在活细胞催化剂（主要是微生物细胞）的作用下，以微生物反应动力学为基础进行系列的串联生物反应，来生产生物、食品和化工产品。发酵过程会受多种外界因素影响，导致微生物所需培养条件数值变化较大，如何在培养过程中控制变量因素，使微生物生长环境处于平衡状态是目前有待研究的课题。我们对微生物的研究方式已经发生了变化，不再是凭借微生物形态来进行表面研究，而是随着生化工程的发展，开始着重研究复杂的生物学和微生物细胞调节方面内容。因此，发酵工程是一类高度非线性慢时变、重复性较差的复杂生化过程，我们在研究时不能只从表面分析发酵过程，而是使用检测的过程参数来详细分析发酵过程。检测过程中包含的参数一般为温度、pH、溶氧情况等，涉及化学、物理、生物三个方面。而对于工业发酵方面来说，发酵工程的首要任务是选择适宜菌种进行培养繁殖，同时还应保持最佳生长条件和参数控制以及微生物的接种、分离提纯等。因此，本部分主要针对发酵过程中的微生物反应动力学进行阐述，并分析影响发酵过程的因素及其控制方法，以便于节约培养原料，获得更优质的反应产物。

第六章 微生物反应动力学

微生物生长反应过程包括微生物细胞内的生化反应，胞内与胞外的物质交换，胞外物质传递等过程。从单细胞来看，微生物如同一个小型反应器，原料中的反应物通过细胞壁和细胞膜进入细胞内，转变为产物和能量；生成的一些产物又被释放出细胞，进入介质中。这些过程是在内部基因调节和外部因素的共同影响下完成的；此外，细胞还能够表现出某些特定代谢途径以及优先利用某一底物的特性。由此可知，发酵由微生物反应过程和物质传递过程组成。

微生物反应动力学

微生物的生长反应过程与化学反应过程都有产物形成，但是微生物反应过程比化学反应过程要复杂得多，整个过程包含了数以千计的化学反应。并且微生物反应是一个自催化过程，微生物是发酵培养过程的主体，胞内有复杂的酶系，它摄取原料中的养分后，通过体内的特定酶系发生复杂的生化反应，催化原料转化为有用的代谢产品或菌体。

单个微生物细胞在合适的外界环境条件下，不断地吸收营养物质，并按自身的规律进行新陈代谢。如果同化作用的速度超过了异化作用，则其原生质的总量（质量、体积）就不断增加，引起了个体生长，如果各细胞组分是按恰当的比例增长时，达到一定程度后就会发生繁殖，进而引起个体数目的增加。这时，原有的个体细胞就会发展成为一个细胞群体。随着群体中个体的进一步生长，就引起了这一群体的生长，这时可以质量、体积、密度或浓度作为指标来衡量生长现象。不论是个体细胞或者是群体细胞都能够把原料转变为代谢产品或菌体，但是只有研究群体细胞的发酵生产才有实际意义，所以微生物反应动力学研究的是群体细胞的行为规律。

微生物发酵主要涉及细菌、放线菌、酵母菌等微生物的培养。单细胞的微生物如细菌、酵母菌在液体培养基中，可以均匀地分布，每个细胞接触的环境条件相同，都有充分的营养物质，故每个细胞都迅速地生长繁殖。大多数霉菌是多细胞微生物，菌体呈丝状，在液体培养基中生长繁殖的情况与单细胞微生物不一样，如果用摇床培养，则霉菌在液体培养中的生长繁殖情况，近似于单细胞微生物。因液体被搅动，菌丝处于分布比较均匀的状态，而且菌丝在生长繁殖过程中不会像在固体培养基上那样有分化现象，孢子产生也较少。由此可见，不同的微生物细胞种类在发酵过程中表现在基质消耗、菌体生长和产物生成这三方面就有所不同。因此，微生物反应动力学受微生物细胞种类的影响。

通常发酵类型是按微生物需氧的特点来区分的，有三类：一类为好氧微生物的好氧发酵，即在发酵时必须供给充足的氧气，如柠檬酸、谷氨酸、抗生素和酶制剂等的发酵；另一类是厌氧微生物的厌氧发酵，即在进行发酵时分子氧的存在会抑制或阻碍微生物的正常发酵，从而影响发酵质量，故发酵时必须隔离氧气，如乳酸、丙酸、丁醇等的发酵；第三类是兼性厌氧菌的兼性发酵，在有氧存在时进行好氧发酵，在无氧存在时进行厌氧发酵，如酒精、酵母菌体的发酵等。不同的发酵类型有不同的发酵规律，因而有不同的微生物反应动力学模型。

同一发酵过程的不同阶段也有不同的发酵工程动力学模型。尽管在发酵过程中的某一个瞬间，亿万个细胞各表现出不同的生长时期和代谢状态，但从群体细胞来看，却能呈现出一定的规律。典型的细胞生长曲线分为延迟期（迟缓期）、对数生长期、稳定期和死亡期（衰亡期）等四个时期，这是群体细胞表现出来的一个特征，不同时期的细胞有不同的形态、菌龄以及活性，表现出来的动力学规律也就不同。

由此可见，微生物反应动力学过程包含很多的化学反应和传递过程，其主要特征是研究不同种类的群体细胞在不同的发酵类型和生长阶段所表现出来的基质消耗、菌体生长和产物生成三者之间的规律，以及环境因素对此三者的综合影响。

微生物反应动力学主要是对细胞群体的动力学行为进行描述，细胞群体反应是一个很复杂的体系，根据对此体系做不同程度的简化，可以产生6种不同微生物反应动力学模型。具体的情况见表6-1。细胞群体有4种常见的结构模型，它们是确定论非结构模型，（也称为非均衡生长模型）、确定论结构模型、概率论非结构模型和概率论结构模型。本章讨论的是确定论非结构模型的情况。

表 6-1　　　　　　　　　　微生物反应动力学模型的分类

模型类型	着眼点	说明
确定论模型	群体	不考虑细胞之间的差别，而是取细胞性质的平均值
概率论模型	个体	考虑细胞之间的差别
结构模型	群体	考虑细胞组成变化，但缺乏相应的检测手段
非结构模型	群体	将细胞视为单组分，不考虑环境变化对细胞组成的影响
均相模型	群体	将细胞和培养液视为一相
生物相分离模型	群体	将细胞作为与培养液分离的生物相处理

（1）微生物菌体生长的动力学模型　在实际的生产过程中，如果菌体细胞组成不随时间而变，则可以不考虑细胞组成的影响，如在分批发酵培养方式中细胞的生长依次经历延迟期、对数生长期、稳定期和死亡期，在对数生长期则可以直接使用确定论非结构模型描述。但是需要注意的是使用该模型时要注意具体的使用条件，不能够随意推广。对分批发酵培养方式中不同生长情况的动力学模型简述如下，相应的模型方程式将在本章第一节介绍。

①无抑制作用的细胞生长动力学：假定在分批培养中，菌体生长为均衡型非结构生长，培养基中只有一种底物是生长的限制性底物，菌体生长速率系数恒定。当温度和pH一定时，细胞的生长速率始终随限制性培养基组分（一般为碳源）的浓度升高而加快，没有表现出底物抑制现象，细胞的一些代谢产物也不抑制细胞的生长，这种情况就属于无抑制的细胞生长。在这种情况下，可以采用形式上与酶动力学米氏方程一样的Monod方程式描述微生物生长动力学模型。虽然这一方程式比较简单，也适用于稳定期前的细胞生长的减速期，但是它不适用更为复杂的生长时期。

②延迟期和稳定期的细胞生长Monod型动力学：由于Monod型动力学函数只能够在微生物生长的对数生长期和细胞生长的减速期直接使用，所以对于延迟期和稳定期的微生物生长动力学方程式，就需由Monod型修改并扩展而得。在生长过程出现异常的延迟期，

细胞的比生长速率不仅与一种限制性底物有关，而且是时间的函数，所以 Monod 型动力学函数就必须增加考虑时间变量；对于稳定期，还需要考虑其他影响因素。

a. 微生物死亡期和内源代谢：当细胞进入死亡期时，细胞的营养物质和能源储备已消耗殆尽，不能继续维持细胞的生长和代谢，因而细胞开始死亡。活细胞由于内源代谢，逐渐丧失内源物质而使得细胞变小，最后变成了死细胞。如果死细胞的比例太大，那么就跟原来的假设有矛盾，必须加以修正。在原假定中，假定细胞为一个质点而不考虑细胞内部的结构，但实际上细胞为了维持生命活动，必须获取高能物质并将化学能转变为热能，用于维持渗透压、修复核酸及其他大分子，因此，能量不仅消耗在细胞生长上，还要消耗在维持细胞的结构上。考虑到这一因素，在物料平衡方程中就必须引入描述维持细胞结构这一概念。

b. 底物和产物抑制的动力学模型：与酶的催化反应类似，当培养基中的某种底物浓度达到一定的水平后，细胞的比生长速率随该底物浓度的升高而下降，表现出底物抑制作用，最常用的描述这一情况的模型是 Andrew 模型。另外一种情况是，某些代谢产物对细胞的生长也会产生抑制作用，当某一产物的浓度积累到一定的水平后就开始抑制细胞的比生长速率，最常用的描述这一情况的模型是 Hinshelwood 模型。

（2）微生物产物生成动力学模型　微生物反应生成的代谢产物非常复杂，涉及范围很广，包括醇类、有机酸、氨基酸、酶、核酸类物质、抗生素、维生素、生理活性物质等，并且由于细胞内生物合成的途径十分复杂，其生物合成途径和代谢调节机制也各具特点，因此，迄今为止还没有一个统一的模型可以用来描述产物生成动力学。微生物产物生成动力学模型的阐述见本章第二节。

（3）多底物动力学　当废水生物处理和以多碳源复合培养基为底物时，由于存在多种限制性底物，因此不能用简单模型方程来描述。微生物在多底物的培养基中生长时，相对容易利用的底物首先被消耗完毕，为了利用其他的成分，微生物必须诱导合成相应的酶。在整个过程中，细胞将产生一系列生长期，每个生长期的生长速率都会逐步下降。对于限制性双底物反应的动力学曲线，可分为依次利用、同时利用和两者交叉过渡的三种情形。

第一节　微生物生长动力学

任务

1. 学会分批发酵过程中检测不同培养时期的基质和菌体浓度的方法。
2. 掌握根据分批发酵过程不同阶段的基质和菌体浓度建立微生物生长动力学模型的方法。

【案例】

以芒果汁为原料，利用酵母菌分批发酵生产芒果酒，初始酵母菌浓度为 2×10^9 个/mL，初始 pH 为 4.0，总糖含量为 12%，设定不同发酵时间为 0、12、24、36、48、60、72、84、96、108、120、132、144、156、168h。在 7d 的发酵时间内每隔 12h 对发酵过程中的酒精度、总糖、pH 及酵母菌数量进行测定。如何根据发酵不同时期检测的酵母菌浓度和总糖含量建立酵母菌的分批生长动力学模型。

一、分批发酵菌体生长的动力学模型

1. 分批发酵微生物生长的四个时期

在发酵生产中，产气杆菌、黑曲霉、黏红酵母等都属于分批发酵方式，发酵工业中常见的分批发酵是采用单罐深层培养法。在操作上，先将一定量底物一次性装入封闭培养系统的单罐内，在适宜条件下接种使发酵开始，经过一定时间发酵后将全部发酵液取出，分离提取产物。在整个过程中，除了氧气的供给、发酵尾气的排出、消泡剂的添加和控制pH所需酸、碱的加入外，整个过程培养系统与外界没有其他物质的交换。分批培养过程中随着培养的进行，培养基中的营养物质不断减少，微生物的生长环境条件也随之不断变化。因此，微生物分批发酵是一种非稳态过程。微生物经历着由生到死的一系列变化阶段，在各个变化的进程中都受到菌体本身特性的制约，也受生长环境的影响。

分批培养过程都经历接种、菌体生长繁殖、菌体衰老进而结束发酵、最终提取出产物的过程。培养过程中细菌生长经历的阶段就是人们所熟悉的延迟期、对数生长期、稳定期和死亡期四个阶段，分批发酵培养的微生物生长曲线见图6-1。

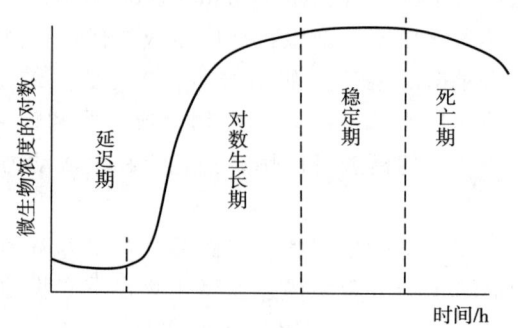

图6-1 分批发酵培养的微生物生长曲线

从图6-1中可见，微生物在接种后，相继出现延迟期、对数生长期、稳定期和死亡期，其中在对数生长期微生物浓度的自然对数与时间几乎呈直线关系，斜率相当于菌体比生长速率。

2. 分批发酵菌体生长的动力学模型

考察分批发酵中基质消耗和菌体生长的关系，分别对基质消耗和细胞生长过程建立物料平衡式，从而导出分批发酵菌体生长的动力学模型。

(1) 基质消耗速率方程式 微生物发酵不论是菌体生长、代谢产物的形成，还是细胞内提供生化反应的能源，都需要消耗基质，所以在讨论菌体生长的动力学模型之前，先要考察基质消耗的情况。对于任何一个发酵体系，基质物料流动方向有以下五种情况。

① 以一定速率合成新的细胞物质，$r_X/Y_{X/n}$；
② 以一定速率提供新物质合成所需的能量，$\alpha_X r_X$；
③ 以一定速率合成所分泌的结构复杂的生化物质，$r_{Pc} Y_{Pc/S}$；
④ 以一定速率提供分泌型复杂生化物质合成所需的能量，$\alpha_{Pc} r_{Pc}$；
⑤ 以一定速率提供细胞维持代谢所需要的能量，r_{Sm}。

因此,对任何一个发酵系统可以建立以下的物料平衡方程式:

基质的消耗速率＝补料中基质的添加速率－生长消耗的基质速率－产物合成用去的基质速率－
维持所消耗的基质速率－基质的移去速率

对于分批发酵或处于平衡状态下的连续发酵系统,因补料中基质的添加速率和基质的移去速率为零或相等,所以可以改写为如下的方程式:

基质的消耗速率＝－生长消耗的基质速率－产物合成用去的基质速率－维持所消耗的基质速率

如果考察的是分批发酵过程中的对数生长期,细胞还不需要消耗基质来维持生长。在对数生长期,基质的消耗主要是用于细胞生长,此期间的代谢合成所消耗的基质可以忽略不计,如果不考虑供给细胞生长的能量消耗,则最后导出的结果为:

$$r_S = r_X / Y_{X/n} \tag{6-1}$$

式(6-1)反映了基质消耗速率 r_S 与菌体生长速率 r_X 之间的关系。

同样,如果做出适当的假设,比如非耦联型的第二阶段菌体的生物量不再增加,则可以得出式(6-2)。

$$r_S = r_{Pc} / Y_{Pc/S} \tag{6-2}$$

式(6-2)反映了基质消耗速率 r_S 与代谢产物生成速率 r_{Pc} 之间的关系。

式(6-1)和式(6-2)是通过基质消耗的物料平衡推导出来的,反映了基质消耗速率分别与菌体生长速率、代谢产物生成速率之间的关系,只要给定微生物反应系统及假设条件,就可以推导出具体的速率方程式。当然,如果系统过于复杂,则导出的只能是经验式。

同理,也可以对菌体生长和代谢产物形成做出物料平衡,推导出菌体生长速率和代谢产物生成速率。

在一般情况下整个发酵过程中基质的消耗同时用于多方面,简化处理后,得到式(6-3)。

$$r_S = \frac{r_X}{Y'_{X/S}} + \frac{r_{Pc}}{Y'_{P/S}} + r_{Sm} \tag{6-3}$$

式中 r_S——基质消耗速率,kg/(m³·h)

r_X——细胞生长速率,kg/(m³·h)

r_{Pc}——产物生成速率,kg/(m³·h)

r_{Sm}——用于维持内源代谢的基质消耗速率,kg/(m³·h)

$Y'_{X/S}$——消耗基质生成细胞的得率系数,kg/kg

$Y'_{P/S}$——消耗基质生成产物的得率系数,kg/kg

对于厌氧发酵过程,式(6-3)变为式(6-4)。

$$r_S = \frac{r_X}{Y_{X/S}} + \frac{r_{Pc}}{Y_{P/S}} + \frac{r_{Sm}}{Y_{PS/S}} \tag{6-4}$$

式中 $Y_{X/S}$——消耗基质生成细胞的得率系数,kg/kg

$Y_{P/S}$——消耗基质生成产物的得率系数,kg/kg

$Y_{PS/S}$——简单分解产物对碳源的得率系数,kg/kg

对于分批发酵或处于平衡状态的连续发酵系统,可认为基质比消耗速率是生物量(菌体)比生长速率的函数,如式(6-5)所示。

$$r_S = Y_{S/X} \mu \tag{6-5}$$

式中　$Y_{S/X}$——每形成一单位的生物量时的基质消耗量，kg/kg

　　　μ——比生长速率，h^{-1}

（2）微生物菌体生长速率方程式　不论是哪种培养方式，用物料平衡观点来考察细胞的生长速率，指定微生物反应系统后，都可以列出如下物料平衡方程式。

细胞量的积累速率＝细胞生长速率－细胞的消失速率

对于分批发酵来说，发酵过程不移走细胞，不考虑细胞的死亡，那么细胞的消失速率为零，即：

细胞量的积累速率＝细胞生长速率

在分批发酵的对数生长期中，可以把比生长速率 μ 看作是常数，这样式（6-6）可以用数学形式表示为：

$$\frac{\mathrm{d}x}{\mathrm{d}t} = \mu X \tag{6-6}$$

①Monod 方程：对于分批培养过程，虽然培养基中的营养物质随时间变化而变化，但通常在特定条件（如对数生长期的 $r_X = r_S Y_{X/S}$）下，往往是恒定的。微生物细胞内大多数的微生物反应是在生物酶的催化下进行的，当培养基中某一种营养最终限制了微生物的生长，生长速率显然就与这种限制性营养物质的浓度相关，这就类似于酶促反应的米氏方程。从 20 世纪 40 年代以来，人们提出了很多描述微生物生长过程中比生长速率和营养物质浓度之间关系的方程。1942 年，Monod 提出了在特定温度、pH、营养物类型、营养物浓度等条件下，微生物细胞的比生长速率与限制性营养物质浓度之间存在式（6-7）的关系，通常称为 Monod 方程。

$$\mu = \frac{\mu_{\max}[S]}{K_S + [S]} \tag{6-7}$$

式中　$\mu_{\max}$——微生物的最大比生长速率，h^{-1}

　　　[S]——限制性基质的浓度，g/L

　　　K_S——半饱和常数，mg/L

K_S 为半饱和常数，是细胞对限制性基质亲和性的一种度量，K_S 的物理意义为当比生长速率为最大比生长速率一半时，限制性基质的浓度。K_S 的大小表示了微生物对营养物质的吸收亲和力大小，K_S 数值与微生物种类和基质类型都有关。K_S 越大，表示微生物对基质的吸收亲和力越小；K_S 越小，细胞越能在低浓度限制性基质条件下快速生长。K_S 值一般较小，对糖类基质，微生物的 K_S 一般在 100mg/L 以下，而实际工业生产中基质浓度一般很高，这时比生长速率接近最大比生长速率。常见微生物的 K_S 值如表 6-2 所示。

表 6-2　　　　　　　　　　　　　常见微生物的 K_S

微生物	底物	K_S/（mg/L）	微生物	底物	K_S/（mg/L）
大肠埃希菌	葡萄糖	680.0	假单胞菌	甲醇	0.7
大肠埃希菌	甘露醇	4.0	假单胞菌	甲烷	0.4
大肠埃希菌	乳糖	2.0	酵母菌	葡萄糖	25.0
大肠埃希菌	色氨酸	20.0	曲霉	葡萄糖	5.0

微生物生长的最大比生长速率 μ_{max} 可视为当基质过量时的比生长速率，数值还与细胞种类和环境条件（pH、温度、离子强度等）相关。μ_{max} 在工业生产上有很大的意义，μ_{max} 随微生物的种类和培养条件的不同而不同，通常为 $0.09\sim 0.64\mathrm{h}^{-1}$。一般来说，细菌的 μ_{max} 大于真菌。就同一细菌而言，培养温度升高，μ_{max} 增大；营养物质改变，μ_{max} 也要发生变化。通常容易被利用的营养物质，其 μ_{max} 较大；随着营养物质碳链的逐渐加长，μ_{max} 则逐渐变小。

μ 为比生长速率，除受基质浓度、微生物种类等因素影响外，在生长的不同时期也不同。工业生产中生长衰退期的比生长速率会受到培养基中各种组分浓度的影响。

Monod 方程在形式上与米氏方程相似，但米氏方程是机制方程，而 Monod 方程是一个经验性方程，其成立的基本假设是：微生物生长中，生长培养基中只有一种物质的浓度会影响其生长速率（其他组分过量），这种物质被称为限制性（生长）基质，并且认为微生物为均衡生长且为简单的一级反应。根据这些假说，μ 仅取决于限制性基质的浓度 [S]，此时，微生物比生长速率随着限制性基质的浓度的变化而呈抛物线形变化（图 6-2）。

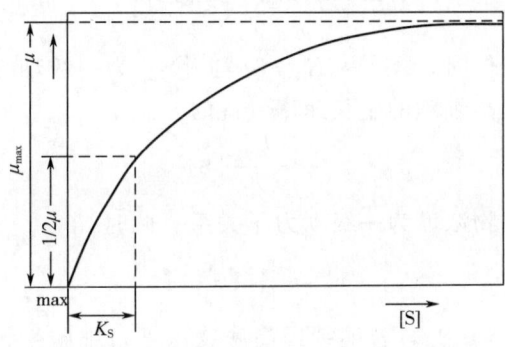

图 6-2 基质浓度与比生长速率的关系

另外，由（6-7）式可知，当 $\mu=\mu_{max}/2$ 时，有 $K_S=[S]$。

与米氏方程类似，可将 Monod 方程转化为线性方程式的形式：

$$\frac{1}{\mu}=\frac{1}{\mu_{max}}+\frac{K_S}{\mu_{max}}\frac{1}{[S]} \tag{6-8}$$

或

$$\frac{[S]}{\mu}=\frac{[S]}{\mu_{max}}+\frac{K_S}{\mu_{max}} \tag{6-9}$$

在不同基质浓度时，测量细胞比生长速率，按 L-B 法作图，根据斜率和截距可求出 μ_{max} 和 K_S。

[例题 6-1] 以乙醇为唯一碳源进行面包酵母培养，获得如下数据：

[S]/(g/L)	0.40	0.33	0.18	0.10	0.071	0.049	0.038	0.020	0.014
μ/h^{-1}	0.161	0.169	0.169	0.149	0.133	0.135	0.112	0.0909	0.0735

[解] 利用式（6-8）：

$$\frac{1}{\mu}=\frac{1}{\mu_{max}}+\frac{K_S}{\mu_{max}}\frac{1}{[S]}$$

由所给数据，以 $\frac{1}{[S]}$ 为横坐标，$\frac{1}{\mu}$ 为纵坐标，作图（图6-3），得一条直线。由直线与 x 轴和 y 轴相交，分别求得 $K_S=0.02$（kg/m³）；$\mu_{max}=0.18$（h⁻¹）。

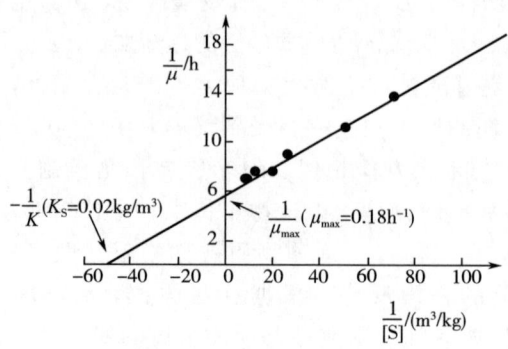

图 6-3　μ_{max} 和 Y 的求解

当限制性底物浓度很低时，$[S] \ll K_S$，μ 与 $[S]$ 为一级动力学关系，此时若提高限制性基质浓度，可明显提高细胞的生长速率。此时：

$$\mu \approx \frac{\mu_{max}}{K_S}[S] \tag{6-10}$$

细胞比生长速率与底物浓度为一级动力学关系。此时：

$$r_X \approx \frac{\mu_{max}}{K_S}[S][X] \tag{6-11}$$

当 $[S] \gg K_S$ 时，$\mu \approx \mu_{max}$，若继续提高底物浓度，细胞生长速率基本不变。此时细胞比生长速率与底物浓度无关，为零级动力学特点：

$$r_X \approx \mu_{max}[X] \tag{6-12}$$

当 $[S]$ 处于上述两种情况之间，则 μ 与 $[S]$ 关系符合 Monod 方程关系：

$$r_X = \frac{d[X]}{dt} = \mu[X] = \mu_{max}\frac{[S]}{K_S+[S]}[X] \tag{6-13}$$

Monod 方程表述简单，应用范围广泛，是细胞生长动力学最重要的方程之一。但是 Monod 方程仅适用于细胞生长较慢和细胞密度较低的环境下。因为只有这时细胞的生长才能与底物浓度 $[S]$ 呈一简单关系式。如果底物消耗速率过快，则极有可能产生有害的副产物；在细胞浓度很高时，则有害的副产物可能更多。研究者发现有些情况下微生物的生长规律不符合 Monod 方程，因此，研究者提出了一些改进形式。

② 细胞生长稳定期和延滞期的 Monod 型动力学：简单的 Monod 型动力学方程只在微生物生长的指数期和减速期适用，经过扩展，可用于延滞期、稳定期和死亡期。图 6-4 中给出了分批培养过程的时间曲线。当生长过程出现异常的延滞期时，简单的生长动力学 $\mu(S)$ 就应当扩展为 $\mu(S, t)$。

a. 延滞期动力学模型：微生物生长延滞期可定量表示为：

$$\mu(S, t) = \mu_{max}\frac{[S]}{K_S+[S]}(1-e^{-\frac{t}{t_L}}) \tag{6-14}$$

式中，μ_{max}、t_L 可根据图 6-4 确定得出。

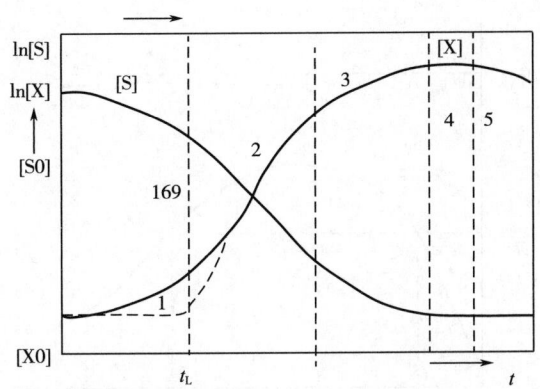

图 6-4　微生物分批培养各个生长时期的浓度-时间图

1—延滞期，t_L=延迟时间，$\mu=0$　2—指数期，$\mu=\mu_{max}$
3—减速期，$\mu=f(S)$　4—稳定期，$\mu=-K_d$　5—死亡期（内源代谢期），$K_d>0$。

b. 生长稳定期动力学模型：微生物生长的对数或指数定律，即 $r_X=\mu_{max}[X]$，经改进后即可用于生长的稳定期。改进后的形式为：

$$r_X=\alpha[X]\left(1-\frac{[X]}{\beta}\right) \tag{6-15}$$

式中　α、β——经验常数

取 $\alpha=\mu_{max}$ 和 $\beta=[X]_{max}$，Motta 已将此逻辑方程应用于连续生长的培养物的定量研究中。尽管这一改进可以成功地拟合生长曲线，但其缺点是比生长速率和底物浓度没有明显的关系。不过，在微生物生长停止时才出现产物形成的情况下，例如抗生素生产过程，方程（6-15）具有较好的适用性。

③底物和产物抑制的动力学模型：在大多数抑制情况下，Monod 型的动力学方程是从简单的酶抑制机制理论引申得出的。这些方程仅仅是人为假设的，因此也可用其他合适形式的模型来代替。

a. 底物抑制动力学：同酶催化反应类似，当培养基中某种底物浓度高到一定程度后，细胞的比生长速率随该底物浓度的升高反而下降，表现出底物抑制作用。最常用的描述底物抑制的模型是 Andrew 根据连续培养中底物的抑制情况提出的普遍化底物抑制模型：

$$\mu=\mu_{max}\frac{1}{1+\frac{K_S}{[S]}+[S]/K_{IS}} \tag{6-16}$$

式中　K_{IS}——底物抑制常数，g/L

式（6-16）的函数曲线如图 6-5 所示。

可根据图 6-5 估计方程中的参数值。当 $[S]\gg K_S$ 时，式（6-16）可以变为：

$$\frac{1}{\mu}=\frac{1}{\mu_{max}}+\frac{1}{\mu_{max}K_{IS}}[S] \tag{6-17}$$

由该式可求得 K_{IS}。

b. 产物抑制动力学：细胞的一些代谢产物有时会影响细胞的生长，如酵母在厌氧环境下产生的乙醇积累到一定浓度后会抑制酵母的生长，乳酸菌产生的乳酸会抑制乳酸菌的

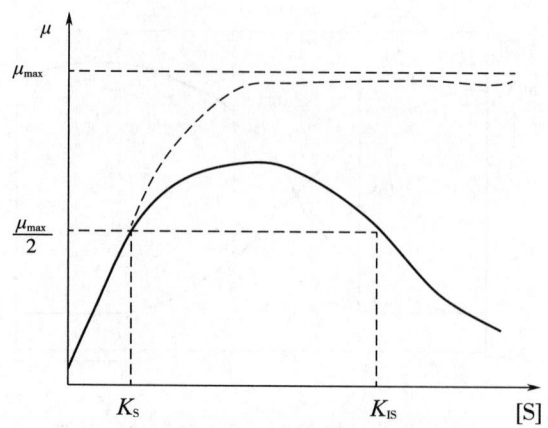

图 6-5 有底物抑制情况的动力学曲线之一

生长等。Hinshelwood 研究了产物浓度对细胞比生长速率的影响，对几种可能的影响形式进行了分类，认为有线性下降式、指数下降式或分段函数式，如图 6-6 所示。

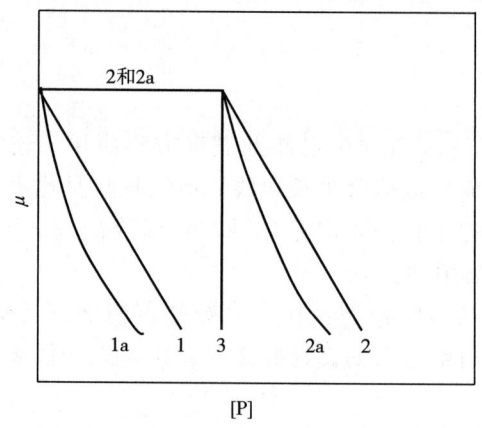

图 6-6 几种产物抑制的模型曲线

1—线性　1a—一级下降　2，2a—先不影响后下降　3—突然中止

当不存在临界浓度时，一般的线性关系为：

$$\mu = \mu_{max} \frac{[S]}{K_S + [S]} (1 - k[P]) \tag{6-18}$$

式中　[P]——产物浓度，g/L

　　　　k——动力学常数

式（6-18）也可通过类似于酶动力学的方式进行模拟：

$$\mu = \mu_{max} \frac{[S]}{K_S + [S]} \cdot \frac{K_{IP}}{K_{IP} + [P]} \tag{6-19}$$

式中　K_{IP}——产物抑制常数，g/L

这个模型曾被用于计算机模拟非连续培养中的生长，是最常用的模型方程。

除了 Monod 方程描述微生物生长外，研究者发现许多情况下 Monod 方程无法准确描述复杂的微生物生长情况，近年来，研究者提出了许多微生物生长动力学方程，下面列出了一些常用的细胞生长动力学模型。

例如，由于初始底物浓度过高而造成细胞生长过快的细胞反应，可采用下述方程，即：

$$\mu = \mu_{max} \frac{[S]}{K_S + K_0[S_0] + [S]} \quad (6\text{-}20)$$

式中　$[S_0]$——底物初始浓度，g/L

K_0——无量纲初始饱和常数

此外，常常发现当基质浓度低于某一数值，细胞停止生长。这是由于细胞维持代谢所致，细胞为了维持正常生理活动需要消耗少量基质。当细胞生长旺盛时，维持代谢所消耗的基质所占比例很小；如果在稳定期，比生长速率小，而细胞密度又很大，就需要考虑消耗的这部分维持代谢能量。如果基质进一步降低到不足以满足维持代谢对基质的需要，细胞会消耗一部分细胞内含物以满足细胞生理活动的需要，此时称为细胞的内源代谢（Endogeneous Metabolism）。对于上述两种情况，细胞的比生长速率方程可表示为：

$$\mu = \frac{\mu_{max}[S]}{K_S + [S]} - b \quad (6\text{-}21)$$

对维持代谢，b 值与维持系数有关系；对内源代谢，b 为内源代谢速率常数，单位为"时间$^{-1}$"。

另外，人们还提出了一些可替代 Monod 方程的表达式，如表 6-3 所示。

表 6-3　　　　　　　　　　　微生物生长速率模型

提出者	微生物生长速率模型
Teissier	$\mu = \mu_{max}(1 - e^{-[S]/K_S})$
Moser	$\mu = \mu_{max}(1 + K_S[S]^{-c})$
Mosen	$\mu = \mu_{max}[S]^n / (K_S^n + [S]^n)$
Contois	$\mu = \mu_{max}[S] / (K_S[X] + [S])$
Spicer	$\mu = \mu_{max}(1 - e^{-L[S]})$
Yano	$\mu = \mu_{max}/[1 + \frac{K_S}{[S]} + \sum_{i=1}^{n}([S]/K_i)^i]$
Jost	$\mu = \mu_{max}[S]^2 / [(K_S + [S])(K_s' + [S])]$
Edwards	$\mu = \mu_{max}(e^{-[S]/K_S} - e^{-[S]/K_S})$
Manago	$\mu = K[S]^n$
Yakuda	$\mu^2 = \mu_{max}[S]^2 / [(K_S + [S])(K_s' + [S])] = 0$
Mahler Cordes	$\mu = \mu_{max}[S]_a[S]_b / [(K_a + [S]_a)(K_b + [S]_b)]$
Bertalanffy	$dm/dt = a/(m^{-2/3} + cm^{-1}) - rm$

续表

提出者	微生物生长速率模型
Logistic*	$\mu = a(X_{max} - X)$
Aiba	$\mu = \dfrac{\mu_{max}[S]}{K_S + [S]} \cdot \dfrac{K_P}{K_P + [P]}$
Blackman	$[S] \geqslant 2K_S, \mu = \mu_{max}$
	$[S] < 2K_S, \mu = \mu_{max}(1 - \dfrac{x}{K_x})$

注：表中 m 和 [P] 分别表示细胞质量和产物浓度，a、c、n、r、L 等为试验系数或指数。
* 为逻辑方程。

Monod 方程的各种表达式上述方程中，Teissier 方程有两个动力学参数（μ_{max}，K）。Moser 方程有 3 个参数（μ_{max}，K_S，n），Moser 方程也是这些方程中常用的一种，当 $n=1$，即 Monod 方程。Contois 方程适用于在高密度下细胞生长，方程中 K_S 与细胞密度相乘。Blackman 方程虽然与实际数据拟合有时要比 Monod 方程更好，但其不连续性对其应用带来了麻烦。根据上述方程，细胞比生长速率随底物浓度下降而下降，有的还与细胞浓度成反比关系。

Monod 方程仅适用于单一限制性基质的情况，但实际上经常会有几种基质浓度影响比生长速率。这种情况下可发生复杂的相互作用，除非包括多个可调整的参数，否则很难用非结构性模型来建模。在难以区分其他基质是促进生长还是抑制生长的情况下，提出了几种描述多基质多参数的非结构模型。其中，描述两限制性基质的动力学表达式见式（6-22）。

$$\mu = \frac{\mu_{max,1}\mu_{max,2}S_1 S_2}{(S_1 + K_1)(S_2 + K_2)} \tag{6-22}$$

式中　$\mu_{max,1}$、$\mu_{max,2}$——分别为两种类型基质的最大比生长速率，h^{-1}

　　　S_1、S_2——分别为两种类型基质的基质浓度，kg/m^3

　　　K_1、K_2——分别为两种类型基质的半饱和常数，kg/m^3

在细胞生长受到高浓度的限制性基质或代谢产物的抑制时，为了在模型中体现这些因素的影响，常用 Monod 动力学模型的扩展形式来表示细胞生长速率。高浓度限制性基质的抑制作用可用式（6-23）表示。

$$\mu = \mu_{max} \frac{S}{\dfrac{S^2}{K_i} + S + K_S} \tag{6-23}$$

式中　K_i——为高浓度限制性基质半饱和常数

对于代谢产物抑制作用，可用式（6-24）表示。

$$\mu = \mu_{max} \frac{S}{S + K_S} \cdot \frac{1}{1 + \dfrac{P}{K_i}} \tag{6-24}$$

对于分批发酵中除对数生长期以及到达稳定期之前的减速期外，其他生长时期不能够直接使用 Monod 速率方程式，但是可以跟上述讨论多底物和有抑制现象的情况一样，通过扩展 Monod 速率方程式使之适合使用。

（3）分批发酵过程的生产率　生产率是以 1L 发酵液 1h 产生的产物量表示的，是对发酵过程总结果的一种衡量。对于分批发酵过程，必须计算总运转时间内的生产率。总运转时间包括发酵周期、放罐时间、洗罐时间、灭菌新一轮培养基所需要的时间。后三者所需的时间有长有短，短的如酵母生产为 6h，长的如抗生素生产达 20h。

总生产率可以用自发酵过程的起点到终点的直线斜率表示，最大生产率由通过原点并与生长曲线相切的斜率表示，切点位置的细胞浓度或产物浓度比终点的低，见图 6-7。

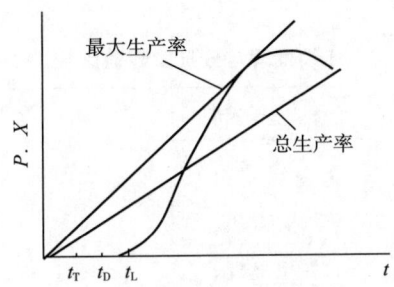

图 6-7　分批发酵的生产率

t_T—放罐、洗罐和维修的工作时间　t_D—打料和灭菌时间　t_L—生长延迟期

由式（6-25）可以求出发酵过程总的运转周期：

$$t = \frac{1}{\mu_{max}}\ln\frac{X_f}{X_0} + t_T + t_L + t_D \tag{6-25}$$

式中　t_T——放罐所需要的时间（放罐、洗罐和检修），h

t_D——进罐时间（打料、灭菌），h

t_L——生长延迟期，h

X_f——发酵最终细胞浓度，kg/m^3

故总生产率可以用式（6-26）来表示。

$$P = \frac{X_f}{T} \tag{6-26}$$

式中　P——总生产率，$kg/(m^3 \cdot h)$

T——运转周期，h

X_f——最终细胞浓度，kg/m^3

由式（6-25）和式（6-26）可知，减少放罐、检修、打料、灭菌时间（特别是对短发酵周期的如面包酵母或谷氨酸的生产过程仅 18~48h），增加种子量 X_0 都可以缩短运转周期。另外，使用对数生长期的种子可缩短生长的延迟期，也可以提高生产率。

二、连续发酵菌体生长的动力学模型

1. 连续发酵的细胞生长特性

在分批发酵时，添加新鲜培养基到发酵系统中可以延长对数生长期。如果在添加培养基的同时从系统中放出等体积的培养液，则可以获得一个平衡状态，此时形成的新细胞数量与流出的细胞数量相等。

(1) 连续发酵的原理　所谓连续发酵（或称连续培养）是指在微生物培养至对数生长期时，以一定的速率把新鲜的培养基连续地供给均匀混合的发酵系统，并以相同的速率排出含有细胞和产物的发酵液的过程，发酵液中营养基质的浓度始终维持恒定状态，微生物保持在生长旺盛的对数生长期。

(2) 连续发酵细胞生长特性　与在密闭系统中进行的分批发酵操作相反，连续发酵是在开放系统中进行的。在开放式连续发酵系统中，培养系统中的微生物细胞随着发酵液的流出而被带走，细胞流出速度等于新细胞形成速度。连续发酵与分批发酵的比较见表 6-4。

表 6-4　　　　　　　　　　　连续发酵与分批发酵的比较

比较项目	连续发酵	分批发酵
发酵系统	开放式	密闭式
培养基供给	连续	一次性
发酵液取出	连续	一次性
比生长速率	恒定	改变
基质浓度	恒定	改变
细胞浓度	恒定	改变
产物浓度	恒定	改变

(3) 几个关于连续发酵的概念

①稀释率（D，单位 h^{-1}）：在恒速添加新鲜培养基的开放式连续培养系统中，单位时间内加入的新鲜培养基体积（F）与原有的发酵液体积（V）之比，即为稀释度。稀释度的倒数为停留时间，即 $1/D$。

$$D = F/V \tag{6-27}$$

式中　D——稀释率，h^{-1}

　　　F——流速，m^3/h

　　　V——原有的发酵液体积，m^3

②恒化器：通过控制限制性基质的浓度，设法使培养液流速保持不变，使微生物始终在低于其最高生长速率条件下进行生长繁殖的一种外控制式的连续培养装置。在恒化器中，一方面菌体密度会随时间而增大；另一方面，限制性营养物质的浓度又随时间而减少。微生物的生长速率最终会与新鲜培养基的流入速率相平衡。

③恒浊器：使用光电控制系统检测培养器内微生物的菌体密度，控制培养液添加的流速，以获取菌体密度高且生长速率恒定的连续培养器。当培养基的流速低于微生物生长速率时，菌体密度增大，这时通过光电控制系统的调节，可提高培养基流入的速度，反之亦然，以此来达到恒定菌体密度的目的。在恒浊器中，微生物的最大生长速率可以达到该菌体在分批培养时的水平，并可以在一定范围内控制菌体密度。在生产实践上，为了获得大量菌体或与菌体生长相耦联的代谢产物如乳酸、乙醇时都可以使用恒浊器。

2. 连续发酵菌体生长的动力学模型

(1) 连续培养的物料平衡

①连续培养中菌体量的物料平衡：对于一个单级恒化培养的连续发酵系统，细胞浓度变化取决于以下几方面：a. 细胞生长；b. 随新鲜培养基所带入的细胞；c. 取出培养液时带走的细胞；d. 细胞死亡。

对于菌体的积累，可以建立如下的物料平衡：

细胞的积累速率＝细胞的流入速率－细胞的流出速率＋细胞的生长速率－细胞的死亡速率

经过一段时间后，连续培养系统达到稳定状态，此时，

细胞的流入速率＝细胞的流出速率

上式可变为：

细胞的积累速率＝细胞的生长速率－细胞的死亡速率

在稳定状态时，即：

$$\mu X = DX$$
$$\mu = D \tag{6-28}$$

式（6-28）表明，在稳定状态下连续发酵的比生长速率等于稀释率。要维持这一恒定的速度，必须使发酵罐中发酵液的稀释率，恰恰等于该菌体的比生长速率。因此，连续培养是一个具有自我调控的系统。培养物的比生长速率可以用稀释率来调节。达到稳态后，整个发酵周期中细胞、基质、产物等的浓度都保持恒定。

②连续培养中限制性基质的物料平衡：限制性基质的浓度成为限制微生物菌体生长的关键，对该基质建立物料平衡。得到如下的方程式：

基质在系统中积累的速率＝基质进入系统的速率－基质流出系统的速率－

用于生长的基质消耗速率－用于维持的基质消耗速率－用于产物形成的基质消耗速率

由于细胞生长处于对数生长期，所以用于维持生命活动和代谢产物合成所需要消耗的基质可以忽略不计。稳定状态下，限制性基质浓度保持恒定。因此，上式简化为：

0＝养分进入系统的速率－基质流出系统的速率－用于生长的基质消耗的速率

用数学式表示，最后得到式（6-29）。

$$X = Y_{X/S}(S_0 - S) \tag{6-29}$$

式（6-29）表明，稳定状态时的细胞浓度由细胞生成得率系数和被消耗的基质决定，而与比生长速率和稀释率无关。这一点与分批发酵的对数生长期不同。

(2) 稳态连续培养中基质消耗与菌体生长的关联式　在稳态连续培养中，细胞相当于分批发酵的对数生长期，所以可以借用 Monod 方程式来推导用 X、S 和 D 来描述的生长速率的方程式，则得式（6-30）。

$$X = Y_{X/S}\left(S_0 - \frac{K_S D}{D_C - D}\right) \tag{6-30}$$

(3) 连续发酵过程的细胞产率　发酵工艺过程是由得率和产率评价的，连续发酵的细胞产率 P 可通过式（6-31）计算。

$$P = DY_{X/S}\left(S_0 - \frac{K_S D}{D_C - D}\right) \tag{6-31}$$

以 P 为纵坐标、D 为横坐标，作图得如下的关系曲线，见图 6-8。

从图 6-8 中可见，P 随着稀释度的增加而增加，达到最大值后，随稀释度增大而急剧

下降。所以连续发酵过程的最优化必须综合考虑产率、转化率和流出液的残留基质浓度。虽然采取最大的稀释率可以获得最大的产量，但如果稀释率较高，流出液中未被利用的营养物质也较多，当原料价格较贵时，为充分利用基质，应适当降低 D 值。如果产品有较大经济效益，则可采用接近最大稀释率的流加速率。分批发酵时最大的生产能力只出现在发酵结束时，而连续培养却能够使生产能力变为恒定，故连续培养的生产能力必然大于分批培养。一个连续培养过程可以连续几周甚至几个月，而非生产时间所占用的比例极小；

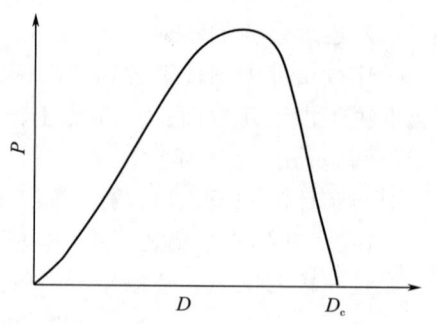

图 6-8　菌体产量与稀释率之间的关系

并且生产同样数量的产物时，所选用的发酵容器可以比分批培养时小，因而，建筑、装备和维护费用较小。

对于正确设计一种连续发酵方案，重要的是选择适宜的稀释率 D，为此必须了解产率 $Y_{X/S}$、比生长速率 μ、最大比生长速率 μ_{max}、半饱和常数 K_S、产物生成速率以及基质消耗速率等。它不仅和产量曲线有关，而且还应考虑原料的类型、价格、产品的经济价值等方面因素。

（4）连续发酵的优点和缺点

①连续发酵的优点

a. 简化了装料、灭菌、出料、投料、清洗、消毒等许多单元操作，从而减少了非生产时间，提高了设备的利用率，缩短了发酵运转周期，提高了劳动生产率；连续培养过程中始终使细胞生长处于最高生长繁殖状态，可明显地提高细胞产率，对生产周期短的产品，效果更为显著。

b. 连续发酵生产过程比较稳定、均衡，发酵罐内微生物、基质、产物、溶解氧浓度、冷却的要求以及 pH 的控制等各种参数维持在一定水平上，便于利用各种仪表进行自动控制。

c. 由于连续发酵采用管道化和自动化生产，明显降低了劳动强度，节约了大量动力、人力、水和蒸汽，且使水、汽、电的负荷均匀合理。

d. 连续培养技术可以建立起一种具有高度选择性的只适用于某一类微生物生存的条件，而使这类微生物得以积累。它可以十分有效地在生产过程中对菌株进行筛选，使它成为分离和改良微生物菌种的有力工具。

e. 连续培养的恒化器是研究微生物生理和生物化学极好的工具，它可获得稳态的一切数据，培养物的比生长速率可以用稀释率加以控制，因而可以研究各种限制性底物对微生物的影响，所得到的数据更加精确，可以为工业上分批或分批补料发酵过程提供依据。

f. 产品质量较稳定，产量比较高；但是也存在着某些较难克服的困难，因此目前仅在某些比较简单的发酵产品中运用，如酵母、单细胞蛋白、酒精发酵、石油脱蜡、活性污泥废水处理等。其余产品的连续发酵尚未实现工业化生产。

②连续发酵存在的问题

a. 以次级代谢产物为发酵产品的发酵过程中微生物生理生化特性、发酵动力学等均未充分了解。

b. 对于某些原材料价格昂贵的产品，由于连续发酵对基质利用率比较低，因而造成生产成本的增加。

c. 生产菌株发生突变造成菌种退化。当使用高产菌株进行生产时，回复突变有相当大的可能性。在连续培养过程中，回复突变的菌株有可能会取代生产菌株而成为优势菌株。另外，微生物在复制过程中难免会出现差错而引起突变，一旦在连续培养系统中的生产菌株细胞群体中某一个细胞发生了突变，而且突变的结果使这一细胞获得在给定条件下高速生长的能力，那么它就有可能像杂菌一样，取代发酵系统中原生产菌株。

d. 菌种易遭受杂菌污染。在连续发酵过程中，需要长时间连续不断地向发酵系统供给无菌的新鲜空气和培养基，工业生产规模长时间保持无菌状态还有一定困难，这样就很难避免发生杂菌污染的问题。长时间的连续发酵对发酵设备和空气净化系统的无菌要求很严格，不能保持长时间的无菌操作经常是导致连续发酵失败的主要原因。

e. 在连续培养中，营养物的利用率一般低于分批培养方式。而且，连续培养所用培养基的组成要保持相对稳定，这样才能取得最大产量，而工业培养基的组成成分如玉米浆、蛋白胨和淀粉等经常出现较大的波动。

3. 连续发酵动力学

连续培养是以一定的速率向培养系统内添加新鲜的培养基，同时以相同的速度流出培养液，从而使培养系统内培养液的量维持恒定，使微生物细胞能在近似恒定的状态下生长。在连续培养过程中，微生物细胞所处的环境条件，如营养物质的浓度、产物的浓度、pH以及微生物细胞浓度、比生长速率等可以自始至终基本保持不变，甚至还可以根据需要来调节微生物细胞的生长速率。因此连续培养的最大特点是微生物细胞的生长速率、产物的代谢均处于恒定状态，可达到稳定、高速培养微生物细胞或产生大量代谢产物的目的。

（1）单罐连续培养的动力学

①细胞的物料平衡：为了描述恒定状态下恒化器的特性，必须求出细胞和限制性营养物质的浓度与培养基流速之间的关系方程。对发酵反应器来说，细胞的物料平衡可表示为：

积累的细胞＝流入的细胞－流出的细胞＋生长的细胞－死去的细胞

$$\frac{F[X_0]}{V} - \frac{F}{V}[X] + \mu[X] - k[X] = \frac{d[X]}{dt} \qquad (6-32)$$

式中　$[X_0]$——流入发酵罐的细胞浓度，g/L

$[X]$——流出发酵罐的细胞浓度，g/L

F——培养基的流速，L/h

V——发酵罐内液体的体积，L

μ——比生长速率，h^{-1}

k——比死亡速率，h^{-1}

t——培养时间，h

对普通单级恒化器而言，$[X_0]=0$，在多数连续培养中，$\mu \gg k$，所以方程可简化为：

$$-\frac{F}{V}[X] + \mu[X] = \frac{d[X]}{dt} \tag{6-33}$$

定义稀释率 $D=F/V$，单位为 h^{-1} 在恒定状态下，$\frac{d[X]}{dt}=0$，所以：

$$\mu = \frac{F}{V} \tag{6-34}$$

即在恒定状态下，比生长速率等于稀释率：

$$\mu = D \tag{6-35}$$

这就表明，在一定范围内，通过调节培养基的流加速率，可以使细胞按所希望的比生长速率来生长。

②限制性基质的物料平衡：对生物反应器（发酵罐）而言，基质的物料平衡可表示为：

积累的基质＝流入的基质－流出的基质－生长消耗的基质－维持生命需要的基质－形成产物所消耗的基质

即：

$$\frac{F}{V}[S_0] - \frac{F}{V}[S] - \frac{\mu[X]}{Y_{X/S}} - m[X] - \frac{Q_P[X]}{Y_{P/S}} = \frac{d[S]}{dt} \tag{6-36}$$

式中　　$[S_0]$——流入发酵罐的营养物质浓度，g/L

$[S]$——流出发酵罐的营养物质浓度，g/L

$Y_{X/S}$——细胞得率系数，g/g

Q_P——产物的比生成速率，g产物/（g细胞·h）

$Y_{P/S}$——产物得率系数，g/g

在一般情况下，$m[X] \leqslant \mu[X]/Y_{X/S}$，而形成产物很少，可忽略不计。在恒定状态下，$\frac{d[S]}{dt}=0$，式（6-36）为：

$$D([S_0] - [S]) = \frac{\mu[X]}{Y_{X/S}} \tag{6-37}$$

因为 $\mu=D$，所以：

$$[X] = Y_{X/S}([S_0] - [S]) \tag{6-38}$$

③细胞浓度与稀释率的关系：为了使细胞浓度、营养物的浓度与稀释率联系起来要利用 Monod 方程，当 Monod 方程应用于连续培养时，则变为：

$$D = \frac{D_c[S]}{K_S + [S]} = \frac{\mu_{max}[S]}{K_S + [S]} \tag{6-39}$$

式中　　D_c——临界稀释率，即在恒化器中可能达到的最大稀释率

除极少数外，D_c 相当于分批培养中的 μ_{max}，由式（6-39）可得到：

$$[X] = Y_{X/S}\left([S_0] - \frac{DK_S}{\mu_{max} - D}\right) \tag{6-40}$$

式（6-35）、式（6-36）分别表示了 $[S]$ 和 $[X]$ 对培养基流速（也就是 D）的依赖关系。当流速低时，即 D 小时，营养物质全部被细胞利用，$[S] \to 0$，细胞浓度 $[X] = [S_0]Y_{X/S}$。如果 D 增加，$[X]$ 开始呈线性慢慢下降，然后，当 $D=D_c=\mu_{max}$，$[X]$ 下降到 0。开始时，$[S]$ 随 D 的增加而缓慢增加；当 $D=\mu_{max}$ 时，$[S] \to [S_0]$。在方程（6-36）中，当 $[X]=0$ 时，达到"清洗点"，即有：

$$D = \frac{\mu_{\max}[S_0]}{K_S + [S_0]} \tag{6-41}$$

因为：$\frac{[S_0]}{K_S + [S_0]} = 1$，所以 $D = \mu_{\max}$。

当 $D > \mu_{\max}$ 时，不可能达到恒定状态。如果 D 只稍低于 $\mu_{\max}$，那么整个系统对外界环境变化非常敏感。随着 D 的微小变化，$[X]$ 将发生巨大变化。

(2) 带细胞循环的单级恒化器　在单级恒化器的培养过程中，若将流出液用离心机分离，将流出液中的微生物细胞部分加回到发酵罐内，形成再循环系统。这样可以增加系统的稳定性，而且可使恒化器内细胞的浓度增加。$[X_1]$、$[X_2]$ 分别代表从发酵罐和离心机流出的细胞浓度，F 和 F_1 分别代表充入发酵罐的培养基流速和流出离心机的培养液流速。如果引入再循环比率 α 和浓缩因子 C 两个参数，再采取与前述类似的方法可推导出在恒化器状态下：

$$\mu = (1 + \alpha - \alpha C)D$$
$$[X] = \frac{Y_{X/S}([S_0] - [S])}{1 + \alpha - \alpha C} \tag{6-42}$$

由此可见，当存在细胞再循环时，μ 不再等于 D，因为 $C > 1$，所以 $1 + \alpha - \alpha C$ 永远小于 1，则 μ 永远大于 D。这就表明，在带有细胞再循环的单级恒化器中，有可能达到很高的稀释率，而细胞没有被"清洗"的危险。同样，在恒定状态下细胞浓度比不带再循环的恒化器大一个因子 $\frac{1}{1 + \alpha - \alpha C}$。

将式（6-42）代入 Monod 方程，则

$$[S] = \frac{K_S \mu}{\mu_{\max} - \mu} = K_S \frac{D(1 + \alpha - \alpha C)}{\mu_{\max} - D(1 + \alpha - \alpha C)} \tag{6-43}$$

$$[X_1] = \frac{Y_{X/S}}{1 + \alpha - \alpha C}\left([S_0] - \frac{K_S D(1 + \alpha - \alpha C)}{\mu_{\max} - D(1 + \alpha - \alpha C)}\right) \tag{6-44}$$

式（6-43）和式（6-44）是在带有循环的单级恒化器中基质浓度与细胞浓度的表达式，说明该系统有利于增加菌体浓度。

(3) 多级连续培养　图 6-9 是一个简单的多级连续培养系统。F_1 为由第一个发酵罐流

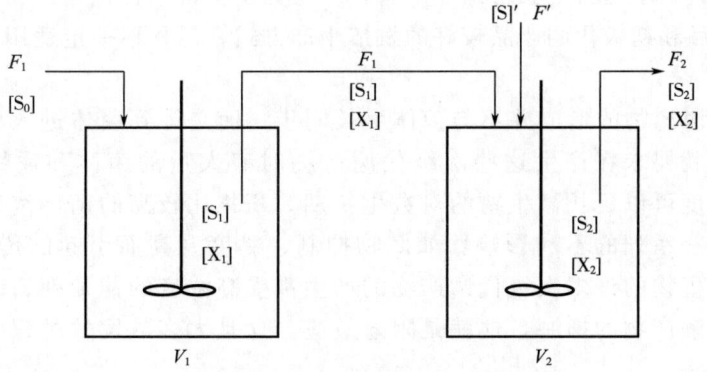

图 6-9　多级连续培养示意图

出的培养液的流速（单位为 L/h），V_1 和 V_2 分别为第一个和第二个发酵罐的体积（单位为 L），F' 是补加到第二个发酵罐的新鲜培养基的流速（单位为 L/h），$F_2 = F_1 + F'$，$[S_0]$ 和 $[S]'$ 分别为加到第一个和第二个发酵罐内限制性营养物质的浓度，$[S_1]$ 和 $[S_2]$ 分别为第一个和第二个发酵罐内剩余限制性营养物质的浓度，$[X_1]$ 和 $[X_2]$ 分别为第一个和第二个发酵罐内细胞的浓度。采用与前述类似的方法，可以推导出在恒定状态下，两级串联恒化器中每个发酵罐内物料平衡的结果。

表 6-5　　恒定状态下两级串联恒化器中每个发酵罐内的物料平衡

发酵罐	细胞物料平衡	限制性基质物料平衡
第一个发酵罐	$\mu_1 = D_1$	$[X_1] = Y_{X/S}([S_0] - [S_1]')$
第二个发酵罐（不补加新鲜培养基）	$\mu_2 = D_2(1 - \dfrac{[X_1]}{[X_2]})$	$[X_2] = \dfrac{D_2}{\mu_2} Y_{X/S}([S_0] - [S_1]')$
第二个发酵罐（补加新鲜培养基）	$\mu_2 = D_2 - \dfrac{F_1[X_1]}{V_2[X_2]}$	$[X_2] = \dfrac{Y_{X/S}}{\mu_2}(\dfrac{F_1}{V_2}[S_1] + \dfrac{F'}{V_2}[S]' - D_2[S_2])$

由表 6-5 可见，在第二个发酵罐内用 $\mu_2 \neq D_2$，如果不向第二个发酵罐补加新鲜培养基，则第二个发酵罐的净生长速率就会很小；如果向第二个发酵罐内补加新鲜培养基，不仅可以促进细胞的生长，而且可以使 D 选定在比 μ_{max} 更大的数值。

4. 补料分批发酵动力学

（1）补料分批发酵的原理和应用　补料分批发酵以分批培养为基础，是介于分批培养和连续培养之间的一种发酵技术。在分批培养开始，投入较低浓度的底物，当微生物开始消耗底物后，间歇或连续地补加新鲜培养基，而不从发酵罐中间断或连续地放出培养液的一种发酵操作方法。分批补料培养技术由于在发酵过程中向发酵罐中补加了物料，因而该系统不再是一个封闭的系统。培养液的体积随时间和物料流速而变化，培养基中的限制性底物的浓度在较长时间内保持在低浓度范围内，以维持微生物的生长和产物的形成，并避免底物抑制情况的产生。从而达到提高容积产量、产物浓度和产物得率的目的。

发酵生产的目的不是为了获得菌体本身，就是为了获得某种代谢产物。分批发酵和连续发酵是菌体产品和初级代谢产品较好的发酵生产方式，但是不一定适用于某些次级代谢产物。

有的次级代谢产物的形成并不与菌体生长同步，而是等到菌体进入稳定期之后才开始大量合成。这就要求在产生这些次级代谢产物时有大量的菌体和通畅的合成代谢途径。提高底物浓度可以延长微生物的对数生长期，积累比较高的菌体浓度。但过高的底物浓度又会产生一系列的不利影响：如底物抑制、黏度升高而引起的传质效率降低等。更为严重的是微生物的许多次级代谢产物的产生都受高浓度的葡萄糖、碳水化合物以及含氮化合物的降解产物的抑制，这就是阻遏效应。这是大多数发酵过程中经常会遇到的一种现象。

早在 1915 年人们就发现，用于生产酵母的培养基中麦芽汁过多时会引起菌体快速生长，导致对氧气的需求量远超过设备能够提供的能力。这时便会造成发酵系统出现一种相对厌氧的环境。根据代谢机理可知，酵母在厌氧条件下会将糖分解为酒精，从而导致菌体得率降低，以酵母得率的降低为代价来换取无用的酒精，这就是所谓的"阻遏效应"。

又如发酵生产青霉素的过程为两个阶段，即前阶段的菌体快速生长期和后阶段的产物生成期。在快速生长期过多的葡萄糖将引起酸的积累和菌体对氧的过量需求，使设备无法满足氧的供应；反之，葡萄糖不足又将导致培养基中的有机氮源被菌体当作碳源使用，造成培养基中的pH升高及菌体生长速率降低，所以控制葡萄糖的流加速率是发酵生产青霉素的关键。

解决阻遏效应的主要办法就是适时合理地调整营养物质的浓度，使培养系统既能满足菌体的生长需要，又不至于产生不利的影响。补料分批操作法正是实现这一目的的有效途径。补料分批培养的最大优点就是能使培养系统中保持比较低的底物浓度，对培养系统具有一定的稀释效应，因此它具有消除营养物质的阻遏作用和避免某些成分的毒害作用，最终提高代谢产物的得率。补料分批发酵现在已经广泛应用于抗生素、氨基酸、酶蛋白、核苷酸、有机酸及高聚物等的生产，几乎所有的抗生素发酵生产都是采用补料分批发酵技术。

补料分批培养在实际生产及实验室研究中的应用已是越来越广，但是无论是哪一种应用过程，它们都要进行操作过程的优化，而优化的核心就是底物的补给方式和最佳操作状态的维持。

(2) 补料分批发酵的生长动力学　可以把补料分批培养方式分解为两个阶段：菌体生长阶段和代谢产物生成阶段。在整个发酵过程只有碳源是限制性基质，其他营养成分包括氧都是过量的。

①菌体生长阶段：在此阶段，发酵液的体积不变，即为分批发酵模型，可用Monod方程式来描述，即式（6-45）所示。

$$r_S = \frac{r_X}{Y'_{X/S}} + m_S X_V \tag{6-45}$$

②代谢产物生成阶段：单一补料分批培养的特点是补料一直到培养液达到额定值为止，培养过程中不取出培养液。在单一补料分批培养过程中，假定S_0为开始时培养基中限制性基质的浓度，F为培养基的流速，V为培养基的体积，F/V为稀释率，用D表示，刚接种时培养液中的微生物细胞浓度为$[X_0]$，那么在某一瞬间培养液中微生物细胞浓度$[X]$可表示为：

$$[X] = [X_0] + Y_{X/S}([S_0] - [S]) \tag{6-46}$$

由式6-46可知，当$[S]=0$时，微生物细胞的最终浓度为$[X_m]$，假如$[X_m] \gg [X_0]$，则：

$$[X_m] = Y_{X/S}[S_0] \tag{6-47}$$

如果在$[X]=[X_0]$时，开始以恒定的速率补加培养基，这时，稀释率D小于μ_{max}，发酵过程中随着补料的进行，所有限制性营养物质都很快被消耗。此时：

$$F[S_0] \approx \mu \frac{X}{Y_{X/S}} \tag{6-48}$$

式中　F——补料的培养基流速，L/h

X——培养液中微生物细胞总量，$X=[X]V$，g

V——时间 t 时培养基的体积，L

由方程（6-48）可以看出，补加的营养物质与细胞消耗掉的营养物质相当，因此 $\frac{d[S]}{dt}=0$。随着时间的延长，培养液中微生物细胞的量 X 增加，但细胞的浓度却保持不变，即 $\frac{d[X]}{dt}=0$，因而 $\mu=D$。这种 $\frac{d[S]}{dt}=0$，$\frac{d[X]}{dt}=0$，$\mu=D$ 时微生物的细胞培养状态，称为"准恒定状态"。同样有：

$$[S] \approx \frac{DK_s}{\mu_{max}-D} \tag{6-49}$$

$$X = X_0 + FY_{X/S}[S_0]t \tag{6-50}$$

式中　X_0——开始补料时的总微生物细胞量，g

在此阶段，补料开始，培养基不断流入，发酵液体积不再恒定，但细胞数量和质量不再增加，式（6-51）是基质消耗速率方程。

$$r_s = \frac{r_{XP}}{Y'_{P/S}} + m_s X_V \tag{6-51}$$

（3）重复补料分批培养　重复补料分批培养是在培养过程中，每隔一定的时间取出一定体积的培养液，同时又在同一时间间隔内加入相等体积的培养基，如此反复进行的培养方式。采用这种培养方式，培养液体积、稀释率、比生长速率以及其他与代谢有关的参数都将发生周期性变化。

第二节　基质消耗动力学

任务

1. 基质在微生物生长和产物合成中的作用是什么？
2. 如何描述基质消耗和菌体生长及产物生成之间的关联性？

【案例】

侯东源等研究了海洋解淀粉芽孢杆菌（*Bacillus amyloliquefacien*）产抗生素 Macrolactin A 的碳源优化。选择乳糖、葡萄糖、蔗糖、半乳糖、甘油、糊精、可溶性淀粉七种不同的碳源，其质量浓度均为 10g/L，培养基其他成分不变，进行发酵，通过研究碳源对菌体的生物量和 Macrolactin A 的产量影响优化碳源。利用上述优化的发酵培养基，进行摇瓶发酵得到 ESB-2 的发酵过程曲线（0~48h），整个发酵过程中，pH 先下降后上升，总糖不断被消耗，产物不断积累。发酵 0~12h，菌体处于对数生长期，基质快速消耗，此时该菌株的次级代谢产物 Macrolactin A 含量很低，pH 下降，其原因可能是菌株生长较快，呼吸作用释放出二氧化碳与有机酸导致。发酵 12~24h，菌体进入稳定期，pH 略微上升，基质快速消耗，此时 Macrolactin A 的产量呈现上升趋势。发酵 24~48h，pH 逐步上升，可能是菌株产物呈现碱性的缘故，随着菌体浓度的上升，次级代谢产物积累较多，说明发酵产物和菌体的生长是部分耦联的。基质还原糖浓度的消耗过程跟菌体的生长、发酵产物的合成呈现对应关系，发酵 24h 后，基质消耗缓慢，此时消耗的基质主要用于合成代谢产物。

【案例分析与讨论】
1. 分析基质在微生物生长和产物合成中的作用。
2. 如何确定基质消耗与产物生成之间的关联性？

在以细胞得率为媒介，可确定基质的消耗速率与生长速率的关系。基质的消耗速率 r_S 可表示为：

$$r_S = -\frac{d[S]}{dt} = \frac{r_X}{Y_{X/S}} \tag{6-52}$$

基质的消耗速率被细胞量除称为基质的比消耗速率（Specific Substrate Consumption Rate），以希腊字母 γ 来表示，即：

$$\gamma = \frac{r_S}{X} \tag{6-53}$$

根据式（6-52）和式（6-53），有：

$$\gamma = \frac{\mu}{Y_{X/S}} \tag{6-54}$$

细胞生长符合 Monod 方程时，式（6-54）可变形为：

$$\gamma = \frac{\mu_{max}}{Y_{X/S}} \cdot \frac{[S]}{K_S + [S]} = \gamma_{max} \frac{[S]}{K_S + [S]} \tag{6-55}$$

微生物反应过程中消耗的基质主要用于合成新的细胞物质、合成代谢产物和提供能量三方面。对于不生成代谢产物的细胞反应，当以氮源、无机盐类、维生素等为基质时，由于这些成分只能组成细胞的成分，不能成为能源，$Y_{X/S}$ 近似一定，因此式（6-55）能够成立。但当基质既作为能源又作为碳源时，就应考虑维持代谢所消耗的能量。维持能用于细胞维持其渗透压，修复 DNA 和 RNA 及其他大分子，维持细胞的结构等生命活动。此时：

碳源总消耗速率＝用于生长的消耗速率＋用于维持代谢的消耗速率

$$r_S = r_X/Y_G + mX \tag{6-56}$$

式中 Y_G——无维持代谢时的最大细胞得率系数

m——细胞的维持系数

细胞维持系数 m 为单位质量细胞在单位时间内因维持代谢所消耗的基质数量。其大小与培养基组成、pH、温度等环境因素有关，一般为 0.02～4g 基质/（g 细胞·h）。表 6-6 列出了一些 m 的实测值。

表 6-6　　葡萄糖为碳源时细胞维持系数 m

微生物	培养条件	细胞维持系数 m/[g 底物/（g 细胞·h）]
维氏固氮菌（Azotobacter vinelandii）	固氮 溶解氧分压 0.2atm	1.5
维氏固氮菌（Azotobacter vinelandii）	固氮 溶解氧分压 0.02atm	0.15
产黄青霉菌（Penicillium chrysogenum）	好氧	0.022
阴沟气杆菌（Enterobacter cloacae）	好氧，葡萄糖限制	0.094

式 (6-56) 两边间除以 X，则：

$$\gamma = \frac{\mu}{Y_G} + m \tag{6-57}$$

式 (6-57) 作为连接 μ 和 γ 的关联式，也可看作含有两个参数的线型模型。进一步讨论 (6-57) γ 对 μ 的依赖关系可一般化为：

$$\gamma = g(\mu) \tag{6-58}$$

由于 μ 是 [S] 的函数，因而 γ 也是 [S] 的函数。式 (6-56) 也间接表明了 γ 对环境的依赖关系。氧是微生物细胞的成分之一，同时，也是一种基质，氧的消耗速率与生长速率有如下关系：

$$r_{O_2} = -\frac{dc}{dt} = \frac{r_X}{Y_{X/O}} \tag{6-59}$$

式中 c——溶解氧浓度，mg/L 或 mg/m^3

在好氧微生物发酵过程中对于氧的衡算式为：

$$\frac{dc}{dt} = k_L a (\dot{c} - c) - Q_{O_2} X \tag{6-60}$$

式中 k_L——液膜传质系数，m/s 或 m/h

a——气液比表面积（即单位体积液体中的总气液接触面积），m^2/m^3

$\dot{c}$——饱和溶解氧浓度，mg/L 或 mg/m^3

Q_{O_2}——氧的比消耗速率，常称为比呼吸速率（Specific Respiration Rate）

Q_{O_2} 也可以式 (6-61) 的形式来表达：

$$Q_{O_2} = \frac{\mu}{Y_{GO}} + m_0 \tag{6-61}$$

式中 Y_{GO}——相对氧的生长得率常数（以细胞/O_2 计），g/mol

m_0——氧维持常数，h^{-1}

相对氧消耗的细胞得率 $Y_{X/O}$ 的定义式为：

$$Y_{X/O} = \frac{\Delta X}{\Delta [O_2]} = \frac{\mu}{Q_{O_2}} \tag{6-62}$$

基于式 (6-61)，式 (6-62) 可变形为：

$$\frac{1}{Y_{X/O}} = \frac{m_0}{\mu} + \frac{1}{Y_{GO}} \tag{6-63}$$

[**例题 6-2**] 某种微生物培养过程中，基质消耗速率与细胞生长速率（含细胞的死亡期），可由下式求出：

$$r_S = -\frac{d[S]}{dt} = \frac{1}{Y_{X/S}} \cdot \frac{\mu_{max}[S]X}{K_S + [S]} \quad [kg/m^3 \cdot h] \tag{1}$$

$$r_X = \frac{dX}{dt} = Y_{X/S} r_S - k_d X \quad [kg/m^3 \cdot h] \tag{2}$$

其中 $\mu_{max} = 0.5^{-1}$；$K_S = 0.06 kg/m^3$；$Y_{X/S} = 0.45$，死亡速率常数 $k_d = 0.015 h^{-1}$。当基质初始浓度为 $10 kg/m^3$，细胞初始浓度为 $0.01 kg/m^3$，延迟期为 $2h$，请模拟该结果。

[解] 采用 Runge-Kutta 法求解上述微分方程，所得结果如图 6-10 所示。为便于比较，将忽略细胞死亡情况下所得的结果同时给出。

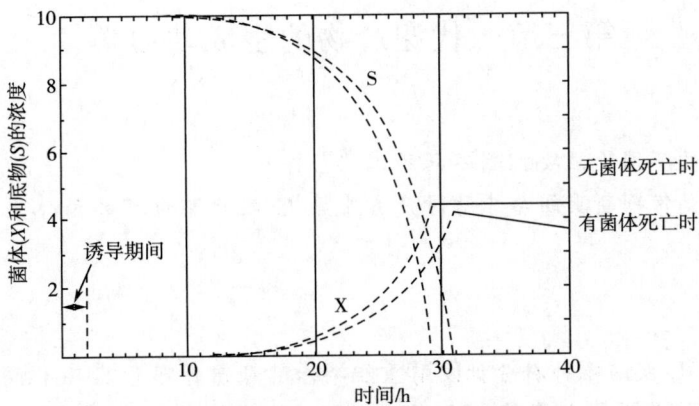

图 6-10 细胞浓度与基质浓度随时间的变化曲线

[**例题 6-3**] 乙醇作为碳源,进行酵母好氧培养,结果如下:

μ/h^{-1}	0.020	0.055	0.095	0.115	0.119
$Q_{O_2}/[\text{g}/(\text{g}\cdot\text{h})]$	0.0278	0.0589	0.0909	0.111	0.115

求 Y_{GO} 和 m_0。

[**解**] 由已知结果,利用式(6-61)作图(图 6-11),由 x 轴和 y 轴截距可求出:

$$Y_{GO} = 1.19 \text{g/g}$$
$$m_0 = 0.0106 \text{g}/(\text{g}\cdot\text{h})$$

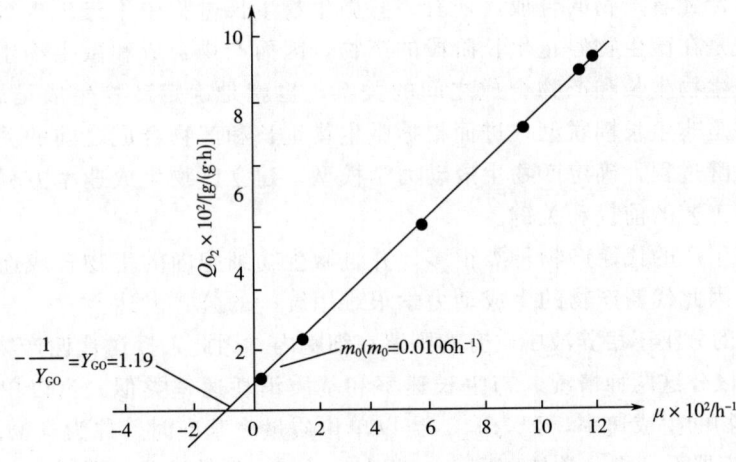

图 6-11 比生长速率与比呼吸速率关系图

第三节 代谢产物的生成动力学

任务

1. 为何发酵的不同阶段要控制不同的工艺条件？
2. 从案例中如何判断重组毕赤酵母产青霉素 G 酰化酶过程的菌体生长和产物之间的关系？

【案例】

谭云等采用 5L 发酵罐补料分批发酵重组毕赤酵母产青霉素 G 酰化酶。补料发酵工艺为：发酵培养基用 28％氨水调节 pH 至 5.6，调节溶解氧（DO）100％。接种量 10％，搅拌速度 750r/min，罐压 0.05～0.06MPa，空气流量 0.35～0.4m³/h，温度 30℃。

第一阶段：为甘油分批发酵阶段。该阶段培养约 24h，设置发酵罐参数为搅拌速度 500～800r/min。当 DO 值反弹至 100％时，说明此时基础培养基甘油消耗完毕。

第二阶段：为甘油补料分批发酵阶段。该阶段提高转速到 800r/min 并开始补入补料 I，补料速度控制溶氧 20％～50％，补料速度 54.45mL/h，补料时间为 7h。补料控制 DO 值≥20％（20％～40％）。

第三阶段：为甲醇诱导表达阶段。该阶段培养 37h，发酵液中甘油完全消耗完毕，DO 值快速反弹至 100％，继续维持"甘油饥饿"状态 0.5h，缓慢补加补料 II，补料速度 12.48mL/h，补料时间为 80h。补料控制 DO 值≥20％（20％～40％）。

微生物发酵的主要目的是利用微生物代谢生产代谢产物，尤其是次级代谢产物。一些微生物生长过程伴随着产物的合成，还有一些微生物生长过程中不产生次级代谢产物，次级代谢产物通常是在微生物停止生长阶段的产物，因而产物合成和微生物生长没有直接关系。如何确定微生物生长和产物合成之间的关系，也就是确定产物生成是属于生长耦联、部分生长耦联还是非生长耦联型，进而根据微生物生长和产物合成之间的关联性确定适合研究的微生物发酵过程，确定产物生成动力学模型，建立产物生成速率方程式是优化微生物发酵产物生产工艺的前提和关键。

利用微生物生产的代谢产物种类很多，并且微生物细胞内的生物合成途径与代谢调节机制各有特色，因此代谢产物的生成动力学很难用统一的公式表达。

代谢产物有的分泌于培养液中，有的则留在细胞内。因此，探讨代谢产物生成速率的数学模型时有必要区分这两种情况。与生长速率和基质消耗速率类似，当以单位体积为基准时，称为代谢产物的生成速率，记为 r_P；当以单位质量为基准时，称为产物的比生成速率，记为 π。生物反应器设计中，常使用到 r_P。但是，在 S→P 的转化过程中，当微生物作为催化剂使用时，用 π 更为合理些。可以认为 π 表达了细胞在 S→P 的转化过程中的转化活性。

Gaden 根据产物生成速率与细胞生成速率之间的关系，将其分成三种类型。图 6-12 (1) 是生长耦联模型。从图中可以看出，细胞浓度 X 或产物浓度 P 对时间 t 作图时，两者密切平行，最大的生长速率和最大的产物生成速率出现在同一时刻。该类型发酵过程中产物是细胞能量代谢的结果。此时产物通常是基质的分解代谢产物如乙醇、葡萄糖酸等。在这种类型的发酵生产中，控制好最佳生长条件就是产物合成的最优条件。

生长耦联型微生物反应的应用很广。这种类型的产物主要是葡萄糖代谢的初级中间产物，如葡萄糖厌氧发酵生成乙醇、有氧条件下生产酵母菌体、好氧发酵生成氨基酸或维生素等中间代谢物。在厌氧条件下，酵母菌生长与产物是相平行的；在有氧的条件下，糖的消耗速率和菌体生成的速率也是平行的。在这些发酵过程中，菌体生长、碳源消耗、产物生成三种速率都有一个高峰，三个高峰几乎在同一时刻出现。

其动力学方程式可表示为：

$$r_P = Y_{P/X} r_X = Y_{P/X} \mu X \tag{6-64}$$

$$\pi = Y_{P/X} \mu \tag{6-65}$$

式中　$Y_{P/X}$——单位质量细胞生成的产物量，g/g 或 mol/g

图 6-12（2）是部分生长耦联模型。该模型是介于生长耦联型与非生长耦联型之间的一种类型。产物的合成存在着与生长耦联和生长不耦联两部分，即菌体生长与产物生成是由生长耦联的部分和菌体生长与产物生成是非耦联的部分组成。该类型的微生物反应在发酵过程中，有两个时期对糖的利用最为迅速，一个是最高生长时期；另外一个是最大产物合成时期，产物的比生成速率的最高时期要迟于菌体比生长速率最高时期。产物的形成间接地与基质（糖类）的消耗有关，虽不是碳源直接氧化得来，却是菌体内生物氧化过程的主流代谢。糖分既是供应生长所需的能量，又是产物合成的碳源，碳源利用率与产物形成的量有一定的正比关系。这类反应的途径复杂，代谢产物的生成与碳水化合物的利用之间存在关联，但又不像相关模型那样简单。

柠檬酸、土霉素、谷氨酸和乳酸发酵属于生长部分耦联微生物反应模型。黑曲霉生产柠檬酸的过程中产物的合成存在着生长耦联和生长不耦联两个部分，发酵早期糖被用于满足菌体生长，直到其他营养成分被耗尽为止；然后代谢进入柠檬酸积累阶段，产物积累的数量与糖分利用的数量有关。又如土霉素的生产，开始时代谢活动极其微弱，当开始生成初级菌丝后，菌丝生长旺盛，但不大量分泌抗生素；随后初级菌丝断裂，呼吸和核酸形成速率下降，而抗生素分泌量增加；产生次级菌丝后，抗生素仍能继续分泌一段时间。在这些发酵过程中，菌体生长和产物的生成可分为两个阶段，但两者并非截然分开，在产物大量形成阶段菌体增长可能出现第二次高峰，当然也可能降低或停止。

总产物的形成可以看作两个部分，一为与生长耦联的阶段；二为与生长非耦联的阶段。由此可以得到部分生长耦联的产物生成速率与菌体生长速率之间的关系式。其动力学方程为：

$$r_P = \alpha r_X + \beta X \tag{6-66}$$

式中，α 为常数，与细胞生长有关，X 与细胞浓度有关。

$$\pi = \alpha \mu + \beta \tag{6-67}$$

其三是非生长耦联型动力学模型［图 6-12（3）］。产物的生成与细胞的生长无直接关系。在微生物生长阶段，无产物积累，当细胞停止生长，产物却大量生成。习惯上把这类与细胞生长无关联的产物称为次级代谢产物，但不是所有的次级代谢产物一定是与生长无关联的。非生长耦联型发酵产物的生成速率仅与现有的菌体量有关，而产物比生成速率为一常数，与比生长速率无直接关系。因此，其产率和浓度高低取决于细胞生长期结束时的生物量。某些酶和氨基酸的合成属于这种类型。此时的产物生成速率可表示为：

$$r_P = \beta X \tag{6-68}$$

$$\pi = \beta \tag{6-69}$$

作为一般形式,产物生成动力学模型也可认为是二次方程式,即

$$\pi = A + B\mu + C\mu^2 \tag{6-70}$$

式中,A、B 和 C 为常数。

某些酶和氨基酸的生物合成属于这种类型。例如青霉素和链霉素的生产,整个过程分为两个时期:第一个时期为菌体的生长期,菌体积累和能量代谢的各方面都很旺盛,而抗生素的生成量极微;第二个时期为抗生素合成时期,通常代谢的各个方面比较弱,产物的积累逐渐达到了高峰。但两个时期也有联系,不能截然分开。

图 6-12 和图 6-13 为产物生成的三种类型图,从图 6-12 和 6-13 中可以对产物生成的三种类型有更清楚的理解。

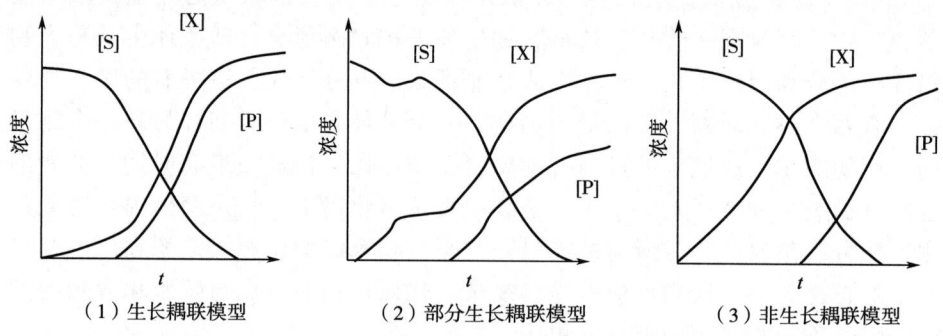

图 6-12 三种微生物反应类型中产物、菌体、底物浓度随时间的变化曲线

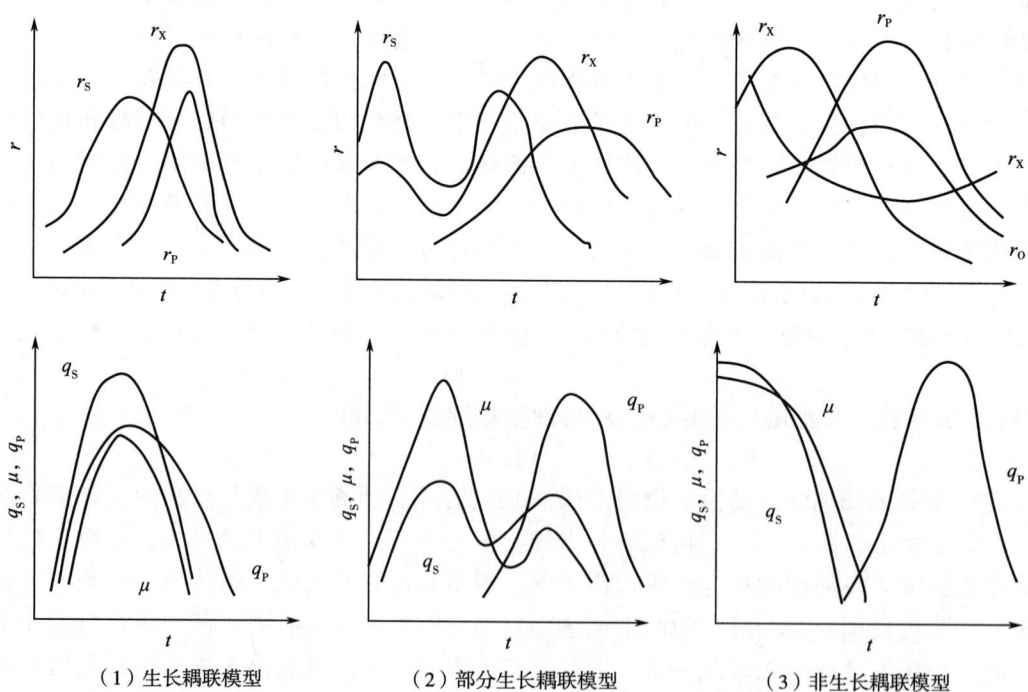

图 6-13 三种微生物反应类型中产物形成、菌体生长、底物消耗随时间的变化曲线

还有一些微生物反应的产物生成动力学模型如表 6-7 所示。

表 6-7　　　　　　　　　一些符合 π 为 μ 的一次函数关系的微生物反应

反应类型	方程	注释
葡萄糖→乳糖	$\pi = k_1 + k_2 \mu$	k_1 和 k_2 分别为与 m_A 和 $1/Y_{ATP}$ 相对应的常数
乙醇→乙酸	$\pi = k_1 + k_2 \mu$	k_1 是包含维持常数的常数；k_2 是包含生产得率常数的常数
葡萄糖→谷氨酸	$\pi = k_A + k_B \mu$	k_A 和 k_B 为实验常数
萘→水杨酸	$\pi = \alpha + \beta \mu$	α 和 β 为常数
葡萄糖→金霉素	$\pi = k_a + k_b \mu$	a 和 b 为常数，k 为系数

第四节　细胞死亡动力学

任务
1. 营养体灭菌和芽孢灭菌有何不同？
2. 如何计算培养基灭菌所需的时间？

【案例1】
　　有一发酵罐内装 $40m^3$ 培养基，在 121℃ 温度下进行实罐灭菌。原污染程度为每 1mL 有 2×10^5 个耐热细菌芽孢，121℃ 时灭菌速度常数为 $1.8min^{-1}$。如何计算灭菌失败概率为 0.001 时所需要的灭菌时间。

　　现代发酵工业与传统的酿造生产的一个主要差别在于是否纯种培养（单一菌种的培养），纯种培养过程都要求在没有杂菌污染的条件下进行，这需要对发酵培养基进行灭菌，通入的空气要除菌，并进行环境卫生的管理。

　　培养基中含有丰富的营养物质，培养过程中很容易受到杂菌的污染，进而产生各种不良结果。对培养基的灭菌比较经济、可靠的方法是热杀菌，可以杀死有生活能力的细菌营养体及其孢子。然而热杀菌也容易造成培养基中有效成分的破坏，因此对培养基的灭菌必须要合理地设计。

　　培养基热杀菌过程的目的是将一定数量的杂菌数 X_0 杀灭到可以接受的总数 X，需要考虑杀菌的温度和时间，而这取决于杂菌孢子的热死亡动力学、反应器的形式和操作方法。

一、细胞死亡的对数残留定律

　　微生物细胞受热死亡的原因是受热时细胞的蛋白质发生了变性。实验证明，蛋白质的热变性符合一级动力学规律。因此，活细胞在一定温度下受热致死的过程，其数量减少的

速率与任一瞬间残存的菌数成正比,属于一级反应。根据这一假设,有:

$$-\frac{dX}{dt} = k_d X \tag{6-71}$$

式中　X——活细胞的浓度,个细胞/mL 或 g/mL

　　　k_d——细胞的比死亡速率,即细胞死亡的速率常数,1/min

　　　t——灭菌时间,min

对式(6-71)积分:

$$\int_{X_0}^{X} \frac{dX}{X} = -k_d \int_0^t dt \tag{6-72}$$

$$\ln \frac{X}{X_0} = -k_d t \tag{6-73}$$

或:

$$X = X_0 \exp(-k_d t) \tag{6-74}$$

式(6-73)、式(6-74)称为细胞死亡的对数残留定律(The Logarithmic Remained Theory of Cell Death)。可以根据残留活菌数 X 的要求来计算灭菌时间 t。根据式(6-73),则灭菌时间为:

$$t = \frac{1}{k_d} \cdot \ln \frac{X_0}{X} \tag{6-75}$$

式中　X_0——培养基中初始活菌数,个细胞/mL 或 g/mL

　　　X——灭菌至 t 时刻的残留活菌数,个细胞/mL 或 g/mL

式(6-75)很好地诠释了图 6-14 大肠杆菌细胞热死亡的情形。

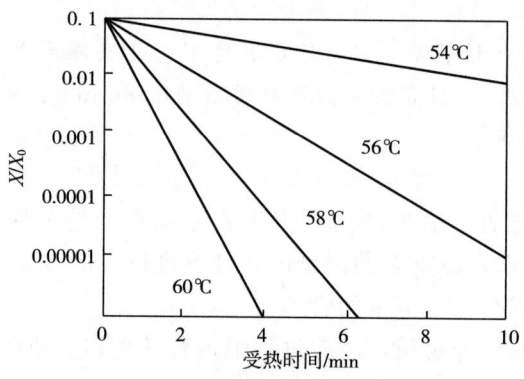

图 6-14　大肠杆菌细胞热死亡曲线

工程上培养基灭菌通常会从经济和生产的安全上考虑达到合理的水平。因此,对于培养基的污染程度,一般只考虑芽孢细菌和细菌芽孢数之和作为培养基中初始活菌数 X_0;对于灭菌程度,即残留活菌数 X,根据(6-75)式,如果要达到 $X=0$,则灭菌时间趋于无穷大,实际灭菌不需要,一般采用 $X=0.001$,即 1000 次灭菌中有 1 个活菌数。

实验表明,细胞的比死亡速率 k_d 是灭菌温度 T 的函数,其函数关系可用 Arrhenius 方程的对数形式表示为:

$$\ln k_d = \ln A_d - \Delta E_d / RT \tag{6-76}$$

式中　ΔE_d——细胞死亡的活化能,J/mol

A_d——细胞死亡的 Arrhenius 因子，1/min

R ——气体常数，8.314J/(mol·K)

T ——灭菌温度，K

从式（6-76）可以看出，k_d 是 ΔE_d 和 T 的函数，k_d 对 T 的变化率与 ΔE_d 有关。其他条件相同时，ΔE_d 越大，k_d 越小，细胞热死亡速率越慢。对式（6-76）两边取 T 的导数，则：

$$\frac{\mathrm{dln}k_d}{\mathrm{d}T} = \frac{\Delta E_d}{RT^2} \tag{6-77}$$

由此得出反应的 ΔE_d 越高，$\mathrm{ln}k_d$ 对 T 的变化率越大，即 T 的变化对 k_d 的影响越大的结论。

在培养基灭菌过程中，杂菌细胞受热死亡的同时，培养基中部分有效成分也受到损失，细胞受热死亡和有效成分受热损失的活化能 ΔE_d 如表 6-8 所示。

表 6-8　　　　　　　　微生物细胞受热死亡和有效成分受热损失的活化能

受热物质	活化能/（kJ/mol）
葡萄糖	100.5
维生素 B_{12}	96.6
维生素 B_1	92.1
维生素 B_6	92.0
嗜热脂肪芽孢杆菌芽孢	287.2
肉瘤梭杆菌	343.1
枯草芽孢杆菌芽孢	318.0

实验表明，细菌芽孢热死亡反应的 ΔE_d 很高，而一些有效成分受热破坏的较低。根据式（6-77），ΔE_d 越大，T 对比死亡速率（k_d）影响越大，即温度升高过程中，细菌芽孢比死亡速率（k_d）比有效成分的比死亡速率（k_d）变化更大。由此得出一个结论：由于培养基有效成分受热损失的活化能低于细胞受热死亡的活化能，因此采用高温短时间的灭菌是有利的。

例如，当灭菌温度由 100℃ 提高到 121℃ 时，比较嗜热脂肪芽孢杆菌比死亡速率常数和维生素 B_1 受热损失的速率常数，已知嗜热脂肪芽孢杆菌灭菌的活化能约为 280kJ/mol；维生素 B_1 受热损失的活化能为 92kJ/moL，气体常数 8.314J/(mol·K)，代入式（6-76），则灭菌温度由 100℃ 提高到 121℃ 时，嗜热脂肪芽孢杆菌比死亡速率常数如由 0.036min^{-1} 升高到 4.477min^{-1}，提高了 123 倍；维生素 B_1 受热损失的速率常数由 0.073min^{-1} 提高到 0.355min^{-1}，为原来的 4.9 倍。速率常数 k_d 和灭菌温度 T 的关系如图 6-15 所示。

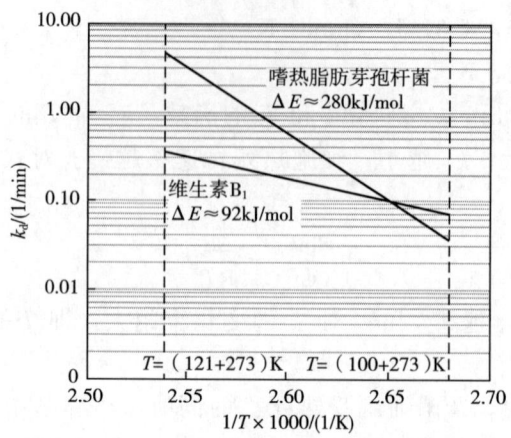

图 6-15　嗜热脂肪芽孢杆菌灭菌、维生素 B_1 受热损失的速率常数和灭菌温度的关系

二、微生物细胞热死亡的非对数残留定律

热死亡的非对数行为常见于芽孢的受热死亡。有关这一类型的受热死亡的动力学描述有多种模型，但循序死亡模型最为人们所接受。微生物受热循序死亡模型认为，其死亡不是突然的，而是经历一个中间过程的，即

$$\text{Nr} \xrightarrow{k_s} \text{Ns} \xrightarrow{k_d} \text{Nd}$$
（活芽孢）（中间状态的芽孢）（死芽孢）

则可得到：

$$\frac{X}{X_0} = \frac{k_s}{k_s - k_d}\exp(k_d t) - \frac{k_d}{k_s}\exp(-k_s t) \tag{6-78}$$

式中　X——具有活力的芽孢的浓度，个/mL
　　　X_0——初始的芽孢的浓度，个/mL
　　　k_s——芽孢失活速率常数，1/min
　　　k_d——中间状态芽孢失活速率常数，1/min

【案例 2】

分批发酵过程中，小球藻的代谢变化见图 6-16。从图可知，0~8h 为小球藻生长的延滞期，藻细胞生长缓慢，培养体系中葡萄糖消耗较少［图 6-16 (1)］；12~36h 为微藻细胞指数生长阶段，体系中葡萄糖和尿素浓度快速下降，蛋白质合成几乎与细胞生长同步［图 6-16 (2)］；36~120h 时微藻细胞进入平稳期，生物量不变，最大值为 22.8g/L；40h 后，体系中葡萄糖浓度趋于 0。经 96h 培养，小球藻才能将尿素全部消耗［图 6-16 (2)］。值得注意的是，在整个培养过程中，蛋白质合成与微藻生长变化趋势一致，表明小球藻细胞生长与其蛋白质合成的关系可能属于生长耦联型或生长部分耦联型发酵模式。

1. 细胞生长模型

小球藻细胞生长动力学可用 Logistic 方程描述：

$$dX/dt = \mu_m X (1 - X/X_m) \tag{6-79}$$

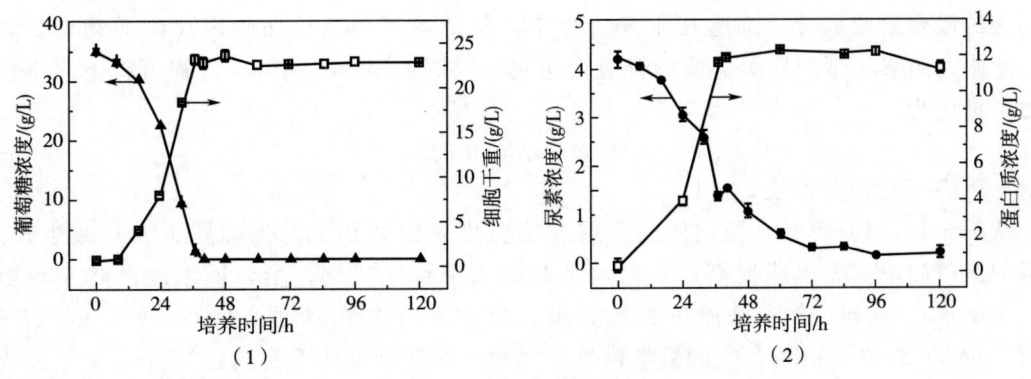

图 6-16 小球藻发酵过程曲线

式中　X——藻生物量，g/L
　　　t——发酵时间，h
　　　dX/dt——藻细胞生长速度，g/(L·h)
　　　μ_m——最大比生长速率，h^{-1}
　　　X_m——最大生物量，g/L

对 Logistic 方程积分，得：$e^{\mu_m t}$

$$X = X_0 X_m e^{\mu_m t} / (X_m - X_0 + X_0 e^{\mu_m t}) \tag{6-80}$$

式中　X_0——0.7015，g/L，为初始藻生物量
　　　X_m——23.578，g/L
　　　μ_m——0.143，h^{-1}

用 Logistic 方程对实验值进行非线性拟合，结果见图 6-17，由图 6-17 可知，计算值与实验数据吻合较好，相关系数 $R^2 = 0.968$，小球藻生物量与发酵时间函数为：

$$X = 16.53 e^{0.143t} / (22.87 + 0.7015 e^{0.143t}) \tag{6-81}$$

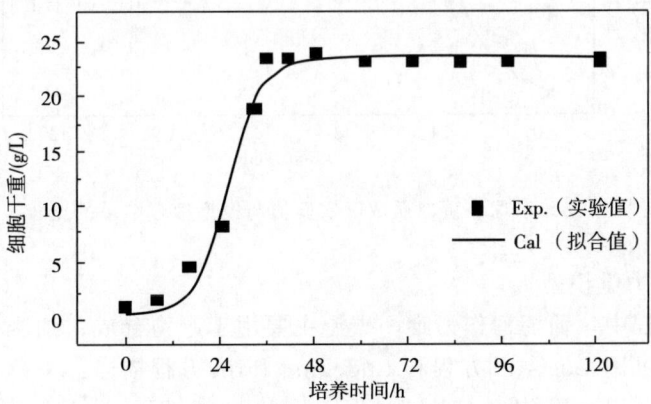

图 6-17 小球藻细胞实验干重与模型拟合结果的比较

微生物生长与产物生成的关系可分为生长相关型（生长关联系数 $\alpha \neq 0$，非生长关联系

数 $\beta=0$)、生长部分相关型（$\alpha\neq 0$，$\beta\neq 0$)和非生长相关型（$\alpha=0$，$\beta\neq 0$)。蛋白质是小球藻细胞的重要组成成分，细胞在生长过程中，基质浓度会调控细胞内代谢活动，影响糖类、油脂、色素、蛋白质等物质的合成代谢流。根据Ludeking-Piret方程可将蛋白质合成动力学描述为：

$$dP/dt = \alpha dX/dt + \beta X \tag{6-82}$$

式中　P——蛋白质浓度，g/L

从图6-16（2）可知，蛋白质的合成与细胞生长密切相关，当细胞进入对数生长期，体系中蛋白质浓度也迅速提高；当微藻细胞进入平稳生长期，蛋白质浓度已趋于较稳定（11~12g/L）。为研究微藻细胞生长与其蛋白质合成的关系，利用式（6-79）、式（6-80）和式（6-82）建立蛋白质合成的数学模型，经数学换算可得如下公式：

$$P = P_0 + \alpha[X_0 X_m e^{\mu_m t}/(X_m - X_0 + X_0 X_m e^{\mu_m t}) - X_0] + \beta(X_m/\mu_m)\ln[(X_m - X_0 + X_0 X_m e^{\mu_m t})/X_m] \tag{6-83}$$

式中　P_0——初始蛋白质浓度，g/L

将 X_0，X_m，μ_m 代入式（6-83），可得：

$$P = P_0 + \alpha[16.53e^{0.143t}/(22.87 + 0.7015e^{0.143t}) - 0.7015]$$
$$+ 164.89\beta\ln[(22.87 + 0.7015e^{0.143t})/23.578] \tag{6-84}$$

用式（6-84）对小球藻蛋白质合成实验值进行非线性拟合，结果见图6-18，可得 $P_0=0.298$g/L，$\alpha=0.5086$，$\beta=0.0001$，$R^2=0.976$。β值过小，表明小球藻蛋白质合成与细胞生长的关系为生长耦联型，因此小球藻细胞合成蛋白质的动力学方程可表示为：

$$P = 0.298 + [8.41e^{0.143t}/(22.87 + 0.7015e^{0.143t})] \tag{6-85}$$

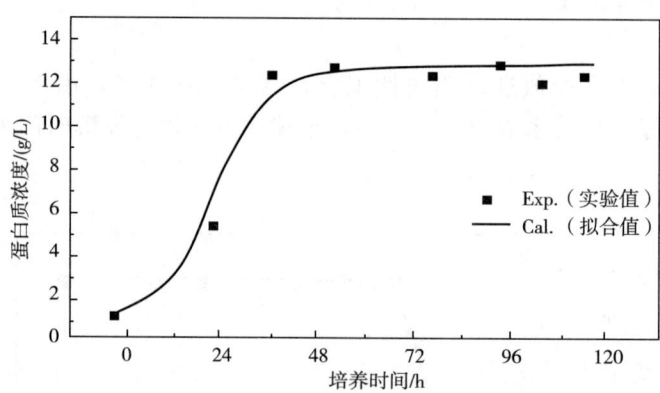

图6-18　小球藻蛋白质浓度实验值与模型拟合结果的比较

2. 基质消耗动力学模型

小球藻发酵过程中，葡萄糖作为唯一碳源主要用于产物合成、细胞生长和维持能量代谢。葡萄糖的消耗可用Logistic方程和Ludeking-Piret方程描述：

$$-dS/dt = (dX/dt)/Y_{X/S} + (dP/dt)/Y_{P/S} + mX \tag{6-86}$$

将式（6-79）、式（6-82）、式（6-83）和式（6-86）进行换算并积分，可得：

$$S = S_0 - (Y_{X/S}^{-1} + \alpha/Y_{P/S} - 0.298)[X_0 X_m e^{\mu_m t}/(X_m - X_0 + X_0 e^{\mu_m t})] -$$

$$(X_m/\mu_m)(\beta/Y_{P/S}+m-0.298)\ln[(X_m-X_0+X_0 e^{\mu_m t})/X_m] \qquad (6-87)$$

式中 S——葡萄糖浓度，g/L
　　　S_0——葡萄糖初始浓度，g/L
　　　$Y_{X/S}$——葡萄糖的细胞得率，g/g
　　　$Y_{P/S}$——葡萄糖的蛋白质得率，g/g
　　　m——维持常数

将所得 X_0，X_m，μ_m，α，β，P_0 值代入式 (6-87)，得：

$$S=S_0-(Y_{X/S}^{-1}+0.5086/Y_{P/S}-0.298)[8.41e^{0.143t}/(22.87+0.7015e^{0.143t})]-\\(164.89m-49.13)\ln[(22.87+0.7015e^{0.143t})/23.587] \qquad (6-88)$$

将发酵过程中葡萄糖浓度用式 (6-89) 进行非线性拟合，结果见图 6-19，方程为：

$$S=35-[26.54e^{0.143t}/(22.87+0.7015e^{0.143t})]+6.25\ln[(22.87+0.7015e^{0.143t})/23.587] \qquad (6-89)$$

其中，$S_0=35$ g/L，$Y_{X/S}=0.588$ g/g，$Y_{P/S}=0.29$ g/g，$m=0.26$。

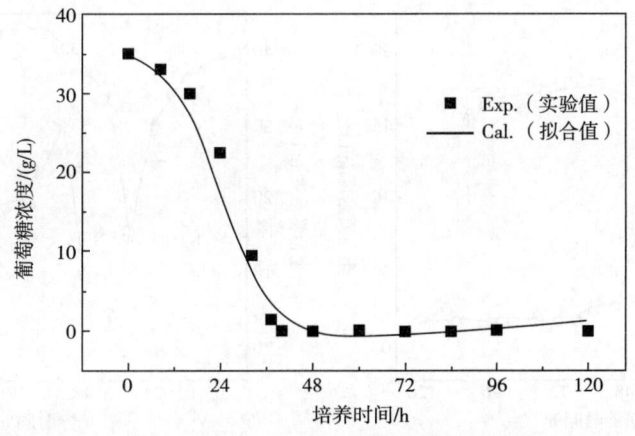

图 6-19　葡萄糖浓度实验值与模型拟合结果

从图 6-19 可知，计算值与实验结果拟合较好，表明动力学模型符合葡萄糖消耗行为。

3. 补料工艺

Wu 等研究小球藻异养培养产叶黄素时，根据 Ludeking-Piret 方程构建了葡萄糖消耗模型，在初始葡萄糖浓度 36.08g/L 的条件下，经 107h 培养，微藻生物量和叶黄素量分别为 15.7g/L 和 41.9mg/L，$m=0.001$，表明葡萄糖主要用于小球藻细胞生长及产物合成，较少用于维持代谢需求。而本实验中，葡萄糖消耗用于维持自身代谢的量较高（$m=0.26$），这可能是因为藻种和发酵条件不同（如葡萄糖、尿素等基质浓度）。分析葡萄糖的细胞得率可知，葡萄糖主要用于形成新微藻细胞。由此推断，小球藻细胞进入平稳期前期时，可适当补充消耗的基质，维持微藻细胞自身的正常代谢和形成新细胞，实现高密度培养。

基于分批发酵结果，单一补充碳源，研究小球藻生长与尿素、葡萄糖消耗和蛋白质合成的关系，结果见图 6-20。从图 6-20 可看出，当细胞培养处于平稳生长期（36h）时，向体系中第 1 次补充碳源，使其浓度由 0.6g/L 增至 16.5g/L，经 5h 培养（41h 时），葡萄糖浓度由 16.5g/L 增至 18.5g/L [图 6-20（2）]，尿素浓度显著下降，由 1.2g/L 降至 0.27g/L，蛋白质浓度逐渐上升到 18.2g/L [图 6-20（1）]。向发酵体系中再次补充碳源，使其浓度由 8.5g/L 增至 30.5g/L，随葡萄糖消耗，微藻细胞的生长基本保持不变 [图 6-20（2）]，但蛋白质浓度呈下降趋势 [图 6-20（1）]。2 次补充碳源后，总糖消耗为 76g，葡萄糖的细胞得率为 0.54g/g，接近式（6—89）预测的 $Y_{X/S}=0.588g/g$；发酵 120h 后，微藻生物量仅为 40.75g/L，蛋白质含量为 14.78g/L，葡萄糖的蛋白质得率为 0.194g/g，显著低于模型预测的 $Y_{P/S}=0.29$。这可能是因为培养 48h 后尿素耗尽 [图 6-20（1）]，阻碍了细胞生长及蛋白质等大分子合成。Palabhanvi 等在小球藻发酵 60h 后向发酵罐中补充氮源 KNO_3，细胞持续增长，平均生长速率为 19.75 g/(L·d)。可见，在小球藻异养发酵中，需要补充足量的碳源和氮源，才能有效形成新细胞并提高产物生成，满足高密度培养的条件基于图 6-20 的结果，采取如下补料策略：葡萄糖浓度低于 10g/L 时补充葡萄糖，尿素浓度低于 1g/L 时补加尿素，补充葡萄糖和尿素的小球藻的发酵曲线如图 6-21 所示。

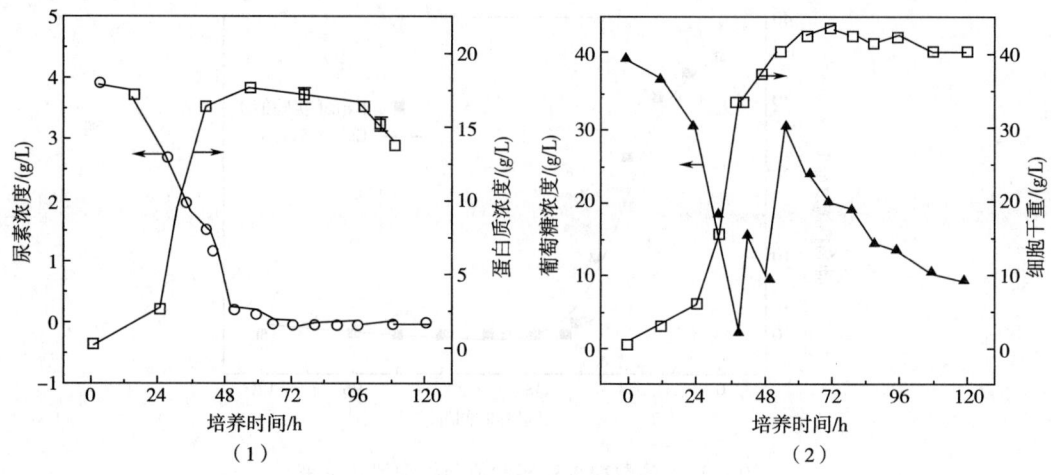

图 6-20 补充葡萄糖的小球藻发酵曲线

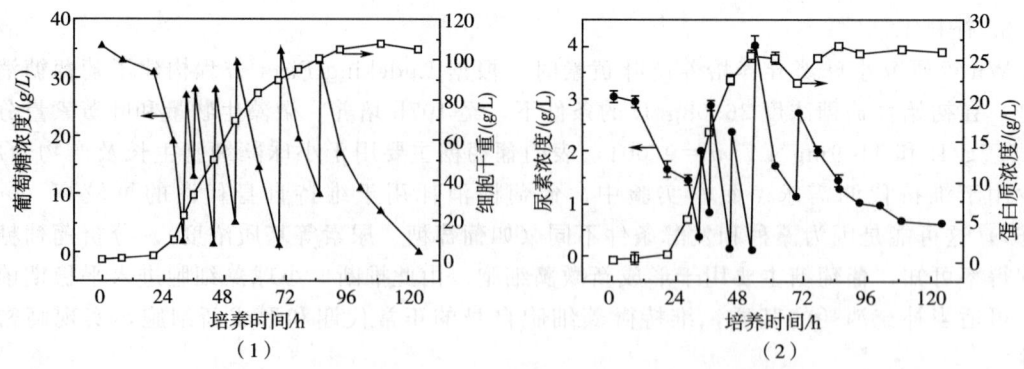

图 6-21 补充葡萄糖（1）和尿素（2）的小球藻的发酵曲线

由图 6-21 可知，经约 36h 的培养（2 次补糖，1 次补氮），体系中碳源充足（约 28g/L）而氮源即将耗尽（低于 1g/L），小球藻生物量呈上升趋势（图 6-21）。可推断向发酵体系中多次补充碳源和氮源可促使细胞维持较高的生长速率，实现其高密度发酵。发酵 36h 后再经 4 次补糖和 4 次补氮，培养至 96h 时，微藻生物量达 105g/L。由于细胞密度较高造成供氧困难（实测溶氧仅为 1.7%）和发酵液中可能存在有害的代谢物，影响小球藻对碳源和氮源的利用，导致细胞生长速率减慢，培养至 120h 时，细胞生物量达 105.01g/L，蛋白质浓度为 26.07g/L，葡萄糖浓度几乎为 0，尿素浓度为 0.32g/L（图 6-21）。在整个培养过程中，总糖消耗 187g，总尿素消耗 14.5g，葡萄糖的细胞得率为 0.56 g/g，葡萄糖的蛋白质得率为 0.14 g/g。

通过 50L 发酵罐异养培养验证此补料方案，结果见图 6-22。培养 120h 后，细胞密度可达 106.65g/L，平均细胞生长速率为 0.89g/（L·h），葡萄糖的细胞得率为 0.56g/g。Palabhanvi 等根据模型引导培养基质进料，用底物（硝酸）控制 pH，培养 108h 后加入乙酸钠促进合成脂质，生物量可达 90.15g/L，生长速率为 19.75 g/（L·d）。Zheng 等为提高小球藻生物量及产油率，采用两阶段发酵培养策略：①在发酵的前 48h，向发酵液中补充葡萄糖和 KNO_3，提供充足的碳源和氮源；②48h 后只补充葡萄糖，不补充氮源，继续培养至 228h，细胞生物量达 103.8g/L，油脂含量为 40.2g/L。本实验所得小球藻细胞干重与上述报道相似。异养培养小球藻细胞的生长与培养基质中碳源和氮源浓度密切相关，培养基质中缺少碳源和氮源会严重抑制生物量合成，为获得高生物量，发酵过程中应及时补充碳源和氮源。

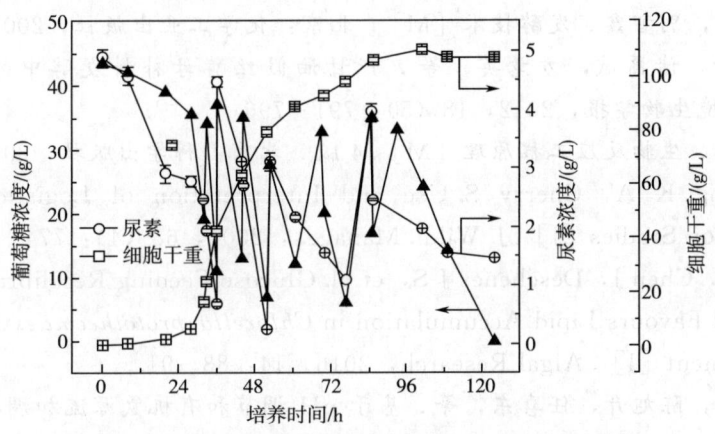

图 6-22 50L 发酵罐培养小球藻的细胞生长曲线

思考题

1. Monod 方程成立的几点假设是什么？
2. 分批发酵菌体生长动力学模型有什么特点？
3. 简述产物生成动力学模型的分类原则及其分类。
4. 比较生长耦联型、部分生长耦联型和非生长耦联型动力学模型的产物生成速率方程。

5. 比较分批发酵、补料分批发酵和连续发酵的动力学方程。

6. 在一连续稳定进出料的搅拌罐中进行以葡萄糖为碳源生成乙醇的动力学研究中，反应式可以表示为：

$$S（葡萄糖）\xrightarrow{酵母} P（乙醇）+X（酵母）$$

试验结果见下表。

已知 $P_{max} \approx 120 g/L$，求葡萄糖消耗及乙醇抑制酵母生长的速率方程式。

$X_D=0$，[P]=0			$X_D=0$，[P]=20g/L		
r/h	[S]/(L/g)	I/[S]/(L/g)	r/h	[S]/(L/g)	I/[S]/(L/g)
11.90	0.054	18.52	11.90	0.070	14.29
10.00	0.079	12.66	10.00	0.095	1.053
6.25	0.138	7.25	6.25	0.182	5.49
5.05	0.186	5.38	5.05	0.250	4.00
4.13	0.226	4.42	4.13	0.384	2.60

参 考 文 献

[1] 陈坚，堵国成. 发酵工程原理与技术［M］. 北京：化学工业出版社，2012.

[2] 谢梅英，别智鑫. 发酵技术［M］. 北京：化学工业出版社，2007.

[3] 丁小云，诸葛斌，方慧英，等. 产甘油假丝酵母补料发酵中的甘油合成衰减［J］. 应用与环境生物学报，2012，18（5）：791-796.

[4] 贾士儒. 生物反应工程原理［M］. 4版. 北京：科学出版社，2015.

[5] Keating K A, Cherry S. Use and Interpretation of Logistic Regression in Habitat - selection Studies［J］. J. Wildl. Manage., 2004, 68（4）: 774-789.

[6] Ren X, Chen J, Deschênes J S, et al. Glucose Feeding Recalibrates carbon Flux Distribution and Favours Lipid Accumulation in *Chlorella prototheeoides* through Cell Energetic Management［J］. Algal Research, 2016, 14: 83-91.

[7] 孙启星，陈旭升，任喜东，等. 基于pH调节和有机氮源流加调控补料分批发酵过程提高ε-聚赖氨酸产量［J］. 生物工程学报，2015，31（5）：752-756.

[8] 谭云，黎继烈，王卫，等. 重组毕赤酵母产青霉素G酰化酶的分批发酵动力学研究［J］. 菌物学报，2016，35（1）：94-103.

[9] 王岁楼，李志. 微生物动力学模式及其在工业发酵中的应用［J］. 工业微生物，1995，（1）：30-32.

[10] 吴悦，李强，林燕，等. 酵母乙醇发酵动力学模型研究［J］. 可再生能源，2014，32（2）：229-232.

[11] Wu Z Y, Shi C L, Shi X M. Modeling of Lutein Production by Heterotrophic *Chlorella* in Batch and Fed - batch Cultures［J］. World J. Microbiol. Biotechnol., 2007,

23 (9): 1233-1238.

[12] 周有彩, 何勇锦, 李林声, 等. 基于发酵动力学模型的小球藻高密度发酵培养[J]. 过程工程学报, 2018, 18 (003): 624-631.

第七章 发酵过程控制

发酵体系是一个非常复杂的多相共存的动态系统,其主要特征在于:①微生物细胞内部结构及代谢反应的复杂性,微生物细胞内同时进行着上千种不同的生化反应,并受到各种各样调控机制的调控,它们之间相互影响,又相互制约,如果某个反应受阻,就可能影响整体代谢变化。②所处的生物反应器环境的复杂性,包括气相、液相、固相混合的三相系统。③系统状态的时变性及工艺参数的复杂性,这些参数互为条件,相互制约。

发酵过程控制

在发酵过程中,微生物细胞的生长繁殖和代谢产物的生物合成都受到菌体遗传物质的控制,发酵产量的高低是由遗传物质决定的。但是,遗传基因的表达也受发酵条件的影响,发酵液中各种生物、化学、物理的因素对遗传基因的表达都产生一定的影响。例如,通气量过大时,可以使发酵液变得黏稠,因此使氧气的传递受到影响,溶解氧浓度降低,进而影响到菌体的生长和代谢产物的生物合成。因此,要想取得理想的发酵产量,必须对发酵过程进行控制。以红霉素的发酵为例,对于一次性投料的分批发酵过程,发酵过程中不对营养物质进行控制,其放罐时发酵单位只能达到 4000U/mL 左右;但如果对发酵过程中的营养物质浓度进行控制,根据需要调整其浓度,则放罐时发酵单位可以达到 8000U/mL,甚至更高。由此可以看出,对发酵过程进行调控对于提高代谢产物的产量是非常必要的。

第一节 发酵过程中的主要参数的检测方法

任务

发酵过程中的各个参数分别用什么方法检测?

【案例 1】

在柠檬酸发酵工业中,由备料车间提供的经连续灭菌并冷却的料液,通过灭菌管道泵入已空消灭菌待料的发酵罐中,通过差压法或火焰倒种法,接入已培养好的柠檬酸菌种,在通风、搅拌下,进行发酵。在发酵培养过程中,对罐温、罐压、通风量、搅拌转速等实行连续记录监控,并定期检测糖的消耗情况、菌种生长状态、pH、泡沫等变化情况。根据发酵的工艺特性要求,及时调整控制发酵工艺过程,以获得最佳产酸率,一般经 66h 培养,在残糖指标、产酸情况达到放罐条件即可放罐。在发酵过程定期检测中,若发现异常情况,如染菌等,应针对具体情况及时处理。

【案例 1 分析与讨论】

1. 在液态深层发酵过程中,要控制对发酵影响较显著的因素,如发酵液温度、罐压、通风量、搅拌转速、发酵液 pH 和基质浓度等。

2. 这些因素对微生物生长和产物形成有显著的影响，把这些因素控制在最适范围，能促进微生物菌体细胞的生长代谢和目的产物的合成。

【案例 2】

国家质量监督检验检疫总局于 2009 年制定了《饲料酸化剂中柠檬酸、富马酸和乳酸的测定 高效液相色谱法》（GB/T 23877—2009）。该标准方法用于测定饲料中人工加入的乳酸含量时效果较好，但不适合发酵豆粕中乳酸的检测。原因是豆粕进行发酵后，产生许多小分子有机酸，对乳酸的检测造成干扰，使乳酸的色谱检测时出峰不稳定且混有杂峰，无法很好地判断乳酸的出峰。上海某生物股份有限公司通过改变流动相、流速等条件，确定了检测发酵豆粕中乳酸含量的液相色谱法，该方法使用普通 C18 色谱柱（5μm，4.6mm×250mm），柱温：35℃；检测波长：210nm；进样量：20μL；流速：0.8mL/min；流动相：乙腈+磷酸溶液=3:97。

【案例 2 分析与讨论】

1. 在发酵过程中，要检测的参数很多，其中有些参数只能在线检测，有些只能取样检测。
2. 在发酵过程中，在线检测的参数采用各种传感器在线检测，取样检测的参数采用化学方法和仪器进行检测。

微生物发酵要取得理想的效果，即取得高产并保证产品的质量，就必须对发酵过程进行严格的控制，发酵控制是否得当，对发酵是否能取得预期的效果至关重要。然而，发酵控制的先决条件是了解发酵进行的情况，进而根据这些情况做出调整，使发酵过程有利于目的产物的积累和产品质量的提高。发酵罐内发酵进行的情况不能通过肉眼直接观察到，但却能够通过取样分析获得有关发酵进行情况的大量信息，在分析这些信息的基础上，人们也就能够对发酵进行的情况有清楚的了解，进而更好地控制发酵过程。通过取样分析获得的有关发酵的信息也称为参数，与发酵过程控制有关的主要参数可分为物理参数、化学参数和生物学参数（详见第四章第二节）。

工业发酵的目标是利用微生物最经济地获得高附加值产品，发酵过程参数的测定是进行发酵过程控制的重要依据。发酵过程参数的检测分为两种方式，一是利用仪器进行在线检测，二是从发酵罐中取出样品进行离线检测。

常用的在线检测仪器有各种传感器如 pH 电极、溶氧电极、温度电极、液位电极、泡沫电极、尾气分析仪等。离线分析发酵液样品的仪器有分光光度计、pH 计、温度计、气相色谱（GC）、液相色谱（HPLC）、气质联用（GC-MS）等。这些在线或离线检测的参数均可用于监测发酵的状态，直接作为发酵控制的依据。

一、直接状态参数

直接状态参数是指能直接反映发酵过程中微生物生理代谢状况的参数，如 pH、溶解氧（DO）、溶解 CO_2 含量、尾气 O_2 含量、尾气 CO_2 含量、黏度等。现有的检测直接状态参数的传感器除了必须耐高温高压、蒸汽反复灭菌外,还要避免探头表面被微生物堵塞导致测量失败的危险。特别是 pH 和 DO 电极有时还会出现失效和显著漂移等问题。

比较有价值的状态参数是尾气分析和空气流量的在线检测量。用红外和热磁氧分析仪可分别测定尾气中 CO_2 和 O_2 的含量。也可以用一种快速、不连续的,能同时测定多种组分的质谱仪进行检测。尽管得到的数据是不连续的,但这种仪器的响应速度相当快,可用于过程控制。尾气在线分析能及时反映生产菌的生长及代谢状况。

二、间接状态参数

间接状态参数是指那些采用直接状态参数计算求得的参数,如比生长速率(p)、摄氧率(y 或 OUR)、CO_2 释放速率(CER)、呼吸熵(RQ)、氧得率系数($Y_{x/o}$)、体积溶氧系数(k_La)等。通过对发酵罐进行物料平衡,可计算出 OUR 和 CER 以及 RQ 值,后者反映微生物的代谢状况,尤其能提供从生长向生产过渡或主要基质间的代谢过渡指标。用此方法也能在线求得 k_La,在其他影响因素已知的情况下,它能提供培养物的黏度状况。间接状态参数更能反映发酵过程的整体状况,间接测量是许多测量技术、控制和其他先进控制生物反应器方法结合的过程。

综合各种状态变量,可以提供反映过程状态、反应速率、设备性能、设备利用效率等信息,以便及时做出调整。例如,用于维持一定环境变量恒定的过程控制操作,如加酸/碱,生物反应器的加热/冷却、消泡剂的添加等常与菌体生长和产物合成关联,这些操作也受到过程干扰、代谢迁移和其他控制操作的影响。如 pH 变化受系统反馈控制,也同时受到代谢变化及溶氧控制操作的综合影响。又如,从冷却水的流量和测得的温度可以准确计算大规模发酵时发酵罐的总热负荷和热传递系数,而热传递系数的变化能反映黏度增高和积垢问题。

三、离线发酵分析方法

尽管直接状态参数如 pH、DO、溶解 CO_2 含量、尾气 O_2 含量、尾气 CO_2 含量、黏度等能直接检测,但目前还没有一种可在线检测培养基成分和代谢产物的传感器。所以,目前发酵液中的基质(糖、脂质、盐、氨基酸等)、前体和代谢产物(抗生素、酶、有机酸和氨基酸等)以及菌量的检测还是依赖于人工取样和离线分析。离线分析的特点是所得的过程信息是不连贯和滞后的,但离线分析在发酵过程中也十分重要。表 7-1 介绍了离线测定生物量的方法。

表 7-1　　离线测定生物量的方法

方　法	原　理	效果评价
压缩细胞体积	离心沉淀物	粗糙但快速
干重	悬浮颗粒干燥至恒重后的质量	如培养基含有固体,结果不准确
光密度	浊度	要保持线性稀释才准确
荧光或其他化学法	分析与生物量相关的化合物如 ATP、DNA、蛋白质等的含量	只能间接测量计算

续表

方法	原理	效果评价
显微观察	血细胞计数器上细胞计数	费力,但可通过成像分析实现可视化、简单化
平板计数	经适当稀释后培养,在平板上计数	只能测活菌,培养时间长,结果滞后

第二节　发酵过程控制

任务

1. 在发酵过程中常控制哪些基质,为什么要控制这些基质?
2. 在发酵过程中,为什么要控制发酵温度?控制在什么温度范围内?

【案例1】

在2L发酵罐内发酵培养 G.oxydans Gouv2007,进行小试生产菌体细胞。如图7-1所示,当发酵培养进行到27h,培养液内的山梨醇含量较低,进行第一次补料,菌体继续生长。培养进行至48h时,培养液内的山梨醇含量再次较低,进行第二次补料。当发酵培养进行到66h时,菌体细胞生长进入稳定期,由于在补料时只是补加碳源,这时发酵液内氮源和无机盐的含量均已较低,进行放罐处理。

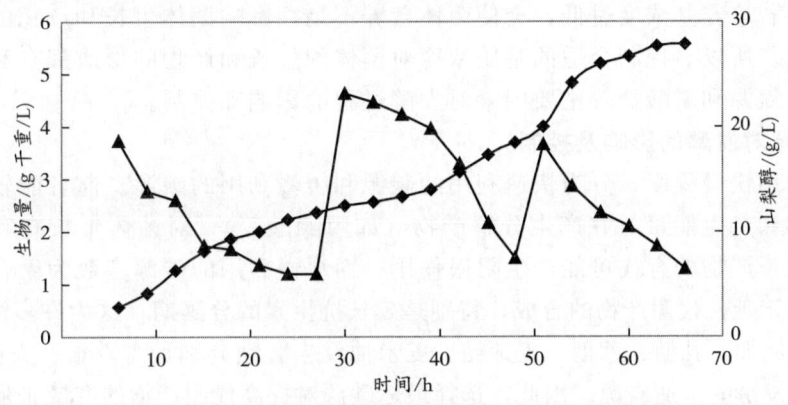

图7-1　G.oxydans Gouv2007 生长及基质消耗曲线
◆ 生物量　▲ 山梨醇

【案例1分析与讨论】

1. 在发酵过程中,发酵液中基质提供菌体细胞生长代谢和合成目的产物的原料和能量。
2. 在发酵过程中常控制碳源,尤其是葡萄糖等对细胞生长具有底物抑制作用的速效性碳源。控制这些基质浓度可以有效地解除底物抑制作用。
3. 在发酵工业生产上,控制这些基质是通过补料维持其浓度的。

【案例 2】

谷氨酸发酵过程中的温度控制

在谷氨酸发酵过程中，0~12h 为长菌期，最适温度在 30~32℃，发酵 12h 后，进入产酸期，控制在 34~36℃。

【案例 2 分析与讨论】

1. 在发酵过程中，由于发酵罐内各种热量的消长，会引起发酵液温度的变化，发酵温度影响微生物细胞内酶的活性和代谢，从而影响菌体生长和目的产物的合成，所以要及时控制发酵温度。发酵温度控制在菌体生长和目的产物合成的最适温度范围内。

2. 在发酵工业生产中，是通过温度传感器监测并调节冷却水的进出来控制温度的。

一、发酵基质对发酵的影响及其控制

发酵基质是指供微生物生长及产物合成的原料，也称为底物，主要包括碳源、氮源、无机盐、微量元素和生长调节物质等。对于发酵控制来说，基质是生产菌代谢的物质基础，既涉及菌体的生长繁殖，又涉及代谢产物的形成。因此，选择适当的基质和控制适当的浓度是提高产物产量的重要方法。

在分批发酵中，若培养基过于丰富，有时会使菌体生长过旺、黏度增大、传质差、菌体不得不花费较多的能量来维持其生存环境，即用于非生产的能量大量增加，不利于代谢产物的合成。若培养基浓度过低，会使菌体营养不足，影响菌体生长和产物的合成，使设备利用率降低。所以，控制合适的基质浓度对菌体的生长和产物的形成都有利。下面具体地阐述碳源、氮源和磷酸盐等主要因素对发酵过程的影响和控制。

（一）碳源对发酵的影响及控制

按碳源利用快慢程度，分为快速利用的碳源和缓慢利用的碳源。前者能较迅速地参与代谢合成菌体和产生能量，并产生分解产物（如丙酮酸等），对菌体生长有利，但有的分解代谢产物对于产物的合成可能产生阻遏作用；而缓慢利用的碳源多数为聚合物，菌体利用缓慢，有利于延长代谢产物的合成，特别是延长抗生素的分泌期，这为许多微生物药物的发酵所采用。例如，乳糖、蔗糖、麦芽糖、玉米油及半乳糖分别是青霉素、头孢菌素 C、核黄素及生物碱发酵的最适碳源。因此，选择最适碳源对提高代谢产物的产量非常重要。

在青霉素发酵的早期研究中，人们就认识到了碳源的重要性。在迅速利用的葡萄糖培养基中的菌体生长良好，但青霉素合成量很少；在缓慢利用的乳糖培养基中，菌体的生长缓慢，但青霉素的产量明显增加。其代谢变化如图 7-2 所示。从图可知糖的缓慢利用是青霉素合成的关键因素。在其他抗生素发酵及初级代谢中也有类似情况，如葡萄糖完全阻遏嗜热脂肪芽孢杆菌产生胞外生物素——同效维生素（其化学构造及生理作用与天然维生素相类似的化合物）的合成。因此，控制使用能产生阻遏作用的碳源是非常重要的。在工业上，发酵培养基中常采用含迅速利用和缓慢利用的混合碳源，就是根据这个原理来控制菌体的生长和产物的合成的。

碳源的浓度对于菌体生长和产物合成有着明显的影响。碳源浓度的优化控制，通常采用经验法和发酵动力学法，即在发酵过程中采用中间补料的方法进行控制。在实际生产

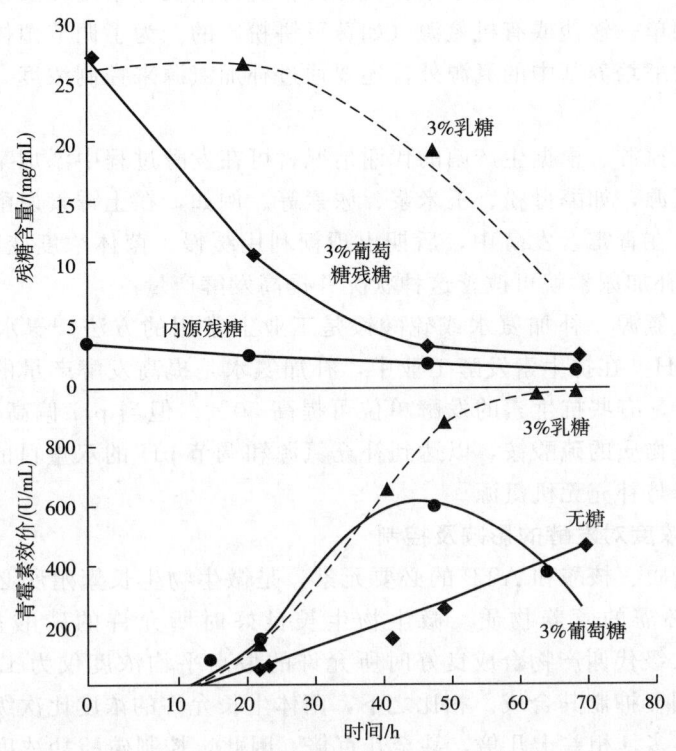

图 7-2 糖对青霉素生物合成的影响

中,要根据不同的代谢类型确定,如补糖时间、补糖量和补糖方式。而发酵动力学法要根据菌体的比生长速率、糖比消耗速率及产物的比生成速率等动力学参数来控制。

(二) 氮源对发酵的影响及控制

氮源可分为无机氮源和有机氮源两大类,不同种类和不同浓度的氮源都能影响产物合成的方向和产量。例如,在谷氨酸发酵中,在 NH_4^+ 供应不足时,α-酮戊二酸不能还原氨基化而积累α-酮戊二酸;过量的 NH_4^+ 反而促使谷氨酸转化为谷氨酰胺。控制适当量的 NH_4^+ 浓度才能获得最大量的谷氨酸。在研究螺旋霉素的生物合成中,发现无机铵盐不利于螺旋霉素的合成,而有机氮源(如鱼粉)则有利于产物的形成。

像碳源一样,氮源也可分为快速利用的氮源和缓慢利用的氮源。前者如氨基(或铵)态氮的氨基酸(或者硫酸铵等)和玉米浆等;后者如黄豆饼粉、花生饼粉、棉籽饼粉等蛋白质。它们各有自己的作用,可快速利用的氮源容易被菌体所利用,促进菌体生长,但对某些代谢产物的合成,特别是某些抗生素的合成产生调节作用而影响产量。例如,链霉菌的竹桃霉素发酵中,采用促进菌体生长的铵盐浓度,能刺激菌丝生长,但抗生素的产量反而下降。铵盐对柱晶白霉素、螺旋霉素、泰洛星等的合成产生调节作用。缓慢利用的氮源对延长次级代谢产物的分泌期、提高产物的产量是有好处的。但一次性的投入也容易导致菌体的生长和养分过早耗尽,导致菌体过早衰老而自溶,从而缩短产物的分泌期。综上所述,对微生物发酵来说需要优化氮源的种类及其浓度。

发酵培养基一般选用含有快速和慢速利用的混合氮源。例如,氨基酸发酵用铵盐(硫酸铵或醋酸铵)和麸皮水解液、玉米浆作为氮源;链霉素发酵采用硫酸铵和黄豆饼粉作为氮源。但也有使用单一铵盐或有机氮源(如黄豆饼粉)的。为了调节菌体生长和防止菌体衰老自溶,除了发酵培养基中的氮源外,还要通过补加氮源来控制浓度。生产上常采用以下方法。

(1) 补加有机氮源　根据生产菌的代谢情况,可在发酵过程中添加某些具有调节生长代谢作用的有机氮源,如酵母粉、玉米浆、尿素等。例如,在土霉素发酵中,补加酵母粉可提高发酵单位;在青霉素发酵中,后期出现糖利用缓慢、菌体浓度变稀、菌丝展不开、pH下降的现象,补加尿素就可改善这种状况并提高发酵产量。

(2) 补加无机氮源　补加氨水或硫酸铵是工业上常用的方法,氨水既可作为无机氮源,又可以调节 pH。在抗生素发酵工业中,补加氨水是提高发酵产量的有效措施,如果与其他条件相配合,有些抗生素的发酵单位可提高 50%。但当 pH 偏高而又需要补氮时,就可补加生理酸性物质的硫酸铵,以达到补充氮源和调节 pH 的双重目的。因此,应根据发酵的需要来选择与补充无机氮源。

(三) 磷酸盐浓度对发酵的影响及控制

磷是构成蛋白质、核酸和 ATP 的必要元素,是微生物生长繁殖所必需的成分,也是合成代谢产物所必需的营养物质。微生物生长良好时所允许的磷酸盐浓度为 0.32～300mmol/L,但次级代谢产物合成良好时所允许的最高平均浓度仅为 1.0mmol/L,提高到 10mmol/L 可明显抑制其合成。相比之下,菌体生长允许的浓度比次级代谢产物合成所允许的浓度要大得多,相差十几倍,甚至几百倍。因此,控制磷酸盐浓度对微生物次级代谢产物发酵的意义非常大。

对磷酸盐浓度的控制,一般是在发酵培养基中采用适当的浓度。对抗生素发酵来说,常常是采用生长亚适量(对菌体生长不是最适合但又不影响生长的量)的磷酸盐浓度。其最适浓度取决于菌种特性、培养条件、培养基组成和原料来源等因素,并结合具体条件和使用的原材料进行实验来确定。培养基中的磷含量还可能因配制方法和灭菌条件不同而有所变化。在发酵过程中,若发现代谢缓慢的情况,还可补加磷酸盐。例如,在四环素发酵中,间歇添加微量 KH_2PO_4,有利于提高四环素的产量。

除碳源、氮源和磷酸盐等主要影响因素外,在培养基中还有其他成分影响发酵。例如,Cu^{2+} 在以醋酸为碳源的培养基中,能促进谷氨酸产量的提高,而 Mn^{2+} 对芽孢杆菌合成杆菌肽等次级代谢产物具有特殊的作用,必须达到足够浓度才能促进产物的合成等。

总之,控制基质的种类及其各成分的浓度是决定发酵是否成功的关键,必须根据生产菌的特性和产物合成的要求进行深入细致的研究,以取得最满意的结果。

二、温度对发酵的影响及其控制

(一) 影响发酵温度变化的因素

发酵过程中,随着菌体对培养基的利用,以及机械搅拌的作用,将产生一定的热量,同时,因为发酵罐壁散热、水分蒸发等也带走部分热量,包括生物热、搅拌热及蒸发热、辐射热等。引起发酵过程中温度变化的原因是在发酵过程中所产生的热量,这个热量称为发酵热,即发酵过程中释放出来的净热量,它是由产热因素和散热因素两方面所决定的,如式 (7-1) 所示。

$$Q_{发酵} = Q_{生物} + Q_{搅拌} - Q_{蒸发} - Q_{显} - Q_{辐射} \tag{7-1}$$

微生物在生长繁殖过程中产生的热量称为生物热（$Q_{生物}$）。营养物质代谢释放出来的能量，一部分用于合成高能化合物，部分用来合成代谢产物，其余以热量的形式散发出来。其中以生长对数期产生的热量最多，同时培养基越丰富则生物热就越大。搅拌使发酵液之间、液体和设备之间摩擦产生的热称为搅拌热（$Q_{搅拌}$）。发酵液随气体带走蒸汽（主要是水蒸气）的热量称为蒸发热（$Q_{蒸发}$）。进入发酵罐的空气和排出发酵罐的废气因温度差而带走或带入的热量称为显热（$Q_{显}$）。发酵液中部分热通过罐体向大气辐射的热量称为辐射热（$Q_{辐射}$）。

发酵热的测定与计算方法有三种。

1. 冷却水流量和温度变化测定法

通常选择主发酵旺盛期，此时是产生热量最大的时间段，通过测定一定时间内冷却水流量和进、出口温度，用式（7-2）计算发酵热。

$$Q_{发酵} = G \times c_w \times (T_2 - T_1)/V \tag{7-2}$$

式中　$Q_{发酵}$——发酵热，$kJ/(m^3 \cdot h)$

　　　　G——冷却水流量，kg/h

　　　　c_w——水的比热，$kJ/(kg \cdot ℃)$

　　　　T_1、T_2——分别为进、出的冷却水温度，℃

　　　　V——发酵液体积，m^3

2. 直接测定计算法

通过发酵温度自动控制，先使罐温达到恒定，再关闭自动控制装置，测量温度随时间上升的速率。

$$Q_{发酵} = [(M_1 c_1 + M_2 c_2) S]/V \tag{7-3}$$

式中　M_1、M_2——分别为发酵液和发酵罐质量，kg

　　　　c_1、c_2——分别为发酵液和罐材料比热，$kJ/(kg \cdot ℃)$

　　　　S——温度上升速率，℃/h

　　　　V——发酵液体积，m^3

3. 根据化合物的燃烧热值计算生物热

根据赫斯（Hess）定律，热效应决定于系统的初态和终态，而与变化的途径无关，反应的热效应等于作用物的燃烧热总和减去生成物的燃烧热总和，如式（7-4）所示。

$$\Delta H = \sum (\Delta H)_作 - \sum (\Delta H)_生 \tag{7-4}$$

（二）温度对微生物生长的影响

温度决定微生物生长发育是否旺盛。每一种微生物都有其最适生长温度，在生物学范围内每升高10℃，生长速度加快1倍。温度影响细胞的各种代谢过程和生物大分子的组分等，如比生长速率随温度上升而增大，细胞中的RNA和蛋白质的比例也随着增长。这说明为了支持高的生长速率，细胞需要增加RNA和蛋白质的合成。例如，将温度从30℃更改为42℃来诱导重组蛋白产物的形成。

几乎所有微生物的脂质成分均随生长温度变化。温度降低时细胞脂质的不饱和脂肪酸含量增加。微生物的脂肪酸成分随温度而变化的特性是微生物对环境变化的响应。脂质的熔点与脂肪酸的含量成正比。因膜的功能取决于膜中脂质组分的流动性，而后者又取决于脂肪酸的饱和程度,故微生物在低温下生长时必然会伴随脂肪酸不饱和程度的增加。

超出温度范围则会停止生长或死亡。微生物的死亡速率比生长速率对温度更为敏感,高温能快速杀菌,原因是高温能使蛋白质变性或凝固。微生物对低温的抵抗力一般较对高温的强。原因是微生物体积小,在细胞内不能形成冰晶体,不能破坏细胞内的原生质,所以利用低温能保存菌种。不同生长阶段菌体细胞对温度的敏感程度不同。菌体置于最适温度附近,可以缩短适应期;在最适温度范围内提高培养温度,可加快菌体生长;处于生长后期的细菌,生长速度主要取决于氧而非温度。

(三) 温度对发酵的影响

同一种生产菌,菌体生长和积累代谢产物的最适温度也往往不同。最适温度是最适于菌的生长或发酵产物生成的温度。如谷氨酸菌的生长最适温度为30~32℃,产谷氨酸的最适温度为34~37℃。整个发酵周期内仅选用一个最适温度不一定好,因适合菌生长的温度不一定适合产物的合成。例如,黄原胶发酵前期的生长温度控制在27℃;中后期控制在32℃,可加速前期的生长和明显提高产胶量约20%。在过程优化中应了解温度对生长和发酵过程的影响。依据不同的菌种、培养条件(培养基成分和浓度、工艺参数等)、酶反应类型和菌生长阶段,选择相应的最适温度,以获得微生物最快的生长速度和最高的产物产率。例如,青霉素发酵的变温培养比25℃恒温培养所得青霉素产量高14.7%。

一般情况下发酵温度升高,酶反应速率增大,生长代谢加快,生产期提前,但酶本身很容易因过热而失去活性,表现在菌体容易衰老,发酵周期缩短,从而影响发酵过程最终产物的产量。温度除了直接影响发酵过程的各种反应速率外,还通过改变发酵液的物理性质,例如,氧的溶解度和基质的传质速率以及菌对养分的分解和吸收速率,间接影响产物的合成。

温度影响酶系组成及酶的特性,通过改变酶的调节机制实现,从而影响生物合成的方向。例如,金色链霉菌的四环素发酵中,在低于30℃主要合成金霉素,温度达35℃则只产四环素。近年来发现温度对微生物的代谢有调节作用。在20℃,氨基酸合成途径的终产物对第一个酶的反馈抑制作用比在正常生长温度37℃的更大。故可考虑在抗生素发酵后期降低发酵温度,让蛋白质和核酸的正常合成途径关闭得早些,从而使发酵代谢转向产物合成。

在分批发酵中研究温度对发酵影响的试验数据有很大的局限性,因为产量的变化究竟是温度的直接影响还是因生长速率或溶氧浓度变化的间接影响难以确定。用恒化器可控制其他与温度有关的因素,如生长速率等的变化等,使在不同温度下保持恒定,从而能不受干扰地判断温度对代谢和产物合成的影响。

温度的选择还应参考其他发酵条件,灵活掌握。例如,供氧条件差的情况下最适的发酵温度可能比在正常良好的供氧条件下低一些。这是由于在较低的温度下氧溶解度相应大些,菌的生长速率相应小一些,从而弥补了因供氧不足而造成的代谢异常。此外,还应考虑培养基的成分和浓度。使用稀薄或较易利用的培养基时提高发酵温度则养分往往会过早耗竭,导致菌丝过早自溶,产量降低。例如,提高红霉素发酵温度在玉米浆培养基中的效果就不如在黄豆饼粉培养基的好,因提高温度有利于黄豆饼粉的同化。

（四）发酵过程温度的选择与控制

1. 根据菌种及生长阶段来选择最适温度

微生物种类不同，所具有的酶系及其性质不同，所要求的温度范围也不同。如黑曲霉生长温度为37℃，谷氨酸产生菌棒状杆菌的生长温度为30～32℃，青霉菌生长温度为30℃。在产物分泌阶段，其温度要求与生长阶段又不一样，应选择最适生产温度。如青霉素产生菌生长的最适温度为30℃，但产生青霉素的最适温度是20℃。

2. 根据培养条件选择最适温度

温度选择还要根据培养条件综合考虑，灵活选择。比如通气条件差时可适当降低温度，使菌呼吸速率降低些，溶氧浓度也可高些；培养基稀薄时，温度也该低些，因为温度高时营养利用快，会使菌过早自溶。

3. 根据菌生长情况选择最适温度

菌体生长快，维持在较高温度时间要短些；菌体生长慢，维持较高温度时间可长些。培养条件适宜，如营养丰富，通气能满足，那么前期温度可高些，以利于菌的生长。总的来说，温度的选择根据菌种生长阶段及培养条件综合考虑。要通过反复实践来定出最适温度。

4. 工业生产上的温度控制

工业生产上，所用的大发酵罐在发酵过程中一般不需要加热，因发酵中释放了大量的发酵热，需要冷却的情况较多。利用自动控制或手动调整的阀门，将冷却水通入发酵罐的夹层或蛇管中，通过热交换来降温，保持恒温发酵。如果气温较高，冷却水的温度又高，就可采用冷冻盐水进行循环式降温，以迅速降到最适温度。因此大工厂需要建立冷冻站，提高冷却能力，以保证在正常温度下进行发酵。

三、pH对发酵的影响及其控制

（一）pH对发酵的影响

发酵液pH的改变将对发酵产生很大的影响。主要表现在下面几个方面。

1. 改变细胞膜的电荷性质，影响新陈代谢的正常进行

原生质体膜具有胶体性质，在一定pH时原生质体膜可以带正电荷，而在另一pH时，原生质体膜则带负电荷。这种电荷的改变同时会引起原生质体膜对个别离子渗透性的改变，从而影响微生物对培养基中营养物质的吸收及代谢产物的分泌，妨碍新陈代谢的正常进行。如产黄青霉的细胞壁厚度随pH的增加而减小，其菌丝的直径在pH 6.0时为2～3μm，在pH 7.4时，则为2～1.8μm，呈膨胀酵母状，随pH下降菌丝形状可恢复正常。

2. 影响菌体代谢方向

如采用基因工程菌毕赤酵母生产重组人血清白蛋白，生产过程中最不希望产生蛋白酶。在pH 5.0以下，蛋白酶的活性迅速上升，对白蛋白的生产很不利；而pH在5.6以上则蛋白酶活性很低，可避免白蛋白的损失。不仅如此，pH的变化还会影响菌体中的各种酶活以及菌体对基质的利用速率，从而影响菌体的生长和产物的合成。故在工业发酵中维持生长和产物合成的最适pH是生产成败的关键之一。

3. 影响代谢产物的合成

培养液的 pH 对微生物的代谢有更直接的影响。在产气杆菌中，与吡咯并喹啉醌（PQQ）结合的葡萄糖脱氢酶受培养液 pH 影响很大。在钾营养限制性培养基中，pH 8.0 时不产生葡萄糖酸，而在 pH 5.0~5.5 时产生的葡萄糖酸和 2-酮葡萄糖酸最多。此外，在硫或氨营养限制性的培养基中，此菌生长在 pH 5.5 下产生葡萄糖酸与 2-酮葡萄糖酸，但在 pH 6.8 时不产生这些化合物。发酵过程中在不同 pH 范围内以恒定速率（0.055%/h）加糖，青霉素产量和糖耗并不一样，如表 7-2 所示。

表 7-2　　　　在不同 pH 范围内恒定速率加糖，青霉素产量和糖耗的关系

pH 范围	糖耗	残糖	青霉素 G 产量相对单位
pH 6.0~6.3 加糖	10%	0.5%	较高
pH 6.6~6.9 加糖	7%	0.2%	高
pH 7.3~7.6	7%	>0.5%	低
pH 6.8 控制加糖	<7%	<0.2%	最高

（二）影响发酵液 pH 变化的因素

发酵过程中由于菌体在一定温度及通气条件下对培养基中碳源、氮源等的利用，随着有机酸或氨基酸的积累，会使 pH 产生一定的变化。pH 变化的幅度取决于所用的菌种、培养基的成分和培养条件。在正常情况下，发酵过程中 pH 的变化有如下规律：在菌体的生长阶段，pH 有上升或下降的趋势；在生产阶段，pH 趋于稳定；在自溶阶段，pH 有上升的趋势。

外界环境发生较大变化时，pH 将会不断波动。凡是导致酸性物质生成或释放，碱性物质的消耗都会引起发酵液的 pH 下降；反之，凡是导致碱性物质生成或释放，酸性物质的消耗都会引起发酵液的 pH 上升。影响发酵液中 pH 变化的因素很多，主要是培养基的成分、中间补料、代谢中间产物和代谢终产物等。造成 pH 上升的原因主要有以下几个方面：①培养基中 C/N 偏低；②生理碱性物质存在，如硝酸钠；③中间补料中氨水或尿素等碱性物质加入过量等。造成 pH 下降的原因主要有以下几个方面：①培养基中 C/N 偏高；②生理酸性物质存在，如硫酸铵；③消泡油加入过量等。

pH 的变化会引起各种酶活性的改变，影响菌对基质的利用速度和细胞的结构，以致影响菌体的生长和产物的合成。pH 还会影响菌体细胞膜电荷状态，引起膜的渗透性改变，因而影响菌体对营养物质的吸收和代谢产物的形成等。因此，确定发酵过程中的最适 pH 及采取有效控制措施是保证或提高产量的重要环节。

（三）发酵最适 pH 的确定

每一类微生物都有最适的和能耐受的 pH 范围。大多数细菌生长的最适 pH6.3~7.5；霉菌最适生长 pH4.0~5.8；酵母最适生长 pH3.8~6.0；放线菌最适生长 pH6.5~8.0。有的微生物生长繁殖阶段的最适 pH 与产物形成阶段的最适 pH 是一致的，但也有许多是不一致的。表 7-3 列举了几种生长最适 pH 范围与产物形成最适 pH 范围不一致的例子。

表 7-3　　　　　　　　　　　　　几种抗生素发酵的最适 pH 范围

产品	菌体生长最适 pH 范围	产物形成最适 pH 范围
青霉素	6.5~7.2	6.2~6.8
链霉素	6.3~6.9	6.7~7.3
四环素	6.1~6.6	5.9~6.3
土霉素	6.0~6.6	5.8~6.1
红霉素	6.6~7.0	6.8~7.3
灰黄霉素	6.4~7.0	6.2~6.5

选择最适 pH 以有利于菌的生长和产物合成，以获得较高的产量为目的。以利福霉素为例，由于利福霉素 B 分子中的所有碳单位都是由葡萄糖衍生的，在生长期葡萄糖的利用情况对利福霉素 B 的生产有一定的影响。试验证明，其最适 pH 在 7.0~7.5。当 pH 为 7.0 时，平均得率系数达最大值；pH6.5 时为最小值。在利福霉素 B 发酵的各种参数中，从经济角度考虑，平均得率系数最重要。故 pH7.0 是生产利福霉素 B 的最佳条件。在此条件下葡萄糖的消耗主要用于合成产物。同时也能保证适当的菌量。试验结果表明，生长期和生产期分别维持 pH6.5 和 pH7.0，可使利福霉素 B 的产率，比整过发酵过程都维持 pH7.0 的情况下的产率提高 14%。

（四）发酵过程中 pH 的调节和控制

由于微生物不断地吸收、同化营养物质和排出代谢产物，因此，在发酵过程中，发酵液的 pH 是一直在变化的。这不但与培养基的组成有关，而且与微生物的生理特性有关。各种微生物的生长和发酵都有各自的最适的 pH。为了使微生物能在最适的 pH 范围内生长、繁殖和发酵，首先应根据不同微生物的特性，不仅要在原始培养基中控制适当的 pH，而且要在整个发酵过程中，随时检查 pH 的变化情况，并进行相应的调控。在实际生产中，从以下几个方面进行。

1. 调整培养基组分

适当调整 C/N，使氮源与碳源配比平衡，一般情况，C/N 高时（真菌培养基），pH 降低；C/N 低时（一般细菌），经过发酵后，pH 上升；还有基础料中若含有玉米浆，pH 呈酸性，必须调节 pH。若要控制消毒后 pH 在 6.0，消毒前 pH 往往要调到 6.5~6.8。

2. 在基础料中加入维持 pH 的物质

（1）添加 $CaCO_3$　当用 NH_4^+ 盐作为氮源时，可在培养基中加入适量 $CaCO_3$，用于中和 NH_4^+ 被吸收后剩余的酸。

（2）**氨水流加法**　氨水可以中和发酵中产生的酸，且 NH_4^+ 可作为氮源，供给菌体营养，通氨一般是使用压缩氨气或工业用氨水（浓度 20% 左右），采用少量间歇添加或连续自动流加，可避免一次加入过多造成局部偏碱。发酵过程中使用氨水中和有机酸需谨慎，过量的氨会使微生物中毒，导致呼吸强度急速下降。故在需要用通氨气来调节 pH 或补充氮源的发酵过程中，可通过监测溶氧浓度的变化防止菌体出现氨过量中毒。氨极易和铜反应产生毒性物质，对发酵产生影响，故需避免使用铜制的通氨设备。

（3）**尿素流加法**　味精厂多用，尿素首先被菌体尿酶分解成氨，氨进入发酵液，使

pH 上升，当 NH_4^+ 被菌体作为氮源消耗并形成有机酸时，发酵液 pH 下降，这时随着尿素的补加，氨进入发酵液，又使发酵液 pH 上升及补充氮源，如此循环，至发酵液中碳源耗尽，完成发酵。

3. 通过补料调 pH

在发酵过程中根据碳氮消耗需要进行补料。在补料与调 pH 没有矛盾时采用补料调 pH，如调节补糖速率来调节 pH，当 NH_2-N 低而 pH 低时补氨水，当 NH_2-N 低且 pH 高时补 $(NH_4)_2SO_4$ 等；当补料与调 pH 发生矛盾时，加酸或碱调 pH。

氨基酸发酵常用此法。这种方法既可以达到稳定 pH 的目的，又可以不断补充营养物质，特别是能产生阻遏作用的物质。少量多次补加还可解除对产物合成的阻遏作用，提高产物产量。也就是说，采用补料的方法，可以同时实现补充营养、延长发酵周期、调节 pH 和培养液的特性（如菌体浓度等）等几个目的。

4. 应急措施

必要的时候采取应急措施。如改变搅拌转速或通气量，以改变溶解氧浓度，控制有机酸的积累量及其代谢速度；改变温度，以控制微生物代谢速度；改变罐压及通气量，降低 CO_2 的溶解量；改变加油或加糖量等，调节有机酸的积累量等。

在实际生产过程中，一般可以选取其中一种或几种方法，并结合 pH 的在线检测情况，对 pH 进行快速有效控制，以保证 pH 长期处于合适的范围内。

四、氧对发酵的影响及其控制

好氧微生物的生长发育、繁殖和代谢活动都需要消耗氧气，只有在氧存在的情况下才能完成生物氧化、菌体生长和代谢产物生成的作用。同时，氧是构成细胞本身和代谢产物的组分之一，即氧也是一种特殊的发酵原料，许多微生物细胞必须利用分子态的氧作为呼吸链电子传递系统末端的电子受体，最后与氢离子结合成水。此外，氧还可以直接参与一些生物反应。因此，供氧对需氧微生物必不可少。在发酵过程中必须供给适量的无菌空气，无菌空气中的氧只有溶解到发酵液并进一步传递到细胞内的氧化酶系后菌体才能够利用，才能完成生长繁殖和积累所需的代谢产物。

（一）发酵过程中微生物对氧的需求

1. 供氧与微生物呼吸及代谢产物的关系

根据对氧的需求，微生物可分为专性好氧微生物、兼性好氧微生物和专性厌氧微生物。专性好氧微生物把氧作为最终电子受体，通过有氧呼吸获取能量，如霉菌，进行此类微生物发酵时一般应尽可能提高溶解氧（DO），以促进微生物生长，增大菌体量。兼性好氧微生物的生长不一定需要氧，但如果在培养中供给氧，则菌体生长更好，如酵母菌，典型如乙醇发酵，对 DO 的控制分两个阶段，初始提供高 DO 进行菌体扩大培养，后期严格控制 DO 进行厌氧发酵。厌氧和微好氧微生物能耐受环境中的氧，但它们的生长并不需要氧，这些微生物在发酵生产中应用较少。而对于专性厌氧微生物，氧则可对其显示毒性，如产甲烷杆菌，此时能否限制 DO 在一个较低值往往成为发酵成败的关键。

好氧微生物的生长发育和代谢活动都需要消耗氧气。在发酵过程中必须供给适量无菌空气，才能使菌体生长繁殖，积累所需要的代谢产物。微生物只能利用溶解于液体的氧。发酵液中溶氧的多少，一般以溶氧系数 K_d 值表示。由于各种好气微生物所含的氧化酶体系（如过氧化氢酶、细胞色素氧化酶、黄素脱氢酶、多酚氧化酶等）的种类和数量不同，在不同环境条件下，各种需氧微生物的吸氧量或呼吸程度是不同的。

微生物的吸氧量常用呼吸强度和耗氧速率两种方法来表示。呼吸强度是指单位质量干菌体在单位时间内所吸取的氧量，以 Q_{O_2} 表示，单位为 mmol O_2/（kg·h）。耗氧速率是指单位体积培养液在单位时间内的耗氧量，以 γ 表示，单位为 mmol O_2/（m³·h）。呼吸强度可以表示微生物的相对耗氧量，但是，当培养液中有固定成分存在而测定 Q_{O_2} 有困难时，可用耗氧速率表示。微生物在发酵过程中的耗氧速率取决于微生物的呼吸强度和单位体积发酵液的菌体浓度，而菌体呼吸强度又受到菌龄、菌种性能、培养基及培养条件等诸多因素的综合影响。

溶解氧（DO）是需氧微生物生长所必需的，微生物只能利用溶解于液体中的氧。在发酵过程中有多方面的限制因素，而溶解氧往往是最易成为控制因素。氧是一种难溶气体，在水、发酵液中的溶解度都很小。在28℃，氧在发酵液中的100%的空气饱和时浓度只有7mg/L左右，是糖的溶解度的1/7000。在对数生长期即使发酵液中的溶解氧能达到100%空气饱和度，若此时中止供氧，发酵液中溶解氧可在几分钟之内便耗竭，使溶解氧成为限制因素。因此，需要不断通风和搅拌，才能满足不同发酵过程对氧的需求。溶氧的大小对菌体生长和产物的形成及产量都会有不同的影响，即对于细胞生长的最佳溶解氧浓度并不一定就是合成产物的最佳浓度，换言之，发酵不同阶段对氧浓度的要求不同。例如，谷氨酸发酵过程中，在菌体生长繁殖阶段比谷氨酸生成阶段对溶解氧要求低，要求溶解氧系数 K_d（以氧分压差为传氧推动力的体积溶氧系数）为 $(4.0\sim5.9)\times10^{-6}$ mol/（mL·min·MPa），生成谷氨酸阶段要求溶解氧系数 K_d 为 $(1.5\sim1.8)\times10^{-5}$ mol/（mL·min·MPa）。在菌体生长繁殖阶段，若供氧过量，在生物素限量的情况下抑制菌体生长，表现为糖的消耗慢，pH偏高且下降缓慢。在发酵产酸阶段，若供氧不足，发酵的主产物由谷氨酸转为乳酸，这是因为在缺氧条件下，谷氨酸生物合成所必需的丙酮酸氧化反应停滞，导致糖代谢中间体——丙酮酸转化为乳酸，生产上则表现为糖的消耗快，pH低，尿素消耗快，只长菌而不产生谷氨酸。但是，如果供氧过量，则不利于 α-酮戊二酸进一步还原氨基化而积累大量 α-酮戊二酸。因此，了解菌体生长繁殖阶段和代谢产物生成阶段的最适耗氧量，就可分别合理地控制氧供给。

2. 微生物的临界氧浓度

微生物的耗氧速率受发酵液中氧浓度的影响，各种微生物进行某种生理活动时，对环境中溶氧浓度有一个最低要求。这一溶氧浓度称为临界氧浓度，以 $C_{临界}$ 表示。好氧性微生物的临界氧浓度一般为 0.003~0.05mmol/L，某些微生物的临界氧浓度见表7-4。

表7-4　　某些微生物的临界氧浓度

微生物名称	温度/℃	$C_{临界}$/（mmol/L）
固氮菌	30	0.018~0.049
大肠杆菌	37.8	0.0082
大肠杆菌	15	0.0031
黏沙雷杆菌	31	0.0150

续表

微生物名称	温度/℃	$C_{临界}$/(mmol/L)
黏沙雷杆菌	30	0.0090
酵母	34.8	0.0046
酵母	20	0.0037
橄榄型青霉菌	24	0.0220
橄榄型青霉菌	30	0.0090
米曲霉	30	0.0200

不同种类的微生物的需氧量不同，一般为 25～100mmol/(L·h)。同一种微生物的需氧量，随菌龄和培养条件的不同而异。菌体生长和形成代谢产物时的耗氧量也往往不同，一般幼龄菌生长旺盛，其呼吸强度大，但在种子培养阶段由于菌体浓度低，总的耗氧量也较低；晚龄菌的呼吸强度弱，但在发酵阶段由于菌体浓度高，总的耗氧量较大。据报道，青霉素产生菌培养 80h 的耗氧速率为 40mmol/(L·h)；链霉素产生菌培养 12h 的耗氧速率为 45mmol/(L·h)；黑曲霉生长最大耗氧速率为 50～55mmol/(L·h)，而产 α-淀粉酶时的最大耗氧速率为 20mmol/(L·h)；谷氨酸产生菌在种子培养 7h 的耗氧速率为 13mmol/(L·h)，发酵 13h 的耗氧速率为 50mmol/(L·h)，发酵 18h 的耗氧速率为 51mmol/(L·h)。

(二) 氧在溶液中的传质理论

1. 氧的传递途径与传质阻力

在大规模发酵生产中，通常采用深层培养方式，给培养中的微生物通入无菌空气来供氧。微生物细胞分散在培养液中，只能利用溶解氧。空气中的氧从空气泡里通过气膜、气液界面和液膜扩散到液体主流中的过程是供氧。氧分子自液体主流通过液膜、菌丝丛、细胞膜扩散到细胞内，然后被消耗，图 7-3 简单表示了氧传递过程，共分为以下几步：①从气泡中的气相扩散通过气膜到气液界面；②通过气液界面；③从气液界面扩散通过气泡的液膜到液相主体；④液相溶解氧的传递；⑤从液相主体扩散通过包围细胞的液膜到达细胞表面；⑥氧通过细胞壁；⑦微生物细胞内氧的传递。氧在传递过程中必须克服一系列阻力，才能被微生物所利用，通常③和⑤传递阻力最大，是整个过程的限速步骤。

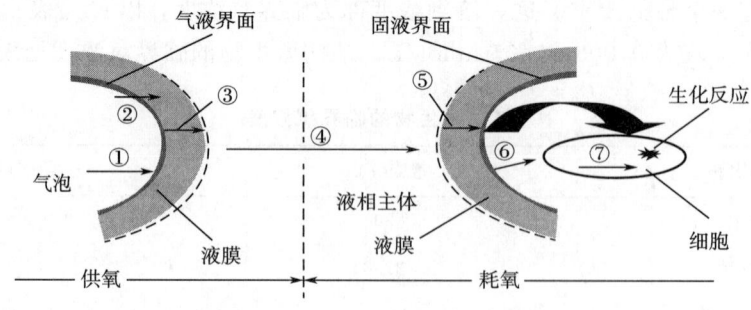

图 7-3 氧传递途径示意图

2. 气体溶解过程的双膜理论

对于大多数微生物细胞的培养过程，细胞分散在培养液中，只能利用溶解氧，供氧都是在培养液中通入空气来进行的。氧从空气泡传递到细胞内要克服一系列阻力，首先氧先从气相溶解于培养基中，然后传递到细胞内的呼吸酶位置上被利用。好氧微生物只能利用溶解态的氧，发酵过程中不断地通过通风和搅拌，使气态中的氧经过一系列的步骤传递到液相。气体溶解于液体是一个复杂的过程，至今还未能从理论上完全解释清楚，最早提出的至今还在应用的假说是双膜理论。该假说的过程见图7-4，氧首先由气相扩散到气液两相的接触界面，再进入液相，界面的一侧是气膜，另一侧是液膜，氧由气相扩散到液相必须穿过这两层膜。

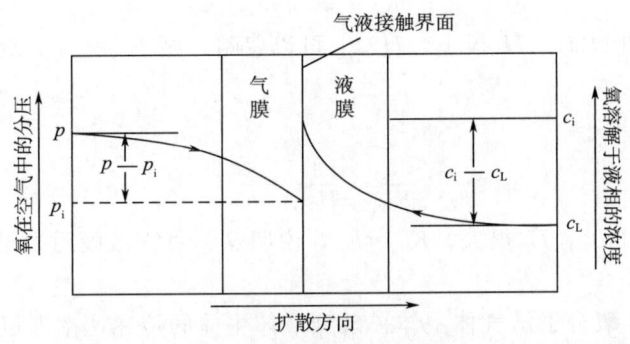

图7-4 双膜理论的气液接触

氧气在气膜中的扩散动力来自空气中的氧的分压与界面处氧的分压之差，即 $p-p_i$，氧穿过界面，在液膜中扩散的动力来自界面处氧的浓度与液体中氧的浓度之差，即 c_i-c_L；与这两种推动力对应的阻力是气膜阻力 $1/k_G$ 和液膜阻力 $1/k_L$。单位接触界面氧的传递速率为：

$$N_A = \frac{\text{推动力}}{\text{阻力}} = \frac{p-p_i}{1/k_G} = \frac{c_i-c_L}{1/k_L} = k_G(p-p_i) = k_L(c_i-c_L) \tag{7-5}$$

式中 N_A——单位接触界面的氧传递速率，kmol/(m³·h)

p、p_i——分别为气相中和气液界面处氧的分压，MPa

c_L、c_i——分别为液相中和气液界面处氧的浓度，kmol/m³

k_G——气膜传质系数，kmol/(m²·h·MPa)

k_L——液膜传质系数，m/h

通常情况下，由于不能直接测定气膜和液膜界面处氧的分压和氧浓度，式（7-5）不能直接用于实际操作。为了方便计算，并不单独使用 k_G 或 k_L，而是将两膜合并起来考虑，改用总传质系数和总推动力，在稳定状态，则：

$$N_A = K_G(p-p^*) = K_L(c^*-c_L) \tag{7-6}$$

式中 K_G——以氧分压差为总推动力的总传质系数，kmol/(m²·h·MPa)

K_L——以氧浓度差为总推动力的总传质系数，m/h

p^*——液相中氧浓度 c 相平衡时氧的分压，MPa

c^*——与气相中氧分压 p 达平衡时氧的溶解浓度，kmol/m³

根据亨利定律，溶解浓度达到平衡的气体分压与该气体所溶解分子分数成正比，可得：

$$p = Hc^* \quad p^* = Hc_L \quad p_i = Hc_i$$

式中　H——亨利常数，它表示气体溶解于液体的难易程度

为找出总传质系数与上述气膜、液膜的传递系数之间的关系，将式（7-6）变形，利用亨利定律，将 O_2 浓度换成相对应的分压来表示，得：

$$\frac{1}{K_G} = \frac{p-p^*}{N_A} = \frac{p-p_i}{N_A} - \frac{p_i-p^*}{N_A} = \frac{p-p_i}{N_A} + \frac{H(c_i-c_L)}{N_A} \tag{7-7}$$

再根据式（7-5）提供的关系，得：

$$\frac{1}{K_G} = \frac{1}{k_G} + \frac{H}{k_L} \tag{7-8}$$

对于易溶气体如 NH_3，H 很小，H/k_L 可以忽略，则 $K_G \approx k_G$，此时气体溶解的阻力主要来自气膜阻力。

同理可得：

$$\frac{1}{K_L} = \frac{1}{Hk_G} + \frac{1}{k_L} \tag{7-9}$$

对于难溶气体如 O_2，H 很大，$K_L \approx k_L$，说明这一过程液膜阻力是主要因素。

3. 氧传质方程

在稳定状态下，氧分子从气体主体扩散到液体主体的传递速率即氧的传质方程为：

$$N = k_L a(c^* - c_L) = k_G a(p - p^*) = k_L a \frac{1}{H}(p - p^*) \tag{7-10}$$

式中　N——单位体积培养液中氧的传氧速率，$kmol/(m^3 \cdot h)$

　　　a——单位体积的内界面，m^2/m^3

通常 k_L 和 a 合并作为一项处理，称 $k_L a$ 为以浓度差为推动力的溶氧系数，单位为 h^{-1}；同理 k_G 和 a 也合并作为一项处理，称 $k_G a$ 为以分压差为推动力的溶氧系数，单位为 $kmol/(m^3 \cdot h \cdot MPa)$，是反映发酵罐内氧传递（溶氧）能力的一个重要参数。

（三）影响供氧的主要因素

根据氧的传质方程，影响供氧的主要因素是推动力 $c^* - c_L$ 和溶氧系数 $k_L a$。此外，发酵罐中液体的体积与高度及发酵液的物理性质等也和供氧有关。

1. 影响推动力 $c^* - c_L$ 的因素

（1）温度　氧传递过程中的推动力将随发酵液温度的升高而下降。

表 7-5　　　　　　　纯氧在不同温度水中的溶解度（$1.01 \times 10^5 Pa$ 时）

温度/℃	溶解度/（mol/m^3）	温度/℃	溶解度/（mol/m^3）
0	2.18	25	1.26
10	1.70	30	1.16
15	1.54	35	1.09
20	1.38	40	1.03

发酵液中的温度不同，氧的溶解度也不同。氧在水中的溶解度随温度的升高而降低

（表 7-5），因此，氧传递过程中的推动力将随发酵液温度的升高而下降。在 1.01×10^5 Pa 和温度在 4~33℃的范围内，氧的溶解度可由式（7-11）经验公式来计算。

$$c_w^* = \frac{14.6}{T+31.6} \tag{7-11}$$

式中　c_w^*——与空气平衡时水中的氧浓度，mol/m³

　　　T——温度，℃

（2）溶质　氧传递的推动力随着发酵液中溶质浓度的增加而下降。

在电解质溶液中，由于发生盐析作用使氧的饱和溶解度降低，故氧传递的推动力随着发酵液中电解质浓度的增加而下降。利用 Sechenov 公式可计算氧的溶解度与电解质浓度的关系。对于单电解质有：

$$\lg\frac{c_w^*}{c_e^*} = Kc_E \tag{7-12}$$

式中　c_e^*——氧在电解质溶液中的溶解度，kmol/m³

　　　c_w^*——氧在纯水中的溶解度，kmol/m³

　　　c_E——电解质溶液的浓度，kmol/m³

　　　K——Sechenov 常数，随气体种类、电解质种类、温度而变化

对于几种电解质的混合溶液，可根据溶液的离子强度计算。

$$\lg\frac{c_w^*}{c_e^*} = \sum_i h_i I_i \tag{7-13}$$

式中　h_i——第 i 种离子的常数，m³/kmol

　　　I_i——离子强度，kmol/m³

在非电解质溶液中，氧的溶解度一般也随着溶质浓度的增加而下降，变化规律与在电解质溶液中的变化情况相似。

$$\lg\frac{c_w^*}{c_n^*} = Kc_N \tag{7-14}$$

式中　c_n^*——氧在非电解质溶液中的溶解度，kmol/m³

　　　c_N——非电解质或有机物浓度，kg/m³

发酵液中同时含有电解质和非电解质，在这种混合溶液中，氧的溶解度可用下式计算。

$$\lg\frac{c_w^*}{c_m^*} = \sum_i h_i I_i + \sum_j \lg\frac{c_w^*}{c_{nj}^*} \tag{7-15}$$

式中　c_m^*——氧在混合溶液中的溶解度，kmol/m³

（3）溶剂　氧传递的推动力随着发酵液中有机溶剂的增加而增加。发酵过程中，通常使用的溶剂为水。由于氧在一些有机物中的溶解度比水中高，因此，实际发酵过程中也可以通过合理添加有机溶剂来降低水的极性从而增加溶解氧的浓度。

（4）氧分压　氧传递的推动力随着发酵液中氧分压的增加而增加。增加氧分压也能通过提高氧的溶解度来增加氧传递的推动力。方法之一是提高空气总压，即增加罐压，提高饱和溶氧浓度 c^*。增加罐压虽然提高了氧的分压，从而增加了氧的溶解度，但其他气体成分（如 CO_2）分压也相应增加，且由于 CO_2 的溶解度比氧大得多，因此不利于液相中 CO_2 的排出，而影响了细胞的生长和产物的代谢，所以增加罐压是有一定限度的。方法之

二是保持空气总压不变,提高氧分压,进行富氧通气操作,提高饱和溶氧浓度 c^*。即通过深层分离法、吸附分离法及膜分离法制得富氧空气,然后通入培养液。目前由于这三种分离方法的成本都较高,富氧通气还处于研究阶段。

2. 影响单位体积的内界面 a 的因素

根据氧的传质方程,氧的传递速率与单位体积的内界面 a 成正比。因此凡是影响单位体积的内界面 a 的因素均能影响氧在溶液中的溶解度。

单位体积的内界面 a 越大,氧传递速率越大,气液单位体积的内界面大小取决于截留在培养液的气体体积以及气泡的大小。截留在液体中的气体越多,气泡的直径越小,那么气泡单位体积的内界面就越大。

搅拌对单位体积的内界面的影响较大,因为搅拌一方面可使气泡在液体中产生复杂的运动,延长停留时间,增大气体的截留率,另一方面搅拌的剪切作用又使气泡粉碎,减小气泡的直径。增大通气量可增加空气的截留率,从而使单位体积的内界面增大。

3. 影响体积溶氧系数 k_La 的因素

影响体积溶氧系数 k_La 的因素有很多,搅拌、空气线速度、发酵液物理性质、表面活性剂、发酵罐体积和径高比等。

(1) 搅拌　采用机械搅拌是普遍提高体积溶氧系数的行之有效的方法。搅拌能把大的空气泡打碎成为微小气泡,增加了氧与液体的接触面积,而且小气泡的上升速度要比大气泡慢,相应地氧与液体的接触时间也就增长;搅拌使液体做涡流运动,使气泡不是直线上升而是做螺旋运动上升,延长了气泡的运动路线,增加了气液的接触时间;搅拌使菌体分散,避免结团,有利于固液传递中的接触面积的增加,使推动力均一,同时也减少了菌体表面液膜的厚度,有利于氧的传递。搅拌使发酵液产生湍流而降低气液界面的液膜厚度,减少氧传递过程的阻力,增大了 k_La 值。搅拌速度并不是越大越好,搅拌速度增加则相应的剪切力也增加,对细胞损伤增强,对菌体形态破坏增加,发酵期间搅拌热上升,增加传热负荷。

(2) 空气线速度　空气的线速度增大,增加了溶氧,体积溶氧系数 k_La 相应也增大。过大的空气线速度会使搅拌桨叶不能打散空气,气流形成大气泡在轴的周围逸出,使搅拌效率和溶氧速率都大大降低。空气分布管的形式、喷口直径及管口与罐底距离的相对位置对氧溶解速率有较大的影响。

(3) 发酵液物理性质　微生物的生命活动,引起培养液的性质的改变,特别是黏度、表面张力、离子浓度、密度、扩散系数等,从而影响到气泡的大小、气泡的稳定性,进而对体积溶氧系数 k_La 带来很大的影响。发酵液黏度的改变还会影响液体的湍流性以及界面或液膜阻力,从而影响到体积溶氧系数 k_La。当发酵液浓度增大时,黏度也增大,体积溶氧系数 k_La 就降低。发酵液中泡沫的大量形成会使菌体与泡沫形成稳定的乳浊液,影响到体积溶氧系数。培养液中的菌体浓度对体积溶氧系数 k_La 也有很大的影响。细胞浓度增加,体积溶氧系数 k_La 下降。

(4) 表面活性剂　培养液中消泡用的油脂等具有亲水端和疏水端的表面活性物质分布在气液界面,增大了传递的阻力,使体积溶氧系数 k_La 等发生变化,一般在电解质溶液中生成的气泡比在水中小得多,因而有较大的比表面积。在同一气液接触的发酵罐中,在同样的条件下,电解质溶液的体积溶氧系数 k_La 比水大,而且随电解质浓度的增加,体积溶

氧系数 $k_L a$ 也有较大的增加。

（5）发酵罐的体积和径高比　通常，发酵罐体积大的氧的利用率高，体积小的氧的利用率低。在几何形状相似的条件下，发酵罐体积大的氧利用率可达 7%～10%，而体积小的氧利用率只有 3%～5%。发酵罐大小不同，所需搅拌转数与通风量不同，大罐的转数较低，通风量较小。因为若体积溶氧系数 $k_L a$ 值保持一定，大罐气液接触时间长，氧溶解率高，搅拌和通风均可小些。表 7-6 为不同容积发酵罐所需搅拌转速与通风量的关系。

表 7-6　　　　　　不同容积发酵罐所需搅拌转速与通风量的关系

发酵罐体积/L	搅拌转速/(r/min)	通风量/[m³/(m³·min)]
50	550	0.5～0.6
500	300	0.25～0.3
5000	185	0.18～0.2
10000	160	0.165
20000	140	0.15
50000	110	0.12

在空气流量和单位发酵液体积消耗功率不变时，通风效率随发酵罐的高径比（H/D）的增大而增加。根据经验数据，当罐的高径比从 1 增加到 2，$k_L a$ 可增加 40% 左右；当罐的高径比从 2 增加到 3 时，$k_L a$ 可增加 20%。但高径比太大，体积溶氧系数反而增加不大；相反，由于罐身过高，液柱压差增大，气泡体积缩小，有气液界面积小的缺点，且高径比太大，厂房要求也提高。一般罐的高径比在 2～3 为宜。

（四）体积溶氧系数 $k_L a$ 的测定方法

1. 亚硫酸盐氧化法

利用亚硫酸根在铜或镁离子作为催化剂时被氧迅速氧化的特性来估计发酵设备的通气效果。当亚硫酸盐浓度为 0.018～0.47mol/L，温度为 20～45℃ 时，与氧反应的速度几乎不变，用碘量法测定未经氧化的亚硫酸钠，便可根据亚硫酸钠的氧化量来求得氧的溶解量。反应原理：Cu^{2+} 作催化剂，溶解在水中的 O_2 能立即氧化 SO_3^{2-}，使之成为 SO_4^{2-}（实际上氧分子一经溶入液相，立即就被还原。这样的反应特性排除了氧化反应速度成为溶氧阻力的可能，因此，氧溶于液体的速度就是控制此氧化反应的因素）。剩余的 Na_2SO_3 与过量的碘作用，再用标定的 $Na_2S_2O_3$ 滴定剩余的碘。

$$2Na_2SO_3 + O_2 \longrightarrow 2Na_2SO_4$$
$$Na_2SO_3 + I_2 \longrightarrow Na_2SO_4 + 2HI$$
$$2Na_2S_2O_3 + I_2 \longrightarrow Na_2S_4O_6 + 2NaI$$

将一定温度的自来水加入试验罐内，开始搅拌，加入亚硫酸钠晶体，使 SO_3^{2-} 浓度为 0.5mol/L 左右；再加入硫酸铜晶体，使 Cu^{2+} 浓度约为 10^{-3} mol/L，待完全溶解；通空气，一开始就接近预定的流量，尽快调至所需的空气流量；稳定后立即计时，为氧化作用开始；氧化时间连续 4～10min，到时停止通气和搅拌，准确记录氧化时间。试验前后各用吸管取 5～100mL 样液，立即移入新吸入的过量的标准碘液中；然后用标准的硫代硫酸钠溶液，以淀粉为指示剂滴定至终点。

从上面的三个化学式可得到,$4Na_2S_2O_3 \infty O_2$,可通过式(7-16)计算单位体积培养液中氧的传氧速率 N。

$$N = \frac{C \cdot n}{4 \times 1000 \times V_s \times t \times p} \quad (7\text{-}16)$$

式中　N——单位体积培养液中氧的传氧速率,mol/(L·S)
　　　C——硫代硫酸钠浓度,mol/L
　　　t——两次取样的时间间隔,s
　　　p——发酵罐的罐压,Pa
　　　V_s——取样量,L
　　　n——两次滴定所消耗的 $Na_2S_2O_3$ 之差,L

将所得的 N 值带入 $N = k_L a(c^* - c)$ 即可得到体积溶氧系数 $k_L a$。

优点是氧溶解和亚硫酸盐浓度无关,反应速度快,不需要特殊仪器。缺点是影响因素多,工作容积只能在 4~80L 测定才比较可靠。

2. 取样极谱法

发酵液中的溶解氧可以用极谱法来测定,其原理是当电解电压为 0.6~1.0V 时,其扩散电流的大小随液体中溶解氧的浓度呈正相关。由于氧的分解电压低,因此发酵液中其他物质对测定的影响甚微,且发酵液中含氢氧化钠、磷酸盐等电解质,故可直接用来测定。

具体测定方法:将从发酵罐中取出的样品置入极谱仪的电解池中,并记下随时间而下降的发酵液中的氧浓度 c_L 的数值。发酵液中氧的饱和浓度 c^* 可以根据所测 c_L 数据,

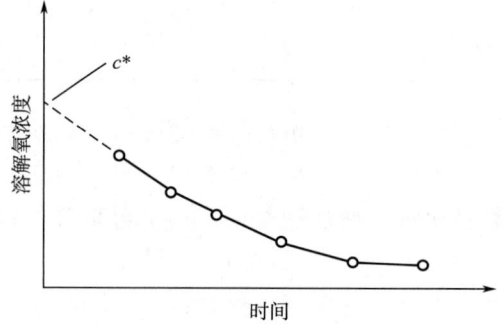

图 7-5　极谱法工作曲线

作图外推法求得(图 7-5),同时曲线斜率的相反数即为微生物的耗氧速率 r,就可按下式计算体积溶氧系数 $k_L a$。

$$k_L a = \frac{r}{c^* - c_L} = -\frac{斜率}{c^* - c_L}$$

极谱法可以通过测定真实培养状态下培养液中的溶解氧浓度,进而可计算出体积溶氧系数,但是当从发酵设备中取出样品后,样品所受的压力发生改变,此时测定得到的氧浓度已不准确,且在静止条件下所测得的耗氧速率与在培养设备中的实际情况不一致,因而误差较大。

3. 排气法

这是一种在非发酵情况下进行的测定方法。在被测定的发酵罐中充以事先用氮气驱除溶解氧的发酵液或 0.1mol/L 的 KCl 溶液。当开始通气及搅拌后,定时取出样品,用极谱仪或其他溶解氧测定仪测定出其溶解氧的浓度,以 c_L 为纵坐标、t 为横坐标,绘制曲线,求出溶液中饱和的溶氧浓度 c^*,即将此曲线的最高点虚线随横坐标平移至与纵坐标的交点便是溶液中饱和的溶氧浓度 c^*,见图 7-6(1)。

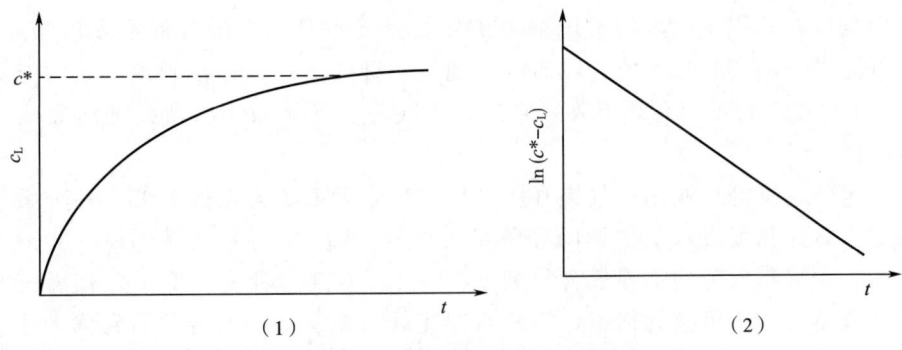

图 7-6　排气法测定 $k_L a$ 的标绘

在不稳定的情况下，发酵液中没有微生物细胞时，氧分子从气体主流扩散至液体主流的物质传递速率可由式（7-17）表示：

$$\frac{dc}{dt} = k_L a (c^* - c_L) \tag{7-17}$$

通气效率可用经过积分后的上式求出：

$$\ln(c^* - c_L) = -k_L a \cdot t - 常数 \tag{7-18}$$

当以 $\ln(c^* - c_L)$ 对 t 作图时即可得出直线 ［图 7-6（2）］。根据这一直线的斜率便可就出溶氧系数 $k_L a$，即：

$$k_L a = -2.303 \times 斜率 \tag{7-19}$$

排气法的缺点是不能代表发酵过程的实际情况，也不能反映当时发酵液的特性，同时也没有考虑氧浓度差对溶氧系数 $k_L a$ 的影响。

4. 复膜电极测定 $k_L a$ 和氧分析仪测定 $k_G a$

将阴极、阳极和电解质溶液装入壳体，用能透过氧分子的高分子薄膜封闭起来，并使阴极紧贴薄膜，就成了极谱型复膜电极。利用复膜电极可在培养过程中测定培养液的溶解氧浓度、微生物菌体耗氧率及溶氧系数，这样测出的溶解氧浓度、微生物菌体耗氧率及溶氧系数可代表培养过程中的实际情况，是比较理想的测定方法。

如以压力作为氧的推动力，则 $k_G a$ 与压力推动力间有下列关系：

$$k_G a = \frac{r}{p - p^*} \tag{7-20}$$

式中　p——罐压，Pa

　　　p^*——溶液中氧的分压，Pa

耗氧速率 r 可由进气和排气氧分压求出，进气和排气可以用氧分析仪测定。p^* 是发酵液中溶氧平衡的氧分压。如果已知发酵液中氧的溶解特性，测定了进气、排气氧分压和液相氧浓度，即可求出 $k_G a$。

（五）发酵过程中溶氧浓度的变化

通过对发酵过程中溶解氧的变化规律的研究，可以了解 DO 与其他参数的关系，就能利用溶解氧来控制发酵过程。

临界氧浓度是指不影响呼吸所允许的最低溶解氧浓度。对产物而言，就是不影响产物合成所允许的最低溶解氧浓度。临界氧浓度值可由尾气中 O_2 含量变化和通气量共同来测定。也可用响应时间很快的溶解氧电极来测定，其要点是在发酵过程中先加强通气搅拌，使 DO 尽可能上升到实验最大值，然后终止通气，继续搅拌，并在罐顶部空间充氮，这时 DO 因为菌体呼吸而会迅速直线下降，直到其直线斜率开始减小时所处的溶氧值便是其呼吸临界氧浓度。

一般情况下，发酵行业用空气饱和度（%）来表示 DO 含量的单位。各种微生物的临界氧值以空气氧饱和度表示，如细菌和酵母为 3%～10%；放线菌为 5%～30%；霉菌为 10%～15%。青霉素发酵的临界氧含量为 5%～10%空气饱和度。低于此临界值时，青霉素的生物合成将受到不可逆的损害，溶解氧即使低于 30%，也会导致青霉素的比生产速率急剧下降。如将 DO 调节到大于 30%，则青霉素的比生产速率很快恢复到最大值。由于氧起着活化异青霉素 N 合成酶的作用，因而氧的限制可显著降低青霉素 V 的合成速率。

在分批发酵中通过维持 DO 在某一浓度范围，考查不同浓度对生产的影响，便可求得产物合成的临界氧值。实际上，呼吸临界氧值不一定与产物合成临界氧值相同。如卷曲霉素和头孢菌素的呼吸临界氧值分别为 13%～23%和 5%～7%；而其抗生素合成的临界氧值分别为 8%和 10%～20%。生物合成临界氧浓度并不等于其最适氧浓度。前者是指 DO 值不能低于其临界氧值，后者是指生物合成有一最适溶解氧浓度范围。溶解氧浓度并非越高越好，即溶解氧浓度除了有一个低限外，还有一个高限。如卷曲霉素发酵，40～140h 维持 DO 在 10%显然比 45%的产量要高。

发酵过程中从培养液的溶解氧浓度变化可以判断菌的生长生理状况。随菌种的活力、接种量以及培养基的不同，DO 在培养初期开始明显下降的时间也不同。通常，在对数生长期 DO 下降明显，从其下降的速率可大致估计菌的生长情况。抗生素发酵在前期 10～70h 通常会出现一个 DO 低谷阶段。如土霉素在 10～30h；卷曲霉素、烟曲霉素在 25～30h；赤霉素在 20～60h；红霉素和制霉菌素分别在 25～50h 和 20～60h；头孢菌素 C 和两性霉素在 30～50h；链霉素在 30～70h。发酵过程中，DO 低谷到来的早晚与低谷时的 DO 水平随工艺和设备条件不同而异。出现二次生长时，DO 往往会从低谷处逐渐上升，到一定高度后又开始下降——这是微生物开始利用第二种基质（通常为迟效碳源）的表现。当生长衰退或自溶时，DO 将逐渐上升。

值得注意的是，在培养过程中并不是维持 DO 越高越好。即使是专性好氧菌，过高的 DO 对生长也可能不利。氧的有害作用是因为形成新生 O、超氧化物基 O_2^- 和过氧化物基 O_2^{2-}；或羟自由基·OH，破坏细胞及细胞膜。有些带巯基的酶对高浓度的溶解氧很敏感，好氧微生物就产生一些抗氧化保护机制，如形成过氧化物酶（POD）和超氧化物歧化酶（SOD），以保护其不被氧化。

在补料分批发酵生产纤维素的过程中，溶氧浓度对其产量有重要影响。其最佳的溶解氧浓度在 10%左右，其产量达 15.3g/L，为对照组（DO 不控制）的 1.5 倍。溶氧控制在 15%，纤维素产量反而降低，为 14.5g/L。Kouda 等报道采用其结构经改进的搅拌器可以大大改善无菌空气与培养基的混合效果，使纤维素的产量在 42h 时达到 20g/L。

（六）溶氧的控制对发酵的影响

1. 溶氧在发酵过程控制中的重要作用

掌握发酵过程中 DO 值变化的规律及其与其他参数的关系后，就可以通过检测溶解氧的变化来控制发酵过程。如果溶解氧出现异常变化，就意味着发酵可能出现问题，要及时采取措施补救，而且通过控制溶解氧还可以控制某些微生物发酵的代谢方向。溶解氧在发酵过程控制中的重要作用具体表现在如下几个方面。

(1) 通过溶解氧判断操作故障或事故引起的异常现象　一些操作故障或事故引起的发酵异常现象能从 DO 的变化中得到反映。如停止搅拌、未及时开启搅拌或搅拌发生故障、空气未能与液体充分混合等都会使 DO 比平常低得多，又如一次补糖过量也会使 DO 水平显著降低。

(2) 通过溶解氧判断中间补料是否恰当　中间补料是否得当可以从 DO 的变化看出。如赤霉素发酵，有些批次的发酵罐会出现"发酸"现象，这时氨基氮迅速上升，DO 值会很快升高。这是由于供氧不足的情况下补料时机掌握不当或补料间隔过密，导致长时间 DO 处于较低水平所致。溶解氧不足的结果会产生乙醇并与代谢中的有机酸反应，形成一种带有酒香味的酯类，视为"发酸"。

(3) 通过溶解氧判断发酵体系是否污染杂菌　当发酵体系污染杂菌后，DO 一般会一反常态，迅速（一般 2~5h）下跌到零，并长时间不回升，这比进行无菌试验发现染菌通常要提前几个小时。但不是一染菌 DO 就下跌到零，要看杂菌的好氧情况和数量，以及在罐内与生产菌相比是否占优势。有时会出现染菌后 DO 反而升高的现象，这可能是因为生产菌受到杂菌抑制，而杂菌又不太好氧的缘故。

(4) 溶解氧作为控制代谢方向的指标　在天冬氨酸发酵中前期好氧培养，后期转为厌氧培养，酶活性可大大提高。所以，掌握由好气转为厌气培养的时机非常关键。当 DO 下降到 45% 空气饱和度时，由好氧转换到厌氧培养并适当补充养分，酶活性可提高 6 倍。在酵母及一些微生物细胞的生产中，DO 是控制其代谢方向的主要指标之一，DO 要高于某一水平才会进行同化作用。当补料速率较慢和供氧充足时糖完全转化为酵母、CO_2 和水；若补料速率提高，培养液的 DO 跌到临界值以下，便会出现糖的不完全氧化而生成乙醇，使酵母的产量减少。

此外，DO 变化还能作为各级种子罐的质量控制和移种的指标之一。

2. 溶解氧控制对发酵的影响

发酵过程对溶解氧进行控制具有多方面的好处，但在实际生产中一个重要的方面是，人们希望通过控制溶解氧来提高产物的合成。现以纤维素的合成与丙酮酸的生产来说明。

(1) 纤维素的合成　在纤维素合成的补料分批发酵中，控制生产期 DO 为 10% 空气饱和度，可获得最高的纤维素产量 15.3g/L，这相当于 DO 未控制批号的 1.5 倍。在生产过程中发酵液的黏度随纤维素浓度的提高而增加，纤维素浓度 12g/L 的表观黏度相当于 10Pa·s。因此，在发酵 40h 后由于黏度很高，DO 分布不均，后期 40~50h 纤维素产量增加较小，菌体量反而略有下降。在这种情况下，进一步提高产量宜从改善搅拌的效果去考虑。

(2) 丙酮酸的生产　Hua 等曾用维生素缺陷型酵母 *Torulopsis glabrata* 对高效丙酮酸发酵做代谢物流分析。他们研究了 DO 与硫胺素浓度对菌体代谢活性的影响。试验结果显示，DO 控制在 30%~40%，对丙酮酸的生产最有利，最终丙酮酸浓度、得率与产率分别达到 42.5g/L、44.7% 和 1.06g/(L·h)。

工业发酵中产率是否受氧的限制，单凭通气量的大小是难以确定的。因溶解氧的高低不仅取决于供氧、通气搅拌等，还取决于需氧状况。故了解溶解氧是否足够的最简便又有效的办法是就地监测发酵液中的溶解氧浓度。从溶解氧变化的情况可以了解氧的供需规律及其对生长和产物合成的影响。

五、通气与搅拌对发酵的影响及其控制

多数发酵工业生产涉及的生化反应都是需氧的，如抗生素发酵、酶制剂生产、单细胞生产以及有机酸、氨基酸发酵等。细胞要维持正常生长，需要呼吸，都需要氧气。然而氧气是难溶气体，常温常压下空气中的氧在纯水中的饱和溶解度极低。所以需要通过通风和搅拌来提高发酵液中的溶解氧量。

好氧发酵过程中对氧的需求及系统中传质、传热的需要，通风和搅拌操作有重要的影响。空气速率增加可提供微生物生长所需氧气，又可以移除 CO_2、挥发性代谢物和反应热，但很多因素影响 O_2 的传输，如空气压力、通气率、基质空隙、料层厚度、培养基水分、反应器几何特征及机械搅拌装置的转速等。气流强度可作为评判通风强弱的标准，通气质量也很重要（特别是气体湿度，可改变水活度），合适的通风强度和质量可提高对温度的控制。

由于基质的不均匀性，通风过程容易造成细胞代谢发生变化，需要通过搅拌来提高物料发酵、水分、温度和气态环境均一性。在选择基质时，应考虑基质特性，避免在搅拌过程中出现结块现象，但过分的翻动可能损伤菌丝体，抑制菌体生长。间歇搅拌较连续搅拌有较好的效果，对菌丝体的生长及其在基质上附着更有利。

通入无菌空气进入反应器中使培养液获得溶解氧和其搅拌混合作用是通风发酵的共同要求。溶解氧传质过程必须通入空气，即使培养液有一定的通气速率，发酵液的体积溶氧系数的大小与反应器的空截面气速 V_S 或单位体积溶液通气量（V_g/V_L）成一定比例关系。当用同一发酵罐进行实验时，若固定通气量，则搅拌叶轮的形状、大小、数量、转速等参数改变时，所需的通气搅拌功率也随之变化，对发酵结果也产生影响。

六、二氧化碳对发酵的影响及其控制

（一）二氧化碳的来源及其对发酵的影响

二氧化碳是呼吸和分解代谢的终产物。几乎所有发酵均产生二氧化碳，二氧化碳主要来源于微生物的新陈代谢过程中有机酸的脱羧反应。二氧化碳对发酵具有重要的作用和影响，具体表现在如下几个方面。

1. CO_2 可作为重要的基质

如在以氨甲酰磷酸为前体之一的精氨酸的合成过程中，无机化能营养菌能以 CO_2 作为唯一的碳源加以利用。异养菌在需要时可利用补给反应来固定 CO_2，细胞本身的代谢途径通常能满足这一需要。若发酵前期大量通气，可能出现 CO_2 减少，导致这种异养菌延迟期延长。

2. 溶解在发酵液中的 CO_2 对氨基酸、抗生素等发酵有抑制或刺激作用

大多数微生物适应低含量 CO_2（0.02%～0.04%）。当尾气 CO_2 含量高于 4% 时，微生物的糖代谢与呼吸速率下降；当 CO_2 分压为 0.08×10^5 Pa 时，青霉素比合成速率降低 40%。又如发酵液中溶解 CO_2 为 0.0016% 时会强烈抑制酵母的生长。当进气 CO_2 含量占

混合气体流量的80%时,酵母活力只有对照值的80%。在充分供氧条件下,即使细胞的最大摄氧率得到满足,发酵液中的CO_2浓度对精氨酸和组氨酸发酵仍有影响。组氨酸发酵中CO_2分压大于$0.05\times10^5 Pa$时,其产量随CO_2分压的升高而下降。精氨酸发酵中有一个最适CO_2分压,即$1.25\times10^5 Pa$,高于此值对精氨酸合成有较大影响。因此,即使供氧足够,也应考虑通气量,以控制发酵液中的CO_2含量。

3. CO_2对氨基糖苷类抗生素合成的影响

当进气中的CO_2含量为1%和2%时,紫苏霉素的产量分别为对照组的2/3和1/7。

CO_2对细胞的作用机制是溶解于培养液中的CO_2主要作用在细胞膜的脂溶性部位,而CO_2溶解于水后形成的HCO_3^-则影响细胞膜上的膜磷脂、膜蛋白质等亲水性部位。当细胞膜的脂质相中CO_2浓度达到一个临界值时,使膜的流动性及表面电荷密度发生变化,这将导致许多基质的跨膜运输受阻,影响了细胞膜的运输效率,使细胞处于"麻醉"状态,细胞生长受到抑制,形态发生了变化。

工业发酵中CO_2的影响值得注意,因为罐内的CO_2分压是液体深度的函数。在10m高的罐中,在$1.01\times10^5 Pa$的气压下操作,底部的CO_2分压是顶部的两倍。在发酵过程中如遇到泡沫上升,引起逃液时,有时采用减少通气量和提高罐压的措施来抑制逃液,这将增加CO_2的溶解度,对微生物的生长有害。为了排除CO_2的影响,工业生产中需要综合考虑发酵液的温度、通气状况和CO_2在发酵液中的溶解度。

(二) 二氧化碳浓度的控制

微生物在发酵过程中产生的二氧化碳一部分溶入发酵液,一部分随尾气排出发酵罐。二氧化碳对发酵具有正反两个方面的影响,所以要控制二氧化碳在发酵液里的浓度。在发酵工业生产上常用呼吸熵(RQ)间接检控发酵液中二氧化碳的浓度。可以通过调节通气量和排气量及罐压来控制发酵液中二氧化碳的浓度。

$$RQ = CER/OUR = Q_{CO_2}X/(Q_{O_2}X) \tag{7-21}$$

式中 CER——CO_2释放率,mol/h

   OUR——菌耗氧速率,mol/h

   Q_{O_2}——呼吸强度,mol/(g·h)

   Q_{CO_2}——CO_2比释放速率,mol/(g·h)

   X——菌体干重,g/L

发酵过程中尾气O_2含量的变化恰与CO_2含量的变化成反向同步关系,由此可判断微生物的生长、呼吸情况,求得微生物的RQ。RQ可以反映微生物的代谢情况:如酵母发酵过程RQ=1,表示糖代谢进行有氧分解代谢,仅生成菌体,无产物形成;RQ>1.1,表示进行EMP途径代谢,生成乙醇;RQ=0.93,生成柠檬酸;RQ<0.7,表示生成的乙醇被当作基质再利用。

微生物在利用不同基质时,RQ值也不相同,如大肠杆菌发酵,以丙酮酸为基质RQ=1.26,以葡萄糖为基质RQ=1.00。在抗生素发酵的不同阶段,RQ也不相同,菌体生长RQ=0.909,菌体维持RQ=1,青霉素合成RQ=4。

在实际生产中测得的RQ值明显低于理论值,说明发酵过程中存在着不完全氧化的中间代谢物和葡萄糖以外的碳源。例如,在青霉素发酵过程中,除葡萄糖外,还加入油作为碳源,由于油具有不饱和性和还原性,使RQ远低于葡萄糖为唯一碳源的RQ,在0.5~

0.7 范围随葡萄糖与油量之比波动。在菌体生长的发酵初期，维持加入总碳量不变，提高油与葡萄糖量之比（O/G），则 OUR 和 CER 上升的速度减慢，且菌体浓度增加也慢；若降低 O/G 比值，则 OUR 和 CER 快速上升，菌体浓度迅速增加。这说明葡萄糖有利于生长，油不利于生长。由此得知，油的加入主要用于控制生长，并作为菌体维持和产物合成的碳源。

CO_2 在发酵液中的浓度变化不同于氧，没有规律可言。其大小受到菌体的呼吸强度、发酵液的流变性、通气搅拌程度、外界压力大小和设备规模等多种因素的影响。CO_2 浓度的控制依据其对发酵的影响而定。当 CO_2 对产物合成有抑制作用时，则设法降低其浓度；若有促进作用，就提高其浓度。通气和搅拌速率的大小，不但能调节发酵液中的溶解氧，还能调节 CO_2 的溶解度，在发酵罐中不断通入空气，既可保持溶解氧在临界点以上，又可随废气排出所产生的 CO_2，使之低于能产生抑制作用的浓度。因而通气搅拌也是控制 CO_2 浓度的一种方法，降低通气量和搅拌速率，有利于增加 CO_2 在发酵液中的浓度；反之就会降低 CO_2 浓度。

七、泡沫对发酵的影响及控制

（一）发酵过程中泡沫的产生原因和方式

泡沫是气体被分散在少量液体中的胶体体系。发酵过程中所遇到的泡沫其分散相是无菌空气和代谢气体，连续相是发酵液。发酵过程中形成的泡沫，按发酵液性质不同有两种类型：一种是发酵液液面上的泡沫，气相所占比例特别大，与下面的液体之间有较明显的界限；另一种是出现在黏稠的菌丝发酵液中的泡沫，又称流态泡沫，这种泡沫分散很细，而且很均匀，也很稳定，泡沫与液体间没有明显的液面界限，在鼓泡的发酵液中气体分散相占比由下而上逐渐增加。泡沫的生成原因有两种：一种是由外界引进的气流被机械地分散形成；另一种是由发酵过程中产生的气体聚结生成。后一种方式生成的泡沫称为发酵泡沫，只有在代谢旺盛时才比较明显。

发酵过程中泡沫的多寡与通气搅拌的剧烈程度和培养基的成分有关，玉米浆、蛋白胨、花生饼粉、黄豆饼粉、酵母粉、糖蜜等是发泡的主要因素，其起泡能力随品种、产地、加工、贮藏条件而有所不同，还与配比有关。如丰富培养基，特别是花生饼粉或黄豆饼粉的培养基，黏度比较大，产生的泡沫多又持久。糖类本身起泡能力较低，但在丰富培养基中高浓度的糖类物质增加了发酵液的黏度，起到稳定泡沫的作用。此外，培养基的灭菌方法、灭菌温度和时间也会改变培养基的性质，从而影响培养基的起泡能力。

在发酵过程中发酵液的性质随微生物的代谢活动不断变化，是泡沫消长的重要因素。发酵液的理化性质对形成泡沫的表面现象起决定性作用。气体在纯水中鼓泡，生成的气泡只能维持瞬间，其稳定性等于零。这是由于其能量上的不稳定和围绕气泡的液膜强度很低所致。发酵液中的玉米浆、皂苷、糖蜜等所含的蛋白质和细胞本身具有稳定泡沫的作用。多数起泡剂是表面活性物质，它们具有一些亲水基团和疏水基团，能降低发酵液的表面张力，使发酵液容易起泡。这些物质在水中，其分子带极性的一端向着水溶液，非极性一端向着空气，并力图在表面层做定向排列，增加了泡沫的机械强度。蛋白质分子中除分子引力外，在羧基和氨基之间还有引力，因而形成的液膜比较牢固，泡沫比较稳定，此外，发酵液的温度、pH、基质浓度以及泡沫的表面积对泡沫的稳定性也有一定的作用。

(二) 发酵过程中泡沫对发酵的影响

发酵过程中因通气搅拌、发酵产生的 CO_2 以及发酵液中糖、蛋白质和代谢物质等稳定泡沫的物质的存在，使发酵液含有一定数量的泡沫，这是正常的现象。泡沫的存在可以增加气液接触表面，有利于氧的传递；一般在含有丰富氮源的通气发酵中会产生大量泡沫，引起"逃液"，给发酵带来许多副作用，主要表现在：①降低了发酵液的装料系数，发酵罐的装料系数一般取 0.7（料液体积/发酵罐容积）左右。通常充满余下空间的泡沫约占所需培养基的 10%，且配比也不完全与主体培养基相同；②增加了菌群的非均一性，由于泡沫高低的变化和处在不同生长周期的微生物随泡沫漂浮或黏附在罐壁上，使这部分微生物有时在气相环境中生长，引起菌体分化，甚至自溶，从而影响了菌群的整体效果；③增加了污染杂菌的机会，发酵液溅到轴封处，容易染菌；④大量起泡，控制不及时，会引起逃液，导致产物的流失；⑤消泡剂的加入有时会影响发酵或给下游工程的分离工序带来困难。因此，泡沫不仅会干扰通气与搅拌的进行，有碍微生物的代谢，严重的还导致大量跑料，造成浪费，甚至引起杂菌感染，直接影响发酵的正常进行。所以当泡沫大量产生时，必须予以消除。

(三) 控制与消除泡沫的方法

了解发酵过程中泡沫的消长规律，方可有效地控制泡沫。泡沫的控制与消除方法主要包括机械消泡和化学消泡两大类，同时还可以考虑从减少起泡物质和产泡能力着手。如起泡物质多为表面活性物质，可以适当予以减少；通气使氧的含量达到临界值即可，不一定要达到饱和度。此外也可以从生产菌种本身的特性着手，预防泡沫的形成。例如，单细胞蛋白生产中，筛选在生长期不易形成泡沫的突变株；也有用混合培养方法，如产碱菌、土壤杆菌和莫拉菌一起培养来控制泡沫的形成，这是因为一种菌种产生的泡沫物质可以被另一种协同菌种所利用的缘故。

1. 机械消泡

机械消泡是一种物理作用，是靠机械剧烈振动、压力的变化，促使气泡破裂，或借机械力将排出气体中的液体加以分离回收，达到消泡效果。机械消泡的方法有两种，一种是罐内法，在搅拌轴上方安装消泡桨，形式多样，泡沫借旋风离心场作用被压碎，也可将少量消泡剂加到消沫转子上以增强消泡效果；另一种是罐外法，将泡沫引出罐外，通过喷嘴的加速作用或离心力粉碎泡沫后，液体再返回罐内。

机械消泡的优点是不用在发酵液中加入其他物质，节省原料（消泡剂），减少由于加入消泡剂所引起的染菌机会，也可以减少培养液性质的变化，不会增加下游工段的负担。其缺点是效果往往不如化学消泡迅速可靠，对黏度较大的流态型泡沫几乎没有作用，也不能从根本上消除引起泡沫稳定的原因，需要一定的设备和消耗一定的动力。

2. 化学消泡

化学消泡是一种使用化学消泡剂的消泡法，也是目前应用最广的一种消泡方法。其优点是化学消泡剂来源广泛，消泡效果好，作用迅速可靠，尤其是合成消泡剂效率高，用量少，安装测试装置后容易实现自动控制等。

发酵工业常用的消泡剂分为天然油脂类、聚醚类、高级醇类和硅树脂类：常用的天然油脂有玉米油、豆油、米糠油、棉籽油、鱼油和猪油等，除作消泡剂外，还可作为碳源。其消泡能力不强，需注意油脂的新鲜程度，以免菌体生长和产物合成受抑制。应用较多的聚醚类为聚氧丙烯甘油和聚氧丙烯聚氧乙烯甘油醚（俗称泡敌），用量为0.03%左右，消泡能力比植物油大10倍以上。泡敌的亲水性好，在发泡介质中易铺展，消泡能力强，但其溶解度大，消泡活性维持时间较短，在黏稠发酵液中使用效果比在稀薄发酵液中更好。十八醇是高级醇类中常用的一种，可单独或与载体一起使用，它与冷榨猪油一起能有效控制青霉素发酵的泡沫；聚乙二醇具有消泡效果持久的特点，尤其适用于霉菌发酵。

合成消泡剂的消泡效果与使用方式有关，其消泡作用取决于它在发酵液中的扩散能力。消泡剂的分散可借助于机械方法或某种分散剂（如水），将消泡剂乳化成细小液滴。分散剂的作用在于帮助消泡剂扩散和缓慢释放，具有加速和延长消泡剂的作用，减小消泡剂的黏性，便于输送，如土霉素发酵中用泡敌、植物油和水按（2～3）∶（5～6）∶30的比例配成乳化液，消泡效果很好，不仅节约了消泡剂和油的用量，还可在发酵全程使用。消泡作用的持久性除了与本身的性能有关外，还与加入量和时机有关。在青霉素发酵中曾采用滴加玉米油的方式，防止了泡沫的大量形成，有利于产生菌的代谢和青霉素的合成，且减少了油的用量，使用天然油脂时应注意不能一次加太多。过量的油脂固然能迅速消泡，但也会抑制气泡的分散，使体积溶氧系数k_La中的气液比表面积减小，从而显著影响氧的传质速率，使溶解氧迅速下跌，甚至到零。油还会被脂肪酶等降解为脂肪酸与甘油，并进一步降解为各种有机酸，使pH下降，有机酸的氧化需消耗大量的氧，使溶氧下降，加强供氧可减轻这种不利作用。油脂与铁会形成过氧化物，对四环素、卡那霉素等抗生素的生物合成有害。在豆油中添加0.1%～0.2%的苯酚或萘胺等抗氧剂可有效防止过氧化物的产生，消除它对发酵的不良影响。

过量的消泡剂通常会影响菌的呼吸活性和物质（包括氧气）透过细胞壁的运输。用电子显微镜观察消泡剂对培养到24h的短杆菌的生理影响时发现，其细胞形态特征，如膜的厚度、透明度和结构功能与氧受限制的条件下相似。细胞表面呈细粒的微囊、类核（拟核）含有DNK纤维，其内膜隐约可见，几乎所有的细胞结构形态都在改变。因此，应尽可能减少消泡剂的用量。在应用消泡剂前需做比较性试验，找出一种对微生物生理、产物合成影响最小、消泡效果最好，且成本低的消泡剂。此外，化学消泡剂应制成乳浊液，以减少同化和消耗。为此，宜联合使用机械与化学方法控制泡沫，并采用自动监控系统。

第三节　发酵终点的判断

发酵类型的不同，要求达到的目标也不同，因而对发酵终点的判断标准也应有所不同。微生物发酵终点的判断对提高产物的生产能力和经济效益很重要。生产能力是指单位时间内单位罐体积的产物积累量。生产过程要将追求生产力和产品成本结合起来，既要有高产量，又要降低成本。

无论是初级代谢产物还是次级代谢产物发酵，到了发酵末期，菌体的分泌能力都要下降，产物的生产能力相应下降或停止。有的菌体衰老而进入自溶状态，释放出体内的分解酶会破坏已经形成的产物。因此，需要考虑以下几个因素来确定合理的放罐时间。

一、经济因素

发酵时间需要考虑经济因素，即以最低的综合成本来获得最大生产能力的时间为最适发酵时间。在生产实际中，以发酵周期缩短、设备利用率提高，即使不是最高产量，但在除去消耗和费用支出后的综合成本最低，为最合理发酵时间。一般对原材料与发酵成本占整个生产成本的主要部分的发酵品种，主要追求提高产率、得率（转化率）和发酵系数（单位罐容积单位时间内形成的产物量）；如下游提炼成本占主要部分和产品价值高，则除了高产率和发酵系数外，还要求高的产物浓度。因此，考虑放罐时间时，还应考虑下列因素，例如，体积生产率（单位体积发酵液单位时间形成的产物量）和总生产率（放罐时发酵单位除以总发酵生产时间）。这里总发酵生产时间包括发酵周期和辅助操作时间，因此要提高总的生产率，则有必要缩短发酵周期。这就是要在产物合成速率较低时放罐，延长发酵虽然略能提高产物浓度，但生产率下降，且耗电大，成本提高，因每吨冷却水所得到的产量下跌，成本提高。

二、产品质量因素

发酵时间长短对后续工艺和产品质量的影响很大。若发酵时间太短，放罐时间过早，必会残留过多未代谢的营养物质（如糖、脂肪、可溶性蛋白等）在发酵液中。这些物质会增加分离纯化工段的负担，造成原料浪费，也会促进乳化作用，干扰树脂的交换；如果发酵时间太长，放罐时间太晚，菌体会自溶，释放出菌体蛋白或体内的水解酶，会显著改变发酵液的性质，增加过滤工序的难度，甚至使一些不稳定的活性产物浓度下跌，扰乱提取工段的作业计划。所有这些都可能导致产物的质量下降及产物中杂质含量的增加，需要考虑发酵周期长短对下游工序的影响。

三、特殊因素

在个别发酵情况下，还要考虑特殊因素。例如，对老品种的发酵，已掌握了它们的放罐时间，在正常情况下，可根据作业计划按时放罐。但在异常情况下，如染菌、代谢异常时，就应根据不同情况进行适当处理。为了能够得到尽量多的产物，应该及时采取措施（如改变温度或补充营养等），并适当提前或者推迟放罐时间。

合理的放罐时间是由实验确定的，即根据不同发酵时间所得到的产物量计算出发酵罐的生产能力和产品成本，采用生产力高而成本低的时间作为放罐时间。

临近放罐时加糖、补料或消泡剂要慎重。因残留物对提炼有影响，补料可根据糖耗速率计算到放罐时允许的残留量来控制。对抗生素发酵，在放罐前约16h便应停止加糖或消泡剂。判断放罐的指标主要有产物浓度、过滤速度、菌丝形态、氨基氮、pH、DO、发酵液的黏度和外观等。一般菌丝自溶前总有些迹象，如氨基氮、DO和pH开始上升、菌丝碎片增多、黏度增加、过滤速率下降，最后一项对染菌罐尤为重要。老品种抗生素发酵放罐时间一般都按作业计划进行。但在发酵异常情况下，放罐时间就需当机立断，以免倒罐。新品种发酵更需探索合理的放罐时间。绝大多数抗生素发酵放罐时间掌握在菌丝自溶前，极少数品种在菌丝部分自溶后放罐，以便胞内抗生素释放出来。总之，发酵终点的判断需综合多方面的因素统筹考虑。

思考题

1. 温度对微生物发酵有何影响？
2. 生产中如何有效控制溶解氧在所需的最适范围内？
3. 提高发酵液中溶解氧水平的措施有哪些？
4. pH 影响发酵的机理是什么？引起 pH 上升或下降的因素有哪些？
5. 发酵生产中如何控制 pH？
6. CO_2 对细胞的作用机制是什么？
7. 发酵过程中采取中间补料的目的是什么？
8. 泡沫给发酵带来的负面影响有哪些？
9. 机械消泡和化学消泡的机理是什么？
10. 磷酸盐浓度是怎样影响发酵的，怎样控制？
11. 发酵基质是怎样影响发酵的，怎样控制？
12. 何为发酵热？如何测量和计算？

参 考 文 献

[1] 姚汝华，周世水．微生物工程工艺原理［M］．3 版．广州：华南理工大学出版社，2013.

[2] 熊宗贵．发酵工艺原理［M］．北京：中国医药科技出版社，2001.

[3] 余龙江．发酵工程原理与技术应用［M］．北京：化学工业出版社，2006.

[4] 陈坚，堵国成．发酵工程原理与技术［M］．北京：化学工业出版社，2012.

[5] 李艳．发酵工程原理与技术［M］．北京：高等教育出版社，2007.

[6] 张嗣良．发酵工程原理［M］．北京：高等教育出版社，2013.

[7] 韩德权，王苹．微生物发酵工艺学原理［M］．北京：化学工业出版社，2013.

[8] 韩北忠．发酵工程［M］．北京：中国轻工业出版社，2013.

[9] 徐岩．发酵工程［M］．北京：高等教育出版社，2011.

[10] 曹军卫，马辉文，张甲耀．微生物工程（第二版）［M］．北京：科学出版社，2007.

第八章　工业发酵染菌的防治

发酵工业自从采用纯种培养以后，产率有了很大提高，但对防止染菌的要求也更高了。人们在与杂菌污染的斗争中，积累与总结了许多宝贵的经验。为了防止染菌，使用了一系列的设备、工艺和管理措施，如密闭式发酵罐，无菌空气制备，设备、管道和无菌室的设计，培养基和设备灭菌，以及培养过程的无菌操作等，大大降低了染菌率。但是，现代发酵工业仍遭受染菌的严重威胁，甚至由于染菌而造成巨大的经济损失。据报道，国外抗生素发酵染菌率为2%~5%，国内的抗生素发酵、青霉素发酵染菌率为2%，链霉素、红霉素和四环素发酵染菌率为5%。谷氨酸发酵噬菌体感染率为1%~2%。染菌轻者影响产率、产物提取收率和产品质量；严重者造成"倒罐"，浪费大量原材料，造成严重的经济损失，而且扰乱生产秩序，破坏生产计划。遇到连续染菌，特别是在找不到染菌原因，又没有防治措施时，往往会影响人们的情绪和生产积极性，造成无法估量的损失。

染菌对发酵产率、提取收率、产品质量和"三废"治理等都有很大影响。不同的生产品种，污染不同种类和性质的杂菌，不同的污染时间，不同的污染途径、污染程度，不同培养基和培养条件所产生的后果是不同的。

第一节　工业发酵染菌的危害

任务

林肯链霉菌发酵生产林肯霉素到发酵后期时，从发酵罐里取样放置几分钟后为何固液分层？滤速变小？

无菌技术

【案例】

林肯链霉菌发酵生产林肯霉素染菌分析

某制药公司利用林肯链霉菌发酵生产林肯霉素，发酵开始后，发酵液由培养基的淡黄色逐渐变为灰褐色，再逐渐变为黄褐色，这时从发酵罐中取样，发酵液较黏稠，体系也较稳定，但是有时在放置几分钟后，发酵液会有固液分离的现象，固体沉淀在底部，液体漂浮在上部，并且在检测滤速时较正常情况下变小。

【案例分析与讨论】

林肯链霉菌发酵生产林肯霉素到发酵后期时，从发酵罐里取样放置几分钟后固液分层、滤速变小的原因是污染了杂菌及其代谢物。

一、染菌对不同发酵的影响

由于不同的发酵其菌种、培养基、发酵条件、发酵周期以及产物性质等不同，受污染的危害程度也不同。在青霉素发酵中，由于许多杂菌都能产生青霉素酶，无论是在发酵前期、中期、还是发酵后期，都能感染产生分泌青霉素酶的杂菌，使青霉素迅速破坏，致使发酵一无所获。疫苗深层培养一旦受污染，无论污染的是活菌、死菌或内外毒素，都应全部废弃。柠檬酸发酵在产酸后，pH很低，一般杂菌不易生长，柠檬酸发酵主要防止前期染菌。谷氨酸发酵周期短，生产菌繁殖快，培养基不太丰富，一般较少污染杂菌，但噬菌体污染对谷氨酸发酵的威胁非常大。肌苷、肌苷酸发酵由于生产菌是多种营养缺陷型，生长能力差、培养基营养丰富等，容易受杂菌污染，且杂菌污染后，营养成分迅速被消耗，严重抑制生产菌生长和代谢产物的生成。无论何种发酵，染菌后都由于糖等基质被消耗，影响发酵产物的生成，降低产量。

二、不同染菌对发酵的影响

在抗生素发酵中，青霉素发酵污染细短产气杆菌比污染粗大杆菌危害更大；链霉素发酵污染细短杆菌、假单胞菌和产气杆菌比污染粗大杆菌危害更大；四环素发酵最怕污染双球杆菌、芽孢杆菌和荚膜杆菌。柠檬酸发酵最怕污染青霉菌，肌苷、肌苷酸发酵最怕污染芽孢杆菌。谷氨酸发酵最危险的是污染噬菌体，因为噬菌体蔓延迅速，难以防治，容易造成连续污染。

三、不同染菌时期对发酵的影响

1. 种子培养期染菌

种子培养主要是生长繁殖菌体，菌体浓度低，培养基营养丰富，比较容易染菌。种子培养期染菌，带进发酵罐中危害极大，应严格控制种子污染。当发现种子受污染均应灭菌后弃去，并对种子罐、管道进行检查和彻底灭菌。

2. 发酵前期染菌

发酵前期主要是菌体生长繁殖，代谢产物生成量很少，此时容易染菌，污染后杂菌迅速繁殖，与生产菌争夺营养成分和氧气，严重干扰生产菌的生长繁殖和产物的生成，要特别防止发酵前期染菌。发酵前期染菌时，若营养成分消耗不多，应迅速重新灭菌，补充必要的营养成分（如果体积太大，可放出部分受污染的发酵液），重新接种发酵。

3. 发酵中期染菌

发酵中期染菌将严重干扰生产菌的代谢，影响产物的生成。有的杂菌繁殖后产生酸性物质，使pH下降，糖、氨消耗迅速，菌（丝）体自溶，发酵液发黏，产生大量泡沫，代谢产物的积累迅速减少或停止，有的已生成的产物也会被利用或破坏，有的发酵液发臭。发酵中期染菌，由于营养成分已经大量被消耗，一般挽救处理困难，危害性很大。所以应尽力做到早发现、快处理。处理方法应根据各种发酵的特点和具体情况来决定。如抗生素发酵，可将另一罐发酵正常、单位高的发酵液的一部分输入染菌罐中，以抑制杂菌繁殖，同时采取低通风，降低流加糖量等措施。柠檬酸发酵中期染菌，可根据所染杂菌的性质分别处理，如污染细菌，可加大通风量，加速产酸，降低pH，必要时可加入盐酸调节pH在3.0以下，以抑制细菌生长；如污染酵母，可加入0.025~0.035g/L的硫酸铜，以抑制酵母生长，并提高风量，加速产酸；如污染黄曲霉，可加入另一罐将近发酵成熟的醪液，使pH下降，黄曲霉自溶；如污染青霉，危害很大，因为青霉在pH很低的条件下能够生长，如果残糖较低，可以提高风量，促使产酸和耗糖，并提前放罐。

4. 发酵后期染菌

发酵后期产物积累较多，糖等营养物质即将耗尽。如果染菌量不太多，可继续进行发酵；如污染严重，破坏性较大，可以采取措施提前放罐。发酵后期染菌对不同产物的影响不同，如抗生素、柠檬酸发酵后期染菌影响不大，肌苷、肌苷酸、谷氨酸、赖氨酸等发酵后期染菌则会影响产物的产量、产物的提取和产品质量。

在染菌严重时，有人主张加入不影响生产菌正常代谢的某些抗生素、呋喃西林、对苯二酚、新洁尔灭等灭菌剂，抑制杂菌生长。例如，庆大霉素发酵染菌，可加入少量庆大霉素粉或对苯二酸；灰黄霉素发酵染菌时，可加入新霉素。但在发酵开始时加入灭菌剂以防止染菌，似无必要，也增加成本；若当发酵染菌后再加入灭菌剂又为时已晚，实际效果值得探讨。

四、染菌程度对发酵的影响

染菌程度越大，即进入发酵罐的杂菌数量越多，对发酵的危害越大。当生产菌已迅速繁殖，在发酵液中占有绝对优势时，即使污染了少数杂菌，如每升发酵液中有 1~2 个杂菌，对发酵也不会带来影响，因为这些杂菌需要一定时间繁殖才能达到危害发酵的程度，而且环境对杂菌的繁殖已不利。当 $75m^3$ 发酵液污染 1 个杂菌，到大幅度（如 10^6 个/mL）污染所需要的时间见表 8-1。

表 8-1　　　　　　　　　　不同染菌程度对应的时间　　　　　　　　　　单位：h

条件	污染 10^6 个/mL 所需时间	污染 10^8 个/mL 所需时间
延迟 0h，增代时间 t_g=0.5h	23	26
延迟 6h，增代时间 t_g=0.5h	29	32
延迟 0h，增代时间 t_g=2h	92	106
延迟 6h，增代时间 t_g=2h	98	112

但是污染程度较大时，特别是在发酵前期和中期污染，将造成严重的危害。

五、染菌对产物提取和产品质量的影响

丝状菌发酵被污染后，有大量菌丝自溶，发酵液发黏，有的甚至发臭。发酵液过滤困难，发酵前期染菌过滤更困难，严重影响产物的提取收率和产品质量。在这种情况下，可先将发酵液加热处理，再加助滤剂或者先加絮凝剂，使蛋白质凝聚，有利于过滤。

染菌的发酵液含有较多蛋白质和其他杂质，对于采取沉淀法提取产物，这些杂质随产物沉淀而影响后面工序处理，从而影响产品质量。如谷氨酸发酵染菌后，在等电点出现β-型结晶谷氨酸，使谷氨酸无法分离，β-型结晶谷氨酸含有大量发酵液，影响下道工序精制处理，从而影响产品质量。采取溶媒萃取的提取工艺，由于发酵液发黏，大量菌体等胶体物质黏附在树脂表面或被树脂吸附，使树脂吸附能力大大降低，有的难被水洗掉，在洗脱时与产物一起被洗脱，混在产物中，影响产物的提纯。

此外，发酵染菌也造成"三废"处理困难和环境的污染。

第二节 染菌的检查、分析和防治

一、种子培养和发酵的异常现象

发酵过程中的种子培养和发酵的异常现象是指发酵过程中的某些物理参数、化学参数或生物参数发生与原有规律不同的改变,而影响发酵水平,使生产蒙受损失。对此,应及时查明原因,加以解决。

1. 种子培养异常

种子培养异常表现在培养的种子质量不合格,种子质量差会给发酵带来较大的影响。然而种子内在质量常被忽视,由于种子培养的周期短,可供分析的数据较少,因此种子异常的原因一般较难确定。种子培养异常的表现主要有菌体生长缓慢、菌丝结团和代谢不正常。

(1) 菌体生长缓慢　种子培养过程中菌种数量增长缓慢的原因很多,培养基原料质量下降、菌体老化、灭菌操作失误、供氧不足、培养温度偏高或偏低、酸碱度调节不当等都会引起菌体生长缓慢。此外,接种物保藏时间长或接种量过低而导致菌体量少,或接种物本身质量差等也都会使菌体数量增长缓慢。

(2) 菌丝结团　在培养过程中有些丝状菌容易产生菌丝团,菌体仅在表面生长,菌丝向四周伸展,菌丝团的中央结实,使内部菌丝的营养吸收和呼吸受到很大影响,从而不能正常生长。菌丝结团的原因很多,诸如通气不良或停止搅拌导致溶解氧浓度不足;原料质量差或灭菌效果差导致培养基质量下降;接种的孢子或菌丝保藏时间长而菌数少,泡沫多;罐内装料小,菌丝黏壁等会导致培养液的菌丝浓度比较低;接种物种龄短等也会导致菌体生长缓慢,造成菌丝结团。

(3) 代谢不正常　代谢不正常表现出糖、氨基氮等变化不正常,菌体浓度和代谢产物不正常。造成代谢不正常的原因很复杂,除与接种物和培养基质量差等有关外,还与培养环境条件差、接种量小、杂菌污染等有关。

2. 发酵异常

不同种类的发酵过程所发生的发酵异常现象,形式虽然不尽相同,但均表现出菌体生长差、pH 的异常变化、溶解氧水平异常、泡沫的异常增多、菌体浓度过高或过低,以及代谢产物含量的异常下跌、发酵周期的异常延长、发酵液的黏度异常增加等现象。

(1) 菌体生长差　由于种子质量差或种子低温放置时间长导致菌体数量较少、延滞期长、发酵液内菌体数量增长缓慢、外形不整齐。种子质量不好、发酵性能差、环境条件差、培养基质量不好等均会引起糖、氮的消耗少或间歇停滞,出现糖、氮代谢缓慢现象。

(2) pH 的异常变化　发酵过程中由于培养基原料质量差,灭菌效果差,加糖、加油过多或过于集中,都会引起 pH 的异常变化。而 pH 变化是所有代谢反应的综合反应,在发酵的各个时期都有一定规律,pH 的异常变化就意味着发酵的异常。

(3) 溶解氧水平异常　对于特定的发酵过程要求一定的溶解氧水平,而且在不同的发酵阶段其溶解氧的水平是不同的。如果发酵过程中的溶解氧水平发生了异常变化,一般就是发酵染菌的表现。

由于污染的杂菌好氧性不同，产生溶解氧异常的现象也是不同的。当杂菌是好氧性微生物时，溶解氧的变化是在较短时间内下降，直到接近于零，且在长时间内不能回升；当杂菌是非好氧性微生物，而生产菌由于受污染而抑制生长，使耗氧量减少，溶解氧升高。

（4）泡沫的异常增多 一般在发酵过程中泡沫的消长是有一定规律的。但是，由于菌体生长差、代谢速度慢、接种物嫩或种子未及时移种而过老、蛋白质类胶体物质多等都会使发酵液在不断通气、搅拌下产生大量的泡沫。培养基灭菌时温度过高或时间过长，葡萄糖受到破坏后产生的氨基糖会抑制菌体的生长，也会使泡沫大量产生。

（5）菌体浓度过高或过低 在发酵生产过程中菌体或菌丝浓度的变化是按其固有的规律进行的。但是如罐温长时间偏高，或停止搅拌时间较长造成溶氧不足，或培养基灭菌不当导致营养条件较差，种子质量差，菌体或菌丝自溶等均会严重影响培养物的生长，导致发酵液中菌体浓度偏离原有规律，出现异常现象。

二、染菌的检查与判断

发酵过程是否染菌应以无菌试验的结果为依据进行判断。在发酵过程中，如何及早发现杂菌的污染并及时采取措施加以处理，是避免染菌造成严重经济损失的重要手段。因此，生产上要求能准确、迅速地检查出杂菌的污染。目前常用方法主要有显微镜检查法、肉汤培养法、平板（双碟）培养法、发酵过程的异常观察法等。

1. 显微镜检查法（镜检法）

用革兰染色法对样品进行涂片、染色，然后在显微镜下观察微生物的形态特征，根据生产菌与杂菌的特征进行区别，判断是否染菌。如发现有与生产菌形态特征不一样的其他微生物存在，就可判断为发生了染菌。此法检查杂菌最为简单、直接，也是最常用的检查方法之一。必要时还可进行芽孢染色或鞭毛染色。

2. 平板划线培养或斜面培养检查法

先将经灭菌的固体培养基倒入灭菌的平板中置于37℃培养箱，保温24h，检查无菌即可使用。然后将需要检查的样品在无菌平板上划线，分别置于37℃、27℃下培养，以适应中温菌和低温菌的生长，一般在8h后即可观察。

噬菌体检查可采用双层平板培养法，下层同为肉汁琼脂培养基，上层减少琼脂用量，两种培养基组成见表8-2。先将灭菌的下层培养基融化后倒平板，凝固后，将上层培养基熔解并保持40℃，加生产菌作为指示菌和待检样品混合后迅速倒在下层平板上，置于培养箱，经12~20h保温培养，观察有无噬菌斑产生。

表8-2　　　　　　　　　培养基（pH 7.0）组成（质量分数）

培养基	葡萄糖/%	牛肉膏/%	蛋白胨/%	NaCl/%	琼脂/%
上层	0.5	1.0	1.0	0.5	1.0
下层	0.5	1.0	1.0	0.5	2.0

3. 肉汤培养检查法

将需检查样品接入灭菌并经过检查无菌的肉汤培养基中，置于37℃和27℃下分别培养24h，进行观察。并取样镜检。此法常用于检查培养基和无菌空气是否带菌，也可用于噬菌体检查，此时使用生产菌作为指示菌。

葡萄糖酚红肉汤培养基组成：牛肉膏 0.3%，葡萄糖 0.5%，氯化钠 0.5%，蛋白胨 0.8%，添加 1% 酚红溶液至 0.4%，pH 7.2。

无菌试验仅取样几毫升，平板划线培养取样更少，当发酵罐污染菌量不多，例如，每毫升发酵液污染 1 个杂菌时（一般检出染菌时已超过这数量），如果发酵液为 $35m^3$，即污染的总菌数为 $35×10^6$ 个。设发酵开始时每毫升发酵液污染 1 个杂菌，求杂菌繁殖至 $35×10^6$ 个需要的时间。

设杂菌生长世代时间为 0.5h，则比生长速率常数 μ 为：

$$\mu = \frac{\ln 2}{0.5} = 1.386 \text{（h）}$$

则从一个菌繁殖至 $35×10^6$ 个需要的时间为：

$$t = \frac{\ln(35×10^6)}{1.386} = 12.5 \text{（h）}$$

计算结果表明 $35m^3$ 发酵液从污染 1 个杂菌至 $35×10^6$ 个杂菌需要 12.5h，即从污染 1 个杂菌到能被检出需要 12.5h。因此，用以上的检查方法未发现污染，还不能肯定未被污染。

除上述方法外，还可以从发酵过程的异常现象来判断是否染菌，如溶解氧、pH、排气中 CO_2 含量和菌体酶活性等变化来判断。

(1) 溶解氧水平异常变化显示染菌　好气性发酵均需要不断供氧，特定的发酵具有一定的溶解氧水平，而且在不同发酵阶段其溶解氧浓度不同。图 8-1 为谷氨酸正常发酵和异常发酵的溶解氧水平曲线。在发酵初期，菌体处于适应期，耗氧量很少，溶解氧基本不变；当菌体进入对数生长期，耗氧量增加，溶解氧很快下降，并且维持在一定水平（5% 饱和度以上），这阶段由于操作条件（pH、温度、加料等）变化，溶解氧有波动，但变化不大；发酵后期，菌体衰老，耗氧量减少，溶解氧浓度又上升。当感染噬菌体时，生产菌的呼吸作用受抑制，溶解氧浓度很快上升，如图 8-1 中虚线所示。从图中可见感染噬菌体时，溶解氧的变化比菌体浓度变化更灵敏，能更快地预见受感染。污染杂菌时，由于所感染杂菌的好氧性不同而异，当污染好气性杂菌时，溶解氧在较短时间内下降，并接近零，且长时间不能回升；当污染非好气性菌时，而生产菌又由于受污染而抑制生长，使耗氧量减少，溶解氧升高。

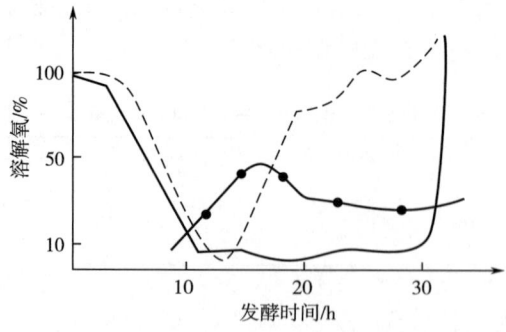

图 8-1　谷氨酸正常发酵和异常发酵的溶解氧水平曲线
——正常发酵溶解氧曲线　- - -异常发酵溶解氧曲线　—●—异常发酵光密度曲线

(2) 排气中 CO_2 含量异常变化显示染菌　好气性发酵排气中 CO_2 含量与糖代谢有关,可以根据 CO_2 含量来控制发酵工艺(如流加糖、通风量等)。对于某种发酵,在工艺一定时,排气中 CO_2 含量变化是有规律的。在染菌后,糖的消耗发生变化(加快或减慢),引起 CO_2 含量的异常变化。如污染杂菌,糖耗加快,CO_2 含量增加;感染噬菌体,糖耗减慢,CO_2 含量减少。因此,可根据 CO_2 含量变化来判断是否染菌。

三、发酵染菌率和染菌原因分析

1. 发酵染菌率

发酵的总染菌率是指一年内发酵染菌的批数与总投料发酵批数之比,即:

总染菌率＝发酵染菌批数/总投料批数×100％

发酵染菌率是在发酵罐中发生的染菌率,包括染菌后挽救不了导致倒罐的批数,但种子罐培养的染菌不接入发酵罐。不导致发酵染菌的,则需另行计算。

由于各种发酵的菌种、培养基、产品性质、发酵周期、生产环境条件、设备和管理技术水平等不同,染菌率有很大差别。如抗生素发酵周期长,营养比较丰富,染菌率较高。据报道,美国抗生素发酵,20世纪50年代染菌率为5％,随着技术水平提高,染菌率下降,但现在仍然有2％。国外大多数公司抗生素发酵染菌率为2％～5％。

2. 染菌原因分析

在发酵染菌之后,必须分析染菌原因,总结发酵染菌的经验教训。把发酵染菌消灭在发生之前,防患于未然,是积极克服发酵染菌的最重要措施。如果对染菌不做具体分析,不了解原因,而盲目地采取"措施",只会劳民伤财,毫无效果。

造成发酵染菌的原因很多,但总结归纳起来,其主要原因有:种子带菌、无菌空气带菌、设备渗漏、灭菌不彻底、操作失误和技术管理不善等。表8-3为日本抗生素发酵染菌原因分析,表8-4是上海天厨味精厂谷氨酸发酵染菌原因分析。在发生染菌后,根据无菌试验结果,参考以下方法进行分析,找出原因,杜绝污染。

表8-3　日本抗生素发酵染菌原因分析

染菌原因	染菌率/％	染菌原因	染菌率/％
种子带菌或怀疑种子带菌	9.64	阀门渗漏	1.45
接种时罐压跌零	0.19	蛇管穿孔	5.89
培养基灭菌不彻底	0.79	罐盖渗漏	1.54
空气系统有菌	19.96	接种管穿孔	0.39
夹套穿孔	12.36	其他设备渗漏	10.13
搅拌填料渗漏	2.09	操作问题	10.15
泡沫冒顶	0.48	原因不明	24.91

表8-4　上海天厨味精厂谷氨酸发酵染菌原因分析

染菌原因	染菌率/％	染菌原因	染菌率/％
空气系统染菌	32.05	补料,取样带菌	4.30

续表

染菌原因	染菌率/%	染菌原因	染菌率/%
设备问题	15.46	种子带菌	1.72
管理和操作不当	11.34	环境污染及原因不明	35.13

由表 8-3、表 8-4 可知，由于不同厂家的设备渗漏概率、技术管理不同，而使各种染菌原因的百分率有所不同，其中尤以设备渗漏和空气带菌而染菌较为普遍且严重。值得注意的是，不明原因的染菌，分别达 24.91% 和 35.13%。这表明，目前分析染菌原因的水平有待提高。

（1）染菌的杂菌种类分析　每一发酵过程所污染的杂菌的种类对发酵的影响是不同的。如在抗生素的发酵过程中，青霉素发酵污染细短产气杆菌比粗大杆菌的危害更大；链霉素发酵污染细短菌、假单胞菌和产气杆菌比污染粗大杆菌更有危害；柠檬酸发酵最怕青霉菌污染；谷氨酸发酵最怕噬菌体污染。若污染的杂菌是耐热的芽孢杆菌，可能是由于培养基或设备灭菌不彻底、设备存在死角等引起。若污染的是球菌、无芽孢杆菌等不耐热杂菌，可能是由于种子带菌、空气过滤效率低、除菌不彻底、设备渗漏和操作问题等引起。若污染的是真菌，则可能是由于设备或冷却盘管的渗漏，无菌室灭菌不彻底或无菌操作不当，糖液灭菌不彻底等引起。

（2）发酵染菌的规模分析　从染菌的规模来看，主要有三种。

①大批量发酵罐染菌：如发生在发酵前期，可能是种子染菌或连消（灭菌）系统设备引起染菌。如果染菌发生在发酵中期、后期，且这些杂菌类型相同，则一般是空气净化系统存在诸如系统结构不合理、空气过滤器失效等问题；如果空气带菌量不大，无菌试验的显现时间较长，这就增加了分析与防治空气带菌的难度。

②部分发酵罐染菌：如果染菌发生在发酵前期，可能是种子染菌、连消（灭菌）系统灭菌不彻底；如果是发酵后期染菌，则可能是中间补料染菌，如补料液带菌、补料管渗漏。

③个别发酵罐连续染菌（如果采用间歇灭菌工艺，一般不会发生连续染菌）；个别发酵罐连续染菌，大都是由于设备渗漏造成的，应仔细检查阀门、罐体或罐器是否清洁等。一般设备渗漏引起的染菌，会出现每批染菌时间向前推移的现象。

（3）发生污染时间的分析　从发生染菌的时间分析，也是三种情况。

①染菌发生在种子培养阶段，或称种子培养基染菌：此时通常是由于种子带菌、培养基或设备灭菌不彻底，以及接种操作不当或设备因素等引起染菌。

②在发酵过程的初始阶段发生染菌，或称发酵前期染菌：此时大部分染菌也是由种子带菌、培养基或设备灭菌不彻底，及接种操作不当或设备、无菌空气带菌等引起的。

③发酵后期染菌：大部分是由于空气过滤不彻底、中间补料染菌、设备渗漏、泡沫顶盖以及操作问题引起染菌。

四、染菌途径及预防

1. 种子带菌导致的污染及其防治

种子带菌的原因主要有以下几方面。

(1) 培养基及用具灭菌不彻底　菌种培养基及用具灭菌均在灭菌锅中进行，造成灭菌不彻底主要原因是灭菌时锅内空气排放不完全，造成假压，使灭菌时温度达不到要求。

(2) 菌种在移接过程中受污染　菌种的移接工作是在无菌室中，按无菌操作进行。当菌种移接操作不当，或无菌室管理不严，就可能引起污染。因此，要严格按照无菌室管理制度和无菌操作要求接种，合理设计无菌室。

(3) 菌种在培养过程或保藏过程中受污染　菌种在培养过程或保藏过程中，由于外界空气进入，也使杂菌进入而受污染。为了防止污染，试管的棉花塞应有一定的紧密度，不宜太松，且有一定长度，培养和保藏温度不宜变化太大。每一级种子培养物均应经过严格检查，确认未受污染才能使用。

2. 无菌空气带菌导致的污染及其防治

无菌空气带菌是发酵染菌的主要原因之一。杜绝无菌空气带菌，必须从空气净化流程和设备的设计、过滤介质的选用和装填、过滤介质的灭菌和管理等方面完善空气净化系统。

3. 培养基和设备灭菌不彻底导致的染菌及其防治

培养基和设备灭菌不彻底的原因，主要与以下几个方面有关。

(1) 原料性状　一般稀薄的培养基容易灭菌彻底，而淀粉质原料，特别是有颗粒时，容易由于灭菌不彻底，造成染菌。淀粉质原料在升温过快或混合不均匀时，容易结块，使团块中心部位"夹生"，包埋有活菌，蒸汽不易进入将其杀灭，在发酵过程中团块散开，导致染菌。因此，淀粉质培养基灭菌以采用实罐灭菌为好，在升温时先搅拌混合均匀，并加一定量 α-淀粉酶而使之边加热边液化，大颗粒的原料应过筛除去。

(2) 实罐灭菌时未充分排除罐内空气　实罐灭菌时罐内空气未完全排除，造成"假压"，使罐顶空间局部温度达不到灭菌要求，导致灭菌不彻底而污染。为此，在实罐灭菌升温时，应打开排气阀门及有关连接管的边阀、压力表接管边阀等，使蒸汽通过达到彻底灭菌。

(3) 培养基连续灭菌时，蒸汽压力波动大，培养基未达到灭菌温度，导致灭菌不彻底而污染。培养基连续灭菌应严格控制灭菌温度，最好采用自动控制装置。

(4) 设备、管道存在"死角"　由于操作、设备结构、安装或人为造成的屏障等原因，引起蒸汽不能有效到达或不能充分到达预定应该到达的局部灭菌部位，从而不能达到彻底灭菌的要求。这些不能彻底灭菌的部位称为"死角"。"死角"可以是设备、管道的某一部位，也可以是培养基或其他物料的某一部分。

常见的设备和管道"死角"如下。

①发酵罐的"死角"：发酵罐内的部件及其支撑件，如拉手、扶梯、搅拌轴拉杆、联轴器、冷却盘管、挡板、空气分布管及其支撑件、温度计套焊件处等周围容易积聚污垢，形成"死角"。经常清洗并定期铲除污垢，可以消除这些"死角"。

发酵罐制作不当造成"死角"。如不锈钢衬里质量不好，导致不锈钢和碳钢之间有空气，在灭菌时，由于三者膨胀系数不同，使不锈钢鼓起或破裂，造成"死角"（图 8-2）。

罐底部堆积培养基中的固体物，形成硬块，包藏着赃物（图 8-3），使灭菌不彻底。应清洗彻底，消除积垢。

罐底的加强板长期受压缩空气顶吹而腐蚀、受损或裂缝，或焊接不当，造成灭菌不彻底（图 8-4）。应煅成与罐底相同弧度，使之吻合紧密，并注意焊接质量。

发酵罐封头上的人孔（或手孔）、排风管接口、灯孔、视镜口、进料管口、压力表接口等都是造成"死角"的潜在之处。一般应安装边阀,使灭菌彻底,并注意清洗。

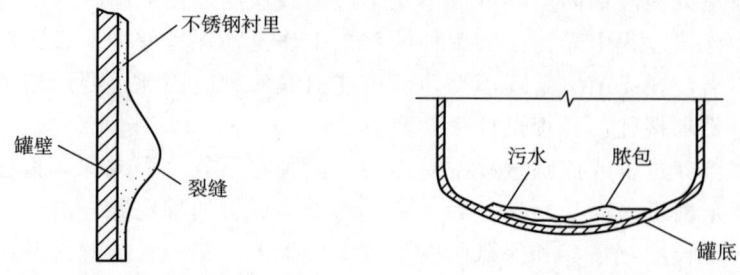

图 8-2　不锈钢衬里破裂造成"死角"　　　图 8-3　发酵罐底脓包状积垢

②管道安装不当形成的"死角":发酵车间的管道大多数以法兰连接,法兰的加工、焊接和安装要符合灭菌要求,使衔接处两节管道畅通、光滑、密封性好,垫片内径恰好与法兰内径相等,安装时须对准中心。垫片内径太大、太小或安装不对准中心,都会造成"死角"[图 8-5（1）]。法兰与管子焊接不好,受热不均匀,易使法兰翘曲而形成"死角"[图 8-5（2）]。

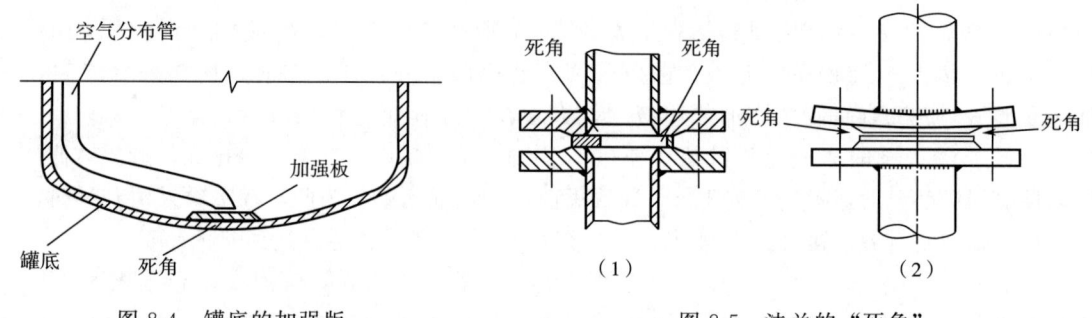

图 8-4　罐底的加强版　　　　　　图 8-5　法兰的"死角"

某些管道须在发酵过程中或在培养基灭菌后才进行灭菌,如种子罐底部的移种管,若安装不当,就会存在蒸汽不易通达的"死角"[图 8-6（1）]。消除方法见图 8-6（2）。

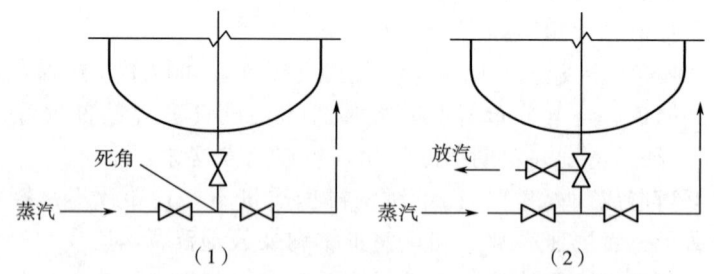

图 8-6　灭菌时蒸汽不易通达的"死角"及其清除方法

压力表安装不合理会形成"死角"[图 8-7（1）],消除方法是在近压力表处安装放汽边阀[图 8-7（2）]。

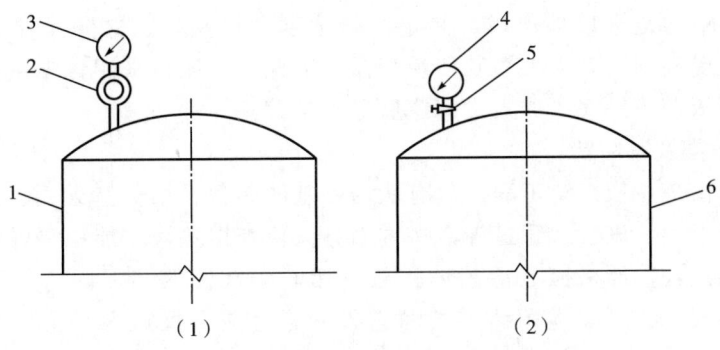

图 8-7 压力表安装不合理形成的"死角"
1,6—发酵罐 2—缓冲罐 3,4—压力表 5—旋塞

4. 设备渗漏引起的染菌及其防治

发酵设备、管道、阀门长期使用，由于腐蚀、摩擦和振动等原因，往往造成渗漏。例如，设备的表面或焊接处若有砂眼，由于腐蚀逐渐加深，最终导致穿孔；冷却管受搅拌器作用，长期磨损，焊接处受冷热和振动作用产生裂缝而渗漏。为了避免设备、管道、阀门渗漏，应选用优质的材料，并经常进行检查。冷却蛇管的微小渗漏不易被发现，可以压入碱性水，在罐内可疑地方用浸湿酚酞指示剂的白布擦，如有渗漏，白布显示红色。

5. 操作失误导致的染菌及其防治

一般来说，稀薄的培养基比较容易彻底灭菌，而淀粉质原料，在升温过快或混合不均匀时容易结块，团块中心部位蒸汽不易进入将杂菌杀死，而造成染菌。同样，由于培养基中诸如麸皮、黄豆饼一类的固形物含量较多，在投料时溅到罐壁或罐内的各种支架上，容易形成堆积，这些堆积物在灭菌过程中由于传热较慢，一些杂菌不易被杀灭，一旦灭菌操作完成后，通过冷却、搅拌、接种等操作，含有杂菌的堆积物将重新返回培养液中，造成染菌。通常，对于淀粉质培养基的灭菌采用实罐灭菌较好。一般在升温前先搅拌混合均匀，并加入一定量的淀粉酶进行液化。有大颗粒存在时应先过筛除去，再行灭菌。对于麸皮、黄豆饼一类固形物含量较多的培养基，采用罐外预先配料，再转至发酵罐内进行实罐灭菌较为有效。

灭菌时由于操作不合理，未将罐内的空气完全排除，造成压力表显示"假压"，使罐内温度与压力表指示数不一致，培养基的温度以及罐顶局部空间的温度达不到灭菌的要求，导致灭菌不彻底而染菌。因此，在灭菌升温时，要打开排气阀门，使蒸汽能通过并驱除去罐内冷空气一般可避免此类染菌。

培养基在灭菌过程中很容易产生泡沫，发泡严重时，泡沫上升至罐顶甚至逃逸，以致泡沫顶罐，杂菌很容易藏在泡沫中，由于泡沫的薄膜及泡沫内的空气传热差，使泡沫内的温度低于灭菌温度，一旦灭菌操作完毕并进行冷却时，这些泡沫破裂，杂菌就会释放到培养基中，造成染菌。因此，要严防泡沫升顶，尽可能添加消泡剂防止泡沫的大量生成。

在连续灭菌过程中，培养基灭菌的温度及其灭菌时间必须符合灭菌的要求，尤其是在灭菌结束前最后一部分培养基也要确保彻底灭菌，避免蒸汽压力波动过大，应严格控制灭菌温度，最好采用自动控温过程。

发酵过程中越来越多地采用了自动控制，一些控制仪器逐渐被应用。如用于连续测定并控制发酵液pH的复合玻璃电极、测定溶氧浓度的探头等。这些元件如用蒸汽进行灭菌，会因反复经受高温而大大缩短其使用寿命。因此，一般常采用化学试剂浸泡等方法来灭菌。但常会因灭菌不彻底，放入发酵罐后导致染菌。

6. 噬菌体污染及其防治

噬菌体的防治是一项系统工程，只有从培养基的制备、培养基灭菌、种子培养、空气净化系统、环境卫生、设备、管道等诸多方面分段检查把关，才能根治噬菌体的危害。具体归纳为以下几点：①严格控制活菌体排放，切断噬菌体的"根源"；②做好环境卫生，消灭噬菌体与杂菌；③严防噬菌体与杂菌进入种子罐或发酵罐内；④抑制罐内噬菌体的生长。

生产中一旦污染了噬菌体，可采取下列措施加以挽救。

(1) 并罐法　利用噬菌体只能在处于生长繁殖细胞中增殖的特点，当发现发酵初期污染噬菌体时，可采用并罐法。即将其他罐批发酵16~18h的发酵液，以等体积混合后分别发酵，利用其活力旺盛的种子，不进行加热灭菌，也不需另行补种，便可正常发酵。但要确定并入罐的发酵液未染杂菌，否则两罐都将染菌。

(2) 轮换使用菌种或使用抗性菌株　发现噬菌体后，停止搅拌，减小通风量，降低pH，立即培养要轮换的菌种或抗性种子，培养好后接入发酵罐，并补加1/3正常量的玉米浆（不调pH）、磷盐和镁盐。如pH仍偏高，不要搅拌，适当通风，至pH正常。OD值增长后，再开搅拌器正常发酵。

(3) 放罐重消法　发现噬菌体后放罐，调pH（可用盐酸，不能用磷酸），补加1/2正常量的玉米浆和1/3正常量的水解糖，适当降低温度重新灭菌，不补加尿素，接入2%的种子，继续发酵。

(4) 罐内灭噬菌体法　发现噬菌体后，停止搅拌，减少通风量，降低pH，间接加热到70~80℃，并且自顶盖计量器管道（或接种管）内插入蒸汽，自排气口排出。因噬菌体不耐热，加热可杀死发酵液内的噬菌体，通蒸汽杀死发酵罐及管道内的噬菌体。冷却后，如pH过高，停止搅拌，小通风，降低pH，接入两倍量的原菌种，至pH正常后开始搅拌。

当噬菌体污染严重而上述方法无法解决时，应调换菌种或停产，全面消毒后再恢复生产。利用细菌或放线菌进行的发酵生产容易遭噬菌体的污染，由于噬菌体的感染力非常强，蔓延迅速，且较难防治，对发酵生产有很大威胁。噬菌体是一种病毒，其直径约$0.1\mu m$，可以环境污染、设备的渗漏或"死角"、空气净化系统、培养基灭菌过程、补料过程及操作过程等环节进入发酵系统。

由于发酵过程中噬菌体侵染的时间、程序不同以及噬菌体的"毒力"和菌株的敏感性不同，所表现的症状也不同。比如氨基酸的发酵过程，感染噬菌体后，pH逐渐上升，可到8.0以上，且不再下降或pH稍有下降，pH停留在7~7.2，氨的利用停止；糖耗、温升缓慢或停止；产生大量的泡沫，有时使发酵液呈现黏胶状；酸的产量很少、增长缓慢或停止；镜检时可发现菌体数量显著减少，甚至找不到完整的菌体；CO_2排出量异常，发酵周期延长；发酵液发红、发灰、泡沫很多、难中和，提取分离困难，收率很低等。

噬菌体在自然界中分布很广，在土壤、腐烂的有机物和空气中均有存在。噬菌体是专一性活菌寄生体，但有时也能脱离寄主在环境中长期存在。在实际生产中，经常由于空气的传播而造成噬菌体污染。因此，环境污染噬菌体是引起噬菌体感染的主要原因。

至今最有效的防治噬菌体污染的方法是以净化环境为中心的综合防治法，主要有净化生产环境，消灭污染源，改进提高空气的净化度，保证纯种培养，保证种子本身不带噬菌体，轮换使用不同类型的菌种，使用抗噬菌体的菌种，改进设备装置，消灭"死角"，药物防治等。

五、染菌的拯救与处理

发酵过程一旦发生染菌，应根据污染微生物的种类、染菌的时期或杂菌的危害程度等进行挽救或处理，同时对有关设备进行相应的处理。

1. 种子培养期染菌的处理

一旦发现种子受到杂菌的污染，该种子不能再接入发酵罐中进行发酵，应经灭菌后弃之，并对种子罐、管道等进行仔细检查和彻底灭菌。同时采用备用种子，选择生长正常、无染菌的种子接入发酵罐，继续进行发酵生产。如无备用种子，则可选择适当菌龄的发酵罐内的发酵液作为种子，进行"倒种"处理，接入新鲜的培养基中进行发酵，从而保证发酵生产的正常进行。

2. 发酵前期染菌的处理

当发酵前期发生染菌后，如培养基中的碳源、氮源含量还比较高时，应终止发酵，将培养基加热至规定温度，重新进行灭菌处理后，再接入种子进行发酵；如果此时染菌已造成较大的危害，培养基中的碳源、氮源的消耗量已较多，则可放掉部分料液，补充新鲜的培养基，重新进行灭菌处理后，再接种进行发酵。也可采取降温培养、调节 pH、调整补料量、补料培养等措施进行处理。

3. 发酵中、后期染菌处理

发酵中、后期染菌或发酵前期轻微染菌而发现较晚时，可以加入适当的杀菌剂或抗生素以及正常的发酵液，以抑制杂菌的生长速度，也可采取降低培养温度、降低通风量、停止搅拌、少量补糖等措施进行处理。如果发酵过程的产物代谢已达一定的水平，此时产品的含量若达一定值，只要明确是染菌也可放罐。对于没有提取价值的发酵液，废弃前应加热至120℃以上，保持30min后才能排放。

4. 染菌后对设备的处理

染菌后的发酵罐在重新使用前，必须在放罐后进行彻底清洗，空罐加热灭菌至120℃以上30min后才能使用。也可用甲醛熏蒸或甲醛溶液浸泡12h以上等方法进行处理。

思考题

1. 不同染菌时期对发酵生产有何影响？
2. 在发酵工业生产上种子培养有哪些异常现象？
3. 在发酵工业生产上发酵有哪些异常现象？
4. 工业发酵生产上检查和判断是否染菌的方法有哪些？
5. 工业发酵生产上染菌的主要原因有哪些？

6. 工业发酵生产上预防染菌的措施有哪些？

7. 在工业发酵上常见的设备和管道有哪些"死角"？

8. 在发酵工业上感染噬菌体有哪些危害？工业生产上是如处理的？

参 考 文 献

[1] 姚汝华，周世水. 微生物工程工艺原理（第三版）[M]. 广州：华南理工大学出版社，2013.

[2] 梁世中. 生物工程设备 [M]. 北京：中国轻工业出版社，2002.

[3] 贾士儒. 生物工艺与工程试验技术 [M]. 北京：中国轻工业出版社，2002.

[4] 陈坚，堵国成. 发酵工程原理与技术 [M]. 北京：化学工业出版社，2012.

[5] 李艳. 发酵工程原理与技术 [M]. 北京：高等教育出版社，2007.

[6] 张嗣良. 发酵工程原理 [M]. 北京：高等教育出版社，2013.

第九章 发酵工程工艺放大

工业发酵的目的和任务是实现生物技术成果走向规模化生产，即通过实验室小试—中试试验—工业化生产这样一个过程，实现生物产品的规模化生产。而这其中，发酵工艺放大是发酵产品能否实现产业化的关键环节。发酵工艺的放大不是简单的发酵罐规模放大。虽然在不同规模的发酵罐中，所用微生物的生化反应基本特性是相同的，但随着规模的扩大，采用相同的菌种、培养基和工艺，发酵水平经常出现下降的情况，造成这种下降的原因很多，主要包括发酵罐中混合、气-液-固相间的物质传递以及热量传递的差异、细胞受到的剪切力差异、微生物的环境与小型发酵罐中产生差异从而造成代谢改变等。因此，如何预测不同规模发酵罐中的过程状态，对放大的发酵罐进行合理配置，使其进行的反应过程与实验室规模发酵罐的细胞生长和代谢过程相似，就是发酵罐放大的基本任务。

生产菌种的制备是大规模发酵生产的第一道工序，该工序又称为种子制备。其目的在于为下一阶段（发酵阶段）提供大量接种物（种子）。随着现代发酵工业的快速发展，发酵设备正逐步向大型化发展，特别是对于某些大规模的生物产品发酵，如赖氨酸、有机酸等，其发酵规模越来越大。每只发酵罐的规模已达到几十立方米甚至几百立方米。如果按照5%～10%的种子量计算，就要接入几立方米或几十立方米的种子。单靠试管或摇瓶里的少量种子直接接入发酵罐不可能达到必需的种子数量要求，必须从试管保藏的微生物菌种逐级扩大为发酵生产使用的种子。更为重要的是，作为发酵工业的种子，其质量是决定发酵成败的关键，只有将数量多、代谢旺盛、活力强的种子接入发酵罐中，才能保证发酵的正常进行。因此，如何提供发酵产量高、生产性能好、数量充足而且不被其他杂菌污染的生产菌种，是生产菌种制备工艺的关键。

第一节 种子培养及放大

任务

掌握螺旋霉素菌种的活化及扩大培养方法。

【案例】

螺旋霉素菌种一般通过安瓿管保藏，种子培养基的原材料主要包括淀粉、黄豆饼粉、蛋白胨、玉米浆、氯化钠、碳酸钙等。工业生产中，为了培养高产、优质的螺旋霉素菌种，首先要通过斜面培养对其进行活化，然后再进行摇瓶培养筛选优质种子，最后进行种子的扩大培养，以保证为发酵生产提供代谢旺盛、活力强、足够量的种子液。

种子培养及放大

【案例分析与讨论】

（1）螺旋霉素菌种的活化　首先，将保存于安瓿管中的螺旋霉素孢子稀释至一定浓度后，接种于茄子瓶斜面上，按照一定的温度和湿度要求进行培养，斜面孢子成熟后冷藏，注意生产用斜面菌种一般不能超过半个月。

（2）实验室种子扩大培养 螺旋霉素菌种接种于摇瓶种子培养基后一般培养48h左右（培养时间随着季节变化及种子罐、发酵罐工艺要求及时调整），首先镜检感染杂菌、菌丝伸展情况，然后检测菌丝浓度、种子液pH、糖、氮等指标，符合工艺要求，具备优质种子液特征，方能接种于一级种子罐。

（3）种子罐种子扩大培养 将培养好的螺旋霉素摇瓶菌种按照0.1%左右的比例接入已灭菌的种子罐（一级种子罐）中，培养48h左右，待种子各项指标符合工艺要求后，将一级种子按照10%左右的比例移种于已灭菌的二级种子罐，二级种子培养48h左右接种于发酵罐。

一、种子的制备原理与过程

种子培养是指将冷冻干燥管、沙土管中处于休眠状态的工业菌种接入试管斜面活化后，再经过摇瓶及种子罐逐级扩大培养而获得一定数量和质量纯种的过程。这种纯培养物称为种子。从微生物生长的培养基种类来说，生产菌种的制备一般包括两个过程，即在固体培养基上生产大量孢子的孢子制备过程和在液体培养基中生产大量种子的种子制备过程。而从工业发酵的角度来说，生产菌种的制备可分为实验室的种子制备过程和生产车间的种子制备过程。总的工艺流程如图9-1所示。

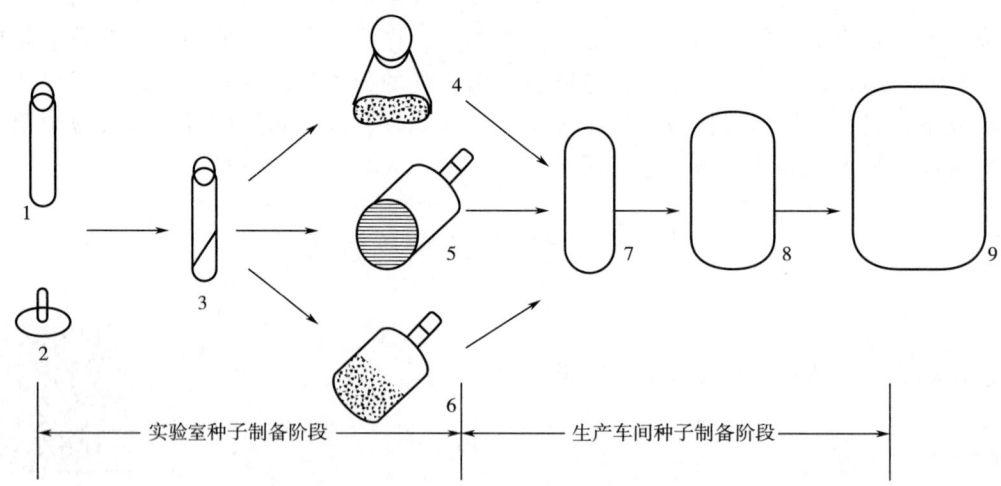

图9-1 种子扩大培养流程图
1—沙土孢子 2—冷冻干燥孢子 3—斜面孢子 4—摇瓶液体培养（菌丝体）
5—茄子瓶斜面培养 6—固体培养基培养 7，8—种子罐培养 9—发酵罐

二、实验室种子制备

此阶段包括琼脂斜面、固体培养基扩大培养或摇瓶液体培养。首先，将保藏在冷冻干燥管、沙土管中的菌种经无菌操作接入合适的培养基进行活化；接下来的转接过程要视菌

种的特性而定。对于产孢子能力强及孢子发芽、生长繁殖迅速的菌种，可以采用孢子直接进罐法，即选择固体培养基培养孢子，培养后的孢子制成悬浮液后直接接入种子罐。此方法可以减少批与批之间的差异，具有操作方便、工艺过程简单、便于控制种子质量等优点，已成为发酵生产的一个方向。对于产孢子能力不强或孢子发芽慢的菌种，可以采用摇瓶液体培养法，将孢子接入摇瓶（具有一定装量的液体种子培养基）中，控制一定的温度进行振荡培养，获得的菌丝即可作为种子培养液。对于不产孢子的菌种，生产上一般采用斜面营养细胞保藏法保藏，使用时在一定条件下活化后，即可接入三角瓶液体培养基中，然后再在一定条件下培养一段时间就可以作为种子罐的种子。

三、生产车间种子制备

在实验室将孢子或摇瓶液体种子制备好后，可移至种子罐进行扩大培养。种子罐的作用就是使有限数量的孢子或菌丝繁殖成大量的菌丝体。种子罐种子的制备工艺流程，因菌种不同而异，一般可分为一级、二级和三级种子的制备。摇瓶菌丝（或孢子）接入体积较小的种子罐中，经培养后形成的菌体称为一级种子，将其转入发酵罐内发酵，称为二级发酵。如果将一级种子再接入体积较大的种子罐内，经培养后形成更多的菌体，这样的种子称为二级种子，将其转入发酵罐内发酵称为三级发酵，以此类推。

种子罐的级数一般根据菌种的性质、菌体生长的速度以及所采用的发酵罐体积来确定。对于生长快的菌种，种子用量少，种子罐也相应地少。一般来说，在保证种子数量和质量的前提下，总希望种子罐的级数越少越好，因为这样有利于简化生产工艺和控制，可以减少因种子生长异常而造成的发酵波动。在实验室研究规模上，接种级数一般不超过二级，而在实际工业生产中种子可以进行六级发酵培养。

四、优良种子应具备的条件

种子的优劣对发酵生产至关重要，因此，发酵工业生产中的种子必须满足以下条件。
(1) 菌种细胞的生长活力强，移种至发酵罐后能迅速生长，迟滞期短。
(2) 生理性状稳定。
(3) 菌体总量及浓度能满足大容量发酵罐的要求。
(4) 无杂菌污染，保证纯种发酵。
(5) 保持稳定的生产能力。

五、影响种子质量的因素及其控制

种子质量是影响发酵水平的重要因素。种子质量的优劣主要取决于菌种本身的遗传特性和培养条件两个方面，也就是说既要有优良的菌种，又要有合理的培养条件才能获得高质量的种子。影响种子罐培养的主要因素包括营养条件、培养条件、染菌的控制、种子罐的级数和接种量控制等。这些因素相互联系，相互影响，因此必须综合考虑各种因素，认真加以控制。

1. 原材料质量

生产过程中经常会出现种子质量不稳定的现象，这主要是由于种子培养基所使用的原材料质量不稳定造成的。原材料的产地、品种、加工方法不同，会导致培养基中的微量元素和其他营养成分含量的变化。例如，生产蛋白胨的原料（如鱼胨或骨胨）以及生产工艺的不同，蛋白胨中的微量元素含量、磷含量、氨基酸的组分均有所不同，这些差异势必会影响菌体的生长和种子的质量。琼脂的品牌不同，对种子的质量也有影响，这是由于不同厂家生产的琼脂所含的无机离子不同造成的。水质的影响也不能忽视，地区的不同、季节的变化和水源的污染，均可使水质发生波动。

为了避免原材料对种子质量的影响，配制培养基所用的主要原材料中，糖、氮、磷等的含量需经化学分析及实验室摇瓶发酵试验合格后才能使用。制备培养基时要将制备过程程序化并严格控制灭菌的时间和压力。为了避免水质波动对孢子质量的影响，可用蒸馏水配制斜面培养基。

2. 培养基

培养基，是指供给微生物、植物或动物（或组织）生长繁殖的，由不同营养物质组合配制而成的营养基质。一般都含有碳水化合物、含氮物质、无机盐（包括微量元素）、维生素和水等几大类物质。培养基既是提供细胞营养和促使细胞增殖的基础物质，也是细胞生长和繁殖的生存环境。培养基种类很多，根据配制原料的来源可分为自然培养基、合成培养基、半合成培养基；根据物理状态可分为固体培养基、液体培养基、半固体培养基；根据培养功能可分为基础培养基、选择培养基、加富培养基、鉴别培养基等；根据使用范围可分为细菌培养基、放线菌培养基、酵母菌培养基、真菌培养基等。培养基配成后一般需测试并调节 pH，还须进行灭菌，通常有高温灭菌和过滤灭菌。培养基由于富含营养物质，易被污染或变质。配好后不宜久置，最好现配现用。

培养基是微生物生长的主要营养来源，培养基的设计必须满足菌种生长和繁殖的需要。微生物在吸收营养方面有它的多样性，不同的微生物对营养要求不一样。但它们所需的基本营养大体上是一致的，其中尤以碳源、氮源、无机盐、生长素和无机离子等最为重要。不同类型的微生物所需的培养基成分与浓度配比并不完全相同，必须按照实际情况加以选择。发酵产量提高是选择培养基的一个重要指标，但同时还应当要求培养基组成简单、来源丰富、价格低廉、取材方便等。

一般来说，种子培养过程是培养菌体的，因此，种子培养基的营养成分应适合菌体的生长和繁殖，一般选择一些有利于孢子发芽和菌丝生长的培养基，其中糖分要少，而对微生物起主导作用的氮源和维生素含量要高，而且其中无机氮源所占的比例要大些。另一方面，培养基的营养成分要尽可能和发酵培养基接近，以适应发酵的需要，这样的种子一旦接入发酵罐后能够比较容易适应发酵罐的培养条件，从而大大缩短其生长过程的延滞期。任何生产所用的培养基都没有一个完全可确定的配比，对于某一菌种和具体设备条件来说，最适宜的配比应该进行多因素的优化，通过对比试验确定，如果菌种的特性或设备条件（如罐型、搅拌的形式和转速等）变化较大，则培养基的配比应通过试验相应地变化。只有培养基各成分的关系选择得比较恰当，才能最大限度地发挥菌种特性，提高发酵产量。

3. 种龄

种龄指种子或种子罐中培养的菌丝体移入下一级种子罐或发酵罐时的培养时间。在种子罐中，随着培养时间的延长，菌体量逐渐增加，基质不断消耗，代谢产物不断积累，直至菌体量不再增加，菌体趋于老化。由于不同生长阶段的菌体的生理活性差别很大，种龄的控制就显得非常重要。一般情况下，种龄处于生命力旺盛的对数生长期的菌体最为合适。此时的种子能很快适应发酵的环境，生长繁殖快，可大大缩短在发酵罐中的调整期和发酵罐中非目标产物的合成时间，提高发酵罐的利用率，节省动力消耗。种龄过长或过短都不利于发酵的进行，如种龄过长，虽然此时的菌体量多，但菌体老化，接入发酵罐后菌体容易出现自溶，不利于发酵产量的提高；种龄年轻的种子接入发酵罐后，往往会导致前期生长缓慢、泡沫多、发酵周期延长，甚至会因菌体量过少，导致发酵异常。最适种龄因为菌种不同而有很大的差异。细菌种龄应为7~24h，霉菌种龄一般为16~50h，放线菌种龄一般为20~64h。同一菌种在不同工艺条件下，其种龄也有所不同，一般需要经过多次试验，根据产物的产量来确定最适种龄。

4. 接种量

接种量是指移入种子液的体积和接种后培养液体积的比例。接种量的大小决定于生产菌种在发酵罐中生长繁殖的速度，采用较大的接种量可以缩短发酵罐中菌丝繁殖达到峰值的时间，使产物的形成提前到来，并可减少杂菌的生长机会。接种量的大小与菌种特性、种子质量和发酵条件等有关。在抗生素工业中，多数抗生素发酵的接种量为7%~15%，有时可加大到20%~25%。霉菌发酵的接种量为0.1%~1%，氨基酸发酵的接种量一般为1%~5%。

接种量的大小会直接影响发酵周期。大量接入成熟的种子，可以缩短生长过程的迟滞期，缩短发酵周期，节约发酵培养的动力消耗，提高设备的利用率，并有利于减少染菌的机会。但是，过大的接种量往往会使菌体生长过快，培养液黏度增加，造成营养物质缺乏或溶解氧不足，使发酵后劲不足，影响产物的合成。接种量过小，则会引起发酵前期菌体生长缓慢，使发酵周期延长，而且易造成染菌。一般来说，接种量和细胞生长的迟滞期长短成反比。工业生产中，接种量的大小需要经过多次试验，根据菌体的生长和产物水平来确定。

5. 培养温度

任何微生物的生长都有一个最适的温度范围，在此温度范围内，微生物生长、繁殖最快。大多数微生物的最适生长温度范围在25~37℃，细菌的最适生长温度大多比霉菌高些。一般来说，提高培养温度，可使菌体代谢活动加快，缩短培养时间。但是，菌体的物质和能量代谢的各种酶类，对温度的敏感性是不同的。因此，培养温度不同，菌体的生理状态也不同，如果不是用最适生长温度培养的孢子，其生产能力就会下降。

不同生长阶段的微生物对温度的反应是不同的，处于迟滞期的细菌对温度十分敏感，将其置于最适温度附近，可以缩短其生长的迟滞期；将其置于较低的温度，则会使迟滞期延长。处于对数生长期的细菌，如果在略低于最适温度的条件下培养，即使在发酵温度中升温，温度的破坏作用也比较弱，因此，在最适温度范围内适当提高对数生长期的培养温度，既有利于菌体的生长，又可避免热作用的破坏。另外，如果所培养的微生物能够在稍高一些的温度下进行生长和繁殖，则可以减少污染杂菌的概率和夏季培养所需降温的辅助设备和费用，对工业生产有很大的好处。

6. pH

培养基的氢离子浓度对微生物的生命活动有显著影响。各种微生物都有自己生长和合成酶最适的pH。为了达到微生物的快速生长和酶合成的目的，种子培养必须保持适宜的pH。选择种子最适pH的原则是获得适当的菌体量和高发酵水平。此外，最后一级种子的pH应尽量接近发酵培养基的pH，以便种子能尽快适应新的环境。

7. 湿度

斜面孢子培养时，培养室的相对湿度对孢子形成的速度、数量和质量有很大的影响。一般来说，相对湿度低，孢子生长快；相对湿度高，孢子生长慢。例如，在相对湿度比较低的北方，培养基内的水分蒸发比较快，因此，斜面下部含有较多的水分，而上部却比较干燥，这时孢子长得较快，并且从斜面下部向上长。夏季时，情况正好相反，孢子从相对湿度较低的上部向下长，由于下部相对湿度较大，孢子的生长速度较慢。试验证明，在北方相对湿度控制在40%～45%，在南方相对湿度控制在35%～42%，所培养的孢子质量较好。

在培养孢子时，应严格控制培养箱的相对湿度。如相对湿度较低，可放入盛水的平皿。为了保证新鲜空气的交换，培养箱每天开启几次，以利于孢子的生长。

8. 通气和搅拌

不同微生物生长所要求的通气量不同，即使同一菌株，在不同生理时期对通气量的要求也不相同。在种子罐中培养的种子除保证供给适当的营养物质外，还应有足够的通气量，以保证菌种的正常代谢。通气量的大小与菌种特性、培养基性质以及培养阶段有关，在种子培养的各个时期选择多大的通气量，要根据菌种的特性和罐的结构以及培养基的性质等多种因素，通过实验确定。另外，通气量的大小，要根据氧溶解量的多少来决定。只有氧溶解的速度大于菌体的耗氧速度时，菌体才能正常生长和代谢。在细胞生长期，随着菌体的繁殖，呼吸增强，必须根据菌体的耗氧量调节通气量，以增加溶解氧的量。

搅拌可以提高通气效果，促进微生物的生长繁殖，但是过度剧烈的搅拌会使菌丝断裂破碎，导致培养液产生大量的泡沫和碎菌丝体，增加污染杂菌的机会，同时增加能耗。另外，对于丝状微生物一般不宜采用剧烈的搅拌。微生物在发酵过程中，可采用连续搅拌，也可以使间歇搅拌。

通气的过程中，要达到罐体要求的最低通气值，并且可以尝试对于不同的菌种，试用间歇通气使菌种的氧气利用效率达到最佳，进一步对菌种进行筛选。

9. 斜面冷藏时间

斜面的冷藏时间对孢子的生产能力有较大的影响，其影响随菌种不同而异，总的原则是宜短不宜长，冷藏时间越长，生产能力下降越多。例如，在链霉菌生产中，斜面孢子在6℃冷藏两个月的发酵单位比冷藏一个月降低了18%。要保持菌种稳定的生产能力，需要定期考察和挑选菌种，对菌种进行自然分离和摇瓶发酵，以测定其生产能力，从中挑选高产菌株，并及时对退化菌种进行复壮后保藏。

10. 染菌的控制

染菌是发酵生产的大敌，一旦发现种子染菌，应该及时进行处理，以免造成更大的损失。染菌的原因主要包括设备和管道的死角、阀门泄漏、灭菌不彻底、空气净化不好，以及无菌操作不严或菌种不纯等。发现染菌后，应该及时找出染菌的原因，采取措施，杜绝染菌事故再现。菌种发生染菌将会使各个发酵罐都染菌，因此必须加强接种室的消毒管理工作，定期检查消毒效果，严格无菌操作技术。如果菌种不纯，则需反复分离，以防菌种衰退、变异和污染杂菌直至获得完全的纯种为止。要严格控制各级种子转接时的无菌操作程序，转接前必须进行镜检，确认无菌后才能向下一级种子罐或发酵罐接种。

在工业生产中，当种子罐染菌或种子质量不理想时，有时可采用倒种的方法，即倒出部分发酵液作为种子接种另一发酵罐。

六、种子制备的放大原理与技术

1. 细菌发酵种子的扩大培养

发酵过程中细菌种子扩大培养的主要目的是获得大量活力强的种子，以便在发酵罐的发酵过程中尽可能地缩短迟滞期。迟滞期的长短受到种子的接种量、种龄和其生理条件的影响。所以，种子最适宜的接种时期是在对数生长期，因为此时的种子浓度已达到了一定水平，且具有较强的代谢活力。种龄对于能生成孢子的种子尤为重要，因为芽孢是在对数生长后期开始形成的，如果接种物中含有较大比例的芽孢，将会导致较长的发酵迟滞期。表 9-1 所示为用枯草芽孢杆菌生产杆菌肽发酵时种子扩大培养的程序。

表 9-1　　　用枯草芽孢杆菌生产杆菌肽发酵时种子扩大培养的程序

级数	培养条件	培养时间
1	保藏菌种接种到 4L 摇瓶中	18～24h
2	一级培养物接种到 750L 发酵罐中	6h
3	750L 培养物接种到 6000L 发酵罐中	培养到形成最大生物量时
4	6000L 培养物接种到 12000L 生产发酵罐中	培养到形成最大生物量时

2. 酵母发酵种子的扩大培养

利用酵母进行工业发酵，其中最普遍的是啤酒酿造。Hansen 报道了采用纯种培养进行酵母发酵以及酵母繁殖的流程，他将每一步的接种量定为 10%，并将繁殖条件控制得与酿造时一致。但在现代啤酒的酿造工艺中，采用的接种量一般为 1%甚至更低，控制的培养条件也与酿造时不同。

3. 丝状真菌发酵种子的扩大培养

制备丝状真菌发酵的种子所包含的工作内容比细菌和酵母都要多。丝状真菌既可以利用孢子，也可以利用菌丝体作为接种物接入发酵罐进行发酵。

(1) 利用孢子作为接种物　工业生产中利用的丝状真菌，大多数都能形成无性孢子，因此，在接种时一般采用孢子悬浮液作为种子接入发酵罐。许多丝状真菌能够在谷类的颗粒表面形成大量孢子，如大麦、小麦和麸皮等。这使得利用丝状真菌接种的程序变得比较方便，可以将谷物一起接入发酵罐，获得比常规接种方法更高的菌体浓度。有报道介绍了曲霉产孢子的方法：在一个 2.8L 弗氏烧瓶中放入 200g 去壳大麦粒和 100g 麸皮，在相对湿度 98%、28℃时培养 6d，可产生浓度为 5×10^{11} 个/mL 的分生孢子。这个产量是在罗氏瓶中沙氏琼脂上培养同样时间产量的 5 倍。

(2) 用丝状真菌的菌丝体作为接种物　有些丝状真菌不能产生无性孢子，因此必须用繁殖体菌丝作为接种物，如用于工业上生产赤霉素的菌种——藤仓赤霉（*Gibberella fujikuroi*）就是这类真菌。Hansen 在赤霉素发酵生产中，将菌种接种在马铃薯葡萄糖琼脂斜面上，24℃培养一周左右，挑取生长良好的菌丝体接入一级种子罐中（9L），28℃培养 75h 后，转接到含有相同培养基成分的二级种子罐中（100L）。利用繁殖体菌丝作为初级种子的主要问题是难以获得均一的接种物。为了获得大量均一的菌丝体，有人在接种前用匀浆器将菌丝打成碎片，以形成大量的菌丝。但这种方法要根据不同的菌体特性而定。

此外，有些菌种制备种子时需要同时接入孢子和菌丝体，如利用高山被孢霉（Mortierella alpina）发酵生产花生四烯酸的种子制备时，当菌种活化长出孢子后用无菌水洗下孢子制成孢子悬浮液，再按100L种子培养基加8~10mL孢子悬浮液转接至一级种子罐，培养3~5d后，得到的菌丝体即可作为发酵生产用的种子培养物。

4. 放线菌发酵时的种子扩大培养

放线菌在工业上具有巨大的应用价值，许多抗生素和酶制剂都是由放线菌生产获得的。许多的放线菌都能产生孢子，因此其种子的扩大培养可以通过斜面培养，制备孢子悬浮液作为初级种子。但也有很多是用摇瓶菌丝体作为初级种子，这主要是根据菌种的特性和实践结果而定。

菌丝形态能够在一定程度上反映菌体的生长和代谢情况，因此可以通过观察种子罐中菌丝体形态（如链霉菌）的变化来确定适宜的移种时间，这是抗生素生产过程中的一项常用也是很有用的方法。

第二节　发酵工艺的放大

发酵工程的目的和任务是实现生物技术成果走向规模化生产。具体来说，就是力求在发酵过程中保证所有规模都具有最佳的外部条件，以获得最大生产能力。工业发酵过程的研究，一般分为三种规模或三个阶段：①实验室小试，进行菌种的筛选和培养基优化的研究；②中试试验，确定放大规律以及菌种培养的最佳操作条件；③进行大规模的工厂化生产，取得经济效益的过程。传统的工业放大，首先要进行摇瓶实验来对

发酵工艺的放大

种子进行筛选，验证种子的遗传稳定性并进行培养基优化及工艺条件摸索。例如，培养基配方、培养温度、接种量、pH范围及产物形成水平、发酵周期、耗氧程度等初步的工艺条件，具体就是通过装液量的调节、培养基成分的改变、温度和pH的改变、摇床转速的改变来实现以上实验参数的估计。然后通过实验室小型发酵罐试验和中型发酵罐，最后通过合适的放大规律逐步转移到工业生产发酵罐实现工业化生产。而发酵能否实现产业化的重要环节就是解决设备和工艺放大的问题。发酵工艺的放大不是简单的发酵罐规模放大。随着规模的扩大，尽管采用相同的菌种、培养基和工艺，发酵水平经常出现下降的情况。造成这种下降的原因本质上是由这两种试验规模变化所引起的。

一、摇瓶和发酵罐培养的差异

据统计，在进行发酵生产研究时，90%以上的研究都是从摇瓶培养开始的。但是当将研究结果在发酵罐上进行放大生产时，时常会出现生产效率和产量下降的现象。这主要是由于发酵罐和摇瓶培养时的环境差异造成的。摇瓶和发酵罐培养的差异主要有以下三个方面。

1. 溶解氧和体积溶氧系数（$k_L a$）的差异

由于微生物的发酵多数是需氧发酵，所以这里我们只讨论需氧发酵的问题。氧是一种难溶气体，在25℃和101.325kPa下，空气中的氧在纯水中的溶解度仅为0.25mol/m³左右。培养基中含有大量有机物和无机盐离子，因而氧在培养基中的溶解度就更低。有人做过这样的估算，对于菌体含量为10^{15}个/m³的发酵液，假定每个菌体的体积为10^{-15} m³

(直径 5.8nm)，细胞的呼吸强度为 $2.6×10^{-3}$（氧）/[kg（干细胞）·s]，菌体密度为 $1000kg/m^3$，含水量为 80%，则培养液的需氧量为 187.2mol[（氧）/（m^3·s）]。这就是说，在 $1m^3$ 的培养液中每小时需要的氧是纯水饱和溶解氧浓度的 750 倍。如果中断供氧，菌体在几秒钟内即可把溶解氧耗尽。对大多数发酵来说，氧的不足会造成代谢异常，产量降低。因此，从摇瓶到发酵罐的放大进程中氧的供应是一个重要影响因素。发酵中氧的供需容易变成主要矛盾。培养液中氧浓度的变化是供需平衡的结果，因此溶解氧和氧传递系数、摄氧率、呼吸强度成了放大进程中必须考虑的首要因素。

表示氧溶入培养基速度大小的溶氧系数 K_d（以大气压作为推动力，采用亚硫酸盐氧化法测定的溶氧系数称作亚硫酸氧化值 K_d）在摇瓶发酵和发酵罐发酵中的差异很大。表 9-2 和表 9-3 所示为两种摇瓶机的 K_d 值和 200L 发酵罐中平桨形搅拌器不同转速和空气线速度时的 K_d 值。

表 9-2　　两种摇瓶机的 K_d 值

装料量/mL	往复式[①]$K_d/×10^{-7}$	旋转式[②]$K_d/×10^{-7}$
10	17.92	11.49
20	15.42	6.87
50	11.04	2.96
100	6.51	1.96

注：① 250mL 摇瓶，冲程 127mm，转速 96r/min；
　　② 250mL 摇瓶，偏心距 50mm，转速 215r/min。

表 9-3　　200L 发酵罐中平桨形搅拌器不同转速和空气线速度时的 K_d 值

搅拌转速/（r/min）	四种 V_s[①]时 K_d 值			
	$5.62×10^{-7}$	$7.04×10^{-7}$	$8.79×10^{-7}$	$10.55×10^{-7}$
252	17.6	21.9	25.0	29.2
320	24.2	27.4	37.7	42.2
380	30.8	37.5	41.9	43.5

注：① V_s 为发酵罐中空气分布器出口的空气线速度（m/s）。

引起摇瓶发酵与发酵罐发酵供氧差异的主要原因是培养液的运动方式明显不同。摇瓶发酵是摇瓶在恒温环境中的摇瓶机上摇动。摇瓶机有两种形式：一种是往复式，摇瓶做一定频率、一定冲程的往复运动，培养液因运动惯性撞击瓶壁使液体溅出；另一种是旋转式，摇瓶做一定偏心矩和一定频率的圆周运动，使培养液在离心力与重力平衡时液体沿瓶壁做回转运动并沿瓶壁上升到一定程度，减小了液层厚度。因此，在摇瓶实验中，与氧传递相关的操作变量是瓶口无菌过滤层的厚度、摇床的振荡程度和气液界面的面积（即演变为装液量的多少）。与其传递特性有关的还有系统的物性，如液体的黏度、液体的密度、界面张力和扩散系数。无论是往复式还是旋转式摇瓶机，都是通过提高比表面积促进气体交换而达到深层培养的目的。而发酵罐则依靠通入气体并用机械搅拌培养液不断进行气液交换，利用空压或泵使培养液在罐内循环，达到气液良好混合的目的。因此，在发酵罐中，与氧传递相关的除系统的物性外,操作变量来自两方面:一是搅拌,二是通气量。

增大通气量可以增加罐内截面流速,增加发酵液的气含率,增大气液比表面积,利于氧的传递。但是,通过增加通气量以提高氧传递速率的效果是呈递减性的,即当气流速度较大时,再增加速度对提高氧传质效率的作用变小。应当说,发酵体系溶氧浓度对搅拌转速的改变更为敏感,也就是说,搅拌对溶氧浓度的影响效果远远大于通气量对溶氧浓度的影响。此外,搅拌对发酵体系的传质也有重要作用。但如果搅拌速度过快,会产生较大的剪切速度,容易对菌体细胞造成伤害(如下所述),不仅影响菌体的正常代谢和产物合成,还严重浪费能源。为此可通过调节搅拌转速和通气量对溶氧浓度贡献率的比例以及采用新式的发酵罐及搅拌桨来提高溶氧浓度和降低剪切力。如 Bandaiphet 等在研究阴沟肠杆菌(*Enterobacter cloacae*)WD7 发酵生产胞外多糖时发现,多糖产量随着通风量和搅拌转速升高而增加,但当搅拌转速进一步升高时(200~800r/min),多糖的合成受到影响(由3.07g/g 降低至 2.28g/g);而采用增加通风量的溶氧控制策略[由 0.5m³/(m³·min)提高至 1.25m³/(m³·min)]时,多糖含量能够保持较高的水平(由 2.79g/g 提高至3.07g/g)。在进行放大生产时(5L 放大至 72L),通过调控通风量和搅拌转速以保持体积氧传递系数 k_La 相等,使多糖产量进步提高到 3.20g/g。在利用安息香醛生物转化合成L-苯基乙酰基甲醇的研究中,Shuka 等采用了新型组合搅拌桨(盘式和斜式涡轮搅拌桨),通过控制搅拌转速和通风量以保持相似的 k_La 和呼吸速率,获得了较好的放大效果。

需要说明的是,提高搅拌转速一方面可以提高溶氧速率,另一方面也可以改善营养物质的混合,从而有利于细胞的生长和产物合成,因此可以通过提高通风量或直接通入纯氧获得与提高搅拌转速相同的溶氧水平,以区分产物水平的提高是由于溶氧浓度提高还是由于营养物质传递效果改变所致。

2. 菌丝受机械损伤的差异

摇瓶培养发酵时,液体只受到液体的冲击或沿着瓶壁滑动的影响,机械损伤很轻,而发酵罐培养时,菌体,特别是丝状菌丝,会受到搅拌桨叶片剪切力的影响而受到损伤。其受损程度远大于摇瓶发酵,并与搅拌时间的长短成比例,增加培养基的黏度,仅能使受损伤的程度有所减轻,丝状菌受损之前,菌体内的低分子核酸类物质就出现漏失,高分子核酸物质的量也开始相对减少,进而影响菌体的代谢。核酸类物质的漏出速率与搅拌转速、搅拌持续时间、搅拌叶尖叶的线速度、培养基单位体积吸收的功率以及体积溶氧系数成正比。另外,漏出速率还与菌丝对搅拌的敏感程度有关,如菌丝的机械强度较大,则漏出率较低,反之则大。机械搅拌还可以引起胞内质粒的流失。虽然摇瓶发酵时也会有低分子质量的核酸类物质漏出,但远低于发酵罐的漏出率。

3. CO_2 浓度的差异

发酵液中的 CO_2 既可随空气进入,又可以是菌体代谢产生的废气。CO_2 在水中的溶解度随着外界压力的增大而增加。发酵罐处于正压状态,而摇瓶基本上是处于常压状态,所以罐中培养液的 CO_2 浓度明显高于摇瓶。当 CO_2 浓度过高时,会对菌体的生长以及某些微生物代谢产物(如抗生素、氨基酸等)的生物合成产生抑制作用。例如,发酵液中 CO_2 浓度达到 1.6×10^{-1} mol/L 时就会严重抑制酵母菌的生长;当进气口 CO_2 含量占混合气体的 80%左右时,酵母菌的活力与对照相比降低了 20%;当 CO_2 分压达到 0.08×10^5 Pa,青霉素比合成速率会降低 50%。CO_2 及 HCO_3^- 主要是通过改变细胞膜的结构,如改变细胞膜的流动性以及表面电荷密度，影响细胞膜的运输效率，从而导致细胞生长和产物合成受到抑制。

在传统的发酵罐放大过程中，发酵罐的供氧能力是放大时考虑的首要问题，因此在放大过程中一般都遵循大型发酵罐和模型发酵罐传氧能力相同的原则，即通过提高通气量（对剪切敏感的发酵过程）或搅拌功率（对剪切不敏感的发酵过程）来提高发酵罐的 k_La，以满足菌体代谢的需氧量。放大后发酵罐的供氧能力可从发酵过程的溶氧水平进行衡量，但保证了发酵罐的供氧能力并不一定能确保放大的成功，例如不能同时有效地排放 CO_2 会影响对 CO_2 敏感的发酵过程的放大效果。

综上所述，以上三个原因都可能造成摇瓶发酵和发酵罐发酵结果之间存在差异。对摇瓶发酵来说，更易受到外界环境的影响，比如空气相对湿度、组成以及流动状况等。而发酵罐由于体系较为封闭，不易受到环境因素的影响。因此，在大多数情况下，发酵罐的水平要低于摇瓶水平，见表9-4。但也有个别菌种其发酵水平由于通气条件的改善或采用补料手段而高于摇瓶水平，如丝状真菌 D-100 的连续发酵，以及卡那霉素、林可霉素等的发酵。一般情况下，如果菌株对 k_La 和溶解氧有较高的要求，罐中的发酵水平就有可能高于摇瓶发酵，并随着 k_La 和溶解氧水平的上升而提高。如果菌株对机械损伤比较敏感，则罐中的生产能力就会低于摇瓶，并随着搅拌强度的增加而降低。有时菌株对溶氧和搅拌强度都很敏感时，其结果就随着发酵罐的结构而不同。

表 9-4　　摇瓶与发酵罐发酵单位的比较

菌种	发酵单位/($\mu g/mL$)		注释
	摇瓶	发酵罐	
井冈霉素	18000	11000~13000	化学单位
螺旋霉素	3100	2800	
壮观霉素	>1000	<1000	
红霉素	5000	<5000	
赤霉素	2000	1000	
庆大霉素	1600~1700	1300~1400	
托布霉素	>1000	300~400	
新缩霉素	300	100	
阿伏霉素	600	250	
氨基酸			摇瓶比发酵罐单位高

消除这两种规模发酵结果的差异，使摇瓶发酵结果能反映发酵罐的结果，是一个很重要的问题。根据已有的试验经验，在摇瓶水平上可以从上述三个方面模拟发酵罐的发酵条件。为了提高摇瓶的 k_La 和溶氧水平，可以增加摇瓶机的转速或减少培养基的装液量。为了考察因搅拌而引起的差异，可以在摇瓶中加入玻璃珠来模拟发酵罐的机械搅拌。

二、发酵罐规模放大的影响

发酵罐规模的变化，无论是绝对值还是相对值的变化都会引起许多物理和生物参数的改变。利用一系列几何相似的发酵罐进行对比试验，已经得到许多因发酵罐规模改变而引起的参数改变的结果。其中，改变的主要因素包括以下几点：①生产菌株稳定性的差异；②培养基灭菌的差异；③通气与搅拌的差异；④热传递的差异。

1. 生产菌株稳定性的差异

生产菌株的稳定性是发酵过程成功放大的先决条件。如果生产菌株在扩大培养中生产能力有明显下降的话，发酵过程的放大是无法进行的。发酵达到最后菌体浓度所需的繁殖代数与发酵液体积的对数呈直线的比例关系，如式（9-1）所示。

$$N_g = 1.44 (\ln V + \ln x - \ln X_0) \tag{9-1}$$

式中　N_g——菌体繁殖代数

　　　V——发酵液体积，m^3

　　　x——菌体浓度，kg/m^3

　　　X_0——总菌体量，kg

在发酵过程中，发酵罐的体积越大，菌体需要进行的繁殖代数也就越多。因此，在菌体增代繁殖的过程中出现变异的可能性也就越大，特别是那些不稳定或不纯的菌株更是如此。所以，发酵液中变异株的最后比例是随着发酵规模增大而增加的，这就可能引起发酵结果的差异。另外，随着发酵规模的增大，所需要的种子液体积也越大，因此，发酵规模的放大，必须要涉及种子的培养级数和菌种繁殖的代数。规模越大，种子培养的级数越大，因而引起种子质量发生差异的概率也就越大。

Kempf 等在利用鸡葡萄球菌（*Staphylococcus gallinarum*）生产多肽抗生素 Gallidermin 时，采用摇瓶多次转接的方法模拟发酵的放大，确定种子的种龄不超过 32h。接种时未进入稳定期，以 10% 的接种量接入 20L 发酵罐后，再以 10% 的接种量接入另一 20L 发酵罐中，以模拟 200L 发酵罐。通过考察第一个 20L 发酵罐的通气量、搅拌转速等工艺条件，确定了在 200L 发酵罐中的发酵工艺，提高了产物的合成水平。

2. 培养基灭菌的差异

培养基在用饱和蒸汽加热灭菌时，其所含的一些热敏物质可能会发生变化，如铵盐分解、蛋白质变性、维生素等不稳定性物质的降解等，pH 在灭菌后也会发生明显的变化。另外，由于灭菌时冷凝水的积累，还会影响灭菌后培养基的浓度。培养基灭菌的操作方式基本上可分为分批灭菌和连续灭菌。实验室发酵罐或较小的工业发酵罐一般采用分批灭菌（实罐灭菌）的方法。对于体积很大的培养基，采用这种方式灭菌，升温和冷却的时间很长，会导致较多的热敏性物料的分解或变化，影响培养基的质量，同时锅炉或其他蒸汽源负荷波动很大，因此工业规模的发酵培养基也有采用连续灭菌的。在放大的过程中，由于培养基灭菌的差异，会导致发酵的差异。例如，在 15L 发酵罐中进行某种抗生素发酵，培养基采用实罐灭菌的方法；在 $50m^3$ 发酵罐中放大时，培养基的组成是相同的，但采取连续灭菌的方式。表 9-5 所示为同样的培养基经实验室分批灭菌和工业连续灭菌后 3 项测定结果的对比，可以看出还原糖和氨基氮有很大的差异，从而影响放大发酵的结果。

表 9-5　　　　　　　　抗生素发酵培养基灭菌后成分的差异（相对值[①]）

项目	15L 发酵罐（实罐灭菌）		$50m^3$ 发酵罐（连续灭菌）	
	A	B	A	B
总糖	1.00	1.01	0.99	1.17

续表

项目	15L 发酵罐（实罐灭菌）		50m³ 发酵罐（连续灭菌）	
	A	B	A	B
还原糖	1.00	1.09	0.63	0.60
氨基氮	1.00	1.12	1.50	1.75

注：A 和 B 为两组平行试验结果，①以 15L 发酵罐试验 A 结果为基准。
资料来源：叶勤《发酵过程原理》。

3. 通气与搅拌的差异

在发酵规模的放大过程中，发酵参数按照几何相似原则进行放大时，其单位体积消耗的功率、搅拌叶的顶端速度（即最大剪切速率）和混合时间均发生了变化，影响了最后的放大结果。另外，在放大过程中，培养基的混合效果差异是影响放大结果差异的重要因素。用小型实验室发酵罐（如 5~20L）进行发酵过程研究时，通常认为发酵液得到了充分的混合，营养物质（包括溶氧）、菌体及代谢产物是均匀分布的，它们的浓度在各处都相同。然而在搅拌不很剧烈、混合不太充分的情况下，即使在小型发酵罐中也会存在物质浓度的差异。随着发酵罐规模的扩大，发酵液中的物质分布不均匀的程度更加显著，从而引起发酵最终结果的差异。当发酵液的黏度比较大时，这种差异会更加明显（如氧气的分布）。例如，在 215m³ 鼓泡式发酵罐中培养面包酵母时，酵母对糖蜜的利用率比在 10L 发酵罐中降低了 7%；在利用大肠杆菌发酵生产重组蛋白时，当反应器从 3L 扩大到 9m³ 时，菌体对葡萄糖的利用率降低了 20%。因此，大型发酵罐中的混合是影响发酵效果的关键因素之一。

4. 热传递的差异

发酵过程中，菌体的代谢要释放能量，输入的机械功（如搅拌和气体喷射）也要产生热量，随着发酵的进行，两种产热机制不断地产生热量，所释放出的总热量又随着发酵罐规模的放大而增加，而罐的表面积随线性尺寸的平方而增加，因此发酵罐规模几何尺寸的放大，会出现热传递的差异。由于菌体的生长和代谢需要合适的温度，因此这种差异势必导致发酵结果的最终差异。

综上所述，发酵工艺的放大，不仅是单纯发酵液体积的增大，菌体本身的质量和其他发酵工艺条件也会发生改变。如果不设法消除上述的差异，放大前后的结果就会发生明显的差异。因此，无论是进行发酵设备规模的放大，还是对新菌种（或新工艺）的放大转移，都必须考虑上述的内在因素，寻找引起差异的主要原因，设法缩小差异，才能获得良好的放大结果。

三、发酵规模的放大过程

在放大过程中，物理条件会随着规模扩大而发生明显的变化，因此必须进行科学的设计，才能使放大后的设备满足工艺放大的要求。

1. 放大的准则

发酵过程放大的前提是在小型发酵罐和大型发酵罐中的菌体所处的整个环境条件，包括化学因素（如基质浓度、前体浓度等）和物理因素（如温度、黏度、剪切力、传质等）

必须是完全相同的。但实际上,这种理想的情况是很难达到的。化学因素可以通过人为的控制来保持恒定,但物理因素却与设备规模的大小密切相关,随着规模的不同而发生变化。因此,要保证规模放大过程中的"发酵单位相似",就必须遵循一定的放大准则,即参照何种物理条件进行放大,才能使规模放大过程中发酵单位基本相似。

用来评价发酵过程的物理特征一般包括混合时间、剪切力、热量和质量传递。质量传递发生在整个发酵液内,而热量传递仅发生在热交换的边界上,这样,就可以采用与放大过程无关的方法(如用冷冻机代替冷却水或者采用外部热交换器)来获得大型发酵罐所需的热量,因此,一般不考虑热量传递的放大准则。

一个良好的发酵过程,需要考虑多方面的性能,如剪切力、宏观混合、氧传递、泡沫形成和操作成本等。因此,发酵罐的设计和操作也必须从这几个方面考虑,但可以人为改变的只有几何特征、搅拌转速和通气条件。在放大过程中,需要保持恒定的过程特性包括:①发酵罐的几何特征;②体积溶氧系数(k_La);③最大剪切力;④单位体积液体的气体体积流量(Q/V);⑤表观气体流速;⑥混合时间。

发酵罐的放大到底以什么为准则呢?这要对具体情况进行具体分析。首先,要从大量的试验材料中把握和找出影响生产过程的主要矛盾,在着重解决主要矛盾的同时,不要使次要矛盾激化为新的主要矛盾。例如,单纯按照k_La相等为准则进行放大时,液体剪切速率可能会达到剪切率敏感系统不可接受的程度,投入生产时,就会使生产失败。在这种情况下,往往要或多或少地牺牲几何相似性原则。大小设备主要尺寸几何相似的原则使因次分析所建立的无因次数关系式获得简化,因此这个原则并不是无关紧要的,但为了解决主要的矛盾,这种牺牲及其后果是次要的。总之,放大过程中究竟采用以何种物理参数不变为依据,主要取决于哪种参数对放大过程中的"发酵单位"产生影响的程度最大。

2. 放大的方法

目前发酵规模的放大一般有两个基本手段:①根据相似论原理进行比拟放大;②对全部机制进行数学分析,利用数学模型代替过程本身去研究发酵过程的放大。由于发酵过程是一个复杂的生化过程,要使得到的数学模型能够对过程做出较好的描述,目前还有很大的距离。因此,在发酵工业中仍以第一种方法为主。

相似原理的基本观点是:对任何反应系统可用数学方程描述其生物化学反应过程、流体流动与动量传递、热量和质量传递过程,如果两个系统能用相同的微分方程来描述,并具有相同的特征,则两个系统将具有统一的行为方式。如以m_1,m_2和k分别表示放大模型的变量、原型变量和放大因子,则模型反应器与放大反应器的相似性原则可表示为式(9-2)的线性关系:

$$m_1 = km_2 \tag{9-2}$$

上述方程是否对所有变量有效或对部分变量有效,决定了系统是否全部或部分相似。发酵罐比拟放大法以近似法和因次分析法的结合为主,这种方法的理论和推理是:假定发酵罐内的混合是充分的,罐内温度梯度很小,可视作恒温系统;输入液体动量的差异所引起剪切速率的变化,对传质速率以及对菌体或其催化活性均可能发生相应的影响,两者都对宏观的反应动力学发生影响。因此,比拟放大是以一定的理论为依据,结合相似性原则及因次分析法的经验放大,主要基于单位体积功率相等、氧传递系数相等、剪切速率相等或混合时间相等的原则。它是依靠对已有装置的操作经验所建立起来的以认识为主而进行的放大方法。

比拟放大的基本方法是：首先必须找出表征此系统的各种参数，将它们组成几个具有一定物理含义的无因次数，并建立它们之间的函数关系式，然后运用试验的方法在试验设备里求得次函数式中所包含的常数和指数，则此关系式便可用于与此试验设备几何相似的大型设备的设计。这个方法也是化工过程研究所常用的基本方法之一。

进行比拟放大时一般按照以下几个准则进行。

(1) 几何尺寸放大　该法是发酵罐各个部件的几何尺寸按比例放大，放大倍数实际上就是罐体积的增加倍数。放大倍数 m 指罐的体积增加倍数，即 $m=V_2/V_1$（下标1为实验室小罐，下标2为生产罐）。在放大过程中，一般采用大、小发酵罐的直径之比（D_2/D_1）作为放大比。在机械搅拌发酵罐中，若放大时几何相似，则放大比还可用搅拌桨直径之比（d_2/d_1）来代替。因为几何相似，所以，$H_1/D_1=H_2/D_2$，H 为发酵罐高度，则：

$$\frac{V_2}{V_1}=\frac{\frac{\pi}{4}D_2^2 H_2}{\frac{\pi}{4}D_1^2 H_1}=\frac{\frac{\pi}{4}D_2^2 D_2}{\frac{\pi}{4}D_1^2 D_1}=\left(\frac{D_2}{D_1}\right)^3=m \tag{9-3}$$

所以：

$$\frac{H_2}{H_1}=\frac{D_2}{D_1}=\sqrt[3]{m} \tag{9-4}$$

按几何尺寸进行放大，即发酵罐体积放大10倍时，发酵罐的高度和直径均放大 $10^{1/3}$ 倍。在进行放大计算后，其他尺寸如 B（搅拌器距底部的间距）、S（搅拌器层间距）、W（挡板宽度）就可以根据 H、D 值来计算，从而确定生产罐的几何尺寸。具体来说，根据几何相似，$\frac{d_2}{D_2}$、$\frac{d_2}{B_2}$、$\frac{d_2}{S_2}$、$\frac{W_2}{D_2}$ 一定，求出放大后发酵罐的 d_2、B_2、S_2、W_2 等几何尺寸。

几何尺寸确定后，就要确定放大后的操作参数，如空气线速度 V_s、搅拌转速 n。因此，相应操作参数的放大设计有两大类放大准则可供选择：一类是空气流量相等的放大准则；另一类是搅拌转速相等的放大准则。

①按照空气流量相等准则放大：通气量的大小不仅与氧传递速率有关，而且在通风搅拌发酵罐中，通气速率的大小还决定了反应器中发酵液搅拌的强度。与通风量有关的基本参数有以下三种：单位体积液体的通气速率，即空气流量 Q [L(L/min)]；反应器中空截面的空气线速度 V_s；体积溶氧系数 $k_L a$。

因此，空气流量的放大又有三种类型可选：以单位培养液体积中空气流量相同的原则放大，即 Q/V 一定；以空气线速度相同的原则放大，即 V_s 一定；以 $k_L a$ 值相等的原则放大，即 $k_L a$ 值一定。

下面分别介绍这三种放大准则对应的放大方法及结果。

a. 以单位培养液体积中空气流量相同的原则放大：即放大前后 Q 一定，$VVM_1=VVM_2$，也就是单位培养液体积中空气流量相同。

因为

$$V_s \propto \frac{(VVM)V_2}{pD^2} \propto \frac{(VVM)D}{p} \tag{9-5}$$

所以

$$\frac{V_{s2}}{V_{s1}}=\frac{D_2}{D_1}=\frac{p_2}{p_1} \tag{9-6}$$

式中　p——液面上承受的空气压力，即罐顶压力表所表示的压力，Pa

结合几何相似原理,当已知 D_1、p_1 时,可根据上式求得 D_2、p_2 以及其他相关参数。需要指出的是,当大小发酵罐中空气中氧的利用率相同时,可以按单位培养液体积中空气流量相同的原则放大。但是,当大型发酵罐中液柱较高时,空气在液体中所经过的路程和气液接触时间均长于小型发酵罐,因此大型发酵罐有较高的空气利用率,在放大时大型发酵罐的 VVM 值应小于小型发酵罐的 VVM 值。所以,VVM 相等一般不作为通风量放大的依据,只是在体积相差不大或液柱高度相近的反应器中有一定的借鉴作用。

b. 以空气线速度相同的原则放大:V_s 一定,即 $V_{s1}=V_{s2}$,也就是空气线速度相等。

因为
$$\frac{V_{s2}}{V_{s1}} = \frac{(VVM)_2}{(VVM)_1} \times \frac{P_1 D_1^2}{P_2 D_2^2} \times \frac{V_{L2}}{V_{L1}} = 1 \tag{9-7}$$

即
$$\frac{(VVM)_2}{(VVM)_1} = \frac{P_2}{P_1} \times \frac{D_2^2}{D_1^2} \times \frac{V_{L2}}{V_{L1}} = \frac{P_2}{P_1} \times \frac{D_1}{D_2} \tag{9-8}$$

式中 V_{L1}、V_{L2}——分别为小型、大型发酵罐的发酵液体积

结合几何相似的原则,当已知 D_1、p_1 时,可根据上式求得 D_2、p_2 及其他相关参数。按照空气线速度相同的原则放大时,由于大罐的液柱较高,气体中氧的利用率较高,在反应器上层的发酵中,就会由于氧的利用而使空气中氧的分压减少,从而导致溶氧速率降低。这在空气中氧的利用率不是很高(如小于 30%)时可以不考虑,但当空气中氧的利用率很高时,就会有明显的影响。因此,对于空气利用率较高的反应器,大罐的 V_s 应适当提高。Wong 等采用单位培养液体积空气流量和 $k_L a$ 值相等的原则成功地将大肠杆菌 MC1061 发酵产 K99 抗原放大到 200L,其发酵罐水平达到 30.1mg/L。

c. 以 $k_L a$ 值相等的原则放大:即放大前后 $k_L a$ 值一定,$(k_L a)_1 = (k_L a)_2$。

经过试验和大量报道,通风量 Q 与体积溶氧系数 $k_L a$ 之间有如下的关系式:
$$k_L a \propto \left(\frac{Q}{V_L}\right) (H_L)^{\frac{2}{3}} \tag{9-9}$$

式中 H_L——发酵液高度

对几何相似的大小发酵罐,处理物料的物理性质相同时,就有:
$$\frac{(k_L a)_2}{(k_L a)_1} = \frac{\left(\dfrac{Q}{V_L}\right)_2}{\left(\dfrac{Q}{V_L}\right)_1 \left(\dfrac{H_{L2}}{H_{L1}}\right)^{\frac{2}{3}}} \tag{9-10}$$

按照体积溶氧系数 $k_L a$ 相等的原则进行放大,则:
$$\frac{\left(\dfrac{Q}{V_L}\right)_2}{\left(\dfrac{Q}{V_L}\right)_1} = \left(\frac{H_{L2}}{H_{L1}}\right)^{\frac{2}{3}} = \left(\frac{D_1}{D_2}\right)^{\frac{2}{3}} \tag{9-11}$$

结合几何相似的原则,当已知 D_1、H_{L1} 时,可根据上式求得 D_2、H_{L2}(H 为发酵液高度)以及其他相关参数。从上式可以看出,大罐单位体积需要的通风量要比小罐小得多。虽然式(9-11)是由无机械搅拌的通气发酵罐(鼓泡式)的氧传递系数关系式导出的,但也可以用于机械搅拌的通风发酵罐。实际上,在机械搅拌发酵罐中,通风量的放大并不严格,因为如果取 $k_L a$ 相等,可通过改变搅拌转速和搅拌直径进行调整。

范代娣等设计了一种特殊的摇瓶(图 9-2),在得到摇瓶口纱布层氧通透率的基础上,通过测定摇瓶内气、液相氧的变化得出其在发酵过程中的摄氧率(OUR)和体积溶氧系

数（k_La），并以 OUR 为基准进行发酵罐的放大。根据三种不同通气量和搅拌转速下的放大结果，结果表明，摇瓶和发酵罐水平在菌体产量方面吻合得较好，但在 k_La 和溶氧浓度方面差异较大。这是因为 k_La 值除与系统物性有关外，还与设备的类型和操作方式等有关。

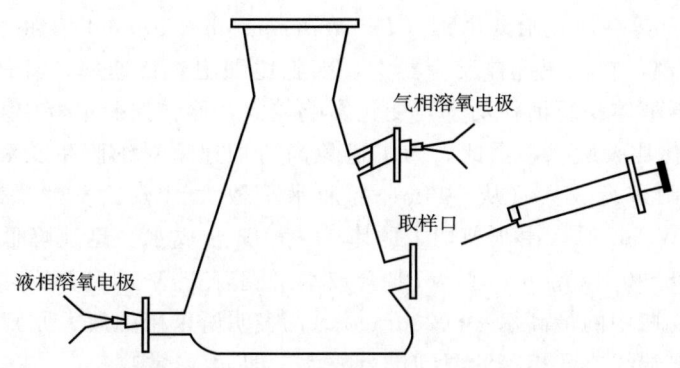

图 9-2 用于研究摇瓶-发酵罐放大的特制摇瓶

② 按搅拌功率相等的准则放大：对于机械搅拌通风发酵罐，搅拌功率是影响传质的主要因素，而发酵液的均匀混合则主要决定于搅拌功率，因而搅拌功率对发酵罐性能的影响相对较大。所以，在机械搅拌罐中，搅拌功率的放大要严于通风量的放大，因此，此法是常用的放大方法。通常有以下两种具体放大方法来进行搅拌功率和搅拌转速的放大。

a. 以单位培养液体积所消耗的功率相等进行放大，即 $P/V=$ 常数。

因为 $$P \propto n^3 d^3, V \propto D^3 \propto d^3$$

所以 $$\frac{P}{V} \propto n^3 D^2, \frac{P}{V} \propto n^3 d^2$$

因为 $$P/V = 常数$$

所以
$$\frac{n_1^3 d_1^2}{n_2^3 d_2^2} = 1 \tag{9-12}$$

即
$$n_2 = n_1 \left(\frac{d_1}{d_2}\right)^{\frac{2}{3}}, P_2 = P_1 \left(\frac{d_2}{d_1}\right)^3$$

b. 以单位培养液体积所消耗的通气功率 P_g 相等进行放大，即 $P_g/V=$ 常数，这是工业上常用的放大方法。

因为 $$P \propto n^3 d^3, V \propto D^3 \propto d^3, Q_g \propto V_s D^2 \propto V_s d^2$$

代入 P_g 公式
$$P_g = C\left(\frac{P^2 n d^3}{Q_g^{0.56}}\right)^{0.45} \propto \frac{n^{3.15} d^{2.34}}{V_s^{0.252}} \tag{9-13}$$

所以 $$\frac{P_g}{V} \propto \frac{n^{3.15} d^{2.34}}{V_s^{0.252}}$$

由于 $$\frac{P_g}{V} = 常数$$

所以 $$\frac{n^{3.15} d^{2.34}}{V_{s1}^{0.252}} = \frac{n^{3.15} d^{2.34}}{V_{s2}^{0.252}}$$

即
$$n_2 = n_1 \left(\frac{d_1}{d_2}\right)^{0.745} \left(\frac{V_{s2}}{V_{s1}}\right)^{0.08} \tag{9-14}$$

$$P_2 = P_1 \left(\frac{n_2}{n_1}\right)^3 \times \left(\frac{d_2}{d_1}\right)^3 = P_1 \left(\frac{d_1}{d_2}\right)^{2.235} \times \left(\frac{d_2}{d_1}\right)^5 \times \left(\frac{V_{s2}}{V_{s1}}\right)^{0.24} = P_1 \left(\frac{d_2}{d_1}\right)^{2.765} \times \left(\frac{V_{s2}}{V_{s1}}\right)^{0.24} \quad (9\text{-}15)$$

金一平等采用单位体积所消耗的通气功率相同的放大原则，结合流加补料的方法，将利福霉素 B 从 15L 发酵罐放大到 $7m^3$ 发酵罐和 $60m^3$ 发酵罐，发酵效价分别达到 17249U/mL 和 19110U/mL 左右。

Rocha-Valadez 等在研究哈茨木霉（*Trichoderma harzianum*）生物合成 6-戊基-α 吡喃酮（6PP）时发现，在机械搅拌反应器中，细胞比细胞生长速率，6PP 产率和细胞分化受 P/V（单位培养液体积所消耗功率）变化影响较大，而在摇瓶培养中，只有比产物合成速率对 P/V 的变化比较敏感，因此，为了避免高剪切速率对细胞生长和代谢的影响，采用 P/V 相等的原则进行放大（从 500mL 摇瓶水平放大到 10L 发酵罐）。研究发现，当 P/V 值高于 $0.4kW/m^3$ 时，由于剪切力的影响，6PP 合成水平迅速降低，但是当将 P/V 的范围控制在 $0.08 \sim 0.4kW/m^3$ 时，6PP 合成水平随着 P/V 的升高而增加。在 10L 发酵罐中 6PP 达到了摇瓶中的最高水平（230mg/L），表明所采用的放大原则是合理的。

c. 以搅拌器末端线速度相等的原则进行放大，即 $nd=$ 常数。

提高发酵液的搅拌速度能提高氧传递速率，但速度过高时因微生物菌体的剪切作用增大，会影响菌体的生长和正常代谢活动。由于发酵罐内发酵液的流速在搅拌器端最大，因此搅拌器末端线速度 nd 是比拟放大时需要考虑的因素之一。

由于 $nd=$ 常数，因此：

$$\frac{n_2}{n_1} = \frac{d_1}{d_2} = \frac{D_1}{D_2} \quad (9\text{-}16)$$

某些微生物菌种（大多为丝状菌）对剪切作用特别敏感，如果在小型发酵罐中搅拌器所产生的最大剪切力已接近微生物的剪应力极限，这时就必须按照搅拌器末端线速度相等的原则进行放大。

d. 按照搅拌雷诺准数 Re 相等的原则进行放大，即 $Re=$ 常数。

Re 的大小表征了发酵罐内流体流动的状况，对 $k_L a$ 的大小起着决定性的作用。如果动力学相似，即 Re 值相同，在某些情况下可作为放大的依据。

因为 $Re = \frac{nd^2\rho}{\mu} \propto nd^2$，若 Re 相等，则：

$$\frac{n_2}{n_1} = \left(\frac{d_1}{d_2}\right)^2 \quad (9\text{-}17)$$

e. 按混合时间相等的原则进行放大。

混合时间 t_M 是指在反应体系中加入培养基，到它们混合均匀时所需的时间。在实验室发酵罐中培养基比较容易混合均匀，但在大型发酵罐中则较为困难。通过因次分析法，得到以下关系式：

$$t_M = (nd^2)^{2/3} g^{1/6} d^{1/2} H_L^{1/2} d^{3/2} \quad (9\text{-}18)$$

式中　g——重力加速度（$9.81m/s$）

对于几何相似的发酵罐，$t_{M1} = t_{M2}$。

因此，从上式可以得出：

$$\frac{n_2}{n_1} = \left(\frac{d_1}{d_2}\right)^{\frac{1}{4}} \quad (9\text{-}19)$$

以上有关放大的方法，都是基于几何相似的原则，并结合某一发酵参数一致性原则进行放大设计。需要指出的是，利用反应器几何相似的原则进行放大时，大型反应器所得的各种参数不可能完全相同。表 9-6 所示为当以不同放大准则进行反应器放大时，其他各种参数的差异。如当以 P/V 放大时，大罐中的雷诺准数（$nd^2\rho/\mu$）是小罐的 8.5 倍。

表 9-6　　　　　　　　　　　　　　　不同放大准则对有关参数的影响

参数	实验室发酵罐（76L 发酵罐）	生产罐（9.5m³ 发酵罐）			
P	1.0	125	3125	25	0.2
P/V	1.0	(1.0)	25	0.2	0.0016
n	1.0	0.34	(1.0)	0.2	0.04
d	1.0	5.0	5.0	5.0	5.0
Q	1.0	42.5	125	25	5.0
Q/V	1.0	0.34		0.2	0.04
nd	1.0	1.7	5.0	(1.0)	0.2
$nd^2\rho/\mu$	1.0	8.5	25	5.0	(1.0)

注：P—搅拌功率；V—发酵液体积；n—搅拌转速；d—搅拌桨直径；Q—单位时间搅拌桨排液量；nd—搅拌桨叶端线速度；$nd^2\rho/\mu$—雷诺准数。

造成这种差异的原因很多。例如，随着反应器规模的放大，大型反应器的混合能力往往明显下降，因此以混合时间作为放大的准则可避免大型发酵罐的混合问题。但若采用混合时间相同的原则，搅拌功率需要大大增加，这势必带来了高剪切、高降温负荷等问题。因此，进行发酵罐的放大时，不能只考虑单一的因素，还要兼顾其他因素对发酵过程的影响情况，通过控制各种参数对发酵过程进行控制，以尽可能使放大后的发酵罐获得与模型发酵罐相似的环境。

Okada 等研究了吸水链霉菌（*Streptomyces hygroscopicus* subsp. aureolacrimosus）发酵米尔倍霉素（Milbemycin）的放大生产情况。在 5L 和 30L 发酵罐水平上通过改变搅拌转速控制发酵罐溶氧水平在 2.0mg/L 以上（通风量、罐压和温度保持不变），产生的米尔倍霉素用相对量表示，将 5L 发酵罐的产量表示为 100%。当利用相同的控制策略（改变搅拌转速）将发酵水平放大到 12m³ 时，米尔倍霉素合成水平仅为 5L 罐的 65.4%。此时，虽然菌体浓度增加了 15%，但菌丝的形态发生了变化（变粗并且产生很多分叉），导致发酵液黏度升高（是 5L 罐的 1.7 倍），总糖消耗速度增加。同样的现象出现在 100L 和 600L 发酵罐水平上，研究者认为利用搅拌转速来控制溶氧的方法不利于菌体生长和代谢，于是，考虑通过提高通风量（同时降低搅拌转速）来控制溶氧，但问题并没有得到最终解决，大罐中米尔倍霉素的合成水平仅为小罐的 70.8%。由于罐压和温度也是影响溶氧浓度的因素，因此研究者考虑通过提高罐压和降低温度的方法来降低搅拌对菌体生长和产物合成的负面影响。首先考察了不同罐压和温度对菌体生长和产物合成的影响，发现将罐压和温度分别控制在 153~304 kPa 和 27.5℃时，米尔倍霉素合成没有受到明显的影响。根据以上结果,研究者将四种调控溶氧水平的方法(通风量、罐压、温度和搅拌转速)进行了排序,分别考察了各种操作排列顺序对产物合成的影响,最终发现当按照罐压、通风量、搅拌转速、温度的操作顺序来控制溶氧浓度时,12m³ 发酵罐水平上米尔倍霉素合成水平是 5L 罐水平的 96.4%,也没有发生菌体过度生长和菌丝体形态变化的情形。

(2) 非几何放大　在放大的过程中,如果参数设计中矛盾突出,就要牺牲几何相似,按照非几何放大,以解决传质、混合以及剪切敏感等问题,达到放大的主要目标,即放大后的发酵单位相似。

非几何放大法的应用多限于菌株对剪切力敏感的发酵放大设计。在放大设计时,可以选用几种准则来综合设计,通过周线速度 $\pi d n$ 以及输送量 Q 来评价 n、d 设计值的合理性,通常改变几何相似性来达到目的。几何相似性的改变反映在改变原有的 d/D 比值上。目前采用较多的非几何放大方法是将 $k_L a$ 与 nd 放大准则相结合,改变几何相似,调整 d/D 值,并反复调整 n、d 设计值以达到放大设计的要求。

从目前报道的文献看,在各种放大的准则中,以 $k_L a$ 值和搅拌功率相等的原则最为常用,但随着对微生物细胞代谢工程、产物合成途径中相关的酶或基因表达的认识不断深入,也出现了一些新的放大准则,如采用发酵液氧化还原电势相等的原则进行放大,或者采用基于放大前后的关键性代谢特征一致的放大原则,即发酵罐放大后微生物代谢途径中关键基因的表达以及产物合成相关酶的活性与放大前后一致。需要指出的是,以上各种放大准则不只适用于机械搅拌发酵罐,也适用于其他类型的发酵罐,如气升式发酵罐。与机械搅拌发酵罐相比,气升式反应器由于能节省大量能源,日益受到人们青睐。目前,气升式发酵罐已成功应用在单细胞蛋白和酵母的工业生产中,但在真菌和放线菌发酵的工业应用还较少。Liu 等利用根霉 MK-96-1196,根据氧传递速率相似的原则将 L-乳酸发酵规模从 3L 放大到 5m³,乳酸产量和生产效率分别达至 95g/L 和 80%,下面对其放大过程进行简要的介绍。

表 9-7 所示为研究中所采用的各种规模气升式反应器的相关参数。

表 9-7　　　　　　　　　　　气升式反应器规格

参数	3L	100L	5m³
罐体积/L	3	100	5000
装液量/L	2	66	3300
罐直径/m	0.11	0.35	1.3
通气方式	环形喷射	环形喷射	环形喷射

氧传递速率(OTR)的表达式为:
$$OTR = k_L a (C^* - C) = k_L a (p - p^*)/H \tag{9-20}$$

式中　C^*——对应氧分压时的饱和浓度,g/L

C——发酵液中的氧浓度,g/L

$k_L a$——体积溶氧系数,h^{-1}

H——亨利定律常数,随气体、溶液及温度的不同而异,它表示气体溶于溶液的

难易，其值越大，表示越难溶于该溶液

p——气相中氧的分压，atm（1atm=1.01325×10⁵Pa）

p^*——与液相中氧浓度平衡时的氧分压，atm

与 p 相比，p^* 值很小，因此式（9-20）可写为：

$$OTR = k_L a p / H \tag{9-21}$$

由于气升式反应器中，$k_L a = 62.3 V_s$，V_s 为空气线速度（cm/s），因此，OTR 的最终表达式为：

$$OTR = 62.3 V_s p / H \tag{9-22}$$

为了确定 OTR 是影响 L-乳酸合成的重要因素，作者在不同规模的反应器中考察了气体表观速率（0.1~1.0cm/s）对乳酸浓度、产率以及合成速率的影响（表9-8）。

表 9-8　　不同 OTR 对乳酸浓度、产率和合成速度的影响

3L 气升式发酵罐

气体表观速率/(cm/s)	OTR/[gO₂/(L·h)]	乳酸浓度/(g/L)	乳酸产率/%	乳酸合成速度/[g/(h·L)]
0.10	0.05	88	73	1.1
0.26	0.13	88	73	1.4
0.52	0.25	92	77	2.3
1.04	0.51	89	74	2.4

100L 气升式发酵罐

气体表观速率/(cm/s)	OTR/[gO₂/(L·h)]	乳酸浓度/(g/L)	乳酸产率/%	乳酸合成速度/[g/(h·L)]
0.20	0.10	78	65	1.3
0.50	0.25	94	79	1.9
1.00	0.51	92	77	2.2

5m³ 气升式发酵罐

气体表观速率/(cm/s)	OTR/[gO₂/(L·h)]	乳酸浓度/(g/L)	乳酸产率/%	乳酸合成速度/[g/(h·L)]
0.10	0.06	80	67	1.4
0.25	0.14	88	73	1.9
0.50	0.28	94	78	2.1
1.00	0.57	95	80	2.2

注：培养条件为 pH6.0，温度 35℃。

由结果可以看出：在不同的反应器中乳酸浓度和产率随着 V_s 的增加变化不大，但乳酸合成速率却显著增加，这表明供氧速度影响了发酵周期，即发酵周期随 OTR 的降低而延长，最终导致乳酸合成速率降低。另一方面，当采用相同的供气速率时，不同反应器之间除乳酸合成速率外，乳酸浓度和产率差异不显著。与此相反，规模越大的反应器乳酸浓

度和产率越高（最高分别达到 95g/L 和 80%）。由于在通气量相同的情况下，发酵液中的溶氧浓度会随着反应器高度的增加而增加，这就说明氧气浓度是影响乳酸合成的一个重要因素。

研究还发现，在 $5m^3$ 发酵规模中，当 OTR 为 $0.06gO_2/(L·h)$ 时，溶氧浓度在 18h 左右时达到最低点；当 OTR 为 $0.14gO_2/(L·h)$ 时，溶氧浓度在 24h 时达到最低点。这是因为氧的过早缺乏导致葡萄糖消耗速率迅速下降，菌丝体变得松散，说明低溶氧浓度影响了菌体的生长和代谢。当 OTR 提高至 $0.28gO_2/(L·h)$ 和 $0.57\ gO_2/(L·h)$ 时，葡萄糖消耗速率和产物合成速率开始增加，并且不同的 OTR 下两者差异并不大，说明采用 $0.28gO_2/(L·h)$ 的 OTR 就能够满足菌体对氧的需求。图 9-3 所示为在 3L、100L 和 $5m^3$ 气升式发酵罐中 L-乳酸产量与 k_La 和 OTR 的关系，可以看出在各种规模的反应器中，L-乳酸产量都与 OTR 呈现一定的正比例关系，表明利用 OTR 作为根霉 MK-96-1196 发酵产 L-乳酸的放大准则是合理的。

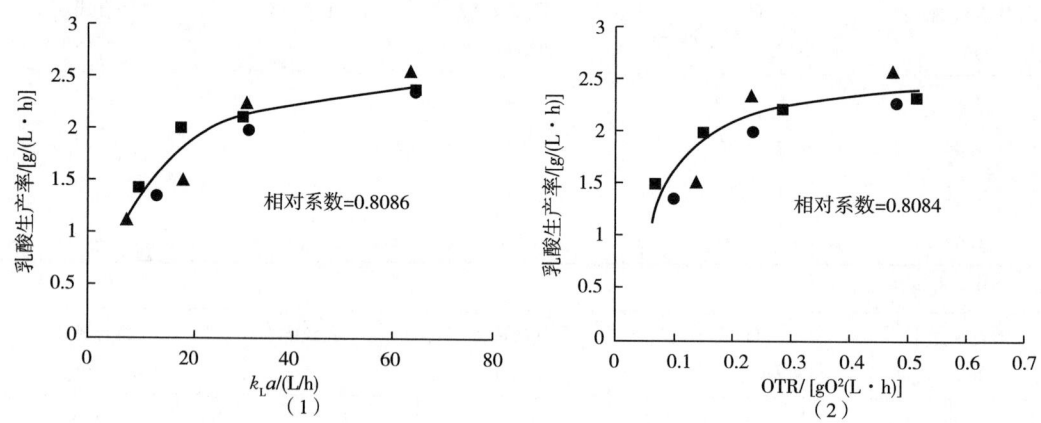

图 9-3　各种规模气升式反应器中 k_La（1）和 OTR（2）与 L-乳酸生产率的关系

▲—3L　●—100L　■—$5m^3$

众所周知，过高的氧浓度会对微生物的生长和代谢产生抑制作用。由于氧分压与发酵罐中的液面高度成正比，当反应器规模进一步放大时，随着液面高度的增加，发酵罐中的氧浓度会迅速增加，如放大到 $3000m^3$ 时，发酵罐底部的氧浓度会达到 21mg/L，这样就产生一个问题：根霉 MK-96-1196 能否承受这么高的氧浓度呢？这是放大过程中必须要考虑的问题。为此，研究者在 3L 反应器中通过控制通气量和通入纯氧考察了高氧浓度对细胞生长和乳酸合成的影响，以模拟 $2000m^3$（液面高度为 20m）发酵罐的发酵情况。结果表明，当溶氧浓度控制在 2mg/L 和 21mg/L 左右时，两者最终的生物量和乳酸产量差异并不大，说明高溶氧浓度对细胞生长和代谢的影响不大。因此，可以利用 OTR 相等的原则进一步将反应器放大到更大规模。V_{S2} 的取值可以通过以下公式计算得到：

由于
$$(k_Lap/H)_1 = (k_Lap/H)_2$$

因此
$$V_{S2} = \frac{(k_Lap/H)_1}{(62.3p/H)_2} \tag{9-23}$$

式中，下标 1 和 2 分别代表 $5m^3$ 和更大规模的发酵罐。

3. 放大过程中操作和发酵工艺的调整

如前所述，在工业发酵生产中，尽管采用相同的菌种和发酵工艺，放大以后的发酵生产水平还是可能与实验室小试水平有非常明显的不同。例如，在生产某种抗生素时，当发酵规模从 15L 放大到 50m³ 时，尽管采取了相同的菌种、培养基和发酵工艺，该抗生素发酵水平还是降低了 73%。比较实验室和生产规模的差异，发现原因是多方面的，包括发酵罐性能、种子制备、培养基灭菌等，并由此引起工艺控制不能适应。通过对发酵罐的搅拌系统、种子制备、培养基调整，结合发酵工艺的不断调整，发酵罐的生产水平最终达到了实验室水平。以下以谷氨酰胺转氨酶（Microbial Transglutaminase，简称 MTG）中试放大技术为例，介绍工业发酵过程放大中对工艺的调整以及应注意的问题。

谷氨酰胺转氨酶是一种在食品工业、化妆品和制药工业中应用前景非常广泛的新型酶制剂。它通过催化蛋白质分子内的交联、分子间发生交联、蛋白质和氨基酸之间的连接以及蛋白质分子内谷氨酰胺酰胺基的水解反应，进一步改善蛋白质功能性质，提高蛋白质的营养价值。目前生产 MTG 的主要微生物为茂原链轮丝菌（*Streptoverticillium mobaraense*）。

（1）放大生产中发酵罐搅拌转速的确定　对于现有的发酵设备，发酵规模放大的关键是确定适宜的搅拌转速和通风量。由于 MTG 发酵体系具有高黏度的拟塑性流体特征，因此采用了搅拌功率相等（即 P/V 相等）的原则进行放大（从 5L 发酵罐放大到 30L、300L 和 3m³ 发酵罐），所以根据式（9-12）得：

$$\left(\frac{n_1}{n_2}\right) = \left(\frac{d_1}{d_2}\right)^{\frac{2}{3}} \tag{9-24}$$

式中　d_1、n_1——5L 发酵罐的搅拌桨直径（mm）和转速（r/min）

　　　d_2、n_2——30L 发酵罐的搅拌桨直径（mm）和转速（r/min）

由于，$d_1=0.08$mm，$d_2=0.120$mm，$n_1=400$r/min，$n_2=304$r/min。

同理，可得 300L 发酵罐的转速 $n_3=224$r/min，3m³ 发酵罐的转速 $n_4=178$r/min。

（2）30L 发酵罐 MTG 分批发酵　根据以上确定的放大策略，结合 5L 发酵罐的工艺参数，在 30L 发酵罐中控制通气量为 1.25VVM，温度为 30℃，发酵 0～32h 搅拌转速 300r/min，32h 后降至 280r/min（减轻对菌丝体的损伤）。各发酵参数变化曲线如图 9-4 所示，包括生物量（细胞干重，DCW）、MTG 酶活性（MTGAct）、pH 和残糖浓度（RSC）。可以看出，生物量和 MTG 酶活性分别在 30h 和 40h 左右达到最大值，最高酶活性为 3.40U/mL。

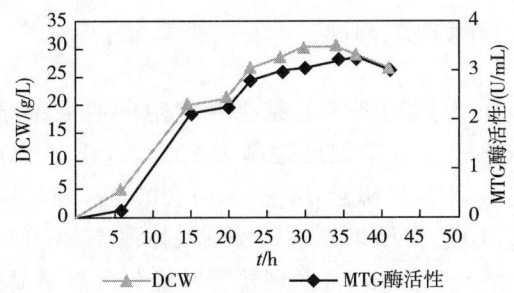
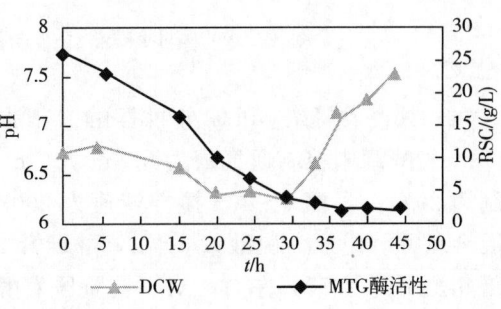

图 9-4　30L 发酵罐谷氨酰胺转氨酶发酵过程曲线

①菌体生长和产物积累过程分析：从图 9-4 可以看出，在发酵初期的 0～15h，菌体大量生长，15h 时达到最大值，随后生物量逐渐降低；MTG 从 5h 开始大量合成，28h 后合成速度逐渐下降，40h 左右达到最大值 3.40U/mL，随后开始降低。在发酵初期菌体生成和产物合成阶段，残糖浓度（RSC）下降很快，28h 左右降到最低值 4g/L。发酵初期 pH 稍有上升，5h 后开始下降，24h 补加硫酸铵和酵母膏后，pH 下降速度明显加快，28h 到达最低点 6.2 左右，其间菌体快速生长，产物大量合成；20～28h，pH 保持在 6.2 左右，对应产物继续合成；28h 后，pH 迅速上升。

在发酵过程中发现有大量的泡沫产生，因此在培养基灭菌前预先加入少量消泡剂，另外适当降低转速，并增加罐压，发酵 1～2h 后泡沫消失并不再产生。

②溶氧浓度变化情况分析：30L 发酵罐中的溶氧浓度明显要高于 5L 罐水平。发酵 0～15h 期间，对应着菌体的快速生长和产物的迅速生成，溶氧浓度急剧下降，并在 13h 左右达到最低点。随后溶氧浓度开始回升，发酵 15～30h 维持在 20%～45%，其间菌体快速生长，产物大量合成，30h 左右达到最大值，发酵后期溶氧浓度明显上升。30L 发酵罐中 MTG 酶活性与 5L 发酵罐相比，提高了 8.5% 左右。由于较高的溶氧浓度对于菌体生长和 MTG 的合成是有利的，因此分析酶活性提高的原因主要是发酵罐的溶氧条件得到了改善。

（3）300L 发酵罐 MTG 分批发酵　根据 30L 发酵罐的实验结果和确定的放大策略，在 300L 发酵罐中，将通气量降低为 0.8L/（L·min）；18h 前将温度控制为 32℃，18h 后温度控制为 29℃；发酵 0～24h，将搅拌转速控制在 230r/min，20～24h 后降至 200r/min。结果发现，MTG 酶活性与 30L 发酵罐相比降低了 32% 左右。对发酵液进行测定发现，在产酶期发酵液中的氮源浓度较低，特别是合成 MTG 的关键氨基酸浓度较低，分析认为这主要是合成 MTG 的前体物质缺乏造成的，因此采取 20h 补加混合氮源的策略，组成为硫酸铵 5g/L，酵母膏 2.5g/L。经过 36～38h 的培养，MTG 酶活性提高到 3.42U/mL，图 9-5 所示为 300L 发酵罐 MTG 发酵过程曲线。

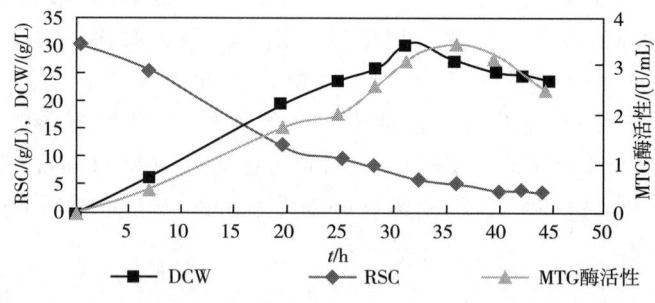

图 9-5　300L 发酵罐 MTG 发酵过程曲线

（4）3m³ 发酵罐 MTG 分批发酵　根据 300L 发酵罐的实验结果和确定的放大策略，在 3m³ 发酵罐中控制通气量为 0.8m³/（m³·min），18h 前温度控制为 32℃，18h 后温度控制为 29℃；发酵 0～20h 搅拌转速为 200r/min，20h 后降至 180r/min；20h 后，同时补加混合氮源（组成为硫酸铵 5g/L，酵母膏 2.5g/L）。但结果发现，酶活性水平与 300L 发酵罐相比下降了 55% 左右。对不同阶段发酵液组分进行分析，发现培养基经灭菌后葡萄糖和氮源浓度大幅度降低（与 300L 发酵罐的情况相比），同时发酵液中的金属离子浓度（特

别是 Fe^{3+}) 显著增加。经分析认为，这主要有以下两个原因：①培养基灭菌强度和时间过高及过长造成营养物质损失加剧，由于 300L 发酵罐采用的是夹套灭菌，而 $3m^3$ 发酵罐采用的是蒸汽直接灭菌，因此大罐培养基中的营养成分损失更加严重；②高浓度的 Fe^{3+} 对 MTG 合成具有一定的抑制作用，通过实验室小试（利用不同比例的水蒸气配制培养基进行摇瓶发酵试验）得到了验证。因此，对发酵工艺进行了如下的调整：①在保证灭菌效果的同时缩短灭菌时间；②对工厂的锅炉设备和蒸汽管道进行了彻底清洗。工艺改进后发现，发酵 32~36h MTG 酶活性达到 3.15U/mL。结果表明，对以上工艺的调整达到了预期的目的。图 9-6 所示为 $3m^3$ 发酵罐 MTG 发酵过程曲线。

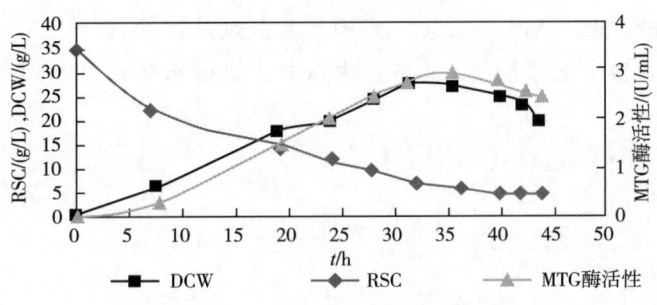

图 9-6　$3m^3$ 发酵罐 MTG 发酵过程曲线

表 9-9 所示为 30L、300L 及 $3m^3$ 发酵罐 MTG 发酵结果比较。

表 9-9　30L、300L 及 $3m^3$ 发酵罐 MTG 发酵结果比较

发酵罐规格	MTG 酶活性/(g/L)	DCW/(g/L)	P_{MTG}/(U/L·h)	P_{cell}/[g/(L·H)]	r_{MTG}/[U/(h·g)]	Y_{MTG}/(U/g)	Y_{cell}/(g/g)
30L	3.4	31.2	69.65	0.708	3.54	180.5	1.55
300L	3.42	30.2	71.53	0.652	3.47	194.5	1.35
$3m^3$	3.15	29.8	68.84	0.511	3.34	175.0	1.20

注：P_{MTG}—MTG 合成速率；P_{cell}—细胞生长速率；r_{MTG}—MTG 的平均比合成速率；Y_{MTG}—葡萄糖对 MTG 的合成得率系数；Y_{cell}—葡萄糖对细胞生长的得率系数。

可以看出，300L 发酵罐 MTG 酶活性和 MTG 生产强度均高于 30L 发酵罐。$3m^3$ 发酵罐中 MTG 酶活性达到 3.15U/mL，MTG 的平均比合成速率达到 3.34U/(h·g)，接近于 30L 发酵罐的 MTG 平均比合成速率，表明所采用的通气量、搅拌转速等放大原则较为合理。

在发酵工艺的放大过程中，发酵罐的各种物理参数不可避免地会随着发酵罐规模的放大而变化，这些环境的变化随之会导致微生物生长和代谢也发生相应的变化。由于目前还不能完全掌握各种微生物的代谢规律，因此，在很多时候更多的是依赖经验进行发酵工艺的放大。正如 Humphrey 指出的：发酵放大尚是一项技巧而不是一门科学。但可以相信，随着关于微生物对环境变化应答规律的深入了解，结合对生物反应器中液体混合规律的了解，发酵过程放大中的问题将会被彻底解决，发酵过程的放大终将成为一门科学而不仅仅是技巧。

思考题

1. 如何鉴别扩大培养的种子液为代谢旺盛、活力强的种子？
2. 摇瓶和发酵罐培养的差异表现在哪些方面？
3. 举例说明发酵罐规模放大的影响因素。

参 考 文 献

[1] 张嗣良. 发酵工程原理 [M]. 北京：高等教育出版社，2013.

[2] 姜伟，曹云鹤. 发酵工程实验教程 [M]. 北京：科学出版社，2018.

[3] 韩德权，王苹. 微生物发酵工艺学原理 [M]. 北京：化学工业出版社，2013.

[4] 徐岩. 发酵工程 [M]. 北京：高等教育出版社，2012.

[5] 周桃英. 发酵工艺 [M]. 北京：中国农业大学出版社，2010.

第十章 固态发酵

固态发酵（Solid-state Fermentation，SSF）是指在不含或几乎不含自由水的湿的固体物料中培养微生物的过程。固态发酵在某些生物过程和生产中表现出许多优势。固态发酵和固体发酵常被混用，然而，二者在逻辑上有所区别。固体发酵应特指那些基质本身作为碳源/能源，基质中不含或几乎不含自由水的生物过程。而固态发酵则是指采用不含或几乎不含自由水的自然基质作为碳源/能源或（和）惰性基质作为固体支持材料的发酵过程。

在18世纪人们就开始利用苹果渣进行固态发酵生产食醋，在这一时期还发明了采用没食子酸糅革技术。19世纪末期出现了固态发酵堆肥和固体废物处理工艺。20世纪初，第一次利用微生物固态发酵生产初级代谢产物（如酶和有机酸），生产菌绝大多数是真菌。在这一时期首次出现了适用于固态发酵的先进发酵设备（生物反应器），并促进了转鼓式制曲机的发明。20世纪40年代开创了发酵工业的黄金时代。在这一时期首先发现和生产了高效药物青霉素。青霉素的生产既有液体发酵，也有固态发酵。然而，这一时期人们将主要的精力都关注到液体发酵，而完全忽视了固态发酵，典型的例子即青霉素生产，并延续到其他发酵生产。仅有少数人开展固态发酵系统这方面的研究，在19世纪50～60年代，发表应用真菌固态发酵进行甾体转化的论文，这是固态发酵历史上的又一个里程碑式的成就。到了19世纪70年代，应用固态发酵成功开展了培养真菌生产用来治疗癌症的毒枝菌素。在这一时期，另一个重要的应用是生产蛋白加富饲料（单细胞蛋白），自此以后，大量的研究工作投入到与单细胞蛋白发酵有关的多种基质和微生物的研究，各种发酵过程的技术经济的可行性研究也取得了有益的进展。

固态酿造技术是生物工程技术的重要组成部分，是我国固态酿造食品生产的核心技术，主要涵盖白酒、发酵豆制品（酱油、豆豉、腐乳等）、食醋以及其他固态酿造食品。固态发酵过程在其他领域也有很大的发展，主要包括生物除污和有害化合物的生物降解、工业废弃物的生物脱毒、作物和秸秆营养加富的生物转化、生物制浆、高附加值产物如生物活性次级代谢产物生产（包括抗生素、生物碱和植物生长因子等）以及酶、有机酸、生物杀虫剂、生物表面活性剂、生物燃料、芳香化合物等。

第一节 白酒固态发酵

任务

该白酒酿造企业新建的窖池地温低于正常生产窖池，尤其是冬季投料糟醅正常升温发酵是关键，为了发酵正常进行应当采取何种措施？

白酒的固态发酵

【案例1】

浓香型白酒的发酵窖池多数采用人工培养窖泥的方法进行建窖，以快速达到浓香型白酒的风格及当地白酒的风味特点。由于自然环境及制作工艺等多种因素的存在，使窖泥制作出现不同的质量差异，窖泥质量不仅在于其理化指标多寡程度，更取决于有益功能菌的活性及其对己酸的代谢能力。传统的人工老窖泥制作，多采用自然接种或采取单一纯种己酸菌培养的方式进行，这样培养的窖泥不是老熟慢就是退化快，新建窖池生产浓香型白酒的质量难以提高，一般需要两年甚至更长时期。如何快速提高新建窖池基酒质量，除了工艺环节就是提高窖泥制作质量。

某大型白酒酿造企业为了实现快速发展，2009年新建窖池200余个，培养人工老窖泥1000余平方米，实现了当年建厂、当年投产、当年产出优质酒的计划目标。实践证明要达到快速优质发展的目标，与制定科学生产方案、合理的生产工艺、严格的执行制度是分不开的。

【案例1分析与讨论】

（1）从查询的分析数据来看，无论是窖泥培养及窖泥的老熟变化情况，还是不同轮次、不同窖龄所产基酒的质量情况都是朝着好的方向在发展，这与培植微生物环境和培养优质窖泥是密切相关的。实践证明，利用现代生物技术，科学培养人工老窖泥，对于快速提高新窖基酒质量，以及在新建酿酒（基地）车间时，人为创造培育生态环境、网罗生物体系，是很有必要的，也是非常适用的。

（2）建好窖池，培养好窖泥，加强工艺管理，增强窖池窖泥的养护是稳定产品质量的基础。窖池是发酵容器，也是窖泥的载体，合理的窖容结构不仅能有效提高生产率，更利于窖泥与粮醅的有效接触。优化的窖泥培育方法能有效地促进窖泥的老熟，合理的配料比例才能满足微生物的正常需求，优良的菌种才能培养出高活性的窖泥。

（3）严格进行生产工艺控制和管理，适时调整粮醅结构是提高优质品率的保证。综合措施的实施使新窖池在较短时间内生产出优质酒是切实可行的。

（4）超浓缩复合己酸菌的应用，对丰富窖泥有效功能菌群系，提高己酸的产率具有明显效果，对稳定和提高基酒质量具有十分重要的作用。酯化红曲在人工老窖泥培养及窖池的养护中，对促进窖泥老熟、增强窖泥活性效果明显，对于抑制或降低乳酸及乳酸乙酯含量具有明显效果，其作用机理还有待于进一步研究和探讨。

【案例2】

我国传统白酒由于其独特的发酵工艺和产品风格，在世界六大蒸馏酒占有重要的地位。小曲酒是一种主要的固态、半固态发酵法白酒，在我国具有悠久历史，主要分布在我国西南等许多省区，其价廉物美，深受广大消费者的欢迎。传统小曲清香型白酒在生产工艺上进行大胆创新，机械设备上大刀阔斧的改革，极大地提高了产品质量，为产品上档升级及开发中高档产品打下了坚实的基础，也为企业创造了巨大的经济效益。清香型白酒与调配鸡尾酒的百搭酒种伏特加口感极为相似，是最符合国际化口感的香型，代表了白酒消费的国际趋势，随着未来中国年轻消费习惯的改变，清香型这一符合国际烈性酒口味标准的品种发展将呈加速趋势。例如，红星二锅头最显著的改变就是低度化，迎合消费者的需求；江小白是典型的小曲清香白酒，在研发上走的路线是"低度化、利口化、国际化"，具体的口味特点是清淡和低度。

任务

为提升清香型白酒的质量，整个清楂法发酵中，常常强调"养大楂，挤二楂"，请分析原因。

【案例 2 分析与讨论】

在整个清楂法发酵中，常强调"养大楂，挤二楂"。所谓"养大楂"是因为大楂发酵是纯粮发酵，入缸淀粉含量高，发酵时极易生酸，所以要想方设法防止酒醅过于生酸。所谓"挤二楂"是因为在"清蒸二次清"工艺中，楂子发酵二次，即为扔糟，为了充分利用原料中的淀粉产酒产香，所以在二楂发酵中应根据大楂醅子的酸度来调整二楂的入缸温度，保证二楂酒醅正常发酵，挤出二楂的酒来。当二楂入缸酸度在 1.6g/L 以上时，酸度每增加 0.1g/L，入缸温度可提高 1.8℃。实践证明，如果大楂酒醅养得好，醅子酸度正常，不但流酒多，二楂发酵产酒也好。如果大楂养不好，有酸败，不但影响大楂流酒，还会影响二楂的正常发酵。在此基础之上优化菌种，改良操作步骤，改进生产设备不断创新，提高清香型白酒的优级品率。

酿造和发酵是食品工业和食品科技中经常出现的两个专业词汇，其应用范围很广。我国的酿造食品主要有白酒、黄酒、酱油、食醋、豆豉、腐乳等。所用原料是农副产品，按其主要成分和在酿造过程中的作用可分为淀粉质原料、蛋白质原料、辅料和填充料等。酿造生产用的主要原料大多富含大分子化合物如淀粉、纤维素、半纤维素、果胶、蛋白质等，这些大分子化合物需在曲或酶制剂中多种水解酶或微生物的胞外酶等生物催化剂的作用下，水解生成小分子化合物，才能被微生物吸收，并进一步代谢生成不同的代谢产物。

固态酿造生产的生物催化剂有大曲、小曲、红曲、麸曲以及生料中的植物酶和微生物酶制剂如淀粉酶、蛋白酶、纤维素酶、果胶酶等。在食品酿造过程中有多种微生物参与，霉菌中主要是曲霉、毛霉、根霉等，在制曲和生长培养过程中分泌大量的水解酶类，为酿造过程提供生物催化剂。酵母菌中主要是酒精发酵能力强的卡氏酵母，也有产酯酵母，如汉逊酵母等。细菌中主要是乳酸菌、醋酸菌和芽孢杆菌等一些产酸或耐酸菌。酒精与酸酯化生成多种酯类，赋予酿造食品美好的风味。酿造过程中微生物之所以能在酿造物料中保持平衡，是因为酿造微生物生态系统本身具有一定的反馈调节的机能。一般是生态系统中生物群落组成越复杂，其自我调节能力越强。但是如果外来的干扰过大，超过了调节能力的限度，就可能引起微生物生态失调，乃至生态系统崩溃，造成食品酿造失败。

一、概述

1. 中国酒的历史及特点

地球上最早的酒应是落地野果自然发酵而成的。大约在 6000 年前，人工酿酒就已经开始了，最初酒应是果酒和米酒，随着人类的进一步发展，酿酒工艺也得到了进一步改进，由原来的蒸煮、曲酵、压榨改为蒸煮、曲酵、蒸馏，最大的突破就是对酒精的提纯。

白酒具有特殊的、不可比拟的风味。酒色晶莹、无色透明；香气怡人，各种香型的酒各有特色，香气馥郁、纯净、溢香好，余香不尽；口味醇厚柔绵，甘润清洌，酒体谐调，回味悠久，那爽口尾净、变化无穷的优美味道，给人以极大的欢愉和幸福之感。

中国传统白酒采用多菌系自然堆积固态方式制曲、多维微生物固态发酵酿造和高温蒸馏工艺,在固态蒸馏过程中将产品中的风味物质进行了选择与纯化。白酒生物活性成分有近 1500 种。这些白酒生物活性成分能够缓解酒精伤害,增强人体防御功能,调节生理节奏,预防疾病和促进康复等,因此,如果适量饮用白酒,是有利健康的。从白酒所含的微量成分来看,有机物的种类非常丰富,这些功能性成分来自自然发酵,与中药材都有同归自然的属性。

2. 白酒的风味物质

白酒的风味物质的形成主要有以下几个方面的原因。首先是在长时间的贮存过程中,酒中一些低沸点的小分子物质,如甲醇、乙醛、糠醛、乙缩醛等挥发物质逐渐减少,可降低白酒对人体的伤害。其次,贮存高品质白酒的储酒容器大都采用陶缸,贮存过程中空气中的氧可以透过缸壁与酒液接触,缓慢氧化酒中的醇类等物质,促进酯类生成,使酒产生老熟醇厚的口感。再次,酒中的醇类和酸类物质可结合生成酯类,酯类是白酒中最重要的香气成分。这种酯化反应在有催化酶参与的情况下,几分钟就可以完成,在自然条件下需要约两年时间才能完成。在长时间贮存过程中,醇类、酸类和酯类之间逐渐达到平衡,使酒的香气变得协调、丰满。最后是缔合反应,在长时间的贮存过程中,酒中的乙醇分子与水分子会逐步排列得更紧密,酒精和水都是极性分子,有很强的缔合能力,都可以通过氢键缔合成大分子,口感更柔和,风味更协调。

3. 白酒的定义及分类

白酒的标准定义是以粮谷为主要原料,以大曲、小曲或麸曲及酒母等为糖化发酵剂,经蒸煮、糖化、发酵、蒸馏而制成的蒸馏酒。又称烧酒、老白干、烧刀子等。酒质无色(或微黄)透明,气味芳香纯正,入口绵甜爽净,酒精含量较高,经贮存老熟后,具有以酯类为主体的复合香味。从广义上讲,以曲类、酒母为糖化发酵剂,利用淀粉质(糖质)原料,经蒸煮、糖化、发酵、蒸馏、陈酿和勾兑而成的各类酒,统称为白酒。

(1) 按糖化发酵剂分类

①大曲白酒:以小麦、大麦、豌豆等原料制成的砖形大曲为糖化发酵剂,进行平行复式发酵,发酵周期长达 15~120d 或更长,贮存期为 3 个月至 3 年。

②小曲白酒:以小曲为糖化发酵剂,进行多次发酵,然后进行蒸馏、勾兑、贮存而成的酒。用曲量少(<3%),大多采用半固态发酵法,淀粉出酒率较高(60%~80%)。

③麸曲白酒:以纯培养的曲霉菌及酵母制成的散麸曲和酒母为糖化发酵剂,进行多次发酵,然后进行蒸馏、勾兑、贮存而成的酒。发酵期短(3~9d),淀粉出酒率高(>70%),这类酒产量最大。

(2) 按香型分类　1979 年第三届全国评酒会上正式提出和确立酱香、浓香、清香、米香四大香型,开创了白酒分香型的先河。后来,随着鉴定技术越来越精细,现今白酒已细分为 12 大香型。最主流的,还是浓香、酱香、清香 3 种。浓香型白酒以泸州老窖酒、五粮液、剑南春酒等为代表;酱香型以茅台酒、郎酒等为代表;而清香型则以汾酒、二锅头等为代表。

不同香型的酒,风味区别较大,这是因为酿造工艺、环境不同,但是最主要的还是因为酒曲制作工艺的不同。1324 年,酿酒大师郭怀玉在泸州发明大曲之后,极大提高了中国白酒的风味。随后大曲的制作工艺在全国得到迅速推广,被各地的酿酒作坊广泛采用。

各地又在其基础上通过不同的改进，从而形成了不同的香型口感。制作酒曲的温度和香型有关，曲定酒香，55℃左右的生产的大曲，酿制出的白酒为浓香型白酒。有些地方把酒曲发酵温度提高到60℃以上，酿造出来的就是酱香型白酒，而有的地区把酒曲发酵温度稍降到50℃出头，酿造出来的就是清香型白酒。

①酱香型：采用高温制曲、晾堂堆积、清蒸回酒等工艺，用石壁泥底窖发酵，特点是酱香突出、幽雅细腻、酒体醇厚、回味悠长、空杯留香持久。以茅台酒、郎酒、珍酒、武陵酒为代表，主要呈味物质是高沸点羰基化合物和酚类化合物，有机酸类、酯类、醇类等为助香成分。

②浓香型：采用混蒸续渣等工艺，利用陈年老窖或人工老窖发酵，特点是窖香浓郁、绵甜甘冽、香味协调、尾净余长，以泸州特曲酒、五粮液、泸州老窖酒、全兴大曲酒、剑南春酒等为代表，主要香味成分是己酸乙酯和适量的丁酸乙酯及其他酯类，有机酸类、高级醇及醛类等为助香成分。

③清香型：采用清蒸清糙等工艺及地缸发酵，特点是清、爽、绵、甜、净，以汾酒为代表，主要香味成分是乙酸乙酯和乳酸乙酯。

④米香型：以大米为原料，小曲为糖化发酵剂，特点是无色透明，有淡雅蜜甜香气，口味醇厚、甘爽微苦、后味悠长，以桂林三花酒、长乐烧酒为代表，主要香味成分是β-苯乙醇、乳酸乙酯和乙酸乙酯。

⑤其他香型：包括浓酱兼香型白酒、凤香型白酒、豉香型白酒、特香型白酒、芝麻香型白酒、老白干香型白酒、云南小曲清香型白酒、董香型白酒，这些类型的白酒香气成分独特，风格特别，香型别具一格。

(3) 其他分类方法　按原料可分为粮谷类、薯干酒、代粮酒。按生产方法分为：①固态发酵法白酒，酒醅含水60%左右，发酵物料处于固体状态；②半固态发酵法白酒，有先固态糖化后液态发酵和先液态糖化后固态发酵两种，大部分小曲酒属于此类；③调香白酒：用固态法生产的白酒或用液态法生产的酒精经过加香调配而成；④串香白酒：液态法生产的白酒或用液态法生产的酒精经过串香调配而成。按酒精度高低分为高度酒（主要指50%vol以上的酒）、降度酒（一般指41%~50%vol的酒）、低度酒（一般指40%vol以下的白酒）。

(4) 白酒的勾兑与调味　白酒在生产过程中，将蒸出的酒和各种酒互相掺和，称为勾兑，这是白酒生产中一道重要的工序。调味是对勾兑后的基础酒的一项加工技术。如果基础酒好，调味就容易，调味酒的用量也少。调味的作用可归纳为三种，即添加作用、化学反应作用和平衡作用。调味后的酒还须再贮存7~15d，然后再经品尝，确认合格后才能包装、出厂。

(5) 白酒和国外蒸馏酒的区别　同是蒸馏酒，但是中国白酒和威士忌、朗姆酒、白兰地无论是外观，还是口感上都有很大的不同，这是因为中国白酒和国外的蒸馏酒从原料、发酵方法、蒸馏方法、贮存方法都不一样。

原料上，中国白酒大多由多种粮食组成，例如，新郎酒的原料就包括高粱、小麦、玉米、糯米等，国外蒸馏酒的原料大多是单一原料，例如，苏格兰威士忌就是用大麦，当然，也有混合威士忌，用不同大麦和玉米作为原料混合调配而成。在发酵的关键物质菌群方面，中国白酒有丰富的菌群参与发酵，而且不同的菌群在酿造过程中有不同的分工，有的管风味，有的管口感，甚至有的菌群什么都不管，只是负责让不同的菌群之间和谐共处，国外的蒸馏酒则是纯种的菌群。酿造过程中，中国白酒是固态开放式发酵，就是我们看到很多粮食和酒曲堆积在窖池中慢慢发酵，而国外蒸馏酒大多是液态密闭式发酵。蒸馏的过程也不同，中国白酒是固态蒸馏，也就是将粮食直接放入甑桶进行蒸馏，而国外蒸馏酒大多是液态蒸馏。存储的容器上也有不同，中国白酒习惯用陶坛或者不锈钢容器存储，国外蒸馏酒有很多是用橡木桶进行存储，并且香味也是通过橡木桶存储后形成的特殊味道。

二、酒曲的制作

1. 酒曲定义

曲是一种糖化发酵剂，是酿酒发酵的原动力。要酿酒先得制曲，要酿好酒必须用好曲。制曲本质上就是扩大培养酿酒微生物的过程。我国常用大曲、小曲、麸曲来生产白酒，使用麦曲、红曲、小曲生产黄酒。

2. 酒曲的分类体系

制曲原料主要有小麦和稻米，故按制曲原料来分主要有麦曲和米曲。用稻米制的曲，如用米粉制成的很多小曲，用蒸熟的米饭制成的红曲或乌衣红曲、米曲（米曲霉）。按原料是否熟化处理可分为生麦曲和熟麦曲。按曲中的添加物来分，如加入中草药的称为药曲，加入豆类原料的称为豆曲（豌豆、绿豆等）。按曲的形体可分为大曲（草包曲、砖曲、挂曲）和小曲（饼曲）、散曲。按酒曲中微生物的来源分为传统酒曲（微生物的天然接种）和纯种酒曲（如米曲霉接种的米曲，根霉菌接种的根霉曲，黑曲霉接种的酒曲）。

3. 大曲生产工艺

大曲以大麦、小麦、豌豆等为原料，经过粉碎，加水混合，压成曲醅，再经过培养，使自然界中各种微生物在上面生长繁殖而制成的、用于蒸馏白酒酿造的糖化发酵剂。

大曲是以小麦为主要原料制成的形状较大并含有多菌酶类的曲块。按品温分：低温大曲，中温大曲（45～50℃），次中温大曲（55～60℃），高温大曲（60～65℃）。按所作用原料生产的产品分：酱香型大曲、浓香型大曲、清香型大曲、兼香型大曲。按工艺分：传统大曲、接种的强化大曲、纯种大曲。

大曲的原料要求含有丰富的碳水化合物（主要是淀粉）、蛋白质以及适量的无机盐等，能够供给酿酒有益微生物生长所需的营养物质。

（1）大曲中的微生物　大曲中微生物的来源，从大曲的制作到成曲的贮存管理，都是一个敞口作业的过程，所以微生物不难进入大曲生产全过程，其主要来源有以下几个方面：空气、水、原料（原料是大曲微生物的主要来源）和器具。大曲的微生物主要有四类：霉菌、细菌、酵母、放线菌，但放线菌不多，而且在大曲中的作用尚不明显。

（2）大曲培养机制和特征　任何微生物的培养都需要基本的五个因素：养料、水分、pH、温度、氧气。入室后先采取低温（40℃内），以培养曲种在曲坯上繁殖生长。因水量大（35%左右）生成量最大的是细菌。微生物呼吸代谢作用而产生热量和CO_2，品温上升，水分挥发。随着品温上升和CO_2的富集，微生物的生长发育、酶活性随之下降，进入高温转化状态。此时控制顶点温度，并持续很长时间，借以促进微生物的分泌、代谢和产物的积累，同时应排去曲室内的水分和 CO_2，以供给微生物作用所需的充足氧气。总之，大曲的培养就是微生物利用曲料水分、营养，在各个培养阶段进行着代谢和产物积累作用的一系列物质交换的过程。

（3）大曲的功能　首先是提供菌源，大曲中数量众多的几大类微生物，都是作为经过大曲发酵驯化后的"纯种菌"而带到酿酒中去的，可以说大都是有益菌；其次是糖化发酵作用，由于大曲的酶系作用和酵母菌作用，大曲的"双边效应"十分明显，即窖内发酵时，可以边糖化边发酵；再次是投粮作用，大曲的高残余淀粉是经过大曲发酵阶段高温过程的，可以称为可发酵的熟淀粉，不但可以作为产生酒精的原料，还带入了众多的香味成分；最后是生香作用，大曲是除有众多的微生物和酶外，其发酵过程所积累的氨基酸类的芳香类物质对酒体香味的呈现起着重大的作用。

（4）制曲原料的选择　制曲原料的主要成分为碳源、氮源、无机盐。在中国名优白酒的制曲原料中占主要地位的是小麦、大麦、豌豆三种。有的厂在制曲配料中增添部分麸皮或酒糟，也取得了一定效果。制曲的各种原料成分影响着微生物的生长繁殖及酶的代谢。

（5）传统大曲的通用制作模式

①传统制作大曲工艺流程：大曲制作工艺流程如图10-1所示。

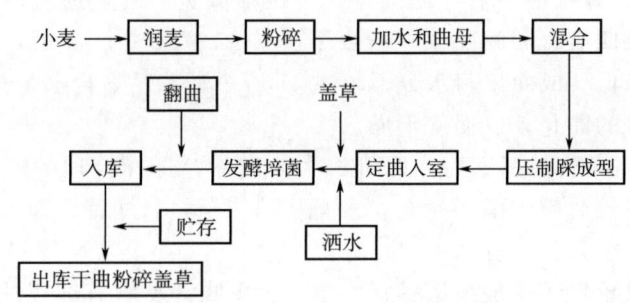

图 10-1　大曲制作工艺流程图

②生产方法

a. 配料：中国的大曲原料都不超过四种，即大麦、小麦、高粱和豌豆。制成的曲块应当是不硬不软，不黏不散，成型良好，营养丰富，有利于微生物生长代谢。

b. 原料粉碎：在原料粉碎时，一定要注意粉碎的粗细度，原料粉碎过粗，制成的曲坯不易吸水，黏性小，不好踩，不易成型。粉碎过细，压制好的曲块黏性大，坯内空隙小，水分、热量均不易散失，霉菌易在表面上生长，引起曲的酸败，曲子升温慢，成熟也晚，出房后水分不易排尽，甚至还会造成曲坯"沤心""鼓肚""圈老"等现象。

c. 加水拌料：在曲料中加水是为了曲坯中有足够的水分供给微生物生长繁殖、代谢。加水后，曲坯易成型，便于工艺操作。一般原则是原料粉碎较细，夏季应适当多加水；粉碎较粗和冷天、阴天则可适当少加水。经过多次试验，我们把水分控制在38%～40%。配料：指粉碎后的小麦粉、大麦粉、水、陈曲粉和辅料按比例混合。拌料目的是使曲粉吸水均匀，接种微生物，选育有益于菌种培养生长，并提供营养物质。以每50kg原料加38%～40%的水拌和均匀。拌料方式分手工拌料和机械拌料两种。手工拌料的特点是质量好，容易控制，曲坯成型好，但是体力劳动强度大。机械拌料是用机械动力设备代替人把原料和水拌和均匀。它的特点是操作简单，体力劳动小。

d. 踩曲成型：踩曲即曲块成型操作。一种为人工踩曲；另一种为机械制曲。

e. 曲坯入室：曲房要求保温保湿及通风效果好。曲坯入室前，彻底清扫，并铺上一层稻壳类的物料，避免曲坯发酵时与地面粘连。曲坯安放形式是横三块、竖三块放置。根据季节，曲坯间距有所不同一般冬季1.5~2.0cm，夏季为2~3cm视情况缩小或者拉大曲间距，以调节温度、湿度及通风。排满一层曲坯后，在曲块上再铺一层稻草，厚约7cm，上面再排曲块。但曲块的横竖排列应与下层错开，以便流通空气。一直排到四至五层，再排第二行，直至堆放到曲室只留1~2行曲坯的空位。留下空位，便于下次翻曲。曲坯安放之后，应盖上草帘、稻草之类的覆盖物，适时洒水。要经常在曲堆上面的稻草层上洒水，洒水量夏季要比冬季要多，以水不流入堆中为准。最后，关闭门窗，进入培菌阶段。

f. 培菌：这是大曲质量的关键环节。曲堆盖草及洒水后，立即紧闭曲室门窗，微生物逐渐在曲表繁殖，曲堆品温逐渐上升。夏季经5~6d，冬季经7~9d，温度达到最高点应为65℃左右。此时，曲坯表面的霉衣已经长成，即可进行第一次翻曲。再过一周左右，翻第二次。翻曲要上下、内外层对调，将内部湿草换出，垫以干草，曲块间仍夹以干草，将湿草留作堆旁盖草。曲块要竖直堆积，不可倾斜。温度每升高到60~65℃即翻曲（高温曲），直至曲快成熟。每次翻曲后，曲间行距可逐渐放宽。确定适宜的翻曲时间，特别是第一次翻曲时间。翻曲后，曲间品温一般要下降7~12℃；6~7d后，温度逐渐回升至最高点，以后又逐渐降低。成曲出房水分不超过15%。如果发黏含水量过高而过重的曲块，应另行放置于通风好的曲仓，以促使干燥。

g. 成品曲出库：当贮存期满后，即可将大曲出库。选择合理的贮存期是产品质量优劣的关键，出库经粉碎后用于酿酒生产。一般贮存2~6个月后，即可用于生产，但大曲的贮存不应该超过9个月。

（6）大曲的质量鉴定　一般采用感官鉴定：①香味，鼻嗅有纯正的曲香，无酸臭味和其他异味。②外表颜色，曲的外表应由灰白色的斑点或菌丝均匀分布，不应光滑无衣或有呈絮状的灰黑色菌丝。光滑无衣是曲料拌和时加水不足或在踩曲场上放置过久，入室后水分散失太快，在未生衣前，曲坯表面已经干涸，微生物不能生长繁殖所致；絮状的灰黑色菌丛，是曲坯靠拢、水分不易蒸发和水分过多、翻曲又不及时造成的。③曲皮厚度，曲皮越薄越好。曲皮过厚是由于入室后升温过猛，水分蒸发太快；或踩好后的曲块在室外搁置过久，使表面水分蒸发过多；或曲粉过粗，不能保持表面必需的水分，致使微生物不能正常生长繁殖，因而曲皮很厚。④断面颜色，断面菌丝密集、断面结构均匀，呈灰白色、淡黄色，无生心、霉心，颜色基本一致。曲的横断面要有菌丝生长，且全为白色，不应有其他颜色掺杂在内。不同企业制曲的工艺及检验标准不完全相同。

（7）大曲理化指标　包括糖化力、液化力、发酵力、蛋白分解力等。糖化力高，产酒多，但酿不出高质量的酒。当糖化力一定，液化力高的曲药才能酿出高质量的名优酒。高温曲香味好，液化力较好，而发酵力、糖化力较弱；低温曲糖化力、发酵力较好，而液化力较弱，香味差。保持较好的发酵力、糖化力即曲中需有一定数量的酵母菌，不少酒厂采用高、中、低温曲搭配使用，使曲酒质量、产量均佳。

（8）不良大曲　不良大曲有窝水曲、受风曲、生心曲和受火曲。窝水曲是曲的中心窝水，发酸、发臭；由于曲块互相靠拢，以及后火太小，水分不易蒸发所致。受风曲的曲表面有水分散失过多、过快，发生干裂、不长菌情况。生心曲的中心部位原料未长菌。受火曲为曲中心的微生物被烧死，培菌期温度过高，断面局部呈现深褐色，如炭化一般。

(9) 中高温大曲微生物的主要变化　大曲的生产过程就是控制微生物的消长过程，包括适应期、增长期、平衡期、衰老期。通过对大曲部位和贮存中的微生物状况了解，可知一般大曲贮存以6个月为好，微生物变化趋于稳定。

微生物在曲坯上生长繁殖，前期以霉菌、酵母为主；中期霉菌由曲坯表面向内部繁殖；后期由于品温升高，酵母大量死亡，而耐热的芽孢杆菌仍能存活生长，少量耐热红曲霉也开始繁殖。大部分曲块，第一次翻曲后，霉菌菌丝才由曲坯表面向内部生长，并随着曲块水分的收缩而逐渐使菌丝体深入内部。如果曲坯水分过高，将会延缓霉菌在曲块的生长速度。中高温大曲主要的生化变化如下：在大曲的培养过程中，微生物在曲料中生长繁殖，分泌各种各样的酶类，引起基质的变化，合成各种香味成分及其前体物质，构成酱香型大曲的特殊香味。

(10) 影响大曲质量的因素

①微生物的影响：大曲中含有丰富的微生物群，其中霉菌具有糖化力、液化力及蛋白质分解力。酵母菌具有酒精发酵能力及产酯能力。微生物分解原料形成的代谢产物是形成大曲酒特有香味的前体物质，对成品酒的香型和风格也存在一定的影响。自然界中的微生物群有的对制曲有利，如根霉、曲霉、酵母等；有的则有害，如乳酸菌、青霉等。乳酸菌过多会消耗大量的原料，并使酒醅中酸度过高，影响酒的产量和质量。

②制曲原料的影响：制曲原料要求含有丰富的碳水化合物（主要是淀粉）和蛋白质及适当的无机盐等营养成分，能给有益微生物生长繁殖以最适条件。高温曲采用全小麦；低温曲一般用大麦、豌豆为原料；中温曲有的用全小麦（如五粮液曲），有的用小麦、大麦、豌豆混合制曲（如古井贡曲），有的用小麦并添加部分高粱（如泸州老窖曲）。

③制曲水分的影响：水分对微生物的生命活动及曲的香气和前体物质的消长有一定的影响。制曲用水量过小，曲坯不易黏合，水分挥发快，使有益微生物没有充分繁殖的机会，容易生成厚皮曲和生心曲，影响成品曲的质量。加水量过大，曲坯易被压制过紧，不利于微生物向曲坯内部生长，且曲坯升温过快，易引起酸败细菌大量繁殖，形成糖心曲、黑心曲，降低成品曲的质量。

④温度的影响：培养温度是影响大曲质量的重要因素之一，它的高低直接影响到曲中微生物群体的变化，还会影响到酒的香型。清香型酒制曲的最高温度不超过48℃，浓香型酒的制曲温度一般不超过60℃，酱香型的为60～65℃。培养温度高有利于酱香的形成。曲坯的培养温度除可人工调节外，还受到许多环境因素如气温高低、曲室大小及保温条件等的影响。因此，根据环境条件的不同，控制好各阶段的温度是制曲成败的关键。

⑤湿度的影响：曲室的湿度在一定的情况下也是影响大曲质量的重要因素之一。在培养初期要求曲房湿度大，才有利于微生物的生长，如湿度过小，则曲坯表面水分蒸发快，易出现厚皮曲，影响大曲的质量。在培养后期则要求曲房的湿度相对小些，有利于曲坯中水分挥发，利于曲的干燥。

⑥气候的影响：传统踩制大曲一般比较讲究季节，如过去古井贡曲都在夏季踩制，称为"伏曲"。由于生产的发展，现在很多酒厂都已发展到全年制曲。一般认为在春末夏初

到中秋节前后为最好的制曲季节，在这个时间段，气温和湿度都比较高，有利于曲房的培养，而且此时有益于酿酒的微生物较多。

三、清香型白酒生产工艺

1. 特点及发展现状

清香型白酒以清香醇正，诸味协调，醇甜柔和，余味爽净，甘润爽口为特点，以乙酸乙酯和乳酸乙酯相结合的主体香。含酯量比浓香型、酱香型低，主要突出乙酸乙酯、乳酸乙酯和乙酸乙酯的比例协调。

属于典型的"清蒸清烧"的"清楂法"工艺，"以高粱或糯米或粳米或黍或大麦蒸熟，和曲酿瓮中七日，以甑蒸取，其清如水，味极浓烈，盖酒露也"。这是典型的"清蒸清烧"生产工艺，也称"清茬法"生产工艺，该工艺为独立发酵法，单独发酵，单独蒸馏，不添新粮。该方法是最早的白酒生产技术，是典型的清香型白酒工艺。例如，汾酒之所以品质优良，不仅取决于汾酒的原料和水，其实与杏花村的微生物环境也有着密切的联系，这是所有名酒厂的特点所在。另外汾酒的产品特点就是清香纯正，主味协调，余味爽净。风格的特点可以用清、正、净、长四个字来概括，香气突出，淡雅的清香气味，气味非常纯正。口味特点就是入口甜，突出爽口，口味自始至终都体现了甘爽的感觉，无其他杂味。特别是自古以来浸泡中草药大都是选用清香型白酒，因为它不仅可以使药性充分浸出，而且中草药特有的药效仍然保持不变。

20世纪70年代前后，清香型白酒的市场占有率占全国白酒75%以上，但70年代后让位于浓香型白酒。红星二锅头这几年的大单品"红星蓝瓶"最显著改变就是低度化，一改传统二锅头产品高度化特点，推出酒度为43%vol和53%vol的白酒，迎合新消费的需求。牛栏山正在依托"牛栏山一号太空大曲微生物菌群开发"项目研发太空酒，将酿造出有特殊风味的极致二锅头产品。江小白是典型的小曲清香白酒，它在研发上走的路线是"低度化、利口化、国际化"，具体口味特点是：清淡型、低酒度、饮后不口干、无负担。泸州老窖集团将在3年的时间内投资80亿元，在四川省叙永县的扶贫产业园中，引入设计产能20万t的白酒项目，生产比较小众的清香型白酒。该项目的设计上还将采取智能化和数据化的生产模式，这一模式更像是啤酒的生产模式，在国内白酒生产中属于"异类"。

2. 大曲的种类

制大曲用大麦、豌豆为原料，制曲温度比浓香、酱香低，不超过50℃，一般控制在45℃。清香型酒生产用大曲分三种，即：清茬曲、红心曲、后火曲（高温曲）。三种大曲在生产工艺、生化指标、微生物种群数量以及在产酒量上都存在差异，主要因制曲温度不同而异。分为以下三类。

(1) 清茬曲 断面茬口呈青灰色或灰黄色，曲中无其他颜色掺杂在内，气味清香舒适。

(2) 红心曲 断面中间呈一道红，典型的高粱糁红色，无异圈、杂色，具有曲香味。

(3) 后火曲 断面呈灰黄色，红心呈五花茬口，具有曲香或炒豌豆香。

3. 制酒工艺

清香型白酒的生产工艺见图10-2。

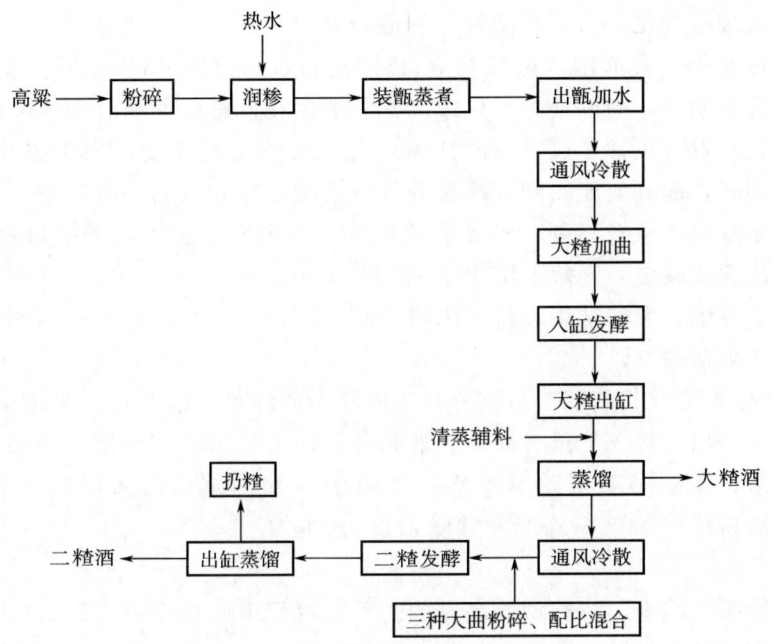

图 10-2　清香型白酒的生产工艺

4. 工艺操作

（1）原料清洗　高粱需要籽粒饱满，皮薄壳少，无杂质，无霉变。壳过多，造成酒质苦涩，应进行清洗。新粮先贮存 3 个月，后投产使用。

（2）原料粉碎　高粱破碎成 4～8 瓣即可，通过 1.2 mm 筛孔的细粉占 70%～75%，粗粉占 25%～30%。整粒高粱不超过 0.3%，另外根据气候变化调节粉碎度，冬季稍细，夏季稍粗，以利于发酵升温。

（3）润糁　蒸料前用较高温水进行润料，原料预先吸收部分水分，利于蒸煮糊化。

（4）蒸料　原料淀粉颗粒细胞壁受热破裂，淀粉糊化，利于大曲微生物和酶的糖化发酵。同时，杀死原料所带的微生物，挥发掉原料的杂味。

（5）出甑打量水、摊晾　蒸糁后，出甑摊成长方形，泼入原料量 30%～40% 的冷水（18～20℃），使原料颗粒分散，进一步吸水。

（6）下曲　下曲温度过低，发酵缓慢，过高，发酵升温过快，醅子容易生酸。加曲量一般为原料量的 9%～11%，可根据季节、发酵周期等加以调节。清茬、红心、后火三种大曲需按比例混合使用。

（7）大糁入缸发酵　第一次入缸发酵的糁称为大米糁。典型的清香型大曲酒采用地缸发酵。地缸发酵的特点能将"粮""土"分离，有效隔离土壤中的有害细菌对酒醅的浸入影响，最本真的反映粮食发酵的香味，使酒醅更加清洁、干净、卫生、健康；地缸在酒醅发酵过程中有导温作用。发酵前期，能保持酒醅的温度上升，有利于微生物的繁殖、生长和代谢；发酵后期，利于醅温降低并保持适当的温度，有助于后期香味成分的生成。同时，在不同的季节，也起到限制酒醅升温过快，升酸过量，使其达到微妙的平衡。

（8）大米糁发酵　发酵期为 21～28d，个别长达 30 余天。

①发酵温度和管理：发酵温度掌握前缓、中挺、后缓落原则。发酵过程控制发酵温度

前缓、中挺、后缓落变化，为二米楂发酵创造条件。

②发酵条件变化：大米楂入缸淀粉在38%左右，水分在53%左右。淀粉逐渐减少，入缸3~7d下降很明显，与酒精生成量成反比。酸度在发酵前期和后期产酸都比较明显。

③酒醅变化：发酵正常、成熟酒醅成紫红色，有一定光泽度，用手搓浆水呈肉红色。香发酵正常的酒醅，起缸前能闻到拟苹果香气的乙酸乙酯为主的香气。发酵过程酒醅由甜变苦、变涩。手掌握酒醅有不硬、不黏的疏松感。如果发酵正常，发酵过程酒醅应下沉，下沉越明显，出酒就越多，一般下沉1/4，大约30cm。

(9) 出缸、蒸馏　发酵结束，将大米渣酒醅挖出，拌入20%~25%（投粮量）的填充料，拌均匀，上甑蒸酒。

(10) 二米楂发酵及其蒸酒　为充分利用原料中的淀粉，继续将大米楂酒醅发酵一次。二米楂发酵结束，出缸拌入少量谷糠，上甑蒸酒，即为二楂酒，酒糟作扔糟。二米楂含谷糠多，醅较松散，入缸时醅可踩紧一点，并喷洒一些酒尾。二米楂酒入缸条件：水分58%~62%，淀粉浓度14%~20%，酸度1.0~2.0g/L。

5. 贮存

研究结果表明，酱香、浓香型的高度酒在贮存过程中比较稳定，其主要香味成分乙酸乙酯、乳酸乙酯均随酒龄增大而减少，相应的酸含量增加。而清香型的低度酒贮存过程中质量变化较大，香味成分随酒度的降低而改变原有的平衡，使酒中酸增加，酯类减少。清香型白酒的贮存过程中，总酸逐渐升高，总酯逐渐下降，后期趋于平稳状态，低度酒（28%~38%vol）比降度酒（39%~48%vol）升、降幅度明显，高级醇有先升后降趋势。清香型白酒在贮存过程中时间不宜过长，一定要注意把握时间，过度陈放反而对清香型白酒香味释放无利，而且会降低酒的质量。

6. 提高清香型白酒质量的技术措施

第一，原辅材料的正确选择和处理；第二，适温制曲，细致操作，严格管理，确保大曲质量；第三，高温润料，严格掌握温度、水分和时间；第四，蒸煮糊化要完全；第五，发酵设备常清洗，不与泥土接触；第六，低温入缸发酵；第七，合理科学蒸馏、取酒；第八，严格车间管理，认真搞好生产卫生；第九，科学、合理贮存勾兑；第十，须严格控制出厂检验。

四、浓香型白酒生产技术

1. 特点及分类

浓香型白酒以高粱、大米、糯米、小麦、玉米为主要原料，以大麦和豌豆或小麦制成的中、高温大曲为糖化发酵剂（有的用麸曲和产酯酵母为糖化发酵剂），泥窖固态发酵，续糟配料，清蒸混烧，量质摘酒，分级贮存，精心勾调。浓香型白酒具有芳香浓郁、绵柔甘洌、香味协调、入口甜、落口绵、尾净余长等特点。构成浓香型酒典型风格的主体香成分是己酸乙酯，发酵容器为泥窖，采取续糟配料的投料方式发酵，故有"千年老窖万年糟，老窖酿酒，格外生香"之说，强调泥窖对酿酒的重要作用。浓香型白酒中的有机酸以乙酸为主，其次是乳酸和己酸，特别是己酸的含量比其他香型酒要高出几倍。白酒中还有醛类和高级醇，在醛类中，乙缩醛较高，是构成喷香的主要成分。

目前我国浓香型白酒分为川派浓香型白酒、江淮派浓香型白酒、北方派浓香型白酒。

(1) 川派浓香型白酒　代表产品有泸州老窖、五粮液、剑南春、全兴大曲、沱牌曲酒等。川派浓香型白酒，在口感特征上"浓中带有陈味或酱味"。其感官评语为：窖香浓郁、绵甜甘洌、丰满醇厚、香味协调、余味悠长。例如，泸州老窖的陈香是窖陈和老陈、糟香的综合香气，以醇厚浓郁、清洌甘爽及饮后余香为特点；五粮液突出陈味（曲香和粮香），以喷香、丰满、协调及酒味全面著称；剑南春酒带木香的陈，是由大麦曲香和碳花香而形成，并略带窖陈和粮香的综合香气；全兴大曲是醇陈和略带窖陈的综合香气，以浓而不酽、雅而不淡和醇甜尾净著称；沱牌曲酒是醇陈加曲香、粮香并略带窖陈的综合香气，以绵甜醇厚、尾净余长，尤以甜净著称。

(2) 江淮派浓香型白酒　代表产品有洋河大曲、古井贡酒、双沟大曲、宋河粮液等。又被称为"纯浓派"或"淡雅浓香派"。并不像川派浓香白酒那样带有"酱味"或"陈味"，其窖香、曲香、粮香不如川酒，但油陈（豌豆发酵味）比较突出。它们的感官评语为：窖香优雅、绵甜柔和、醇和协调、爽净。例如，洋河大曲绵甜醇净、带氨基酸鲜味；古井贡酒前香好，香浓，味长；双沟大曲香稍大，有窖陈香气，味长；宋河粮液味清雅，有窖陈香。

(3) 北方派浓香型白酒　代表产品有河套王酒、伊力特酒、蒙古王酒等。特点是介于"川派"和"江淮派"之间的。它的窖香味要强于江淮派，又弱于川派。其感官评语为：窖香幽雅、绵甜爽净、酒体丰满、后味余长。河套王酒、伊力特酒、蒙古王酒等浓香型酒在窖香幽雅的共性基础上，更能体现绵甜爽净、酒体丰满、后味余长的特点。

2. 大曲制作工艺

以泸州大曲、五粮液大曲等为代表，着重于堆，覆盖严密，以保潮为主。培养期各工艺阶段主要以翻曲来区分，阶段不明显。窗户的封启以实际需要而定。热曲和晾曲，主要依赖翻曲操作，只有当制曲顶点温度超越规定的工艺极限时，才进行翻曲，放潮降温。控制热曲顶点温度较高，一般在50℃以上，个别高达60℃以上，如全兴大曲60℃，德山大曲60~65℃。翻曲次数较少，不像清香型白酒大曲翻曲频繁，属于中温曲和高温曲，工艺特点为多热少晾。因此，断面茬口不清亮，曲香味浓，以黄色曲居多。浓香型白酒因大曲用火的不同，主要是热曲温度顶点不同，分为中火曲和大火曲，实际即中温曲和高温曲。高温曲的用曲量大，白酒的曲香味浓；中温曲用曲量小，白酒的曲香味稍淡。实际测定，中温曲的糖化力、液化力、发酵力，都比高温曲大。

3. 浓香型白酒的生产工艺类型

(1) 原窖法　又称原窖分层堆糟法。所谓原窖就是指本窖的发酵糟醅经过加原辅料后，在经蒸煮糊化、打量水、摊晾下曲后仍然放回原来的窖池内密封发酵，窖内糟醅发酵完毕，出窖时窖内糟醅必须分层堆放，不能乱放，一个窖内的糟醅分为上、中、下三个层次。

(2) 跑窖法　又称跑窖分层工艺，所谓跑窖就是在生产时先有一个空窖池，然后把另一个窖中已经发酵完成的糟醅取出。通过加原料、辅料、蒸馏取酒、糊化、打量水、摊晾冷却、下曲粉后装入预先准备好的空窖中，而不再将发酵糟醅装回原窖，全部糟醅蒸馏完毕后，这个窖池就成了一个空窖，而原来的空窖则盛满了入窖糟醅，再密封发酵，依次类推的方法称为跑窖法。

其优点是分层蒸馏有利于量质摘酒、分级并坛，无须堆糟，劳动强度小，酒精挥发损失小，但不利于培养糟醅，故不适合发酵周期较短的窖池。

（3）老五甑法　老五甑法是原料与出窖香醅在同一个甑桶同时蒸馏和蒸煮糊化，在窖内有4甑发酵材料即大楂、二楂、小楂和回糟，出窖分为5甑进行蒸馏，其中4甑入窖发酵，另一甑为丢糟。

原料与酒醅同时蒸馏和糊化，各种粮谷本身含有多种香味物质，原料和酒醅混合能吸收香醅中的酸和水分，在酒醅中加入原料可减少辅料用量，原料多次发酵可提高出酒率。江淮派主要采用混烧老五甑法工艺。优点是窖池体积小，糟醅与窖泥的接触面积大，有利于培养糟醅，提高酒质；淀粉浓度从大楂、小楂到回糟逐渐变稀，残余淀粉被充分利用，出酒率高；不打黄水坑，不滴窖。具体工艺流程如图10-3所示。

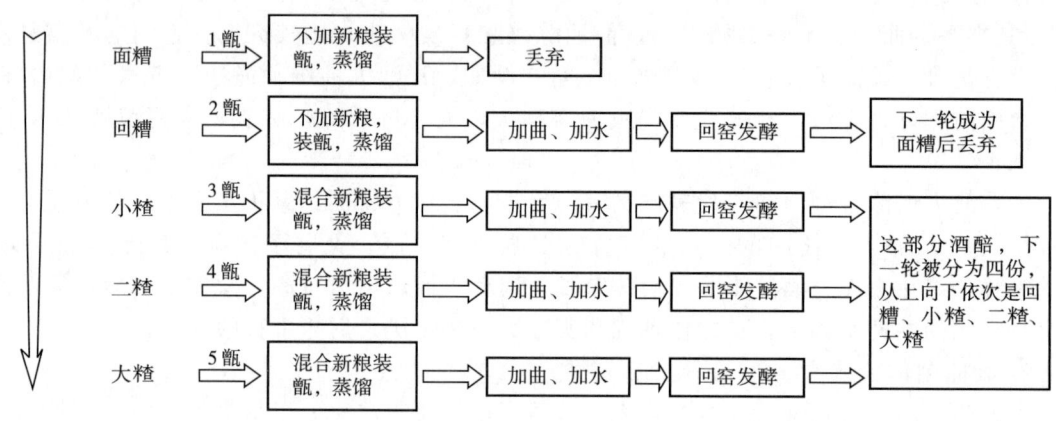

图10-3　老五甑法工艺流程

4. 具体工艺流程

浓香型白酒生产工艺流程如图10-4所示。

（1）原料处理　原料主要是高粱，但也有少数酒厂使用多种谷物原料混合酿酒的。以糯高粱为好，要求高粱子粒饱满、成熟、干净、淀粉含量高。在固体白酒发酵中，稻壳是优良的填充剂和疏松剂，一般要求稻壳新鲜干燥，呈金黄色，不能带有霉味或者其他怪味。为了驱除稻壳中的异味和有害物质，要求预先把稻壳清蒸30~40min，直到蒸汽中无怪味为止。由于浓香型酒采用续楂法工艺，原料要经过多次发酵，所以不必粉碎过细，仅要求每粒高粱破碎成4~6瓣即可，一般能通过40目的筛孔，其中粗粉占50%左右。

采用高温曲或中温曲作为糖化发酵剂，要求曲块质硬，内部干燥并富有浓郁的曲香味，不带任何霉臭味和酸臭味，曲块断面整齐，边皮很薄，内呈灰白色或浅褐色，不带其他颜色。为增加曲子与粮粉的接触，大曲可加强粉碎，先用锤式粉碎机粗碎，再用钢磨磨成曲粉，粒度如芝麻大小为宜。

（2）出窖　浓香型酒厂均采用经多次循环发酵的酒醅（母糟、老糟）进行配料，正常生产时，每个窖中一般有六甑物料，最上面一甑回糟（面糟），下面五甑粮糟。不少浓香型酒厂也常采用老五甑操作法，窖内存放四甑物料。

起糟出窖时，先除去窖皮泥，起出面糟，再起粮糟（母糟）。在起母糟之前，堆糟坝

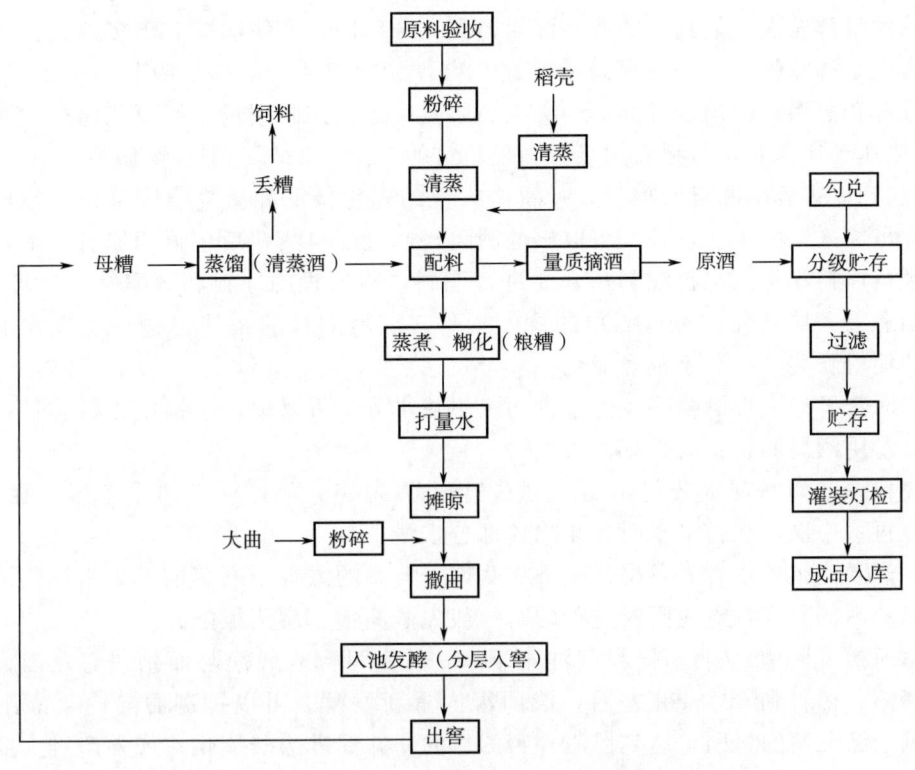

图 10-4　浓香型白酒生产工艺流程

要彻底清扫干净,以免母糟受到污染。面糟单独蒸馏,蒸后做丢糟处理,蒸得的丢糟酒,常回醅发酵。然后,再起出五甑粮糟,分别配入高粱粉,做成五甑粮糟和一甑红糟,分别蒸酒,重新回入窖池发酵。

当出窖起糟到一定的深度,会出现黄水,应停止出窖。可在窖中挖一个直径 0.7m、深至窖底的坑;也可将粮糟移到窖底较高的一端,让黄水滴入较低部位;或者把粮糟移到窖外堆糟坝上,滴出黄水。这种操作称为"滴窖降酸"和"滴窖降水"。

黄水是窖内酒醅发酵向下层渗漏的黄色淋浆水,它含有 1%～2% 的残余淀粉,0.3%～0.7% 的残糖,4%～5%vol 的酒精,以及醋酸、腐殖质和酵母菌体的自溶物等。黄水较酸,酸度高达 5g/L 左右,而且还有一些经过驯化的己酸菌和白酒香味的前体物质,它是制造人工老窖的好材料,促进新窖老熟,提高酒质。

滴窖时要勤舀,一般每窖需舀 5～6 次,从开始滴窖到起完母糟,要求在 12h 以内完成。滴窖目的在于防止母糟酸度过高,酒醅含水太多,造成稻壳用量过大影响酒质。滴窖后的酒醅,含水量一般控制在 60% 左右。

酒醅出窖时,要对酒醅的发酵情况进行感官鉴定,及时决定是否要调整下一排的工艺条件(主要是下排的配料和入窖条件),这对保证酒的产量和质量是十分重要的。

(3)配料　配料在固态白酒生产中是一个重要的操作环节。配料时主要控制粮醅比和粮糠比,蒸料后要控制粮曲比。配料时常采用大回醅的方法,粮醅比可达(1:4)～(1:6)。配料时要加入较多的母糟(酒醅),其作用是调节酸度和淀粉浓度,使酸度控制在 1.2~1.7，淀粉浓度在 16%~22%，为下轮的糖化发酵创造更适合的条件。同时，增加了母糟的发酵轮次，使其中的残余淀粉得到充分利用，并使酒醅有更多的机会与窖泥接触，多产生呈香味物质。稻壳可疏松酒醅，稀释淀粉，冲淡酸度，吸收酒分，保持浆水，有利于发酵和蒸馏，但用量过多，会影响酒质。应适当控制用量，尽可能通过"滴窖"和"增醅"来达到所需要求。稻壳用量常为投料量的 20%~22%。配料要做到"稳、准、细、净"。为达到以窖养醅和以醅养窖，使每个窖池的理化特征和微生物区系相对稳定，可以采用"原出原入"的操作，某个窖取出的酒醅，经过配料蒸粮后仍返回原窖发酵，这样可使酒的风格保持稳定。出窖配料后，要进行润料，将所投的原料和酒醅拌匀并堆积 1h 左右，表面撒上一层稻壳，防止酒精的挥发损失。润料的目的是使生料预先吸收水分和酸度，促使淀粉膨化，有利于蒸煮糊化。

润料时若发现上排酒醅因发酵不良而保不住水分，可采取以下措施进行弥补：①用黄水润料；②用酒尾润料；③打烟水。

蒸完粮酒，如发现水分仍不足，可在出甑前 10min 泼上 80℃ 热水若干，翻拌一次，盖上云盘再蒸一次，在打量水时要扣除这部分水量。

(4) 蒸酒蒸粮　生香靠发酵，提香靠蒸馏。典型的浓香型酒蒸馏是采用混蒸混烧，原料的蒸煮和酒的蒸馏在甑内同时进行的。一般先蒸面糟、后蒸粮糟。

①蒸面糟（回糟）：将蒸馏设备洗刷干净，黄水可倒入底锅与面糟一起蒸馏。蒸得的黄水丢糟酒，稀释到 20%vol 左右，泼回窖内重新发酵。可以抑制酒醅内生酸细菌的生长，有利于己酸菌的繁殖，达到以酒养窖的目的，并促进醇酸酯化，加强产香。要分层回酒，控制入窖粮糟的酒度在 2%vol 以内。可在窖底和窖壁多喷洒些稀酒，以利于己酸菌产香。

实践证明，回酒发酵还能驱除酒中的窖底泥腥味，使酒质更加纯正，尾子干净。一般经过回酒发酵，可使下一排的酒质明显提高，所以把这一措施称为"回酒升级"。不仅可以用黄水丢糟酒发酵，也可用较好的酒回酒发酵。

蒸面糟后的废糟，含淀粉在 8% 左右，一般作饲料，也可加入糖化发酵剂再发酵一次，把酒醅用于串香或直接蒸馏，生产普通酒。

②蒸粮糟：蒸完面糟后，再蒸粮糟。要求均匀进汽、缓火蒸馏、低温流酒，使酒醅中 5%vol 左右的酒精成分浓缩到 65%vol 左右。流酒开始，可单独接取 0.5kg 左右的酒头。酒头中含低沸点物质较多，香浓冲辣，可存放用来调香。分段摘酒，并分级贮存。

蒸馏时要控制流酒温度，一般应在 25℃ 左右，不超过 30℃。流酒温度过低，会让乙醛等低沸点杂质过多地进入酒内；流酒温度过高，酒精和香气成分的挥发损失增加。

流酒时间约 15~20min，断花时应截取酒尾，待油花满面时则断尾，时间需 30~35min。断尾后要加大火力蒸粮，以促进原料淀粉糊化并达到冲酸的目的。蒸粮总时间在 70min 左右，要求原料熟而不腻，内无生心，外无黏连。在蒸酒过程中，原料和酒醅都受到灭菌处理，并把粮香也蒸入成品酒内。

③蒸红糟：红糟（回糟），指母糟蒸酒后，只加大曲，不加原料，再次入窖发酵，成为下一轮的面糟，这一操作称为蒸红糟。用来蒸红糟的酒醅在上甑时，要提前 20min 左右拌入稻壳，疏松酒醅，并根据酒醅湿度大小调整加糠数量。红糟蒸酒后，一般不打量水，

只需扬冷加曲，拌匀入窖，成为下轮的面糟。

④打量水、摊凉、撒曲：粮糟蒸馏后，需立即加入85℃以上的热水，这一操作称为"打量水"，量水温度要高，才能使蒸粮过程中未吸足水分的淀粉颗粒进一步吸水，达到54%左右的适宜入窖水分。打量水时，窖底大糙层可多点，有利于酒醅中的养料被水分溶解渗入窖底、窖壁，使窖泥中的产香细菌得以强化，也可增强窖底的密闭程度，便于厌氧性细菌发挥作用。若量水用量不足，会引起发酵不良；但用量过大，也会造成酒味淡薄，酒精成分损失过多。

打量水的方法不尽相同，有的打平水，即同一个窖中各层粮糟加水量相同，也有打梯度水的，即上层加水多，下层加水少，防止产生淋浆。打量水要求洒开泼匀，不能冲在一处，并将回酒发酵的稀酒液量从量水中予以扣除。

(5) 入窖　粮糟入窖前，先在窖底撒上1~1.5kg大曲粉，以促进生香。第一甑料入窖温度可以略高，每入完一甑料，就要踩紧踩平，造成厌氧条件。粮糟入窖完毕，撒上一层稻壳，再入面糟，扒平踩紧，即可封窖发酵。

(6) 封窖发酵　粮糟、面糟入窖踩紧后，可在面糟表面覆盖4~6cm的封窖泥。封窖泥是用优质黄泥和它的窖皮泥踩柔和熟而成的。将泥抹平、抹光，以后每天清窖一次，因发酵酒醅下沉而使封窖泥出现裂缝，应及时抹严，直到定型不裂为止，再在泥上盖层塑料薄膜。膜上覆盖泥沙，以便隔热保温，并防止窖泥干裂。

封窖的目的是使酒醅与外界空气隔绝，造成厌氧条件，防止有害微生物的侵入，同时避免酵母菌在空气充足时大量消耗可发酵性糖，保证曲酒发酵正常进行。尽量采用泥封，窖顶中央应留一吹口，以利于发酵产生的CO_2逸出。

在整个发酵期间，温度变化可以分为三个阶段：前缓、中挺、后缓落。前发酵期由于入窖温度低，糖化较慢。酵母发酵也慢，母糟升温缓，这就是前缓。最高发酵品温和入窖温度一般相差14~18℃。发酵稳定期要求发酵最高温度在30~33℃的停留时间长些，所谓中挺要挺足，使发酵进行得彻底，酒的产量和质量也高，高温持续一周左右后，会稍微下降，但降幅不大，在27~28℃。缓落阶段，入窖20d后，直至出窖为止，品温缓慢下降，这称后缓落。最后品温降至25~26℃或更低。此阶段内酵母已逐渐失去活力，细菌的作用有所增强。

5. 浓香型白酒工艺技术的创新

(1) 原料的选择由原来的单粮改为多粮　之前大多选用高粱为主要生产原料，而现在多是采用以高粱为主，辅以小麦、大米、玉米、糯米，即采用五粮发酵；也有个别酒厂采用高粱、大米为原料，生产所谓的纯净浓香型酒（一般高粱与大米配料比为7:3）；也有以六粮发酵的，如在五粮的基础上添加大麦后，成为六粮发酵，其目的是增加基础酒的风味。

(2) 制曲工艺更加符合酿酒发酵的实际需要

①中高温曲顶温控制在58~63℃。温度的升高更有利于促进原料中组分的降解和褐变反应（美拉德反应、焦糖反应、酶促褐变反应），有利于高温嗜热芽孢杆菌的生长繁殖。大曲在发酵过程中所积累的这些风味物质，对酒体香味成分的生成起着重要的作用。

②在传统大曲的基础上，逐渐形成了大曲、生香酵母、细菌等混合使用、协同发酵的

工艺特点，这是传统工艺与现代工艺相结合的产物。

(3) 人工窖泥逐步向百年老窖转化　为使人工窖泥实现向百年老窖的快速转化，许多名优酒厂都在研究自己的人工窖泥配方，在原有工艺的基础上，从自己的优质窖池分离纯化窖泥功能菌，然后扩大培养，并同时做到注重营养均衡，重视腐殖质的作用，注重窖内各种微生物的数量。

(4) 酿酒生产的发酵周期逐步延长　数据表明发酵期在30d，出酒率一般为43%～46%（酒度以65%vol计）；发酵期在45d，出酒率一般为40%～43%（酒度以65%vol计）；发酵期在60d，出酒率一般为33%～38%（酒度以65%vol计）。适当延长发酵周期，可提高成品酒的总酸、总酯含量，但出酒率是逐渐下降的，因此，生产成本相应提高。

(5) 生产工艺逐步趋向多样化

①双轮底糟发酵：制备调味酒，即在开窖时，将大部分糟醅取出，只在窖池底部留少部分糟醅进行再次发酵的一种方法，延长发酵周期。原因是窖底泥中的微生物及其代谢产物最容易进入底部酒糟；底部糟醅营养丰富，含水量足，微生物容易生长繁殖；底部糟醅酸度高，有利于酯化作用。

②回窖发酵：一是回酒发酵，把已经酿制出来的酒，再回入正在发酵的窖池中进行再次发酵。将酒回入窖池，增加了酒精含量，同时增加了酸、醇、醛、芳香族化合物等成分。

二是回泥发酵，传统的浓香型大曲酒工艺中摊凉是在泥制的或砖块镶嵌的晾堂上进行的，糟醅常与泥土接触，泥土中的微生物进入窖池参与发酵。现在用的是金属制造或竹木制造的摊凉机，丢失固有的酒体风格。可用窖皮泥、黄水、酒尾等配制成回用窖泥。

三是回糟发酵及反糟发酵，这是冬季酿酒提高产品质量的有效措施。

③己酸菌发酵液的应用。

④丙酸菌在"增己降乳"方面的应用：丙酸菌能够利用乳酸生成丙酸、乙酸等己酸前体物质。

(6) 黄浆水酯化液的制备和利用　黄浆水的酯化作用可以通过加窖泥和加酒曲直接进行酯化，也可添加己酸菌发酵液增加黄浆水中的己酸含量，强化酯化作用。制备后的黄浆水酯化液除了用于串蒸提高酒质外，还可用来淋窖灌窖，培养窖泥。

6. 浓香型白酒生产中的感官检验方法

(1) 母糟的感官检验方法　手或脚接触母糟，发酵好的母糟疏松，有弹性，柔熟不腻，有骨力，不刺手。不正常的母糟则反之，酒醅发黏，起疙瘩。颜色鲜黄，说明即将酸败。

眼观母糟，正常母糟颜色呈红黄色，红润，有光泽。若颜色暗，发黑、发黏、无光泽，说明发酵温度高，酸度大，含发酵的阻碍物多。如果干硬松散，说明酒醅较冷，发酵不透彻。

手捏糟子，正常母糟手握成团，轻拨即散开。若用手握紧，从指缝间鼓出细泡，则含水量多在61%～65%。

口尝母糟，正常母糟酸度适宜，不钉舌，有苦涩酸味。若品尝发甜，说明残糖高，发酵不良。

鼻闻母糟，正常母糟有窖香、酒香，酒味浓郁而长，冲鼻，酸味较小。若酒精味淡，有青草味，说明酒醅冷，含酒精成分低；如果酒味浓，刺鼻酸，则是酒醅热；若有臭味，是因杂菌污染严重或混入了泥疙瘩。

（2）原度酒及成品酒感官检验方法 目前，白酒厂普遍采用的是看花取酒，就是在流酒处用一个不锈钢小缸子或其他小器具来盛接，用眼睛看激起的泡沫的特征，即大小、多少、存留时间，业内人称之为"酒花"，酒花的描述各厂不一。

从传统经验上，总结生产规律，根据馏出液酒度高低顺序，将酒花分为以下 6 种：①大花，开始流酒时，泡沫较大，整齐一致，消失快，流酒声音轻浮，酒精含量为68%～78%vol。②小花，酒花较小，清亮透明，花如绿豆，酒精含量为67%vol 左右。③连花，大花小花相混杂，相互重叠，酒精度为60%vol 左右。④沫沫花，连花一过，就会出现较细花，酒花发白且有沫，量的多少与装甑技术、材料有关，酒精含量＜58%vol。⑤水花，沫沫花一过，听声沉重，即为水花，此后的馏分连同沫沫花全部回底锅串蒸。⑥油花，液面布满油花，有油珠，酒精含量在 3%vol 以下。

（3）大曲的感官检验方法 传统的感官检验方法及标准是经过酿酒前辈们长期的摸索和积累的经验，有着较大的可信性和合理性，我们将曲质检验的总分划分为理化指标和感官指标积分累加而成，感官指标占 45 分，理化指标占 55 分。

在大曲成型前的三个工序中，就几乎依赖感官识别进行判断，小麦润粮的感官标准为：表面收汗，内心带硬，口咬不黏牙，有干脆的响声；小麦粉碎的感官标准为：烂心不烂皮，即皮呈片心呈粉的"梅花瓣"；拌料的感官标准为：麦粉吃水均匀，无灰包、疙瘩，手捏成团不粘手。从成型鲜曲、入房、翻曲、并房到曲块入库、出库等阶段，都有感官鉴定标准。

五、酱香型白酒生产工艺

1. 酱香型白酒特征及其典型代表

酱香型白酒的香味特点是酱香突出、幽雅细腻，空杯留香，幽雅持久，入口柔绵醇厚，回味悠长。有"杯中香气经久不变，空杯留香经久不散"的说法。酱香型白酒是中国老三大香型白酒之一。酱香型白酒是中国特有的一种酒型。国内的酱香型白酒品牌有茅台酒、郎酒、武陵酒、永福酱酒、珍酒等。

2. 酱香型白酒的优点

酱香型白酒是纯粮高温酿造的白酒。易挥发物质少；酸度高，是其他香型酒的 3～5 倍，主要以乙酸和乳酸为主；酚类化合物多；酒精浓度科学合理，对身体的刺激小；存在 SOD 和金属硫蛋白等物质。

3. 制酒工艺流程

酱香型白酒以茅台酒酿造工艺为例，酿造工艺流程如图 10-5 所示。

4. 工艺操作

（1）原料的粉碎 酱香白酒的生产原料主要是高粱和小麦，其中高粱为主粮，小麦为大曲原料，比例一般为1:1。酱香型白酒生产把第一次投料称下沙，第二次投料称糙沙。投料后需经过八次发酵，每次发酵一个月左右，一个周期 10 个月左右。由于原料要经过反复发酵，所以原料粉碎得比较粗，要求整粒与碎粒之比，下沙为 80:20，糙沙为 70:

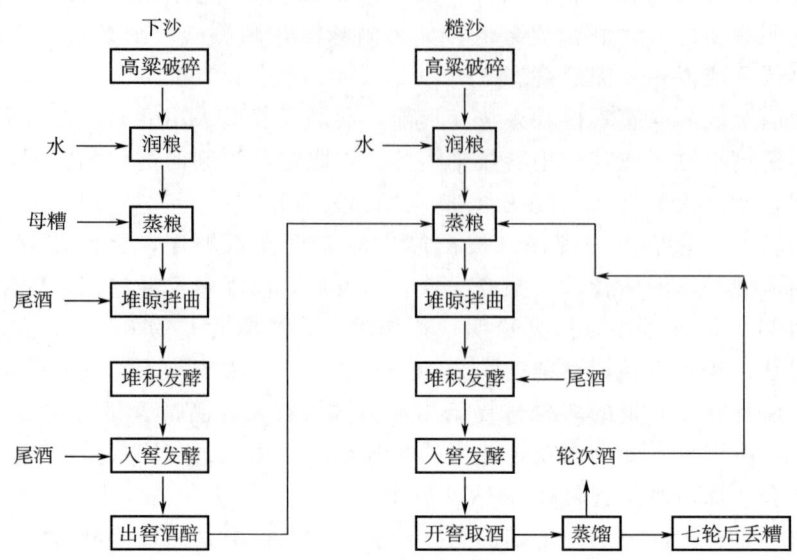

图 10-5 酱香型白酒生产工艺流程

30,下沙和糙沙的投料量分别占投料总量的50%。

为保证酒质的纯净,酱香型白酒在生产过程中基本上不加辅料,其疏松作用主要靠高粱原料粉碎的粗细来调节。

(2) 润粮 高粱粉碎后润粮操作要细致,先用95℃以上热水进行第一次润粮,润粮水添加完毕立即进行翻拌,要求做到翻拌完毕粮堆不跑水,不冒水,润粮到位,无干粒;间隔4~5h后,进行第二次润粮操作,每日润粮后的粮堆需堆积16h以上,到第2天进行蒸煮。润粮后粮堆要求无流水现象,粮堆呈圆锥形,粮堆温度≥42℃。

(3) 下沙蒸粮 下沙蒸粮前先加入10%的母糟与高粱拌匀,母糟要求是上年第6轮次发酵出窖后未蒸酒的优质酒醅,要求淀粉含量在11%~14%,糖分为0.7%~2.6%,酸度为3~3.5g/L,酒度为4.8%~7%vol。而后在甑篦上撒上1层稻壳,上甑采用见汽撒料,40min以内完成上甑任务,蒸汽压≤0.12MPa,上甑按"见汽压醅"和"轻、松、薄、准、匀、平"进行操作。

(4) 堆凉拌曲 出甑后,把粮醅摊晾到晾堂上,自然冷却,当粮醅降温至品温24~30℃时,将粮醅收成条埂,均匀撒上2%左右的尾酒翻拌均匀,再撒上曲粉进行翻拌。撒曲时应尽量降低撒曲高度,以免曲粉飞扬。拌曲的要求是均匀、无大团。随后立即收堆,堆积于晾堂上。堆积方式为圆锥形状,高度约为1.5m。冬季要求堆得较高,夏季堆得较矮。

(5) 堆积发酵 晾堂堆积发酵是使大曲微生物进行呼吸繁殖,并且网罗空气中的酿酒微生物,使糟醅充分利用环境中微生物进行二次制曲的过程。其中空气和晾堂是酵母的主要来源,成品大曲中酵母菌较少,使微生物在堆积过程中迅速生长繁殖,逐步进行糖化发酵,为入窖继续发酵做好准备,此工艺是形成酱香必不可少的工艺环节,使大曲带入糟醅中的酱香物质得到补充并增加。

因此,该工艺环节直接影响到酒的质量。堆积时间为4~5d,待品温上升到50~52℃

时，用手插入堆内能试到很高的温度，取出的酒醅具有香甜酒味时，即可入窖发酵。

（6）入窖发酵　入窖发酵操作应要求十分严谨。首先，严格控制入窖温度，当品温达到顶温时迅速入窖，这样有利于嗜热微生物的生长繁殖代谢，保证发酵的正常进行，使产香物质得到加强；其次，下窖时在窖底、窖壁、酒醅内浇洒尾酒，一方面调节糟醅的水分，更主要的是尾酒可促进窖内再次发酵增香，抑制部分有害微生物的生长繁殖，供给己酸菌、甲烷菌、产酯酵母菌等微生物生长的碳源及香味物质的前体物质；再次，窖内高温发酵，为酒精的生成和酱香物质的最后形成提供了一个优越的环境，高温有利于化学、生物化学反应的进行，促进酱香物质的大量生成。

糟醅入窖后控制温度为35℃左右，水分42%～43%，酸度0.9g/L，淀粉浓度为32%～33%，酒精含量1.6%～1.7%vol，糟醅在窖池内自然沉降24h再用泥封窖，厚约4cm。窖内发酵30～33d，此期间派专人负责封窖后的管理工作，定时检查，及时补好因发酵后窖池周池边出现的裂缝，避免因不及时修补裂缝而影响酒质和产量。

（7）糙沙和糙沙的蒸粮　糙沙即为第二次投粮。加料量为剩下的50%，要求整粒与碎粒之比为7∶3。糙沙的蒸酒蒸粮为混蒸操作，是将生沙酒醅与糙沙翻拌均匀装甑混蒸。蒸得的酒称为生沙酒，出酒率很低。此酒生涩味重，生沙酒经稀释后泼回糙沙的酒醅，重新参与发酵，这一操作称为以酒养窖或以酒养酒（很少的一部分生沙酒交酒库，以便酒库勾兑用），混蒸时间需达2h，保证糊化。

（8）开窖取酒　蒸馏是酿制白酒的一个重要操作工序，是分离提取成熟糟醅中酒精和其他挥发性成分的重要手段。必须严格蒸馏操作，确保取酒质量。

每一次开窖取醅蒸馏，因窖容量大，需多次蒸馏才能把窖内酒醅全部蒸完，为减少酒分和香味物质的挥发损失，必须随起随蒸，分层蒸馏，上甑操作必须细致，上甑时做到疏松、均匀、不压汽、不跑汽，甑内酒醅要中间低，甑边略高，一般四周比中间略高2～4cm。可避免酒精从甑边上升过快，造成蒸馏时蒸汽钻边现象，不利于甑内酒醅中酒精和香味物质的提取。缓慢高温馏酒，严格控制进汽0.05～0.08MPa，馏酒温度35～40℃，馏酒速度1.5～2.0kg/min，每甑酒头取1～1.5kg等关键工艺参数的控制。取酒过程中要随时注意酒液的温度、浓度及口感，特别是口感。量质摘酒后进行分别存放，如发现有邪杂味，立即终止接酒，改用尾酒坛接酒，用于制作窖底醅或泼窖。

各轮次的加曲量，一、二轮次多加，三、四、五轮次适当多加，七、八轮次酌情减少。各轮次总加曲量与总投料量之比约为1∶1。各轮次原酒分型、分等贮存3年以上，进行勾兑调配，然后再贮存一年。各轮次酒的酒度和风味特点如表10-1所示。

表10-1　各轮次酒的酒度和风味特点

轮次	酒度/vol	感官评价结果
一轮次	≥57.0%	无色透明、无悬浮物；有酱香味，略有生粮味、涩味，微酸，后味苦
二轮次	≥54.5%	无色透明、无悬浮物；有酱香味，味甜，后味干净，略有酸涩味
三轮次	≥53.5%	无色透明、无悬浮物；酱香味突出、醇和、尾净
四轮次	≥52.5%	无色透明、无悬浮物；酱香味突出、醇和、后味长
五轮次	≥52.5%	无色（微黄）透明、无悬浮物；酱香味突出、醇和、后味长，略有焦煳味

续表

轮次	酒度/vol	感官评价结果
六轮次	≥52.0%	无色（微黄）透明、无悬浮物；酱香味明显、醇和、后味长、略有焦糊味
七轮次	≥52.0%	无色（微黄）透明、无悬浮物；酱香味明显、醇和、后味长、略有焦糊味

5. 酱香型白酒生产的特点

(1) 严格的季节性生产　重阳下沙，一年一个生产周期。即每年重阳（农历九月初九）开始投料，一年为一个生产大周期。

(2) 两次投料　每年农历九月初九重阳佳节，第一次投料，占原料的50%，称为下沙；蒸粮、入窖发酵1个月后出窖，再投入其余的50%的粮混合蒸粮，称为糙沙，全年投料即告完成。有异于其他白酒四季投料。

(3) 生产周期长　下糙沙投料完毕发酵1个月后，出窖烤（蒸）酒，以后每发酵1个月烤酒1次，共烤7次，只加大曲不再投料。同一批原料要经过9次蒸煮、8次加曲、堆积发酵、入窖发酵，7次烤酒才丢糟。历时整整一年。

(4) 高温堆积　该阶段由于酵母菌为兼性微生物，堆积过程的生长繁殖是一个耗氧过程，堆子要尽量疏松，以增加氧气。

(5) 高温馏酒　有利于酱香型酒主体香中，高沸点物质的馏出和低沸点杂质的蒸发。

(6) 以酒养窖，以酒养糟　制酒生产除在投料润粮时加水外全年不再加水。下窖时在窖底、窖壁、酒醅内和做窖底、窖面时喷洒尾酒，用以调节糟醅的水分。另外尾酒更主要的作用是在窖内再次发酵增香，供给己酸菌、甲烷菌、产酯酵母菌等微生物的碳源及香味物质的前体物质。

(7) 合理的酒精度　酱香型白酒的酒精度是53%vol，酒精分子和水分子缔合得最紧密，酒精浓度最合理。

(8) 出酒率低、大曲用量多、辅料用量少。

6. 大曲白酒的发展趋势及应用

白酒酿造微生物是近年来备受关注的研究领域，白酒酿造过程中的细菌及其功能是其中极为重要的研究内容之一。白酒生产过程中，微生物是固态发酵生产白酒的基础，在这其中细菌对白酒的贡献尤为重要，酒曲、酒醅和窖泥中均有细菌存在，种类丰富且数量巨大。白酒功能细菌的研究涉及多种细菌，它们在酿酒的各个环节通过自身或者其代谢产物影响白酒的品质和风味。同时，功能细菌的代谢还会影响其他白酒微生物如酵母和霉菌的代谢。目前研究某种细菌功能主要是针对单一菌株，且许多细菌的代谢产物及其代谢途径尚不清楚，而且还存在着很多较难培养或不可培养的微生物，加上白酒自然发酵条件，种类繁多的微生物之间还存在相互作用，致使判断白酒中细菌的功能更加困难。由于整个白酒酿造体系涉及多种细菌、酵母和霉菌的参与，同时细菌还与其他微生物之间相互作用，因此细菌对白酒的影响作用是错综复杂的。白酒酿造过程中的各微生物之间相互作用，共同构成了一个复杂、精细、微妙的白酒酿造微生物代谢网络。

因此，要阐明细菌在白酒生产中的作用与机制，就需要着眼于一个新的角度即微生物的群体效应，在白酒酿造体系中，细菌、霉菌和酵母等微生物共同存在于一个发酵体系中，它们之间存在共处、互生、共生、拮抗、竞争等关系，而且这些微生物的代谢产物或中间产物也被互相利用。此外，白酒细菌的功能与机理研究也为其他研究者提供了新的启示，比如中国传统发酵食品中还有很多类似于白酒的发酵体系，如醋、酱油、豆瓣酱、辣椒酱等，白酒功能细菌的研究也将为这些研究提供参考和借鉴。挑战与机遇并存，白酒功能细菌的研究仍需要大量具有指导意义的研究工作，以更好阐明白酒的内涵与价值。

刘校毅等利用传统的分离方法和分子生物学相结合，分析酱香型高温大曲中微生物的复杂性，鉴定出的147株微生物中，细菌约占2/3，霉菌约占1/3，细菌和霉菌均分离出12个种类，芽孢杆菌属为细菌的优势菌群，体现出酒曲中菌群的复杂性。LI ZM等研究表明地衣芽孢杆菌、枯草芽孢杆菌、解淀粉芽孢杆菌是酿酒大曲中具备较高的α-淀粉酶等较高酶活性的优势菌群。黄治国等通过聚合酶链式反应-变性梯度凝胶电泳技术检测区域差异对酱香型酒醅细菌群落的影响，实验结果显示不同细菌群间存在协同或此消彼长的关系，因酿造环境、温湿度、操作流程等差异，使得酒醅细菌群落多样性较大和相似性偏低。鲁珍等通过分析和讨论在高温大曲中由产酱香细菌固态发酵而产生的挥发性香味物质，作为提高本地酱香型白酒口感的参考。

第二节　酱油的酿造

任务

分析酱油安全检测技术研究进展。

酱油的酿造

【案例】

酿造酱油的成本远高于配制酱油，所以不少不法商贩会在酿造酱油中掺入酸水解植物蛋白液或其他添加剂来冒充酿造酱油。但研究发现，有的酱油不仅不含酿造组分，甚至没有酸水解植物蛋白液，还有许多品牌为了节约成本，会在酿造酱油中添加谷氨酸钠来提高酱油品级。酱油与人们的生活密切相关，所以人们对其安全也格外关注，已有不少研究者建立了鉴别酱油掺假的研究方法。

【案例分析与讨论】

现有不少研究者已建立多种方法分析了不同工艺、不同品牌、不同酿造时间酱油中营养成分、呈味物质等特征性成分，及对酱油的掺假、有害物质检测等多个问题进行了研究。近年来酱油安全监测分析技术应用最广泛的4种方法：氨基酸分析法、红外光谱法、气相色谱法和液相色谱法；以及4种新型方法：感官分析法、碳同位素比值质谱法、^{13}C核磁质谱法和介电法。

酱油是烹饪中的一种亚洲特色的调味料，普遍使用大豆为主要原料，加入水、食盐，经过制曲和发酵，再在各种微生物分泌的各种酶的作用下，酿造出来的一种具有特殊色、香、味的液体。制作酱油的原料因国家和地区的不同，使用的配料不同，风味也不同，如泰国的鱼露和日本的味噌。

一、概述

酱油及酱类酿造调味品生产最早发明于我国,至今已有 2000 多年的历史。公元 8 世纪,鉴真和尚将酱油传入日本,后逐渐扩大到东南亚和世界各地。酱油是以农副产品为原料加工制成的发酵调味品。我国幅员辽阔,粮食原料品种繁多,发酵工厂可因地制宜合理利用,就地取材,就地生产,就地销售。酱油生产是通过微生物作用对原料进行逐步降解的一种极其复杂的化学过程,影响其作用机理的因素繁多。酱油生产的工艺方法很多,目前广为采用的有固态低盐发酵,也有固态无盐发酵、高盐稀醪发酵等。但生产技术水平差距甚大,产量也不能满足需要。因此,如何取长补短,把一些落后企业的技术水平提高起来是一个亟待解决的问题。

二、酱油分类

1. 酿造酱油

以大豆(或脱脂大豆)、小麦(或麸皮)为原料,经微生物发酵制成的具有特殊色、香、味的液体调味品。

2. 固态低盐发酵酱油

以脱脂大豆、麸皮为原料,经蒸煮、曲霉菌制曲后与盐水混合成固态酱醅,再经发酵制成的酱油。

3. 高盐稀态酱油

(1) 高盐稀态发酵酱油 又称为高盐稀醪发酵酱油,以大豆(或脱脂大豆)、小麦(或小麦粉)为原料,经蒸煮、曲霉菌制曲后与盐水混合成稀醪,再经发酵制成的酱油。

(2) 固稀发酵酱油 以大豆(或脱脂大豆)、小麦(或小麦粉)为原料,经蒸煮、曲霉菌制曲后,在发酵阶段先以高盐度、小水量制醅,然后在适当条件下再稀释成醪,再经发酵制成的酱油。

4. 配制酱油

以酿造酱油为主体,与酸水解植物蛋白调味液、食品添加剂等配制而成的液体调味品。注意事项:①配制酱油中酿造酱油比例(以全氮计)不得少于50%;②配制酱油中不得添加味精废液、胱氨酸废液和用非食品原料生产的氨基酸液。

三、酱油生产的主要原料

1. 原料选择依据

酱油酿造的原料包括蛋白质原料、淀粉质原料、食盐、水和其他辅助原料,需要满足:①蛋白质含量高,碳水化合物适量,有利于制曲和发酵;②无毒无异味,酿制成的酱油质量好;③资源丰富,价格低廉;④容易收集,便于运输和保管;⑤因地制宜,就地取材。

2. 蛋白质原料

大豆是生产酱油的主要原料。大豆包括黄豆、青豆和黑豆。粗蛋白质为 35%~45%,粗脂肪为 15%~25%。另外也可以选择脱脂大豆(豆粕、豆饼),豆粕是大豆先经适当加热处理(一般低于 100℃),再经轧坯机压扁,然后加入有机溶剂,以轻汽油喷淋，提取油脂后的产物，一般呈片状颗粒。豆粕中脂肪含量极少，蛋白质含量较高，水分少，易于粉碎，是做酱油较理想的原料。我国大部分酿造厂普遍采用脱脂大豆为主要原料。其他蛋白质原料如豌豆，也称毕豆、小寒豆、淮豆或麦豆，属豆科，为1～2年生草本植物，我国各地均有栽培。蚕豆，也称胡豆、罗汉豆、佛豆或寒豆，为1～2年生草本植物，我国西南、华中和华东地区栽培最多，种子富含蛋白质和淀粉，江浙地区常用作酱油原料。

3. 淀粉质原料

淀粉在发酵过程中被酶解成糖，对酱油滋味的改善、色泽的形成有重要的作用。

（1）小麦　小麦中的碳水化合物（无盐浸出物），除含有70%的淀粉外，还含有2%～3%的糊精和2%～4%的蔗糖、葡萄糖、果糖。小麦含有10%～13%的蛋白质，其中麦醇溶蛋白和麦谷蛋白较丰富，麦醇溶蛋白质中的氨基酸以谷氨酸为最多，它是产生酱油鲜味的主要因素之一。

（2）麸皮　麸皮资源丰富，价格低廉，使用方便，目前国内酱油厂多以麸皮作为主要淀粉质原料。但若麸皮中淀粉含量不足，则降低酱油中糖分和糊精含量，影响酒精发酵，酱油香气差，口味淡薄。为保证酱油质量，在有条件的地方和单位，适当补充些含淀粉较多的原料是十分必要的。麸皮的作用如下：

①麸皮粗淀粉中戊聚糖含量高达17.6%，它与蛋白质的水解产物氨基酸相结合，产生酱油色素。

②麸皮本身含有α-淀粉酶和β-淀粉酶。

③麸皮质地疏松、体轻、表面积大，还含有多种维生素和钙、铁等无机盐。

④麸皮营养成分适宜，能促进米曲霉生长，有利于制曲和淋油，能提高酱油原料的利用率和出品率。

（3）米糠和米糠饼　米糠是碾米后的副产品。米糠饼是米糠榨油后的饼渣。两者均含有丰富的粗淀粉，尤其是米糠饼更甚，它们均可作为生产酱油的淀粉质原料。

（4）其他　凡是含有淀粉而又无毒、无怪味的谷物，如玉米、甘薯、碎米及小米等均可作为生产酱油的淀粉质原料。

4. 食盐作用

①使酱油具有适当的咸味；②与氨基酸共同给以鲜味，增加酱油的风味；③杀菌防腐；在发酵过程中，减少杂菌的污染；在成品中防止腐败。

5. 水

酱油生产需用大量的水，对水的要求虽不及酿酒工业那么严格，但也必须符合食用标准。一般凡可饮用的自来水、深井水、清洁的河水、江水等均可使用，但必须注意水中不可含有过多的铁，否则会影响酱油的香气和风味。

四、酿造酱油的主要微生物

酱油酿造主要由两个过程组成，第一个阶段是制曲，主要微生物是霉菌；第二个阶段是发酵，主要微生物是酵母菌和乳酸菌。

1. 米曲霉

酱油中应用的曲霉菌主要是米曲霉（*Aspergillus oryzae*），米曲霉菌落生长很快，初为白色，渐变黄色。分生孢子成熟后，呈黄绿色。分生孢子头为放射形、顶囊球形或瓶形。小梗一般为单层，偶有双层。分生孢子为球形，粗糙或近于光滑。

米曲霉产生的酶系，通常可以分为胞外酶和胞内酶两大类。胞外酶是细胞产生并分泌于细胞外面进行作用的酶，如蛋白酶、淀粉酶、脂肪酶、谷氨酰胺酶等水解酶类；而胞内酶是细胞产生于内部起作用的酶，如氧化还原酶等。

2. 酵母

酵母菌在酱油及酱类生产中，产生特殊香气，是酱香的主要来源。最为常见的 2 种为鲁氏酵母和球拟酵母。鲁氏酵母为发酵型酵母，分解葡萄糖和麦芽糖生成酱油的风味物质，随糖浓度降低和 pH 降低开始自溶。球拟酵母为酯香型酵母，参与酱醪的成熟。

3. 乳酸菌

适当的乳酸是酱油的风味物质之一；乳酸还可以和醇类结合生成酯；降低酱醅的 pH，有利于酵母菌的生长，同时抑制杂菌的生长；和酵母菌共同作用产生糠醛，赋予酱油特别的风味。

4. 有害微生物

有害微生物包括毛霉、青霉、根霉、产膜酵母、枯草芽孢杆菌、微球菌等，这些微生物的生长可以降低成曲的酶活性，影响原料的利用率，产生异味，使酱油浑浊。

五、酱油的生产工艺流程

酱油制备工艺流程如图 10-6 所示。

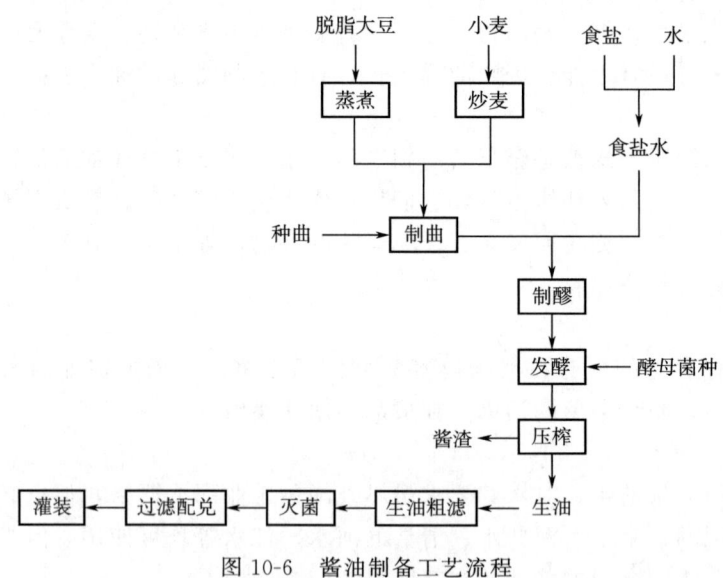

图 10-6　酱油制备工艺流程

六、生产流程

1. 种曲制备

种曲即酱油酿造制曲时所用的种子，它是生产所需要的菌种（如米曲霉、酱油曲霉、黑曲霉）经培养而得的含有大量孢子的曲种，要求孢子多，发芽快，发芽率高，纯度高。

种曲的优劣，直接影响酱油的质量、酱油杂菌含量、发酵速度、蛋白质和淀粉的水解程度，因此种曲制造必须十分严格。种曲制备流程如图10-7所示。

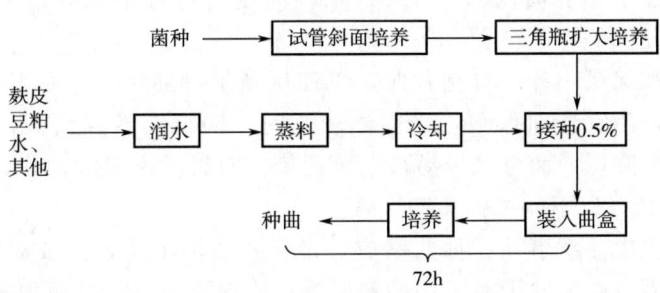

图 10-7 种曲制备流程

菌种的培养及保藏方法如下。

(1) 试管斜面菌种培养　培养基配方为：豆汁 1000mL，硫酸镁（$MgSO_4 \cdot 7H_2O$）0.5g，可溶性淀粉 20g，磷酸二氢钾 1g；硫酸铵 0.5g；琼脂 20g；pH6 左右。豆汁制备，豆饼（或豆粕）加 5 倍水，小火煮沸 1h，边煮边搅拌，然后过滤。操作：将菌种接入斜面，置 30℃培养箱中培养 3d，待长出茂盛的黄绿色孢子，并检查无杂菌后，即可作为三角瓶扩大培养菌种。

(2) 三角瓶纯种扩大培养　培养基配方为：麸皮 80g，面粉 20g，水 80mL 或者麸皮 90g，豆粕粉 10g，饴糖 4g，水 120mL。

灭菌原料混合拌匀后分装于已经干热灭菌的 250mL 的三角瓶中。接种两环斜面菌种孢子于已冷却的三角瓶中摇匀，在（30±1）℃的恒温箱中培养 13～20h，至菌丝生长后摇动一次，再培养 4～6h 再摇一次，继续培养至菌丝充分生长，形成结饼状即可扣瓶（以手将三角瓶扣翻）。使底部曲料能充分接触空气，促使米曲霉继续生长发育，全程约需 3d。用刚培养好的新鲜三角瓶扩大曲，发芽力强，发芽率高，应及时使用。如果需要保藏，可放置在 4℃冰箱中，但时间不宜超过 10d。

三角瓶种曲的质量标准：孢子发育肥状、整齐、稠密、布满曲料，顶囊肥大；米曲霉呈鲜艳黄绿色，黑曲霉呈黑褐色，无异味、无杂菌、内无白心，有多种曲霉固有的香味，必要时可测定孢子数和检查杂菌数。

(3) 种曲培养

①种曲室及其主要设施：种曲室是培养种曲的场所，要求密闭性能或保温保湿性能好，便于消毒灭菌，使种曲有一个既卫生又符合生长繁殖所需要的环境。种曲室的大小为长 4m、宽 3m、高 3m，四周为水泥墙，上为圆弧形房顶，以防止冷凝水下滴影响种曲的质量。种曲室需具备门、窗、天窗，并有调温调湿设施和排气装置。其他主要设备有：蒸料锅、接种混合桶、振荡筛及扬料器等。培养用具有：木盘（45cm×40cm）或竹匾（直径 90cm 左右），铝盘。

②种曲培养基：麸皮 80g，面粉 20g，水 70mL 左右；或麸皮 85g，豆饼粉 15g、水 90mL 左右；或麸皮 90g，豆粕 10g，饴糖 5g、水 120mL 左右。

③接种温度：夏天 38℃，冬天 42℃左右。接种量：0.5%左右，接种时应迅速拌匀。

④培养：堆积培养，孢子发芽期；搓曲、盖湿草帘，菌丝生长期；第二次翻曲，菌丝蔓延期；洒水、保湿、保温，孢子生长期（孢子着生期）；去草帘，孢子成熟期。自装盘入室到种曲成熟，整个培养时间共计72h。在种曲制造过程中，应每1~2h记录一次品温、室温及操作情况。

⑤种曲的干燥和保藏：各厂自制种曲，以使用新鲜种曲为宜，尽量按计划随做随用，由于种曲水分较高，不宜长期保藏，当气温较高时，因继续新陈代谢，造成孢子衰老死亡，并使孢子发芽率降低，而且又极易被杂菌污染。对暂时不用的种曲，经40~45℃热风干燥，水分控制在12%以下，可做短期保藏。

⑥种曲制造过程中注意事项：种曲室应经常保持清洁卫生，必要时需彻底消毒灭菌；所有设备和用具使用后要清洗干净，并妥善保管；原料要新鲜，数量要准确，熟料力求疏松；严格按工艺操作要求生产，控制好温度、湿度；使用高压锅蒸料时要注意安全；加强生产联系，保证使用新鲜种曲；要加强对种曲质量的检查并做好记录；培养好的种曲要保藏在低温干燥处。

⑦种曲质量标准：感官特性：外观要菌丝整齐健壮、孢子旺盛，米曲霉呈新鲜黄绿色，黑曲霉呈新鲜黑褐色。无夹心，无杂菌，无异色。香气具有种曲固有的曲香，无霉味、酸味、氨味等不良气味。用手指触及种曲，松软而光滑，孢子飞扬。

理化指标：孢子数为25亿~30亿/g（以干重计）以上，孢子发芽率在90%以上。

2. 制曲

制曲是酱油发酵的主要工序，制曲过程的实质是创造曲霉生长最适宜的条件。保证优良曲霉菌等有益微生物得以充分发育繁殖（同时尽可能减少有害微生物的繁殖），分泌酱油发酵所需要的各种酶类。这些酶不仅使原料成分发生变化，而且也是以后发酵期间发生变化的前提。

（1）制曲工艺流程　制曲工艺流程如图10-8所示。

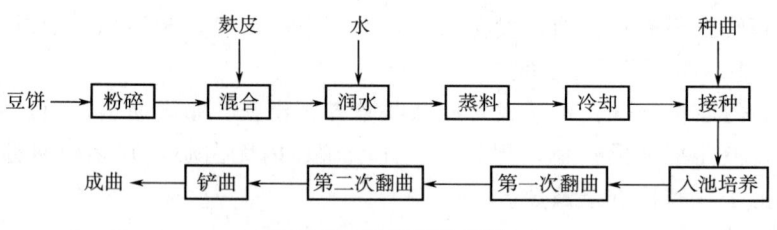

图10-8　制曲工艺流程

（2）原料处理

①（豆饼、豆粕）粉碎：豆饼坚硬而块大，必须予以粉碎；豆粕颗粒虽不太大，但也不符合要求，也要适当破碎。目的是使原料充分的润水、蒸熟，达到蛋白质一次变性，以增加米曲霉生长繁殖及分泌酶的总面积，提高酶的活性。要求：粉碎度适当，大小2~3mm，粉末不超过20%。过粗会影响菌丝生长和酶解；过细会影响制曲和淋油。

②润水：目的是使原料中蛋白质结合适量的水分，以便在蒸料时受热均匀，迅速达到蛋白质的适度变性；另外，原料中的淀粉吸水膨胀，易于糊化，以便溶解出米曲霉生长所

需要的营养物质;同时供给米曲霉生长繁殖所需要的水分。

③蒸料:目的是使蛋白质变性,使原料中的蛋白质完成适度的变性,便于被米曲霉生长发育所利用,并为以后酶分解提供基础;使淀粉糊化,使原料中的淀粉吸水膨化而达到糊化程度,并产生少量糖类;灭菌,能消灭附着在原料上的微生物,以提高制曲的安全性。要求:控制适当的温度和时间;达到熟、软、疏松、不黏手、无夹心、有熟料固有的色泽和香气。

原料在蒸煮前要加适量的水(润水),在蒸煮时要保持一定的蒸气压(温度)和时间,其目的在于完成原料中蛋白质的一次变性,以利于制曲时米曲霉的生长、繁殖、产酶和发酵时蛋白质的酶解。两种不利情况:a. 产生 N 性蛋白(变性不彻底蛋白),能溶于酱油中,但不能被蛋白酶水解为氨基酸;b. 蛋白质过度变性(二次变性),不能被蛋白酶水解,也不能溶于酱油中。只有采用适当的温度、时间、水分才能使蛋白质一次变性,对于提高蛋白质利用率有重要的意义。

(3) 培养

①冷却、接种及入池:冷却、接种温度为 40℃左右;接种量为 0.3%;接种均匀。

②曲料入池培养:温度管理,及时掌握翻曲的时间。静止培养 4~5h,为孢子发芽期。静止培养 6~8h,升温到 35~37℃,应及时通风降温,保持 35℃。入池 12h 后,料层上下表层温差加大,表层温度继续升高,第一次翻曲,使曲料疏松,保持 35℃,为菌丝生长期。继续培养 4~6h 后,菌丝繁殖旺盛,结块,第二次翻曲,菌丝繁殖期,并连续鼓风,保持 30~32℃,为孢子附着期,培养 24~28h 即可出曲。

通风制曲要点:要求熟料蒸熟不夹生,使蛋白质达到适度变性及淀粉质全部糊化的程度,以便被米曲霉吸收,使霉菌生长繁殖并适于酶解进行。通风制曲时,考虑水分挥发多,要求熟料水分为 48%~51%(视具体情况调整)。通风制曲料层厚度一般为 25~30cm,太厚给通风带来困难;太薄,物料易被风吹起。装池接种料温低、要求品温在 30~35℃,便于米曲霉孢子迅速发芽生长。并抑制其他杂菌生长。制曲产酶的品温低于 30℃,能增加酶的活性。在不影响曲池周转的情况下,应尽可能接近这一要求。通过空调箱调节风温、风湿,利用低于品温 1℃左右的风温控制品温。原料混合及润水要均匀,注意及时翻曲、铲曲。接种必须均匀,否则不利于管理。因为米曲霉生长不均匀,容易引起污染。曲料装池要疏松均匀,否则会出现局部烧曲。培养 24h 左右,曲呈淡黄绿色,酶活性已达最高峰,此时应及时出曲,否则酶活性会下降。

(4) 制曲过程中常见的杂菌污染及其防治

①制曲过程中常见的杂菌

a. 霉菌:毛霉、根霉、青霉等;

b. 酵母菌:有益的酵母菌有鲁氏酵母等;有害的酵母菌有毕赤氏酵母、醭酵母、圆酵母等;

c. 细菌:小球菌、粪链球菌、枯草杆菌等。

②杂菌污染的防治方法:菌种经常进行纯化。保证种曲质量,要求种曲菌丝健壮旺盛,发芽率高,繁殖力强,以便产生生长优势来抑制杂菌的侵入。蒸料水分适当,疏松,灭菌彻底,冷却迅速,减少杂菌污染机会。加强制曲过程中的管理工作。保持曲室及工具设备的清洁卫生。种曲和通风曲生产过程中添加冰醋酸可抑制杂菌的生长。

3. 发酵

发酵的目的是：利用米曲霉所分泌的各种酶，将蛋白质分解为氨基酸，淀粉分解成糖。在发酵过程中，从空气中落入的酵母和细菌也进行繁殖、发酵，如酵母发酵生成酒精、产香，乳酸菌发酵生成乳酸。发酵是利用这些酶在一定条件下作用，分解合成酱油的色、香、味、体。因此，酱油是曲霉、酵母及细菌等微生物综合作用生成的产品。

(1) 传统酱缸发酵工艺　我国酱园保留下来的传统工艺，即用大缸发酵，日晒夜露，夏日晒酱，秋冬出油。目前部分规模较小的企业尚在坚持，如浙江沈荡酱园、淮安浦楼酱园、宿迁三园酱园、江阴华西食品酿造公司等。发酵方式分固态和液态两种，固态发酵时固相与气相接触较多，耐高温菌代谢较好，故香气较重，同时也节省了大缸；液态发酵时色泽较清淡，搅拌管理轻松；两者的共同特点是用大缸露天发酵，晴天时打开缸盖日晒夜露，发酵一整个夏季，到秋季出油时，用木榨或插入竹篓，将油抽出。传统酱缸发酵工艺的要点：原料配比中不用麸皮，也不能用稻壳，而用面粉或小麦保持淀粉含量。生产场所形成良好的微生物群不受周围环境影响，也不要轻易搬迁。要及时翻缸或搅拌。传统工艺讲究"春曲、夏酱、秋油"。

(2) 固态低盐发酵工艺　国内现行酱油工艺中，固态低盐发酵工艺酱油的产量占全国酱油总量的80%。这是我国独创的、特有的酱油工艺，在融合了当时固态无盐发酵、传统发酵、稀醪发酵等多种工艺优点的基础上衍生而来，1964年在上海推广应用至今。此后，又对该工艺进行了不断地取舍和调整。如今，依据其发酵与取油方式的不同，逐步分化为三种成熟的工艺：一是"固态低盐发酵移池浸出法"，二是"固态低盐发酵原池浸出法"，三是"固态低盐淋浇发酵浸出法"，如表10-2所示。

表10-2　　固态低盐发酵工艺类型

工艺	发酵	浸出（淋油）
固态低盐发酵移池浸出法	发酵工艺相同	移池浸出
固态低盐发酵原池浸出法		原池浸出
固态低盐淋浇发酵浸出法	上述工艺的改进，采用淋浇发酵方式	原池浸出

①固态低盐发酵移池（原池）浸出法：工艺流程如图10-9所示。

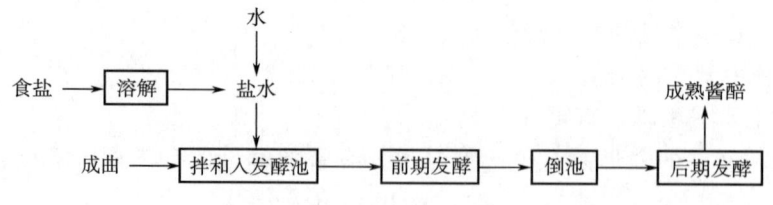

图10-9　固态低盐发酵移池（原池）浸出法工艺流程

工艺操作要点如下。

a. 盐水：盐水调制（浓度）为11~13°Bé（相当于11.2%~13.5%），拌曲盐水温度：夏季盐水温度宜掌握在45~50℃，冬季在50~55℃。入池后，酱醅品温应控制在40~

45℃。酱醅中7%左右的食盐既对杂菌有抑制作用，又不影响蛋白酶和淀粉酶等酶系的水解作用。

b. 拌曲操作：在成曲中拌入盐水时，应使盐水与成曲拌和均匀；为防止酱醅表面形成氧化层，影响酱醅质量，可采取加盖面盐或者塑料薄膜。

c. 保温发酵和管理：前期发酵：42～45℃，15d左右；目的是蛋白质在蛋白水解酶的作用下生成氨基酸，因此最适发酵温度是能最大限度地发挥蛋白水解酶的温度，这样可得到较高的蛋白质水解率和氨基酸生成率。后期发酵：30～32℃；目的是为酵母和乳酸菌的繁殖创造条件，使酱油风味得以提高。整个发酵周期：14～20d。

d. 倒池：目的是使酱醅各部分的温度、盐分、水分以及酶的浓度趋向均匀；排除酱醅内部因生物化学反应而产生的有害气体、有害挥发性杂质；增加酱醅的含氧量，防止厌氧菌生长，促进有益微生物的繁殖和色素生成等。次数，一般发酵周期20d左右时只需在第9～10天倒池一次。如发酵周期在25～30d可倒池二次。

②固态低盐淋浇发酵浸出法：淋浇工艺将积累在发酵池底下的酱汁，用泵抽回浇于酱醅表面，使酱汁布满酱醅整个表面均匀下渗，从而使酱醅的水分和温度均匀一致，也为培养乳酸菌或酵母创造了良好的生态环境，延长了后发酵期，从而增加了酱油的香气成分。缺点是需要增加淋浇设备与淋浇操作，在工艺上带来不方便。非淋浇发酵和淋浇发酵的发酵时间如表10-3所示。固态低盐淋浇发酵浸出法工艺流程如图10-10所示。

表 10-3　　　　　　　　　　　非淋浇发酵和淋浇发酵的发酵时间

发酵阶段	非淋浇发酵	淋浇发酵
前期发酵（蛋白酶）	15d	10～15d
后期发酵（酵母、乳酸菌）	10d	25d

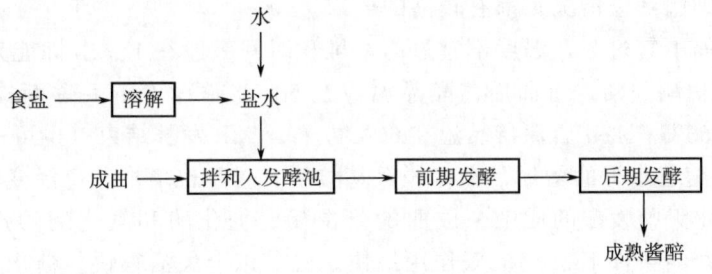

图 10-10　固态低盐淋浇发酵浸出法工艺流程

(3) 酱油的固态无盐发酵工艺　食盐在发酵中能防止杂菌的繁殖，所以传统酿制酱油要以18%的食盐水发酵，但食盐对酶活性有抑制作用，随着食盐浓度的增加，相对地延长了发酵周期。传统发酵半年以上，固态低盐发酵2～3周。在无盐的情况下，酶的活性不受抑制，可以得到充分作用，发酵时间只要3d，大大缩短了发酵时间，这就为增产创造了良好的条件。

固态无盐发酵的特点是作用温度高，作用时间短。在无盐条件下，温度升高，作用速度增加，酶的反应加速而持续时间较短。在55～60℃下，只需72h左右就可以得到较好的分解效果。

①无盐发酵工艺流程（图10-11）

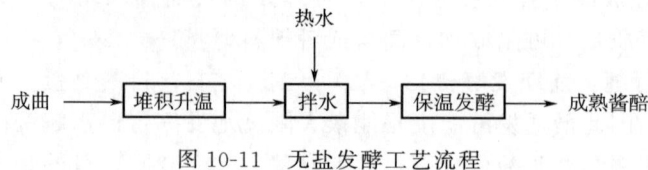

图 10-11　无盐发酵工艺流程

②固态无盐发酵法操作要点

a. 成曲堆积升温：由于无盐发酵落曲酱醅起始品温就要求达到50～55℃，所以成曲需要堆积升温。方法：在落曲下池前，停止通风，利用米曲霉继续繁殖产生的呼吸热和分解热，使成曲迅速升温。竹匾或木盒曲可倒入麻袋或竹篓内堆积，使温度升到45℃左右。注意不得超过50℃，否则就会影响酶的活性。

b. 制醅：制醅拌曲的热水为65℃，不得超过70℃（视气候、拌曲速度而定，要求拌曲完毕，酱醅品温达到50～55℃）。拌曲要求同固态低盐发酵法，要求下层水分少，上层逐渐增加，留少许热水作泼面用。落曲完毕，面层盖塑料薄膜，封以食盐防腐保温。

c. 拌水量：拌水量与原料配比有关。拌水量适当，成熟酱醅呈赤褐色而鲜艳。接触空气的表面层，只有很薄的呈暗褐色的氧化层，酱醅没有焦煳味（梅干菜味），口味鲜，分解效果好，原料全氮利用率可达77％左右；拌水量过少，成熟的酱醅呈暗褐色，有强烈的焦煳味，鲜味不足，后味带苦；若拌水量过大（超过成曲的120％以上），则酱醅升温缓慢，上层氧化层少，杂菌容易污染，会造成酱醅酸败的危险，带来淋油困难，成品色淡而浑浊，质量低劣。

d. 发酵管理：无盐发酵是在无盐的条件下发酵，因此对发酵设备、拌曲工具的卫生和成曲的质量（细菌污染情况）都有较高的要求。

成曲堆积时间不宜过久，温度不宜过高，堆积时间一般在1～2h即能升到45℃，如果超过50℃将使蛋白酶失活。落曲后酱醅品温应在50～55℃，20h后逐渐提高温度至55～60℃，不得低于55℃，48h后保持品温在60℃左右，72h发酵结束（也可在55℃条件下继续发酵5～6d）。随着水分的增加，全氮、氨基酸氮、总酸也增加，色泽变淡。

温度管理决定无盐发酵的成败。成曲的蛋白酶、糖化酶和氧化酶的作用最适温度不同。蛋白酶在无盐的条件下50～55℃作用最快，55℃以上失活很快。糖化酶和氧化酶的作用温度较高。因此发酵时采取逐步升温的方法较好。初始50～55℃有利于蛋白酶的分解，最后提高到60℃有利于糖化酶等酶的作用。如果低于55℃会造成酱醅酸败。所以无盐发酵应十分注意车间及发酵池的保温工作，使酱醅层品温均匀。品温超过60℃也会带来氨基氮的损失，使酱油鲜味降低。

4. 酱油的浸出（淋油）

（1）浸出的定义　将发酵后酱醅中所含的可溶性物质溶解到浸出液中，形成酱油的半成品。在酱油浸出过程中涉及溶解、萃取、过滤、重力沉降等现象。

（2）浸出方式

①移池浸出法：将发酵后成熟酱醅移入浸出池（淋油池）淋油。

②原池浸出法：不用另建淋油池，操作与移池淋油基本相同，只是不必考虑移池操作对淋油工序的影响，有利于酱油质量的提高。

（3）淋油工艺流程（图10-12）

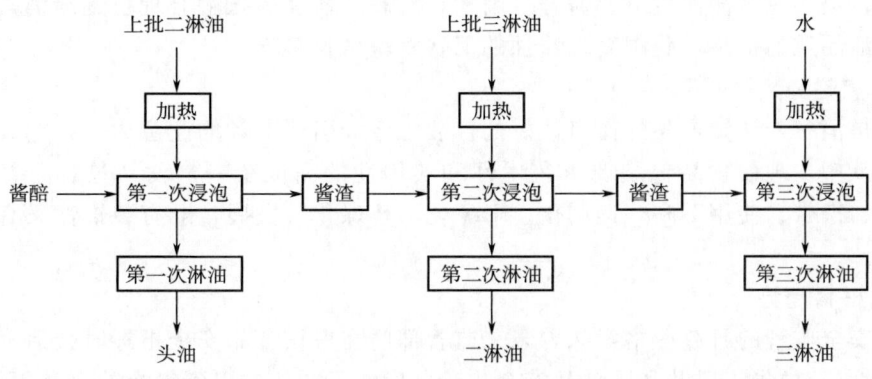

图10-12 淋油工艺流程

（4）工艺要点

①采用较高的浸提温度：浸提液温度70～80℃，以保证浸泡温度能够达到55℃左右。

②浸泡时间要充分适当：第一次浸泡不少于6h，第二次浸泡不少于2h，第三次浸泡的时间可以缩短。

③掌握合理的浸提次数：头油和二淋油一般供配制酱油成品，二淋油和三淋油也可作下批浸提液。

④放油速度要适当：头油和二淋油放油速度慢，二淋油和三淋油放油速度较快。

5. 酱油的加热和配制

（1）酱油的加热 加热的目的：灭菌，调和香气和风味，增加色泽，除去悬浮物，破坏酱油中多种酶，使质量稳定。

（2）成品酱油的配制 即将每批生产中的头油和二淋油或质量不等的原油，按统一的质量标准进行配兑，使成品达到感官特性、理化指标要求。加入食品添加剂：助鲜剂，谷氨酸钠（味精）；强助鲜剂，肌苷酸、鸟苷酸；甜味剂，砂糖、饴糖和甘草；香辛料，花椒、丁香、豆蔻、桂皮、大茴香、小茴香等。

七、酱油产业的发展概况及未来发展趋势

酱油产业是我国调味品行业的第一大产业，产销量和企业规模均居调味品行业首位，产业发展潜力巨大。近年来酱油企业开始注重品牌发展、文化和标准建设以及国际市场开拓，各方面都卓有成效，带动了调味品行业整体的发展。酱油产业分类有多种方式，可以按照产品的酿造工艺、原料、功能等基本要素进行分类，也可以根据酱油的市场要素进行分类，如依照产品的市场定位和功能，可分为儿童酱油、凉拌酱油、火锅酱油、烧菜酱油、寿司酱油、铁强化酱油、海鲜酱油、面条鲜酱油等。近年来，酱油产量总体平稳增长，龙头企业规模效益明显。目前，酱油产业龙头企业在渠道精细化、产品细分化之后，开始通过全国性的广告宣传、全渠道营销策略和并购重组的方式快速扩张，并开始多元化经营，成为我国调味品行业的整合者。

结合目前酱油行业的发展现状，预测未来我国酱油产业趋势将向以下几个方面发展。

1. 产品等级趋势

随着居民收入的不断提高和消费理念的转变，对酱油的需求也在不断提高，在选购酱油产品时，更加注重酱油口感、酱香等因素，对高端酱油的抵触心理也逐渐消失。未来随着人们生活品质的提高，我国高端酱油的消费将呈增长趋势。

2. 包装趋势

包装是消费者认知产品的窗口，好的包装也会吸引消费者的注意力，并把其注意力转化为购买欲望。现代食品包装要求艺术性和实用性的高度统一，食品包装向着方便"陈列、挑选、携带、使用"和"透明化、形象化、环保化"发展，既有装饰性又有艺术性的方向发展。

3. 原材料趋势

食品安全监管的日趋严格意味着未来监管部门在考核食品安全指标时会追溯食品的原材料安全性，《中华人民共和国食品安全法》已确立了"从农田到餐桌的全过程无缝监管"的食品安全监管理念，从实施情况看，我国在加工食品、食品添加剂等的生产及市场监管环节取得了一定的成效。

第三节　食醋的酿造工艺

任务

学会分析如何识别不同生产工艺和醋龄的镇江香醋。

食醋的酿造工艺

【案例】

镇江香醋是中国著名的食醋之一，通过技术革新，将其传统生产工艺逐渐转变成机械化、规模化、智能化和自动化的现代化生产工艺。现代化生产工艺与传统生产工艺的主要区别在于食醋生产过程中酒精发酵阶段菌种和发酵方式的不同。传统镇江香醋生产工艺利用麦曲进行多菌种混合发酵，麦曲中含有霉菌和酵母菌等，多菌种的共同作用为镇江香醋的色、香、味、形奠定了较好的基础。用传统工艺生产食醋的效率虽较低，但具有独特风味，深受消费者喜爱，具有较高的市场价值，早在2006年就被列入首批国家非物质文化遗产名录。现代化镇江香醋生产工艺是在酶制剂作用下经液化、糖化，然后加入纯化的酿酒酵母进行单菌种纯种发酵，确保了菌种品质，提高了淀粉利用率。在继承传统生产工艺优势的同时，借鉴先进技术，从最初的小批量醋坛发酵变成现在的大批量发酵罐发酵，提高了生产效率。镇江香醋风味物质形成，不仅与生产工艺有关，而且与后熟陈酿有关。未经陈酿的香醋，口感与香气较差，随着醋龄增加，形成的酯类物质较多，香醋具有明显的香气。

现代化生产工艺与传统工艺生产以及不同醋龄食醋的风味各具特色。目前食醋生产工艺与醋龄的标识不规范或存在假冒产品，导致食醋产业竞争秩序混乱。仅用感官评价或者简单的理化试验鉴别，不仅操作过程费时、费力，而且结果具有较大的主观性和片面性，这给消费者和生产者带来一定的困扰。为维护市场秩序、帮助消费者辨识和选购，急需建立行之有效的鉴别镇江香醋生产工艺和醋龄的技术，使镇江香醋得到更好的保护、传承和发扬。

【案例分析与讨论】

采用固相微萃取质谱（SPME-MS）技术获取现代化生产工艺与传统生产工艺以及5种醋龄（新醋、半年、2年、3年、4年）镇江香醋的离子丰度信息，结合线性判别分析（LDA）、支持向量机（SVM）和反向传播神经网络（BPANN）3种化学计量学方法建立判别模型。结果表明对现代化生产工艺与传统生产工艺的镇江香醋或5种醋龄的镇江香醋进行区分时，BPANN模型的训练集和测试集识别率分别为100%和99%；对镇江香醋的工艺和醋龄同时区分时，LDA模型的训练集和测试集识别率均为100%。结论：采用SPME-MS技术结合化学计量学方法能快速识别不同生产工艺和不同醋龄的镇江香醋。

一、概述

醋是一种酸味液态调味品，用粮食发酵酿造而成，是主要的调味品之一，以酸味为主，且有芳香味，用途较广，是糖醋味的主要原料。它能去腥解腻，增加鲜味和香味，能在食物加热过程中使维生素C减少损失，还可使烹饪原料中钙质溶解而利于人体吸收。

醋，是由古代酿酒大师杜康的儿子黑塔发明而来，因黑塔学会酿酒技术后，觉得酒糟扔掉可惜，由此不经意酿成了"醋"。醋，又称酢、苦酒、米醋，是传统的酸性调味品，起源于我国西周时期，有2500多年历史。中国各地物产气候不同，产生了各具特色的地方食醋，保持至今最著名的江苏镇江香醋、山西老陈醋、福建永春老醋、四川保宁醋、辽宁喀左陈醋等，其中山西老陈醋、镇江香醋、永春老醋、四川保宁醋并列"中国四大名醋"。《中国医药大典》记载，"醋产浙江杭绍二县为最佳，实则以江苏镇江为最"，镇江香醋以糯米为原料，是一种典型的米醋。据考证，镇江香醋至少有1400多年的历史。

二、食醋的种类

1. 酿造醋

以淀粉质、糖、酒为原料，经醋酸发酵酿制而成。按原料分：粮食醋、麸醋、薯干醋、糖醋、酒醋。按酿造用曲分：麸曲醋、大曲醋、小曲醋。按发酵工艺分：固态发酵醋、液态发酵醋、固稀发酵醋。

2. 合成醋

用食用冰醋酸加水兑制而成。

3. 配制食醋

在酿造醋中加各种辅料配制而成的食醋系列花色品种。

三、食醋生产的原料

食醋原料一般可分为主料、辅料、填充料和添加剂四大类。

(1) 主料 主料是指能被微生物发酵而生成醋酸的主要原料,为淀粉质原料、糖质原料(水果、糖蜜)和酒类原料三大类。

①高粱(又名红粱、蜀黍):高粱粒中含有3%左右的单宁,大部分集中在种皮上。单宁对酒精发酵有阻碍作用,过多的单宁能使成品带苦涩味。用高粱为原料生产食醋时,适当延长蒸煮时间能除去一部分单宁。

②稻米:稻米也称大米,是糯米(红米)、粳米、籼米的统称,大米是制醋的良好原料,尤其是糯米,常用作高级香醋的原料。

③玉米(珍珠米、苞米、玉蜀黍):玉米子粒中含有大量淀粉,少量葡萄糖、蔗糖、糊精,还含有不饱和脂肪酸和饱和脂肪酸(称玉米油),制醋多用黄玉米(含淀粉高)。

除上述原料外,还有甘薯、小米、大麦、小麦、豌豆等。

(2) 辅料 固体发酵需要大量的辅助原料,辅料一般采用细谷糠和麸皮。它既可为制醋补充些有效成分,又可对醋醅起到疏松作用。麸皮中含有相当高活性的β-淀粉酶,如直接用生麸皮参加发酵时,还有利于淀粉的糖化作用。

(3) 填充料 固态发酵制醋和速酿法制醋都需要填充料,填充料作用是为了调整淀粉浓度,吸收酒精及液浆,保持一定空隙,使醋醅疏松,给发酵创造有利条件,填充料与出酒、出醋率有密切的关系。含淀粉多的原料,填充料用量多,淀粉少的原料填充料用量少。常用的填充料有谷糠、花生壳、稻皮、玉米芯等。

(4) 添加剂 食盐:能抑制醋酸菌等不耐盐细菌的生长,阻止醋酸菌对醋酸的分解,还可以起调味作用;蔗糖:增加甜味和浓度;香料:有芝麻、茴香豆、生姜等品种,为增香调味料,赋予食醋特殊的风味;炒米色:增加食醋的色泽及香气。

四、食醋的酿造用微生物

传统工艺酿醋(即老法酿醋)是利用自然界中的野生菌制曲,发酵,因此酿造用的微生物种类繁多。

1. 曲霉属

曲霉菌有丰富的淀粉酶、糖化酶、蛋白酶等酶系,因此常用曲霉菌制作糖化剂。

(1) 黑曲霉 黑曲霉最适生长温度为37℃,最适pH为4.5～5.0,除分泌糖化酶、液化酶、蛋白酶外,黑曲霉还分泌果胶酶、纤维素酶、脂肪酶、氧化酶和单宁酶等。适用于酿醋的常用菌株有:①甘薯曲霉As3.324,该菌生长适应性好,易培养,有强单宁酶活性,适用于甘薯及野生植物酿造。②邬氏曲霉As3.758,糖化能力强,生酸能力强,耐酸性也强,能同化硝酸盐。③东酒一号,是As3.758的变种,上海地区应用此菌制酒、制醋较多。

(2) 黄曲霉 黄曲霉最适生长温度为37℃,黄曲霉菌株能分泌丰富的蛋白酶、淀粉酶,还分泌纤维素酶、转化酶、菊糖酶、脂肪酶、氧化酶等。黄曲霉中的某些菌株会产生对人体致癌的黄曲霉毒素,生产时为了安全,需对菌株进行严格检测。

2. 酵母菌

酵母菌培养和发酵的最适温度一般为25～30℃,最适pH为4.5～5.0。酵母菌为兼性厌氧菌,只有在无氧条件下才进行酒精发酵。在食醋酿造过程中,淀粉质原料经曲的糖化作用产生葡萄糖,酵母菌则通过酒化酶系把葡萄糖氧化成酒精和二氧化碳,完成酿造过程中的酒精发酵阶段。

3. 醋酸菌

醋酸菌具有氧化酒精生成醋酸的能力。按醋酸菌的生理特性分醋酸杆菌属和葡萄糖氧化杆菌属。

(1) 醋酸菌的特性　细胞形态为杆状菌，呈链状排列，有鞭毛，无芽孢，属革兰阴性菌。对氧要求：醋酸菌为好氧菌，必须供给充足的氧气才能进行正常发酵。液体培养时会在液面形成菌膜。在含有较高浓度酒精和醋酸的环境中，醋酸杆菌对缺氧非常敏感，中断供养会造成菌体死亡。对环境要求为温度 28～33℃，pH 为 3.5～6.5，醋酸 1.5%～2.5%、酒精度 5%～12%vol、盐浓度 1%～1.5%。

(2) 常见的醋酸菌　常见的醋酸菌有奥尔兰醋酸杆菌、许氏醋酸杆菌、恶臭醋酸杆菌、攀膜醋酸杆菌、胶膜醋酸杆菌、AS1.41 醋酸杆菌、沪酿 1.01 醋酸杆菌等。

五、糖化剂和糖化工艺

把淀粉转化为发酵性糖所用的催化剂称糖化剂。糖化剂包括以下三种类型。

1. 大曲

大曲以小麦、豌豆为主要原料，它包含的微生物以根霉、毛霉、曲霉和酵母菌为主，并混杂有大量的野生杂菌。由于菌类多、分泌的酶种类也多。制造大曲的季节一般以春末夏初到中秋节前后最适宜。大曲制备工艺复杂，淀粉利用率低，生长周期长，但便于运输和管理，酿成的醋风味好。其又分为两个类型：高温曲，制曲过程最高温度达到 60℃以上；中温曲，最高品温不超过 50℃。

2. 小曲

小曲以米粉、碎米或米糠为主要原料，添加或不添加中药材，接入纯种酵母、根霉或接入曲母培养而成。主要微生物是根霉和酵母菌。小曲对原料的选择性强，适用于糯米、大米、高粱等原料。其类型有药小曲、无药白曲、无药糠曲。

3. 麸曲

麸曲以麸皮为主要制曲原料，纯培养的优良曲霉菌为制曲菌种，采用固态培养法。优点是制曲周期短、成本低、糖化能力强，对酿醋原料适应能力强，出粗率高，但不宜长期保存。主要利用自然通风培养。

六、食醋酿造过程中的主要生物化学变化

食醋的酿造过程以及风味的形成是由于各种微生物所产生的酶引起的生物化学作用，食醋酿造主要包括淀粉分解、酒精发酵和醋酸发酵三个过程。

1. 淀粉水解

将大米等淀粉质原料经过粉碎使细胞膜破裂，再经蒸煮糊化，加入一定量的淀粉酶，使糊化后的淀粉变成酵母能够发酵的糖类。由淀粉转化为可发酵性糖的过程称为糖化。在糖化发酵时所用的霉菌中的酶包括 α-淀粉酶、糖化酶、转移葡萄糖苷酶、果胶酶、纤维素酶等，由于这些酶的协同作用，使淀粉分解生成葡萄糖、麦芽糖，再由酵母生成酒精。还有少部分非发酵性糖变成残糖而存在醋中，使食醋带有甜味。

2. 酒精发酵

淀粉水解后生成的大部分葡萄糖被酵母菌在厌氧条件下经细胞内一系列酶的作用下，完成糖代谢过程，生成乙醇和二氧化碳。副产物是甘油和琥珀酸、醋酸、乳酸等，是食醋香味的来源。酒精发酵不需要氧气，所以要求发酵在密闭条件下进行。如有空气存在，酵母仅进行酒精发酵，而且部分进行呼吸作用，而使酒精产量降低，糖的消耗速率也减慢。

3. 醋酸发酵

醋酸发酵是依靠醋酸菌氧化酶的作用，将酒精氧化生成醋酸，其反应式为：

$$C_2H_5OH + O_2 \longrightarrow CH_3COOH + H_2O + 485.6 kJ$$

实际生产中，由于醋酸的挥发、氧化分解、酯类的形成、醋酸被醋酸菌作为碳源消耗等原因，一般1kg酒精只能生成1kg醋酸，也就是1L酒精可以生成20L醋酸含量为5%的食醋。

七、食醋酿造过程中色香味体形成的原因

1. 食醋的色

食醋颜色的来源主要有以下几方面：①原料本身的色素带入醋中；②原料预处理生成的有色物质进入；③发酵过程中生成的色素；④微生物的有色代谢产物；⑤熏制醅时产生的色素；⑥人工添加的色素。其中酿醋过程中发生的美拉德反应是形成食醋色素的主要途径。

2. 食醋的香

食醋的香气主要来源于食醋酿造过程中产生的酯类、醇类、醛类、酚类等物质。还有添加的芝麻、茴香、桂皮、陈皮等香辛料。这些物质一部分是由微生物代谢产生的，一些是化学反应生成的，还有就是原料中固有的香味。但酯化反应（化学反应）速度慢，所以速酿醋香气差，需经陈酿来提高酯类含量。但一些成分过量存在会使香气变差，如双乙酰、3-羟基丁酮。

3. 食醋的味

食醋是一种酸性调味品，主味是酸味。醋酸是挥发性酸，酸味强，尖酸突出，有刺激性气味。此外食醋还含有少量的不挥发性有机酸，如琥珀酸、苹果酸、柠檬酸等，它们的存在会使食醋的酸味变得柔和。

4. 食醋的体

食醋的体态是由固形物含量决定的。固形物包括有机酸、脂类、糖分、氨基酸、蛋白质、糊精、色素、盐类等。用淀粉质原料酿制的醋因固形物含量高，所以体态好。

八、食醋酿造的生产技术

1. 固态发酵法制醋的生产类型

（1）大曲醋　大曲为我国古老曲种之一，采用小麦、大麦和豌豆等为原料，其形状似砖，又称砖曲，大曲是利用制曲原料、工具、辅助材料和周围空气中的微生物，自然繁殖而成。在制曲过程中培养出有益的菌类，分泌出许多复杂的酶，促使食醋原料的糖化和发酵作用，所以它既是发酵剂，也是制醋原料之一。大曲醋以高粱原料为主，发酵周期较

长,产品质量较好,但成本较高,出醋率偏低,资金周转慢,阻碍了生产的发展。我国著名的山西老陈醋就是这一类型的代表。

(2) 小曲醋 小曲又称酒药、药小曲或药饼,小曲的品种很多,所用药材也各异,其中所含微生物以根霉、毛霉为主。一般小曲中的微生物是经过自然选育培养的,并经过曲母接种,使有益微生物大量繁殖,所以小曲兼具糖化及发酵的作用。小曲醋生产以大米、糯米为主,制曲的酒具有独特的米香,再经醋酸发酵,制品风味好。镇江陈醋就是这一类型的代表。

(3) 麸曲醋 采用纯种麸曲为糖化剂,以纯种酵母、醋酸菌制成的酒母和醋母作发酵剂、是目前我国普遍采用的一种生产方法。优点是工艺简便,发酵周期短,原料出醋率高,成本低。不足之处是食醋风味比大曲醋和小曲醋稍差。

2. 固态法制醋生产特点

低温糖化及酒精发酵,采用较低温度,使糖化作用和酒精发酵作用同时进行,即所谓边糖化、边发酵工艺;配料多用辅料和填充料;多菌种混合发酵,与固态发酵的敞口操作有关;浸淋法提取食醋,简化提取工序,降低生产成本。

3. 麸曲醋的生产工艺

(1) 工艺类型

①固态酒精发酵-固态醋酸发酵:其工艺流程如图10-13。

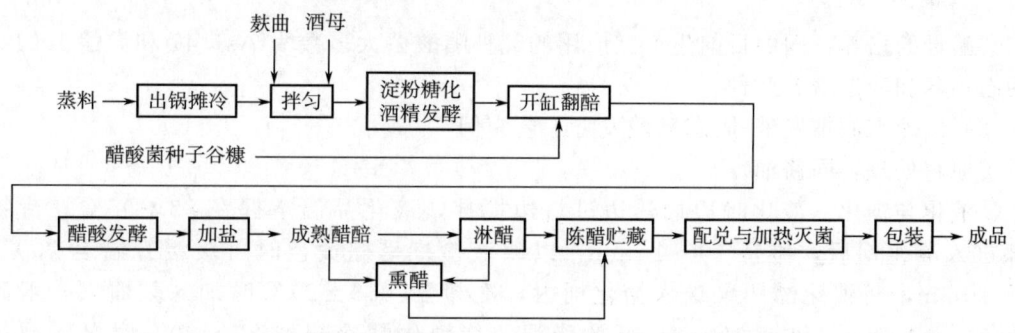

图 10-13 固态酒精发酵-固态醋酸发酵工艺流程

②液态酒精发酵-固态醋酸发酵:其工艺流程如图10-14。

(2) 操作要点

①麸曲的生产:麸曲是麸曲醋生产中的糖化剂,它以麸皮为主要原料,接入纯种曲霉,用固体表面培养法制成。制造麸曲常用的霉菌是甘薯曲霉3.324、黑曲霉3.4309,其特点是糖化酶活力很强,能耐酸,但液化力不高。

麸曲生产步骤:它是以麸皮为主要原料,以糠谷、酒糟及豆饼为配料,经调水、蒸煮、冷却后,接入曲盘固体培养的糖化种曲(黑曲霉:黄曲霉=7:3),采用机械式通风制曲池固体深层培养制成。

②酒母的制备:酒母是酒精发酵的主要微生物,在食醋生产中,淀粉质原料糖化后进行酒精发酵,一般选用K氏酵母,以高粱为原料生产的速酿醋,选用混合酵母(1308)。此外常用的还有:南阳5号(1300)、南阳6号、拉斯12号等。

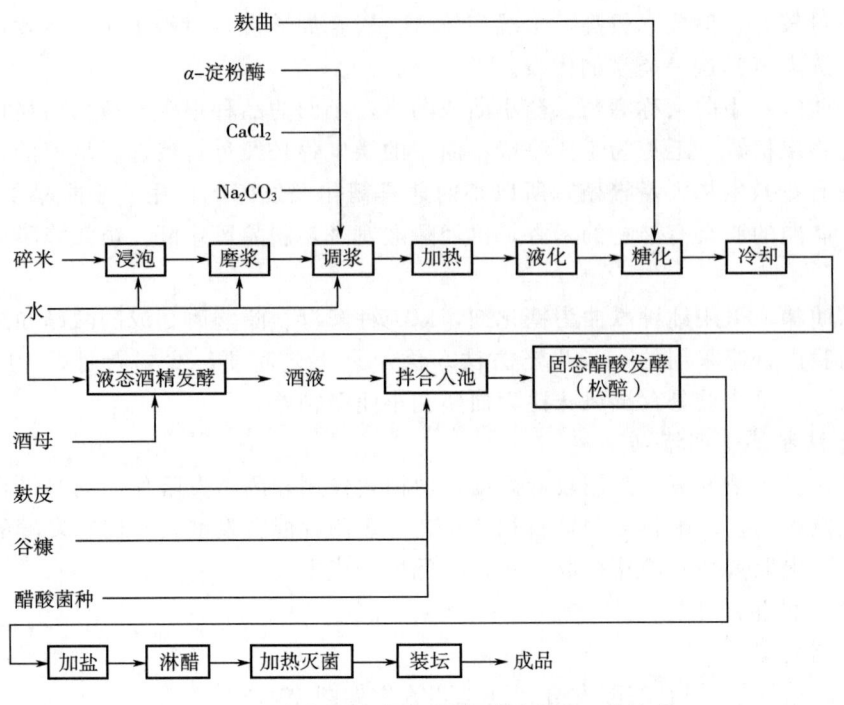

图 10-14　液态酒精发酵-固态醋酸发酵工艺流程

③醋母的培养：国内目前生产上应用的纯种醋酸菌大多数为 As1.41 和沪酿 1.01。分为固态培养和液态培养 2 种。

(3) 以液态酒精发酵-固态醋酸发酵工艺为例

①原料处理：同酱油。

②液化与糖化：液化时边加热边进料边搅拌，液化品温掌握在 85～95℃，待粉浆全部进入液化锅后，维持 10～15min，以碘液检查呈棕黄色时可缓缓升温至 100℃ 并保持 10min，将液化醪用泵送入糖化桶内，冷却至（63±2）℃ 时加入麸曲（一般碎米量为 5%～10%），维持 30min，开始降温，待糖化醪冷却到 27～30℃ 时泵入酒精发酵缸内。

③酒精发酵：将糖化醪送入发酵缸后，同时加水稀释至 114.6（包括酒母在内），酒母接种量为 10%，发酵温度控制在 31～33℃，发酵周期为 64～72h。

④醋酸发酵：将酒醪、麸皮、谷糠与醋酸菌种子用制醅机充分混合后，均匀送入醋酸发酵池内，然后耙平，盖上塑料布开始醋酸发酵。进池温度控制在 40℃ 以下，以 35～39℃ 为最适宜。面层醋醅的醋酸菌生长繁殖快，24h 左右即可升到 40℃，但中间醅温低，所以中间必须进行一次松醅。松醅后采取以温定浇，待品温升至 40℃ 时即可回流。前期要求保持品温在 42～44℃，后期为 36～38℃，每班回流 2～3 次，一般回流 120～130 次醋醅即可成熟。成熟标志为醅液酒精含量已甚微，酸度也不再上升，发酵期为 20～25d。

⑤淋醋：淋醋仍在醋酸发酵池内进行，把二醋汁分次浇在面层，从醋汁管收集头醋，当醋酸含量降至 5g/100mL 时停止。

⑥成品配制：将淋出的头醋经 80℃ 消毒，即可配制成品醋。

(4) 麸曲制醋的优点　出醋率显著提高,比一般固态法提高16%;旧工艺碎米用蒸熟的方法,耗煤量大,实现酶法液化新工艺后,用煤量显著下降;本工艺在酒精发酵完毕后,酒醪直接拌入生麸皮进行醋酸发酵,利用生麸皮不但简化工序,节约用煤,而且还增加糖化能力,提高了产品产量和质量;本工艺除出渣需用人工外,其他工序已实现管道化、机械化生产,这就大大降低了工人的劳动强度;本工艺需要大量的麸皮和谷糠。现在有些酿造厂已采用先将酒醪经板框压滤和过滤除渣,同时改用可以循环利用的玉米芯为填充料,如此酒液经回流发酵仅需2~3d,就能制成食醋。

4. 小曲醋的生产工艺

(1) 生产工艺

①小曲制备:小曲是含霉菌和酵母等多种微生物的混合糖化发酵剂,小曲中的霉菌一般包括根霉、毛霉、黄曲霉、米曲霉和黑曲霉等,而主要是根霉,它能产生丰富的淀粉酶,一般包括液化型和糖化型,两者的比例为1:3.3,而米曲霉则为1:1,黑曲霉为1:2.8。尽管根霉反应速度慢,但最终能较完全地转化淀粉为可发酵性糖,这是其他霉菌所无法相比的,根霉细胞中还含有一定的酒化酶系,这一特点也是其他霉菌所没有的。

②小曲醋的工艺流程(图10-15)

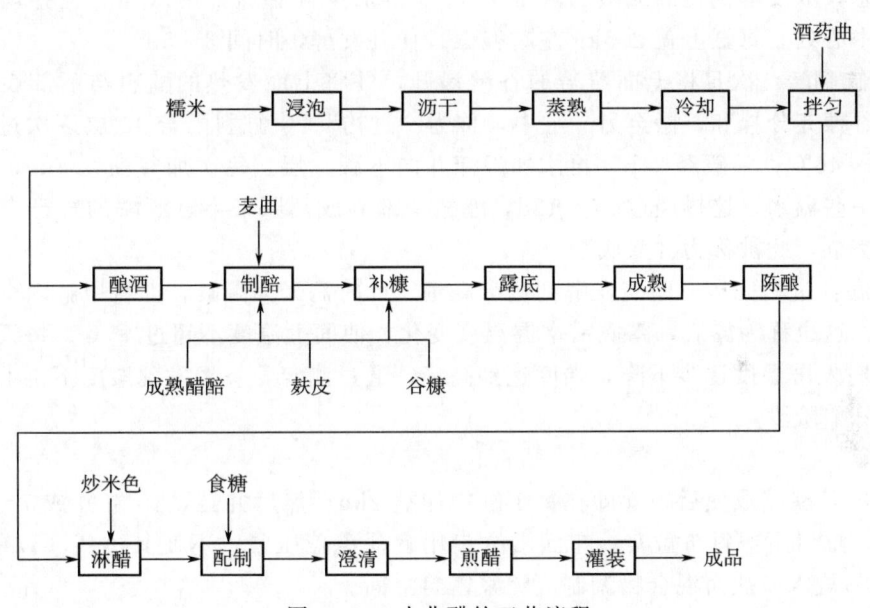

图10-15　小曲醋的工艺流程

(2) 操作要点

①用料数量(一班工作投料量):糯米500kg,酒药2kg,麦曲30kg,麸皮850kg,稻壳470kg。每1t一级香醋,耗用辅助材料如下:米色135kg(折大米40kg左右),食盐20kg,糖6kg。

②酒精发酵

a. 精选原料:每次将500kg糯米置于浸泡池中,加入清水浸泡,一般冬季24h,夏季15h,浸后要求米粒浸透而无白心,然后捞起入米箩内,以清水冲去白浆,淋到出现清水为止，再适当沥干。

将已沥干的糯米蒸至熟透，取出用凉水淋饭冷却。冬季冷至30℃，夏季25℃，拌入0.4%酒药（2kg）搅匀，置于缸内成"V"字形饭窝。拌药毕，用草盖将缸口盖好，以减少杂菌污染和保持品温。

b. 低温糖化发酵：品温保持在31～32℃。冬天用稻草裹扎，夏天将草盖掀开放热。经过60～72h饭粒离缸底浮起，卤汁满塘。此时已有酒精及CO_2气泡产生，这时糖分为30%～35%，酒精含量4%～5%。

c. 后发酵：拌药4d后，添加水和麦曲。加水量为糯米的140%，麦曲量为6%（即30kg），掌握品温在26～28℃，此时称为"后发酵"。在此期间应注意及时开耙。一般在加水后24h开头耙，以后3d，每天开耙1～2次，以降低温度，发酵时间自加入酒药算起，总共为10～13d。50kg糯米，冬天产酒醪165kg，酒精含量在13%～14%vol，酸度为0.5g/L以下；夏季产150kg酒醪，酒精含量10%vol以上，酸度0.8g/L以下。

③醋酸发酵

a. 拌料接种：制醋方法采用固态分层发酵法。以前用大缸为发酵容器，现以发酵池代之，一池抵15缸。缸容量为350～400kg。取165kg酒醪盛入大缸中，加85kg麸皮拌成半固态状态，取发酵优良的成熟醋醅2～3kg，再加少许谷糠，用水充分搓拌均匀，放置缸内醅面中心处。每缸上盖2.5kg左右谷糠，任其发酵，时间3～5d。

b. 倒缸翻醅：次日将上面覆盖的谷糠揭开，并将上面发热的醅料与下部表层未发热的醅料及谷糠充分拌和，搬至另一缸中，称为"过杓"。一缸料醅分10层逐次过完。过杓品温在43～46℃，一般经24h，再添加谷糠并向下翻一层。每次加谷糠约4kg，根据实际情况补加一些温水。这样经过10～12d，醋醅全部制成，原来半缸酒醪的缸已全部过杓完毕，变成空缸，此被称为"露底"。

c. 露底：过杓完毕，醋酸发酵到达最高潮。此时需天天翻缸，即将甲缸内全部醋醅倒入另一缸，这也称为露底，露底需掌握温度变化，使面上温度不超过45℃。每天一次，连续7d，此时发酵温度逐步下降，强度达到高峰，通过测定，一经发现酸度不再上升，立即转入密封陈酿阶段。

④陈酿

a. 封缸：醋醅成熟后，立即在每1缸中加盐2kg，然后并缸，10缸并成7～8缸，使醋醅揿实，缸口用塑料布盖实，布面沿缸口用食盐覆盖压紧，不使其透气。以前用泥土、醋糟和20%盐水或盐卤混合物调制成泥浆密封缸面。

b. 伏醅：醋醅封缸一周，再换缸一次，整个陈酿期为20～30d。陈酿时间越长，风味越好。

⑤淋醋：取陈酿结束的醋醅，置于淋醋缸中，根据缸的容积大小决定投料数量，一般装醅量为80%，根据出醋率计算加水量，浸泡数小时后淋醋。醋汁由缸底管子流出地下缸，第一次淋出的醋汁品质最好。淋毕后，再加水浸泡数小时，淋出的二醋汁可作为第一次淋醋的水用。第二次淋毕，再加水泡之，第三次淋出的醋汁作为第二次淋醋的水用，循环浸泡，每缸淋醋三次。

⑥灭菌及配制成品：将头醋汁加入食糖进行配制，澄清后，加热煮沸，趁热装入贮存容器，密封存放。每500kg糯米可产一级香醋1750kg，平均出醋率为3.5kg醋/kg米。

(3) 小曲醋生产特点　小曲醋以糯米为主料、原料淀粉含量高、杂质少、黏度适当，产品具有特有的米香；小曲醋生产用饭粒固态培菌糖化，边糖化，边发酵，设备简单，大小工厂均能生产；小曲中的根霉菌体含有丰富的糖化型淀粉酶，可以将淀粉完全地转化为葡萄糖，并含有酒化酶系，可以边糖化边发酵；低温糖化，有利于野生酵母的生长及发酵，使醋香更为浓郁。

5. 大曲醋的生产工艺

(1) 生产工艺

①大曲的特点：大曲是固态发酵制醋传统工艺的主要糖化发酵剂，它以纯小麦或按一定比例配合的大麦、豌豆等为原料，经粉碎加水压制成砖状曲坯，放置于曲室内依靠自然界带入的各种野生菌在原料上自然培育，获得各种有益于发酵的微生物，再经风干即成大曲。制成的大曲经3~6个月的贮藏，称为成曲，它含有酿醋所用的多种微生物的混合酶系，大曲的糖化力、发酵力均比纯种培养的麸曲、酒母低，粮食耗用大，生产方法还依赖于经验，劳动生产率低，质量还不够稳定。这类曲便于保管和运输，由于分泌有复杂的酶系，故酿成的食醋风味好；但淀粉利用率较低，生产周期长，糖化力低。现在我国几种主要名特食醋的生产仍多采用大曲。如山西老陈醋。

②工艺流程：工艺流程（以山西老陈醋为例），如图10-16所示。

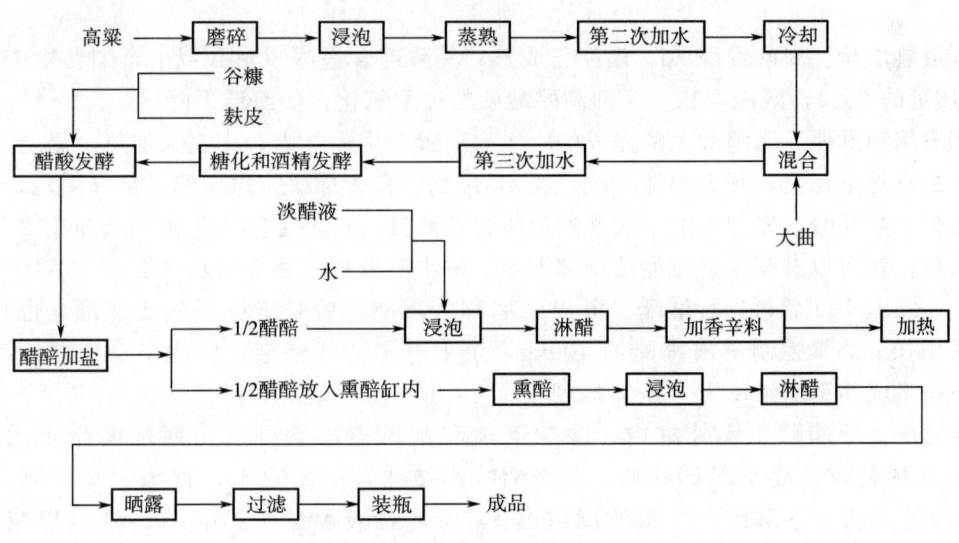

图10-16　山西老陈醋酿造工艺流程

(2) 操作要点

①原料配比：高粱547kg，大曲341.5kg，水蒸前273.5kg，蒸后1230.75kg，入缸355.55kg，麸皮400kg，粗谷糠400kg，食盐27.35kg，香辛料（花椒、大茴、桂皮、丁香、良姜等）0.2735kg。

②原料处理：先将高粱磨碎，使大部分成4~6瓣，粉末以少为宜。再取磨碎的高粱按每100kg加水50kg拌匀，润料12h以上（若用30~40℃的温水则4~6h也可），使高粱颗粒充分吸水。夏天摊开，冬天要堆成丘形。然后打碎团块（锅底甑箅上先撒一层谷糠），开汽后分层上料，待全锅上汽再蒸1.5~2h，以熟透不粘手，无生心为标准。最后取出熟

料，分别放入缸内，同时加入沸水 225kg，拌匀后焖 20min，使高粱颗粒充分吸水，掏出摊在凉场冷却。要求在短时间内冷却至 25～26℃。

③加大曲：当高粱饭冷至 25～26℃时，每 100kg 高粱加入经磨细的大曲粉 6.25kg，拌匀，放入酒精发酵缸内，再加凉开水 65kg 拌匀。

拌曲要掌握入缸温度，入缸温度高，发酵太快，起白泡沫，影响质量；入缸温度太低，发酵迟缓，一般掌握在 20℃～24℃，冬季可稍高些，夏季则应稍低。

④淀粉糖化及酒精发酵：入缸后逐渐糖化及发酵，至第 3d 温度达 30℃，第 4 天发酵至最高峰，即主发酵终了。用塑料薄膜封缸口，再盖上草垫，使之不漏气，促其继续进行后发酵，品温则逐渐下降，发酵时间共为 18～20d。酒精发酵前 3d 每天开耙两次，3d 后用塑料薄膜密封，在 18～20℃下保持 15d 以上的后发酵。酒醪质量要求是酒度达 6%～7%，酸度为 25g/L，正常酒醪色黄，酒液澄清。

⑤醋酸发酵：由 547kg 高粱及 341.5kg 大曲所制得的酒醪中，拌入麸皮与粗谷糠（总量为 800kg）后，置于 100 只浅缸内进行醋酸发酵。

取醋酸发酵第 3 天、并经三次翻拌，其品温已达 43～45℃的新鲜醋醅作为"醋酸菌种子"。每只浅缸的料内加入 10%，置于中心，缸口盖上草盖，经 12h 左右，品温可升到 41～42℃，每天早晚各翻拌一次，到第 3 天及第 4 天发大热，第 5 天开始退热，第 8 天即成熟。

⑥成熟加盐：醋酸发酵 8d，醋醅已成熟，其酸度含量达 80g/L 以上，加食盐 27.35kg（高粱质量的 5%），既能调味，又抑制醋酸菌的过度氧化，使醅温下降。

⑦熏醅和淋醋：取醋酸发酵完成的一半醋醅置于熏醅缸内，用文火加热，温度为 70～80℃，缸口盖上瓦盆，每天翻拌一次，经 4d 出醋，称为熏醅，熏后醋醅呈红褐色。

将另一半醋醅，先加入上一次淋醋后所得淡醋液，再补足冷水为醋醅质量的 2 倍，浸泡 12h 后，就可以淋醋，直至醋液全部淋出。淋出醋液加入香辛料加热至 80℃左右，放到熏醅中，浸泡 10h 后再进行淋醋。淋出的醋称为熏醋，就是老陈醋的半成品，也称为新醋。每 100kg 高粱控制淋出熏醋约 400kg，余下淋出的浅醋液，即为下一次醋醅浸泡之用。所得半成品熏醋浓度为 7°Bé，酸度 6～7g/100mL（以醋酸计）。

⑧陈酿：原醋贮于室外缸内，除遇下雨和刮风盖缸盖外（山西地区尘土大），一年四季日晒夜露，夏季烈日暴晒，冬季醋缸内结冰，把冰取出，称为"夏伏晒，冬抽冰"。经过三伏一冬陈酿，一般浓度可达 18°Bé，总酸含量在 10g/100mL（以醋酸计）以上。熏醋陈酿期为 9～12 个月。每 100kg 高粱所得熏醋约 400kg，经陈酿后仅得陈醋 120～140kg。现在正在探讨浅层晒房晒醋、蒸馏法浓缩熏醋等措施以缩短陈酿时间。

⑨成品：老陈醋制成后，经纱布过滤，除去浮杂物质即可装瓶出售。

(3) 大曲醋的生产特点　山西老陈醋以高粱为主要原料，经磨碎蒸熟后，加入大量大曲作糖化发酵剂，采用低温糖化及酒精发酵。酒醪拌入大量谷糠、麸皮进行固态醋酸发酵。将一半成熟醋醅进行熏醅，另一半成熟醋醅淋醋，所得醋液再用以浸泡熏过的醅，淋得新醋，经三伏一冬日晒夜露与捞冰的陈酿过程，即可制成色泽黑褐、质地浓稠、醋味醇厚、具有特殊芳香、欠贮无沉淀不变质的食醋。

九、食醋的研究现状

食醋产品杀菌和成分分析方面：目前，食醋行业的原醋一般经过 100℃蒸煮 30min 达到灭菌效果。冷杀菌技术在食醋中尚未有工业化应用。高能电子束就是冷杀菌技术的一种，利用其 γ 射线或电子射线对物质具有穿透性的特点，对食品进行辐照处理，可以有效杀死食品中的寄生昆虫和致病菌，具有提高食品的卫生质量和延长食品的保藏期的效果。王超等通过对未灭菌的原醋进行不同剂量的高能电子束辐照，利用电子鼻系统和顶空固相微萃取-气相色谱-质谱联用仪检测其挥发性香气成分的变化，为今后冷杀菌技术在食醋灭菌工艺中的应用提供了理论参考。另外王超等通过对镇江香醋醋酸发酵过程中醋醅的水分含量、pH、还原糖、总酸、蛋白质、氨基酸和铵盐的测定，分析讨论各理化指标的变化规律。结果表明：各理化指标在发酵过程中变化各不相同，水分含量变化不显著，还原糖呈先增后减趋势，pH 和蛋白质呈下降趋势，总酸、氨基酸和铵盐呈递增趋势。各理化指标的动态分析为镇江香醋的工业化生产工艺提供了理论参考。邝格灵等为区分不同陈酿期恒顺香醋，并构建其香气特征，选取不同陈酿期的恒顺香醋作为研究对象，采用电子鼻与气相色谱-质谱联用方法，并结合主成分分析和载荷分析量化主成分贡献率和样品间风味的区分度。结果显示：电子鼻能够很好地区分 3 种不同陈酿期香醋的风味，电子鼻传感器 W2S、W5S 对恒顺香醋香气的区分能力最强。GC-MS 分析结果表明糠醛和川芎嗪的相对含量对区别不同陈酿期恒顺香醋贡献率最大。可见，通过电子鼻技术和 GC-MS 相结合的手段，可以较好地区分不同陈酿期的恒顺香醋，可为鉴别不同陈酿期的恒顺香醋提供理论依据和技术参考。

在食醋酿造工艺方面：潘洁琼等以小米为原料，接种酒曲和醋酸菌，采用固态发酵工艺生产小米醋。通过单因素和正交试验确定了酿造工艺，结果表明，酒精发酵的最佳条件是选用米糠为辅料，酒曲接种比例（万家兴高产生料酒曲、安琪酿酒曲）为 2:1，总添加量 1.5%，料醅水分含量为 69%，入缸初始温度 29℃；醋酸发酵的最佳条件是酿醋醋酸菌接种量为 0.15%，料醅初始酒度 8.0%vol，入缸初始温度 31℃。在此优化条件下，小米醋感官评分为 87.6 分，总酸含量为 71g/L，小米香突出，酸味柔和，风味典型。钟小廷等在传统固态醋发酵的基础上，通过添加不同量的鲜醋渣进行正交试验，得到的最优组合为：麸皮 1800kg，鲜醋渣 2000kg，酒醪液 3.5m³，黑曲酶 150kg，大曲 100kg。最终得到的食醋在感官、风味、理化指标等方面与正常发酵的醋无明显差异，原料利用率得到提高。

第四节 酶制剂的固态发酵

任务

分析固态发酵生产聚半乳糖醛酸酶的工艺流程。

【案例】

果胶酶广泛存在于高等植物中，参与某些果实成熟过程果胶物质的修饰。虽然果胶酶可从植物、动物等多种来源获得，但只有微生物来源

酶制剂的
固态发酵

的果胶酶才能满足工业化生产需求。但由于果胶酶生产成本高（培养基成本占总成本的30%～40%），而限制了它的应用。因此，探索利用特定微生物转化廉价底物发酵合成胞外果胶酶成为一种有意义的尝试。许多研究表明，丝状真菌是产生聚半乳糖醛酸酶的主要微生物，如黑曲霉、烟曲霉菌、扩展青霉等。现今，人们更加关注固态发酵方式在聚半乳糖醛酸酶生产中应用。与深层发酵相比，固态发酵具有需水量少、所需溶剂少、真菌生长条件好、产液量少、浓度高、产酶量大等优点。这些优势在生物质和农工业剩余物丰富的产业中获得了特殊的经济利益。ZHENG Z等研究以苹果渣、蔓越橘渣和草莓渣作为底物对香菇CY-35合成聚半乳糖醛酸酶的影响，结果表明草莓渣有利于聚半乳糖醛酸的合成。BOTELLA C等研究发现，葡萄渣可作为唯一营养物质以固态发酵方式合成聚半乳糖醛酸酶，结果表明聚半乳糖醛酸外切酶活性在发酵早期快速增长，随培养时间延长而逐步降低，而聚半乳糖醛酸内切酶活性恰与之相反，且后者活性受培养基中还原糖分解代谢阻遏调节。MACIEL M等以橙皮为支持物对黑曲霉URM 5162进行固定，探索用固定床反应器筛选聚半乳糖醛酸酶产生菌的方法。为提高聚半乳糖醛酸酶合成量，SOLIS-PEREIRAS等研究黑曲霉采用固态发酵和液态深层发酵方式下，不同的碳源及各个碳源的不同浓度对聚半乳糖醛酸酶合成的影响，结果表明以果胶或聚半乳糖醛酸为诱导剂，可以促进聚半乳糖醛酸酶的合成，而较高浓度的葡萄糖会抑制聚半乳糖醛酸酶的合成。

【案例分析与讨论】

通过固态发酵，实现黑曲霉（*Aspergillus niger*）发酵生产聚半乳糖醛酸酶（PG）。以葡萄渣、苹果渣和柑橘渣为底物，利用黑曲霉18-23发酵生产聚半乳糖醛酸酶，考察不同果渣底物、可溶性碳源对胞外聚半乳糖醛酸酶合成的影响，并对该酶酶学性质进行研究。结果表明，柑橘渣最适合聚半乳糖醛酸酶的生产，苹果渣次之，二者的PG酶活性分别为56.9 U/g和42.1 U/g。乳糖对聚半乳糖醛酸酶的合成有诱导作用，可促进酶活性的增加，而槐糖无诱导作用，葡萄糖会抑制聚半乳糖醛酸酶的合成。聚半乳糖醛酸酶最适温度为50℃，最适pH为5.5，且在温度40～50℃、pH 4.0～5.5稳定性良好，表明该酶在食品工业中具有潜在的应用价值。

一、概述

α-淀粉酶是目前国内用途最广泛、产量最大的酶制剂品种之一，在食品加工中主要用于淀粉加工业和酒精酿造业。生产α-淀粉酶的菌种有细菌和霉菌，霉菌α-淀粉酶大多采用固态法生产，而细菌α-淀粉酶则多采用液态深层发酵法生产。近年来，有研究者尝试用枯草杆菌变异菌种进行固态发酵，其产酶比液态发酵要高4～5倍，且生产成本较低，具有可观的经济效益。固态发酵可以产生高活力淀粉酶的原因是固态发酵中培养基麸皮的碳源浓度比液态深层发酵中的碳源浓度高得多，并且固态发酵中营养基质从固体颗粒到细胞的传递阻力较大，不如在液体深层发酵中从液体基质到细胞内部那样相对容易，从而消除了液体深层发酵中酶合成的分解代谢阻遏，造成了α-淀粉酶的大量合成。

纤维素酶有可能使植物纤维素糖化转变成食品原料，因此从长远来看，纤维素酶的生产是一项很有意义的工作。目前国内外纤维素酶生产工艺有两种：固态发酵和深层液体发酵。在生产纤维素酶上，固态发酵占有很多优势，发酵条件环境更接近于自然状态下木霉生长习性，使其产生的酶系更全，有利于降解纤维素，同时能源消耗少，设备投资相对减少，酶产品收率高，后续提取过程较液态发酵易处理。除此之外，还有很多其他种类的酶也可采用固态发酵方式来制备。

二、纤维素酶固态发酵生产工艺

1. 纤维素酶及其分类

纤维素酶（Cellulase）是一种高活性的生物催化剂，在纤维素类资源利用过程中起着重要的作用。纤维素酶能水解 $\beta-1,4$ 糖苷键，将长链的纤维分子降解为短链的小分子物质，最终转化为纤维二糖或单糖的一类酶的总称。纤维素酶按照功能分为外切葡聚糖酶、内切葡聚糖酶和 β-葡萄糖苷酶。

2. 纤维素酶作用机理

纤维素酶的作用机理目前有多重解释，包含 C_1-C_x 酶假说、顺序作用假说和协同作用理论，其中协同作用理论受到学界的普遍接受。该理论认为降解纤维素需要三种酶系共同协作发挥作用才能完成：第一步为内切葡聚糖酶攻击纤维素的非结晶区域，形成非还原性末端；然后外切葡聚糖酶从非还原性末端切下纤维二糖；最终切下的纤维二糖被 β-葡萄糖苷酶水解为葡萄糖，其过程如图 10-17 所示。纤维素酶协同作用非常复杂，但其协同机制还不是十分清楚，具体协同作用机理尚需进一步研究。

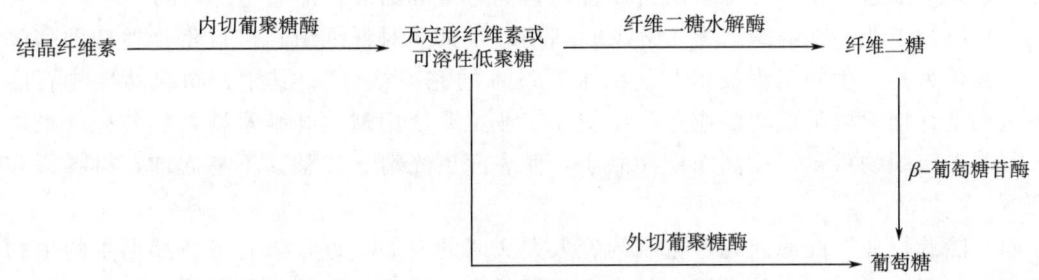

图 10-17　纤维素酶的作用机理

3. 纤维素酶固态发酵微生物

国内外纤维素酶生产工艺有两种：固态发酵及深层液体发酵。固态发酵法生产纤维素酶具有其独特的优点：①固态发酵条件环境更接近于自然状态下的木霉生长习性，使其产生的酶系更全，有利于降解天然纤维素；②固态发酵消耗能源少，设备投资相对减少；③酶产品收率高，后续提取过程较液态发酵好处理。

目前，对真菌产纤维素酶研究的较多。在真菌中对纤维素作用研究较多的是木霉属、曲霉属、青霉属的菌株等，其中木霉属是迄今所知形成和分泌的纤维素酶系成分最全面、活力最高的一个属，研究最多且最清楚的是里氏木属。能产纤维素酶的细菌常见的有好氧性细菌如纤维弧菌属、纤维单胞菌属、噬细胞菌属等，而厌氧条件下纤维素的分解主要是一些厌氧的芽孢梭菌属细菌的作用。对放线菌纤维素酶的研究到目前为止仍然很少。

(1) 真菌　真菌纤维素酶多为胞外酶，能够在胞外直接水解纤维素，不用依附于纤维素表面后才降解纤维素，比细菌所产纤维素酶拥有更大的优势。目前纤维素酶工业生产菌株多为真菌，其中木霉属和曲霉属是主要代表菌株，其他还有里氏木霉、康氏木霉、黑曲霉等。

(2) 细菌　产纤维素酶细菌可分为三类：①好氧型，有发酵单胞菌、纤维单胞菌等；②厌氧型，主要有产琥珀酸丝状杆菌和芽孢梭菌等；③好氧滑动型。

虽然细菌产纤维素酶活性不如真菌，但细菌纤维素酶多是中性和碱性纤维素酶。许多芽孢杆菌如枯草芽孢杆菌、地衣芽孢杆菌及短小芽孢杆菌等已在工业上用于纤维素酶的生产。

4. 纤维素酶的应用

目前纤维素酶已应用到食品、发酵、饲料、洗涤、纺织、能源及环保等多个领域中，具有巨大的应用前景。

(1) 畜牧业　我国纤维素酶用于饲料开始于 20 世纪 80 年代早期。纤维素酶的营养作用机理主要有以下几个方面：①补充动物内源酶的不足，提高多纤维饲料的利用率；②清除饲料抗营养因子，提高饲料的营养价值；③改善消化道中菌群的关系。在实际应用中，通常将纤维素酶与半纤维素酶、果胶酶、葡聚糖酶等组成复合酶制剂用于饲料，可取得更好的应用效果。

(2) 发酵与食品工业　在酿酒工业，添加纤维素酶可显著提高原料的利用率，提高酒精和白酒的出酒率，同时降低醪液的黏度，缩短发酵时间，而且酒的口感醇香，杂醇油含量低。在酱油酿造中使用纤维素酶可以提高酱油产量和品质，缩短生产时间。

(3) 纺织工业　在纺织后整工艺上，利用纤维素酶对纤维织物进行生物整理即酶降解整理，被认为是"生物工程技术与纺织工程技术的完美结合"，其中，纺织品生物石磨和生物抛光是纤维素酶最成功的应用。纺织加工业主要使用碱性纤维素酶处理各种纤维类布料，可减少纺织物重量，提高纺织品品质，使表面更光滑、齐整，不易起球，材料柔和颜色亮丽。

(4) 能源行业　能源问题严重制约着人类文明的发展。近年来，可持续再生的生物能源研究与应用取得了巨大的进展，其中生物燃料乙醇成为一种可部分替代石油的、廉价环保的能源。目前，生物燃料乙醇主要采用淀粉为原料生产，其成本较高，另外，用淀粉作原料也造成了粮食的大量消耗，给粮食安全问题带来负面影响。为此，以廉价的农作物秸秆等富含纤维素的生物废料作为原料，生产纤维燃料乙醇的技术已经成为目前各国研究的热点。全世界已经有几十套中试生产线。在纤维燃料乙醇生产中，首要的也是最困难的环节就是农作物秸秆原料的糖化。采用酶法糖化相对于酸法糖化来说，水解条件温和，对环境污染小，产生的不利于后续乙醇发酵的有害物质也少，因此，酶法糖化日益受到研究者的重视。

(5) 其他行业　除了以上应用行业，纤维素酶还在其他行业有重要应用，比如纤维素酶还可应用于纸浆处理，增加微细纤维的生成和保水度。纤维素酶还可用于废纸脱墨、改善纸浆性能等。

5. 产纤维素酶的菌种选育

目前从自然界中筛选得到的纤维素酶菌株产酶活性不够高，因此获得高酶活性的菌株依然是一个重要的研究方向。诱变育种是一种提高产酶能力的可行方法，通过诱变剂处理菌体，得到遗传物质改变的菌株通过高效筛选方法获得产酶能力提高的菌株。自然环境中生物体的突变率非常低，实验室中有多种诱变方法可提高其突变率，按照处理方式主要分为物理诱变、化学诱变和基因工程等，也有运用复合诱变来提高酶活性。诱变育种已在发酵工业菌种改造中取得良好效果。

6. 纤维素酶固态发酵培养基

纤维素酶固态发酵原料极为丰富，一般以稻草粉（或优质干草）、麦皮、蔗渣、麸皮等为原料，加入适量无机盐。

（1）碳源　纤维素酶固态发酵碳源一般以纤维素原料为主，添加少量麸皮。叶生梅等分别以稻草、杂草、麸皮、滤纸为碳源，以硫酸铵为氮源，30℃培养96h，结果表明以稻草、杂草为碳源，酶活性均较高；杂草中加入麸皮，菌生长迅速，酶活性最高；单独以麸皮为碳源时，可能由于麸皮中有菌可利用的非纤维素碳源，所以纤维素酶活性低；杂草中不加麸皮，菌的生长缓慢，故不加麸皮的杂草发酵酶活性低于加麸皮的。

（2）氮源　纤维素酶固态发酵氮源以无机氮源为主，有机氮源为辅。常用的氮源有硫酸铵和尿素。李冬玲研究了无机氮源对纤维素酶发酵的影响。以硫酸铵作为无机氮源，改变它在培养基中的含量，观察该无机氮源对纤维素酶活性的影响。当培养基中的硫酸铵的含量在0~1.0%的范围内对产酶的结果是随着硫酸铵的增加而增加的；而当培养基中的硫酸铵的含量在1.0%~1.5%对产酶的结果是随着硫酸铵的增加而减小。

7. 纤维素酶固态发酵工艺控制

（1）初始pH对酶活性的影响　李冬玲等研究了绿色木霉产纤维素酶的最佳pH条件，将培养基中液体成分调制成不同的pH进行对比试验，结果表明，该菌产酶的最佳初始pH为6.5，过低或过高的初始pH对酶活性都会有一定的影响。叶生梅等研究了初始pH对纤维素酶活性的影响，将发酵培养基的初始液pH调至3.5、4.5、5.5、6.5（自然pH）、8.0，30℃发酵培养72h，结果表明起始液的pH对该菌的酶活性影响不大，从菌生长情况看，以上各pH下菌的生长均旺盛。

（2）培养温度对产酶的影响　任何一种菌都有其生长繁殖的最适温度，温度对微生物的生长往往是至关重要的因素之一。绿色木霉在26~32℃的条件下都能较好地产酶，尤以28~32℃为佳，较大的温度范围有利于在工业生产中控制，过低的温度不利于菌丝生长和产酶，过高的温度使得霉菌迅速死亡，而且较高温度时易产生染菌现象。叶生梅等分别在25℃、30℃、35℃、40℃发酵培养72h，结果表明纤维素酶产生菌在30℃下生长产酶最旺盛。

8. 纤维素酶生产工艺流程（图10-18）

（1）菌种制备

①菌种：绿色木霉或康氏木霉。

②试管培养基的配制配方：$(NH_4)_2SO_4$ 0.3%、K_2HPO_4 0.1%、琼脂1.5%、pH5、$NaNO_3$ 0.15%、$MgSO_4 \cdot 7H_2O$ 0.05%，自来水1000mL。上述配料于0.1MPa灭菌30min，灭菌后在斜面上贴上2cm×3cm灭菌滤纸备用。

③接种与培养：将原菌用接种环移一环于无菌水中，制成孢子悬浮液，接种于斜面滤纸条上，置于（30±1）℃恒温箱培养72h，取出保存。

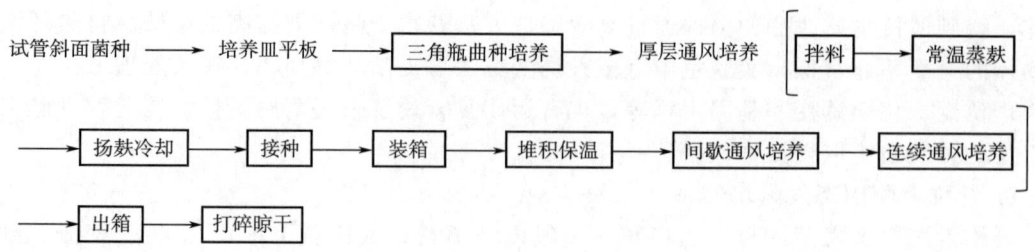

图 10-18　纤维素酶生产工艺流程

(2) 三角瓶种曲培养

①培养基制备：麸皮 80%、谷糠 20%、$(NH_4)_2SO_4$ 0.3%、$NaNO_3$ 0.15%、$MgSO_4$ 0.05%、K_2HPO_4 0.1%、水 150%，pH5。

②制备：将麸皮和谷糠拌匀，计算好水量，将无机盐溶化，拌入麸料，搅匀后，装入已灭菌三角瓶，每 500mL 三角瓶装湿料 40g，于 0.1MPa 灭菌 30min。

③接种与培养：将原菌接入上述三角瓶培养基中，置于恒温箱培养 72h，长好后取出，在 40℃ 条件下干燥备用。

(3) 深层通风培养

①配料：为综合利用酶制剂的渣子，果胶酶渣子是培养纤维酶的良好原料。因为糖和淀粉大部分在培养果胶酶时已被霉菌所利用，剩下的大部分纤维素和半纤维素有利于绿色木霉或康氏木霉的培养。配方：果胶酶渣子 60%～80%、麸皮 20%、谷糠 20%、CMC 0.1%、$(NH_4)_2SO_4$ 0.3%、$NaNO_3$ 0.15%、K_2HPO_4 0.1%、$MgSO_4$ 0.05%、水 140%、pH4.5。

②制备：先将 CMC 及无机盐溶解于水中，调 pH 至 4.5，拌入原料，搅拌均匀于常压下，杀菌 1h，闷料 30min。

③接种与培养：待麸料冷却至 35℃ 左右时，将三角瓶曲种接入拌匀。接种量为 0.3%～0.4%。装箱温度为 31～32℃，厚度 20～30cm，在整个培养过程中，控制品温一般在 30～36℃，不超过 38℃。根据整个培养过程合理使用室内循环风和新鲜风比例，尽量加大室内相对湿度，培养时间为 42～48h，出箱后，打碎晾干，成曲酶活性要求在 5000U 左右。

9. 精制提纯

(1) 纤维素酶提取工艺流程（图 10-19）

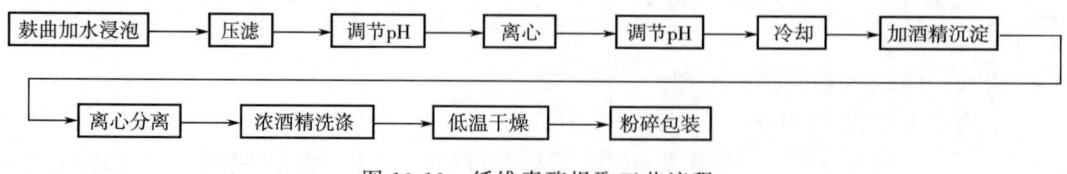

图 10-19　纤维素酶提取工艺流程

(2) 方法　将麸曲先经粉碎，用 3 倍水在 30～32℃ 下浸泡 2h 后用螺旋压榨机压滤，取得酶液再重复浸麸曲，再经压滤取得较浓的酶液，用 1∶2 的 HCl 溶液调节 pH 至 3，在低温下静置 0.5h，静置后用 4000r/min 的速率离心，去除大部分孢子及与酶无关的杂质。取出清液再用 20% NaOH 溶液将 pH 调至 4.5，同时将酶液和酒精分别冷却至 5~7℃。将酶液倒入酒精内迅速搅匀，使浓度保持在 65% 左右，沉淀 2h，待沉淀完全后，用离心机离心，分离沉淀，取得沉淀再用 96% 浓酒精洗涤 2~3 次，在 25℃ 左右的低温下干燥，粉碎即得纤维素酶粉剂，粉剂活性要求在 50000U 左右。

10. 工艺优化条件

固体发酵过程中的温度、湿度、时间、水分、pH 等因素及其交互作用对发酵有显著影响，对固态发酵而言，温度是首要因素。培养基及培养条件的优化是降低酶制剂成本、提高酶活性、实现其工业化生产的重要措施。一般认为利用真菌进行固态发酵最好，将培养基的起始 pH 调为酸性，这样有利于真菌的生长而抑制细菌的滋生。固态发酵培养基的初始含水量，应视纤维素材料种类不同而异。玉米秸秆培养基适宜的含水量为 1：(2~2.5)（质量比），麦秸培养基适宜含水量为 1：(1~1.5)，啤酒糟培养基的含水量为 1：1。

三、纤维素发展现状

目前工业生产中使用的纤维素酶的来源主要是丝状真菌，如里氏木霉、草酸青霉等。但是在第二代生物乙醇的生产过程中，生产成本过高成为限制该行业发展的主要因素。影响该产业的生产成本过高主要有两方面的原因：一方面的原因是纤维素酶的产量过低；二是纤维素酶的降解效率较低，为了达到较好的降解效果，需要添加纤维素酶的量增多。为了降低纤维素酶的生产成本，研究者进行了多方面的努力。一是对纤维素酶的调控机制进行研究，二是纤维素酶进行复配提高纤维素酶的转化效率，降低纤维素酶的成本。

陈仕伟对野生菌黑曲霉 H13 进行离子束与 ^{60}Co 复合诱变发现，突变菌木聚糖酶活性达到 25700U/g，其对稻草秸秆断裂拉力约为试验前的 3.3%。王春丽等以紫外诱变技术选育高产 β-葡萄糖苷酶的黑曲霉菌株，获得突变菌 β-葡萄糖苷酶活性较原菌提高 39%。陈娜等以黑曲霉 TJ02 为原菌，对其进行硫酸二乙酯化学诱变，筛选得到突变菌黑曲霉 DES-7，其 β-葡萄糖苷酶活性较原菌提高 30%。朱玉霞等在研究高产纤维分解酶黑曲霉诱变选育与发酵条件优化。通过对黑曲霉 X1 诱变选育（紫外线、硫酸二乙酯、紫外-硫酸二乙酯复合诱变），获得产纤维分解酶能力强的突变菌黑曲霉，并对其产酶发酵条件和水解秸秆能力进行研究，黑曲霉 X1U4-1 最适发酵产酶条件为发酵时间 72h，玉米芯：麸皮＝3：7，接种量 1.2mL，硫酸铵浓度 4%；在此条件下，滤纸酶活性达到 0.77U/g，纤维素酶活性达到 93.80U/g，木聚糖酶活性达到 9383.18U/g，采用紫外-硫酸二乙酯复合诱变可有效改善黑曲霉产酶性能和水解秸秆的能力。

第五节 生物农药的固态发酵

任务

分析如何降低苏云金芽孢杆菌生物农药的生产成本。

【案例】

苏云金芽孢杆菌（*Bacillus thuringiensis*，Bt）是一种能够在代谢过程中产生内生芽孢和伴孢晶体的革兰阳性菌，其杀虫机理是依靠其所含有的伴孢晶体、外毒素及卵磷脂酶等致病物质引起靶向昆虫肠道病等从而使昆虫致死。资料显示，苏云金芽孢杆菌对鳞翅目、鞘翅目、膜翅目、双翅目等32个科50多种昆虫害虫有不同程度的致病和毒杀作用，且具有专一、高效和对人畜安全等优点，现已成为世界上应用最广、效果最好的微生物杀虫剂。

生物农药的固态发酵

目前，Bt生物农药的主流生产工艺是以葡萄糖、蛋白胨、酵母粉、豆饼粉、玉米粉等工、农业产品或农副产品为原料，采用液态深层发酵制备而成。仅其原料价格即占总生产成本的35%~59%，且液态发酵设备占地面积大、产物浓度低、提纯工艺烦琐，为降低生产成本，研究者曾使用如动物粪便、农业废弃物、城市污泥、沼气发酵残渣等成本更加低廉的有机质废弃物作为原料并取得了阶段性的成果。但这些原料大多营养成分较为单一，需外加碳源或氮源才能满足发酵过程的基本需求，部分原料还需水解、脱脂等预处理过程，实际操作十分烦琐。除此之外，采用固态发酵方式也被视为降低成本的有效方法之一，该方法具有占地面积小、发酵能耗低、能有效缓解液态发酵过程中常见的底物抑制及产物抑制问题等优势，但也仍然存着发酵速率慢，周期长，工艺参数难检测和控制等缺点，亟待进一步改进和完善。

除了高昂的生产成本，田间持效期短也制约了Bt菌的进一步推广应用，研究证明，Bt菌杀虫的主要活性成分伴孢晶体是一种碱溶性蛋白质，极易受到温度、pH、紫外线等外界因素的影响而降低其杀虫效能，因此需频繁施用以保证其效果，在一定程度上提高了使用成本，急需降低成本。

【案例分析与讨论】

为降低苏云金芽孢杆菌（Bt）生物农药的生产成本，有学者采用餐厨垃圾为原料半固态发酵生产Bt生物农药，并对其产物稳定性的影响因素进行了考察。结果表明，发酵48h后半固态发酵样品中的伴孢晶体产率较相同体积的固态发酵样品和液态发酵样品分别提高54%和162%。体系含盐量、pH、温度及紫外线4种常见因素中，体系含盐量的变化对伴孢晶体稳定性的影响并不显著；温度对伴孢晶体稳定性的影响显著，但当体系温度在0~60℃变化时，各组数据差异并不显著。pH对伴孢晶体稳定性的影响显著，且各数据间存在显著性差异；紫外线对伴孢晶体稳定性影响极显著，试验表明，当伴孢晶体在紫外线（36W，距离40cm）下暴露3h后，其毒力效价即下降50%。为进一步提高伴孢晶体的抗紫外能力，采用聚乳酸为载体包覆伴孢晶体制备缓释剂，结果表明该缓释农药可有效延缓晶体在紫外线照射下的失活速度，使其在紫外线照射72h后仍然能保持85%的活性，较相同照射条件下的伴孢晶体原粉提高10倍左右，并能在30d的作用周期内稳定地释放伴孢晶体，该成果对Bt生物农药产品优化具有重要的应用价值。

一、概述

生物农药是指应用生物活体及其代谢产物制成的用来防治作物病害、虫害、杂草的制剂，也包括保护生物活体的保护剂、辅助剂和增效剂，以及模拟某些杀虫毒素和抗生素的人工合成的制剂。传统意义上的生物农药主要是指可以用来防治病、虫、草等有害生物的生物活体。现在，生物农药的概念已扩展，是指可以用来防治病、虫、草等有害生物的生物活体及其代谢产物和转基因产物，并可以制成商品上市流通的生物制剂，包括细菌、病毒、真菌、线虫、植物生长调节剂和抗病虫草害的转基因植物等。

生物农药来源广泛，有效活性成分基本来源于自然生态系统，对环境无污染，能防治对传统化学农药产品已有抗药性的害虫，又不易产生交叉抗药性，一般对人、畜及各种有益生物较安全，对非靶标生物的影响也较小，因此是实现无公害农业生产技术变革的突破口。微生物农药利用微生物活体或其代谢产物抑制或杀死有害生物，具体可分为细菌源生物农药、真菌源生物农药和病毒源生物农药。其中微生物（源）农药主要是利用细菌、真菌、病毒、原生动物等的活体或其代谢产物，可以通过微生物发酵，提取发酵代谢产物或收集微生物菌体及孢子的方法进行生产。目前国内外实现大规模产业化的主要是微生物农药。利用固态发酵生产孢子的生物农药品种主要有细菌类杀虫剂，如苏云金芽孢杆菌（*Bacillus thuringiensis*）、真菌类杀虫剂白僵菌（*Beauveria bassiana*）、金龟子绿僵菌（*Metarhizium anisopliae*）、盾壳霉（*Coniothyrium minitans*）等。其中苏云金芽孢杆菌经过百年的发展，已成为目前世界上产量最大、应用最广的生物杀虫剂。

二、苏云金芽孢杆菌的固态发酵

本节以苏云金芽孢杆菌的生产工艺为例介绍。

苏云金芽孢杆菌的生产可采用深层液体或固体好氧发酵，相对于生产抗生素、氨基酸、维生素等的发酵工艺要简单、粗放得多，后处理也较容易。液体发酵一般是用发酵液喷雾干燥、粉碎、检验。固体生产可分为斜面种子培养、种子扩大培养和固体发酵培养三个阶段。

1. 斜面菌种的制备

将无杂菌污染、毒力高、生产性能好的苏云金芽孢杆菌转接到斜面培养基上活化，置于28～30℃培养24h备用，所用斜面培养基可选用牛肉膏蛋白胨培养基或麸皮浸出液琼脂培养基（麸皮浸出液10%，琼脂1.5%～2%）。

2. 种子扩大培养

可采用液体或固态两种方法进行种子的扩大培养。

（1）液体种子扩大培养　可采用不加琼脂的斜面培养基进行液体种子扩大培养，也可任选如下之一的培养基进行：①豆饼粉0.7%，玉米浆2.5%；②豆腐水99.5%，蔗糖0.5%；③花生饼粉5%，玉米粉1%，酵母粉2%，$CaCO_3$ 0.2%；④鱼粉2%，淀粉0.5%。

任选以上一种配方，按比例称量好各种成分，加水煮沸后继续煮30min，用双层纱布过滤，补足水分，用NaOH或石灰水调节pH7.0～7.2，分装，121℃灭菌30min。冷却后接种斜面菌种，30℃摇床振荡（100～120r/min）培养6～8h，经镜检无杂菌，发育粗壮而整齐的营养体即可作为固体发酵的种子。

(2) 固体种子扩大培养　固体种子扩大培养所用的培养基可选用下列培养基：①麸皮100kg，玉米粉10kg及适量的$CaCO_3$，②草炭粉47.2kg，麸皮47.2kg，豆饼粉4.7kg，硫酸铵0.9kg；③棉籽粉饼30kg，麸皮20kg，米糠28kg，玉米粉（或蚕蛹粉）10kg，谷壳16kg；④麸皮30kg，玉米芯粉30kg，米糠30kg，棉籽饼粉10kg。

根据苏云金芽孢杆菌不同亚种或菌株的需要，因地制宜选取上述培养基，然后按配方称好，混合，再加入适量的熟石灰水［干料：水＝1：(0.9～1.2)］，充分拌匀，调节pH为9.0左右，含水量以手捏成团，触之能散为宜。将配制好的培养基分装入罐头瓶或其他的广口瓶（装量为瓶子体积的2/3），包扎瓶口，121℃灭菌1h。灭菌完毕冷却后，接入一支斜面菌悬液，拌匀置30℃培养16～24h。经镜检无杂菌污染，并含有大量形态正常的营养体，则作为合格固体种子。

3. 固态发酵

固态发酵培养基的成分、配制及灭菌与固体种子扩大培养基相同。灭菌后的固体物料，冷却至40℃左右，平摊在曲盘或帘子上，厚度1.5～3.3cm，接入10％左右的种子，拌匀后，上面覆盖1～2层灭过菌的湿纱布。苏云金芽孢杆菌的固体发酵可分为四个阶段。

第一阶段为发酵初期（6～10h），菌体大量繁殖，料温28～32℃，室温24～26℃，相对湿度80％～90％。这一时期的关键是保温、保湿，以促进芽孢萌发，防止污染。

第二阶段为发酵高峰期（10～24h），这一阶段萌发的营养体进入对数生长期，菌数成倍增长，放出大量热量，料温明显高于室温，可达34℃以上，pH开始上升。这一时期的关键是降温、保湿、控制料温在32℃以内。

第三阶段是稳定期（24～34h），培养基温度逐渐下降，能持续10～16h，这一时期菌数增长缓慢，并趋于稳定，菌体形成芽孢，pH继续上升，增至8.5左右。此时应保持室温28～32℃，空气相对湿度降到30％以内。

第四阶段是后熟期（34h到发酵结束），培养基温度与室温一致，pH保持恒定。关键是控制物料温度在35℃左右，并增大通气量，促进菌体迅速老熟。当芽孢形成率不再增长并有20％左右的芽孢晶体脱落时，就可采收，一般培养2～3d。

4. 苏云金芽孢杆菌固体发酵的影响因素

(1) 营养成分　能用于苏云金芽孢杆菌固态发酵的原材料非常广泛，如麸皮、米糠、黄豆饼粉、花生饼粉、棉籽饼粉、玉米粉、玉米芯等，这些物质可以作为载体，本身又是很好的碳、氮源。

氮是构成细胞和伴孢晶体结构的主要元素，氮源的选择直接影响苏云金芽孢杆菌的毒力效价。适宜的碳氮比，能更好地满足菌株的快速生长。麸皮是苏云金芽孢杆菌生长繁殖的优良基质，含氮量为18％，其来源广泛，价格低廉。在固体发酵培养基中玉米粉的量不能太多，因为随着玉米粉添加量的增加，苏云金芽孢杆菌的毒力效价逐渐下降，这可能是由于玉米粉的增加影响培养基的通透性，从而影响它的毒力效价。

(2) pH　固体发酵pH的高低影响苏云金芽孢杆菌芽孢产生的数量，并影响发酵产物的毒力效价。

(3) 含水量　固体发酵过程中，培养基中水分是重要的影响因素之一。适宜的初始含水量有助于菌体吸收营养和氧的传递，从而促进菌体的生长繁殖。发酵基质中若含水量过大，则芽孢、晶体形成得晚，发酵周期延长；若含水量过低，由于菌体吸收不到培养基各种营养和水分，从而使发酵受到抑制。大量的研究表明，发酵物料初始含水量控制在60%左右较为适宜，在此条件下芽孢数高，对毒力效价也有较大的影响。

（4）温度　传热与传质是不可分割的，温度是影响苏云金芽孢杆菌固体发酵的一个重要因素。杨淑兰研究发现发酵温度较低（23～25℃）则发酵周期稍长，芽孢数稍低，对毒力效价影响不大。温度在35～37℃时，几乎抑制了苏云金芽孢杆菌生长，芽孢数极少，毒力效价极低。适宜的温度（30±1）℃条件下芽孢数多，晶体典型，毒力高。发酵温度的控制十分重要，特别在对数生长期，其代谢强烈，放热较多，此时更应将发酵温度控制在最佳值，以便获得好的结果。

（5）通风量　苏云金芽孢杆菌的固态发酵是一个好氧过程，适当增大通风量有利于氧气的传输和二氧化碳的排出，加快菌体的繁殖，且有利于芽孢和晶体的形成，从而缩短发酵周期。但通风量过大会使培养基的含水量下降而影响发酵。

（6）接种量　接种量的大小影响到在一定培养基中菌体数量的多少，进而影响到菌体的生理状态。方苹等在苏云金芽孢杆菌的固体发酵工艺研究中发现，接种量在8%可以获得高的菌体、芽孢和伴孢晶体总量。杨淑兰等研究发现苏云金芽孢杆菌种子液种龄控制在7～8h为宜，此时菌数最多，活力最强，固体量与液体种子量之比在（1∶0.4）～（1∶0.3），可获得较高菌数。姚伟芳等的研究结果表明种龄为7h左右，接种量为15%时发酵效果较好。

三、苏云金芽孢杆菌（Bt）生物农药研究发展趋势

采用文献计量方法进行统计分析，结果表明Bt生物农药研究整体呈上升趋势，各细节方面的发展趋势如下：

（1）Bt生物农药领域总发文在2000年前发展相对平缓，2000年后因受国内外相关政策对食品安全、环境保护等要求提高的影响，发文量增长较快。同时，每篇论文的作者数和研究机构数量均有所增长，各机构之间的合作趋势也增强。

（2）美国在Bt生物农药研究中发文量处于第1位，我国在该领域虽然起步较晚，但在2000年后发展迅速，已上升至第2位。

（3）在统计的研究机构中，美国农业部农业研究所的总发文量排名第1位，华中农业大学的总发文量排名第3位，说明我国在研究Bt生物农药领域已跻身世界领先水平。

（4）Bt生物农药领域我国期刊发文量低，期刊影响力较小，需要提升及改善。

（5）通过对Bt生物农药发酵方式的关键词统计，液态发酵近年来增长趋势平缓，而固态发酵增长相对迅速。

（6）按原料关键词统计显示，以工农业产品（黄豆粉、玉米粉）为发酵原料生产Bt生物农药在1996—2013年增长缓慢，而以工农业等废弃物（污泥、含氮废水、食品垃圾）为发酵原料生产农药的发文量较多，是未来的发展趋势。

思考题

1. 生活中怎样挑选高品质的酱油？
2. 生活中有哪些常见的白酒，都是什么香型的？
3. 白酒蒸馏后为什么还需陈酿、勾兑？年份酒是指什么？

4. 什么是原酒、基酒、调味酒、成品酒？
5. 浓香型白酒的发酵过程分为哪几个阶段？
6. 打量水在浓香型白酒生产中的作用有哪些？
7. 在蒸馏过程中酒花的形态特征有什么含义？
8. 如何通过黄水和糟醅来判断窖池发酵好坏？
9. 酱香型白酒和浓香型白酒有何区别？
10. 酿酒的主要原料有哪些？各有什么特点？
11. 浓香型大曲的制作过程主要有哪些步骤？
12. 对于酱油质量检验中存在的问题，你怎么看？
13. 我国四大名醋，你最爱哪一种？其生产工艺有何不同？
14. 固态发酵法生产纤维素酶具有哪些独特的优点？

参 考 文 献

[1] 葛向阳. 酿造学 [M]. 北京：高等教育出版社，2005.
[2] 何国庆. 食品发酵与酿造工艺学 [M]. 北京：中国农业出版社，2001.
[3] 梁宗余. 白酒酿造技术 [M]. 北京：中国轻工业出版社，2015.
[4] 李家民. 固态发酵 [M]. 成都：四川出版社，2017.
[5] 许赣荣. 固态发酵原理、设备与应用 [M]. 北京：化学工业出版社，2009.
[6] 陈洪章. 现代固态发酵技术 [M]. 北京：化学工业出版社，2013.
[7] 邱立友. 固态发酵工程原理及应用 [M]. 北京：中国轻工业出版社，2008.
[8] 侯红萍. 发酵食品工艺学 [M]. 北京：中国农业大学出版社，2016.
[9] 吴振强. 固态发酵技术与应用 [M]. 北京：化学工业出版社，2006.
[10] 郭学武. 中国固态发酵白酒中功能细菌研究进展 [J]. 食品与发酵工业，2020，46 (1)：280-286.
[11] 鲁珍. 高温大曲中两株产酱香菌的分离鉴定 [J]. 河南科学，2016，34 (5)：683-686.
[12] 胡鹏刚. 酱香大曲酒生产工艺关键环节与其风格质量的关系 [J]. 酿酒科技，2010，194 (8)：36-39.
[13] 张杰. 小曲清香型白酒研究概述 [J]. 酿酒科技，2017，79 (9)：91-95.
[14] 刘效毅，郭坤亮，辛玉华. 高温大曲中微生物的分离与鉴定 [J]. 酿酒科技，2012 (6)：52-55.
[15] 胡鹏刚. 稳定酱香型酒生产工艺是发展贵州二三类酱香型白酒企业的基础 [J]. 酿酒科技，2009，184 (10)：110-113.
[16] 黄治国，赵斌，邓杰，等. 不同地域酱香型白酒酒醅细菌群落比较研究 [J]. 酿酒科技，2014 (3)：28-31.
[17] 王贵军. 酱香型白酒下沙未堆积研究 [J]. 酿酒科技，202 (4)：39-42.
[18] 王霞. "河套王"系列酒与"江淮派"、"川派"酒的差异分析 [J]. 酿酒科技，2008，173 (11)：75-79.
[19] 蔡天虹. 浓香型白酒出酒率及酒质提升工艺技术创新研究 [J]. 酿酒科技，

2017, 280 (10): 68-70.

[20] 杨磊. 浓香型白酒提质增香技术研究进展 [J]. 酿酒, 2022, 49 (1): 17-21.

[21] 杨大金. 浓酱兼香型新郎酒的发展及工艺创新 [J]. 酿酒科技, 2011, 202 (4): 53-59.

[22] 常强. 新老五甑两种工艺对比研究 [J]. 酿酒科技, 2020, 310 (4): 70-73.

[23] 李绍亮. 浓香型白酒生产与传统老五甑工艺 [J]. 酿酒, 2006, 33 (2): 31-32.

[24] 朱劼涛. 对酱香型白酒生产工艺相关问题的研究 [J]. 广东科技, 2014 (8): 191-192.

[25] 王海燕. PCR DGGE 技术对清香型汾酒微生物群落结构演变规律的研究 [D]. 无锡: 江南大学, 2014.

[26] 冯志强, 周芳梅, 黄永连, 等. 全自动氨基酸分析仪鉴别不同种类酱油中氨基酸的分析研究 [J]. 中国食品添加剂, 2013 (5): 198-205.

[27] 杨旭. 我国酱油行业发展现状及趋势 [J]. 中国调味品, 2012, 37 (10): 18-20.

[28] 谢韩. 酱油发酵工艺研究 [J]. 江苏调味副食品, 2015, 142 (3): 23-26.

[29] 余永健. 恒顺香醋酿制技艺 [M]. 吉林: 吉林大学出版社, 2016.

[30] 尹俊玲. 传统手工和现代工业化生产镇江香醋风味组分的比较研究 [D]. 镇江: 江苏大学, 2016.

[31] 王超. 高能电子束辐照对食醋香气成分的影响 [J]. 中国调味品, 2020, 45 (6): 10-19.

[32] 王超. 镇江香醋醋酸发酵过程中理化指标的动态分析研究 [J]. 中国调味品, 2020, 45 (7): 1-4.

[33] 邝格灵. 基于电子鼻与气相色谱质谱联用区分不同陈酿期恒顺香醋风味物质 [J]. 食品科学, 2020, 41 (12): 228-233.

[34] 潘洁琼. 固态法小米醋酿造工艺的研究 [J]. 中国酿造, 2020, 39 (7): 212-216.

[35] 钟小廷. 鲜醋渣在固态醋发酵中的应用 [J]. 中国调味品, 2020, 45 (7): 138-143.

[36] 金昌海. 食品发酵与酿造 [M]. 北京: 中国轻工业出版社, 2017.

[37] 于跃, 张剑. 纤维素酶降解纤维素机理的研究进展 [J]. 化学通报, 2016, 79 (2): 118-128.

[38] Yan-hong LI, Zhao FK. Advances in cellulase research [J]. Chinese Bulletin of Life Sciences, 2005, 17 (05): 392-397.

[39] Sulzenbacher G, Henrissat D B, Schulein M, et al. Structure of the Fusarium oxysporum endoglucanase i with a nonhydrolyzable substrate analogue: substrate distortion gives rise to the preferred axial orientation for the leaving group [J]. Biochemistry, 1996, 35 (48): 15280.

[40] 陈文祥. 产纤维素酶放线菌的筛选及其产酶条件与酶学性质初探 [D]. 成都: 四川师范大学, 2007.

[41] Yi-heng, Percival Z, Lynd LR. Toward an aggregated understanding of enzymatic hydrolysis of cellulose: noncomplexed cellulase systems [J]. Biotechnology and Bioengineering, 2010, 88 (7): 797-824.

[42] 程洪章. 纤维素生物技术 [M]. 北京: 化学工业出版社, 2005.

[43] 周济铭. 酶制剂生产及应用技术 [M]. 重庆: 重庆大学出版社, 2014.

[44] 焦云鹏. 酶制剂生产与应用 [M]. 北京: 中国轻工业出版社, 2015.

[45] Coughlan, Michael P. The properties of fungal and bacterial cellulases with comment on their production and application [J]. Biotechnology and Genetic Engineering Reviews, 1985, 3 (1): 39-110.

[46] Goyal A, Ghosh B, Eveleigh D. Characteristics of fungal cellulases [J]. Bioresource Technology, 1991, 36 (1): 37-50.

[47] 王晓娥, 姚方杰. 真菌降解木质纤维素酶系的研究进展 [J]. 北方园艺, 2015 (3): 176-179.

[48] Yln L J, Lin H H, Jlang, S, T. Bioproperties of potent nattokinase from Bacillus subtilis YJ1 [J]. Journal of Agricultural and Food Chemistry, 2010, 58 (9): 5737-5742.

[49] Neelamegamv A, Mayavan Veeramuthu R, Sivaramasamy E, et al. Thermostable, haloalkaline cellulase from Bacillus halodurans CAS1 by conversion of lignocellulosic wastes [J]. Carbohydrate Polymers, 2013, 94 (1): 409-415.

[50] 匍枝根霉纤维素酶高产菌株的诱变选育及发酵优化 [J]. 安徽工程大学学报, 2018, 33 (4): 17-22.

[51] 张喜宏, 刘义波, 高云航. 纤维素酶及纤维素酶产生菌选育的研究进展 [J]. 饲料工业, 2009, 30 (22): 14-16.

[52] 李西腾. 纤维素酶及其在发酵食品工业中的应用 [J]. 江苏调味副食品, 2009, 26 (4): 33-36.

[53] 冯冲, 赵明, 康静, 等. 白蚁肠腔内纤维素酶概述及在食品发酵中的应用 [J]. 酿酒科技, 2013 (1): 104-107.

[54] Bera A, Ghosh A, Mukhopadhyay A, et al. Improvement of degummed ramie fiber properties upon treatment with cellulase secreting immobilized A. larrymoorei A1 [J]. Bioprocess and Biosystems Engineering, 2015, 38 (2): 341-351.

[55] 陈洪章. 现代固态发酵技术理论与实践 [M]. 北京: 化学工业出版社, 2013.

[56] 刘磊, 陆必泰. 纤维素酶在棉织物生物抛光中的应用 [J]. 武汉纺织大学学报, 2011 (6): 34-36.

[57] 陈娜. 纤维素酶对棉织物抛光整理研究 [J]. 山东纺织科技, 2009 (2): 5-8.

[58] Peng L, Zhang W, Man H, et al. Cellulase-assisted refining of bleached softwood kraft pulp for making water vapor barrier and grease-resistant paper [J]. Cellulose, 2016, 23 (1): 891-900.

[59] 李学凤, 秦梦华. 纤维素酶用于废纸脱墨的研究进展 [J]. 造纸科学与技术, 2007, 26 (4): 35-38.

[60] 张粲, 武改红, 赫荣琳, 等. 纤维素酶高产菌株桧状青霉93的诱变选育及产酶条件研究 [J]. 基因组学与应用生物学, 2014, 33 (3): 564-569.

[61] 武秀琴. 纤维素酶高产菌株的诱变选育 [J]. 中国酿造, 2009, 28 (3): 9817-9818.

[62] 邱雁临, 孙宪迅, 蔡俊, 等. 纤维素酶耐高温高产菌株的选育 [J]. 中国酿造, 2004, 23 (2): 15-16.

[63] 陈仕伟. 黑曲霉、绿色木霉的诱变选育及其在秸秆腐熟剂中的应用初探 [D]. 武汉: 华中农业大学, 2013.

[64] 王春丽, 武改红, 陈畅, 等. 黑曲霉原生质体诱变选育β葡萄糖苷酶高产菌株 [J]. 生物工程学报, 2009, 25 (12): 1921-1926.

[65] 陈娜, 付传颖, 张玉新, 等. 黑曲霉高产β葡萄糖苷酶菌株的诱变、筛选及发酵条件优化 [J]. 基因组学与应用生物学, 2016, 35 (4): 901-906.

[66] 刘奎美. 纤维素酶转录调控因子及纤维素酶应用的研究 [D]. 济南: 山东大学, 2016.

[67] DE IC Q R, Roussos S, Hernandez D, et al. Challenges and opportunities of the bio-pesticides production by solid-state fermentation: filamentous fungiasa model [J]. Critical Reviews in Biotechnology, 2015, 35 (3): 326-333.

[68] 邹惠. 餐厨垃圾半固态发酵产Bt生物农药及其稳定性 [J]. 农业工程学报, 2016, 32 (5): 268-273.

[69] BurgesH D, HusseyN W. Microbiol control of insects and mites [J]. Academic Press, 1971.

[70] Benoit T G, Wilson G R, Baugh C L. Fermentation during growth and sporulation of Bacillus thuringiensis HD-1 [J]. Appl Microbiol, 1990, 10: 1518.

[71] Brar S K, Verma M, Tyagi R D, et al. Bacillus thuringiensis fermentation of hydrolyzed sludge-Rheology and formulationstudies [J]. Chemosphere, 2007 (67): 674-683.

[72] Adams T T, Eiteman M A, Hanel B M. Solid state fermentation of broiler litter for production of biocontrol agents [J]. Bioresource Technology, 2002, 82 (1): 33-41.

[73] 杜雷, 赵高岭, 席宇, 等. 烟梗废料固态发酵生产苏云金芽孢杆菌的适宜条件筛选 [J]. 烟草科技, 2011 (12): 69-72.

[74] ZHUANG L, ZHOU SG, WANG YQ, et al. Cost-effective production of Bacillus thuringiensis biopesticides by solid-state fermentation using wastewater sludge: Effects of heavy metals [J]. Bioresource Technology, 2011, 102 (7): 4820-4826.

[75] Wang X Q, Wang Q H, Ma H Z, etal. Lactic acid fermentation of food waste using integrated glucoamylase production [J]. J Chem Technol. Biotechnol, 2009, 84: 139-143.

[76] 张玮玮. 以沼渣为原料固态发酵生产Bt生物农药 [J]. 农业工程学报, 2013, 29 (8): 212 217.

[77] Poopathi S, Abidha S. Use of feather-based culture media for the production of mosquitocidal bacteria [J]. Biocontrol, 2007, 43: 49-55.

[78] El-Bendary M A. Production of mosquitocidal Bacillus sphaericus by solid state fermentation using agricultural wastes [J]. World J Microbiol. Biotechnol, 2010, 26: 153-159.

[79] 邹惠. 基于 Web of Science 数据库的 Bt 生物农药研究趋势分析 [J]. 安徽农业科学, 2014, 42 (23): 780-781.

第三部分
分离纯化

发酵产品的分离与精制是发酵工业生产过程最重要的单元之一，是发酵工业生产中产品提纯及节能减排的重要手段。研究显示，分离与精制成本约占发酵产品成本的70%以上。因此，分离提取技术的开发与应用越来越受重视。发酵产品的分离与精制主要讲述如何从发酵液中获得发酵产品的故事。要完成这个过程需要用到哪些仪器设备和技术方法。其中的理论和注意事项也是本课程的主要环节。将本模块课程内容分为相互区别又内化统一的三个章节，"发酵液的预处理和固液分离技术、发酵产品的初级分离以及发酵产物的精制及加工"。

第十一章 发酵液的预处理和固液分离技术

发酵之后,需要经过生物分离过程以获取发酵产物,首先要对发酵液进行预处理。对发酵液预处理有助于后续发酵产物的分离纯化。然后进行固液分离,将菌体与发酵液分离开,再进行后续分离步骤。本章围绕发酵液的预处理和固液分离技术开展,引导读者进入发酵液的生物分离阶段。

第一节 发酵液的预处理

任务

1. 发酵液进行预处理的目的是什么?
2. 案例中使用超声波破碎细胞的方法,有什么优缺点?

发酵液的预处理

【案例】

注射肺炎链球菌疫苗是预防肺炎链球菌感染的有效手段,该类疫苗的主要有效成分是荚膜多糖。然而,以多糖为主要有效成分的疫苗还有诸多缺陷,使得有关新疫苗的研发受到国际科研工作者们的高度关注。基于寡糖分子作为抗原所具备的优势,基于寡糖分子的糖类疫苗研究引起研究者的热切关注,是糖科学领域一个热门研究方向。起始糖基转移酶在细胞内催化寡糖生物合成途径的起始,该酶是一个膜蛋白。该蛋白的分离纯化是保证其活性的前提。

具体来说,基因工程大肠杆菌发酵液离心收菌,用生理盐水清洗两次;收获的细菌冻存在 $-80℃$,然后室温解冻。解冻后,重悬到 20mL 原生质体缓冲液中(20% 蔗糖,10mmol/L EDTA, 10mmol/L Tris-HCl, pH 7.5 含有 400μg/mL 溶菌酶, 0.5μg/mL 胃酶抑素, 0.7μg/mL 亮抑酶肽, 1mmol/L DTT 和 1mmol/L PMSF),置于 4℃ 孵育并持续搅拌 40min。然后 12000g 离心 5min 收获原生质体,重悬到 2mL 含有 10mmol/L EDTA 和 1mmol/L PMSF 的去离子水中。收集的原生质体利用超声破碎仪对其超声破碎(70% 功率,运行 5s,间隔 10s,总计 10min),4℃ 备用。

【案例分析与讨论】

基因工程菌发酵之后,发酵液中含有大量的杂质,影响后续膜蛋白的分离纯化,首先将发酵液中培养基成分及死亡细胞裂解后释放的成分充分地除去,获得目标细胞后,还需要破碎细胞,以除去其中杂质,获得膜蛋白。为此,发酵液的预处理和细胞的破碎是必不可少的内容。

一、发酵液的特性及提取精制工程

1. 发酵液的特性

菌体、胞内产物和胞外产物这三类物质是微生物发酵和细胞培养的目标产物。为了便于对发酵液进行物质的分离提取，便要对发酵液进行预处理。因为发酵液存在：①水分多，有效含量较低；②有菌体悬浮；③溶有培养基配制的盐类；④有一定量的副产物；⑤产物本身可能被酶利用，能进一步分解；⑥产物具有生物活性，稳定性差；⑦发酵产物的提取及处理影响着发酵生产的效率等特点。所以，对于发酵液的预处理是生化物质分离纯化过程中必不可少的首要步骤。

2. 提取精制——下游加工过程

发酵产品生产中，分离和精制费用占绝大部分，因此下游加工过程的落后会阻碍生物技术的发展这是下游加工所处地位。在微生物发酵过程，酶反应过程或动植物细胞大量培养过程中，从发酵液、反应液或培养液中分离、精制有关产品的过程便是下游加工过程。此过程由一些化学过程的单元操作组成。主要包括以下两个部分：

（1）发酵液杂质的去除　包括除去蛋白质、无机离子以及色素、热原、毒性物质等有机物质。

（2）改善培养液的处理性能　主要通过降低发酵液的黏度，调节适宜的pH和温度及絮凝与凝聚等操作来实现。

3. 下游加工的原则和要求

下游加工的原则：短时间内处理；分离时尽量低温；选择生物物质稳定的pH；要程序化进行清洗、消毒，包括厂房、设备、管路。

下游加工是此后生化物质分离纯化的关键步骤，为了保证分离纯化的完美进行，便对下游加工提出了以下要求：①达到所需的纯度；②成本要低，得率高；③工艺过程要简便，对分离物质特性清除；④废弃物简易处理，能够做到综合利用（零排放；清洁生产）；⑤实验室产品能够放大生产。

4. 下游加工的流程

下游加工的一般流程，分为四个阶段：发酵液的预处理和固液分离；初步纯化（提取）；高度纯化（精制）；成品加工。其详细步骤如图11-1所示。

二、发酵液的预处理

发酵液预处理的目的：改变发酵液性质，包括黏度、pH、浓度等，以利于固液分离。

发酵液预处理的方法有如下几种。

1. 无机离子去除：盐沉淀

无机离子的去除一般加入其他盐，能够与其形成沉淀，以便去除。比如：

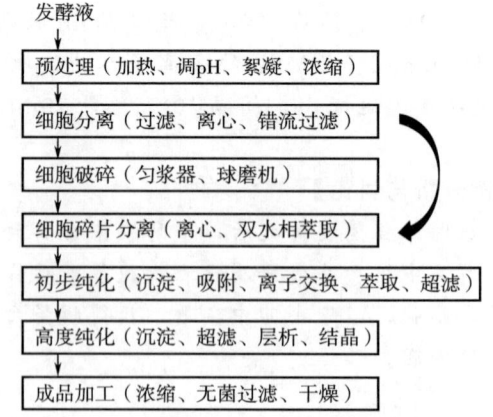

图11-1　发酵产品提取与精制示意图

Mg^{2+}：三聚磷酸钠。

Fe^{3+}：磷酸盐。

Ca^{2+}：用草酸（溶解慢）或草酸钠。

2. 杂蛋白去除

酸性溶液中，用阴离子化合物，如三氯乙酸、水杨酸盐、苦味酸、钨酸鞣酸盐，加入量 0.5%～0.1%。

碱性溶液中，用离子，如 Ag^+、Cu^{2+}、Zn^{2+}、Fe^{2+}、Pb^{2+}。

加热处理，使蛋白质变性，关键：提取物是否对热敏感。

大幅度改变 pH，使之下降。

加金属盐，如明矾（凝固作用）或食盐（变性）。

3. 凝聚

功能：细胞聚集，增大体积，易于过滤。凝聚能力：Al^{3+}、Fe^{3+}、H^+、Ca^{2+}、Mg^{2+}、K^+、Na^+、Li^+ 等。常用凝聚剂：明矾（最好且便宜，但排污水使土壤酸化）、Al_2O_3、$FeCl_3$、$ZnSO_4$、$MgCO_3$。

4. 絮凝

凝絮是指在某些高分子絮凝剂存在下，有架桥作用，使胶粒形成粗大的絮凝团的过程，是一种以物理聚合为主的过程。

常用絮凝剂为聚丙烯酰胺类衍生物可分为非离子型、阴离子型（羧基）、阳离子型（胺基）。优点：用量少，ppm 级（mg/mL），絮凝体粗大，凝絮速度快，种类多，应用范围广。缺点：有一定的毒性，尤其是阳离子型的毒性强，不能在食品和医药工业中应用，阴离子型无毒可应用。

第二节 固液分离技术

一、固液分离的目的和影响因素

固液分离技术

固液分离的目的：一是收集含生化物质的液相，分离除去固体悬浮物（细胞、菌体、细胞碎片、蛋白质的沉淀物和它们的絮凝体等）。二是收集胞内产物的细胞或菌体，分离除去液相。

发酵液固液分离的影响因素：

（1）发酵液中悬浮离子的大小。

（2）发酵液的黏度　固液分离速度通常与黏度成反比，黏度越大，固液分离越困难。影响黏度的因素：①菌体的种类和浓度（重要因素）；②培养液中蛋白质、核酸大量存在；③培养基成分；④此外，某些染菌发酵液，如染细菌，则黏度会增大。

二、常见的固液分离方法

1. 重力沉降

重力沉降指在重力的作用下使颗粒与流体之间产生相对运动，从而实现两者的分离。在生物分离过程中，定义的颗粒为细胞、细胞碎片等有形物。重力沉降速度 v_g：

$$v_g = \frac{d_p^2(\rho_S - \rho_L)}{18\mu_L} r\omega^2 \tag{11-1}$$

式中 d_P——颗粒直径，m

　　　ρ_S——固体颗粒密度，kg/m³

　　　ρ_L——液体介质密度，kg/m³

　　　μ_L——液体介质黏度，Pa·s

对发酵液中的菌体进行受力分析，假设细胞或细胞碎片按照球形颗粒处理且颗粒在无限稀释的溶液中进行沉降，颗粒之间无相互干扰。如图11-2所示，该细胞在发酵液中受这三种力的作用，分别是浮力、重力和流体阻力，其大小可用相应的公式表示。

球形颗粒重力 f_g：

$$f_g = \frac{1}{6}\pi d_p^3 \rho_s g \tag{11-2}$$

液体的浮力 f_b：

$$f_b = \frac{1}{6}\pi d_p^3 \rho_L g \tag{11-3}$$

颗粒运动方向相反的阻力 f_s：

$$f_s = \zeta \frac{\rho_L v_g^2}{2} \cdot \frac{\pi d_p^2}{4} \tag{11-4}$$

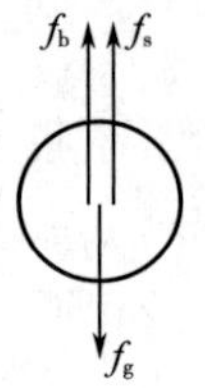

图 11-2　细胞在发酵液中受力分析图

当菌体处在层流区，菌体匀速下降，所受重力与浮力和阻力之和相等，则 $f_g = f_b + f_s$，则 $v_g^2 = \zeta \frac{4}{3} \frac{(\rho_S - \rho_L)}{\rho_L} d_p g$。通过因次分析法得知，$\zeta$ 值是颗粒与流体相对运动时的雷诺数 Re 的函数。

$Re = \rho v L / \mu$；ρ、μ 为流体密度和动力黏性系数，v、L 为流场的特征速度和特征长度。雷诺数物理上表示惯性力和黏性力量级的比。

雷诺数可以表示颗粒处在不同的液体环境中，由于 ζ 值是颗粒与流体相对运动时的雷诺数 Re 的函数，所以颗粒处在不同的环境，其沉降速率用不同的公式表示。

当球形颗粒处于层流区 $10^{-3} < Re < 1$ 时，

$$\zeta = \frac{24}{Re} \Rightarrow v_g = \frac{d_p^2(\rho_S - \rho_L)}{18\mu_L} g, \text{Stokes 公式} \tag{11-5}$$

当球形颗粒处于过渡区 $1 < Re < 10^3$ 时，

$$\zeta = \frac{10}{Re^{0.5}} \Rightarrow v_g = 0.27\left[\frac{d_p(\rho_S - \rho_L)g}{\rho_L} Re^{0.6}\right]^{0.5}, \text{Allen 公式} \tag{11-6}$$

当球形颗粒处于湍流区 $10^3 < Re < 2\times 10^5$ 时，

$$\zeta = 0.44 \Rightarrow v_g = 1.74\left[\frac{d_p(\rho_S - \rho_L)g}{\rho_L}\right]^{0.5}, \text{Newton 公式} \tag{11-7}$$

由上述公式即可计算出重力沉降的速率、时间等因素。需要说明的是，在生物分离工程中，往往用到层流区重力沉降速率公式。

常见的情况下，发酵液中的物质并非是球形颗粒或是无限稀释溶液，学习计算重力沉降速率公式均是在两个假设的前提下进行的。比如说假设细胞是球形且细胞与细胞之间没有相互作用。但实际上并不是这样，那就需要对模型校正。

形态校正是校正非球形颗粒的：颗粒的形状系数与非球形颗粒体积相等的球形颗粒表

面积 A 比非球形颗粒的表面积 A_p。之所以有速度校正，是因为溶液中有许多颗粒相互影响，校正函数如：$f(\varepsilon)=\varepsilon^{-4.65}$。其中 ε 是悬浮液的空隙率，也是液体体积分数。$f(\varepsilon)$ 是 ε 的函数。非理想化模型在使用速率公式求出速率后，需要模型校正。

重力沉降虽然比较方便，但是时间不好控制，特别是对于提取不稳定的化合物而言，时间越短越好。那么如何提高重力沉降的速率呢？有三种方法：加入中性盐、加入高分子絮凝剂和引入外力。加入中性盐会使双电层排斥电位降低，加入高分子絮凝剂会出现架桥作用形成大絮凝团。

2. 离心沉降

离心沉降指在离心力的作用下，由于颗粒和流体间存在密度差产生相对运动，从而使颗粒和流体分离，是科学研究与生产实践中最广泛使用的非均相分离手段，不仅适用于菌体和细胞的分离回收，而且可用于血细胞、胞内细胞器、病毒以及蛋白质的分离，也广泛应用于液液相分离。重力沉降与离心沉降的主要区别在于，作用力的不同，一个是重力，一个是离心力。

离心沉降的优点为时间短，对于不稳定的产物可以首选、可连续操作、操作费用较低、可用夹套控温。而它的缺点为产品要及时移出、设备昂贵、维护费用高、连续生产应注意堵塞问题。

离心沉降的优势主要是快速分离，主要由离心速率体现出来，根据公式（11-8）得出提高离心沉降速率的方法：增大 d_p、增大 ρ_s、提高离心机转数 N、提高离心半径 r、降低液体黏度等。

$$v_g = v_g \frac{1}{f(\varepsilon)} \tag{11-8}$$

沉降系数：用离心法时，大分子沉降速度的量度，等于每单位离心场的速度。或 $s = v/(\omega^2 \cdot r)$。s 是沉降系数，ω 是离心转子的角速度（弧度/秒），r 是到旋转中心的距离，v 是沉降速度。沉降系数以每单位重力的沉降速度表示，并且通常为 $(1\sim 200)\times 10^{-13}$ s 范围，10^{-13} 这个因子称为沉降单位 S，即 $1S=10^{-13}$ s。沉降系数越大，在离心时候越先沉降。如血红蛋白的沉降系数约为 4×10^{-13} s 或 4S。大多数蛋白质和核酸的沉降系数在 $4\sim 40$S，核糖体及其亚基在 $30\sim 80$S，多核糖体在 100S 以上。

(1) 按速度和离心力分类

①常速离心机：最大转速 8000r/min，相对离心力（RCF）10^4g 以下，用于细胞、菌体和培养基残渣等分离；

②高速（冷冻）离心机：$1\times 10^4 \sim 2.5\times 10^4$ r/min，相对离心力（$10^4\sim 10^5$）g，用于细胞碎片、较大细胞器、大分子沉淀物等分离；

③超速离心机：转速 $(2.5\sim 8)\times 10^4$ r/min，相对离心力 5×10^5g；用于 DNA、RNA、蛋白质、细胞器、病毒分离纯化；检测纯度；沉降系数和相对分子量测定等。

(2) 按设备分类

①斜角式离心机：离心管腔与转轴成一定倾角的转子，是一类结构最简单的实验室常用离心机。离心管腔与转轴成一定倾角的转子；角度越大，沉降越结实，分离效果越好，颗粒在角转子中沉降时，先沿离心力方向撞向离心管，然后再沿管壁滑向管底，因此管的一侧会出现颗粒沉积。其优点为：结构稳定、可装载较多的样品；缺点为：使用较高的转

速、加速或减速时对样品有搅动、有些梯度离心要求用角转头，否则形成的梯度不均一，线性很差。

②平抛式离心机：这是一类结构简单的实验室常用的低中速离心机，转速一般在3000~6000r/min。转子活动管套内的离心管，静止时垂直挂在转头上，旋转时随着转子转动，从垂直悬吊上升到水平位置（200~800r/min）。颗粒在水平转子中的沉降是沿管子轴向移动，受振动和变速搅乱后对流现象小，容量也小一些。

③管式离心机：其具有一个细长而高速旋转的转鼓。其下部有进料口，上部两侧有轻液相出口。特别适用于浓度小，黏度大，固相颗粒细，固液重度较小的固液分离。固相要停机后取出。

管式离心机的特点：结构简单、管状离心机可以安装冷却夹套，有利蛋白质分离、固体挂壁多时，可采用多台交替操作、适用于分离乳浊液及含细颗粒的稀悬浮液，适用于固体含量低于1%，颗粒度小于5μm，黏度大的悬浮液澄清或固液两相密度差较小的分离。

④蝶式离心机：工作原理：转鼓内有碟片，经中心管流入高速旋转的碟片之间的间隙时，便产生了惯性离心力。当悬浮液在动压头的作用下，经中心管流入高速旋转的碟片之间的间隙时，便产生了惯性离心力；其中密度较大的固体颗粒在离心力作用下向上层碟片的下表面运动，而后在离心力作用下被向外甩出。而液体则由于密度小，在后续液体的推动下沿着碟片的隙道向转子中心流动，然后沿中心轴上升，从套管中排出，达到分离的目的。

⑤螺旋式离心机：转鼓内有可旋转的螺旋输送器，其转数比转鼓的转数稍低。转鼓与螺旋以一定差速同向高速旋转，悬浮液通过螺旋输送器的空心轴进入机内中部，由进料管连续引入螺旋内筒，加速后进入转鼓。在离心力场作用下，固相物沉积在转鼓壁上形成沉渣层。输料螺旋将沉积的固相物连续不断地推至转鼓锥端，经排渣口排出机外。较轻的液相物则形成内层液环，由转鼓大端溢流口连续溢出转鼓，经排液口排出机外。有立式和卧式两种，卧螺机是一种全速旋转，连续进料、分离和卸料的离心机，最大离心力可达6000g，操作温度可达300℃。用于分离含固量较多的悬浮液，生产能力较大。

⑥多室式离心机：多室式离心机的转鼓内有若干同心圆筒组成的环状分离室，加长了被分离液体的流程，使液层减薄，增加了沉降面积，减少了沉降距离。同时还有粒度筛分的作用，悬浮液中的粗颗粒沉降到靠近内部的分离室壁上，细颗粒则沉降到靠近外部的室壁上，澄清的分离液经溢流排出。常用于抗菌素液-液萃取分离、果汁和酒类饮料的澄清等。

（3）按作用方式分类

①差速离心法：以菌体细胞的收集或除去为目的的固液离心分离方法，应用某一特定颗粒沉淀的离心力在预定的离心时间内得到一部分颗粒沉淀及包含未沉淀颗粒的上清液。

②区带离心法：区带离心是生化研究中的重要分离手段，基于颗粒的大小、形状的分离。分为差速区带离心和平衡区带离心法两种。

差速区带离心的特点：基于颗粒的大小、形状的分离、梯度液的最大密度不能超过所分离颗粒的最大密度、动态离心分离方法。

区带平衡离心的特点：梯度液密度范围涵盖全部待分离颗粒密度、平衡离心分离方法。

差速和平衡区带离心的异同：如表 11-1 所示，差速区带离心的梯度液的最大密度不能超过所分离颗粒的最大密度。而平衡区带离心法的梯度液的最大密度大于所分离颗粒的最大密度。二者异同点如表所示，共同点就是事先在离心管内用低分子量溶质调配好密度梯度，区别在常用介质、密度梯度、区带形成条件和离心条件。

表 11-1　　　　　　　　　　差速区带离心与平衡区带离心比较

区带离心种类	差速区带离心	平衡区带离心
共同点	事先在离心管内用低分子量溶质调配好密度梯度	
区带介质	常用蔗糖	常用氯化铯
密度梯度	最大的密度梯度低于最大密度的沉降样品	最大的密度梯度大于最大密度的沉降样品
区带形成条件	根据各个组分沉降系数的差别，形成各自的区带	根据各组分密度差形成区带
离心条件	在最前的沉降物质达到管底前停止，短时间，低速度	使各组分沉降到其平衡的密度区，长时间，高速度

选择离心机时应考虑的因素：颗粒的大小、形状及硬度、原料液的组成、密度及黏度、产物热敏性。

三、过滤

过滤操作是借助于过滤介质，在一定的操作压力 ΔP 作用下，使悬浮液中的液体通过介质的孔道，而固体颗粒被截留在介质上，从而实现固液分离的单元操作。

过滤介质：过滤采用的多孔物质。

过滤推动力：悬浮液自身压强差、重力、悬浮液的外加压力、过滤介质的抽真空、离心力等。

过滤阻力：介质阻力、滤饼阻力、大多情况下，过滤阻力主要取决于滤饼阻力。

过滤速率：

$$\frac{dQ}{dt} = \frac{A \cdot \Delta P}{\mu_L (R_m + R_c)} \tag{11-9}$$

式中　A——过滤面积
　　　ΔP——操作压力
　　　R_m——介质的阻力
　　　R_c——滤饼的阻力
　　　μ_L——滤液的黏度

过滤操作中，大多数情况下，滤饼的阻力占阻力的主导地位。根据式（11-9）可知，降低滤饼阻力，降低滤液黏度，降低悬浮液中悬浮固体的浓度，对发酵液进行预处理，改善滤液性质是提高过滤速率的方法。

过滤设备可以根据过滤推动力、过滤介质的材料、形态、结构、应用以及原理（如吸收、扩散、选择性渗透等）来分类。如果按过滤推动力划分，可将过滤设备分为常压过滤机、加压过滤机和真空过滤机三类。常压过滤机的效率低，仅用于过滤易分离的物料。在生物工业中，常用的过滤发酵液的设备主要有板框压滤机、鼓式真空过滤机和加压叶滤机三种。不同性状的发酵液应选择不同的过滤设备。

固液分离过滤设备：

(1) **按操作方式分类**：间歇过滤机、连续过滤机。

(2) **按操作压强差分类**：压滤、吸滤和离心过滤。

(3) **典型过滤设备**：实验室用抽滤装置、板框压滤机（间歇操作）、转筒真空过滤机（连续操作）、过滤式离心机。

1. 板框压滤机

板框压滤分为明流式、暗流式（用于挥发性、腐蚀性、毒性物质的过滤分离）。适用于：液体产物澄清、低浓度悬液或胶体悬液、黏度高的悬浮液、接近饱和状态的溶液。

其为聚苯烯材料，使用于颗粒大、黏度小的液体，过滤时可加压，压力不能超过30N，不适用于固相比较多液体澄清。广泛应用于培养基制备的过滤及霉菌、放线菌、酵母菌和细菌等多种发酵液的固液分离。适合于固体含量1%～10%的悬浮液的分离。

板框过滤机其优点为：结构简单，过滤面积大（单位）；成本低，动力消耗少，推动力大，耐腐蚀；再生消耗不多，基本无维修，经济实用。但它也存在着一定的缺点：间歇操作，不能绝对密封；劳动强度大，随着滤饼堆厚，过滤速度下降等问题。

自动板框式压滤机的特点：自动板框压滤机在板框压紧、卸饼、清洗等操作中可自动完成，劳动强度小，辅助操作时间短。自动压滤机结构复杂，价格昂贵，在一定程度上限制了它的应用和发展。

2. 真空转鼓过滤机

转鼓下部浸入滤浆槽中，圆筒缓慢旋转时（转速约0.5～2r/min），筒内每一空间相继与分配头中的4个室相通，可顺序进行过滤、洗涤、吸干、吹松、卸饼等操作。即整个圆筒分为过滤区、洗涤及脱水区、卸渣及再生区4个区域。

(1) 过滤区　在此区内，浸于料浆中的过滤室内为负压，滤液穿过滤布进入过滤室内，并经分配头内的滤液管排出，在滤布上逐渐形成滤饼。

(2) 第一吸干区　在此区内，过滤室内为负压，将剩余滤液进行进一步吸出，滤饼被吸干。

(3) 洗涤区　在此区内，洗涤装置将水喷洒在滤饼上，过滤室内仍为负压，洗涤水穿过滤饼和滤布进入过滤室，并经分配头内的洗液管排出。

(4) 第二吸干区　此时过滤室内仍为负压，使滤饼中剩余洗涤水被吸干。如滤饼不需洗涤就不设洗涤区，则第一吸干区、洗涤区、第二吸干区均为吸干区。根据生产需要和滤饼的性质，可在洗涤区和第二吸干区装设无端压榨带，防止滤饼产生裂纹而吸入空气，降低真空度。由于无端压榨带对滤饼的摩擦作用，无端压榨带被滤饼带动沿换向辊的方向运动。

(5) 卸渣区　过滤室与压缩空气管路相通，滤饼被吹松而脱落，然后被伸向过滤表面的刮刀刮落或接取。

(6) 滤布再生区　根据需要和可行性，在此区内进行滤布洗涤，使其具有新的过滤表面，以便进行下一个循环过程。

转鼓真空过滤机优点：转鼓真空过滤机可吸滤、洗涤、卸饼、再生连续化操作，生产能力大，劳动强度小。其缺点：辅助设备多，投资大，且由于真空过滤，推动力小（不超过 $8 \times 10^4 \mathrm{Pa}$），滤饼湿度大（20%～30%）。要适用霉菌发酵液。对于滤饼阻力较大的物料适应能力较差。

3. 带式真空过滤机

带式真空过滤机是自动连续运转、并能按工艺要求进行无级调速以及操作方便和动力消耗低的一种新型高效的脱水设备。

4. 离心过滤机

结构：转鼓（上有小孔，也称悬筐）、滤网、滤布、机架。

工作原理：由于离心力作用，液体产生径向压差，通过滤饼、滤布及滤网而流出。

几种过滤设备的比较如表 11-2 所示。

表 11-2   几种过滤设备

设备	主要结构	过程	特点	适用性
板框压滤机	滤板/滤框/夹紧机构/机架	装合、过滤、洗涤、卸渣、整理	1. 加压过滤，推动力较大； 2. 结构简单，造价低； 3. 过滤面积大，能耗少； 4. 间歇操作； 5. 洗涤时间长，生产效率低	应用广泛，对原料的适应性强
真空转鼓过滤机	转鼓（滤网、滤布）/分配头、滤浆槽	过滤、洗涤、吹干、卸渣	1. 连续化生产，自动化程度高； 2. 真空过滤，推动力较小； 3. 滤饼湿度大，设备投资高	适于粒度中等，黏度不太大的物料
离心过滤机	转鼓（滤网、滤布）/机架	过滤、洗涤、卸渣	1. 离心过滤，推动力最大； 2. 滤饼湿度小，设备成本高	应用广泛，过滤面积小

第三节　细胞的破碎

一、概述

大多数情况下，抗生素、胞外酶、一些多糖及氨基酸等目标产物存在于发酵液中。有些目标产物存在于生物体中，尤其是由基因工程菌产生的大多数蛋白质是在细胞内沉积，脂类物质和一些有用酶包含在生物体中。

细胞的破碎

细胞破碎技术是分离纯化细胞内合成的非分泌型生化物质（产品）的基础。细胞破碎技术是指利用外力破坏细胞膜和细胞壁，使细胞内物质包括目的产物成分释放出来的技术。细胞破碎技术是分离纯化细胞内合成的非分泌型生化物质（产品）的基础。为了研究细胞破碎，提高其破碎率，有必要了解各种生物细胞壁的组成和结构。

细胞的结构根据细胞种类而异。动物、植物、微生物细胞的结构相差很大，而原核细胞和真核细胞又有所不同。动物细胞没有细胞壁，只有脂质和蛋白质组成的细胞膜，易于破碎。植物和微生物细胞的细胞膜外还有一层坚固的细胞壁，破碎困难，需用较强烈的破碎方法。革兰阳性菌的细胞壁主要由肽聚糖层组成，而革兰阴性菌的细胞壁葡聚糖的外层还有脂多糖和脂蛋白及磷脂组成的两层外壁层。阳性菌的细胞比较厚，结构简单，阴性菌的细胞壁较薄，结构复杂，因此阳性菌的细胞壁比阴性菌坚固，较难破碎。酵母的细胞壁由葡聚糖、甘露聚糖和蛋白质组成，比革兰阳性菌的细胞壁厚，更难破碎。

二、细胞破碎技术

选择破碎方法需考虑的因素：细胞处理量、细胞壁强度和结构（高聚物交联程度、种类和壁厚度）、目标产物对破碎条件的敏感性、破碎程度、目标产物的选择性释放。

细胞破碎技术分为机械破碎、物理破碎、化学破碎和酶法破碎。机械破碎通过机械运动产生的撞击力、剪切力使组织、细胞破碎，如捣碎法、研磨法、匀浆法、超声法。物理破碎通过各种物理因素的作用，使组织、细胞的外层结构破坏，而使细胞破碎，如温度差破碎法、压力差破碎法。化学破碎通过各种化学试剂对细胞膜的作用，而使细胞破碎，如有机溶剂、表面活性剂、酸碱。酶促破碎通过细胞本身的酶系或外加酶制剂的催化作用，使细胞壁结构受到破坏，而达到细胞破碎，如自溶法、外加酶制剂法。

1. 机械破碎

机械破碎是通过机械运动产生的撞击力、剪切力使组织、细胞破碎。常见的机械破碎方法为捣碎法、研磨法、匀浆法、超声法等。

（1）高压匀浆法 采用高压匀浆器（由高压泵和匀浆阀组成）。细胞悬浮液自高压室针形阀喷出时，每秒速度高达几百米，细胞在高压作用下高速运动，高速喷出的浆液又射到静止的撞击环上，被迫改变方向从出口管流出。细胞在这一系列高速运动过程中经历了高速剪切、碰撞及压力骤降，造成细胞破碎。这种方法适合酵母和大部分细菌的细胞破碎。

高压匀浆法适用的范围：酵母和大多数细菌细胞的破碎；料液细胞浓度可以很高，20%左右。不宜使用高压匀浆法：易造成堵塞的团状或丝状真菌；较小的革兰阳性菌；含有包含体的基因工程菌（因包含体坚硬，易损伤匀浆阀）。

影响高压匀浆器细胞破碎因素。被破碎的细胞分率符合式（11-10）：

$$\ln [1/(1-S)] = kP_a N_b \tag{11-10}$$

式中 S——破碎率

N——循环次数

P——操作压力，MPa

k——与温度有关的速度常数

a、b——与微生物种类和培养条件有关的常数

影响因素：①升高压力有利于破碎。减少细胞的循环次数，甚至一次通过匀浆阀就可达到几乎完全的破碎，这样就可避免细胞碎片不至过小。但压力大到一定值时对匀浆器的磨损增加。在工业生产中，通常采用的压力为50～70MPa。②破碎性能还随菌体种类和生长环境的不同而不同。大肠杆菌的细胞比酵母细胞容易破碎。生长在简单的合成培养基上

的大肠杆菌比生长在复杂培养基上容易破碎。破碎率随比生长速率降低而降低。

(2) 珠磨法　珠磨法是常用的方法。细胞悬浮液与极细的玻璃小珠、石英砂、氧化铝等研磨剂（直径小于1mm）一起快速搅拌或研磨，研磨剂、珠子与细胞之间的互相剪切、碰撞，使细胞破碎，释放出内含物。即将细胞悬浮液中加入研磨机，使细胞破碎释放内含物的方法。在工业规模的破碎中，常采用高速珠磨机。

高速珠磨剂的工作原理：磨室内放置玻璃小珠，装在同心轴上的圆盘搅拌器高速旋转，使细胞悬浮液和玻璃小珠相互搅动；细胞破碎是由剪切力层之间的碰撞和磨料滚动引起。在出口处，旋转圆盘和出口平板之间的狭缝很小，可阻挡玻璃小珠，使不被料液带出。由于操作过程中会产生热量，故磨室还装有冷却夹套，以冷却细胞悬浮液和玻璃小珠。

影响珠磨机破碎的因素：圆盘外缘的速度，5～15m/s；细胞悬浮液浓度，细菌60～120g/L，酵母140～180g/L；磨珠直径，0.2mm左右，工业不小于0.4mm；磨珠装量，一般80%～90%；在破碎室的停留时间；珠磨法的破碎率一般控制在80%以下；可降低能耗、减少大分子目的产物的失活、减少由于高破碎率产生的细胞小碎片不易分离而给后续操作带来的困难。

(3) 喷雾撞击破碎　撞击破碎原理：细胞悬浮液以喷雾状高速冻结，形成粒径小于50μm的微粒子，高速载气（如氮气，流速为300m/s）将冻结的微粒子送入破碎室，高速撞击撞击板，使冻结的细胞发生破碎。

(4) 超声波破碎　利用液体中局部空穴的形成、增大和闭合产生极大的冲击波和剪切力，引起的黏滞性旋涡在细胞上造成了剪切力，使细胞内液体发生流动，从而使细胞破碎。超声波振荡器以可分为槽式和探头直接插入介质两种形式，一般破碎效果后者比前者好。超声波的细胞破碎效率与细胞种类、浓度和超声波的声频、声能有关。使得方法对细菌效果较好，酵母破碎较差。并且是实验室常用的破碎方法，难以放大。

超声波破碎法的原理：一般认为在超声波作用下液体发生空化作用。液体中局部空穴的形成、增大和闭合产生极大的冲击波和剪切力，引起的黏滞性旋涡在细胞上造成了剪切力，使细胞内液体发生流动，从而使细胞破碎。操作过程产生大量的热，因此操作需在冰水或外部冷却的容器中进行。

超声波破碎的适用范围：超声波破碎适用于多数微生物的破碎。一般杆菌比球菌易破碎，G^-细菌比G^+细菌易破碎，对酵母菌的效果较差。但超声波产生的化学自由基团能使某些敏感性活性物质失活。超声波破碎的有效能量利用率极低。由于对冷却的要求相当苛刻，所以不易放大，但在实验室小规模细胞破碎中常用。

2. 非机械破碎方法

非机械破碎方法有很多，如酶解、化学法溶胞、物理法等。其中以酶法和化学法溶胞应用最广。

(1) 酶溶法　酶解是利用溶解细胞壁的酶处理菌体细胞，使细胞壁受到破坏后，再利用渗透压冲击等方法破坏细胞膜。该方法的优点：发生酶解的条件温和，能选择性地释放产物，胞内核酸等泄出量少，细胞外形较完整，与机械法结合大大提高破碎率；缺点：溶解酶价格高，酶溶法通用性差（不同菌种需选择不同的酶）。

(2) 化学渗透法　某些化学试剂可以改变细胞壁或膜的通透性（渗透性），从而使胞内物质有选择地渗透出来。如有机溶剂、变性剂、表面活性剂、抗生素、金属螯合剂等。该法取决于化学试剂的类型以及细胞壁膜的结构与组成。

化学渗透法的优点：对产物释放有一定的选择性，一般胞内物质释放率不超过50%；细胞外形完整，碎片少，浆液黏度低，易于固液分离和进一步提取。缺点：通用性差；时间长，效率低；有些化学试剂有毒；影响最终产物纯度，化学试剂的加入常会给随后产物的纯化带来困难，并可使一些较小相对分子质量的溶质如多肽和小分子的酶蛋白透过，而核酸等大相对分子质量的物质仍滞留在胞内。

(3) 物理法

①渗透压冲击法：通过渗透压的改变，引起细胞快速膨胀而破裂。仅适用于细胞壁较脆弱的细胞或细胞壁预先用酶处理或在培养过程中加入某些抑制剂（如抗生素等），使细胞壁有缺陷，强度减弱。

②冻融法：将细胞放在低温下冷冻（约-15℃），然后在室温中融化，反复多次而达到破壁作用。一方面能使细胞膜的疏水键结构破裂，从而增加细胞的亲水性能；另一方面胞内水结晶，形成冰晶粒，引起细胞膨胀而破裂。适用于细胞壁较脆弱的菌体，破碎率较低，需反复多次，此外，在冻融过程中可能引起某些蛋白质变性。表11-3比较了机械法和非机械法破碎。

表 11-3　　　　　　　　　　　机械法和非机械法破碎的比较

比较项目	机械法	非机械法
破碎机制	剪切细胞	溶解局部壁、膜
碎片大小	碎片细小	细胞碎片较大
内含物释放	全部	部分
黏度	高（核酸多）	低（核酸少）
时间、效率	时间短，效率高	时间长，效率低
设备	需专用设备	不需专用设备
通用性	强	差（专一性强）
经济	成本低	成本高
应用范围	工业规模，实验室	实验室、部分工业

3. 选择性释放目标产物的一般原则

(1) 仅对目标产物的位置周围破碎　当目标产物存在于细胞膜附近时，可采用较温和的方法；当目标产物存在于细胞质内时，则需采用强烈的机械破碎法。当目标产物处于与细胞膜或细胞壁结合的状态时，调节溶液pH，离子强度或添加与目标产物具有亲和性的试剂，如螯合剂、表面活性剂等，使目标产物容易溶解释放。

(2) 机械破碎法和化学法并用　可使操作条件更加温和，在相同的目标产物释放率条件下，降低细胞的破碎程度。

4. 破碎率的测定

(1) 直接测定法　采用染色法把破碎的细胞与未破碎的细胞区别开来。如破碎的革兰阳性菌可染成革兰阴性菌的颜色；采用革兰染色法染色酵母破碎液，完整的细胞呈紫色，而受损害的细胞呈亮红色。

(2) 目的产物测定法　将破碎后的细胞悬浮液离心，测定上清液中目的产物含量或活性，并与100%破碎率的标准值比较，计算其破碎率。

(3) 导电率测定法　细胞破碎后，大量带电荷的内含物被释放到水相，使导电率上升。

5. 破碎技术的研究方向

(1) 多种破碎方法相结合　①化学法、酶法、机械法相结合；②酶法与高压匀浆、超声波振荡、螯合剂、渗透压法结合，如用溶解酶预处理面包酵母，然后高压匀浆，95MPa压力下匀浆4次，总破碎率接近100%。而单独采用高压匀浆法，同样条件下破碎率只有32%；③有机溶剂与冻融法结合。

(2) 破碎技术的研究方向　与上游过程相结合：在生长后期，加入某些能抑制或阻止细胞壁物质合成的抑制剂，继续培养后，新分裂的细胞其细胞壁有缺陷，利于破碎；选择较易破碎的菌种作为宿主细胞，如革兰染色阴性细菌；用基因工程的方法对菌种进行改造，如在细胞内引进噬菌体基因，培养结束后，控制一定条件（如温度等），激活噬菌体基因，使细胞自内向外溶解，释放出内含物。

思考题

某车间发酵一批益生酵母菌，计划使用离心法收集菌体。已知管式离心机的转筒内径为12cm，长70cm。转数为15000r/min。设离心机的校正系数1，利用其浓缩酵母细胞悬浮液，处理能力为$4.0dm^3/min$。

(1) 计算酵母细胞的重力沉降速度。

(2) 破碎该酵母细胞后，细胞碎片直径减小到原细胞的1/2，液体黏度上升3倍。在相同条件下离心浓缩该细胞破碎液。试计算此时离心机的处理能力。

参 考 文 献

[1] Siqiang Li, Hong Wang, Juncai Ma, et al. One-pot four-enzyme synthesis of thymidinediphosphate-l-rhamnose [J]. Chem Commun (Camb), 2016, 52 (97): 13995-13998.

[2] Martinez V, Ingwers M, Smith J, et al. Biosynthesis of UDP-4-keto-6-deoxyglucose and UDP-rhamnose in pathogenic fungi *Magnaporthegrisea* and *Botryotinia fuckeliana* [J]. J Biol Chem, 2012, 287: 879-892.

[3] McArthur J B, Chen X. Glycosyltransferase engineering for carbohydrate synthesis [J]. Biochem Soc Trans, 2016, 44: 129-142.

[4] Karmakar P, Lee K, Sarkar S, et al. Synthesis of a Liposomal MUC1 Glycopeptide-Based Immunotherapeutic and Evaluation of the Effect of l-Rhamnose Targeting on Cellular Immune Responses [J]. Bioconjug Chem, 2016, 27: 110-120.

[5] Li X, Rao X, Cai L, et al. Targeting Tumor Cells by Natural Anti-Carbohydrate Antibodies Using Rhamnose-Functionalized Liposomes [J]. Acs Chem Biol, 2016, 11:

1205 – 1209.

[6] Zhang H, Wang B, Ma Z, et al. l-Rhamnose Enhances the Immunogenicity of Melanoma-Associated Antigen A3 for Stimulating Antitumor Immune Responses [J]. Bioconjug Chem, 2016, 27: 1112 – 1118.

[7] Hrytsai R V, Brovars'Ka O S, Varbanets' L D. Monosaccharide composition of *Ralstonia solanacearum* lipopolysaccharides [J]. Mikrobiol Z, 2013, 75: 28 – 33.

[8] Fujii M, Sato Y, Ito H, et al. Monosaccharide composition of the outer membrane lipopolysaccharide and O-chain from the freshwater cyanobacterium *Microcystis aeruginosa* NIES – 87 [J]. J Appl Microbiol, 2012, 113: 896 – 903.

[9] Staudt A K, Wolfe L G, Shrout J D. Variations in exopolysaccharide production by *Rhizobium tropici* [J]. Arch Microbiol, 2012, 194: 197 – 206.

[10] Wu Q, Zhou P, Qian S, et al. Cloning, expression, identification and bioinformatics analysis of Rv3265c gene from *Mycobacterium tuberculosis* in *Escherichia coli* [J]. Asian Pac J Trop Med, 2011, 4: 266 – 270.

[11] De Castro C, Molinaro A, Piacente F, et al. Structure of N-linked oligosaccharides attached to chlorovirus PBCV-1 major capsid protein reveals unusual class of complex N-glycans, Proc Natl Acad Sci USA, 2013, 110: 13956 – 13960.

第十二章 发酵产品的初级分离

初级分离是指从发酵液、细胞培养液、胞内抽提液（细胞破碎液）及其他各种生物原料初步提取的目标产物，使目标产物得到浓缩和初步分离的下游加工过程。初级分离特点：分离对象体积大、杂质含量高；分离技术操作成本低，适于大规模生产。本章主要讲述发酵产品的初级分离，包括沉淀分离、萃取和膜分离等基本原理和技术。

第一节 沉淀分离

任务

1. 案例将细胞破碎上清液调 pH 至起始糖基转移酶的等电点有何作用？
2. 等电点沉淀法除了调节 pH 之外，还有没有其他注意事项？

沉淀分离

【案例】

注射肺炎链球菌疫苗是预防肺炎链球菌感染的有效手段，该类疫苗的主要有效成分是荚膜多糖。然而，以多糖为主要有效成分的疫苗还有诸多缺陷，使得有关新疫苗的研发受到国际科研工作者们的高度关注。寡糖分子作为抗原所具备的优势，寡糖分子的糖类疫苗研究引起研究者的热切关注，是糖科学领域一个热门研究方向。起始糖基转移酶在细胞内催化寡糖生物合成途径的起始，该酶是一个膜蛋白。该蛋白的分离纯化是保证其活性的前提。发酵液经预处理、固液分离和细胞破碎后，需要进行初级分离。具体来说，为增加产率，需要首先将细胞破碎上清液 pH 调至起始糖基转移酶的等电点（pI＝5.3），然后上清液用 140000g 离心 60min，收集细胞总膜。细胞总膜以 100mL 含有 10% 甘油的 100mmol/L Tris（pH5.3）洗三次，最终重悬到 10mL 含有 10% 甘油的 100mmol/L Tris（pH 7.5）中。细胞总膜保存在 −80℃ 冰箱备用。

【案例分析与讨论】

发酵液经预处理、细胞获取及破碎之后，需要进行初级分离，本案例采用等电点沉淀法以增加膜蛋白的产率，此外，需要更加关注膜蛋白的生物学活性不能丧失。需要注意的是，初级分离包括许多种技术，如沉淀、膜分离、萃取等，以分离具备体积大、杂质含量高、分离成本低等特点的细胞裂解液或发酵液，一般是高级分离的基础和前提。然而，并非所有的发酵产品的精制均需要初级分离，需要根据具体工艺综合考虑。

一、盐析沉淀

1. 定义

蛋白质在高离子强度的溶液中溶解度降低、发生沉淀的现象称为盐析。低离子强度下的盐溶向蛋白质的纯水溶液中加入电介质后,蛋白质将吸附盐离子,而形成扩散双电层(产生分子间相互排斥作用)导致蛋白质的溶解度增大,发生盐溶。高离子强度下的盐析溶液主体中那些与扩散层反离子电荷符号相同的电解质离子将把反离子压入(排斥)到双电层中。由于盐的水化作用,其将争夺蛋白质水化层中的水分子,使蛋白质表面疏水区脱水而暴露,增大它们之间的疏水性作用,容易发生凝集,进而沉淀。所以,一般在蛋白质的溶解度与离子强度的关系曲线上存在最大值,该最大值在较低的离子强度下出现,在高于此离子强度的范围内,溶解度随离子强度的增大迅速降低。

盐析就是加盐,让蛋白质析出的过程。各种生物分子在浓盐溶液中溶解度的差异,加入一定浓度的盐,使其发生沉淀析出的现象称为盐析。比如卤水点豆腐就是一种盐析。盐析是一种沉淀,盐析不是变性,获得的蛋白质在理论上还具有其生物学功能。

2. 原理

对于蛋白质而言,亲水性氨基酸越多、亲水性氨基酸在蛋白质表面的分布越多、双电层和水化层均是增加蛋白质溶解度的因素。因此,破坏这些因素,就会降低溶解度。然而,亲水性氨基酸越多、亲水性氨基酸在蛋白质表面的分布事关蛋白质的功能。因此,盐析法主要破坏双电层和水化层,进而降低溶解度,析出。可知,当盐的浓度较低时,加入的盐被吸附到蛋白质表面,相当于增加了蛋白质带电荷(因为蛋白质氨基酸组成、折叠是固定的),增加双电层和水化层,致使盐溶;当高盐浓度时,破坏双电层和水化层,致使盐析。当盐浓度太大,会将总蛋白沉淀出来。

3. 盐析法沉淀的优势

盐析法条件温和,维持蛋白质的生物学功能;非蛋白的杂质很少被夹带沉淀;适用范围广;设备简单,操作方便,环境友好。盐析法的缺点为:加入一种试剂,还要除去。虽然有缺点,但结合习近平总书记关于环境保护的讲话精神,"绿水青山就是金山银山",相对于其他生物分离方法,盐析法由于环境友好,是生物分离工程中常用的方法。

4. 盐析法沉淀的定量计算

现在常用 Cohn 经验式来表示蛋白质的溶解度与盐的浓度之间的关系:

$$\lg S = \beta - K_s I \tag{12-1}$$

式中　　S——蛋白质的溶解度,g/L

I——离子强度　$1/2 \sum m_i Z_i^2$

m_i——离子 i 的摩尔浓度

Z_i——所带电荷

β——常数(当 I 为零时),与盐的种类无关,但与温度、pH 和蛋白质种类有关

K_s——盐析常数,是直线的斜率,与温度和 pH 无关,但与蛋白质和盐的种类有关

5. 影响盐析因素

(1) 蛋白质的相对分子质量和结构　反映在 Cohn 方程中就是对 β 和 K_s 的影响:不同蛋白质的 β 值不同;K_s 随蛋白质相对分子质量的增大或分子不对称性的增强而增大,即结构不对称、相对分子质量大的蛋白质易于盐析沉淀。

(2) 无机盐种类和浓度　相同离子强度下,不同种类的盐对蛋白质的盐析效果不同。盐的种类将影响到 Cohn 方程中的盐析常数 K_s。盐的种类对蛋白质溶解度的影响与离子的感胶离子序列相符,即离子半径小而带电荷较多的阴离子的盐析效果较好。比如,含高价

阴离子的盐比单价盐的盐析效果好，即盐析常数大。常见阴离子的盐析作用顺序：$PO_4^{3-}>SO_4^{2-}>CH_3COO^->CL^->NO_3^->CLO_4^->I^->SCN^-$；阳离子对盐析效果的影响：$Al^{3+}>H^+>Ba^{2+}>Sr^{2+}>Ca^{2+}>Cs^+>Rb^+>NH_4^+>K^+>Li^+$。

（3）温度和 pH　温度和 pH 主要是对 β 值有影响。在低离子强度溶液中，蛋白质的溶解度在一定的温度范围内。随着温度升高而增大。在高离子强度溶液中，温度的升高利于蛋白质脱水，破坏水化层并导致蛋白质溶解度的降低。在 pH 接近蛋白质等电点的溶液中，蛋白质的溶解度最小即 β 最小，所以调节溶液 pH 在等电点附近有利于提高盐析效果。

二、等电点沉淀

1. 定义

利用蛋白质在 pH 等于其等电点的溶液中溶解度下降的原理进行沉淀分级的方法称为等电点沉淀法。

2. 原理

利用在低离子强度下蛋白质溶解度较低的特性，调整溶液 pH 至等电点或在等电点的 pH 下利用透析等方法降低离子强度，使蛋白质沉淀。该方法由于是在低盐溶液中调节 pH，所以不需要除盐。氯化钠的浓度越低，蛋白质的溶解度越低，因此等电点沉淀法需要创造一个低盐的环境。

3. 等电点沉淀的操作特点

等电点沉淀在较低的离子强度下进行，因此沉淀操作结束后无需脱盐。与其他沉淀法结合使用，例如在等电点附近进行的盐析沉淀操作时可以获得更小的蛋白质溶解度。溶液的 pH 调节方便，但过低的蛋白质等电点容易引起目标蛋白质变性。在低离子强度下调整溶液 pH 至等电点；在等电点的 pH 下利用透析等方法降低溶液的离子强度，使蛋白质沉淀。简言之，等电点沉淀操作需要较低的溶液离子强度和（或）溶液的 pH 接近等电点。

三、有机溶剂沉淀

1. 定义

利用蛋白质在有机溶剂中溶解度降低的原理进行蛋白质沉淀的方法。

2. 原理

向蛋白质溶液中加入水溶性有机溶剂，有机溶剂对水具有很大的亲和力，能够争夺蛋白质表面的水分子。

3. 有机溶剂沉淀法的优点

有机溶剂密度较低，易于沉淀分离。与盐析沉淀相比，沉淀产物不需脱盐。有机溶剂沉淀法的缺点：有机溶剂沉淀容易引起蛋白质变性，必须在低温下进行。另外，应用有机溶剂沉淀时，所选择的有机溶剂应为与水互溶，不与蛋白质发生作用的物质。常用的有丙酮和乙醇。乙醇沉淀法目前仍用于血浆制剂的生产。随着有机溶剂浓度增大，水化程度降低，溶液的介电常数下降，蛋白质分子间的静电引力增大，从而发生凝聚和沉淀。

4. 影响因素及控制

通常随乙醇浓度上升，蛋白质溶解度下降。过多加入乙醇也可能导致样品变性；避免使用很稀的浓度,以免使用大量乙醇。一般认为,对于蛋白质溶液0.5%~2%起始浓度较合适,对于黏多糖以1%~2%为起始浓度为宜;当乙醇与水混合时,会放出大量的稀释热,使溶液温度显著升高,对不耐热的蛋白质影响较大。解决办法:搅拌、少量多次加入,以避免温度骤然升高损失蛋白质活性。另一方面温度还会影响有机溶剂对蛋白质的沉淀能力,一般温度越低,沉淀越完全。但太低温度杂蛋白可能过多;pH:在确定了乙醇以后,蛋白质最低溶解度出现在蛋白的pI处,因此可以通过调节pH来选择性分离蛋白质。加入金属离子(相当于结合了金属离子沉淀,不过介电系数降低有利于金属离子结合到蛋白成盐而沉淀)。

四、热沉淀

1. 定义

根据蛋白质间的热稳定性的差别进行蛋白质的热沉淀,以分离出热稳定性高的目标蛋白产物的方法。

2. 原理

在较高的温度下,热稳定性差的蛋白质将发生变性,有规则的肽链结构被打开呈松散不规则的结构,分子的不对称性增加,疏水基团暴露,进而发生凝聚和沉淀,利用这一现象,可根据蛋白质间的热稳定性的差别进行蛋白质的热沉淀,以分离出热稳定性高的目标蛋白产物。热沉淀是一种动力学变性分离法,使用时需对目标产物和共存杂蛋白的热稳定性有充分的了解。

上述四种沉淀方法是最常用的方法,根据发酵液的特点,还有非离子聚合物沉淀、聚电解质沉淀、重金属盐沉淀和泡沫沉淀等。

第二节 膜分离

一、概述

利用膜的选择性(孔径大小),以膜的两侧存在的能量差作为推动力,由于溶液中各组分透过膜的迁移率不同而实现分离的一种技术。膜分离不同于过滤,过滤一般是指固液分离,膜分离一般分离溶解于液体中的大小分子。可见,在膜分离技术中,膜的功能是至关重要的。物质

膜分离

的识别和透过是使混合物中各组分之间实现分离的内在因素。如何将蛋白质除盐呢?根据这五种膜分离方法,纳滤、超滤均可作为除盐的技术,考虑到成本和效率,一般选择超滤除盐。

在膜分离操作中,所有溶质均被透过液传送到膜表面上,不能完全透过膜的溶质受到膜的截留作用,在膜表面附近浓度升高。这种在膜表面附近浓度高于主体浓度的现象称为浓度极化或浓差极化。膜表面附近浓度升高,增大了膜两侧的渗透压差,使有效压差减小,透过通量降低。当膜表面附近的浓度超过溶质的溶解度时,溶质会析出,形成凝胶层。当分离含有菌体、细胞和其他固形成分的料液时,也会在膜表面形成凝胶层。这种现象称为凝胶极化。它是限制膜分离速率的最主要因素。在膜分离中,影响分离速率的因素

主要有操作形式、流速、压力、料液浓度等因素。

二、膜分离法

在一种流体相间有一层薄的凝聚相物质,其把流体相分隔开来成为两部分,这一薄层物质称为膜。膜本身是均一的一相或由两相以上凝聚物构成的复合体。被膜分开的流体相物质是液体或气体。膜的厚度应在 0.5mm 以下,否则不能称其为膜。

膜分离是人类最早应用的分离技术之一,如酒的过滤、中草药的提取等。膜分离技术是利用膜的选择性(孔径大小),以膜的两侧存在的能量差作为推动力,由于溶液中各组分透过膜的迁移率不同而实现分离的一种技术。分离过程中膜的功能是物质的识别和透过是使混合物中各组分之间实现分离的内在因素。界面:提供一种状态,将透过液和保留液分为互不混合的两相。反应场:膜表面及孔内表面含有与特定溶质具有相互作用能力的官能团,通过物理、化学或生化反应提高膜分离的选择性和分离度。

膜分离过程的实质是物质透过或被截留于膜的过程,近似于筛分过程,依据滤膜孔径大小而达到物质分离的目的,因此可以按分离粒子大小进行分类。

1. 微滤(MF)

微滤以多孔细小薄膜为过滤介质,压力差为推动力,使不溶性物质得以分离的操作,孔径分布范围在 $0.025\sim14\mu m$。

2. 超滤(UF)

超滤的分离介质同上,但孔径更小,为 $0.001\sim0.02\mu m$,分离推动力仍为压力差,适合于分离酶、蛋白质等生物大分子物质。

3. 反渗透(RO)

反渗透是一种以压力差为推动力,从溶液中分离出溶剂的膜分离操作,孔径在 $0.0001\sim0.001\mu m$;由于分离的溶剂分子往往很小,不能忽略渗透压的作用,故而称为反渗透。

4. 纳滤(NF)

纳滤是以压力差为推动力,从溶液中分离 $300\sim1000u$ 小分子质量物质的膜分离过程,孔径分布在平均 2nm。

5. 电渗析(ED)

电渗析以电位差为推动力,利用离子交换膜的选择透过性,从溶液中脱除或富集电解质的膜分离操作;这五种膜分离方法,微滤、超滤、反渗透、纳滤均是以压力差为推动力,它们之间的区别仅在于孔径大小的区别,其中孔径最小的是反渗透。电渗析是以电位差为推动力。

6. 渗透气化

渗透气化是在疏水膜的一侧通入料液,另一侧(透过侧)抽真空或通入惰性气体,使膜两侧产生溶质分压差。在分压差作用下,料液中溶质溶于膜内,扩散通过膜,在透过侧发生气化,气化的溶质被膜装置外设置的冷凝器回收。渗透气化是根据溶质间透过膜的速度不同,使混合物得到分离。

渗透气化特点:渗透气化过程中溶质发生相变,透过侧溶质以气体状态存在,因此消除了渗透压作用,从而使渗透气化在较低的压力下进行,适于高浓度混合物分离。渗透气化利用溶质之间膜透过性的差别,适于共沸物和挥发度相差较小的双组分溶液的分离。

7. 纳米膜过滤技术

纳米膜过滤技术介于反渗透与超滤膜之间,能截留有机小分子而使大部分无机盐通过。特点:在过滤分离过程中,能截留小分子有机物,并可以同时透析除盐,集浓缩与透析为一体;操作压力低。纳滤膜的性质与特点:有多层聚合薄膜组成,滤膜为多孔性材料,平均孔径为 2nm,截留分子质量范围在 100～200u;同样要求其具有良好的热稳定性、pH 稳定性、有机溶剂稳定性。

8. 膜亲和过滤法

膜亲和过滤法是传统膜分离技术与亲和分离技术的集成,是一种十分有效的分离方法。

第三节　萃取

一、概述

当含有生化物质的溶液与互不相溶的第二相接触时,生化物质倾向于在两相之间进行分配,当条件选择得恰当时,所需提取的生化物质就会有选择性地发生转移,集中到一相中,而原来溶液中所混有的其他杂质(如中间代谢产物、杂蛋白等)分配在另一相中,这样就能达到某种程度的提纯和浓缩。当分配平衡时,轻相和重相杂质与溶质的分布不均

萃取

一,其中轻相集中杂质,重相集中溶质,起到分离的目的,这就是萃取。萃取法是利用液体混合物各组分在某有机溶剂中的溶解度的差异而实现分离的,溶质从萃取剂转移到反萃剂的过程。完成萃取操作后,为进一步纯化目标产物或便于下一步分离操作的实施,将目标产物从有机相转入水相的操作就称为反萃取(Back Extraction)。

二、萃取与反萃取

在常温常压下 K 为常数。应用前提条件:稀溶液,是指溶质含量极少的溶液。稀溶液中溶质的摩尔分数趋近于零,而溶剂的摩尔分数趋近于 1,所以稀溶液非常接近于理想溶液,稀溶液中溶剂的行为与它处于理想溶液时的行为相同;溶质对溶剂互溶没有影响;必须是同一分子类型,不发生缔合或离解。对于弱电解质,在水中发生解离,只有两相中的单分子化合物的浓度才符合分配定律。电离平衡影响游离酸的浓度,进而影响游离酸的分配。萃取过程分为混合、分离和溶剂回收三步。

操作方式:单级萃取、多级错流萃取、多级逆流萃取、连续逆流萃取。

(1) 单级萃取　料液与萃取剂在混合过程中密切接触,让被萃取的组分通过相际界面进入萃取剂,直到组分在两相间的分配基本达到平衡。然后静置沉降,分离成为两层液体。单级萃取萃取率较低。

(2) 多级错流萃取　料液和各级萃余液都与新鲜的萃取剂相接触。萃取率较高,但萃取剂用量大。

(3) 多级逆流萃取　料液与萃取剂分别从级联或板式塔的两端加入,在级间做逆向流

动，最后成为萃余液和萃取液，各自从另一端离开。萃取率较高，是工业上常用的方法。

（4）连续逆流萃取　在微分接触式萃取塔中，料液与萃取剂在逆向流动的过程中进行接触传质，是工业上常用的方法。

生物工程不同于化工生产，主要表现在生物分离往往需要从浓度很稀的水溶液中除去大部分的水，而且反应液中存在多种副产物和杂质，使生物萃取具有特殊性：成分复杂，细胞内有成千上万种化合物；产物浓度低，次级代谢产物浓度往往非常低，难以萃取；产物的不稳定性，特别是有机大分子，往往在有机溶剂里不稳定。

溶剂萃取法的特点：萃取过程有选择性；能与其他步骤相配合；通过相转移减少产品水解；适用于不同规模；传质快；周期短，便于连续操作；毒性与安全环境问题。

三、有机溶剂的选择

根据相似相溶的原理，选择与目标产物极性相近的有机溶剂为萃取剂，可以得到较大的分配系数（根据介电常数判断极性）；有机溶剂与水不互溶，与水有较大的密度差，黏度小，表面张力适中，相分散和相分离容易；应当价廉易得，容易回收，毒性低，腐蚀性小，不与目标产物反应。常用于生化萃取的有机溶剂有丁醇、丁酯、乙酸乙酯、乙酸丁酯、乙酸戊酯等。

除了液液萃取之外，以气体作为萃取剂，以及以液体、气体作为萃取剂从液相或固相中的萃取乃至反胶束法也已经被广泛应用。

思考题

肺炎链球菌多糖的杂蛋白在 2.8mol/L 和 3.0mol/L 硫酸铵溶液中的溶解度分别为 1.2g/L 和 0.26g/L，试计算杂蛋白在 3.5mol/L 硫酸铵溶液中的溶解度（提示：lg1.2＝0.079；lg0.26＝－0.585；lg4.61＝0.664）。

参 考 文 献

[1] Siqiang Li, Hong Wang, Juncai Ma, et al. One-pot four-enzyme synthesis of thymidinediphosphate-l-rhamnose [J]. Chem Commun (Camb), 2016, 52 (97): 13995～13998.

[2] 李思强. 源于 23F 血清型肺炎链球菌的鼠李糖转移酶及相关酶的研究和应用 [D]. 济南：山东大学，2017.

[3] James D B, Gupta K, Hauser J R, et al. Biochemical activities of Streptococcus pneumoniae serotype 2 capsular glycosyltransferases and significance of suppressor mutations affecting the initiating glycosyltransferase Cps2E [J]. J Bacteriol, 2013, 195: 5469-5478.

[4] Sha S, Zhou Y, Xin Y, et al. Development of a colorimetric assay and kinetic analysis for *Mycobacterium tuberculosis* D-glucose-1-phosphate thymidylyltransferase [J]. J Biomol Screen, 2012, 17: 252-257.

[5] Gantt R W, Peltier-Pain P, Cournoyer W J, et al. Using simple donors to drive the equilibria of glycosyltransferase-catalyzed reactions [J]. Nat Chem Biol, 2011, 7:

685-691.

[6] Sha S, Zhou Y, Xin Y, et al. Development of a colorimetric assay and kinetic analysis for *Mycobacterium tuberculosis* D-glucose-1-phosphate thymidylyltransferase [J]. J Biomol Screen, 2012, 17: 252-257.

[7] Forget S M, Smithen D A, Jee A, et al. Mechanistic evaluation of a nucleoside tetraphosphate with a thymidylyltransferase [J]. Biochemistry-US, 2015, 54: 1703-1707.

[8] Yan W, Song H, Song F, et al. Endoperoxide formation by an alpha-ketoglutarate-dependent mononuclear non-haem iron enzyme [J]. Nature, 2015, 527: 539-543.

第十三章 发酵产物的精制及加工

本章主要讲述发酵产物精制及加工过程,该过程就是去除与产物理化性质相近的杂质并且得到一定纯度的终产物,因此对于发酵产物的获得而言,发酵产物的精制及加工过程是相当重要的。

第一节 吸附和离子交换

任务
1. 吸附的基本原理是什么?
2. 案例中使用镍离子亲和层析柱的优缺点是什么?

吸附和离子交换

【案例】

肺炎链球菌疫苗是预防肺炎链球菌感染的有效手段,该类疫苗的主要有效成分是荚膜多糖。然而,以多糖为主要有效成分的疫苗还有诸多缺陷,使得有关新疫苗的研发受到国际科研工作者们的高度关注。基于寡糖分子作为抗原所具备的优势,寡糖分子的糖类疫苗研究引起研究者的热切关注,是糖科学领域一个热门研究方向。起始糖基转移酶在细胞内催化寡糖生物合成途径的起始,该酶是一个膜蛋白。该蛋白的分离纯化是保证其活性的前提。发酵液经预处理、固液分离、细胞破碎和初级分离后,获取的细胞总膜用于膜蛋白的纯化,程序如下:将细胞总膜溶于20mL裂解缓冲液[20mmol/L Tris-HCl(pH8.5),300mmol/L NaCl,10mmol/L DTT,10%甘油,1% DDM]中,4℃孵育过夜。离心(140000g,60min,4℃)收集上清,然后以镍亲和层析法纯化,操作过程保持低温。上样前,用10个柱体积的平衡缓冲液[20mmol/L Tris-HCl(pH 7.5),150mmol/L NaCl,10mmol/L DTT,10mmol/L 咪唑,10%甘油和0.03% DDM]冲洗镍离子亲和层析柱,使其达到平衡状态,随后将上清液以0.6mL/min的流速流过镍离子亲和层析柱,最后以洗脱液[20mmol/L Tris-HCl(pH 7.5),150mmol/L NaCl,10mmol/L DTT,500mmol/L 咪唑,10%甘油和0.03% DDM]将目的蛋白洗脱下来。最后,纯化的蛋白质在透析缓冲液[25mmol/L Na_3PO_4(pH 7.5),150mmol/L NaCl,10mmol/L DTT,10%甘油和0.03% DDM]4℃过夜,保存在-80℃冰箱备用。

【案例分析与讨论】

细胞裂解液经初级分离后,一般需要高级分离才能获得纯品,本案例采用镍亲和层析法除去膜碎片、增加目标蛋白的纯度。需要注意的是,高级分离的许多种技术,如吸附、层析、结晶、干燥等,并非所有的发酵纯品的必需步骤,初级分离也可能获得纯品,各种高级分离技术也能获得纯品,需要根据具体工艺综合考虑。

一、吸附的基本知识

1. 概念

吸附（Adsorption）是溶质从液相或气相转移到固相的现象，即利用吸附剂对液体或气体中某一组分具有选择性吸附的能力，使其富集在吸附剂表面。利用固体吸附的原理从液体或气体除去有害成分或提取回收有用目标产物的过程称为吸附操作。吸附操作所使用的固体一般为多孔微粒，具有很大的比表面积，称为吸附剂（Adsorbent）。

2. 吸附的类型

吸附剂对溶质的吸附作用按吸附作用力区分主要有三类，物理吸附、化学吸附和离子交换。分离工程中所谓的吸附操作主要基于物理吸附，化学吸附现象的应用很少，而将基于离子交换原理的吸附操作称为离子交换。吸附和离子交换广泛应用于生物分离过程，在原料液脱色、除臭、目标产物的提取、浓缩和粗分离方面发挥着重要作用。

（1）物理吸附　物理吸附是基于吸附剂与吸附质之间的分子间作用力，即范德华力。由于范德华力普遍存在，一般物理吸附发生在吸附剂的整个自由界面，且不具有选择性。因吸附剂与吸附质的种类不同，分子间引力大小各异，因此吸附量随物系不同而不同。物理吸附所放出的热与气体的液化热相近，数值很小，因此物理吸附在低温下也可进行，不需要很高的活化能。吸附质在固体表面上可以是单分子层也可以是多分子层。此外，物理吸附类似于凝聚现象。因此，吸附速度和解吸速度都较快，易达到吸附平衡。在物理吸附中，溶质在吸附剂上吸附与否或吸附量的多少主要取决于溶质与吸附剂极性的相似性和溶剂的极性。此外，被吸附的溶质可通过改变温度、pH 和盐浓度等物理条件脱附（Desorption）。

（2）化学吸附　化学吸附是吸附剂表面活性点与溶质之间发生化学结合、产生电子转移、生成化学键而实现物质的吸附。化学吸附释放大量的热，需要很高的活化能，化学吸附的吸附热一般高于物理吸附，因此通过测定吸附热很容易判断是物理吸附还是化学吸附。由于化学吸附生成化学键，因而只有单分子层吸附，且不易吸附和解吸（不易破坏化学键），平衡慢。相对于物理吸附而言，化学吸附的选择性较强，即一种吸附剂只对某种或特定几种物质有吸附作用。

（3）离子交换吸附　吸附表面含有离子基团（Ionized Group）或可离子化基团（Ionizable Group），则它会通过静电引力吸引溶液中带相反电荷的离子而形成双电层，这种吸附称为极性吸附。同时在吸附剂与溶液间发生离子交换，即吸附剂吸附离子后，同时要向溶液中放出相应摩尔数的离子。离子的电荷是离子交换吸附的决定性因素，离子所带电荷越多，它在吸附表面的相反电荷点上的吸附能力就越强。离子交换的吸附质可通过调节 pH 或提高离子强度的方法洗脱。

（4）物理吸附力的本质　物理吸附作用的最根本因素是吸附质和吸附剂之间的范德华力。它是一组分子引力的总称，具体包括三种力：定向力、诱导力和色散力。范德华力和化学力（库仑力）的主要区别在于它的单纯性，即只表现为相互吸引。

①定向力：由于极性分子的永久偶极距产生的分子间静电引力称定向力。它是极性分子之间产生的作用力。一般分子的极性越大，定向力越大；温度越高，定向力越小。另外，分子的对称性、取代基位置、分子支链的多少等因素也会影响定向力的大小。

②诱导力：极性分子与非极性分子之间的吸引力属于诱导力。极性分子产生的电场作用会诱导非极性分子极化，产生诱导偶极矩，因此两者之间互相吸引，产生吸附作用。诱导力与温度无关。

③色散力：非极性分子之间的引力属于色散力。当分子由于外围电子运动及原子核在零点附近振动，正负电荷中心出现瞬时相对位移时，会产生快速变化的瞬时偶极矩，这种瞬时偶极矩能使外围非极性分子极化，反过来，被极化的分子又影响瞬时偶极矩的变化，这样产生的引力称色散力。色散力也与温度无关，且普遍存在，因为任何系统都有电子存在。色散力与外层电子数有关，随着电子数的增多而增加。

3. 常用吸附剂及离子交换吸附剂

(1) 吸附剂通常应具备的特征　较高的选择性以达到一定的分离要求；较大的吸附容量以减小用量；较好的动力学及传递性质以实现快速吸附；较高的化学及热稳定性，不溶或极难溶于待处理流体以保证吸附剂的数量和性质；较高的硬度及机械强度以减小磨损和侵蚀；较好的流动性以便于装卸；较高的抗污染能力以延长使用寿命；较好的惰性以避免发生不期望的化学反应；易再生；价格便宜。

(2) 常用吸附剂　生物分离过程常用的吸附剂如表 13-1 所示。活性炭是最普遍使用的吸附剂，常用于生物产物的脱色和除臭等过程。硅胶在吸附操作特别是吸附层析中应用广泛。孔径和比表面积是评价吸附剂性能的重要参数。一般来说，孔径越大，比表面积越小。比表面积直接影响溶质的吸附容量，而适当的孔径有利于溶质在孔隙中的扩散，提高吸附容量和吸附操作速度。

表 13-1　生物分离中常用的吸附剂

吸附剂	平均孔径	比表面积
活性炭	1.5～3.5	750～1500
硅胶	2～100	40～700
活性氧化铝	4～12	50～300
硅藻土		约 10
多孔性聚苯乙烯树脂	5～20	100～800
多孔性聚酯树脂	8～50	60～450
多孔性醋酸乙烯树脂	约 6	约 400

①活性炭：活性炭吸附力强，分离效果好，价廉易得，工业上较为常用。

a. 粉末活性炭：颗粒极细，呈粉末状，其总表面积、吸附力和吸附量大，是活性炭中吸附力最强的一类，但其颗粒太细，影响过滤速度，需要加压或减压操作。

b. 颗粒活性炭：颗粒比粉末活性炭大，其总表面积相应减小，吸附力和吸附量不及粉末状活性炭；其过滤速度易于控制，不需要加压或减压操作，克服了粉末活性炭的缺点。

c. 锦纶活性炭：是以锦纶为黏合剂，将粉末活性炭制成颗粒，其总表面积较颗粒活性炭大，较粉末活性炭小，其吸附力较两者弱。因为锦纶不仅单纯起一种黏合作用，也是一种活性炭的脱活性剂。因此，可用于分离前两种活性炭吸附太强而不易洗脱的化合物。如用锦纶活性炭分离酸性氨基酸及碱性氨基酸，流速易控制，操作简便，效果良好。生产上一般选择吸附力强的活性炭吸附不易被吸附的物质，如果物质很容易被吸附，则要选择吸附力弱的活性炭；在首次分离料液时，一般先选择颗粒状活性炭，如果待分离的物质不能被吸附，则改用粉末活性炭；如果待分离的物质吸附后不能洗脱或很难洗脱，造成洗脱溶剂体积过大，洗脱高峰不集中时，则改用锦纶活性炭。在应用中，尽量避免应用粉末活性炭，因其颗粒极细，吸附力太强，许多物质吸附后很难洗脱。

应用活性炭对物质进行吸附一般遵守的规律：活性炭是非极性吸附剂，因此在水溶液中吸附力最强，在有机溶剂中吸附力较弱；对极性基团（—COOH，—NH_2，—OH等）多的化合物的吸附力大于极性基团少的化合物，如活性炭对酸性氨基酸和碱性氨基酸的吸附力大于中性氨基酸；对芳香族化合物的吸附力大于脂肪族化合物；对相对分子质量大的化合物的吸附力大于相对分子质量小的化合物，对多糖的吸附力大于单糖；活性炭吸附溶质的量在未达到平衡前一般随温度升高而增加；发酵液的pH与活性炭的吸附率有关，一般碱性抗生素在中性条件下吸附，酸性条件下解吸；酸性抗生素在中性条件下吸附，碱性条件下解吸。

②活性炭纤维：活性炭纤维是用碳素纤维活化而制得的一种纤维状吸附剂，近年来作为活性炭新品种正在推广应用。

其与颗粒状活性炭相比，特点为：孔细，而且细孔径分布范围比较窄；外表面积大；吸附与解吸速度快；工作吸附容量较大；重量轻，对流体通过的阻力小；成型性能好，可加工成各种形态，如毛毡状、纸片状、布料状和蜂巢状等。

③球形炭化树脂：以球形大孔吸附树脂为原料，经炭化、高温裂解及活化而制得。研究表明，炭化树脂对气体物质有良好的吸附作用和选择性。与其他形状活性炭相比，球形炭化树脂不易掉屑而污染被处理物系，且可与被处理气体或液体均匀接触，气体和液体通过球形吸附剂床层时的阻力小。通过控制聚合条件，改变原料配比等手段可得到不同孔结构和不同性能的炭化树脂。

④大孔网状聚合物吸附剂：大孔网状聚合物吸附剂是一种非离子型共聚物，它能够借助范德华力从溶液中吸附各种有机物质。它的脱色去臭效力与活性炭相当，对有机物质具有良好的选择性，物理化学性质稳定，机械强度好，经久耐用，吸附树脂吸附速度快，易解吸，易再生，不污染环境，但价格昂贵，吸附效果易受流速和溶质浓度等因素影响。

大孔网状聚合物没有离子交换功能，只有大孔骨架，其性质和活性炭、硅胶等吸附剂相似。按骨架极性的强弱可分为非极性、中等极性和极性吸附剂。大孔网状聚合物吸附剂的吸附能力，不但与树脂的化学结构和物理性能有关，而且与溶质及溶液的性质有关。

根据"类似物易吸附类似物"的原则，一般非极性吸附剂适宜从极性溶剂中吸附非极性物质。高极性的吸附剂适宜从非极性溶剂中吸附极性物质。而中等极性的吸附剂则对上述两种情况都具有吸附能力。和离子交换不同，无机盐类对这类吸附剂不仅没有影响，反而会使吸附量增加。另外，吸附剂的孔径对物质的吸附也有很大影响，一般吸附有机大分子时，孔径必须足够大，但孔径大，吸附表面积就小，因此应综合考虑。吸附剂吸附溶质后一般采用下列几种方式进行解吸：

a. 以低级醇、酮或其水溶液解吸。所选择的溶剂应符合两种要求：一是溶剂应能使大孔网状聚合物吸附剂溶胀，这样可减弱溶质与吸附剂之间的吸附力；二是所选择的溶剂应容易溶解吸附物。

b. 对酸性溶质可用碱来解吸，对碱性物质可用酸来解吸。

c. 如果吸附是在高浓度盐类溶液中进行时，则常常用水洗涤就能解吸下来。

⑤离子交换剂：离子交换剂分为阳离子交换剂（Cation Exchanger）和阴离子交换剂（Anion Exchanger），前者对阳离子具有交换能力，活性基团为酸性；后者对阴离子具有交换能力，活性基团为碱性。阴、阳离子交换剂又根据具有离子交换能力的 pH 范围不同，分为强酸性阳离子交换剂和弱酸性阳离子交换剂、强碱性阴离子交换剂和弱碱性阴离子交换剂。强离子交换剂的离子化率基本不受 pH 影响，离子交换作用的 pH 范围宽；弱离子交换剂的离子化率受 pH 影响很大，离子交换作用的 pH 范围小。弱酸性阳离子交换剂在 pH 降低时，其离子化率逐渐降低，离子交换能力逐渐减弱；弱碱性离子交换剂在 pH 升高时，离子化率逐渐降低，离子交换能力逐渐丧失。其中离子化率与离子交换能力成正比。

4. 吸附等温线

溶质在吸附剂上的吸附平衡关系是指吸附达到平衡时，吸附剂的平衡吸附量 q 与液相游离溶质浓度 c 之间的关系。通常 q 是 c 和温度的函数，当温度一定时，吸附量与浓度之间的函数关系称为吸附等温线。若吸附剂与吸附质之间的作用力不同，吸附表面状态不同，则吸附等温线也随之改变。当 q 与 c 之间呈线性函数关系时，表达的吸附方程为：

$$q = Kc \tag{13-1}$$

式中　q——单位质量吸附剂所吸附的吸附质量，kg（溶质）/kg（吸附剂）

　　　K——吸附平衡常数，m^3（溶液）/kg（吸附剂）

　　　c——溶液中吸附质浓度，kg（溶质）/m^3（溶液）

此时称为亨利（Henry）型吸附平衡，称为线性等温线（图 13-1 中的 1）。此吸附方程一般在低浓度范围内成立。当溶质浓度较高时，吸附平衡常呈非线性，此方程不再成立。

当线性吸附方程不再成立时，常用弗罗因德利希（Freundlich）经验方程描述吸附平衡行为，即：

$$q = Kc^n \tag{13-2}$$

式中　K——吸附平衡常数

　　　n——指数，均为实验测定常数

可通过吸附实验，测定不同浓度 c 和吸附量 q 的关系，在双对数坐标中，直线 $\lg q = n\lg c + \lg K$ 的斜率为 n，截距为 $\lg K$。当求出的 $n < 1$ 时，则表示吸附效率高，相反，若 $n > 1$，则吸附效果不理想。此方程形成的曲线如图 13-1 中 2 所示，称为弗罗因德利希吸附等温线，抗生素、类固醇、激素等产品的吸附分离均符合此吸附方程。

此外，朗格缪尔（Langmuir）的单分子层吸附理论在很多情况下可解释溶质的吸附现象。该理论的要点是，吸附剂上具有许多活性点，每个活性点具有相同的能量，只能吸附一个分子，并且被吸附的分子间无相互作用。基于朗格缪尔单分子层吸附理论，可推导朗格缪尔型吸附平衡方程：

$$q = q_0^{c/K+c} \tag{13-3}$$

式中，q^0 和 K 是经验常数，可由实验来确定，在这种情况中，最容易的方法是将 q^{-1} 对 c^{-1} 作图，截距是 q_0^{-1}，斜率是 K/q_0，q_0 和 K 的单位分别与 q 和 c 的单位一致。

此方程形成的曲线如图 13-1 中 3 所示，称为朗格缪尔吸附等温线，生物制品酶等分离提取时适合此吸附方程。

5. 影响吸附的因素

固体在溶液中的吸附比较复杂，影响因素也较多，主要有吸附剂、吸附质、溶剂的性质以及吸附过程的具体操作条件等。

(1) 吸附剂的性质

吸附剂的表面积越大，孔隙度越大，则吸附容量越大；吸附剂的孔径越大、颗粒度越小，则吸附速度越大。另外，吸附剂的极性也影响物质的吸附。一般吸附相对分子质量大的物质应选择孔径大的吸附剂，要吸附相对分子质量小的物质，则需要选择比表面积大及孔径较小的吸附剂，而极性化合物，需选择极性吸附剂，非极性化合物，应选择非极性吸附剂。

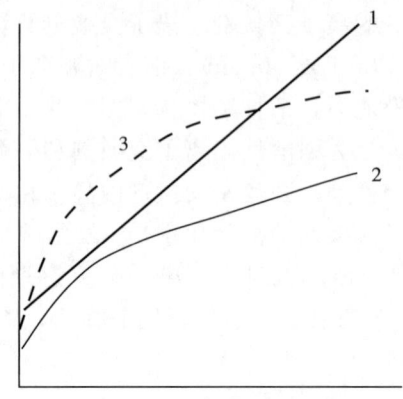

图 13-1　吸附等温线
1—线性等温线　2—弗罗因德利希吸附等温线
3—朗格缪尔吸附等温线

(2) 吸附质的性质

① 一般能使表面张力降低的物质，易为表面所吸附。

② 溶质从较易溶解的溶剂中被吸附时，吸附量较少。

③ 极性吸附剂易吸附极性物质，非极性吸附剂易吸附非极性物质。如活性炭是非极性的，其在水溶液中是一些有机化合物的良好吸附剂；硅胶是极性的，其在有机溶剂中吸附极性物质较为适宜。

④ 对于同系列物质，吸附量的变化是有规律的，排序越靠后的物质，极性越差，越易为非极性吸附剂所吸附。

(3) 温度

吸附一般是放热的，所以只要达到了吸附平衡，升高温度会使吸附量降低。但在低温时，有些吸附过程往往在短时间内达不到平衡，而升高温度会使吸附速度增加，并出现吸附量增加的情况。对蛋白质或酶类的分子进行吸附时，被吸附的高分子是处于伸展状态的，因此，这类吸附是一个吸热过程。在这种情况下，温度升高会增加吸附量。

生化物质吸附温度的选择还要考虑它的热稳定性。如果是热不稳定性的，一般在 0 ℃ 左右进行吸附；如果比较稳定，则可在室温操作。

(4) 溶液的 pH

溶液的 pH 往往会影响吸附剂或吸附质解离情况，进而影响吸附量，对蛋白质或酶类等两性物质，一般在等电点附近吸附量最大。各种溶质吸附的最佳 pH 需通过实验确定。如有机酸类溶于碱，胺类物质溶于酸，所以有机酸在酸性条件下，胺类在碱性条件下较易被非极性吸附剂所吸附。

二、离子交换

1. 离子交换定义

离子交换技术是根据某些溶质能解离为阳离子或阴离子的特性,利用离子交换剂与不同离子结合力强弱的差异,将溶质暂时交换到离子交换剂上,然后用合适的洗脱剂或再生剂将溶质离子交换下来,使溶质从原溶液中得到分离、浓缩或提纯的操作技术。

离子交换操作属于液-固非均相扩散传质过程。所处理的溶液一般为水溶液,多相操作使分离变得容易;选择性高,而且离子交换反应是定量进行的;可再生且具有很高的浓缩倍数,操作方便,效果突出。但生产周期长,成品质量有时较差,其生产过程中的pH变化较大,故不适于稳定性较差的物质分离。

2. 离子交换平衡

离子交换过程是离子交换剂中的活性离子(反离子)与溶液中的溶质离子进行交换反应的过程,这种离子的交换是按化学计量比进行的可逆化学反应过程。离子交换类似于反应,阳离子交换只研究阳离子,其实质就是阳离子交换平衡;当正、逆反应速度相等时,溶液中各种离子的浓度不再变化而达平衡状态,即称为离子交换平衡。

其反应平衡常数可写为:

$$K_A^B = \frac{[R_B]^a[A]^b}{[R_A]^b[B]^a} \tag{13-4}$$

式中　$[A]$、$[B]$——分别为液相离子 A^{n+}、B^+ 的活度,稀溶液中可近似用浓度代替,mmol/mL

　　　$[R_A]$、$[R_B]$——分别为离子交换树脂相的离子 A^{n+}、B^+ 的活度,在稀溶液中可近似用浓度代替,mmol/g 干树脂

　　　K_A^B——反应平衡常数,又称离子交换常数

　　　a、b——表示 A 离子和 B 离子的离子价

3. 离子交换选择性

离子交换过程的选择性就是在稀溶液中某种树脂对不同离子交换亲和力的差异。离子与树脂活性基团的亲和力越大,则越容易被树脂吸附。

假定溶液中有 A、B 两种离子,都可以被树脂 R 交换吸附,交换吸附在树脂上的 A、B 离子浓度分别用 R_A、R_B 表示,当交换平衡时,我们用式(13-5)讨论树脂 R 对 A、B 离子的吸附选择性:

$$K_A^B = \frac{[R_B]^a[A]^b}{[R_A]^b[B]^a} \tag{13-5}$$

式中　$[R_A]$、$[R_B]$——离子交换平衡时树脂上 A 离子和 B 离子的浓度,mmol/g 干树脂

　　　$[A]$、$[B]$——溶液中 A 离子和 B 离子的浓度,mmol/mL

　　　a、b——表示 A 离子和 B 离子的离子价

从式中可以看出,当 K_A^B 越大时,离子交换树脂对 B 离子的选择性越大(相对于 A 离子),反之,$K_A^B < 1$ 时,树脂对 A 离子的选择性大,这样 K_A^B 可以定性地表示离子交换剂对 A、B 选择性的大小,称为选择性系数、分配系数或交换势。换言之,树脂对离子亲和

能力的差别表现为选择性系数的大小。

4. 离子交换过程

离子交换体系由离子交换树脂、被分离的组分以及洗脱液等几部分组成。在产品分离过程中,需分离的溶液中常常存在着多种离子,探讨离子交换树脂的选择性吸附具有重要的实际意义。离子交换过程一般分五个步骤:①A^+从溶液扩散到树脂表面;②A^+从树脂表面扩散到树脂内部的交换中心;③在树脂内部的交换中心处,A^+与B^+发生交换反应;④B^+从树脂内部交换中心处扩散到树脂表面;⑤B^+再从树脂表面扩散到溶液中。上述五个步骤中,①和⑤在树脂表面的液膜内进行,互为可逆过程,称为膜扩散或外部扩散过程;②和④发生在树脂颗粒内部,互为可逆过程,称为粒扩散或内部扩散过程;③为离子交换反应过程。因此离子交换过程实际上只有三个步骤:外部扩散、内部扩散和离子交换反应。

众所周知,多步骤过程的总速度决定于最慢一步的速度,最慢一步称为控制步骤。一般情况下,离子交换反应的速度极快,不是控制步骤。离子在颗粒内的扩散速度与树脂结构、颗粒大小、离子特性等因素有关;而外扩散速度与溶液的性质、浓度、流动状态等因素有关。离子交换速度究竟取决于内部扩散速度还是外部扩散速度,要视具体情况而定。

5. 影响离子交换的因素

影响离子交换的因素很多,可以从影响选择性、交换速度及交换效率的角度加以考虑。

(1) 影响选择性的因素

①离子的水化半径:一般认为,离子的体积越小,则越易被吸附。但离子在水溶液中会发生水合作用而形成水化离子。因此,离子在水溶液中的大小用水化半径来表示。通常离子的水化半径越小,离子与树脂的活性基团的亲和力越大,越易被树脂吸附。

②离子的化合价和离子的浓度:在常温稀溶液中,离子的化合价越高,电荷效应越强,就越易被树脂吸附。如果阳离子的价态相同,则随着原子序数的增加,离子半径增大,离子表面电荷密度相对减小,吸附水分子减少,水化半径减小,其与树脂活性基团亲和力增大,易被吸附。下面按水化半径的次序,将各种离子对树脂亲和力的大小排序,次序排在后面的离子可以取代前面的离子优先被交换。

一价阳离子:$Li^+ < Na^+ 、K^+ \approx NH_4^+ < Rb^+ < Cs^+ < Ag^+ < Ti^+$

二价阳离子:$Mg^{2+} \approx Zn^{2+} < Cu^{2+} \approx Ni^{2+} < Co^{2+} < Ca^{2+} < Sr^{2+} < Pb^{2+} < Ba^{2+}$

一价阴离子:$CH_3COO^- < F^- < HCO_3^- < Cl^- < HSO_3^- < Br^- < NO_3^- < I^- < ClO_4^-$

③溶液的pH:溶液的pH决定树脂交换基团及交换离子的解离程度,从而影响交换容量和交换选择性。对于强酸、强碱性树脂,任何pH下都可进行交换反应,溶液的pH主要影响交换离子的解离程度、离子电性和电荷数。对于弱酸、弱碱性树脂,溶液的pH对树脂的解离度和吸附能力影响较大;对于弱酸性树脂,只有在碱性的条件下才能起交换作用;对于弱碱性树脂只能在酸性条件下才能起交换作用。一般溶液pH选择应考虑:a. 在产物稳定的pH范围内;b. 使产物能离子化;c. 使树脂能离子化。

④交联度、膨胀度:树脂的交联度低,结构蓬松,膨胀度大,交换速度快,但交换的选择性差。反之,交联度高,膨胀度小,不利于有机大分子的吸附进入。因此,必须选择适当交联度、膨胀度的树脂。

⑤有机溶剂:当有机溶剂存在时,常常会使树脂对有机离子的选择性吸附降低,而容

易吸附无机离子。一方面由于有机溶剂的存在，使离子的溶剂化程度降低，无机离子的亲水性决定它降低更多；另一方面由于有机溶剂会降低离子的电离度，且有机离子降低的程度更显著，所以无机离子的吸附竞争性增强。同理，树脂上已被吸附的有机离子容易被有机溶剂洗脱。因此人们常用有机溶剂从树脂上洗脱难洗脱的有机物质。

⑥离子强度：一方面，溶液中其他离子浓度高，必与目的物离子进行吸附竞争，减少有效吸附容量。另一方面，离子的存在会增加目的物分子以及树脂活性基团的水合作用，从而降低吸附选择性和交换速度。所以一般在保证目的物溶解度和溶液缓冲能力的前提下，尽可能采用低离子强度。

⑦其他作用力：有时交换离子与树脂间除离子间相互作用之外，还存在其他作用机理，如形成氢键、范德华力等，进而影响目标离子的交换吸附。如作为阳离子交换剂的磺酸型树脂可以吸附本为阴离子的青霉素，其原因在于青霉素分子中肽键上的氢可以与树脂磺酸基上的氧之间形成氢键。

(2) 影响交换速度的因素

①颗粒大小：树脂颗粒增大，内扩散速度减小。对于内扩散控制过程，减小树脂颗粒直径，可有效提高离子交换速度。

②交联度：离子交换树脂载体聚合物的交联度大，树脂不易膨胀，则树脂的孔径小，离子内扩散阻力大，其内部扩散速度慢。所以当内扩散控制时，降低树脂交联度，可提高离子交换速度。

③温度：温度升高，离子内、外扩散速度都将加快。实验数据表明，温度每升高25℃，离子交换速度可增加一倍，但应考虑被交换物质对温度的稳定性。

④离子化合价：离子在树脂中扩散时和树脂骨架（和扩散离子的电荷相反）间存在库仑引力。被交换离子的化合价越高，库仑引力的影响越大，离子的内扩散速度越慢。

⑤离子的大小：被交换离子越小，内扩散阻力越小，离子交换速度越快。

⑥搅拌速度或流速：搅拌速度或流速越大，液膜的厚度越薄，外部扩散速度越高，但当搅拌速度增大到一定程度后，影响逐渐减小。

⑦离子浓度：当离子浓度较低（<0.01mol/L）时，随着离子浓度增大、外扩散速度增高，离子交换速度也成比例增加。但当离子达到一定浓度（0.01mol/L）后，浓度增加对离子交换速度增加的影响逐渐减小，此时交换速度已转为内扩散控制。

⑧被分离组分料液的性质：溶液黏度越大，交换速度越小。

⑨树脂被污染的情况：如果树脂不可逆吸附一些物质，离子交换容量会下降，交换速度就会下降；或者一些不溶性的物质堵塞在交换柱内或树脂孔隙中，也会引起交换速度下降。如果树脂柱堵塞，柱压会升高，流速会变慢。

(3) 离子交换树脂　它是一种不溶于水及一般酸、碱和有机溶剂的有机高分子化合物，它的化学稳定性良好，并且具有离子交换能力，其活性基团一般是多元酸或多元碱。

离子交换树脂可以分成两部分：一部分是不能移动的高分子惰性骨架；另一部分是可移动的活性离子，它在树脂骨架中可以自由进出，从而发生离子交换现象。

离子交换树脂的单元结构由三部分构成：①惰性不溶的、具有三维多孔网状结构的网络骨架（通常用 R 表示）；②与网络骨架以共价键相连的活性基［如—SO_3^-、—$N^+(CH_3)_3$ 等，一般用 M 表示］，又称功能基，它不能自由移动；③与活性基以离子键连结的可移动的活性离子（即可交换离子，如 H^+、OH^- 等）。活性离子决定着离子交换树脂的主要性能，当活性离子是阳离子时，称为阳离子交换树脂；当活性离子是阴离子时，称为阴离子交换树脂。

此外新树脂由于含有许多杂质，表面还有灰尘等污物，这些物质会影响交换效果和产品质量。另外，树脂本身的形式也可能不适用于交换过程。因此，树脂在使用之前，需进行预处理后方能使用。

6. 吸附技术的应用

(1) 固定床吸附　吸附和离子交换操作除少数情况下采用间歇搅拌槽外，一般多采用固定床（Fixed Bed）吸附设备——吸附塔。所谓固定床吸附是将吸附剂固定在吸附塔内，含目标产物的液体从吸附塔的入口进入，经吸附塔上部液体分布器分布，流经吸附剂后，从塔中流出。操作开始时，绝大部分溶质被吸附，故流出液中溶质的浓度较低，随着吸附过程的继续进行，流出液中溶质的浓度逐渐升高，开始缓慢，后来加速，在某一时刻浓度突然急剧增大，此时称为吸附过程的"穿透点"，应立即停止操作。当吸附操作到达穿透点时，继续进料不仅对吸附量的增加效果不大，而且由于出口溶质浓度急剧增大，造成目标产物的损失。故需在穿透点处停止吸附操作，转入吸附质洗脱（Elution）和吸附剂再生（Regeneration）操作。吸附质需先用不同 Ph 的水或不同的溶剂洗涤床层，然后洗脱下来。固定床吸附流体在介质层中基本上呈平推流，返混小，柱效率高，但固定床无法处理含颗粒的料液，因为它会堵塞床层，造成压降增大而最终无法进行操作，所以固定床吸附前需先进行培养液的处理和固液分离。

(2) 膨胀床吸附　膨胀床与传统固定床的区别在于：膨胀床的床层上部安装有可调节床层高度的调节器（Adapter），当液体（料液或清洗液等）从床底以高于吸附剂最小流化速率的流速输入时，吸附剂床层产生膨胀，高度调节器上升。膨胀床状态下床层高度一般为固定床状态的 2～3 倍，床层空隙率高，允许菌体细胞或细胞碎片自由通过。因此，膨胀床吸附操作可直接处理菌体发酵液或细胞匀浆液，回收其中的目标产物，从而可节省离心或过滤等预处理过程，提高目标产物收率，降低分离纯化过程成本。

膨胀床吸附也称扩张床吸附，是将吸附剂固定在一定容器中，含目标产物的液体从容器底端进入，经容器下端速率分布器分布，流经吸附剂层，从容器顶端流出。整个吸附剂层吸附剂颗粒在通入液体后彼此不在相互接触（但不流化），而按自身的物理性质相对地处在床层中的一定层次上实现稳定分级，流体保持以平推流的形式流过床层，由于吸附剂颗粒间有较大空隙，料液中的固体颗粒能顺利通过床层。

(3) 流化床吸附　与膨胀床的床层膨胀状态不同，流化床（Fluidized Bed）内吸附剂粒子呈流化状态。利用流化床的吸附过程可间歇或连续操作。吸附操作是料液从床底以较高的流速循环输入，使固相产生流化，同时料液中的溶质在固相上发生吸附或离子交换作用。连续操作中吸附粒子从床上方输入，从床底排出，料液在出口仅少量排出，大部分循环返回流化床，以提高吸附效率。

流化床的主要优点是压降小，可处理高黏度或含固体微粒的粗料液。流化床处理含菌体细胞或细胞碎片的粗料液时，操作方式同膨胀床，但流化床不需要特殊的吸附剂，设备结构设计也比膨胀床容易，操作简便。与移动床相比，流化床的连续化操作较容易。

流化床的缺点流化床的吸附剂利用效率远低于固定床和膨胀床。在生物产物的分离过程中，为提高吸附剂的利用率，流化床吸附过程中料液需循环输入使用小规模流化床并采取多床串联操作，可一定程度地减轻返混，提高吸附效率。

第二节　层析

色谱分离法又称层析法，属于高级分离工程，对于初级分离工程所涉及的分离方法是利用被分离组分的某种差异。大多数情况下，能够达到较好的分离效果，但初级分离方法要求被分离组分之间必须有质的差异（例如：是否溶解、是否吸附等），如果被分离组分之间仅有量的差异，使用初级分离方法很难达到预期的效果。色谱法是一种与经典分离方法有本质差异的分离手段，它能够除去与被分离组分性质差异较小的杂质成分，得到高效的分离结果，从而达到更高纯度的目标产物。层析分离精度高、设备简单、操作方便，根据各种原理进行分离的层析法不仅普遍应用于加工物质成分的定量分析与检测，而且广泛应用于生物物质的制备分离和纯化，成为生物下游过程最重要的纯化技术之一。

层析

一、层析原理及分类

1. 层析的提出

1906 年，俄国植物学家 Tsweet 将 $CaCO_3$ 固体粉末装入竖立的玻璃管中，从顶端倒入植物色素的石油醚浸出液，并用石油醚连续地冲洗。结果在柱中出现了颜色不同的色带。因此，Tsweet 把这种方法称为色谱法。

2. 层析的定义

层析又称色谱，色谱法是利用混合物中各组分物理化学性质的差异，使各种组分在两相间分配行为的差别而引起移动速度的不同而进行分离的方法。

3. 层析原理

色谱必须在两相系统间进行，即固定相（需支持物，固体或液体）和流动相（可以是液体或气体）。固定相填充于柱内形成固定床，在柱的入口端加入料液后，连续输入流动相，料液中溶质在流动相与固定相之间扩散传质，产生分配平衡。

在色谱过程中，分配系数大的溶质在固定相上存在的概率大，随流动相移动速度小。由此，溶质之间由于移动速度的不同而得到分离。

4. 层析分类

(1) 根据流动相分类　分为气相层析、液相层析、超临界流体层析。

固定相有固体、液体和以固体为载体的液体薄层。生物物质一般存在于水溶液中，因此，生物分离主要采用液相层析法。

(2) 根据固定相或层析装置形状分类　液相层析法又分为纸层析法（Paper Chromatography）、薄层层析法（Thin-layer Chromatography）和柱层析法（Column Chromatography）。

纸层析和薄层层析多用于分析目的，而柱层析易于放大，适用于大量生物物质的制备分离，是主要的层析分离技术。

(3) 根据操作压力分类　在以固体（包括以固体为载体的液体薄层）为固定相的液相柱层析中，根据操作压力的不同，又分为低压液相层析（＜0.5MPa）、中压液相层析（0.5~4.0MPa）和高压液相层析（＞4.0MPa）。高压液相层析法中层析介质（固定相）微细，分离精度高、速度快，主要用于成分分析。大量生物物质的制备分离常用低压或中压液相层析法。

(4) 根据流动相流动方式分类　分为轴向流层析、径向流层析。

一般层析操作中流动相从固定床的一端输入，沿轴向流向另一端，属于轴向流层析。另一种层析操作方式称为径向流层析。径向流层析使溶质在半径方向上得到分离。径向流层析的优点是规模放大时半径不变，通过增大柱高提高处理能力，而增加柱高不会增大压降，对固定相的机械强度要求不高。若柱设备设计合理，径向流层析的浓度分布较轴向流层析均匀。因此，在相同处理量的条件下，大规模径向流层析可获得比轴向流层析更高的柱效率。所以，径向流层析更适合于大规模分离过程，但柱设备造价较高，实际应用较普通的轴向流层析少。

(5) 根据分离操作方式分类　分为洗脱法、顶替法、迎头法3种。

①洗脱法：也称冲洗法。工作时，首先将样品加到色谱柱头上，然后用吸附或溶解能力比试样组分弱得多的气体或液体作冲洗剂。由于各组分在固定相上的吸附或溶解能力不同，被冲洗剂带出的先后次序也不同，从而使组分彼此分离。这种方法能使样品的各组分获得良好的分离，色谱峰清晰。此外，除去冲洗剂后，可获得纯度较高的物质。目前，这种方法是色谱法中最常用的一种方法。

②顶替法：是将样品加到色谱柱头后，在惰性流动相中加入对固定相的吸附或溶解能力比所有试样组分强的物质为顶替剂（或直接用顶替剂作流动相），通过色谱柱，将各组分按吸附或溶解能力的强弱顺序，依次顶替出固定相。吸附或溶解能力最弱的组分最先流出，最强的最后流出。此法适于制备纯物质或浓缩分离某一组分；其缺点是经一次使用后，柱子就被样品或顶替剂饱和，必须更换柱子或除去被柱子吸附的物质后，才能再使用。

③迎头法：是将试样混合物连续通过色谱柱，吸附或溶解能力最弱的组分首先以纯物质的状态流出，其次则以第一组分和吸附或溶解能力较弱的第二组分混合物，以此类推。

该法在分离多组分混合物时，除第一组分外，其余均非纯态，因此仅适用于从含有微量杂质的混合物中切割出一个高纯组分（组分A），而不适用于对混合物进行分离。

(6) 根据机理分类　分为凝胶过滤层析、离子交换层析、反相层析、疏水性相互作用层析、亲和层析、色谱分离等。

二、层析相关系数

1. 相关术语

(1) 基线（Baseline）　基线是指在色谱操作条件下，仅有流动相通过检测器时，由记录仪得到的信号-时间曲线。其中，实际操作中经常出现基线漂移和基线噪声。基线漂移是指基线随时间定向缓慢地变化。基线噪声是指由于各种原因引起的基线波动。无论有无组分流出，其噪声均存在，它是一种背景信号。

(2) 色谱峰（Chromatographic Peak） 色谱峰是指流动相带着组分通过检测器时，由记录仪得到的信号-时间曲线。

①峰底（Peak Base）：从峰的起点到峰的终点之间连线。

②峰高（Peak Hight）：峰的顶点至峰底的垂直距离，通常用 h 表示。

③峰面积（Peak Area）：峰与峰底之间的面积，用 A 表示。

(3) 色谱峰区域宽度（Peak Width） 色谱峰区域宽度是色谱流出曲线的一个重要参数，它直接反映了分离条件的好坏。习惯上有下面三种表示方法：

①标准偏差：峰高 0.607 处色谱峰宽度的一半，用 σ 表示。

②峰宽或基线宽度：通过峰两侧的拐点作切线与峰底相交的宽度，用 Y 表示。与标准偏差的关系为：$Y=4\sigma$。

③半峰宽：峰高一半处色谱峰的宽度，用 $Y_{1/2}$ 表示。与标准偏差的关系为 $Y_{1/2}=2\sigma\sqrt{2\ln 2}$。

(4) 色谱时间

①死时间（Dead Time）：不被固定相吸附或溶解的惰性组分，从进样到出峰的峰顶点之间测得的时间，用 t_M 表示。

②保留时间（Retention Time）：从进样到组分峰顶点之间测得的时间，用 t_R 表示。

③调整保留时间（Adjusted Retention Time）：调整保留时间指组分的保留时间扣除死时间后的时间，用 $t_{R'}$ 表示。$t_{R'}=t_R-t_M$。

(5) 色谱体积

①死体积（Dead Volume）：死体积指色谱柱填充固定相后的空隙体积，又指在死时间内流动相流经色谱柱的体积。死体积通常用 V_m 表示。

$$V_m = t_M \times F_c \tag{13-6}$$

式中 F_c——流动相的体积流速，mL/min

②保留体积（Retention Volume）：保留体积指从进样开始，到检测器中样品浓度最大时，流动相流经色谱柱的体积。通常用 V_R 表示。

$$V_R = t_R \times F_c \tag{13-7}$$

③调整保留体积（Adjusted Retention Volume）：调整保留体积指保留体积扣除死体积后的体积。通常用 $V_{R'}$ 表示。

$$V_{R'} = t_{R'} \times F_c \tag{13-8}$$

(6) 相对保留值（Relative Retention Value） 相对保留值是指某组分 i 与基准组分 s 的调整保留值之比。通常用 ris 表示。色谱分析的目的是将样品中各组分彼此分离，组分要达到完全分离，两峰间的距离必须足够远，两峰间的距离是由组分在两相间的分配系数决定的，即与色谱过程的热力学性质有关。但是两峰间虽有一定距离，如果每个峰都很宽，以致彼此重叠，还是不能分开。这些峰的宽或窄是由组分在色谱柱中传质和扩散行为决定的，即与色谱过程的动力学性质有关。因此，要从热力学和动力学两方面来研究色谱行为。

(7) 分配系数 K 和分配比 k 分配色谱的分离是基于样品组分在固定相和流动相之间反复多次的分配过程，而吸附色谱的分离是基于反复多次的吸附-脱附过程。这种分离过程经常用样品分子在两相间的分配来描述，而描述这种分配的参数称为分配系数

K。K 是指在一定温度和压力下,组分在固定相和流动相之间分配达到平衡时的浓度之比,即:

$K=$溶质在固定相中的浓度(C_s)/溶质在流动相中的浓度(C_m)
$$K=C_s/C_m \tag{13-9}$$

分配系数是由组分和固定相的热力学性质决定的,它是每一个溶质的特征值,它仅与两个变量有关:固定相和温度。与两相体积、柱管的特性以及所使用的仪器无关。

(8) 分配比 k　分配比又称容量因子,它是指在一定温度和压力下,组分在两相间分配达平衡时,分配在固定相和流动相中的物质的量比。即:

$k=$组分在固定相中的物质的量(n_s)/组分在流动相中的物质的量(n_m)
$$k=n_s/n_m \tag{13-10}$$

k 值越大,说明组分在固定相中的量越多,相当于柱的容量大,因此又称分配容量或容量因子。它是衡量色谱柱对被分离组分保留能力的重要参数。k 值也决定于组分及固定相热力学性质。它不仅随柱温、柱压变化而变化,而且还与流动相及固定相的体积有关。

$$k=n_s/n_m=C_sV_s/C_mV_m \tag{13-11}$$

式中　C_s、C_m——分别为组分在固定相和流动相的浓度

　　　　V_m——柱中流动相的体积,近似等于死体积

　　　　V_s——柱中固定相的体积,在各种不同的类型的色谱中有不同的含义

(9) 分配系数 K 与分配比 k 的关系
$$K=kV_m/V_s=k\beta \tag{13-12}$$

其中,β 称为相比,它是反映各种色谱柱柱型特点的又一个参数。例如,对填充柱,其 β 值一般为 6～35;对毛细管柱,其 β 值为 60～600。

(10) 滞留因子 R_s　分配比 k 可直接由色谱图测得。设流动相在柱内的线速度为 u,组分在柱内线速度为 u_s,由于固定相对组分有保留作用,所以 $u_s<u$,此两速度之比称为滞留因子 R_s。

$$R_s=\frac{u_s}{u}=\frac{t_m}{t_r} \tag{13-13}$$

R_s 若用质量分数表示,即:

$$R_s=\frac{n_m}{n_m+n_s}=\frac{1}{1+\dfrac{n_s}{n_m}}=\frac{1}{1+k} \tag{13-14}$$

2. 塔板理论

把色谱柱比作一个精馏塔,沿用精馏塔中塔板的概念来描述组分在两相间的分配行为,同时引入理论塔板数作为衡量柱效率的指标,即色谱柱是由一系列连续的、相等的水平塔板组成。每一块塔板的高度用 H 表示,称为塔板高度,简称板高。

(1) 塔板理论假设　在柱内一小段长度 H 内,组分可以在两相间迅速达到平衡。这一小段柱长称为理论塔板高度 H。以气相色谱为例,载气进入色谱柱不是连续进行的,而是脉动式,每次进气为一个塔板体积(ΔV_m)。所有组分开始时存在于第 0 号塔板上,而且试样沿轴(纵)向扩散可忽略。分配系数在所有塔板上是常数,与组分在某一塔板上的量无关。

简单地认为:在每一块塔板上,溶质在两相间很快达到分配平衡,然后随着流动相按

一个一个塔板的方式向前移动。对于一根长为 L 的色谱柱,溶质平衡的次数应为:

$$n=L/H \tag{13-15}$$

式中　n——理论塔板数。与精馏塔一样,色谱柱的柱效随理论塔板数 n 的增加而增加,随板高 H 的增大而减小

根据上述假定,在色谱分离过程中,该组分的分布可计算如下:

开始时,若有单位质量,即 $m=1$(例如:1mg 或 1μg)的该组分加到第 0 号塔板上,分配平衡后,由于 $k=1$,即 $n_s=n_m$,故 $n_m=n_s=0.5$。当一个板体积($1\Delta V$)的载气以脉动形式进入 0 号板时,就将气相中含有 n_m 部分组分的载气顶到 1 号板上,此时 0 号板液相(或固相)中 n_s 部分组分及 1 号板气相中的 n_m 部分组分,将各自在两相间重新分配。故 0 号板上所含组分总量为 0.5,其中气液(或气固)两相各为 0.25,而 1 号板上所含总量同样为 0.5,气液(或气固)相也各为 0.25。以后每当一个新的板体积载气以脉动式进入色谱柱时,上述过程就重复一次。

塔板理论指出:当溶质在柱中的平衡次数,即理论塔板数 n 大于 50 时,可得到基本对称的峰形曲线。在色谱柱中,n 值一般很大,如气相色谱柱的 n 为 103~106,因而这时的流出曲线可趋近于正态分布曲线。当样品进入色谱柱后,只要各组分在两相间的分配系数有微小差异,经过反复多次的分配平衡后,仍可获得良好的分离。

(2)有效板高

在实际工作中,由公式计算出来的 n 和 H 值有时并不能充分地反映色谱柱的分离效能,因为采用 t_R 计算时,没有扣除死时间 t_M,所以常用有效塔板数 $n_{有效}$ 表示柱效:

$$n_{有效}=5.54\ (t_{R'}/Y_{1/2})^2=16\ (t_{R'}/Y)^2 \tag{13-16}$$

$$有效板高:H_{有效}=L/n_{有效} \tag{13-17}$$

三、各种层析介绍

1. 凝胶过滤层析

凝胶过滤层析(Gel Filtration Chromatography,GFC)利用凝胶粒子(通常称为凝胶过滤介质)为固定相,是根据料液中溶质相对分子质量的差别进行分离的液相层析法。

2. 凝胶过滤原理

在装填具有一定孔径分布的凝胶过滤介质的层析柱中,料液中相对分子质量很大的溶质不能进入凝胶的细孔中,因而从凝胶间的床层空隙流过,对于相对分子质量很小的溶质,能够进入凝胶的所有细孔中,而相对分子质量介于中间的溶质可进入凝胶的部分细孔中,因此,其分离原理是根据相对分子质量的差异而进行的。

3. 凝胶过滤层析分配系数

GFC 的分配系数在 0~1,分离精度有限。

GFC 操作中溶质的分配系数 m 只是相对分子质量、分子形状和凝胶结构(孔径分布)的函数,与所用洗脱液的 pH 和离子强度等物性无关,即在一般的层析操作条件下,相对分子质量一定的溶质的分配系数为常数。因此,GFC 操作一般采用组成一定的洗脱液进行洗脱展开,这种洗脱法称为恒定洗脱法(Isocratic Elution)。

4. 疏水性相互作用层析

疏水性相互作用层析(Hydrophobic Interaction Chromatography,HIC)利用表面耦

联弱疏水性基团（疏水性配基）的疏水性吸附剂为固定相，是根据蛋白质与疏水性吸附剂之间的弱疏水性相互作用的差别进行蛋白质类生物大分子分离纯化的洗脱层析法。

(1) 疏水性相互作用层析原理　亲水性蛋白质表面均含有一定量的疏水性基团，组成蛋白质的氨基酸中包括一些疏水性氨基酸基团，如苯丙氨酸、酪氨酸。尽管在水溶液中蛋白质具有将疏水性基团折叠在分子内部而表面显露极性和荷电基团的作用，但总有一些疏水性基团或极性基团的疏水部位暴露在蛋白质表面。在高离子强度盐溶液中，蛋白质表面的水化层被破坏，更多的疏水部分暴露在外。这些暴露在外的疏水基团与介质上的弱疏水性配基发生疏水性作用，被固定相（疏水性吸附剂）所吸附。根据蛋白质盐析沉淀原理，在离子强度较高的盐溶液中，蛋白质表面疏水部位的水化层被破坏，裸露出疏水部位，疏水性相互作用增大。所以，蛋白质在疏水性吸附剂上的分配系数随流动相盐析盐浓度（离子强度）的提高而增大。因此，在 HIC 中，蛋白质的吸附（进料）需在高浓度盐溶液中进行，洗脱则主要采用降低流动相离子强度的线性梯度洗脱法或逐次洗脱法。

(2) 疏水性吸附剂　常用的疏水性配基主要有苯基、短链烷基（$C_3 \sim C_8$）、烷氨基、聚乙二醇和聚醚等。

配基修饰密度过小则疏水性吸附作用不足，密度过大则洗脱困难。疏水配基修饰密度一般在 $10 \sim 40 \mu mol/mL$。疏水性吸附作用与配基的疏水性和配基密度成正比，故配基的修饰密度应根据配基的疏水性而异，疏水性高的配基应较疏水性低的配基修饰密度低。

(3) 影响疏水性吸附的因素　蛋白质的疏水性与其荷电性质相比复杂得多，不易定量掌握。除疏水性吸附剂的疏水性配基的结构和修饰密度外，流动相的组成以及操作温度对蛋白质疏水性吸附的强弱均产生重要影响。

①离子强度及种类：蛋白质的疏水性吸附作用随离子强度提高而增大。除离子强度外，离子种类也具有影响，在高价阴离子的存在下作用力较高。因此 HIC 分离过程中，在略低于盐析点的盐浓度下进料，然后逐渐降低流动相离子强度进行洗脱分离。

②破坏水化作用的物质：离子半径较大、电荷密度低的阴离子可减弱水分子之间相互作用。这类阴离子与盐析作用强的高价阴离子的作用正好相反，前者称为离液离子（Chaotropic Ion），后者称为反离液离子（Antichaotropic Ion）。在离液离子存在下，疏水性吸附减弱，蛋白质易于洗脱。此外乙二醇和丙三醇等含羟基的物质也具有影响水化的作用，降低蛋白疏水性吸附作用，可作为洗脱促进剂。

③表面活性剂：表面活性剂可与吸附剂及蛋白质的疏水部位结合，从而减弱蛋白质的疏水性吸附。根据这一原理，难溶于水的膜蛋白质可添加一定量的表面活性剂使其溶解，利用 HIC 法进行洗脱分离。但此时选用表面活性剂的种类和浓度应当适宜：浓度过小则膜蛋白不溶解，过大则抑制蛋白质的吸附。

④温度：一般吸附为放热过程，温度越低吸附结合常数越大。但疏水性吸附与一般吸附相反，吸附结合作用随温度升高而增大。其原因是蛋白质疏水部位的失水有利于疏水性吸附，而失水是吸热过程，即疏水性吸附为吸热过程，$\Delta H > 0$。

5. 反相层析

反相层析是利用表面非极性的反相介质为固定相，极性有机溶剂的水溶液为流动相，根据溶质极性（疏水性）的差别进行分离纯化的洗脱层析法。

(1) 分配系数　溶质在反相色谱中分配系数取决于溶质的疏水性，疏水性越大，分配系数越大；且当固定相一定时，可通过调节流动相的组成调整溶质的分配系数；由于流动相的极性越大，溶质的分配系数越大，因此反相层析多采用降低流动相极性的线性梯度洗脱法。

（2）反相层析特点　反相介质性能稳定，分离效率较高且应用广泛，可用于分离蛋白质、肽、氨基酸、多糖、植物碱等，应用于科学研究、临床诊断、工业检测和环境保护等各个行业；但作为产品纯化制备手段，多限于实验室规模的应用。

（3）亲和层析

①亲和作用：生物分子能够区分结构和性质非常接近的其他分子，选择性地与其中某一种分子相结合。生物分子间的这种特异性相互作用称为亲和作用。

②生物亲和作用的本质：亲和作用机理，特别是蛋白质亲和作用机理尚不清楚。蛋白质表面存在一些凹陷或凸起结构。上述结构恰好能使某些小分子进入其中，形成构象上的钥匙-锁关系。亲和作用不仅依靠结构上的相似性，还需要多种力的相互作用。

③亲和作用中的相互作用力：静电作用、氢键、疏水性相互作用、配位键、弱共价键等。除具备"钥匙"和"锁孔"的关系外，生物亲和作用还需存在特殊的相互作用力，这也是亲和作用特异性高的主要原因。

④影响亲和作用的因素：影响亲和作用的因素有离子强度、pH、抑制氢键形成的物质、温度、离液离子、螯合剂。

a. 离子强度：亲和作用主要源于静电引力，提高离子强度会减弱或完全破坏亲和作用；也会降低或消除氢键作用；而当亲和作用主要源于疏水性相互作用，增大离子强度则可提高亲和作用。

b. pH：作为两性电解质的蛋白质含有多个解离基团，不同解离基团具有不同的解离常数；然而如果静电引力对亲和作用贡献较大，pH会严重影响亲和作用，即适当的pH下亲和作用较高，而在其他pH下亲和作用减弱直至消失。

c. 抑制氢键形成的物质：如果亲和作用中存在氢键，则加入脲或盐酸胍可减弱亲和作用。

d. 温度：温度升高使分子和原子间热运动加剧，减弱静电作用、氢键和配位键；增强疏水性相互作用。

e. 离液离子：在SCN^-、I^-、ClO_4^-等离子半径较大的离液阴离子存在下，疏水性相互作用降低。

f. 螯合剂：如果亲和作用源于亲和分子与金属离子形成的配位键，加入乙二胺四乙酸等螯合剂除去金属离子会使亲和作用消失。

⑤亲和纯化：将具有亲和作用的两种分子中的一种分子与固体粒子或可溶性物质共价耦联，可特异性吸附或结合另一种分子，使另一种分子从混合物中得到选择性分离纯化的方法称为亲和纯化。

在亲和纯化中，一般将亲和作用分子对中被固定的分子称为亲和结合对象的配基（Ligand）。

⑥亲和层析操作：亲和层析操作与一般的固定床吸附操作方式相似，多采用断通式前端分析法，当目标产物在层析柱出口发生穿透后（或接近穿透前）停止进料，逐次转入清洗、洗脱和亲和吸附介质的再生过程。

a. 料液进料是指含有目标产物的料液连续通入色谱柱，直至目标产物在色谱柱出口穿透；

　　b. 杂质清洗是指利用与溶解原料的溶液组成相同的缓冲液为清洗液，清洗色谱柱除去不被吸附的杂质；

　　c. 产物洗脱是指利用可使目标产物与配基解离的溶液洗脱目标产物；

　　d. 柱再生是指利用清洗液清洗再生色谱柱。

　　即混合蛋白样品加入色谱柱中，料液进料步骤，此时带有配体的树脂珠结合溶质，没有结合的或者非特异性结合的杂质通过平衡液冲洗下来，这是杂质清洗步骤；然后以含配体溶液洗脱下来，柱子再生。这就是亲和层析的一般步骤。

第三节　结晶

结晶

　　结晶是从液相或气相生成形状一定、分子（或原子、离子）有规则排列的晶体的现象，即结晶可以从液相或气相中生成，但工业结晶操作主要以液体原料为对象。显然，结晶是新相生成的过程，是利用溶质之间溶解度的差别进行分离纯化的一种扩散分离操作，这一点与沉淀的生成原理是一致的。但两者的区别在于，结晶是内部结构的质点元素（原子、分子、离子）作三维有序规则排列、形状一定的固体粒子，而沉淀则是无规则排列的、无定形粒子。结晶的形成需在严密控制的操作条件下进行，因此，结晶的纯度远高于沉淀。

　　结晶是一种历史悠久的分离技术，5000年前中国人的祖先已开始利用结晶原理制造食盐。目前结晶技术广泛应用于化学工业，在氨基酸、有机酸和抗生素等生物产物的生产过程中也已成为重要的分离纯化手段。可以认为，大多数固体产品都是以结晶的形式出售的，因此，在产品的制造过程中一般都要利用结晶技术。结晶在化工生产中的应用主要是分离和提纯，它不仅能从溶液中提取固体溶质，而且能使溶质与杂质得以分离，提高纯度。由于结晶制取的固体产品纯度高，外表美观，形状规范，便于干燥、包装、运输和储存，所以它在生产中得到广泛应用，是一个重要的化工单元操作。

一、结晶

　　1. 结晶概念

　　结晶是固体物质以晶体状态从蒸气、溶液或熔融物中析出的过程。工业结晶技术作为高效的提纯、净化与控制固体特定物理形态的手段。在化工生产中，常遇到的情况是固体物质从溶液中结晶出来，以达到溶质与溶剂分离的目的。

　　2. 结晶水

　　物质从水溶液中结晶出来，有时形成晶体水合物。晶体水合物中所含有的水分子，称为结晶水。结晶水的存在不仅影响晶体的形状，也影响晶体的性质。

　　3. 晶浆

　　在结晶器中结晶出来的晶体和剩余的溶液（或熔液）所构成的混悬物。

4. 母液

去除悬浮液中的晶体后剩下的溶液（或熔液）。当物质在不同的条件下结晶时，所形成晶体的形状、大小、颜色等可能不同。

二、晶体结构与特性

晶体是内部结构的质点元素（原子、离子或分子）作三维有序规则排列的固体物质，具有规则的几何外形。晶体中每一宏观质点的物理性质和化学组成都相同。

1. 晶体自范性

如果晶体生长环境良好，则可形成有规则的结晶多面体（晶面）。晶体具有自发地生长成为结晶多面体的可能性的性质，即晶体以平面作为与周围介质的分界面。

2. 晶体的均匀性

晶体中每一宏观质点的物理性质和化学组成以及内部晶格都相同的特性。晶体的这个特性保证了工业生产中晶体产品的高纯度。

3. 各向异性

晶体的几何特性及物理效应常随方向的不同而表现出数量上的差异的性质。

4. 晶格

构成晶体的微观质点在晶体所占有的空间中按三维空间点阵规律排列，各质点间在力的作用下，使质点得以维持在固定的平衡位置，彼此之间保持一定距离的结构。

5. 晶形

晶体的宏观外部形状，它受结晶条件或所处的物理环境的影响比较大，对于同一种物质，即使基本晶系不变，晶形也可能不同，如六方晶体，它可以是短粗形、细长形或带有六角的薄片状，甚至多棱针状。

三、结晶过程的相平衡

1. 溶解度和溶解曲线

（1）溶解度　向恒温溶剂（如水）中加入溶解性固体溶质，溶质在溶剂中发生溶解现象，溶剂中溶质的浓度不断上升。当溶液恰好达到饱和，即固体溶解与析出的量相等，此时固体与其溶液已达到相平衡，即溶质在固液之间达到平衡状态。此时溶液中的溶质浓度称为该溶质的溶解度（Solubility）或饱和浓度（Saturated Concentration），该溶液被称为该溶质的饱和溶液（Saturated Solution）。溶解度的其他单位有：g/L、mol/L、摩尔分数等。结晶只能在过饱和溶液中进行。

（2）溶解度曲线　以溶解度为纵坐标，以温度为横坐标，标绘出溶解度随温度变化的关系曲线，这条曲线称为溶解度曲线。某种物质的溶解度曲线就是该物质的饱和溶液曲线。各种物质的溶解度曲线可通过实验确定。大多数物质的溶解度随温度的升高显著增大，如 KNO_3、$Al_2(SO_4)_3$ 等，也有一些物质的溶解度对温度的变化不敏感，如 NaCl、KCl 等；少数物质（如螺旋霉素）的溶解度随温度升高而显著下降。此外，溶剂的组成（例如：有机溶剂与水的比例、其他组分、pH 和离子强度等）对溶解度也有显著影响。因此，调节 pH、离子强度和有机溶剂或水的浓度是氨基酸、抗生素等生物产物结晶操作的重要手段。

(3) 溶解度曲线对结晶操作的指导意义

①选择结晶方法：对于溶解度随温度变化敏感的物质，可选用变温结晶的方法；对于溶解度随温度变化缓慢的物质，可采用移出部分溶剂的结晶方法。

②计算结晶过程的理论产量：通过物质在不同温度下的溶解度数据可以计算结晶过程的理论产量。

2. 过饱和溶液与介稳区

(1) 过饱和溶液与过饱和度

①过饱和溶液：含有超过饱和量的溶质的溶液。将一个完全纯净的溶液在不受任何扰动（无搅拌，无振荡）及任何刺激（无超声波等作用）的条件下，缓慢降温，就可以得到过饱和溶液。但超过一定限度后，澄清的过饱和溶液就会开始自发析出晶核。

②过饱和度：同一温度下，过饱和溶液与饱和溶液的浓度差。溶液的过饱和度是结晶过程的推动力。

(2) 过溶解度曲线与介稳区

①过溶解度曲线：表示能自发地析出结晶的过饱和溶液的浓度与温度的关系曲线称为过溶解度曲线。它与溶解度曲线大致平行，其位置受多种因素影响。

②浓度-温度图的三个区域：溶解度曲线以下为稳定区，在此区内溶液未达饱和，没有晶体析出的可能；两曲线之间为介稳区，此区虽为饱和溶液，但不会自发地析出晶体，若加入晶种，能促使溶液析出晶体，通常结晶操作都在介稳区内进行；过溶解度曲线以上为不稳区，溶液处在此区内，能自发地产生晶核。

由于在不稳区内自发成核，造成晶核泛滥，形成大量微小结晶，产品质量难于控制，并且结晶的过滤或离心回收困难。因此，工业结晶操作均在介稳区内进行，其中主要是第一介稳区。这样，介稳区的宽度数据对工业结晶操作的设计尤为重要。

四、结晶过程

结晶过程包括晶核的形成和晶体的成长两个阶段。即首先是产生晶核作为结晶的核心；其次是晶核长大成为宏观的晶粒。

1. 晶核的形成

在过饱和溶液中产生晶核的过程称为晶核的形成。晶核形成的方式有两种：初级成核和二次成核。在没有晶体存在的过饱和溶液中产生晶核的过程称为初级成核。初级成核又可分为均相初级成核和非均相初级成核。二次成核是指在含有晶体的过饱和溶液中进行成核的过程。一般工业上的成核过程主要采用二次成核，即在处于介稳区的澄清过饱和溶液中，加入一定数量的晶种来诱发晶核的形成，制止自发成核。

(1) 初级成核

①均相初级成核：在介稳区内洁净的过饱和溶液还不能自发地产生晶核，只有进入不稳区后，晶核才能自发地产生，这种在均相过饱和溶液中自发产生晶核的过程称为均相初级成核。

②非均相初级成核：如果溶液中混入外来固体杂质，它们对初级成核有诱导作用，这种在非均相过饱和溶液中产生晶核的过程称为非均相初级成核。非均相初级成核与均相初级成核相比，可以在较低的过饱和度下发生。

(2) 二次成核　在过饱和度较小的介稳区内不能发生初级成核。但如果向介稳态过饱和溶液中加入晶种，就会有新的晶核产生。这种成核现象称为二次成核。工业结晶操作均在晶种的存在下进行，因此，工业结晶的成核现象通常为二次成核。

(3) 剪应力成核　当过饱和溶液以较大的流速流过正在生长中晶体表面时，在流体边界层存在的剪应力能将一些附着于晶体之上的粒子扫落，而成为新的晶核。

(4) 接触成核　当晶体与其他固体物接触时所产生的晶体表面的碎粒。在过饱和溶液中，晶体只要与固体物进行能量很低的接触，就会产生大量的微粒。在工业结晶器中，晶体与搅拌桨、器壁间的碰撞，以及晶体与晶体之间的碰撞都有可能发生接触成核。接触成核的概率往往大于剪应力成核。

2. 晶体的成长

过饱和溶液中已经形成的晶核逐渐长大的过程称为晶体的成长。晶体成长的过程，实质上是过饱和溶液中的过剩溶质向晶核表面进行有序排列，而使晶体长大的过程。

(1) 晶体的成长步骤

①溶液中的过剩溶质从溶液主体向晶体表面扩散，属于扩散过程，即溶液主体和溶液与晶体界面之间有浓度差存在，溶质以浓度差为推动力，穿过紧邻晶体表面的液膜层而扩散到晶体表面。

②到达晶体表面的溶质的分子或离子按一定排列方式嵌入晶体格子中，而组成有规则的结构，使晶体增大，同时放出结晶热，这个过程称为表面反应过程。

由此可知，晶体成长过程是溶质的扩散过程和表面反应过程的串联过程。因此，晶体的成长速率与溶质的扩散速率和表面反应速率有关。

(2) 结晶生长速率　大多数溶液结晶时，晶体生长过程为溶质扩散控制，晶体的生长速率与 ΔL 定律相关。大多数物系，悬浮于过饱和溶液中的几何相似的同种晶体都以相同的速率生长，即晶体的生长速率与原晶粒的初始粒度无关。但某些物系，晶体生长速率不服从 ΔL 定律，而是与粒度的大小相关，如钾矾水溶液。

五、影响结晶操作的因素

由于结晶过程同时进行着晶核的形成和晶体的成长，因此，在整个操作过程中有两种速率：晶核形成的速率和晶体成长的速率。这两个过程速率的大小，对结晶产品的质量有很大的影响。如果晶核形成速率远远大于晶体成长速率，溶液中含有大量晶核，它们还来不及成长，过程就结束了，所得到产品的颗粒小而多；如果晶核形成速率远远小于晶体成长速率，溶液中晶核数量较少，随后析出的溶质都供其长大，所得到产品的颗粒大而均匀；如果两者速率相近，最初形成的晶核成长时间长，后来形成的晶核成长时间短，结果是产品的颗粒大小参差不齐。这两种速率的大小不仅影响到产品的外观质量，还可能影响到产品本身的内部质量。例如，晶体成长速率过快时，就有可能导致两个以上的晶体彼此相连形成晶簇，从表面上看晶体颗粒较大，而实际上，在晶体与晶体之间往往夹有气态、液态或固态杂质，严重影响了产品的纯度。在实际生产中，往往要求结晶产品既要有颗粒大而均匀的外观质量，又要有较高的纯度，这就必须从控制晶核形成速率与晶体成长速率入手。

1. 过饱和度的影响

过饱和度增加，晶核形成速率和晶体成长速率增大。但过饱和度过大，使溶液进入不稳区会产生大量的晶核，不利于晶体成长。所以过饱和度不能过大，应使操作控制在介稳区内。适宜的过饱和度一般由实验测定。

2. 冷却（蒸发）速度的影响

快速冷却或蒸发将使溶液很快达到饱和状态，甚至直接穿过介稳区，到达不稳区，而得到大量细小的晶体。反之，如果缓慢冷却或蒸发，使结晶在介稳区内进行，可得到颗粒较大的晶体。

3. 晶种的影响

晶种的作用主要是用来控制晶核的数量，以得到颗粒大而均匀的结晶产品。加晶种时，应在溶液进入介稳区适当温度时加入。

4. 搅拌的影响

适当搅拌有利于传质、传热，可防止溶液局部浓度不均，避免在器壁上形成晶垢，防止晶体粘连形成晶簇，保证产品质量。但搅拌时要注意选择适宜形式的搅拌器及控制适宜的搅拌转速。搅拌转速太快，会使晶体的机械破损加剧，使晶核数量增加，影响产品质量。一般来说，要想得到颗粒较大而均匀的晶体，可从以下几方面着手：采用较小的过饱和度；缓慢地冷却和蒸发；控制晶核的数量；使晶种或晶核均匀散布在溶液中；延长小晶体在结晶器内的时间和及时分离出已成长好的晶体；搅拌适度，尽量减少晶体的机械破损等。

六、结晶方法和结晶器

使溶液形成适宜的过饱和度是结晶过程得以进行的首要条件。结晶方法则是使溶液形成适宜的过饱和度的基本方法。根据物质溶解度曲线的特点，使溶液形成适宜过饱和度的方法主要有两类：一是冷却法，二是蒸发法。此外，还有一些其他结晶方法。

1. 冷却法

冷却法也称降温法，它是通过冷却降温使溶液达到过饱和的方法。这种方法适用于溶解度随温度的降低而显著下降的物质，如 KNO_3 等。冷却法是一种既经济又有效的方法。冷却方式有自然冷却、间壁冷却和直接接触冷却。

（1）自然冷却　是使溶液在大气中冷却而结晶。其设备与操作均较简单，但冷却缓慢，生产能力低。

（2）间壁冷却　原理和设备如同换热器，多用水作冷却剂，也可用其他冷却剂（如冷冻盐水）。这种方式耗能少，应用较广泛，但传热速率较低，冷却壁面上常形成晶垢，影响冷却效果。

（3）直接冷却　是将冷却剂直接与溶液接触，传热效率高，没有结垢问题，但设备体积庞大。

2. 蒸发法

蒸发法是使溶液在常压、加压或减压状态下加热蒸发而浓缩，达到过饱和。这种方法适用于当温度变化时溶解度变化不大的物质，如 $NaCl$ 的结晶就适用于这种方法。但这种方法耗能较多，并且也存在着加热面容易结垢的问题。为了节省热能，常采用多效蒸发。

3. 真空结晶法

这种方法是使溶液在真空状态下绝热蒸发，除去一部分溶剂，这部分溶剂又以汽化热的形式带走一部分热量，而使溶液温度降低达到过饱和。这种方法实质上是将冷却和蒸发两种方法结合起来同时进行的。此法适用于随温度的升高溶解度以中等速度增大的物质，如硫酸铵、氯化钾等。优点是：所用主体设备较简单，操作稳定，器内无换热面，因而不存在结垢、结疤问题；其设备易于防腐，劳动条件好，劳动生产率高，大规模生产中应用较多。

4. 盐析法

盐析法是指向溶液中加入某种物质以降低原溶质在溶剂中的溶解度，使溶液达到过饱和状态的方法。这种方法工艺简单，操作方便，尤其适用于热敏性物料的结晶。

5. 喷雾结晶法

喷雾结晶也称喷雾干燥，是把高度浓缩后的悬浮液或膏状物料从喷雾器中喷出，使其成为细雾滴，与此同时，在设备内通以热风使其中的溶剂迅速蒸发，从而得到粉末状或粒状产品。这一过程实际上是把蒸发、结晶、干燥、分离等操作融为一体。这种方法生产周期短，特别适用于热敏性物料。

6. 升华结晶

固体物质不经过液态而直接变为气态的现象称为升华。将升华后的气态冷凝，便获得升华结晶的固体产品。

7. 反应结晶法

有些气体与液体或液体与液体之间进行化学反应，产生固体沉淀。这种情况实际上是反应过程与结晶过程结合进行，称为反应结晶法。

第四节　干燥

干燥是利用热能除去目标产物的浓缩悬浮液或结晶（沉淀）产品中湿分（水分或有机溶剂）的单元操作，通常是生物产物成品化前的最后下游加工过程。因此，干燥的质量直接影响产品的质量和价值。由于生物产物具有不同于一般化工产品的特殊性质和用途，在生物产物的干燥过程中必须注意以下两个问题：①生物产物多为热敏性物质，而干燥是涉及热量传递的扩散分离过程，所以在干燥过程中必须严格控制操作温

干燥

度和操作时间，要根据特定产物的热敏性，采用不使该物质热分解、着色、失活和变性的操作温度，并在最短的时间内完成干燥处理；②干燥操作必须在洁净的环境中进行，防止干燥过程中以及干燥前后的微生物污染。因此，选用的干燥设备必须满足无菌操作的要求。

一、干燥的基本概念

1. 干燥目的

便于生物制品的加工处理、提高稳定性、保证产品的内在和外观质量、便于贮存和运输。

2. 干燥定义

用热能加热物料，使物料中湿分（包括水或其他溶剂）蒸发而干燥或者用冷冻法使水

分结冰后升华而除去的单元操作；通常是生物产品分离的最后一步。需注意的两个问题：①生物产物多为热敏物质；②必须满足无菌操作。

3. 干燥方式的分类

（1）传导干燥　载热体（如空气、水蒸气、烟道气等）不与湿物料直接接触，而是通过导热介质（如不锈钢）以传导的方式传给湿物料，产生的湿分蒸汽被气相（干燥介质）带走，或用真空泵排走。因此，传导干燥又称间接加热干燥。

（2）对流干燥　对流干燥过程中载热体以对流方式与湿物料颗粒（或液滴）直接接触，向湿物料对流传热，故对流干燥又称直接加热干燥。对流干燥的载热体同时又是载湿体。

（3）辐射干燥　由辐射器产生的辐射能以电磁波形式到达物体的表面，为物料吸收而重新变为热能，从而使湿分汽化。

（4）介电干燥　利用在高频电场或微波场的作用下，使物料中的极性分子及离子产生偶极子转动和离子传导等能量转换效应，将辐射能转化为热能，可以使液体很快升温汽化。物料内外同时加热，故干燥速率较快，例如微波干燥食品。

（5）冷冻干燥　使物料冷冻至冰点下后，水结成冰，干燥器抽成真空，传导加热，冰直接升华为水蒸气而除去。常用于医药品、生物制品及食品的干燥。特点：①操作温度低，干燥速度快，热的经济性好；②适用于维生素、抗生素等热敏性产品以及在空气中易氧化、易燃易爆的物料；③适用于含有溶剂或有毒气体的物料，溶剂回收容易；④在真空下干燥，产品含水量可以很低，适用于要求低含水量的产品；⑤由于加料口与产品排除口等处的密封问题，大型化、连续化生产有困难。

二、湿空气的性质

地球上的大气是空气和水汽的混合物，因此称为湿空气。湿空气作为载湿体，初始水汽含量决定了其载湿的能力。湿空气中的水汽含量称为湿度（Humidity），其定义为湿空气中水汽的质量与湿空气中干空气的质量之比。

湿空气的主要性质是水蒸气的分压。空气的另一重要性质是湿球温度（Wet-bulb Temperature）。

三、物料内水分的种类

水分以各种不同的形式存在于固体物料中。主要包括：表面吸附水分、结合水分和非结合水分、平衡水分与自由水分。

四、干燥过程分析

干燥速率是指单位时间内、单位面积上汽化水分量的多少。影响干燥速率的因素主要为空气的状态，包括：温度、湿度、流速，干燥速率，物料的种类、大小、堆积方式及水分的性质等。

五、干燥设备

1. 干燥设备选择原则

选择干燥设备应考虑：①被干燥物料的性质：湿物料的物理特性、干物料的物理特性、腐蚀性、毒性、可燃性、粒子大小及磨损性；②物料的干燥特性：湿分的类型（结合水、非结合水）、初始和最终湿含量、允许的最高干燥温度、产品的色泽、光泽等；③粉尘及溶剂回收；④安装的可行性。

2. 针对热敏性物质开发的单元操作

(1) 瞬时快速干燥　接触时间短、气流温度高。

(2) 喷雾干燥　时间短、热效低、可同时造粒。

(3) 气流干燥　接触时间较长。

(4) 沸腾干燥　接触时间最长，热效最高。

(5) 低温干燥　适用于黏稠状物料，活性保持最好。

(6) 微波干燥　时间短，效率高。

(7) 红外干燥　温度高，干燥速度快。

思考题

1. 某小组现有一批诱导发酵异源表达某糖基转移酶（PI=4.0）的基因工程大肠杆菌，请设计实验方案，使用离子交换法分离纯化获取该糖基转移酶。

2. 文献报道，某研究所发现新冠病毒表面某种蛋白质可刺激人体产生抗体，有望开发成新冠疫苗。然而，目前仅知道该蛋白与 protein A 具有较高的专一结合特性，其他性质未知。假如你是该研究所成员，需要你获取该蛋白质，请思考并写出你的工作思路。

参 考 文 献

[1] Wang Hong, Li Siqiang, Xiong Chenghe, et al. Biochemical studies of a beta-1,4-rhamnoslytransferase from *Streptococcus pneumonia* serotype 23F [J]. Org Biomol Chem, 2019, 17 (5): 1071-1075.

[2] Li Siqiang, Sun Peng, Gong Xin, et al. Engineering O-glycosylation in modified N-linked oligosaccharides (Man12GlcNAc2～Man16Glc NAc2) *Pichia pastoris* strain [J]. RSC advance, 2019, 9: 8246-8252.

[3] De Castro C, Molinaro A, Piacente F, Gurnon J R, et al. Structure of N-linked oligosaccharides attached to chlorovirus PBCV-1 major capsid protein reveals unusual class of complex N-glycans [J]. Proc Natl Acad Sci U S A, 2013, 110: 13956-13960.

[4] Martinez V, Ingwers M, Smith J, et al. Biosynthesis of UDP-4-keto-6-deoxyglucose and UDP-rhamnose in pathogenic fungi *Magnaporthegrisea* and *Botryotinia-fuckeliana* [J] J Biol Chem, 2012, 287: 879-892.

[5] Allen S, Richardson J M, Mehlert A, et al. Structure of a complex phosphoglycan epitope from gp72 of *Trypanosoma cruzi*, J Biol Chem, 2013, 288: 11093-11105.

[6] Jordan D S, Daubenspeck J M, Dybvig K. Rhamnose biosynthesis in mycoplasmas requires precursor glycans larger than monosaccharide [J] Mol Microbiol, 2013, 89: 918-928.

[7] Forget S M, Jee A, Smithen D A, et al. Kinetic evaluation of glucose 1-phosphate analogues with a thymidylyltransferase using a continuous coupled enzyme assay

[J]. Org Biomol Chem, 2015, 13: 866-875.

[8] Park S, Nahm M H. L-rhamnose is often an important part of immunodominant epitope for pneumococcal serotype 23F polysaccharide antibodies in human sera immunized with PPV23 [J]. Plos One, 2013, 8: e83810.

[9] James D B, Yother J. Genetic and biochemical characterizations of enzymes involved in *Streptococcus pneumoniae* serotype 2 capsule synthesis demonstrate that Cps2T (WchF) catalyzes the committed step by addition of beta1-4 rhamnose, the second sugar residue in the repeat unit [J]. J Bacteriol, 2012, 194: 6479-6489.

第四部分
废弃物的处理

自 20 世纪 60 年代中期以来,环境保护日益受到重视,污染治理技术迅速发展。发酵工业产生的固体废弃物和废水直接排放将对环境造成严重的污染和危害。废弃物的无害化处理是将废弃物通过工程处理,达到不损害人体健康,不污染周围自然环境(包括原生环境与次生环境)的程度。本部分主要介绍我国对发酵废水的排放标准、废弃物和废水的控制与处理的发展趋势。我国废弃物的处理正在从"无害化""减量化"向着"资源化"发展。

工业生产只是利用了原料中的一部分物质,如食品与生物工程行业采用玉米、薯干、大米等主要原料,但只是利用其中的淀粉,而对于其中蛋白质、脂肪、纤维等尚未加以很好地利用,这些物质以废渣或废液的形式排出生产系统。如果不对其进行综合利用,会给废液治理带来很大负担,也给企业带来很大的资源浪费。如果对这些废渣、废液进行合理的综合利用,不但可以减少污染,给进一步的废液治理带来方便,而且还能生产出一些有经济价值的副产物,提高企业的经济效益。现在对工业生产废渣、废液的综合利用有多种形式,如可以利用工业废液生产单细胞蛋白饲料,或对废渣、废液中的蛋白质及其他有价值的成分通过合理的工艺进行提取,也可以通过一定的加工工艺生产肥料,或直接对含有营养价值的废渣、废液进行干燥等处理生产饲料等。

第十四章 发酵废弃物的处理

单细胞蛋白（Single Cell Protein，SCP）是菌体蛋白的统称。利用微生物发酵法把多种发酵工业废弃物，如酒渣、废菌体（菌丝体）、高浓度有机废水转化为蛋白质，为解决人类食品和饲料问题开辟新的途径，具有巨大的经济和社会价值。燃料酒精是目前应用规模最大的液体生物能源，发酵废弃物中含有大量纤维废物，以此为原料经过预处理、水解和发酵过程制成燃料酒精，既解决了酒精原料来源和降低成本问题，又变废为宝。发酵废弃物可以生产生物有机肥，发酵沼气的沼液和沼渣可以种菇类、养鱼、作饲料、防治病虫害和制成优质肥料，在农业生态系统中发挥着巨大作用。

本章主要介绍 SCP 发酵的微生物菌种，并举例说明发酵废弃物生产 SCP 的各种工艺技术；以及纤维素和半纤维素生产酒精的方法、发酵废弃物资源化与生态农业的关系和发展趋势，最后介绍生物能源（Bioenergy）及开发的意义，发酵废弃物制取沼气、制取氢能、制取生物柴油和制取燃料酒精的意义、生产方法及工艺技术。

第一节 发酵废弃物生产单细胞蛋白

任务
1. 根据酒糟的营养成分特点，分析酒糟的用途有哪些？
2. 什么是单细胞蛋白？哪些废弃物可以转化为单细胞蛋白？
3. 简述生成单细胞蛋白的工艺、流程和要点。

发酵废弃物生产单细胞蛋白

【案例】

全世界啤酒的年产量超过 1930 亿 L，足以填满 7.7 万个标准尺寸的奥林匹克游泳池，大约产生 3900 万 t 酒糟，每生产 5t 啤酒就会产出 1t 酒糟。如何解决这些剩余酒糟，是全球食品行业的一项重大挑战。酒糟含有丰富的粗蛋白，高出玉米含量的 2～3 倍，同时还含有多种微量元素、维生素、酵母菌等，其中赖氨酸、甲硫氨酸和色氨酸的含量也非常高。

【案例分析与讨论】

结合案例与学习资源，学习固体废弃物与单细胞蛋白之间的转化工艺、发酵所需微生物等，最后结合具体实例总结复习发酵废弃物生产单细胞蛋白的相关流程。

单细胞蛋白，又称微生物蛋白或菌体蛋白，是一些单细胞或具有简单构造的多细胞生物菌体蛋白的统称。通过微生物把多种原料，特别是非食用和废弃物原料转化为蛋白质。SCP 所包含的产品有饲用酵母、食用酵母和药用酵母三大类。SCP 的开发和生产为解决人类食品和饲料问题开辟了新的途径。以发酵废弃物为原料生产 SCP，不仅来源广泛、生产成本低廉，而且对要求日益严格的环保问题，也有着不可估量的价值。

一、生产 SCP 的发酵废弃物

酒糟是酿酒工业的主要废弃物，包括白酒糟、酒精糟、啤酒糖化糟和废弃酵母泥等。这些废弃物一般干物质中含粗蛋白 20%~30%，粗纤维 10%~20%，此外还含有纤维素、聚戊糖、脂肪、焦糖、黑色素以及丰富的 B 族维生素和生长素等物质。

味精废液是发酵液中的谷氨酸经冷冻等电分离后的残余发酵液。该废液含还原糖 0.5%、氨氰 896mg/L、有机氨 7776mg/L、COD_5 1216mg/L。

柠檬酸是当今世界上以发酵法生产最大量的有机酸。我国是柠檬酸生产大国、柠檬酸废渣是柠檬酸厂发酵液压榨废弃物，每生产 1t 柠檬酸约排放 2t 废渣，其主要成分（60℃烘 4~5h）为：粗蛋白（干基）10.98%、粗纤维 21.36%、粗脂肪 14.96%、无氮浸出物 37.23%、粗灰分 7.09%。

我国东北地区盛产甜菜，南方各地多种甘蔗，以这两种原料生产糖时都有一定量的废渣和废糖蜜产生。甜菜渣由 50% 果胶质、24% 纤维素、23% 半纤维和 2% 蛋白质组成。甘蔗渣的主要成分为 50.4% 纤维素、28.5% 半纤维素、14.9% 木质素、2% 灰分和 1.59% 粗蛋白。甜菜糖厂的废糖蜜为甜菜加工量的 3%~4%，甘蔗糖厂的废糖蜜约为糖的 30%。废糖蜜中含有大量酵母生产所需的糖。

我国是世界玉米主产国之一，全国以玉米为原料生产淀粉有几千家企业，一般都采用湿磨法工艺，生产 1t 淀粉的耗水量高达 50t 左右，出水重铬酸盐需氧量（COD_{Cr}）高达 3000~6000mg/L。玉米浆是玉米浸泡过程中溶解玉米粒中的水溶性物质而得，它富含氨基酸和各种维生素，可用作发酵工业的营养源。玉米皮渣和玉米浆是玉米提取淀粉和蛋白质后的主要废弃物，玉米皮渣的主要成分是粗纤维淀粉及少量寡糖和单糖；玉米浆含有丰富的蛋白质、核酸、无机盐及少量可发酵糖。

甘薯渣是生产淀粉和粉丝的主要废弃物，除含有少量淀粉外，大部分是纤维素和半纤维素，蛋白质含量很低，直接饲喂动物消化性很差。

各种制药企业也会产生大量的废弃菌丝体和高浓度有机废水。这些废弃物和废水如果直接排放都将造成严重的环境污染，同时造成浪费。利用发酵等微生物技术对各种营养丰富、无毒副作用的废物和废液进行综合治理，回收利用，可生产优质 SCP，化害为利，变废为宝。

二、生产 SCP 的微生物

世界上 SCP 生产已工业化，但由于蛋白质常与核酸形成复合体，核酸含量高达 15%，蛋白质含量为 35% 左右，高核酸食物对动物有害。因此，筛选优良菌种、改进 SCP 生产工艺、获得高蛋白低核酸产品成为 SCP 生产中备受关注的热点。酵母、霉菌、细菌和藻类均可用于生产 SCP。不同种类微生物生产 SCP，工艺和产品质量都各有优缺点。针对不同原料具有不同适应性的微生物，SCP 的生产必须根据原料来筛选并确定微生物种类和菌株。

酵母是最早用于生产 SCP 的微生物，也是目前应用最广泛的菌种。酵母菌菌体大，易回收,核酸含量低用作食品的历史长,赖氨酸含量高,能在酸性条件下生长,但酵母菌生长慢、蛋白质含量低(45%~46%),甲硫氨酸含量较细菌低。用于生产 SCP 的酵母菌主要有:热带假丝酵母(*Candida tropicalis*)和产朊假丝酵母(*C. utilis*)。

霉菌也是应用较多的菌种,它质地良好,便于回收,但生产速度慢,蛋白质含量低(20%~40%),产品不易为公众所接受。用于生产 SCP 的霉菌主要有:扣囊拟内孢霉(*Endomycopsis fibuligera*)、白地霉(*Geotrichum candium*)和木霉(*Trichoderma lignorum*)。

细菌蛋白质含量高(50%~80%),生长速度快,其氨基酸组成优于豆类蛋白,且能适应环境变化,能在范围较广的基质中生产,但细菌菌体较小、密度低,从发酵液中回收困难,菌体中核酸含量比酵母菌和霉菌高,因此作为蛋白质资源不受人们欢迎,在英国已有商业化细菌 SCP 的生产。

藻类的主要缺点是细胞壁含有纤维质,以及含有较多重金属的倾向,对人体有潜在危害。

三、SCP 的生产工艺

目前 SCP 的生产工艺主要有深层发酵(SMF)、固态发酵(SSF)和液固态结合发酵三大类。

1. 深层发酵工艺

深层发酵工艺是利用通风控温的罐式发酵法生产 SCP。特点是机械化程度高、产品细胞数多、杂菌污染少、产品质量稳定,可在发酵过程中对温度、通风量、pH、糖浓度、发酵液黏度、细胞数和杂菌污染情况等参数进行自动化监测和调控。但存在能耗高、设备投资大、可溶性营养物质损失多、产品效率低、发酵液中干物质含量低、后处理困难、有工业废水污染等缺陷,产品成本也高,并且其干燥工序引起活性细胞和营养物质损失较严重,在生产中难以推广。

2. 固态发酵工艺

固态发酵工艺是 20 世纪 80 年代由河北省沧州市应用微生物研究所王厚德教授研制而成的。该工艺优点是设备投资少,工艺技术简单,产品具有较高的生物活性,无废水污染,产品成本低,但存在着生产条件难以控制、培养基转化率低、杂菌污染严重、产品质量不稳定等严重缺陷,加上饲料酵母生产厂家盲目追求产品粗蛋白含量,使该类产品质量日趋降低,已逐渐被市场淘汰。

3. 液固态结合发酵工艺

该工艺克服了液态和固态两种工艺的缺点,吸取了两者的优点,采用液态制菌种、固态曲池发酵、培养基灭菌熟化、加大液态接种量等方式,并且合理的干燥工艺缩短了发酵周期,大大降低了染菌程度,有效地保存了产品中的生物活性物质,尽管产品粗蛋白含量仅为 25% 左右,但注重酵母活性细胞、消化酶、维生素和酵母代谢终产物,属于活菌制剂类型,是一种具有生物活性的饲料复合添加剂。

四、发酵废弃物生产 SCP 的工艺说明及应用实例

1. 酒糟为原料生产 SCP

利用糖蜜和淀粉质生产酒精的废糟液通过酵母发酵生成 SCP,经分离、干燥、粉碎得

到成品。湖南湘泉集团酒鬼酒股份有限公司利用复合菌种（产朊假丝酵母、热带假丝酵母、白地霉和扣囊拟内孢霉）发酵酒精糟液生产 SCP，粗蛋白含量可在原糟基础上提高 16% 以上，氨基酸总量可提高 15% 以上，6 种必需氨基酸齐全，赖氨酸含量在 1% 以上，粗纤维和单宁含量明显减少。浙江省微生物研究所对余杭酒厂的黄酒糟进行处理，将内含的纤维素转化成还原糖，再经热带假丝酵母和产朊假丝酵母混合发酵生产饲料级 SCP，在 pH4.0、酶浓度 5%、50℃ 下酶解 16h，获得的产品中赖氨酸及甲硫氨酸含量分别增加了 115% 和 67%，产品略带香味，具有良好的适口性，是喂养禽畜的好饲料和添加剂。

黑龙江八一农垦大学的李大鹏研究出热带假丝酵母液态发酵啤酒糖化糟生产 SCP 的工艺条件：麦糟经盐酸水解后，用氨水调节 pH 至 5.5，加 0.08% 磷酸盐，在 30℃ 条件下发酵 18h，干燥后每 100g 麦糟可得 4g 左右的干菌体。孙玉梅等则研究出黑曲霉固态发酵啤酒糖化糟生产 SCP 的适宜条件：在糖化糟中加入 0.04%NaAc 和 0.05%KH_2PO_4，调 pH4～5，30℃ 培养 4d。在接种黑曲霉 24h 后，再接种木霉进行混合培养，可提高菌体 SCP 产量。

2. 味精工业废弃物生产 SCP

江苏国营如东生物化学总厂在国内建成了第一个以味精废液为原料生产饲料级 SCP 的车间。废液不经过滤，只需加少量废氨水，用热带假丝酵母直接发酵，30℃、1:1 通气条件下培养 12h 后，菌体干物质达 20g/L 左右。图 14-1 是利用味精废水通过酵母培养，直接蒸发浓缩至干燥成菌体蛋白的全废液饲料化工艺。该工艺能把废水中的可溶性物质全部回收，废水经发酵后，COD 去除率可达 97% 以上，只有蒸汽冷凝水排放，做到生产工艺用水闭路循环无废水排放。

3. 柠檬酸工业废弃物生产 SCP

浙江大学利用黑曲霉和酵母固态发酵柠檬酸渣生产多酶蛋白饲料，产品粗蛋白增加量（绝干）为 16%～18%，酸性蛋白酶活性为 5139U/g，纤维素酶活性达 61U/g。河北科技大学以柠檬酸渣为原料，采用混合菌固态发酵生产 SCP，提高了柠檬酸渣的适口性和香味，活菌细胞数达到 45 亿个/g，粗蛋白达 37.8%。

五、SCP 的研究趋势

20 世纪 90 年代以来，SCP 的生产和研究出现了一些新的趋势。在以降低经济成本为主要目标的形势下，SCP 生产和研究的重点集中在以下几个方面。

(1) 采用价值低的原料或废料，如木质纤维素、农作物废料或工业废弃物。

(2) 在 SCP 生产的同时得到副产物，如脂质、麦角固醇、D-甘露醇、D-阿拉伯糖醇以及有机酸和氨基酸等，从而使 SCP 的生产成为经济上更为合算的多产品发酵。

(3) 选育倍增时间短、蛋白质含量高、耐高温、抗污染的优良菌种。如对 SCP 生产菌进行遗传工程改良，不仅可提高菌种产量和碳源转化率，而且还可提高其蛋白质和必需氨基酸含量。

(4) 开发高效、节能的发酵设备。我国开发研究了高供氧强度的外循环气升式反应器、发酵条件稳定的圆盘式固态发酵器、高生产强度的流化床反应器以及脉冲溢流自通风反应器。

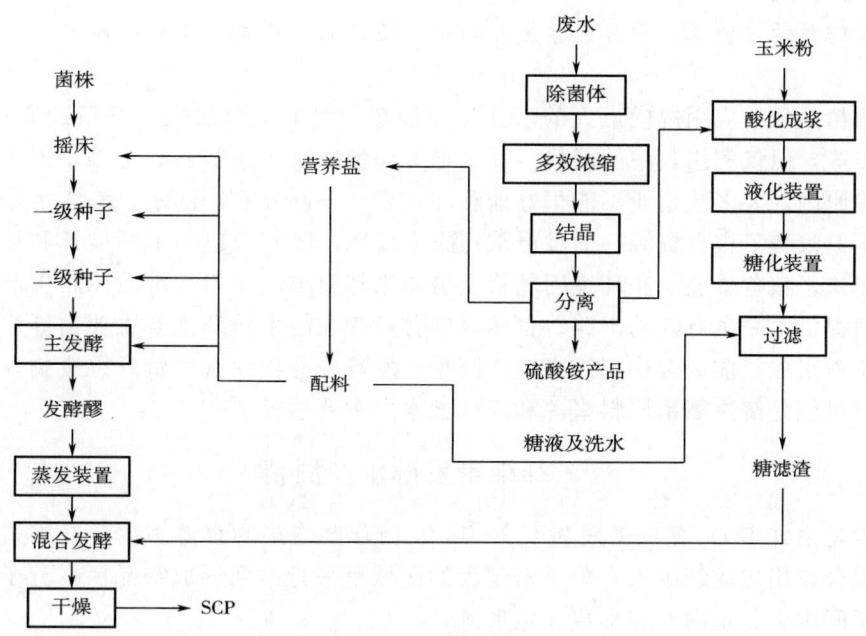

图 14-1 味精废水生产 SCP 的工艺流程

(5) 开发新蛋白质资源，如螺旋藻、光合细菌等。

第二节　发酵纤维质废弃物生产酒精

任务

1. 哪些废弃物可以用于生产酒精？其原理是什么？
2. 简述纤维素和半纤维素发酵生产酒精的发酵流程和注意事项。

【案例】

随着人口的增长，能源的日趋紧张，人们正急切地寻找新能源，通过微生物发酵产生的酒精有可能成为新的能源。美国政府鼓励使用石油和酒精混合物，对酒精含量占有10%以上的所有燃料给予部分免税。若用"汽油酒精"取代美国所消耗的全部石油，每年至少需要生产56亿L酒精，但每年用谷物生产的酒精不超过76亿L，美国已在中西部建立了几座利用谷类生产酒精的工厂。1990年达到市场的饱和极限——3000万t。日本打算用甘蔗生产燃料酒精，其长期目标是满足日本石油需要量的1/3。日本还设想与东南亚国家合作，建立一些工厂，用木薯、薯蓣和其他农产品生产燃料酒精。据一些日本专家说，每年在东南亚生产1000亿L燃料酒精（等于日本石油进口量的1/3以上）不是梦想。

预计20世纪末至21世纪前10年期间，酒精发酵将全部用木纤维，使其成本大大降低，给解决能源枯竭问题带来新的希望。

【案例分析与讨论】

结合案例与学习资源，学习固体废弃物生产酒精的工艺流程及相关知识。

燃料酒精是目前应用规模最大的液体生物能源。目前发酵法生产酒精的原料是玉米、甘蔗、薯类等，但仅利用其中的淀粉，其余部分如蛋白质、脂肪、纤维等，限于技术、投资和管理等原因，大多数企业不能很好地利用，相当一部分随冲洗水、洗涤水排入企业周围河流，不但浪费了粮食资源，而且严重污染了环境。随着人口的不断增长和社会工业化进程不断加快，粮食、能源和环境问题将变得越来越突出，利用纤维质原料生产酒精为解决上述问题提供了一条有效的出路。自然界中普遍存在的木质纤维素主要由纤维素、半纤维素和木质素组成，前两者均可用来生产酒精。发酵废弃物中有大量纤维废物，如果能用来生产酒精可能是解决酒精原料来源和降低成本的主要途径之一。

一、纤维素发酵生产酒精

纤维素是由许多 D-葡萄糖残基以 β-1,4-糖苷键连接的直链多糖。纤维素链之间通过氢键的耦合作用形成纤维束，分子密度大的区域呈平行排列形成结晶区；分子密度小的区域，分子间隙大、定向差、形成无定形区。

1. 纤维质原料生产酒精的工艺流程

20世纪80年代初，日本的新燃料油开发技术研究联合会（Research Association for Petroleum Alternatives Development，RAPAD），制定了以纤维素类物质为原料生产燃料酒精的一整套工艺技术，工艺流程如图14-2所示。

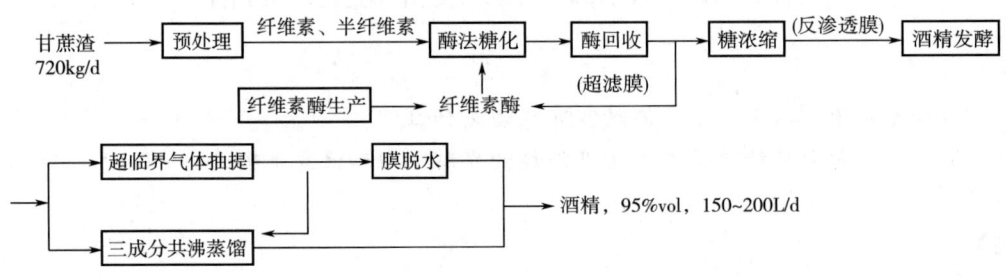

图14-2 RAPAD纤维素发酵生产酒精工艺流程

2. 纤维质原料的预处理

预处理的目的是解除木质素、半纤维素等对纤维素的保护作用和破坏纤维素的结晶结构，增加其表面积，以提高纤维素水解糖化的效率。纤维素预处理的方法有：物理法、化学法、物理化学法和生物法。

（1）物理法 常用方法有压缩球磨、爆破粉碎、冷冻粉碎、超微粉碎、高能辐射、微波和超声波处理等，这些方法均可使纤维素粉化、软化，提高纤维素的酶解转化率。特点是设备成本高，能耗大。处理后的粉末纤维素类物质没有润胀性，且体积小。将原料粉碎成极细的颗粒，一方面使其表面积大大增加，另一方面破坏其结晶性，以便在随后的糖化阶段中易于反应。

（2）化学法 化学法是利用酸、碱、氨、氧化剂、溶剂等进行处理。机理是使纤维素、半纤维素和木质素膨胀并破坏其结晶性，使其溶解并降解，从而增加其可消化性。

①酸水解法：用稀硫酸可以达到较高的反应速率，稀酸预处理有两种基本类型：高温（>160℃）、连续反应、低固体负荷（5%~10%）；低温（<160℃）、间歇反应、高固体负荷（10%~40%）。稀酸法费用高，有腐蚀性，对人体有害，需要在耐腐蚀的反应器内进行。反应完后要对酸进行回收以降低成本。

②碱水解法：氢氧化钠或液氨可用于对木质纤维素原料的预处理，效果取决于原料中木质素的含量。碱水解的机理是对分子间交联木聚糖半纤维素和其他组分的酯键皂化。随着酯键的减少，纤维素原料的孔隙率增加。碱处理是一种有效的预处理技术，但对碱处理的废液必须要做进一步的处理，此外碱处理过程中会损失部分纤维素，不太适合大规模生产。

③氨解法：氨解能改善纤维素碱化、羧甲基化和酶降解的反应活性，效果显著，但成本相对较高。通过氨的回收过滤循环工艺可以脱去纤维素原料中60%~80%的木质素，使纤维原料的水解效率增加。

④氧化法：采用臭氧与H_2O_2作氧化剂脱去木质素，不产生对进一步反应起抑制作用的物质，反应在常温常压下进行，但需臭氧量较大，整个过程成本较高。H_2O_2对纤维质的预处理可以增强酶催化水解的敏感度。

⑤溶剂法：采用各种有机溶剂对纤维素进行预处理以提高纤维素的水解效率。如用酒精除去木质素，在180℃条件下，将木质素溶解在50%酒精水溶液中处理1h，分离回收后可得到无定形的粉末。用丙酮纯化处理纤维素，丙酮能渗透到纤维素内部，影响纤维素分子内和分子间氢键的稳定性，导致纤维素立体结构变化，氢键的持久性减弱或破坏。

(3) 物理化学法　常用的有水蒸气爆破、CO_2爆破和氨冷冻爆破。水蒸气爆破是将纤维素原料用高温水蒸气处理适当时间（温度越高，时间越短），然后连同水蒸气起从反应器中急速放出降压而爆破，使纤维素周围的木质素与半纤维素所构成的结合层遭到破坏，使得纤维素易于被降解利用。此过程中加入SO_2或CO_2可以更有效地除去其中的半纤维素，提高酶水解的效率，减少对酒精发酵有抑制作用的物质生成，但增加了水蒸气爆破的成本。CO_2爆破类似于水蒸气爆破，但成本高，基本没有抑制酒精发酵的物质生成。氨冷冻爆破是利用液氨在相对较低压力（1.5MPa左右）和温度（50~80℃）下，将纤维素原料处理一定时间，然后突然释放压力爆破原料，使纤维素结构发生变化，可以避免水蒸气爆破中高温引起的糖变性及酒精发酵抑制物的生成，氨冷冻爆破能显著提高纤维素酶水解的效率。

(4) 生物法　降解木质素的微生物有白腐菌、褐腐菌、软腐菌等真菌。研究最多的是白腐菌，这类菌产生的木质素过氧化酶、锰过氧化物酶和漆酶可以降解纤维素原料中的木质素，从而提高纤维素的酶解效率。常用微生物有木质素降解菌、革盖菌、黑蛋巢菌、黄孢原毛平革菌、侧耳、射脉齿菌、孢子丝菌等。此法的优点是作用条件温和，能耗低，无污染；缺点是周期过长以及白腐菌在生长过程中会利用掉部分纤维素和半纤维素。生物法目前还停留在实验阶段。

在实际对纤维素原料进行预处理时，单一的处理方法很难达到预定的效果，往往采用各种不同的组合方法，常见的有先采用机械破碎，然后采用爆破、化学或生物的方法进行处理，可显著提高纤维素的水解效率。

3. 纤维素的水解

预处理后的纤维素需经酸或酶水解后，释放出葡萄糖方可进入酒精发酵途径。

(1) 纤维素的酸水解　用于水解纤维素的酸主要有硫酸和盐酸。酸催化纤维素分解的机理是：酸在水中解离并产生 H^+，H^+ 与水构成不稳定的水合氢离子（H_3O^+），当纤维素上的 $\beta-1,4$ 葡萄糖苷键和 H_3O^+ 接触时，后者将一个 H^+ 交给 $\beta-1,4$ 葡萄糖苷键上的氧，使得这个氧变成不稳定的 4 价氧。当氧键断裂时，与水反应生成两个羟基，并重新放出 H^+，H^+ 可再次参与催化水解反应。在一定的酸浓度范围内，纤维素水解反应的速度与酸的浓度成正比。温度增加，酸水解反应的速度也加快。纤维素水解时产生的单糖在水解过程中会进一步分解，生成各种糖的分解产物。减少水解过程中单糖的分解是水解工艺要解决的重要问题。

酸水解有稀酸水解法和浓酸水解法。稀酸水解法要求在高温、高压下进行，反应时间几秒或几分钟，在连续生产中应用较多。稀酸水解法又有常压水解和加压水解法。后者又可分为固定水解法、分段水解法和渗滤水解法。浓酸水解法相应地要在较低的温度和压力下进行，反应时间比稀酸水解法长得多。其主要优点是糖的回收率高，约有 90% 的半纤维素和纤维素转化的糖被回收。

(2) 纤维素的酶水解　纤维素酶是由 3 个基本成分组成的酶系统：①内切 $\beta-1,4$ 葡聚糖酶类，也称为 CMC 分解酶或 C_x 酶，作用于纤维素分子内部的非结晶区，随机切割 $\beta-1,4$ 葡萄糖苷键，同时生成许多新的分子链末端。②外切 β-葡聚糖酶类，也称为微晶纤维素分解酶或 C_1 酶。此类酶含有两个酶系，即 $\beta-1,4$-葡聚糖葡萄糖水解酶和 $\beta-1,4$-葡聚糖纤维二糖水解酶。这两种酶都作用于纤维素分子链的非还原性末端，切割 $\beta-1,4$ 键，产物分别是葡萄糖和纤维二糖。③$\beta-1,4$-葡萄糖苷酶，也称为 Cb 酶或纤维二糖酶，它能水解纤维二糖和短链寡糖为葡萄糖。

纤维素酶水解纤维素的机制有两种假说：一种认为首先由 C_x 酶在纤维素聚合物的内部起作用，在纤维素的非结晶区进行切割，产生新的末端，然后再由 C_1 酶以纤维二糖为单位从末端进行水解，最后由 Cb 酶将纤维二糖水解为葡萄糖；另一种认为首先由 C_1 酶水解纤维素为不溶性纤维素、可溶性纤维糊精与纤维二糖，然后由 C_x 酶水解纤维糊精为纤维二糖，最后由 Cb 酶将纤维二糖水解为葡萄糖。关于纤维素酶水解的机制至今仍无完全统一的认识，但对一些基本概念已经有共识，纤维素的酶水解必须由 C_1、C_x 和 Cb 酶的协同作用完成。

影响纤维素酶水解的因素包括：①底物，即底物的结构和浓度；②纤维素酶，即酶的来源和用量；③水解条件，即 pH、温度、抑制剂和活化剂等。纤维素酶的最适 pH 为 4.5～5.5，最适温度为 40～60℃。纤维素酶可由酶促反应的产物和类似底物的某些物质引起竞争性抑制，如纤维二糖、葡萄糖和甲基纤维素通常是纤维素酶的竞争性抑制剂；植物体内的某些酚、单宁和花色素也是其天然的抑制剂；卤化物、重金属、去垢剂和染料等也能使其失活。Ba^{2+}、Ca^{2+}、$CoCl_2$、Cu^{2+}、Mg^{2+}、Mn^{2+} 和 Zn^{2+} 能使纤维素酶活化。在酶作用条件改变后，某些物质可在抑制剂和活化剂之间转换。

纤维素酶生产菌种主要是木霉属（*Trichoderma*）中的里氏木霉（*T. reesei*）、曲霉属（*Aspergillus*）和青霉属（*Penicilium*）。20 世纪 50 年代，美国 Reese 博士从腐烂的纤维材料上分离了大量的菌种。研究发现绿色木霉（*T. viride*）分泌胞外纤维素酶的能力最强，由该菌产生的纤维素酶复合体系具有分解天然纤维素所需要的三种组分。为了纪念Reese的杰出贡献，绿色木霉（*T. viride*）被更名为里氏木霉（*T. reesei*）。纤维素酶的生产可采用液体深层发酵或固态发酵两种工艺。

4. 纤维素的发酵过程

（1）发酵纤维素生产酒精的菌种　纤维素原料酒精发酵的菌种可以是酵母，如 *Saccharomyces cerevisiae*、*Saccharomyces calsbergensis*、*Saccharomyces sabe*、*Pichia stipitis* 等；霉菌，如 *Fusarium oxysporum*、*Neurospora crassa* 等；细菌，如 *Zymomonas anerobia*、*Zymomonas mobilis* 等。酵母，特别是 *S. cerevisiae*，具有酒精得率高、发酵过程不易受污染、耐酒精能力强、副产物少等特点，工业上得到广泛应用。另外，某些嗜热、超嗜热细菌与一些霉菌能直接利用纤维素原料发酵生成酒精受到重视。近年来，采用原生质融合技术与基因工程技术对传统酒精发酵菌种进行改造，为纤维素原料发酵生产酒精提供了新的菌种来源。

（2）纤维素发酵生产酒精的工艺　以纤维素类物质为原料生产酒精，工艺方法有直接发酵法、两段发酵法、同时糖化发酵法、固定化细胞发酵法等。

①直接发酵法：选取合适的酒精发酵菌株直接利用纤维素发酵得到酒精，不需要经过酸解或酶解等前处理。该方法设备简单，成本低廉，但酒精产率不高，产生有机酸等副产物。利用混合菌直接发酵可部分解决这些问题。

②两段发酵法：先将预处理后的纤维素原料经酶水解为还原糖，然后发酵得到酒精，酒精产物的形成受末端产物抑制、低细胞浓度及基质抑制等因素的限制。可采用减压发酵法、快速发酵法克服酒精产物的抑制；对细胞进行循环利用，可以克服细胞浓度低的问题；筛选在高糖浓度下存活并能利用高糖的微生物突变株，可克服基质抑制。

③同时糖化发酵法：采用 Gulf Oil Company 开发的边糖化边发酵（SSF）的方法。纤维素酶对纤维素的酶水解和发酵糖化过程在同一装置内连续进行，水解产物葡萄糖由菌体的不断发酵而被利用，消除了葡萄糖对纤维素酶的反馈抑制作用。

酶水解一般为50℃左右，而酒精发酵通常是35℃，解决的办法是筛选耐高温的产酒精酵母，如假丝酵母、克劳森酵母等。最新研究表明，从土壤中分离到的 *Kluveromyces marxianus* No 280 是一株耐高温的酒精酵母。它在45℃下培养24h，能从含12.7%葡萄糖的蔗渣糖化液生成5.4%的酒精。另一种解决 SSF 工艺中糖化与发酵条件不一致的方法是采用分散、耦合并行系统，使纤维素糖化与酒精发酵分别在两个生物反应器中进行，在两个反应器之间构建循环输送系统，完成葡萄糖从糖化生物反应器到酒精发酵两个步骤的耦合，达到糖化与发酵在互不干扰、各自所需的受控环境中独立、同步进行。实现了纤维素酶解反应与其产物在线分离的耦合。而且反应器中葡萄糖浓度可以通过循环周期及循环浓度进行调控。

SSF法可增加水解率，减少糖转化过程中的抑制作用；酶的需求量减少、产率更高；由于葡萄糖被迅速转化生成酒精，所以对消毒条件要求降低；工序周期更短、使用单反应器，因而反应器的容量更小。SSF法的缺点是水解和发酵两个过程的温度不相容；得到的酒精中含有微生物；酒精对酶具有抑制作用。

④固定化细胞发酵法：Massayuki 以肠溶衣聚合物为载体固定化纤维素酶，可保留60%以上的酶活性，回收率高达100%。并且对微晶纤维素的水解率明显高于游离酶，经

重复使用三次，水解率没有下降。对于固定化细胞的研究，目前研究较多的是 *Saccharomyces* sp. 和 *Zymomonas* sp. 的固定化，常用载体有海藻酸钙、卡拉胶、多孔玻璃等。固定化细胞发酵法的发展方向是混合固定化细胞发酵，如酵母与纤维二糖酶一起固定化，将纤维二糖基质转换成酒精，此法颇引人注目，被看作纤维素原料生产酒精的重要阶段。

二、半纤维素发酵生产酒精

近年来，半纤维素物质因其可高效地转化成燃料酒精而备受关注。在半纤维素转化成燃料酒精时，其必须先转化成小分子的半纤维素糖后，再发酵成酒精。半纤维素是一类有分枝的、包括己聚糖、戊聚糖在内的杂聚多糖。其中己糖包括 D-葡萄糖、D-甘露糖和 D-半乳糖等。戊糖包括木糖、D-阿拉伯糖等。糖基之间主要以 $\beta-1,4$ 糖苷键相连，但以半乳糖为主要残基的半纤维素则以 $\beta-1,3$ 糖苷键相连。半纤维素的主要成分是木聚糖。木聚糖分为线性同型木聚糖、阿拉伯糖基木聚糖、葡萄糖醛木聚糖和葡萄糖醛阿拉伯糖基木聚糖。大约80%的木聚糖主链含有侧链，阿拉伯糖和葡萄糖醛酸的单体侧链及包含阿拉伯糖、木糖及半乳糖残基的寡聚侧链分别键合于主链 D-木糖残基的 C3 和 C2 位置上。

1. 半纤维素的预处理

半纤维素的预处理方法及目的与纤维素的预处理类似。预处理包括粉碎、溶解、水解和分离纤维素、半纤维素和木质素组分。方法包括浓酸、稀酸、碱、二氧化硫、过氧化氢、蒸汽爆破、潮湿-氧化、石灰处理、热水处理、CO_2 爆破和有机溶剂处理。表14-1列举了纤维质物质的预处理方法。

表 14-1　　　　　　　　　纤维质物质的预处理方法

方法	实例
热-机械法	热磨、热剪热压、粉碎、抽提
自动水解法	蒸汽加压、蒸汽爆破、CO_2 爆破
酸处理	稀酸（硫酸、盐酸、醋酸）处理、浓酸处理、乙酸处理
碱处理	氢氧化钠处理、碱性 H_2O_2 处理、氨处理
有机溶剂处理	甲醇、乙醇、丁醇、丙酮、苯、Cadoxen 处理
生物处理	白腐菌处理

2. 半纤维素的水解

（1）半纤维素的酸水解　采用 0.5%～0.2% 稀酸水解使半纤维素降解为单糖及寡糖，所产生的糖容易进一步转化为糖醛，这是我国糖醛生产的一个主要方法。

（2）半纤维素的酶水解　半纤维素酶是一个多酶体系，分为三类：①外切型 β-木聚糖酶，作用于木聚糖的非还原端，产物是木二糖；②内切型 $\beta-1,4$-木聚糖酶，优先作用于糖键的内部，将半纤维素分解为寡糖；③外切型 β-木糖苷酶，作用于短链的木寡糖并产生木糖。在这三类酶中，后两类具有顺序协同作用，并分别受各自产物的抑制。一般认为半纤维素酶是类诱导酶。嗜热放线菌中的内切型 $\beta-1,4$-木聚糖酶、外切型 β-木糖苷酶、α-L-阿拉伯呋喃糖苷酶和醋酸木聚糖酯酶间有很显著的协同作用。

能够产生木聚糖酶的菌种包括细菌、真菌、黑曲霉、木霉等，关键是要选择合适诱导底物和最佳的培养基组成。丝状真菌能分泌胞外木聚糖酶且产酶水平高于酵母和细菌，但其产木聚糖酶的同时也产纤维素酶。

3. 半纤维素的发酵过程

Karezewska 于 1959 年第一次提出了用木糖发酵酒精。1980 年，Wang 等再次提出木糖可被某些微生物发酵成酒精。迄今为止已发现 100 多种微生物能代谢木糖发酵生成酒精，包括细菌、真菌、酵母菌。

(1) 细菌发酵木糖产酒精 细菌转化木糖为 5-P-木酮糖（5-P-Xu）有三个途径：一是利用木糖异构酶将木糖直接转化为木酮糖，然后再磷酸化生成 5-P-Xu；二是通过氧化还原反应，首先由需 NADH 的木糖还原酶将木糖还原成木糖醇，再由需 NAD 的木糖醇脱氢酶氧化木糖醇为木酮糖，再磷酸化；三是先将木糖磷酸化为 5-P-木糖，再异构化为 5-P-Xu。生成 5-P-Xu 需要透膜酶（Permease）、木糖异构酶及木糖激酶等，均为诱导酶，诱导物是戊糖类，如 D-木糖、阿拉伯糖、核糖等。不同菌可经 HMP、ED、EMP 等不同途径代谢。

(2) 丝状真菌发酵木糖产酒精 发酵戊糖产生酒精的常用丝状真菌有尖镰孢菌（*Fusarium oxysporum*）及粗糙脉孢菌（*Neurospora crassa*）。这类菌的生长及发酵受苯环类物质及木质素的抑制，自身既可产生纤维素酶及半纤维素酶，又具有发酵戊糖和己糖为酒精的能力。丝状真菌的木糖代谢途径与酵母相同。Yazdi 等报道了 *Neurospora crassa* 870 以商品木聚糖为碳源经液体通气培养，产生的半纤维素酶达 14U/mL（4d）。

(3) 酵母发酵木糖产酒精 能够发酵木糖的丝状真菌和酵母基本上都走氧化还原的途径，即：

$$\text{木糖} \xrightarrow[\text{NADH}]{\text{木糖还原酶}} \text{木糖醇} \xrightarrow[\text{NAD}^+]{\text{木糖脱氢酶}} \text{木酮糖} \xrightarrow{\text{磷酸化}} 5\text{-P-Xu}$$

酵母菌中可发酵木糖的菌株有 *Candida* sp.、*Pichia* sp. 和 *Pachysolen* sp. 三个属，特点是"半通氧"环境。木糖还原酶需要 NADH、木糖醇脱氢酶需要 NAD^+ 为辅助因子。在厌氧环境中，NADH 没有受氢体（如 O_2），不能转化为 NAD^+，即不能再生，菌株停止发酵，并大量积累木糖醇。如果向培养物中加入丙酮、乙醛或 3-羟基丁酮等受氢体，就可使积累的 NADH 氧化为 NAD^+，从而恢复酒精的产生。因此，在半好氧的木糖发酵中，氧只是作为受氢体而支持发酵。如果通入大量的氧，则产生的酒精很可能被氧化为酸或同化成高分子物质。

(4) 基因工程菌发酵木糖产酒精 研究集中在大肠杆菌（*E. coli*）、絮凝性细菌（*Z. mobilis*）和酿酒酵母（*S. cerevisiae*）上。Nichols 将葡萄糖磷酸转移酶（PtsG）的基因导入 *E. coli* 中，使之可以同时发酵葡萄糖、木糖、阿拉伯糖的混合糖，酒精产量可达理论值的 87%～94%。重组的絮凝性细菌被导入了 4 种基因，分别为大肠杆菌 *xylA*（Xyloseiomerse）、*xyIB*（Xylulokinase）、*talA*（Transketolase）、*tkt*（Transketolase），能以木糖为唯一碳源生产酒精，产量可达理论值的 86%。鲍晓明等采用 PCR 技术克隆 *Clostridium thermohy* dro-sufuricum 木糖异构酶基因 *xylA*，成功转移至酿酒酵母 H158 受体菌中，得到重组酵母转化子 H612，实现了在酿酒酵母内得到木糖异构酶的活性表达，为进一步在酿酒酵母中建立新的木糖代谢途径打下了基础。

4. 半纤维素发酵生产酒精的流程及工艺特点

1980 年，美国普渡大学"再生资源工程实验室（LORRE）"研究成功了采用木糖异构酶将木糖异构成木糖醇，再用酵母发酵生成酒精的新途径，为大规模利用半纤维素生产液体燃料酒精开创了新途径。LORRE 半纤维素生产酒精工艺流程选择甘蔗渣中的半纤维素为对象，如图 14-3 所示。

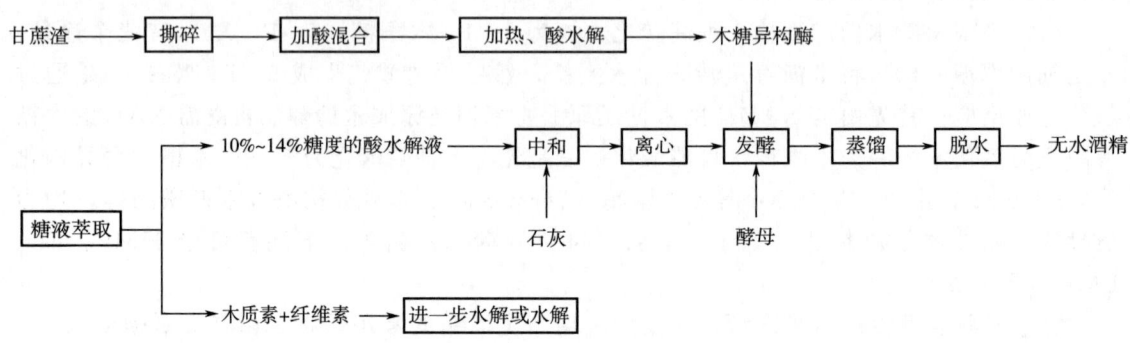

图 14-3　LORRE 半纤维素生产酒精工艺流程

甘蔗渣经过撕裂，喷入浓硫酸，混合均匀，保持一段时间后，用蒸汽加热到 90～100℃ 进行半纤维素酸水解。水解生成的糖用萃取法多级逆向萃取，得到 10%～14% 糖度的酸水解液，剩下的纤维素送去造纸。糖液用石灰中和，离心除去沉淀，所得发酵稀糖液加异构酶和酵母进行酒精发酵。发酵液经蒸馏和脱水制得无水酒精。菌种方面，最初用酒精酵母，后来发现粟酒裂殖酵母在酒精浓度、发酵速度和发酵率等方面均高于酒精酵母，以后均用粟酒裂殖酵母。发酵工艺条件为：pH6，温度 30℃，酵母接种量 50～100g/L（以压榨酵母计），固定化木糖异构酶用量为 20～50g/L。培养基采用甘蔗渣半纤维素水解液（12%～14% 糖度），另加木糖、葡萄糖、阿拉伯糖混合物（三种糖的比例与水解液中三者的比例相同），使发酵培养基的总糖浓度为 16% 左右。发酵结果发现，葡萄糖在不到 4h 内已发酵完毕，而阿拉伯糖在发酵过程中几乎没有变化。木糖经 28h 发酵已降到 1% 以下。酒精含量在 28h 发酵后达 60g/L 以上。在发酵过程中生成约 1% 的副产物木糖醇。经计算，发酵效率在 80% 以上。

三、纤维质发酵生产酒精前景展望

在我国，每生产 1t 酒精需要 2.7t 粮食。利用纤维素类物质代替粮食生产酒精是一项利国利民的工程。利用纤维素生产酒精的纤维素酶成本太高，酶用量偏大，利用纤维素生产酒精工业化仍然面临诸多挑战：①对纤维素原料预处理技术仍没有一种经济、节能环保的工业化技术可应用，特别是对纤维素原料的综合利用；②降低纤维素酶工业化规模生产的成本仍然有待解决；③基因工程技术与原生质融合技术离工业化仍有一段距离，因此还需加强技术研究，如以基因工程手段选育高产纤维素酶、木质素酶菌种；研究固体发酵技术，解决污染率高和成本高的问题；进一步研究纤维质原料的预处理、酶水解及水解液发酵生产酒精等技术，有效地降低生产成本。

发酵废弃物酒精发酵是一个有巨大潜力的新领域，可以实现废物的无害化、减量化和资源化。

第三节 其他生物能源开发

任务

1. 哪些发酵废弃物可以用来生产生物柴油？
2. 除了生产生物柴油，还能不能转化成其他生物能源产品？

【案例】

不久前，位于上海市奉贤区和浦东新区的两个中石化加油站开放供应由"地沟油"炼制的B5生物柴油，每升售价比普通柴油便宜0.3元，这是全国首例餐厨废弃油脂制生物柴油进入成品油终端销售市场。据中国行业研究报告网了解，历经去除杂质、化学反应、蒸馏等多道工序，可从餐厨废弃油脂中精制脂肪酸甲酯，也就是俗称的生物柴油。生物柴油是典型的"绿色能源"，具有环保性能好、发动机启动性能好、燃料性能好，原料来源广泛、可再生等特性。大力发展生物柴油对经济可持续发展、推进能源替代、减轻环境压力、控制城市大气污染具有重要的战略意义。

【案例分析与讨论】

结合案例分析和学习资源，学习固体废弃物与生物能源之间的相关知识。

一、概述

1. 生物能源定义及特点

生物质（Biomass）是指有机物中除化石燃料外的所有来源于动植物并能再生的物质。生物能源（Bioenergy）则是指直接或间接地通过绿色植物的光合作用，把太阳能转化为化学能后固定和贮藏在生物体内的能量。生物质能源的特点是：①可再生性：每年都可再生，且产量大；②低污染性：燃烧过程中产生的硫氧化物、氮氧化物都较低；③广泛的分布性。

2. 生物能源开发利用的现状和意义

目前人类所利用的能源主要来自煤、石油、天然气等化石燃料，它们是在极其漫长的地质历史中，在特殊的自然环境下形成的，储量有限，不能再生。可再生能源如生物能的研究与开发已成为世界上重大热门课题之一，受到世界各国政府与科学家的关注。许多国家都制定了相应的开发研究计划，如日本的阳光计划、印度的绿色能源工程、美国的能源农场计划和巴西的酒精能源计划等。日本政府公布了一项名为"全面开发生物能源"的计划，意即通过回收食物垃圾、家畜粪便等生物废物来生产燃料，从而减少和逐步替代现有的机动车燃料。该计划的目的是：减少温室效应，防止全球变暖。

生物能源开发利用的意义如下所示：

(1) 解决能源危机　能源短缺是21世纪面临的重大课题之一，能源对国家经济和安全非常重要。目前石油、天然气和煤炭仍是我国主要的能源。2015年我国石油进口依赖度达到25%左右。我国是一个经济迅速发展、人口众多的国家，21世纪将面临经济增长和环境保护的双重压力。因此改变能源生产和消费方式，开发利用生物能源，对建立可持续的能源系统，促进国民经济发展和缓解能源危机具有重大意义。

(2) 改善生态环境　首先，由于利用生物能源所产生的CO_2可被新生长的植物所固定，所以只要及时植树造林，使生物质的消耗量与生长量持平，从理论上讲，利用生物能将不会导致大气中CO_2的增加，有利于减缓地球气候变暖的趋势。其次，用焚烧、热分解、填埋等物理化学方法处理工农业及民用废弃物，会对大气、地下水造成二次污染，采用生物处理方法，既可以避免和防止污染，又可以获得生物能，可谓一举两得。第三，当今常规能源——煤和石油在燃烧后，都会产生对人体有害的一氧化碳、氧化氮以及含硫、铅等有毒物质的化合物，而生物能源——酒精和沼气等在燃烧后不会产生这样多的有毒化合物。

(3) 促进农村经济的可持续发展　生物能源的开发利用不仅能够大大加快村镇居民实现能源现代化进程，满足农民富裕后对优质能源的迫切需求，同时也可在乡镇企业等生产领域中得到应用。

3. 生物能源的主要应用方式

(1) 直接燃烧或通过汽化生成热量用以加热或蒸汽发电；快速热解提供液体燃料，取代通用的矿物燃料。

(2) 气化法　即在高温下使气化剂与生物质反应，从而得到气体燃料。气化剂可以是空气、空气-蒸汽或氧气等，相对应的产品也分为煤气、水煤气和氧气煤气等不同类型，但都含有CO_2、CO、H_2、N_2等为主要成分，这些气体燃料的热值一般仅为天然气的10%~15%。

(3) 干馏法　即对生物质隔绝空气加热使其分解，从而得到多种产品。根据不同目的可以使生物质炭化。从而得到热值较高的固体燃料，也可以使生物质转化为液体燃料，如甲醇，可用作交通工具中汽油的替代品。同时可得到水煤气、乙酸等副产品。

(4) 厌氧发酵　这是在无分子氧存在的情况下，多种专性或兼性厌氧微生物参与，形成复杂的有机物发酵。通过厌氧消化，生物质最终转化为沼气，其主要成分为甲烷和CO_2。

(5) 酒精发酵　以含糖原料为基质，先将其水解成单糖，再经微生物发酵制成乙醇。

二、发酵废弃物制取沼气

1. 沼气开发的意义

在隔绝空气的条件下，生活和工业有机废水、农作物的秸秆、杂草、人畜粪便等经过微生物的发酵作用能产生沼气。如日产酒糟$500 \sim 600 m^3$的酒厂，可获得日产含甲烷55%~65%的沼气$8000 \sim 11000 m^3$，相当于日发电量$12857 \sim 15714 kW$，日产标准煤$17.1 \sim 20.9 t$。沼气可以用于炊事、照明和发电。沼气是来源丰富、成本低廉的气体燃料，无论在发达国家还是在发展中国家均得到高度重视。发达国家从保护环境出发，建立沼气工程，以处理城乡有机废弃物，获得煤气替代品。在发展中国家，沼气是解决广大农村供能的一项重要途径，印度和中国是最早大力开发沼气的国家，并且都取得了巨大的成就。

2. 微生物发酵产甲烷机理

甲烷产生菌有甲烷杆菌属（Methanobacterium）、甲烷八叠菌属（Methanosarcina）、甲烷球菌属（Methanococcus）等。沼气发酵分三个阶段：第一阶段是复杂有机物如纤维素、蛋白质、脂肪等在微生物作用下降解至其基本结构单位的液化阶段；第二阶段是将第一阶段中产生的简单有机物经微生物作用转化生成乙酸；第三阶段是在甲烷产生菌的作用下将乙酸转化为甲烷。

3. 发酵废弃物沼气的应用实例

吉林省梨树县酒精厂年加工玉米 7 万 t，年产食用酒精 2 万 t，日排放酒精糟液 $900m^3$。该厂于 1993 年建成处理酒精糟液的沼气工程，以减轻糟液污染并获得沼气、高蛋白饲料为目的。图 14-4 为酒精糟液发酵产沼气工艺流程。

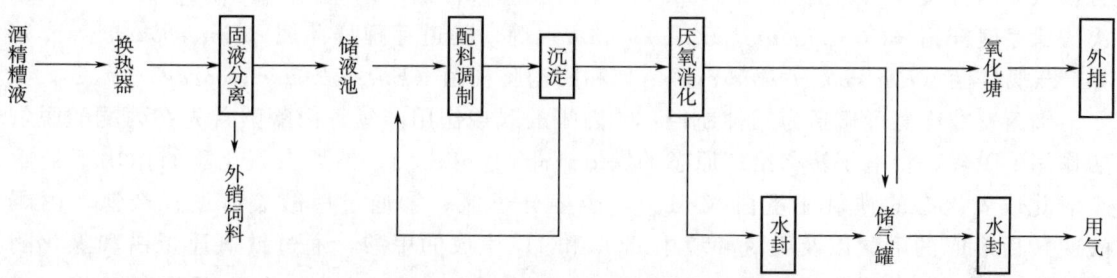

图 14-4 酒精糟液发酵产沼气工艺流程

酒精糟液经过套管换热器冷却后，进行固液分离，一部分湿干糟经烘干处理，获得安全水分的高蛋白饲料，作为商品饲料出售；另一部分湿干糟就地卖给养猪专业户。分离后的稀释液一般为 60℃ 上下，经过配料调制，泵进厌氧消化器。该系统采用高温（54℃）运行，日产沼气近 $1830m^3$。沼气供给锅炉助燃和供给职工食堂作炊事燃气。厌氧消化器排出的消化液经沉淀后，流入储气罐作储气的水封液，同时又进行二级厌氧消化，之后经地下管道排入厂区外的氧化塘，进行自然曝气处理。沉淀罐的浓缩液回流到配料罐，供调整进料的 pH。

三、发酵废弃物制取氢能

1. 氢能开发的意义

氢气燃烧只产生水，不排放任何有毒有害气体，不会造成任何环境污染，因而被普遍认为是理想、清洁的能源资源。氢气燃烧热值高，每 1g 氢燃烧后能放出 142.35kJ 的热量，为汽油的 3 倍、酒精的 3.9 倍、焦炭的 4.5 倍。氢气的获取途径主要有：①利用化石燃料制氢的方法，包括天然气的重组、天然气的热裂解、石油等碳氢化合物的部分氧化以及煤的气化等；②从水中获取氢气，如水的电解、光解、热化学分解和直接热分解等；③生物法产氢，该方法只需消耗少量的能量且对环境无害。生物产氢过程可以和废物回收利用过程耦合。因此，生物产氢技术的研究和开发受到了世界各国的普遍重视，包括英国、荷兰、加拿大、印度、意大利和中国。

2. 生物法产氢的机理

生物产氢过程可以分为五类：①利用藻类或者青蓝菌的生物光解水法；②有机化合物

的光合细菌（PSB）光分解法；③有机化合物发酵制氢；④光合细菌和发酵细菌耦合法；⑤酶法制氢。细菌发酵法无需光照条件，具有更高的产氢效率，更易于实现工业化。而且发酵法产氢可以与废水和固体废弃物处理相结合，利用其中的有机质产氢，既有效地处理了废弃物又获得了氢能，可降低制氢成本。

自然环境中能够通过厌氧发酵产氢的细菌种类很多。所有的产氢微生物分为四类：①专性厌氧的异养微生物，它们不具有细胞色素体系，通过产生丙酮酸或丙酮酸的代谢途径来产氢，包括梭菌属（Clostridium）、甲基营养菌、产甲烷菌、瘤胃细菌及一些古细菌等；②兼性厌氧菌，含有细胞色素体系，能够通过分解甲酸的代谢途径产氢，包括大肠杆菌（Escherichia coli）、肠杆菌属（Enterobacter）等；③需氧菌，包括产碱杆菌属（Alcaligenes）和一些杆状菌（Bacilus）等；④光合作用细菌。目前发酵法产氢研究较多的有梭状芽孢杆菌属（Clostridium sp.），如丁酸梭状杆菌（Clostridium butyricum）和巴氏梭状芽孢杆菌（Clostridium pasteurianum）等；肠道芽孢杆菌属（Enterobacter sp.），如产气肠杆菌（Enterobacter aerogenes）和阴沟肠杆菌（Enterobacter cloacae）等。

细菌发酵产氢可概括为三种途径：①丙酮酸脱羧作用产氢，丙酮酸首先在丙酮酸脱氢酶作用下脱羧，将电子转移给还原态的铁氧还蛋白（Fd_{red}），然后在氢化酶的作用下被重新氧化成氧化态的铁氧还蛋白（Fd_{ox}），产生分子氧；②通过甲酸裂解途径产氢，丙酮酸脱羧后形成的甲酸以及厌氧环境中CO_2和H_2生成的甲酸，通过铁氧还蛋白和氢化酶作用分解为CO_2和H_2；③通过辅酶Ⅰ（NADH或NAD^+）的氧化还原平衡调节作用产氢。

利用厌氧发酵进行微生物产氢的方式可分为两种类型：①利用纯菌进行微生物产氢；②利用厌氧活性污泥或其他混合物，以混合培养方式进行产氢。

3. 发酵废弃物制氢技术的研究进展

一般来说，可用于生物发酵产氢的基质应具备以下特点：碳水化合物的含量较高、资源丰富且廉价、具有较高的能量转化率等。生物发酵产氢研究中所利用的基质包括：①各种单纯的糖类；②各种有机废水；③各种有机固体废弃物。利用有机废水发酵法产氢是一个重要的研究开发内容。有机废水为细菌提供了大量廉价的有机基质，尤其是高浓度有机废水，其溶解氧极易被好氧或兼性厌氧微生物消耗，从而造成厌氧环境，有利于光合作用细菌产氢。产氢的同时也伴随着有机物的降解和光合作用细菌菌体的生成，废水可以得到净化。

Ueno 等利用制糖厂废水厌氧发酵产氢，以 5L 厌氧反应器连续运行 190d，控制条件为 60℃、pH6.8、HRT 从 0.5d 到 3d，分别获得的产氢速率为 198mmol/（L·d）和 34mmol/（L·d），产气中氢气的含量达到 64%，CO_2 含量 36%，有少量甲烷产生（0.13%）。现已广泛应用固定化细胞技术来产氢。已报道用琼脂、玻璃珠、卡拉胶、聚戊醇、聚氨基甲酸乙酯泡沫、藻酸钙等作载体或包埋剂来固定化光合作用细菌产氢。由于发酵产氢条件要求严格，体系复杂，影响因素多，目前大部分研究仍处于实验室阶段，实现发酵产氢的持续性和稳定性，还有相当大的困难，离实际应用还有一段距离。

四、发酵废弃物制取生物柴油

1. 生物柴油开发的意义

生物柴油指由动植物油脂与短链醇（甲醇或乙醇）进行酯交换反应所制备的脂肪酸单

酯。生物柴油是一种无毒、可生物分解、可再生的燃料。生物柴油具有十六烷值高、硫含量及芳香烃含量低，挥发性低和燃油分子中含氧原子等特点，燃烧生物柴油可减少CO、HC、干碳烟及颗粒排放。生物柴油的C来自大气而非化石燃料所含有的，生产生物柴油所需的能量非常少。用生物柴油发动机SO_2排放量低。生物柴油易生物分解，如果发生泄漏事故，对土壤、河流的污染比化石燃料小得多。

发达国家和发展中国家纷纷将生物柴油替代石油柴油列为国家能源可持续发展的重要组成部分，也是21世纪能源发展战略的基本选择之一。

2. 生物柴油的生产

生物柴油的生产方法有：①植物油酶法，即借助脂肪酶对废食用油进行酯交换反应，生产生物柴油；②利用甘蔗渣发酵生产生物柴油；③控制脂质累积水平使乙酰CoA羧化酶基因在微藻细胞中高效表达，通过培养微藻生产生物柴油。

（1）脂肪酶在生物柴油生产中的应用　在生物柴油的生产中，脂肪酶是适宜的生物催化剂，能够催化甘油三酯与短链脂肪醇发生酯化反应，生成生物柴油。用于催化合成生物柴油的脂肪酶主要是酵母脂肪酶、根霉脂肪酶、毛霉脂肪酶、猪胰脂肪酶等。近年来，研究者在不断地寻求性能优异的脂肪酶。Kakugawa等纯化了酵母 *Kurtzmanomyces* sp. 1-11产生的能合成糖脂的胞外脂肪酶。pH范围1.9～7.2，pH低于7.1时，该酶的活性很稳定，优先选择十八碳酰基。

在生物柴油生产中直接使用脂肪酶催化存在的问题有：①脂肪酶在有机溶剂中存在聚集作用，不易分散，催化效率较低；②脂肪酶对短链脂肪醇的转化率较低，且短链脂肪醇对酶有一定的毒性，使酶的使用寿命缩短；③脂肪酶的价格昂贵，生产成本较高，限制了在工业规模生产生物柴油中的应用。

（2）固定化脂肪酶在生物柴油生产中的应用　脂肪酶固定化技术在工业规模生产中极具吸引力，因其具有稳定性高，可重复使用，保留酶活性，并有获得超活性的可能，容易从产品中分离。酶的固定化方法有很多，其中吸附法制备简单且成本低，被认为是大规模固定化脂肪酶最适宜的方法。诺维信公司已经开发出固定化脂肪酶Novozym 435、Lipozyme IM等成品。Samukawa等研究了预处理固定化脂肪酶Novozym 435对生物柴油生产的影响。该酶在经过甲基油酸盐处理0.5h、豆油处理12h后，油脂醇解的速度明显加快。脂肪酶固定化技术的成功与否是酶法合成生物柴油得以工业化应用的关键。固定化脂肪酶在许多方面优于游离酶，但是已工业化应用的实例很少，主要问题之一就是廉价、易于活化和制备的固定化酶的载体很难得到。

（3）全细胞生物催化剂在生物柴油生产中的应用　以全细胞生物催化剂的形式来利用脂肪酶，无需酶的提取纯化，既杜绝了酶活性在此过程中的损失，又节省了设备投资和运行费用。截留在胞内的脂肪酶可看作被固定化。在全细胞生物催化剂的发展中，酵母细胞是有用的工具。Matsumoto等构建了能大量表达米根霉脂肪酶的酿酒酵母MT8-I菌株，其胞内脂肪酶的活性达到474.5U/L。预先冻融或风干的方法增强了渗透性的酵母细胞来催化大豆油合成脂肪酸甲酯，最后反应液中甲酯质量分数达到71%。不但产生胞内脂肪酶的细胞能用作全细胞生物催化剂，重组后的产胞外脂肪酶的细胞也可以。Matsumoto等构建了一个新的酵母细胞表面，作为FS蛋白或FL蛋白的细胞壁锚定区。含有一个来自米根霉的先导序列（rProROL）的重组脂肪酶蛋白能与FS蛋白或FL蛋白相融合，此融合蛋白在一个诱导启动子的控制下表达并分布在新构建的细胞表面。细胞表面的脂肪酶活性达 61.3U/g（细胞干重）。用这种细胞作为全细胞生物催化剂，能成功地催化从甘油三醇和甲醇生产脂肪酸甲酯，反应 72h，产率达到 78.3%。

3. 生物柴油的研究现状

海南正和生物能源公司开发的生物柴油已通过专家鉴定。该开发年产 10000t 生物柴油的生产工艺特点是：原料适应性强，可以利用榨油厂的油脚、黄连木等油料树木的果实以及城市餐饮废油为原料；采用自主开发的两段法工艺，提高了反应的效率，保证了产品质量；采用的环流喷射技术、真空分馏技术、固体酸催化剂是该公司在本领域的技术创新。所生产的产品已达到国外同类产品的技术水平。

生物柴油大规模生产的挑战性在于脂肪和油的来源有限，且原料成本占生物柴油成本的 60%～75%。已使用过的食用油为原料可大大降低成本，但油的质量较差。

五、发酵废弃物制取燃料酒精

近年来，燃料酒精作为石油能源的替代物，逐渐成为世界各国研究的热点。燃料酒精又称变性燃料乙醇。根据燃油中酒精含量的多少，燃料酒精的市场可分为替代燃料（添加高比例乙醇的汽油醇）和燃料添加剂两种。燃料酒精作添加剂可起到增氧和抗爆的作用，以替代有致癌作用的甲基叔丁基醚（MTBE）。就目前中国的汽油消耗量来分析，如全面推广使用汽油醇，所需的燃料酒精量可达 10 万 t。参照国外情况，如考虑在其他燃料油中添加燃料酒精，其需求总量可达 20 万 t，具有广阔的市场前景。用酒精作发动机燃料有许多优点，发动机无需或稍加改动即可燃用汽油醇，并且酒精各地均可生产，也不污染大气。通过对国产小轿车试验表明，汽车尾气中 CO、CH（碳氢化合物）排放量，平均分别下降了 30.8% 和 13.4%。

2001 年 4 月国家推广应用车用乙醇汽油生产试点项目，20 万 t 变性燃料乙醇项目，在南阳天冠集团公司正式投产。在长春一个用玉米为原料，年产 60 万 t 燃料乙醇工程已开工，这是我国目前最大的燃料乙醇生产基地，生产规模在世界范围内也位居前列。

第四节　发酵废弃物资源化与生态农业

任务

1. 有机肥的特点是什么？简述有机肥生产工艺。
2. 分组讨论，发酵废弃物除了生产有机肥外，还有其他更环境友好型的处理方式吗？

【案例】

近几年各种养殖环保政策纷至沓来，养猪人在治理粪污这一方面，已经不能再回避了。2009 年全国畜禽粪便产生量为 32.64 亿 t，为同期工业固体废弃物产生总量的 1.6 倍。2011 年全国鲜猪粪量约为 9.22 亿 t/年，粪便污水年排放量 60 多亿 t。1 头猪平均年产粪 2.5t，一个标准的万头规模猪场每年排放粪便 3 万 t，那么现在养猪场有哪几种常见粪尿排放模式，粪污又该如何处理呢？

【案例分析与讨论】

结合案例和学习资源，学习固体废弃物与生物有机肥、生态农业之间的相关知识。

一、发酵废弃物生产有机肥料

在农业发展史中，化肥的使用对农业生产的进步起到了巨大的作用。同时也产生了很大的副作用，不但影响了连续高产的稳定性，破坏了土壤结构，使肥效地力大为降低，而且破坏了农业生态平衡，使农产品质量大大降低，污染了环境，对人类的生存条件形成了不良影响。随着无公害食品、绿色食品和有机食品的迅速发展，利用有机废弃物生产生态有机肥料已成为发展方向。生态型肥料是根据土壤微生物生态学原理、植物营养生理学和土壤学及现代生态农业的基本概念而研制的。施用后可以解决因长期大量施化肥造成的土壤板结、环境污染、作物品质下降等问题。

1. 发酵废弃物生产生物有机肥

以发酵工业排放的废物为主要原料生产复合生物有机肥是突破传统的、产业化的、完全治理污染技术，有良好的经济、社会和环境效益。有机生态肥的生产工艺流程如图14-5所示。

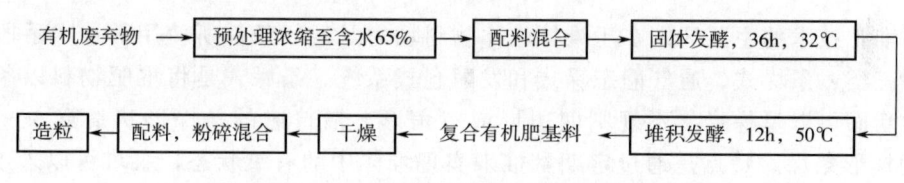

图 14-5 有机生态肥的生产工艺流程

采用有机废弃物为主要有机质营养来源，以褐土及农副产品为载体，选用工程菌前期进行好氧发酵，后期利用土壤中固有细菌、放线菌进行堆积厌氧发酵生产多菌基质，使前期发酵产生的部分菌体自溶，释放出包括某些促生长因子在内的生物有机质。再按照不同作物及用途加入适量的微量元素及P、K配制复合有机肥，使终产物达到较理想的营养配比。

产品性状：外观呈颗粒状，棕褐色，具特殊香味，有效营养成分（N+P+K+有机质）总和约35%，其中有机质约30%，每克含数亿有益活菌，并富含多种微量元素和促生长调节因子。

2. 发酵废菌渣生产生物有机肥

制药厂提取了目标物质后，剩下的发酵菌渣作为废弃物进行人工填埋，既浪费资源，又破坏环境，不符合循环经济"3R"原则［即减量化（Reduce）、再利用（Reuse）和再循环（Recycle）］的发展理念。江都市壮禾化工有限公司利用红霉素发酵菌渣研制开发生态肥产品，并在蔬菜、牧草和鲜食玉米等不同作物上推广应用，取得了良好的增产效果。发酵废菌渣生产生物有机肥工艺流程如图14-6所示。

3. 发酵废弃物堆肥

堆肥化是将要堆腐的有机物料与填充料按一定的比例混合，在合适的水分、通气条件

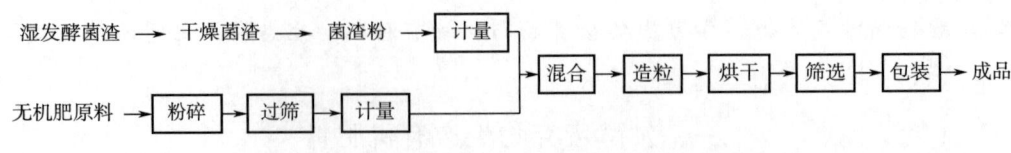

图 14-6　发酵废菌渣生产生物有机肥工艺流程

下，使微生物繁殖并降解有机质，从而产生高温，杀死其中的病原菌及杂草种子，使有机物达到稳定化。根据处理过程中有效微生物对氧的要求不同，把有机废弃物堆肥处理分为好氧堆肥和厌氧堆肥。好氧堆肥堆体温度一般在 50~65℃，故也称为高温堆肥。发酵废弃物堆肥的基本步骤如图 14-7 所示。

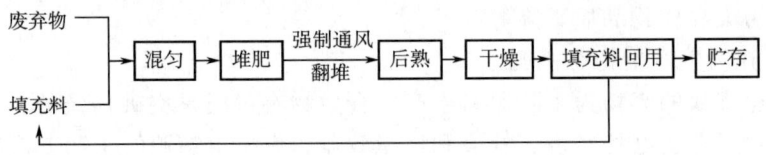

图 14-7　发酵废弃物堆肥的基本步骤

不同堆肥技术的主要区别在于维持堆体物料均匀及通气条件所使用的技术手段。堆肥系统分为三类：条垛式、通气静态垛式和发酵仓式系统。条垛式是将堆肥物料以条垛状堆置，垛的断面可以是梯形、不规则四边形或三角形，最普遍的条垛形状是宽 3~5m，高 2~3m 的梯形条垛。特点是通过定期翻堆来实现堆体中的有氧状态，翻堆可以采用人工方式或特有的机械设备。条垛式堆肥应堆在沥青、水泥或者其他坚固的地面上，可便于操作和维持堆体形状，并防止渗漏。相对于条垛式系统，能更有效地确保达到高温、提供进行病原菌灭活的堆肥系统称为 Beltsiville（BARC）通气快速堆肥法。通气静态垛式系统就是根据 BARC 法发展起来的。通气静态垛式与条垛式系统的不同之处是堆肥过程中不进行物料的翻堆，而是通过鼓风机通风使堆体保持好氧状态。在静态垛式堆肥中，通气系统包括一系列管路，这些管路位于堆体下部，与鼓风机连接。在这些管路上铺一层木屑或者其他填充料，可以使通气达到均匀，然后在这层填充料上堆放堆肥物料构成堆体，在最外层覆盖上过筛或未过筛的堆肥产品进行隔热保温。发酵仓式系统是使物料在部分或全部封闭的容器内，控制通气和水分条件，使物料进行生物降解和转化。该系统是在一个或几个容器内进行，用机械设备对物料进行连续的混匀，通过通气设备进行连续的通气，能实现机械化和自动化。

二、沼气发酵在生态农业中的应用

全生态农业系统中，植物将太阳能转化为植物能后，通过食物链在各生物间进行能量转换，能量在流动过程中损耗率极大。损失主要表现为生物呼吸消耗热能和废弃有机物中所含没有利用或没有充分合理利用的能量。对废弃有机物中含有的能量，可以通过沼气发酵来吸收利用。

1. 沼气在农业生态系统中的作用

开发沼气是我国利用生物资源的一种重要方式，沼气的利用在我国农村已有几十年历史,从初始阶段的点灯、做饭扩展到用于发电、烧电炉、加热、干燥、烘烤、暖房、孵化、养蚕等生产领域,沼气是一种适应我国国情、具有强大生命力的新能源。沼气中约含35%二氧化碳,沼气中甲烷燃烧也产生二氧化碳,因此利用沼气制得二氧化碳含量高的气肥送入栽种黄瓜的塑料大棚内,使棚内二氧化碳浓度达1100~1300mg/L,并控制温度、湿度,可使黄瓜增产28.4%。利用沼气还可使产品保鲜,例如用沼气保鲜山楂,几乎不影响山楂的品质,而且保鲜效果好于土窖和冷库。

2. 沼液和沼渣在农业生态系统中的作用

(1) 沼气发酵渣制优质肥料 一个$10m^3$的沼气池,一年提供的沼气肥,相当于50kg硫酸铵、40kg过磷酸钙和15kg氯化钾。沼气发酵残留物可作为肥料直接施用于农田耕地。试验表明沼气肥能使所有的粮食作物经济作物和果树增产,其增产幅度一般为5%~10%,甚至更高。用沼液浸种后,能够促使种子萌芽、提高种子发芽率和成秧率,促进种子生理代谢,增强秧苗抗寒、抗病能力。

(2) 沼液有防治病虫害效果 试验表明,沼液是有效又洁净的"杀虫剂"。喷施沼液对果树红黄蜘蛛的杀灭率为95%,矢尖蚧的杀灭率为92%,蚜虫的杀灭率为93%,清虫的杀灭率为99%以上。沼液在厌氧环境下,发酵物质的氧化还原电位较低,还原性物质较多,与害虫接触后,有生理夺氧和去脂的作用。

(3) 沼渣种菇 用沼渣代替牛马粪,配一定数量的秸秆等,堆置十余天,是很好的栽菇养料。这种养料发菇快,菇质好,杂菌少,蘑菇产量比传统粪便与秸秆堆渣培养基增产10%,增加收入20%~30%;栽培灵芝,能使成本降低33%,而且产量高。

(4) 沼渣养鱼 沼液富含矿质养分,下塘后促进各种浮游生物,特别是各种绿藻大量繁殖,而藻类是鱼的好饵料,它具有光合作用能力,能利用水中矿质养分、二氧化碳等生成有机物并释放氧气,增加塘水中的溶氧量,并促进塘水中的有机物进一步分解。

(5) 沼液作饲料 沼气发酵残留物中含有丰富的氨基酸、B族维生素、各种抗生素及某些植物激素等生物活性物质。用作饲料添加剂,能够使所饲养的猪、鸡、兔、牛、鱼等动物的抗病能力增强,饲料价格提高,总收益增加。沼液喂猪,日增重可提高15%,提前20~30d出栏,料肉比降低26.4%,每头猪平均可节省成本40元左右。沼液养龟,能增产6%~12%。

综上所述,沼气发酵系统生产的沼气、沼液、沼渣,在整个生态农业中对农村经济繁荣起着巨大的推动作用,无论在种养殖业还是副业中,都能够带来显著的经济效益。此外,沼气发酵系统还能够改善农村环境卫生。

三、发酵废弃物资源化发展趋势

1. 规模化和商品化

有机废弃物处理和利用生态工程将由分散、小型向集中、大型工厂化、机械化和自动化方向发展,由废弃物转化的商品肥料、饲料和能源会越来越多。

2. 多元化与多级化

运用生态工程进行有机废弃物处理及利用的途径和方法增多,通过巧妙连接食物链或增加加工环节,将某营养级的废弃物或排泄物作其他营养级的食物而加工转化利用,提高资源利用率。

3. 高效化和洁净化

现代高新技术广泛应用，提高了有机废弃物的利用率和产品质量，资源化将与城镇生态环境综合整治和生态农业建设更密切结合，实现洁净安全生产，防止重复污染。

4. 规范化与法制化

有机废弃物工程技术、配套设备及工艺流程将进一步规范化，有关废弃物开发利用及污染防治法律法规需进一步完善。

思考题

1. 举例说明利用发酵废弃物生产 SCP 的微生物菌种和工艺技术。
2. 说明纤维素和半纤维素原料预处理的方法、酸或酶水解的工艺、酒精发酵的菌种和直接发酵法、两段发酵法、同时糖化发酵法和固定化细胞发酵法制备燃料酒精的工艺技术。
3. 何为生物能源？说明利用发酵废弃物制取沼气、氢能、生物柴油和燃料酒精的意义、机理、微生物菌种和工艺技术。
4. 举例说明发酵废弃物资源化和生态农业的关系和发展趋势。
5. 假如某学院年产发酵型白酒 10t，同时产生酒糟 10t。分析酒糟营养成分，并讨论酒糟的用途。

参 考 文 献

[1] 李艳. 发酵工程原理与技术 [M]. 北京：高等教育出版社. 2019.
[2] 蒋新龙. 发酵工程 [M]. 杭州：浙江大学出版社. 2013.
[3] 刘冬. 发酵工程 [M]. 北京：高等教育出版社. 2015.
[4] 李玉英. 发酵工程 [M]. 北京：中国农业大学出版社. 2009.
[5] 杨立. 现代工业发酵工程 [M]. 北京：化学工业出版社. 2020.

第十五章 废液的处理

近年来，随着现代发酵工程技术的进步，生物发酵行业得到了长足发展。然而，发酵工业也像其他工业一样，对环境的污染也日益严重，所以发酵废液的处理问题已成为发酵工业发展中的重大问题，已引起各方面的重视。

废液的处理

发酵或微生物工业涉及酒精、酿酒（啤酒、白酒、黄酒、葡萄酒、果酒）、酱油、酵母、氨基酸、抗生素、有机酸等，范围极广，而且要用废糖蜜、甘薯、淀粉、谷类、葡萄糖、纸浆废液、醋酸、石蜡等许多种类的原料，又因发酵的种类与精制（抽出）工程的差别，废液也有许多种类。这类废液中有机物含量高，化学需氧量（Chemical Oxygen Demand，COD）、生化需氧量（Biochemical Oxygen Demand，BOD）和水质中的悬浮物（Suspended Substance，SS）高，色度也高，但一般不含重金属、氰等严重影响人体健康的有毒物质。

本章重点介绍了各种活性污泥法和生物膜法等发酵工业废水的好氧生物处理方法和工艺技术，以及各种发酵工业废水的厌氧生物处理方法和反应器的工作原理和特征。

第一节 发酵工业废水好氧生物处理

任务

1. 请分析食品公司以及其他发酵行业产生废水的特点。
2. 掌握污水好氧处理的具体方法、特点以及流程。

【案例】

河南某食品公司加工时令新鲜蔬菜，产品销往海外多国。在其加工过程中，新鲜蔬菜会经过冲洗—漂烫—加工—冷冻包装—成品等工序。其中冲洗蔬菜以及漂烫过程中会产生大量的污水，现因生产规模扩大，原有污水处理设施已远远不能达到污水处理要求。公司领导又有很强的环保意识及环境理念，对环境保护十分重视，为保护环境、减少污染，决定在厂区建设废水处理站一座（处理量为 $40m^3/d$），对厂区的生产车间废水进行处理，实现达标排放。

【案例分析与讨论】

结合案例与学习资源，学习发酵工业废水好氧生物处理技术，最后以具体实例进行分析，巩固相关知识点。

一、发酵工业废水排放标准

发酵工业所涉及的范围很广，包括酒类、酒精、氨基酸、有机酸、酵母、酶制剂、酱油、淀粉和淀粉糖、抗生素和生理活性物质等。发酵工业废弃物包括菌体或菌丝体、原料残渣和高浓度有机废水。目前，发酵工业的高浓度有机废水排放量居造纸业之后，位居第二位，对水环境危害相当大。国家对于发酵工业的污水综合排放标准是参照 GB 8978—1996《污水综合排放标准》执行的，表 15-1 和表 15-2 分别给出了 1997 年 12 月 31 日之前、1998 年 1 月 1 日之后建设项目的发酵工业水污染物排放标准值。

发酵工业是 COD 排放大户，制定发酵工业水污染物排放标准，可有效控制发酵工业的污染、有利于促进发酵工业的技术进步，推行清洁生产技术，提高污染控制水平，便于环保部门及行业主管部门的环境保护管理。目前针对发酵工业废水特点的行业性废水排放标准正在制定中。发酵工业中的柠檬酸和味精行业污染最严重，是我国要严格控制的重点污染行业。基于此，国家环境保护总局和国家质量监督检验检疫局单独制定了 GB 19430—2004《柠檬酸工业污染物排放标准》和 GB 19431—2004《味精工业污染物排放标准》，分别适用于生产柠檬酸和味精两种产品的企业生产废水的排放管理。这两项标准已于 2004 年 4 月 1 日正式实施，分别代替 GB 8978—1996《污水综合排放标准》中柠檬酸和味精工业水污染物排放标准部分。

表 15-1　　发酵工业水污染物排放标准值
（1997 年 12 月 31 日之前建设的项目）

污染物项目	生化需氧量 (BOD_5) / (mg/L)		化学需氧量 (COD) / (mg/L)			氨氮 / (mg/L)	悬浮物 (SS) / (mg/L)		最高允许排水量 / (m^3/t 产品)				pH
	甜菜制糖、酒精	其他	甜菜制糖	酒精	其他		甘蔗制糖	其他	甘蔗制糖	甜菜制糖	酒精	啤酒	
一级标准	30	30	100	100	100	15	30	0	10	4	80～150	16	6～9
二级标准	150	60	200	300	150	25	100	200	—	—	—	—	6～9
三级标准	600	300	1000	1000	500	—	600	400	—	—	—	—	6～9

注：酒精行业最高允许排水量为：80 m^3/t 酒精（以糖蜜为原料）；100 m^3/t 酒精（以薯类为原料）；150 m^3/t 酒精（以玉米为原料）。

表 15-2　　发酵工业水污染物排放标准值
［1998 年 1 月 1 日之后建设（包括改、扩建）的项目］

污染物项目	生化需氧量 (BOD_5) / (mg/L)		化学需氧量 (COD) / (mg/L)			氨氮 / (mg/L)	悬浮物 (SS) / (mg/L)		最高允许排水量 / (m^3/t 产品)				pH
	甜菜制糖、酒精	其他	甜菜制糖	酒精	其他		甘蔗制糖	其他	甘蔗制糖	甜菜制糖	酒精	啤酒	
一级标准	20	20	100	100	100	15	20	70	10	4	70～100	16	6～9
二级标准	100	30	200	300	150	25	60	150	—	—	—	—	6～9
三级标准	600	300	1000	1000	500	—	600	400	—	—	—	—	6～9

注：酒精行业最高允许排水量为：70 m^3/t 酒精（以糖蜜为原料）；80 m^3/t 酒精（以薯类为原料）；100 m^3/t 酒精（以玉米为原料）。

GB 19430—2004《柠檬酸工业污染物排放标准》为：2003 年 12 月 31 日之前建设的柠檬酸企业，从 2004 年 4 月 1 日起，其水污染物的排放标准值按表 15-3 的规定执行；从 2006 年 1 月 1 日起，其水污染物的排放按表 15-4 的规定执行。2004 年 1 月 1 日起建设（包括改、扩建）的柠檬酸企业，从 2004 年 4 月 1 日起，柠檬酸工业水污染物的排放标准值按表 15-4 的规定执行。

表 15-3　　柠檬酸工业水污染物排放标准值
（2003 年 12 月 31 日之前建设的项目）

污染物 项目	五日生化需氧量（BOD$_5$）		化学需氧量（COD）		氨态氮（NH$_3$-N）		悬浮物（SS）		排水量	pH
	kg/t 产品	mg/L	kg/t 产品	mg/L	kg/t 产品	mg/L	kg/t 产品	mg/L	m^3/t 产品	
标准值	10	100	30	300	1.5	15	10	100	100	6～9

表 15-4　　柠檬酸工业水污染物排放标准值
［2004 年 1 月 1 日之后建设（包括改、扩建）的项目］

污染物 项目	五日生化需氧量（BOD$_5$）		化学需氧量（COD）		氨态氮（NH$_3$-N）		悬浮物（SS）		排水量	pH
	kg/t 产品	mg/L	kg/t 产品	mg/L	kg/t 产品	mg/L	kg/t 产品	mg/L	m^3/t 产品	
标准值	6.4	80	12	150	1.2	15	6.4	80	80	6～9

GB 19431—2004《味精工业污染物排放标准》为：2003 年 12 月 31 日之前建设的味精生产企业，从 2004 年 4 月 1 日起，其水污染物的排放标准值按表 15-5 的规定执行；从 2007 年 1 月 1 日起，其水污染物的排放标准值按表 15-6 的规定执行。2004 年 1 月 1 日起建设（包括改、扩建）的项目，从 2004 年 4 月 1 日起，味精工业水污染物的排放标准值按表 15-6 的规定执行。

表 15-5　　味精工业水污染物排放标准值
（2003 年 12 月 31 日之前建设的项目）

污染物 项目	五日生化需氧量（BOD$_5$）		化学需氧量（COD）		氨态氮（NH$_3$-N）		悬浮物（SS）		排水量	pH
	kg/t 产品	mg/L	kg/t 产品	mg/L	kg/t 产品	mg/L	kg/t 产品	mg/L	m^3/t 产品	
标准值	25	100	75	300	37.5	150	17.5	70	250	6～9

表 15-6　　味精工业水污染物排放标准值
［2004 年 1 月 1 日之后建设（包括改、扩建）的项目］

污染物 项目	五日生化需氧量（BOD$_5$）		化学需氧量（COD）		氨态氮（NH$_3$-N）		悬浮物（SS）		排水量	pH
	kg/t 产品	mg/L	kg/t 产品	mg/L	kg/t 产品	mg/L	kg/t 产品	mg/L	m^3/t 产品	
标准值	12	80	30	200	15	100	7.5	50	150	6～9

二、活性污泥法

1. 活性污泥法的工作原理与特征

活性污泥法是利用悬浮生长的微生物絮体处理有机废水的一类好氧生物处理方法。这种生物絮体称为：活性污泥，它是由好氧性微生物（包括细菌、真菌）、原生动物及其代谢和吸附的有机物、无机物组成，具有降解废水中有机污染物（也有些可部分利用无机物）的能力，显示生物化学活性。

活性污泥法工艺流程如图 15-1 所示。

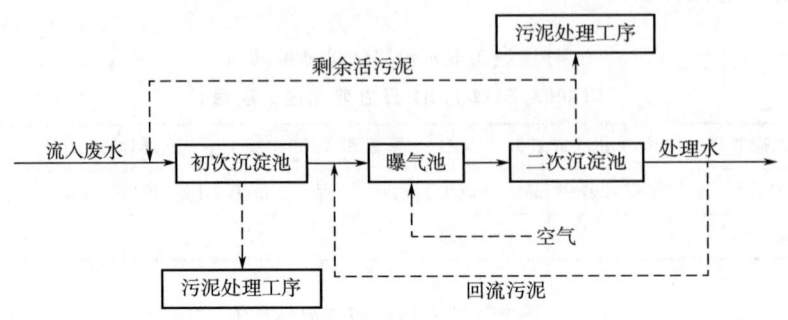

图 15-1　活性污泥法工艺流程

由曝气池、二次沉淀池、曝气系统以及污泥回流系统等组成。活性污泥处理系统有效运行的基本条件是：

（1）废水中含有足够的可溶性易降解有机物，作为微生物生理活动所必需的营养物质。

（2）混合液含有足够的溶解氧。

（3）活性污泥在池内呈悬浮状态，能够充分地与废水相接触。

（4）活性污泥连续回流、及时地排出剩余污泥，使混合液保持一定浓度的活性污泥。

（5）没有对微生物有毒害作用的物质进入。

活性污泥法的运行方式有：传统活性污泥法、完全混合活性污泥法、阶段曝气活性污泥法、吸附-再生活性污泥法、延时曝气活性污泥法、高负荷活性污泥法以及纯氧曝气活性污泥法等。

2. 序批式活性污泥法的工作原理与特征

（1）序批式活性污泥法　序批式活性污泥法（Sequencing Batch Reactor，SBR）是间歇运行的污水生物处理工艺。SBR 工艺的完整操作过程包括五个阶段：进水期（或称充水期）、反应期、沉淀期、排水排泥期和闲置期。其工艺流程如图 15-2 所示。

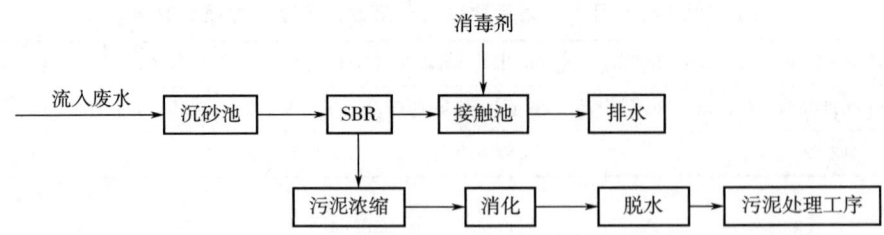

图 15-2　序批式活性污泥法工艺流程

SBR 工艺的特征是：

①SBR系统能缓和由进水水质、水量波动对系统运行带来的不稳定性。

②反应过程基质浓度梯度大，反应推动力大，处理效率高。

③耐有机负荷和有毒物负荷冲击能力强，运行方式灵活，静止沉淀，出水水质好。

④SBR系统的运行经历缺氧和好氧阶段，微生物可通过多种途径进行代谢，通过不同的质子受体以摄取能量，使有机质的降解更完全。

⑤能够实现氨的部分硝化或完全硝化。

⑥只要控制对系统的供氧，就能满足生物脱氮、除磷的要求。特别是其独特的贮存性反硝化作用，使反硝化与硝化作用几乎同时发生，提高了脱氮效率。

⑦SBR系统中存在的浓度梯度抑制了丝状菌的生长，在一般情况下，不产生污泥膨胀现象，污泥的沉降性能和脱水性能良好。较低的污泥产率使SBR法更具吸引力。

⑧工艺简单，不设二次沉淀池，调节池容积小或可不设调节池，无污泥回流。

⑨易于维护管理，如果运行管理得当，处理水水质优于连续式。

⑩投资省，占地少，运行费用低。

(2) 间歇式循环延时曝气活性污泥系统　间歇式循环延时曝气活性污泥系统（Intermittent Cycle Extended Aeration System，ICEAS），是20世纪80年代初在澳大利亚发展起来的变形SBR。最大特点是增加了预反应区，且连续进水（沉淀期和排水期仍保持进水），间歇排水，无明显的反应阶段和休闲阶段。

我国最早采用此工艺的是上海市中药制药三厂，对该工艺处理效果的监测表明，BOD_5去除率可达99.1%～99.4%，COD去除率可达95.9%～97.0%，氨氮去除率可达75.1%～78.4%（未按脱氮除磷方式运行）。

(3) 循环式活性污泥系统　循环式活性污泥系统（Cyclic Activated Sludge System，CASS）是Goronszy教授在ICEAS的基础上开发出来的。整个工艺在间歇式反应器内进行交替的"曝气—不曝气"过程的不断重复，将生物反应过程及泥水的分离过程结合在一个池中完成。CASS的运行过程包括充水—曝气、充水—泥水分离、上清池清除和无水—闲置等四个阶段并组成其运行的一个周期。通行的CASS分为三个反应区：一区为生物选择器，二区为缺氧区，三区为好氧区，各区容积之比为1:5:30。

CASS工艺具有下述特征：

①根据生物选择原理，利用与主反应区分建或合建，位于系统前端的生物选择器对磷的释放、反硝化作用及对进水中有机底物的快速吸附及吸收作用，增强了系统运行的稳定性。

②可变容积的运行提高了系统对水量、水质变化的适应性和操作的灵活性。

③根据生物反应动力学原理，采用多池串联运行，使废水在反应器的流动呈现出整体推流而在不同区域内为完全混合的复杂流态，不仅保证了稳定的处理效果，而且提高了容积利用率。

④通过对生物速率的控制，使反应器以"厌氧—缺氧—好氧—缺氧—厌氧"的序批方式运行，使其具有优良的脱氮除磷效果，降低了运转费用。

3. 氧化沟的工作原理与特征

氧化沟（Oxidation Ditch，OD）也称氧化渠，或循环曝气池。第一座氧化沟是1954年由Pasveer博士设计并投入运行的。该工艺的曝气池呈封闭的沟渠形，污水和活性污泥混合液在其中循环流动。氧化沟废水处理流程如图15-3所示。

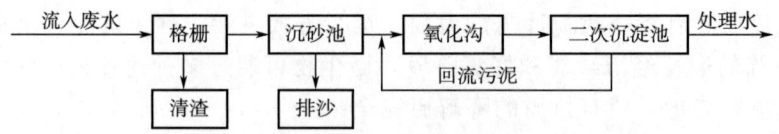

图15-3 氧化沟废水处理流程

氧化沟工艺特征为：

(1) 氧化沟池体狭长，可达数十米，甚至达百米以上；池深度较浅，一般在2m左右。

(2) 曝气装置多采用表面曝气器，纵轴、横轴曝气器都可用。进水装置和出水装置构造简单。

(3) 在流态上，对氧化沟可按完全混合-推流式考虑，从水流动来看是推流式，但是由于流速快，可达0.4～0.5m/s，进入沟内的原废水很快就和沟内混合液相混合，这样氧化沟又是完全混合式。

(4) BOD_5 负荷低，类似活性污泥的延时曝气法，处理水质良好。

(5) 对水温、水质和水量的变动有较强的适应性。

(6) 污泥产率低，排泥量少，排出的剩余污泥已得到高度稳定，所以氧化沟不设初次沉淀池，污泥也不需要进行厌氧消化，可直接浓缩。

(7) 污泥龄（生物细胞平均停留时间）长，达15～30d，为传统活性污泥系统的3～6倍。在反应器内能够存活增殖世代时间长的如硝化细菌一类的细菌，在沟内可能产生硝化反应和反硝化反应，因此氧化沟具有脱氮的功能。

(8) 不设二次沉淀池，更加简化了工艺。将氧化沟和二次沉淀池合建的一体式氧化沟，以及近年来发展的交替工作的氧化沟，可不用二次沉淀池，从而使处理流程更为简化。

4. 吸附生物降解法的工作原理与特征

吸附生物降解工艺（Adsorption Biodegradation，AB）德国亚琛工业大学于20世纪70年代中期开创的。属超高负荷活性污泥法。AB法工艺流程如图15-4所示。

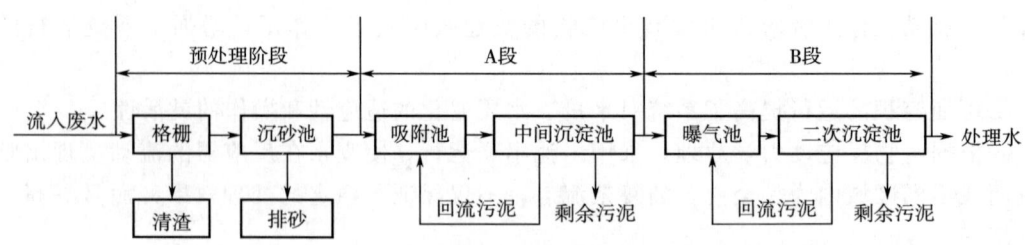

图15-4 AB法工艺流程

AB法的特征如下：

(1) A段污泥负荷很高，可达2～6kg BOD_5/（kg MLSS·d），为常规法的10～20倍，泥龄短（0.3～0.5d），水力停留时间约为30min，B段污泥负荷较低［0.15～0.30kg

BOD$_5$/（kg MLSS·d）〕，停留时间为 2～3h，泥龄 15～20d，溶解氧含量为 1～2mg/L。

（2）A 段和 B 段的微生物群体特性明显不同，并通过互不相关的两套回流系统严格分开。A 段的活性污泥全部是细菌（大肠杆菌属），其世代很短，繁殖速度很快，繁殖时间为 20min，相当于每天 72 个世代。B 段的微生物主要为菌胶团、原生动物和后生动物。

（3）未设初次沉淀池，由吸附池和中间沉淀池组成的 A 段为一级处理系统。A 段可以根据污水组分的不同实行好氧或缺氧运行。

（4）B 段由曝气池和二次沉淀池组成。

三、生物膜法

1. 生物膜法的工作原理与特征

生物膜法又称固定膜法，它是土壤自净过程的人工化和强化，主要用于去除废水中溶解的和胶体的有机污染物。采用这种方法的构筑物有生物滤池、生物转盘、生物接触氧化池和生物流化床等。

2. 生物滤池的工作原理与特征

生物滤池可分为普通生物滤池（又称滴滤池或低负荷生物滤池）、高负荷生物滤池、塔式生物滤池及活性生物滤池（ABF）等几种形式。

生物滤池的工作原理为：在滤池内设置固定的滤料，当废水自上而下滤过时，由于废水不断与滤料相接触，因此微生物就在滤料表面繁殖，逐渐形成生物膜。生物膜是由多种微生物组成的一个生态系统，从废水中吸取有机污染物作为营养源，在代谢过程中获得能量，并形成新的微生物机体。当生物膜形成并达到一定厚度时，氧就无法透入生物膜内层，造成内层的厌氧状态，使生物膜的附着力减弱。此时，在水流的冲刷下，生物膜开始脱落。随后在滤料上又会生长新的生物膜，如此循环往复。废水流经生物膜后，得以净化。

生物滤池系统的基本流程如图 15-5 所示。

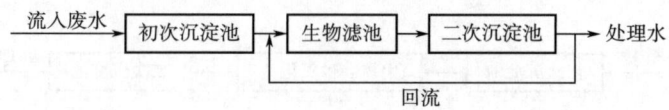

图 15-5 生物滤池系统的基本流程

废水先进入初次沉淀池，在去除可沉性悬浮固体后，再进入生物滤池。经生物滤池净化的废水连同滤池上脱落的生物膜流入二次沉淀池，再经过固液分离，排出净化后的废水。

生物滤池工艺具有下述特征：

（1）构造简单，容易操作。

（2）抗有毒废水冲击负荷强。这是由于废水在反应器内的停留时间较短，或由于只有表面的微生物可能被杀死。这样，一些死的有机体通过脱落被去除，又露出一层未被有毒物质伤害的有机体。如果有毒物质冲击负荷持续时间长或一种有毒物质被吸附在生物膜上，则生物滤池仍会受到严重影响。

（3）若增加处理废水的浓度或流量，出水水质将随之恶化。同样，假如温度下降，基质去除速率也下降，出水的水质将恶化。

（4）生物滤池周围地区卫生比较恶劣。在夏天，石滤料可能成为飞蝇的繁殖场所。

3. 生物转盘法的工作原理与特征

生物转盘法是在生物滤池的基础上发展起来的，也是合理利用自然界中微生物群新陈代谢的生理功能对有机废水净化的生物处理法，其原理与生物滤池相类似。生物转盘法是废水处于半静止状态，微生物生长在转盘的盘面上，转盘在废水中不断缓慢地转动，使其互相接触。生物转盘法具有下述特征：

（1）节能，运行的动力费用为活性污泥法的 $1/2 \sim 1/3$。

（2）生物量多，净化率高，适应性强。

（3）生物相分级，这对微生物的生长繁殖和有机物的降解非常有利。

（4）由于存在着高浓度的生物量，F/M 值较低使其运行效率高并具有较强的抗冲击负荷的能力。

（5）生物膜微生物的食物链长，污泥产量少，为活性污泥法的 1/2，且易于沉淀。

（6）维护管理简单，功能稳定可靠，没有噪声，不产生滤池蝇，正确的设计不会产生恶臭与发泡。

（7）转盘顶上需要有覆盖，以防暴雨时冲刷生物膜，寒冷地区宜建在室内。一般所需的场地面积比活性污泥法大，建设投资也高于活性污泥法。

（8）生物转盘还可与初次沉淀池、曝气池和二次沉淀池合建，使一池多用，提高处理水水质。

缺点是缺乏备用能力和难于调整运行。

4. 生物接触氧化法的工作原理与特征

生物接触氧化法是一种介于活性污泥法与生物滤池之间的生物膜法工艺。兼有活性污泥法与生物滤池两者的特点，又被称为淹没式生物滤池。生物接触氧化法中微生物所需的氧通过人工曝气供给。生物接触氧化法的基本流程如图 15-6 所示。

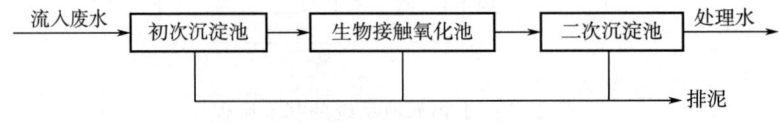

图 15-6　生物接触氧化法的基本流程

生物接触氧化法具有下述特征：

（1）填料的比表面积大，池内的充氧条件良好，生物接触氧化池内单位容积的生物固体高于活性污泥法曝气池及生物滤池，因此，生物接触氧化池具有较高的容积负荷。

（2）由于相当一部分微生物附着生长在填料表面，生物接触氧化法不需要设污泥回流系统，运行管理简便。

（3）活性污泥法中容易产生膨胀的菌种（如丝状菌），在接触氧化法中不仅不产生膨胀，而且能充分发挥其分解、氧化能力高的优点。

（4）由于生物接触氧化池内生物固体量多，水流属完全混合型，因此生物接触氧化池对水质水量的骤变有较强的适应能力。

(5) 由于存在着高浓度的生物量,当有机容积负荷较高时,其 F/M 值可以保持在一定水平,因此污泥产量可相当于或低于活性污泥法。

(6) 生物接触氧化法的体积负荷高,同样大小体积的设备,处理时间短,节约占地面积,处理能力提高几倍。

生物接触氧化法的缺点有:

(1) 填料上生物膜的数量视 BOD 负荷而异。BOD 负荷高,则生物膜数量多,反之亦然。因此不能借助于运转条件的变化任意调节生物量和装置的效能。

(2) 当采用蜂窝填料时,如果负荷过高,则生物膜较厚,易于堵塞填料。所以,必须要有负荷界限和必要的防堵塞冲洗措施。

(3) 大量产生后生动物(如轮虫类等),若生物膜瞬时大块脱落,则易影响出水水质。

5. 生物流化床的工作原理与特征

生物流化床是 20 世纪 70 年代开发的新型生物膜法废水处理构筑物。特点是采用相对密度小于 1 的细小惰性颗粒,如砂、焦炭、陶粒、活性炭等为载体,微生物生长于载体表面形成生物膜,废水(先经充氧或在床内充氧)自下向上流动,使载体处于流化状态。其上附着的生物膜可与废水充分接触。生物流化床是一种高效的生物处理构筑物。

生物流化床工艺具有下述特征:

(1) 生物流化床中的小粒径载体提供了微生物附栖生长的巨大比表面积,使反应器内能维持高微生物浓度(可达 40~50g/L),因而提高了反应器的容积负荷[BOD 负荷可达 3~6kg/($m^3 \cdot d$) 或更高]。

(2) 流态化的操作方式创造了反应器内良好的传质条件,无论是氧还是基质的传递速率均明显提高。对于食品、酿造这类可生化性较好的工业废水,生化反应的速率较快,因此生物流化床在传质上的优势更能明显体现。

(3) 较高的生物量和良好的传质条件使生物流化床可以在维持处理效果的同时减小反应器容积,节省投资,且占地面积小。

(4) 与活性污泥法相比,生物流化床具有较强的抵抗冲击负荷的能力,不存在污泥膨胀问题。

(5) 生物流化床反应器中为了阻止载体流失,一般在反应器顶设置沉淀区,在沉淀的同时可将脱落的生物膜分离出来。在负荷不高、对出水悬浮物浓度无特殊要求时可以省去二次沉淀池,剩余污泥通过脱膜设备排出系统,这就简化了流程。

四、发酵工业废水处理实例

1. 活性污泥法在发酵工业废水处理中的应用

(1) 活性污泥法处理白酒工业废水　山西杏花村汾酒厂的废水经清污分流后,污水采用活性污泥处理工艺,穿孔管曝气,配水方式灵活,可采用延时曝气、普通曝气和阶段曝气三种方式运转。工程设计能力 2000m^3/d,活性污泥法处理白酒工业废水工艺流程如图 15-7 所示,活性污泥法处理白酒工业废水的运行效果见表 15-7。

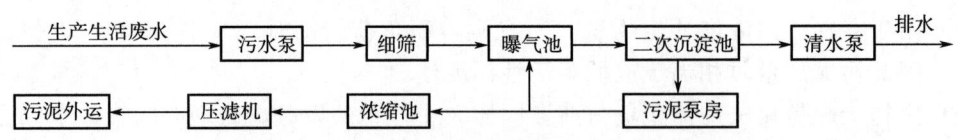

图 15-7 活性污泥法处理白酒工业废水工艺流程

表 15-7　　　　　　　　　活性污泥法处理白酒工业废水的运行效果

水质指标	设计依据			实际运行效果		
	进水	出水	去除率/%	进水	出水	去除率/%
COD/（mg/L）	8.5	<1	88.5	2	0.2	90
BOD_5/（mg/L）	700	<150	79	360	34	90.6
SS/（mg/L）	400	<60	85	208	16	92.3
硫化物/（mg/L）	213	<65	60	230	21	90.0
pH	6～9	7	—	6.8	7.5	—

（2）序批式活性污泥法在发酵工业废水处理中的应用

①SBR法处理白酒工业废水：长沙市酒厂采用SBR法处理生产废水工艺流程如图15-8所示。

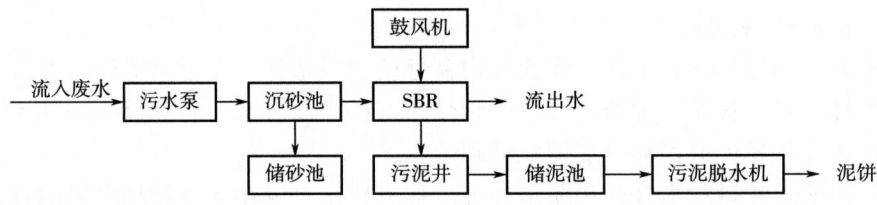

图 15-8　SBR法处理生产废水工艺流程

4个SBR池，平均流量是一个周期8.0h，进水2.0h，气4.0h（非限制性曝气），沉淀0.5h，排水及闲置1.5h。SBR反应池设计流量$Q=30m^3/h$，BOD_5负荷为0.3kg/（kg MLSS·d），设计污泥容积指数SVI＝140mL/g。SBR法处理白酒废水的运行效果见表15-8。

表 15-8　　　　　　　　　SBR法处理白酒废水的运行效果

水质指标	进水	出水	去除率/%
COD/（mg/L）	1200	100	91.7
BOD_5/（mg/L）	650	30	95.4
SS/（mg/L）	360	70	80.6

②CASS法处理啤酒工业废水：安徽某啤酒厂采用CASS法处理废水的工艺流程如图

15-9 所示。

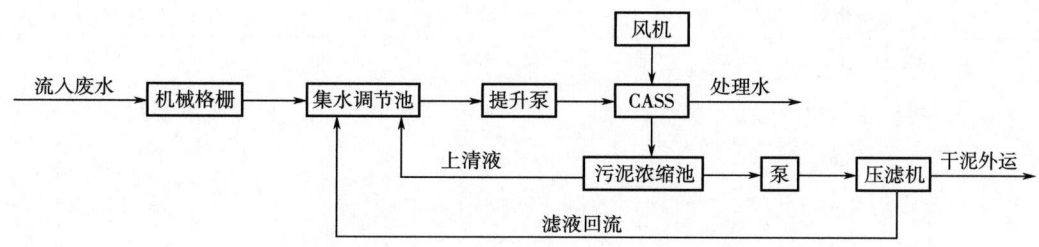

图 15-9　CASS 法处理废水的工艺流程

将污水泵入 CASS 池，废水直接提升到 CASS 的选择区与回流污泥混合，该以内回流污泥中的微生物菌胶团大量吸附废水中的有机物，能迅速降低废水中的有机物浓度，并防止污泥膨胀。预反应区限制曝气控制溶解氧在 0.5mg/L，使反硝化过程顺利进行。主反应区完成有机物的降解和氨氮的硝化。反应池污泥回流比一般为 30%～50%。工艺曝气采用鼓风曝气，曝气器选用可变微孔曝气器，工程能力 3500m³/d，CASS 法处理啤酒废水的设计运行效果见表 15-9。

表 15-9　CASS 法处理啤酒废水的设计运行效果

水质指标	进水	出水
COD/（mg/L）	800～1500	≤150
BOD_5/（mg/L）	400～800	≤60
SS/（mg/L）	300～600	≤200

（3）氧化沟法在发酵工业废水处理中的应用　古井贡酒股份有限公司采用氧化沟法处理废水的工艺流程如图 15-10 所示。

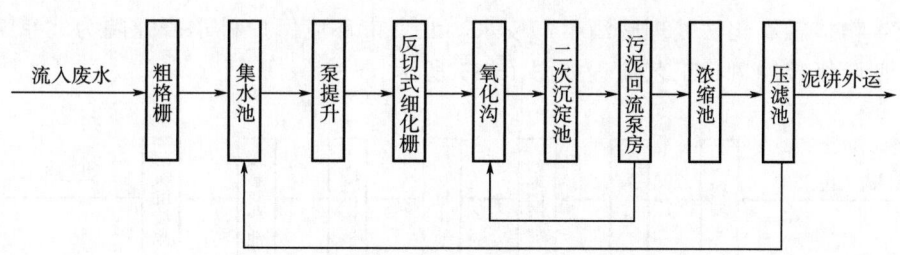

图 15-10　氧化沟法处理废水的工艺流程

该厂污水属高糖低氮低磷易降解有机污水。选以氧化沟为主的二级生化处理工艺，工程设计能力为 8000m³/d，水温为 20～30℃，氧化沟法处理白酒废水的运行效果见表 15-10。

表 15-10　　　　　　　　　氧化沟法处理白酒废水的运行效果

水质指标	进水	出水
COD/（mg/L）	800	150
BOD_5/（mg/L）	400	60
SS/（mg/L）	300	150
总氮/（mg/L）	3～4	—
总磷/（mg/L）	2～3	—
pH	7.8～8.5	6～9

2. 生物膜法在发酵工业废水处理中的应用

（1）生物膜法处理啤酒生产废水　杭州啤酒厂、青岛啤酒厂等均采用生物膜法处理废水，进水 COD 1000～1500mg/L，出水 100～150mg/L，COD 去除率达 90%。生物膜法处理啤酒废水的运行参数见表 15-11。

表 15-11　　　　　　　　　生物膜法处理啤酒废水的运行参数

处理工艺	进水有机负荷 /[kg BOD_5/(m³·d)]	水力负荷 /[m³/(m³·d)]	池高 H 或池径 D/m	产泥率/（kg SS/kg BOD_5）	气水比 r 或回流比 R	去除率 /%
高负荷生物滤池	0.8～1.2	10～40	2（H）	0.4～0.6	100～400（R）	75～85
塔式生物滤池	2.5～4.5	80～200	8～12（H）	0.4～0.6	300～500（R）	60～80
超速生物滤池	4～6	80～150	4～6（H）	0.4～0.6	300～500（R）	50～60
生物转盘	30～40	0.05～0.08（以盘面计）	1.8～4.0（H）	0.4～0.6	—	80～85
生物接触氧化池	4～6	—	2～3（H）	0.4～0.6	50～100	90～95

（2）生物接触氧化法处理啤酒生产废水　北京市环境保护科学研究院为北京某啤酒厂设计的典型两级接触氧化工艺流程如图 15-11 所示。

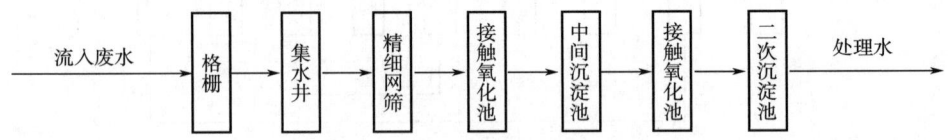

图 15-11　两级接触氧化工艺流程

进水：COD 1000mg/L，BOD 600mg/L，SS 600mg/L。处理后出水：COD≤60mg/L，BOD≤10mg/L，SS≤30mg/L。

（3）生物流化床处理酵母生产废水　荷兰 Heijnen 等利用厌氧生物流化床和好氧生物流化床串联的流程，处理酵母生产排放的高浓度有机废水。进水 COD 1960mg/L，HRT 2.0h 时，COD 去除率 35%。

3. 啤酒废水和抗生素废水的生物处理

表 15-12 和表 15-13 分别为国内部分啤酒厂和国内外抗生素废水的生物处理工艺或方法。

表 15-12　　　　国内部分啤酒厂废水的生物处理工艺

厂名	核心工艺	处理水量/($m^3 \cdot d$)
北京华都啤酒厂	两段活性污泥法	2400
杭州啤酒厂	二级充氧型生物转盘	2100
青岛啤酒厂	三段生物接触氧化池	2000
无锡啤酒厂	两段活性污泥法＋稳定法	1200
广州啤酒厂	普通活性污泥法	4000
珠江啤酒厂	两段活性污泥法	1700
上海江南啤酒厂	塔滤＋射流曝气	3000
上海华光啤酒厂	生物转盘＋曝气池	2000
抚顺啤酒厂	曝气法＋生物接触氧化池	2100
长江啤酒厂	两段表面曝气池	3600
上海益民啤酒厂	塔滤＋曝气池	2200
昆明啤酒厂	生物滤池＋射流曝气	1000

表 15-13　　　　国内外抗生素废水的生物处理方法

厂名	废水类型	核心工艺	BOD_5 进水/(mg/L)	BOD_5 出水/(mg/L)	去除率/%	去除 BOD_5 负荷/[kg/($m^3 \cdot d$)]
明治岐	发酵废水	表面曝气	600	42	93	1.2
雅培	发酵废水	表面曝气	3100	稀释至16	95	3
施贵宝	发酵废水	表面曝气	1600	<25	98	0.69
法门塔	发酵废水	鼓风曝气	4000	100	97.5	1.95
上药三厂	四环素	接触氧化	847	41	95	1.9
上药四厂	氨苄青霉素	接触氧化	1000	200	80	1.5～2.0
园田赖	青霉素	接触厌氧	1000	1400	86	2.3
上药三厂	红霉素	流化床	950	30	97	2.6
济宁药厂	抗生素	流化床	2000	500	72	—
东北制药	黄连素	流化床	1683	249	85.2	4.41
礼莱	抗生素	厌氧＋曝气等三级生物处理	1000～2500	37	9095	—
天津制药	抗生素	气浮＋好氧＋气浮	3349	101	94.8	
天台制药	洁霉素	缺氧＋接触氧化	350	100		
上药四厂	核糖霉素	厌氧-好氧	<40000	2000～10000	80	4～6

续表

厂名	废水类型	核心工艺	BOD$_5$			去除 BOD$_5$ 负荷 /[kg/(m³·d)]
			进水/(mg/L)	出水/(mg/L)	去除率/%	
蒲城生化	金霉素水	厌氧消化	33944	5016	85	—
镇江制药	红霉素	厌氧消化	20178	3397	83	—
东北制药	抗生素	单级高效消化器	27350~30010	<2000	90	2

第二节 发酵工业废水厌氧生物处理

任务

1. 发酵废水除好氧处理以外，简要概述其他处理方法。
2. 厌氧处理的方法、工艺流程及要点分析。

【案例】

山东某柠檬酸厂以薯干为原料进行生产，年产量柠檬酸 1.5 万 t，生产过程中每天排废水约 3220m³，COD 总量约 23t/d。柠檬酸废水属于高浓度有机废水，根据其生产工艺流程，所排放的废水主要包括三部分：第一部分为柠檬酸钙洗涤过程中产生的废糖水原液和一至三遍洗涤废糖水；第二部分为精提车间离子交换段产生的废水；第三部分全厂产生的其他低污染水。柠檬酸生产过程中排放的废水浓度很高，特别是废糖水原液和第一遍洗涤废糖水，其 COD 在 25000mg/L 以上，其他生产废水 COD 也在 5000mg/L 左右，但废水的可生化性较好，一至三遍洗涤废糖水 BOD 与 COD 比值约为 0.46。针对该柠檬酸厂废水排放情况，在使其处理后，废水达标的前提下，最大可能地回收能源，降低运行成本。

【案例分析与讨论】

结合案例与学习资源，学习发酵工业废水厌氧生物处理技术，最后以具体实例再次对知识点进行总结夯实。

一、厌氧生物处理的基本原理和特征

厌氧生物处理过程又称厌氧消化，是在厌氧条件下由多种微生物的共同作用，使有机物分解生成 CH_4 和 CO_2 的过程。

1. 厌氧发酵的三阶段理论

第一阶段：水解、发酵阶段。复杂有机物在微生物作用下进行水解和发酵。

第二阶段：产氢、产乙酸阶段。由专门的细菌如产氢产乙酸细菌将丙酸、丁酸等脂肪酸和乙醇等转化为乙酸、H_2 和 CO_2。

第三阶段：CO_2 甲烷阶段。由产甲烷细菌利用乙酸和 H_2、CO_2，产生 CH_4。

2. 厌氧生物处理的特征

(1) 能量需求大大降低,还可产生能量。厌氧生物处理不需供给氧气,却能生产含有 50%～70%甲烷的沼气,含有较高的热值（21000～25000kJ/m³）,可以用作能源。

(2) 污泥产量极低。厌氧微生物的增殖速率比好氧微生物低得多。厌氧消化中产酸细菌的产率为 0.15～0.34,产甲烷细菌为 0.03 左右,混合菌群的产率约 0.17。

(3) 采用现代高负荷厌氧反应器,处理污水所需反应器的体积更小。

(4) 厌氧微生物可对好氧微生物所不能降解的一些有机物进行降解（或部分降解）。

(5) 处理后废水有机物浓度高于好氧处理。

(6) 对温度、pH 等环境因素更为敏感。厌氧细菌分为高温菌和中温菌两类,适宜的温度范围分别为 55℃和 35℃左右。

(7) 处理过程的反应较复杂。厌氧消化是由多种不同性质、不同功能的微生物协同工作的一个连续的微生物学过程,远比好氧生物处理中的微生物过程复杂。

二、普通消化法

1. 普通消化池的工作原理与特征

厌氧消化池可用于处理固体含量很高的有机废水。污泥经厌氧消化后,部分有机固体转化为沼气,部分有机物形成稳定性良好的腐殖质,从而降低了污泥中的固体量,提高了污泥的脱水性能,污泥体积可减少 1/2 以上。我国常用的厌氧消化池的形状是圆柱形。按消化池顶结构不同分为固定盖消化池和浮动盖消化池。根据消化池运行方式不同,分为传统消化池和高速消化池。

2. 厌氧消化池在发酵工业废水处理中的应用

表 15-14 列举了部分普通消化池处理发酵工业废水的应用实例。

表 15-14 普通消化池处理发酵工业废水的应用实例

废水类型	消化池体积/m³	消化温度/℃	BOD$_5$				水力停留时间/d
			进水/(mg/L)	出水/(mg/L)	去除率/%	去除 BOD$_5$ 负荷/[kg/(m³·d)]	
用蜜糖生产酵母的废水	7288	—	10000	2000	80	1.73	10.3
酵母生产废水	101	29.4	—	—	86	2.17	6.7～8.5
丁醇生产废水	9500	—	17000	2420	86	1.83	10.0
乳品厂废水	—	31	3300	10～20	99.5	0.55	6.0

三、厌氧接触法

1. 厌氧接触法的工作原理与特征

厌氧接触法是 Schroepte 在 20 世纪 50 年代开创的,是对普通厌氧生物处理法的改进,其工艺流程如图 15-12 所示。

由消化池排出的混合液经真空脱气器脱去沼气,进入沉淀池进行固液分离,废水由沉

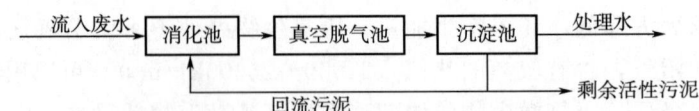

图 15-12　厌氧接触法工艺流程

淀池上部流出，沉淀下来的污泥大部分回流至消化池，少部分作为剩余活性污泥排出，再进行处理或处置。回流污泥的目的在于提高消化池内混合液的污泥浓度。

与普通厌氧消化法相比较，厌氧接触法具有下述特征。

(1) 消化池污泥浓度高。一般为 5~10g VSS/L，耐冲击能力强。

(2) 消化池有机容积负荷较高。中温消化时，COD 容积负荷一般为 1~6kg COD/($m^3 \cdot d$)，COD 去除率为 70%~80%；BOD_5 容积负荷为 0.5~2.5kg BOD_5/($m^3 \cdot d$)，BOD_5 去除率为 80%~90%。

(3) 出水水质较好。出水 COD、BOD_5 和悬浮物浓度都较低。

(4) 增设沉淀池、污泥回流系统和真空脱气设备历程较复杂。

(5) 适于处理悬浮物浓度和有机物浓度均高的废水。

主要问题是：从消化池排出的混合液难以在沉淀池中进行固液分离。

2. 厌氧接触法在发酵工业废水处理中的应用

表 15-15 列举了部分利用厌氧接触法处理发酵工业废水的应用实例。表 15-16 列举了国外部分生产性废水厌氧接触工艺的运行参数。

表 15-15　厌氧接触氧化法处理发酵工业废水的应用实例

废水类型	进水 COD /(mg/L)	SS /(mg/L)	处理温度 /℃	有机负荷 /[kg COD/($m^3 \cdot d$)]	停留时间 /d	COD 去除率 /%	SS 去除率 /%
柠檬酸废水	8000	—	中温	3.0	3.6	80.5	—
小麦淀粉废水	6000	—	中温	2.5	3.6	81.2	—
甜菜制糖废水	8000	—	中温	3.0	2.7	52.5	—
威士忌酒厂废水	33630	7880	中温	10.3	32.7	84	64
干酪加工废水	4900	680	中温	2.52	1.93	83	40

表 15-16　国外部分生产性废水厌氧接触工艺运行参数

废水类型	处理温度 /℃	废水浓度 /(mg BOD_5/L)	有机负荷 /[kg BOD/($m^3 \cdot d$)]	停留时间 /d	BOD_5 去除率/%
玉米淀粉废水	23	6280	1.8	3.3	88
威士忌酒厂废水	33	25000	4.0	6.2	95
啤酒厂废水	33	3900	2.0	2.3	96

续表

废水类型	处理温度/℃	废水浓度/(mg BOD$_5$/L)	有机负荷/[kg BOD/(m^3·d)]	停留时间/d	BOD$_5$去除率/%
葡萄酒厂废水	33	900	5.8	2.0	96
酵母废水	33	3040	2.1	2.0	87
柠檬酸废水	33	4600	3.4	1.3	87
乳品加工厂废水	33	2950	1.5	2.0	93

四、升流式厌氧污泥层反应器

1. 升流式厌氧污泥层反应器的工作原理和特征

升流式厌氧污泥层（Upflow Anaerobic Sludge Blanket，UASB）反应器是荷兰学者Lettinga等在20世纪70年代初开发的。UASB反应器由反应区和沉降区两部分组成。反应区又可根据污泥的情况分为污泥悬浮层区和污泥床区。污泥床主要由沉降性能良好的厌氧污泥组成，浓度可达50～100gSS/L或更高。污泥悬浮层主要靠反应过程中产生的气体的上升搅拌作用形成，污泥浓度较低，一般为5～40gSS/L。在反应器上部设有气（沼气）、固（污泥）、液（废水）三相分离器。

UASB反应器具有下述特征：

(1) 有机负荷居高，水力负荷能满足要求。

(2) 污泥颗粒化后使反应器对不利条件的抗性增强。

(3) 污泥或流出液的人工回流和机械搅拌一般维持在最低限度，甚至完全取消。UASB可省去搅拌和回流污泥所需的设备和能耗。

(4) 在反应器上部设置的气-固-液三相分离器，对沉降良好的污泥或颗粒污泥避免了附设沉淀分离装置、辅助脱气装置和回流污泥设备，简化了工艺，节约了投资和运行费用。

(5) 在反应器内不用投加填料和载体，提高了容积利用率，避免了堵塞问题。

2. 升流式厌氧污泥层反应器在发酵工业废水处理中的应用

表15-17列举了国内部分UASB反应器的应用情况。

表15-17　　　　　　　国内部分UASB反应器的应用情况

废水类型	温度/℃	容积/m^3	负荷率/[kgCOD/(m^3·d)]	进水/[COD(mg/L)]	COD去除率/%	HRT/h	研究机构
味精废水	3032	4.6	5.5	12150	88.5	81.4	中国科学院广州能源所
酒精过滤废水	高温	24.0	22.3	9000～28000	91	—	北京环保所，山东酒精总厂
酿造废水	常温	64.8	42	2000～6000	82.4	23.5	北京环保所
啤酒废水	常温	8×250	7～12	2300	85	5～6	清华大学，北京啤酒厂

续表

废水类型	温度/℃	容积/m³	负荷率/[kgCOD/(m³·d)]	进水/[COD(mg/L)]	COD去除率/%	HRT/h	研究机构
柠檬酸废水	中温	6.0	20.3	20000	90		常州市环境设计研究所
丙丁废醪液	35	200	6~8	—	90		华北制药
柠檬酸等废水	40~45	4×330	13.1	13100	90.4	24.0	无锡第二制药厂
酒精废水	55	300	6~8	—	90		无锡轻工大学，金坛酒厂
酒精废水	55	1000	8~10	—	90		无锡轻工大学，文王酒厂
柠檬酸废水	35	400	6~8	—	>90		河北科技大学，保柠集团
溶剂废水	35~37	2×1250	8.0	8750	85		唐山冀北制药厂
酒精废水	52~55	3950	8.0	14600	80		北京环保所，山东景芝酒厂

(1) UASB 反应器处理柠檬酸废水的工艺流程（图 15-13）

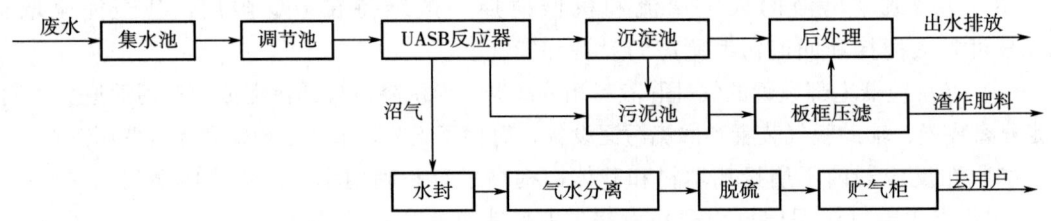

图 15-13　UASB 反应器处理柠檬酸废水的工艺流程

(2) UASB 反应器处理啤酒废水的工艺流程（图 15-14）

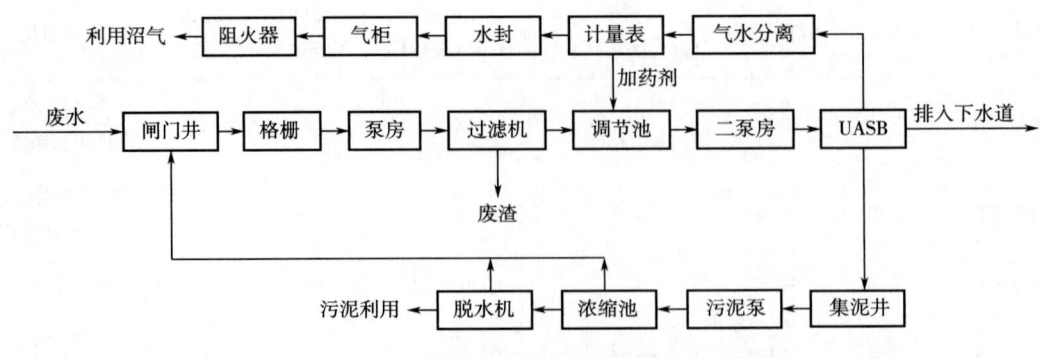

图 15-14　UASB 反应器处理啤酒废水的工艺流程

(3) UASB 反应器处理酒精废水的工艺流程（图 15-15）

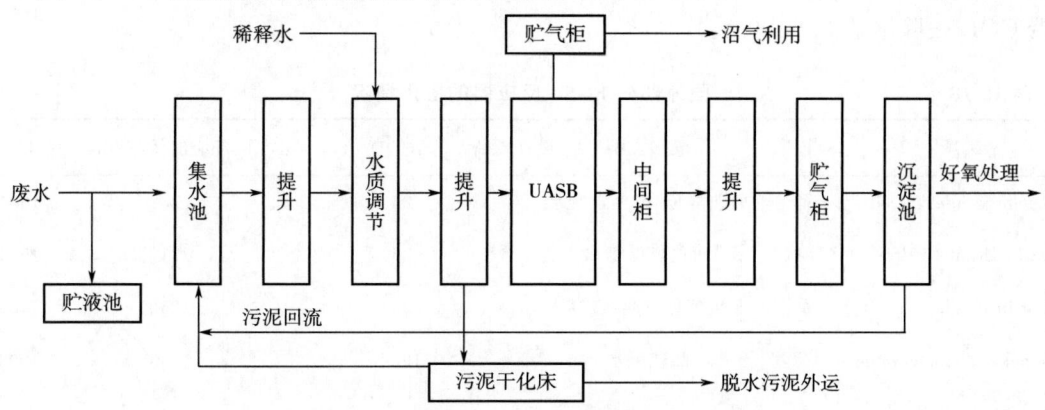

图 15-15　UASB 反应器处理酒精废水的工艺流程

(4) UASB 反应器处理味精废水的工艺流程（图 15-16）

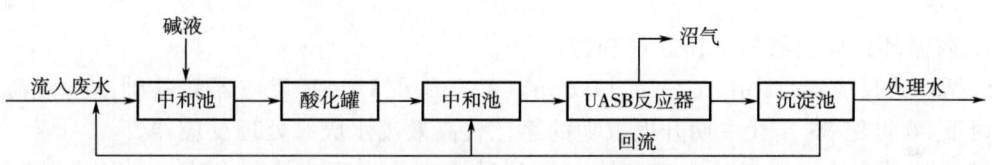

图 15-16　UASB 反应器处理味精废水的工艺流程

五、厌氧膨胀颗粒污泥床反应器

1. 厌氧膨胀颗粒污泥床的工作原理和特征

厌氧膨胀颗粒污泥床（Expanded Granular Sludge Bed，EGSB）反应器的设计思想是：在设有性能良好的布水系统的条件下，通过部分出水回流并采用大高径比提高反应器中液体的上升流速（>2.5m/h），而使颗粒污泥床膨胀，消除死区，保证污泥和废水相互接触得更好。因此，EGSB 实际是改进的 UASB 反应器，但其运行方式有明显不同。EGSB 反应器特征为：

(1) 上升流速大（2.5~10m/h，UASB 0.5~1.5m/h），有机负荷率高。
(2) 反应器长径比大，污泥床处于膨胀状态。
(3) 与 UASB 反应器（没有出水回流）相比，更适合于处理低浓度废水。
(4) 以颗粒污泥接种。颗粒污泥活性高，沉降性能好，粒径较大，强度较好。
(5) 上升流速大，混合状态与 UASB 反应器中不同，导致污泥与废水间的接触状况较好。
(6) 絮状污泥不断被洗出反应器。
(7) 可应用于含有悬浮性固体和有毒物质的废水处理。

2. 厌氧膨胀颗粒污泥床反应器在发酵工业废水处理中的应用

国外部分 EGSB 反应器的应用情况如表 15-18 所示。无锡轻工大学在完成实验室中有关 EGSB 反应器的运行条件、颗粒污泥性质和工作模型等研究后，进行了 EGSB 工业规模试验。在进水 COD 1000～1500mg/L，运行温度 20～30℃，HRT 8～12h，45m³ EGSB 反应器 COD 去除率达 85% 以上。

表 15-18　　　　　　　　　国外部分 EGSB 反应器的应用情况

工厂	国家	废水类型	设计负荷/[kgCOD/(m³·d)]	反应器体积/m³	年份/年
Gist-brodcades，Delft	荷兰	面包酵母/抗生素废水	26	2380	1984
Gist-brodcades，Prouvy	法国	面包酵母废水	26	2125	1984
Gist-brodcades，Delft	荷兰	面包酵母/抗生素废水	26	2380	1985
Heineken，Zoeterwode	荷兰	酿造废水	19.2	780	1992
Midwest Grain Product，Pekin Ill	美国	淀粉废水	15.5	1750	1993

六、内循环式反应器

1. 内循环式反应器的工作原理和特征

内循环式反应器（Internal Circulation，IC）是在 UASB 反应器的基础上，由荷兰帕克公司于 20 世纪 80 年代中期开发成功的第三代高效废水厌氧处理反应器。

IC 反应器由第一厌氧反应室和第二厌氧反应室叠加而成，每个厌氧反应室的顶部设一个气-液-固三相分离器。

（1）IC 反应器的工作原理

①进水由反应器底部进入第一反应室，与厌氧颗粒污泥均匀混合。大部分有机物在这里被转化为沼气，所产生的沼气被第一厌氧反应室的集气罩收集，沼气将沿着提升管上升，沼气上升的同时把第一厌氧反应室的混合液提升至反应器顶的气液分离器，被分离出的沼气从气液分离器顶部的导管排出，分离出的泥水混合液将沿着回流管返回到第一厌氧反应室的底部，并与底部的颗粒污泥和进水充分混合，实现混合液的内部循环。

②废水经过第一厌氧反应室处理后，自动进入第二厌氧反应室。废水中的剩余有机物可被第二反应室内的厌氧颗粒污泥进一步降解，使出水得到进一步净化。产生的沼气由第二厌氧反应室的集气罩收集，通过集气管进入气液分离器。第二厌氧反应室的泥水在混合液沉淀区进行固液分离，处理过的上清液由出水管排出，沉淀的污泥可自动返回第二厌氧反应室。由此完成了废水处理的全过程。

（2）IC 反应器的特征

①高径比大，占地面积小，节省基建投资费用；

②有机负荷率高，水力停留时间短；出水稳定，耐冲击负荷能力强；

③剩余污泥少，约为进水 COD 的 1%，且容易脱水；

④靠沼气的提升产生循环，不需外力进行搅拌混合和使污泥回流，节省动力消耗。但是对于间歇运行的 IC 反应器，为使其快速启动，需设置附加的气体循环系统；

⑤出水为碱性，当进水酸度较高时，可通过出水的回流中和进水，减少药剂用量；

⑥适应范围广，可处理低、中、高浓度废水，也可处理含有毒、有抑制物质的废水。

2. 内循环反应器在发酵工业废水处理中的应用

表 15-19 列举了国外部分 IC 反应器的应用情况。

表 15-19　国外部分 IC 反应器的应用情况

废水类型	进水 COD /（mg/L）	COD 去除率 /%	容积负荷 /[kgCOD/（m³·d）]	反应器体积 /m³	年份/年
土豆加工废水	3000～8000	80～95	20～30	17	1985
菊糖废水	7900	60～85	31	1100	1995
干酪废水	1550	40～60	8～24	400	1999
啤酒废水	1300	70～90	20～40	200	1999

（1）IC 反应器处理啤酒工业废水　表 15-20 是 IC 反应器处理啤酒废水可以达到的负荷和去除效率。1996 年，我国沈阳华润雪花啤酒有限公司引进了第一套 IC 反应器，反应器高 16m，有效容积 70m³，日处理 400m³ COD_4 300mg/L，BOD 2300mg/L 的啤酒废水。IC 反应器的进水容积负荷率高达 25～30kgCOD/（m³·d），COD 去除率稳定在 80%。

表 15-20　IC 反应器处理啤酒废水可以达到的负荷和去除效率

反应器类型	设计负荷 /[kgCOD/（m³·d）]	水力停留时间/h	COD 沼气产量 /（m³/kg）	COD 去除率 /%	溶解性 COD 去除率/%
厌氧升流式流化床工艺（UFB BIOBED）					
啤酒（荷兰）	780	19.2	5.5	2.7	60（80）
IC 反应器					
低浓度啤酒废水中试	18	2.5	0.31	61	77
生产性装置	26	2.2	0.43	80	87

1995 年，上海富士达酿酒公司采用荷兰帕克公司的 IC 反应器与好氧气提（CIRCOX）反应器技术处理啤酒生产废水，处理能力为 4800km³/d，其工艺流程如图 15-17 所示。

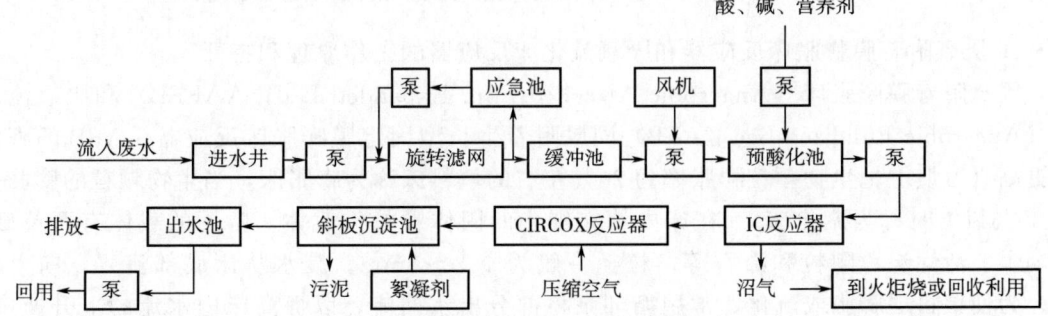

图 15-17　IC 反应器与好氧气提反应器技术处理啤酒生产废水工艺流程

废水进水、出水数据见表 15-21，出水的各项指标均达排放标准。

表 15-21　　IC-CIRCOX 反应器处理啤酒废水的运行效果

水质达标	进水		出水	
	平均	范围	平均	范围
COD/(mg/L)	2000	1000~3000	75	50~100
BOD_5/(mg/L)	1250	600~1875	≤30	—
SS/(mg/L)	500	100~600	50	10~100
氨氮/(mg/L)	30	12~45	10	5~15
磷酸盐/(mg/L)	—	10~30	—	—
pH	7.5	4~10	7.5	6~9
温度/℃	37	30~50	<40	—

（2）IC 反应器处理柠檬酸废水　无锡中亚化学品公司 1998 年引进了约 $1000m^3$ 的 IC 反应器处理柠檬酸生产废水，运行效果见表 15-22。

表 15-22　　IC 反应器处理柠檬酸废水的运行效果

水质达标	进水	出水
COD/(mg/L)	1200	400
BOD_5/(mg/L)	6000	100
SS/(mg/L)	1250	100
总氮/(mg/L)	190	25
总磷/(mg/L)	45	<1
pH	4~5	6~9

七、厌氧附着膜膨胀床反应器和厌氧流化床反应器

1. 厌氧附着膜膨胀床反应器和厌氧流化床反应器的工作原理和特征

厌氧附着膜膨胀床（Anaerobic Attached Film Expanded Bed，AAFEB）和厌氧流化床（Anaerobic Fluidized Bed，AFB）同属附着生长型固定膜膨胀床反应器。AFB 的膨胀率更高（习惯上把生物颗粒膨胀率为 20% 左右的填料床称为膨胀床，当生物颗粒的膨胀率达 30% 以上时称为流化床）。在床内填充细小的固体颗粒作载体，常用的载体有石英砂、无烟煤、活性炭、陶粒和沸石等，粒径一般为 0.2~1mm。废水从床底部流入，向上流动。为使填料层膨胀或流化，常用循环泵将部分出水回流，以提高床内水流的上升速度。AAFEB 和 AFB 具有下述特征：

（1）细颗粒的载体为微生物附着生长提供较大的表面积，使床内具有很高的微生物浓

度（一般为 30gVSS/L 左右），因此有机物容积负荷较高 [10～40kgCOD/ (m^3·d)]，水力停留时间短，具有较好的耐冲击负荷能力，运行稳定。

（2）载体处于膨胀或流化状态，可防止堵塞。

（3）床内生物量停留时间较长，运行稳定，剩余污泥量少。

（4）既可用于高浓度有机废水的厌氧处理，又可用于低浓度的城市废水处理。

缺点是载体流化耗能较大，系统的设计运行要求高。

2. AAFER 和 AFB 在发酵工业废水处理中的应用

表 15-23 和表 15-24 分别列举了国外部分 AAFEB 和 AFB 反应器的应用情况。

表 15-23　　　　　　　　国外部分 AAFEB 反应器的应用情况

废水类型	运行温度/℃	有机负荷率/[kgCOD/(m^3·d)]	HRT/h	COD 去除率/%
蔗料	55	0.003	4	80
	55	0.016	4.5	48
葡萄糖和酵母萃取液	10	24	0.5	45
	22	2.4	5	90
纤维素废水	35	6		85
乳清废水	25～31	8.9～60	4～27	80（最大）

表 15-24　　　　　　　　国外部分 AFB 反应器的应用情况

废水类型	运行温度/℃	进水 COD/(mg/L)	COD 去除率/%	有机负荷率/[kgCOD/(m^3·d)]	床内 VSS/(gVSS/L)	规模
	35	6556	83	3	1030	小试
制糖废水	33～35	3000～6000	90	150	—	小试
	33～35	3000～6000	85	36	37.5	小试
酵母废水	37	3600	75	27	20	生产性
	37	3200	70	31	20	生产性

八、厌氧生物滤池

1. 厌氧生物滤池的工作原理和特征

厌氧生物滤池（Anaerobic Biological Filtration Process，AF）是世界上使用最早的废水厌氧生物处理构筑物之一。根据滤池进水点位置的不同，分为升流式厌氧生物滤池和降流式厌氧生物滤池两种。厌氧生物滤池是装填有滤料的厌氧生物反应器，在滤料表面有以生物膜形态生长的微生物群体，在滤料的孔隙中则截留了大量悬浮生长的微生物，废水通过滤料层时，有机物被截留、吸附及代谢分解，最后达到稳定化。

（1）滤料是厌氧生物滤池的主体，其主要作用是提供微生物附着生长的表面及悬浮生长的空间，理想的滤料应具备下列条件。

①比表面积大，以利于增加厌氧生物滤池中生物量的总量；

②孔隙率高，以截留并保持大量的悬浮生长的微生物，并防止厌氧生物滤池被堵塞；

③利于生物膜附着生长，如表面粗糙的滤料就比表面光滑的滤料佳；

④具有足够的机械强度，不易破损或流失；

⑤化学和生物学稳定性好，不易受废水生化学物质的侵蚀和微生物的分解破坏，也无有害物质溶出，使用寿命较长；

⑥质量轻，使厌氧生物滤池的结构荷载较小；

⑦价廉易得，以利于降低厌氧生物滤池的基建投资。

(2) 厌氧生物滤池具有下述特征。

①生物量浓度高，可获得较高的有机负荷；

②微生物菌体停留时间长，可缩短水力停留时间，耐冲击负荷能力也较强；

③启动时间短，停止运行后再启动也较容易；

④不需回流污泥，运行管理方便；

⑤在处理水量和负荷有较大变化的情况下，其运行能保持较大的稳定性。

缺点是有被堵塞的可能，但可通过改变滤料和运行方式来克服这个缺陷。

2. 厌氧生物滤池在发酵工业废水处理中的应用

表 15-25 为国外应用厌氧生物滤池处理发酵废水的应用实例。河北科技大学研究人员在石家庄第一制药厂成功地应用升流式混合型厌氧生物反应器处理维生素 C 废水。COD 负荷为 $6kg/(m^3 \cdot d)$，COD 去除率达 80%。

表 15-25　　　　　国外应用厌氧生物滤池处理发酵工业废水的应用实例

废水类型	滤池尺寸					运行参数				
	滤池类型	直径/m	高度/m	容积/m³	滤料类型	进水COD（或BOD）/(mg/L)	有机负荷率/[kgCOD/(m³·d)]	HRT/h	COD去除率/%	运行温度/℃
小麦淀粉	升流式	9	6	360	12～50mm 岩石	BOD6500	4.4	44	75～80	32
酶制剂	升流式	14.5	12	2000	90mm 保尔环	COD5600	6～8	20	70～75	35
制药	二级降流式	36	12	12500	波纹环	COD8500	6～7	12～14d	65～75	38
酿酒	升流式	12.2	9.1	1000	90mm 保尔环	COD9000	7.7	28	61	37
酿酒	升流式	27	5	5820	90mm 保尔环	BOD5000	4～6	32～48	80	37
发酵	升流式	6.1	7.6	220	交叉管	BOD17000	11～15	38～51	80	35

九、两相厌氧消化工艺

1. 两相厌氧消化工艺的工作原理和特征

两相厌氧消化工艺又称两步或两段厌氧消化，是 20 世纪 70 年代随着厌氧微生物学的研究不断深入应运而生的。厌氧消化过程可分为两个阶段：产酸阶段和产甲烷阶段。第一阶段中占优势的微生物是水解、发酵细菌，其作用是将复杂的大分子有机物分解为简单的小分子甲醛、氨基酸、脂肪酸和甘油，并进一步发酵为各种有机酸。第二阶段主要由产甲烷细菌起作用，将有机酸进一步转化为甲烷，这类细菌种类较少，利用的基质有限，繁殖速度很慢，倍增时间 6~10h，又对环境因素（如 pH、温度、有毒物质）的影响十分敏感。两相厌氧消化工艺流程如图 15-18 所示。

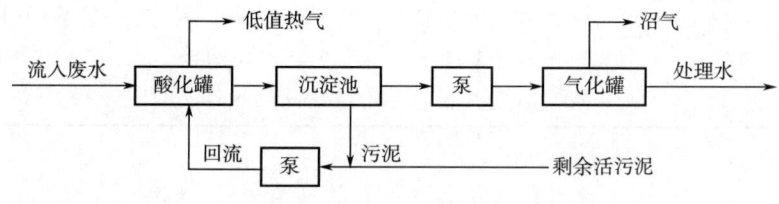

图 15-18　两相厌氧消化工艺流程

工艺特点是采用两个独立的反应器串联运行，第一个反应器称为产酸反应器，或产酸相。第二个反应器称为产甲烷反应器，或产甲烷相。两个反应器中分别培养发酵细菌和产甲烷细菌，并控制不同的运行参数，使其分别满足两类不同细菌的最适生长条件。

两相厌氧消化工艺具有下述特点。

(1) 两相厌氧工艺全系统的有机负荷以比单相厌氧消化工艺明显提高。

(2) 为产甲烷相创造了产甲烷菌需要的良好环境。菌的活性可以提高，产气量增加。

(3) 两相厌氧消化工艺运行较稳定，承受冲击负荷的能力较强。

(4) 当废水中含有 SO_4^{2-} 等抑制物质时，其对产甲烷菌的影响将由于相的分离而减弱。

(5) 对于复杂的碳水化合物（如纤维素等），其水解反应往往是厌氧消化过程的限速步骤。采用两相厌氧消化工艺有利于提高其水解反应速率，进而提高厌氧消化效果。

2. 两相厌氧消化工艺在发酵工业废水处理中的应用

表 15-26 列举了国外部分生产性废水两相厌氧消化工艺的小试和生产性装置的运行参数。

表 15-26　国外部分生产性废水两相厌氧消化工艺的小试和生产性装置的运行参数

废水类型	进水 COD/(mg/L)	COD 去除率/%	BOD_5 去除率/%	有机负荷/[kgCOD/($m^3 \cdot d$)]
甜菜加工废水	7000	92	—	9~12
酵母和酒精生产废水	28200	50~60	—	21
啤酒生产废水	2500	80	85~90	10~15
柠檬酸生产废水	42574	70~80	—	15~20

表 15-27 列举了国内部分生产性废水两相厌氧消化工艺处理高浓度有机废水的运行参数。

表 15-27　国内部分生产性废水两相厌氧消化工艺处理高浓度有机废水的运行参数

废水类型	实验温度/℃	进水COD/(mg/L)	COD去除率/%	容积负荷[kgCOD/(m³·d)]	HRT/d 产酸相	HRT/d 产甲烷相	pH 产酸相	pH 产甲烷相	研究机构
蜜糖酒精废水	30	30	63.2	50	3.6	10.8	5.1	7.3	广州能源所
	35	35	76.6	12	1.0	1.8	5.3	7.7	
	32~33	34	81.1	13.6	0.58	1.92	5.0	7.5	
味精废水	30	25	82.7	7.3	1	2.4	5.0	7.4	光州能源所
	32~33	17.15	88.5	5.44	0.55	0.26	5.5	7.5	清华大学
	35~37	2~3	85~95	25~35	0.55~0.67	1.2~2.08	5	7	

第三节　发酵工程在工业有机废水处理中的典型应用

一、医药工业有机废水治理

1. 抗生素工业有机废水的处理

抗生素废水是一类含有难降解物质和生物毒性物质的高浓度有机废水，其成分十分复杂，含有多种难降解的有机物和无机物，一般处理起来很困难。目前，抗生素废水处理方法主要有化学处理法、物化处理法、生物处理法以及多种组合法。其中生物处理法具有处理条件温和、费用低、微生物适应性强、易培养和可强化等优点，故已广泛应用于抗生素废水的处理。

无锡某制药厂采用大型厌氧污泥床（UASB）装置直接处理抗生素有机废水，其具体工艺条件为：温度（38±2）℃，滞留时间20d，有机负荷最高可达COD19.0kg/（m·d）。用UASB法处理抗生素水，COD去除率为85%，且每去除1kg废水COD可产沼气0.46m³。

国内某抗生素生产厂对有机废水进行处理，其工艺流程见图15-19。

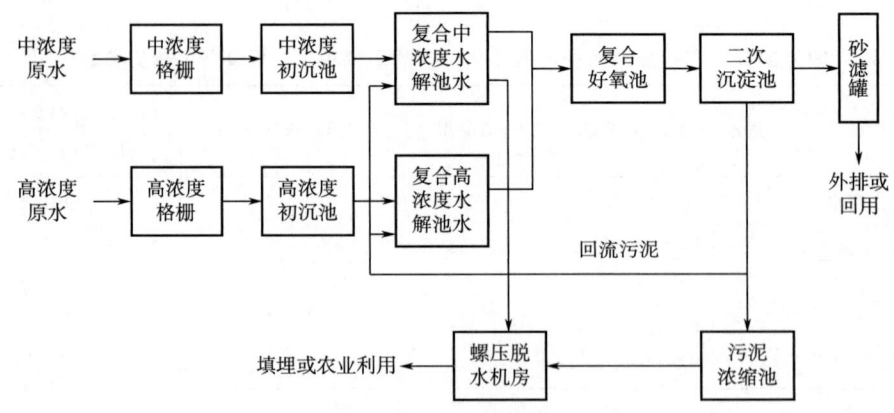

图 15-19　抗生素废水处理工艺流程

有机废水处理工艺中采用复合微氧水解-好氧工艺处理抗生素生产废水，其微氧水解酸化系统提高了抗生素废水的可生化性，减弱或消除了生物毒性的抑制性作用，为后续好氧生物处理提供了良好的基质准备。该工艺兼性水解酸化菌的生理代谢功能，改善了水力条件，增加了微生物与有机底物之间的接触机会，强化了水解污泥与有机底物之间的传质作用，加速了有机底物从废水中向微生物圈的传递过程。

2. 维生素工业有机废水的处理

某维生素生产厂，其废水中总氮和氨氮含量高，含盐量高。工厂综合原水水质状况，以兼性厌氧好氧生化技术结合化学强氧化技术处理废水，其工艺路线为：预处理工艺→兼性厌氧好氧生化工艺→化学除磷工艺→臭氧＋生物活性炭工艺。

生化工艺阶段采用的是兼性厌氧好氧生物技术，该生物技术使用的是复合功能性生物填料，是由硬质网状物包裹微孔介质块和功能性填料块组成，填料表面、介质块内部微孔均有利于微生物着床，为微生物提供丰富的栖息场所，同时，生物填料表面和微孔内部容易形成不同的氧浓度，有利于不同微生物群生长。在 B/C（可生化性）小于 0.15 的条件下，系统中大多数有机污染物在兼性厌氧好氧生化系统中得到降解去除，同时系统产泥量极小，在满足废水处理达标的前提下，大大降低系统的投资和运行费用。

二、食品工业有机废水治理

食品工业原料广泛、制品种类繁多，排出废水的水量、水质差异很大，其主要特点是有机物质和悬浮物含量高，易腐败，一般无毒性。食品工业废水处理除按水质特点进行适当预处理外，一般均宜采用生物处理。

无锡某食品有限公司根据排放的废水水质和水量特征，采用序批式活性污泥（SBR）处理工艺，设计了一套废水处理装置。根据废水特点及排放要求，主体处理工艺采用序批式活性污泥法，其具体工艺流程如图 15-20 所示。

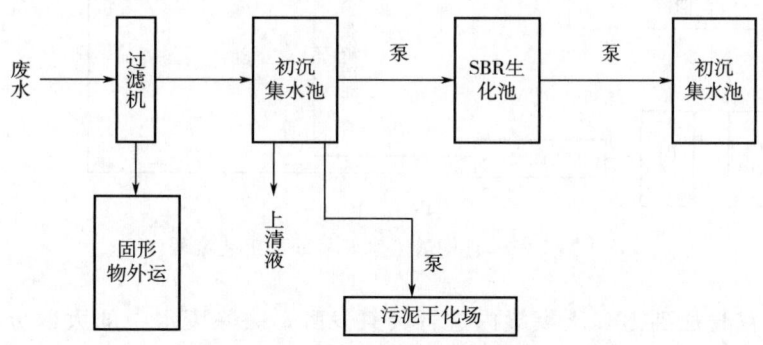

图 15-20 废水处理工艺流程

SBR 处理池工作周期设计为 24h，设计进水时间为 8h，进水采用半限制曝气方式（进水后期曝气），开始进水不曝气，这时，池中溶解氧接近于零，此时活性污泥中菌胶团等微生物将对水中的有机物发生吸附作用。进水达到设定液位后进行鼓风曝气，采用 PP 曝气头曝气，设计曝气时间为 15h。曝气结束后，静置条件下进行固液分离，设计沉淀时间

2h，然后通过固定排水点将上清液排出池外，再排除多余的活性污泥，设计工作时间为3h，而进入下一个运行周期。SBR 工艺运行效果见表 15-28。

表 15-28　　　　　　　　　SBR 工艺运行效果

项目	原废水	处理水	去除率
COD/（mg/L）	1000~3000	200~400	80%~86%
BOD_5/（mg/L）	700~1800	20~60	91%~96%
SS/（mg/L）	400~1200	80~200	80%~83%
pH	3.5~6	6.5~7.5	—

柠檬酸行业产生的废水为高浓度的有机废水，pH 较低，COD 浓度高，适合采用生化法处理。江苏某生化有限公司是一家柠檬酸专业制造企业，该公司根据柠檬酸废水含钙高和废水水量大等特点，好氧处理选用传统活性污泥法，采用射流曝气，对废水进行处理，其工艺流程见图 15-21。

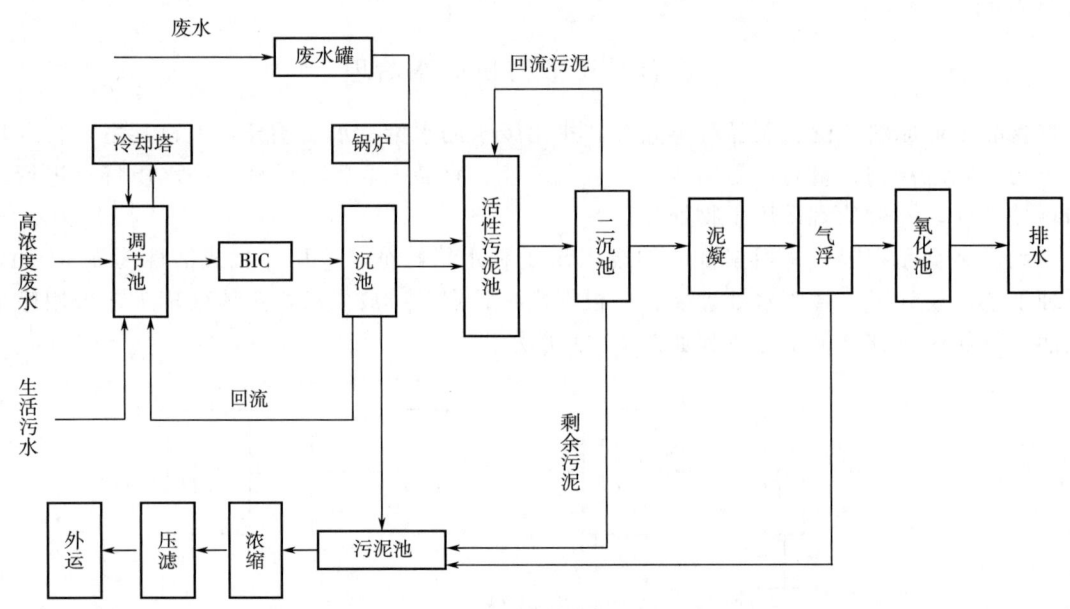

图 15-21　柠檬酸废水好氧处理工艺流程

有机废水首先加到 BIC 厌氧罐内进行厌氧发酵，去除废水中的大部分有机物。厌氧罐出水经沉淀池将污泥和部分钙盐沉淀下来，沉淀池出水部分回流到调节池，剩余部分进入活性污泥池进行好氧处理。在活性污泥池内好氧微生物将废水中剩余的大部分有机物氧化分解，出水自流到二沉池，沉淀的污泥一部分回流到好氧池，上清液则进入混凝气浮系统，进一步将废水中的细微悬浮物等沉淀分离出来。有机废水的处理效果见表15-29。

表 15-29			有机废水处理效果		
项目	pH	SS/（mg/L）	COD/（mg/L）	BOD_5/（mg/L）	平均去除率/%
调节池	4	600	12489	8000	98.9
BIC厌氧出水	6.8~7.2	300~600	604	200~300	95
好氧出水	7.5~8.5	40~80	183	—	67
物化法	8~8.5	20~50	132	—	—
执行排放标准	6~9	≤350	≤800	≤300	—
实际处理效果	6~9	≤80	≤150	≤80	—

三、轻工业有机废水治理

1. 造纸工业有机废水的处理

造纸工业能耗、物耗高，对环境污染也很严重，其废水是一种水量大、色度高、悬浮物含量大、有机物浓度高、组分复杂的难处理有机废水，废水中的SS、COD浓度较高，对环境和人类健康带来巨大危害。

由于造纸废水中含有大量有机物，废水可生化性较好，所以活性污泥法在造纸废水处理中得到广泛应用。SBR处理流程简洁、控制灵活，可根据进水水质和出水水质控制指标处理水量，改变运行周期及工艺处理方法，适应性很强，可实现高容积负荷 16~10 kg COD/（m^3·d）和高去除率（COD去除率 80%~90%）。此外，往处理造纸废水的活性污泥厂的膨胀污泥中投加石灰、粉状褐煤或焦炭等物质能改善污泥沉降性能和提高生化降解能力。

生物接触氧化法是一种好氧生物膜法工艺，即在生物接触氧化池内装填一定数量的填料，利用黏附在填料上的生物膜和充分供应的氧气，通过生物氧化作用，将废水中的有机物氧化分解，达到净化目的。实践证明，生物接触氧化法能够较好地处理造纸废水，尤其适合脱膜废水的处理，但在实际应用中其挂膜的效果和生物膜的优劣直接决定处理效果。在处理造纸废水过程中，生物膜的活性厚度为 70~100μm，生物膜的活性较好。在挂膜不同阶段，对COD_{Cr}的去除率有所不同，在挂膜前期去除率较低，在正常运行后，去除率稳定在较高水平，能够达到88%的去除率。

2. 制糖工业有机废水的处理

制糖工业是食品加工业的基础行业，也是其他食品加工类如发酵、制药等工业的原材料。制糖废水主要来自制糖生产过程和制糖副产品综合利用过程，主要是以甜菜或甘蔗为原料的制糖过程中所排出的废水，混合了斜槽废水、榨糖废水、蒸馏废水、地面冲洗废水等，COD浓度波动往往比较大。

废水的厌氧处理在有机物含量较高时很适用。由于厌氧处理时，污泥产生量少，对营养元素要求低，同时产生的甲烷可作为潜在的能源，可消除气体排放的污染，投资成本一般较低，因此厌氧生物法在制糖工业废水处理中得到了广泛的应用。河南某厂建成 1700m·UASB厌氧系统处理制糖废水，在 30~35℃条件下运行，当进水COD浓度平均为 8000mg/L 时，系统稳定运行，日处理废水近 1000m^3，COD去除率 80%以上，UASB

有效容积负荷为 5kgCOD/（m·d）以上。运行实践证明，采用 UASB 工艺处理制糖废水，具有有机负荷高、HRT 短、无需填料、污泥回流装置及搅拌装置，效率高，运行成本低等优点。

某糖业公司的废水处理工艺流程见图 15-22，其每天排放的制糖废水、酒精废水等工业废水和生活污水均排入沉淀调节池。废水在沉淀调节池内沉淀除去废水中的悬浮物，进行废水水质的调节，并在缺氧情况下，兼氧微生物对废水中有机物进行酸化水解处理，把大分子有机物分解生成小分子有机物，提高废水的可生化性。然后废水流入集水池，除去废水中直径大于 3mm 的固形物，将废水提升入 IC 反应器，与厌氧污泥混合，厌氧微生物中的产酸菌将有机物分解生成有机酸，厌氧微生物中的产甲烷菌进一步把有机酸降解为 CH（碳氢化合物）、CO（碳氧化合物）和 HO（氢氧化合物）。经厌氧处理后的废水，进入混凝沉淀池，在投加金属盐混凝剂后，废水中的硫化物与金属盐生成硫化物沉淀，去除硫化物和悬浮物后，废水自流进入深层曝气池进行好氧生物处理。深层曝气池的出水进入混凝沉淀池，加药去除部分 COD，以改善废水的 BOD/COD；经混凝沉淀池处理后的废水进入接触氧化池，继续进行好氧生化处理，以进一步降低废水中的有机物、接触氧化池出水再进行混凝沉淀脱色处理，去除废水中的色度，使废水达标排放。

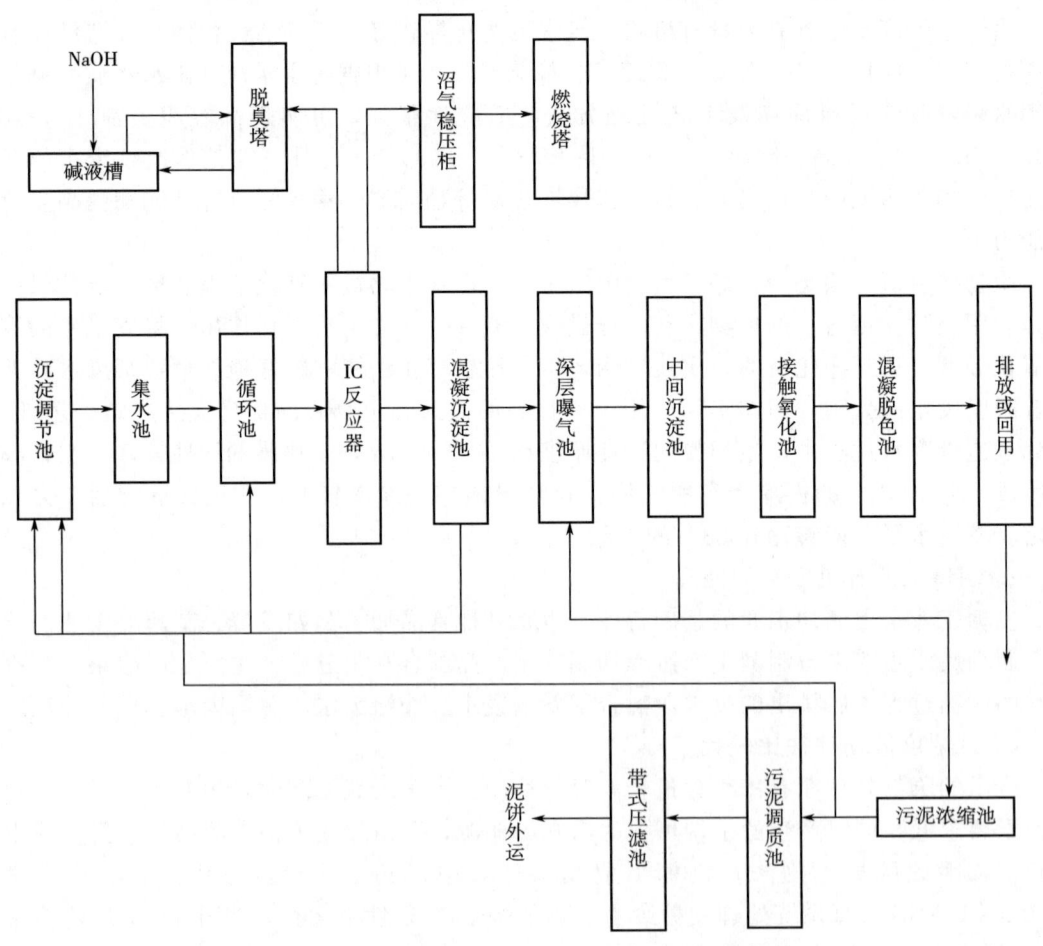

图 15-22　某糖业公司的废水处理工艺流程

思考题

1. BOD、COD 为何意？国家标准要求发酵工业废水排放的 BOD 和 COD 指标是多少？
2. 解释活性污泥法、氧化沟法、吸附生物降解法、生物膜法、生物滤池法、生物转盘法、生物接触氧化法、生物流化床等发酵废水生物好氧处理法的工作原理和特征，并举例说明在白酒、啤酒、柠檬酸、抗生素等产品生产废水处理中的应用。
3. 发酵废水厌氧生物处理的原理和特征如何？
4. 简述升流式厌氧污泥层反应器、厌氧膨胀颗粒污泥床、内循环反应器、厌氧附着膜膨胀床反应器和厌氧流化床反应器、厌氧生物滤泡、两相厌氧消化等生物厌氧处理法的工作原理和在发酵工业废水处理中的应用。

参 考 文 献

[1] 李艳. 发酵工程原理与技术 [M]. 北京：高等教育出版社，2019.
[2] 蒋新龙. 发酵工程 [M]. 杭州：浙江大学出版社，2013.
[3] 刘冬. 发酵工程 [M]. 北京：高等教育出版社，2015.
[4] 李玉英. 发酵工程 [M]. 北京：中国农业大学出版社，2009.
[5] 王凯军. 发酵工业废水处理 [M]. 北京：化学工业出版社，2010.

第十六章 清洁生产

在人类历史的长河中，工业革命标志着人类的进步，给人类带来巨大财富，但同时也在高速消耗着地球上的资源，在向大自然无止境地排放着危害人类健康和破坏生态环境的各种污染物。自20世纪中期，人们开始关注由于工业飞速发展带来的一系列环境问题，世界各国针对工业排出的污染物进行治理，然而末端治理随着工业迅速发展显示出其局限性，不能有效地遏制环境的恶化和根本解决污染问题。人们寻求一种节约资源、能源排污少和经济效益最佳的生产方式，探索一条既落实环境保护基本国策、实施可持续发展战略，又使经济、社会、环境、资源协调发展的新途径。清洁生产的提出给发酵工业的废弃物处理指明一条道路，而发酵工业实现清洁生产很重要的一个方面是生产过程中废弃资源的综合利用。

第一节 清洁生产的概念和理论基础

任务

1. 如何改变企业被动生产的状态？
2. 对企业现有传统工艺进行剖析，请找出物耗、能耗高，污染严重的工序，能否结合技术改造，分期分批解决这些问题，实现公司长久可持续发展？

【案例】

某化工厂建于1958年，目前生产的主要产品有氯碱、苯酚、氯化苯、聚氯乙烯、环己酮、己二酸等，其中氯化苯是该厂的主要产品，对整个氯碱生产，平衡氯气，提高效益起有重要作用，直接关系到全厂整体生产能力的发挥。该厂40年给社会提供了大量的化学原料，对国家经济建设做出了重要贡献。但由于种种原因，主要工艺基本上是五六十年代的水平，工艺较落后，设备也较陈旧、技术呈现老化，致使单位产品物耗、能耗居高不下，物耗、能耗未能尽其用，以废物、废能的形式排入环境，水体中的有机物（COD）、空气中的苯类有害物质均超过国家或地方的排放标准，导致社会公众与企业矛盾十分突出，环境纠纷也时有发生，环境问题已制约了企业生产发展。

【案例分析与讨论】

结合案例与学习资源，共同学习本节课程。

一、清洁生产发展历程

清洁生产从概念从提出到推广应用主要经历了以下三个阶段：第一阶段：1989年5月联合国环境规划署（UNEP）首次提出清洁生产的概念；第二阶段：1990年10月UNEP

正式提出清洁生产计划，希望摆脱传统的末端控制技术，超越废物最小化，使整个工业界走向清洁生产；第三个阶段：1992年6月，UNEP正式将清洁生产定为实现可持续发展的先决条件，并将清洁生产纳入《二十一世纪议程》。

我国清洁生产的主要发展历程：20世纪70年代初，提出了"预防为主，防治结合""综合利用，化害为利"的环境保护方针；20世纪80年代，开始推行少废和无废的清洁生产过程；20世纪90年代提出了《中国环境与发展十大对策》，强调清洁生产的重要性；1993年10月，将大力推行清洁生产、实现经济可持续发展作为实现工业污染防治的重要任务；2003年1月1日，开始实施《中华人民共和国清洁生产促进法》；2004年12月，国家发展和改革委员会、国家环境保护总局联合发布了《清洁生产审核暂行办法》。对全面推行清洁生产发挥重要作用。

二、清洁生产的概念

由联合国环境规划署提出的清洁生产定义，是一种新的创造性思想，该思想将整体预防的环境战略持续应用于生产过程、产品和服务中，以增加生态效率和减少人类及环境的风险。《中华人民共和国清洁生产促进法》中定义的清洁生产，是指不断采取改进设计、使用清洁的能源和原料，采用先进的工艺、技术与设备，改善管理、综合利用，从源头消减污染，提高资源利用效率，减少或者避免生产、服务和产品使用过程中污染物的产生和排放，以减轻或者消除对人类健康和环境的危害。综合以上定义，实行清洁生产包括采用清洁的能源、采用清洁的生产过程、生产清洁的产品和服务三个方面。

(1) 采用清洁的能源 包括采用各种方法改进常规能源利用的洁净度，例如，煤采取清洁利用和城市煤气化供气等；沼气、水等再生能源的利用；新能源及各种节能技术的开发利用。

(2) 采用清洁的生产过程 在生产过程中尽量少用和不用有毒有害的原料；采用清洁的生产工艺和技术，提供能源、资源利用率以及通过能源削减和废物回收利用来减少和降低所有的有毒废物的数量和毒性；尽量减少生产过程中的各种危险性因素，如高温、高压、易燃、易爆等。

(3) 生产清洁的产品和服务 对产品的全生命周期实行全过程管理控制，不仅要考虑产品的生产工艺、生产的操作管理、有毒原材料替代、节约能源，还要考虑产品的配方设计、包装与消费方式，直至废弃后的资源回收利用等环节，并且要将环境因素纳入设计和所提供的服务中，从而实现经济与环境协调发展。

由上述内容可知，清洁生产包含了生产者、消费者、全社会对于生产、服务和消费寄予的希望，它从资源节约和环境保护两方面对工业产品生产开始设计，到产品使用后直至最终处置，给予了全过程的思考和要求。因此，清洁生产可以通俗地表达为：清洁生产是人类在进行生产活动时，所有的出发点都要首先考虑防止和减少产生污染；对产品的全部生产过程和消费过程的每一环节，都要进行统筹考虑和控制，使所有环节都不产生危害环境、威胁人体健康的生产过程。

三、清洁生产的主要内容

清洁生产要求实现可持续的经济发展，即经济发展要考虑自然生态环境的长期承受能力，使环境与资源既能满足经济发展的要求，又能满足人民生活的现实需要，以及后代人的潜在需求；同时，环境保护也要充分考虑到一定经济发展阶段下的经济支持能力，采取积极可行的环境政策，配合与推进经济发展进程。

这种新环境策略要求改变传统的环境管理方式，实行预防污染的政策，从污染后被动治理变为主动进行预防规划，走经济与环境协调可持续发展的道路。

据此，清洁生产应包括如下主要内容：①政策和管理研究；②清洁生产技术研究、开发和示范；③清洁技术转让推广；④企业审计，宣传教育，信息交换。

清洁生产强调的是解决问题的战略。而实现清洁生产的基本保证是清洁生产技术的研究与开发。因此，清洁生产也具有一定的时段性，随着清洁生产技术的不断研究和发展，清洁生产水平也将逐步提高。

根据清洁生产的不同侧重点，形成了清洁生产的多种战略与方法，主要有污染预防、削减有毒物品使用、为保护环境而设计等。

(1) 污染预防 (Pollution Prevention)　　污染预防主要是通过源削减和就地再利用，避免和减少废物的产生和排放。污染预防可降低生产物料、能源的输入强度和废物的排放强度。

源削减的途径主要为：①产品改进，即改变产品的特性，如形状或原材料组成，延长产品的寿命期，使产品更易于维修或产品制造过程的污染排放更小，包装的改变也可看作是产品改进的一部分；②采用替代原材料，在保证产品较长服务期的同时，采用低污染原材料和辅助材料期；③技术革新，工艺自动化，实现生产过程优化，设备重设计和工艺替代；④内部管理优化，废物产生和排放的管理。

原材料的就地再利用是指在企业生活过程中循环利用其本身产品的废弃物或副产品。近年来，污染预防的内涵也在扩展，逐步包括了"资源的多级利用"和"生命周期设计"等一些新的概念。

(2) 削减有毒物品使用 (Toxic Use Reduction，TUR)　　削减有毒物品使用是清洁生产发展初期的主要活动，也是目前清洁生产中很重要的一部分，而且在实践上削减有毒物品使用常常与污染预防很相似。TUR 与污染预防最大的区别在于所关注的原材料的范围不同。TUR 一般以有毒化学品名录为依据和目标，尽可能使用有毒化学品名录以外的化学品，而污染预防的范围则要宽得多。目前，国际上有毒物品名录主要有美国的 33/50 项目，我国列入名录的有 47 项，欧盟也在制定相应的有毒物品名录。

TUR 通常有以下技术：①注重产品配方，重新设计产品，使得产品中的有毒物品尽可能少。②原料替代，用无毒或低毒的原材料替代生产工艺中的有毒或危险品。③改变或重新设计生产工艺单元。④改善工艺，实现现代化。利用新的技术和设备更替现有工艺和设备。⑤改善工艺过程和管理维护，通过改善现有管理和方法高效处理有毒物品。⑥工艺再循环，通过设计，采用一定方法再循环，重新利用和扩展利用有毒物品。

(3) 为保护环境而设计 (Design For Enirnment，DFE)　　为保护环境而设计的核心是在不影响产品性能和寿命的前提下，尽可能体现环境目标。相近的概念有"可持续的产品开发""绿色产品设计"等。

四、清洁生产与末端治理的比较

清洁生产是对产品和生产过程持续运用整体预防的环境保护战略,使污染物产生量、流失量和治理量达到最小,使资源充分利用。而末端治理把环境责任只放在环保研究、管理等人员身上,仅仅把注意力集中在对生产过程中已经产生的污染物的处理上。具体对企业来说,只有环保部门来处理这一问题,所以总是处于一种被动的、消极的地位。侧重末端治理的主要问题表现如下。

(1) 污染控制与生产过程控制没有密切结合,资源和能源不能在生产过程中得到充分利用。任何一个生产过程中排放的污染物实际上都是未完全利用的物料。例如,国外生产农药收率一般为 70%,而我国只有 50%~60%,也就是 1t 产品比国外多排放 100~200kg 的物料,导致严重浪费资源、污染环境。因此,改进生产工艺及控制,提高产品收率,可以大大削减污染物的产生,不但增加了经济效益,也减轻了末端治理的负担。

(2) 污染物产生后再进行处理,处理设施基建投资大,运行费用高。"三废"处理与处置往往只有环境效益而无经济效益,因而给企业带来沉重的经济负担,使企业难以承受。

当然推行清洁生产还需要末端治理,因为工业生产无法完全避免污染的产生,最先进的生产工艺也不能避免产生污染物,用过的产品还必须进行最终处理。因此,虽然清洁生产和末端治理永远长期并存,但要将末端治理的比例降低到最低限度。只有实施生产全过程和治理污染过程的双控制才能保证环保最终目标的实现。清洁生产与末端治理的比较见表 16-1。

表 16-1　　　　　　　　清洁生产与末端治理的比较

比较项目	清洁生产系统	末端治理(不含综合治理)
思考方法	污染物消除在生产过程中	污染物产生后再治理
产生年代	20 世纪 80 年代末期	20 世纪 70~80 年代
控制过程	生产全过程控制,产品生命周期全过程控制比较稳定明显减少	污染物达标排放控制
控制效果	比较稳定	受产污量影响
产污量	明显减少	间接可推动减少
排污量	减少	减少
资源利用率	增加	无明显变化
资源耗用	减少	增加(治理污染消耗)
产品产量	增加	无明显变化
产品成本	降低	增加(治理污染消耗)
经济效益	增加	减少(用于治理污染)
治理污染费用	减少	随排污标准严格,费用增加
污染转移	无	有可能
目标对象	全社会	企业及周边环境

第二节　发酵企业实施清洁生产技术

任务

1. 如何实现发展生产和保护环境的双重目标？
2. 企业在生产成倍增长的情况下，废水排放量、COD 排放总量和排放浓度如何达到国家和地方政府规定的标准，且如何实现下调？
3. 分组讨论，总结清洁生产的具体做法及生态环境效益。

【案例】

安徽种子酒总厂建于1949年，国家大型二档企业，厂区占地面积 40 万 m^2，现有职工 2188 名，其中各类技术人员 300 名。固定资产 8000 万元。年产酒精 2.5 万 t，曲酒 2 万 t，饮料酒 12 万 t。年销售收入 12.2 亿元，利润和纳税 3.2 亿元，为阜阳市经济发展做出重要贡献的同时，也给阜阳市的水环境带来了严重污染。该企业每年排放废水 410 万 t，化学耗氧量（COD）1600 多 t，被列为阜阳市企业污染物排放大户，是污染源的重点控制对象。

【案例分析与讨论】

结合案例与学习资源，共同学习本节课程，最后再以具体实例练习、总结、归纳有关清洁生产相关知识。

一、发酵行业清洁生产的重要性

现代发酵工业以大规模的液体深层发酵为主要特征，一般一家发酵工厂日产发酵液可达几百吨甚至几千吨，而产品在发酵液中含量大都在 10% 以下，许多高价值或大分子产品浓度更低，甚至低于 1%，发酵过程中不可避免地产生了大量有机废液。按常规情况，生产 1t 产品要排放 15～20t 高浓度有机废水（COD 通常在 5×10^4 mg/L 以上），大量的发酵废液如果没有切实可行、经济效益和环境效益俱佳的先进技术进行处理的话，必然给环境造成严重污染。

发酵工业废水污染源主要是高浓度有机废水，如味精生产中的等电结晶母液、酒精生产中的蒸馏废液、柠檬酸发酵液中的废糖水等。这些高浓度有机废水有以下一些共同特点：一是浓度高，COD 通常在 $(4\sim8)\times10^4$ mg/L；二是排放量大，一般在 15～20 m^3/t 产品；三是无毒且富含营养物质，如味精生产中的等电母液 COD 为 $(5\sim8)\times10^4$ mg/L，固形物含量 8%～10%，母液中谷氨酸 1.2%～1.5%、硫酸根 3.5%～4.0%、菌体蛋白 1.0%、铵根 1.0% 以及其他一些氨基酸、有机酸、残糖和无机盐等。若能综合利用，不仅能消除污染，还能获得巨大的经济效益。

大量研究证明，实施清洁生产具有重要的意义：①节约资源，削减污染，降低污染治理设施的建设和运行费用，提高企业经济效益和竞争能力；②将污染物消除在源头和生产过程中，可以有效地解决污染转移问题；③可以挽救一大批因污染严重而濒临关闭的发酵工厂，缓解就业压力和矛盾；④可以从根本上减轻因经济快速发展给环境造成的巨大压力，降低生产和服务活动对环境的破坏，实现经济发展和环境保护取得"双赢"，并为探索和发展"循环经济"奠定良好的基础。

二、发酵过程的清洁生产方法

清洁生产的实施可以从加强内部管理、改进生产工艺、废弃资源的综合利用等方面入手，分步实施，发酵工业的清洁生产也是如此。

1. 强化内部管理

在实施过程中强化内部管理十分重要，对生产过程、原料储存、设备维修及废物处置的各个环节都可以强化管理，这是一种花钱少，容易实施的做法。

（1）物料装卸、贮存与库存管理　检查评估原料、中间体、产品及废物的贮存和转运设施，采用适当程序可以避免化学品泄漏、火灾、爆炸和废物的产生。这些程序包括：

①对使用各种运输工具（铲车、拖车、运输机械等）的操作工人进行培训，使他们了解器械的性能和操作方式；

②在每排贮料之间留有适当、清晰空间，以便直观检查其腐蚀和泄漏情况，且防止交叉污染或者万一泄漏时发生化学反应；

③包装袋和容器的堆积应尽量减少翻裂、撕裂、戳破和破裂的机会；

④料桶应抬离地面，防止由于泄漏或混凝土"出汗"引起腐蚀；

⑤除转移物料时，容器应保持密闭状态。

实施库存管理，适当控制原材料，中间产品、成品的控制及相关的废物流通已被工业部门看成是重要的废物削减手段。在很多情况下，废物就是过期的、不合规划的、污染了的或不需要的原料，以及泄漏残渣或损坏的制成品；这些废料的处置费用不仅包括实际处置费，而且包括原料或产品损失，这会给任何公司都造成很大的经济负担。

控制库存的方法可以从简单改变订货程序直到实施及时制造技术，这些技术的大部分都为企业所熟悉。但是，人们尚未认识到这些都是非常有用的废物削减技术。许多公司通过压缩现行的库存控制计划，帮助削减废物的生产量，这种方法将显著影响到三种主要的由于库存控制不当产生的废物源，即过量的、过期的和不再使用的原材料，如配制培养基所用的豆饼粉、麸皮、土豆等都易随着库存时间的延长而变质。

在许多生产装置中，一个容易被忽视的地方是物料控制，包括原料、产品和工艺废物的贮存及其在工艺和装置附近的输送。适当的物料控制程序将确保原料不会泄漏或受到污染后进入生产流程中，以保证原料在生产过程中有效使用，防止残次品及废物的产生。

（2）改进操作方式，合理安排操作次序　不同生产方式对废物的产生有重要影响，如批量生产的量以及生产周期可显著影响废物产生量。设备清流产生的废物与清洗次数直接相关，要减少设备清洗次数，应尽量保证每批都生产相同的产品或加大每批配料的数量，避免相邻两批配料之间的清洗。这种办法可能需要调整和安排生产操作次序和计划，确保清洁生产。

（3）改进设备设计和维护，预防泄漏的发生　化学品的泄漏会生产废物，冲洗和抹布擦抹都会额外生产废物，减少泄漏的最好办法是预防其发生，即改进设备的设计和制订操作维护预防泄漏计划。

预防泄漏计划的内容主要有：

①在装置设计时和试车以后进行危险性评价研究，以便对操作和设备设计提出改进意见，减少泄漏的可能性；

②对容器、贮罐（槽）、泵、压缩机和工艺设备以及管线适当进行设计并保持经常性维护保养；

③在贮槽上安装溢流报警器和自动停泵装置，定期检查溢流报警器；

④保持贮罐（槽）和容器外形完好无损；

⑤对现有装料、卸料和运输作业制定安全操作规程；

⑥安装联锁装置，阻止物料流向已装满的贮罐（槽）或发生泄漏的装置。

2. 工艺技术改革与创新

改革现有工艺技术是实现清洁生产的最有效方法之一，通过工艺改革可以预防废物产生，增加产品产量和收率，提高产品质量，减少原材料和能源消耗，但是工艺技术改革通常比强化内部管理需要投入更多的人力和资金，因而实施起来时间较长，通常只有在加强内部管理之后才进行研究。

工艺技术改革主要可采取以下四种方式：改变原料、改进工艺设备、改造生产工艺流程以及优化工艺控制过程。

(1) 改变原料　原料改变包括：①原材料替代（指用无毒或低毒原材料代替有毒原材料）；②原料提纯净化（即采用精料政策，使用高纯物料代替粗料）。

例如，某柠檬酸生产厂最初的原料主要是山芋干，存在带渣发酵且杂质多、收率低、污染大等问题。通过对国内外柠檬酸生产工艺、设备、自动化控制、投资额等各项指标进行深入细致的比较分析，结合企业实际，选准以新原料进行生物发酵作为柠檬酸工艺优化的重大课题为突破口，全力以赴进行攻关。当该企业完成了以玉米粉直接发酵生产柠檬酸的工业化试验，打破了国内外长期认为玉米粉不能直接发酵生产柠檬酸的结论，使柠檬酸发酵水平实现了一次新的突破，并掀起了柠檬酸技术革命。玉米粉直接发酵生产柠檬酸技术在生产中应用，很快显示出极高的经济效益。企业生产能力在原设备的基础上提高了30%，产品质量大幅度提高，节能降耗，单位成本可降低 1000 元/t，并且含糖废水 COD 降低 50%。

(2) 改进工艺设备　改进工艺设备就是通过工艺设备改造或重新设计生产设备来提高生产效率，减少废物量。例如，对于柠檬酸生产的下游工艺，柠檬酸发酵企业采取合作、引进技术和设备的方式，进行消化、融汇、再创新，采用了分离提取技术领域的膜分离、色谱分离、分子蒸馏等先进技术，并在生产实践中取得很大突破。同样，在 L-乳酸生产中，应用先进的微滤和纳滤技术以及分子蒸馏技术等；在酒精生产中，采用联产系列酵母及汽化膜浓缩技术；在赖氨酸生产中，应用纳滤与 ISEP 连续离子交换技术等；在谷氨酸生产中，应用低温一次连续等电结晶和副产品农用硫酸钾及氮、磷、钾三元复合肥技术等，使生产过程中酸、碱用量大为减少，生产成本大为降低，环保治理难度得到很好的控制。

(3) 改造生产工艺流程　改造生产工艺流程，减少废物生产是指开发和采用低废和无废生产工艺来替代落后的老工艺，提高反应收率和原料利用率，消除或减少废物。

如由无锡轻工大学（今江南大学前身）生物工程学院发明的味精清洁生产工艺，当时

(1997年) 在青岛味精厂通过了部级鉴定。鉴定结论为工艺路线国内首创，技术指标国际领先，获得了经济效益、环境效益和社会效益的三同步。该工艺流程如图 16-1 所示。

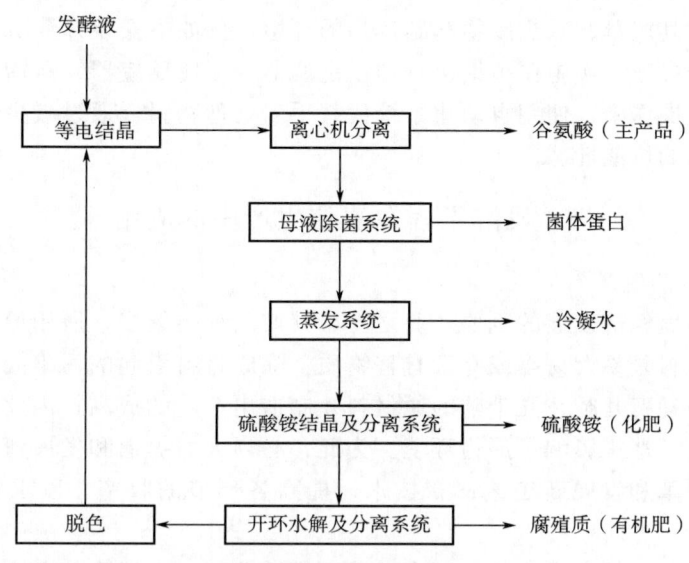

图 16-1　味精清洁生产工艺流程

发酵液以批次的方式进入闭路循环圈，先经等电结晶和晶体分离，获得主产品谷氨酸，母液去除菌体后，得到菌体蛋白（饲料蛋白），除去菌体后的清母液浓缩后，得到的冷凝水排出闭路循环圈；浓缩母液经过脱盐操作，获得硫酸铵（化肥）；硫酸铵结晶母液进行焦谷氨酸开环操作和过滤，滤渣（高品位有机肥）排出闭路循环圈；最终得到的富含谷氨酸的酸性脱水液替代硫酸，调节下一批次发酵液等电结晶，物料主体构成闭路循环。依此类推，周而复始。

进入主体循环圈有发酵液、硫酸铵等；离开主体循环圈的是谷氨酸（主产品）、谷氨酸发酵菌体（高蛋白饲料）、硫酸铵（化肥）、腐殖质（高品位有机肥）和蒸汽冷凝水，经过 4 次循环后，闭路循环圈内操作点的物料即可达到平衡或接近平衡，保持各操作点的操作在平衡点进行可无限循环。与老工艺相比有以下优点：

①革除离子交换工艺，没有离子交换成本；
②改冷冻结晶为常温结晶，节约大量的冷冻电耗；
③因为采用闭路循环工艺，除了副产品中夹带少量目标产物外，没有其他损失，故产品收得率很高，谷氨酸提取得率高达 95％ 以上；
④实现物料主体闭路循环，无对环境造成很大污染的母液排除，达到经济、环境和社会效益的三者统一；
⑤冷凝水（60℃）可循环作为工艺用水，实现废水零排放。

经青岛味精厂预测，该技术在青岛味精厂工业化后，除根治味精工业废水污染外，当时年增经济效益 600 万～800 万元人民币。

（4）优化工艺过程控制　在不改变生产工艺或设备条件下，进行操作参数的调整，优化操作条件通常是最容易而且经济的减废方法。

大多数工艺设备都是使用最佳工艺参数（如温度、压力和加料量）设计，以获得最高的生产效率为目的，因而在最佳工艺参数下操作避免生产控制条件波动和非正常停产可大大减少废物量。如果采用自动控制系统监测调节工作操作参数，维持最佳反应条件，加强工艺控制，可增加其产量、减少废物和副产物的产生。例如，安装计算机控制系统监测和自动复原工艺操作参数，实施模拟结合自动设定调节，可使反应器、蒸馏塔及其他单元操作最佳化。在间歇操作中，使用自动化系统代替手工处理物料，通过减少操作失误，降低了产生废物及泄漏的可能性。

三、发酵工程在清洁生产中的应用

1. 医药工业清洁生产

制药工业是国民经济发展的重要产业之一，其产品种类繁多，所用原材料繁杂。而且有相当一部分原材料是易燃易爆或有毒有害物质，除原材料引起的污染问题外，其工艺环节收益不高。往往耗费几吨、几十吨的原材料才制造出一吨的成品，因此造成的废液、废气、废渣量相当大，严重影响了周边环境。为此，必须大力提倡和发展清洁生产，强化原辅材料的替代，改革和发展新工艺、新技术。提高各环节的收率，以求将污染排放降至最低。

（1）清洁生产在黄姜生产中的应用　黄姜（盾叶薯蓣）中提取的皂素可用于生产肾上腺皮质激素、性激素和蛋白通化激素三大类1000多种甾体激素药物，市场需求巨大。然而，黄姜皂素企业的污染问题一直是黄姜产业发展的瓶颈。据报道，现开发了一种利用微生物技术清洁生产黄姜皂素新工艺，即通过选育的系列微生物菌株发酵处理黄姜粉碎后的浆液，能将黄姜皂苷与其他组分彻底分开；通过进一步富集得到浓缩的黄姜皂苷溶液；浓缩的黄姜皂苷溶液经产糖苷酶微生物菌株发酵可将皂苷水解成皂素；再通过少量有机溶剂提取就能得到黄姜皂素产品。该新技术具有黄姜皂素收率高、生产过程水用量少、废水量少且污染程度低等显著优点，而且该新技术还具有效率高、成本低、黄姜淀粉利用充分等特点。微生物技术清洁生产黄姜皂素新工艺流程如图 16-2 所示。

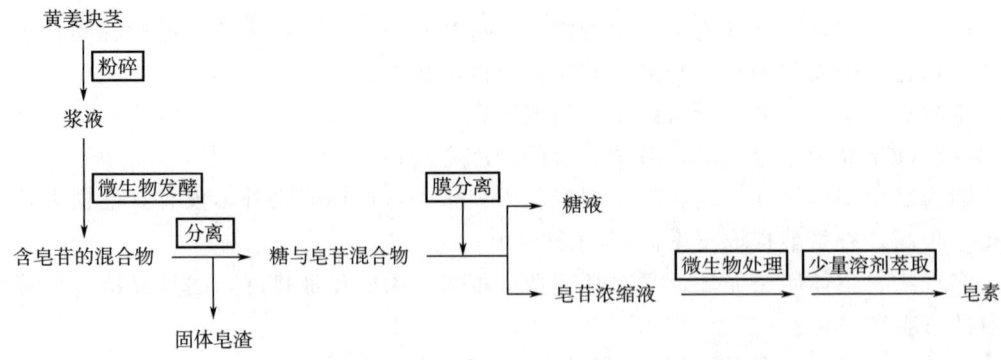

图 16-2　微生物技术清洁生产黄姜皂素新工艺流程

该新技术大大降低了废水 COD、BOD、总氮、总磷等各项指标，因此显著减少了酸、水用量及后续有机溶剂用量，并且新工艺产生的综合废水量和污染程度大大降低、后续只需通过相对简单的环境处理手段即可达到黄姜皂素行业废水排放指标。

（2）清洁生产在抗生素生产中的应用　抗生素生产的主要原料为玉米浆、葡萄糖、豆粕粉等，经过微生物菌种发酵生产各种抗生素，然后经固液分离、滤液提纯分离得到抗生素，滤渣一般采用掩埋或排入下水道进行处理，这不仅严重污染环境，还占用了大量的土地资源，同时还浪费了宝贵的资源。由于抗生素生产的主要原料均为农副产品，因此药渣及处理污水后的活性污泥都含有较高的蛋白质，可以用来生产高效有机肥料和饲料添加剂。

在末端治理中的废水生物处理之前，可运用清洁生产的理念，对微生物制药生产菌种利用基因工程技术进行改造，研究微生物药物的生物合成和调控机制、发酵工艺和过程优化，以提高微生物发展技术和效率。

2. 食品工业清洁生产

近年来食品工业企业越来越认识到发展循环经济和清洁生产的重要性和必要性，不但加大了对生产过程中产生的废水、废渣和废气的治理，同时也在提高原料转化率、副产品的综合利用率方面做出了很大努力。

采用谷氨酸温度敏感菌种进行发酵，是目前国际谷氨酸发酵的主流。温度敏感突变株的突变位置是在与谷氨酸分泌密切相关的细胞膜结构基因上发生了碱基的转换或置换，使该基因所指导的酶在高温下失活，导致细胞膜某些结构的改变。当控制培养温度为最适温度时，菌体正常生长；当温度提高到一定程度时，菌体停止生长而大量产酸。谷氨酸温度敏感菌种发酵性能稳定，发酵周期短，设备利用率高，当生物素过量时，可以强化CO_2固定反应，提高糖酸转化率，而且菌株能够利用粗制原料（粗玉米糖、糖蜜等）发酵生产谷氨酸。该技术不仅可降低味精生产过程中的粮耗和能耗，并可通过提高菌种产酸率和糖酸转化率达到降低水耗（产酸率可达到17%～18%，糖酸转化率可达到65%～68%，发酵周期为32h），间接减少COD产生，其吨产品玉米消耗可降低19%以上，能耗可降低10%，COD产生量减少10%。

谷氨酸发酵理论糖酸转化率为81.7%，扣除菌体合成和副产物生成等转化率又降低5%左右，但目前国内谷氨酸发酵的平均糖酸转化率仅为60%左右。研究表明，发酵过程中过多的菌体呼吸作用产生的CO_2，是造成碳源损失的主要原因。实验表明，磷酸烯醇式丙酮酸羧化酶和丙酮酸羧化酶的高活性可以促使氨基酸合成前体物草酰乙酸大量合成，有利于将中心代谢途径的代谢流更多地导入相应氨基酸合成途径。因此，由羧化酶催化的CO_2固定反应符合氨基酸发酵低碳化的发展方向。据测算，若氨基酸生产菌的CO_2固定反应增强50%，氨基酸产酸量可提高10%以上，糖酸转化率提高2%以上，发酵过程直接排放的CO_2总量减少10%。

3. 轻工业清洁生产

（1）清洁生产在苎麻脱胶中的应用　苎麻韧皮纤维胶质主要由果胶、半纤维素等多种成分构成，欲获得高质量苎麻纤维产品，需要通过适当的脱胶工艺处理苎麻以达到符合国标要求的产品。

目前建立了一种使用微生物高效脱胶的技术，通过以苎麻韧皮纤维胶质成分作为碳源，构建定向筛选野生和诱变的菌株，获得优势脱胶菌株，利用此菌株处理苎麻。相比传统化学脱胶，苎麻原位生物脱胶技术使整个脱胶过程完全不用酸，且碱和水的用量大幅度降低，通过分析不同脱胶工段的废水量及其性质，建立了各个脱胶工段废水的分段处理与循环利用方法，确定废水处理后可循环利用的批次，进一步降低新工艺所产生的废水总量及其处理难度，以达到苎麻脱胶的清洁生产。原位脱胶废水分段处理与循环利用具体流程见图 16-3。

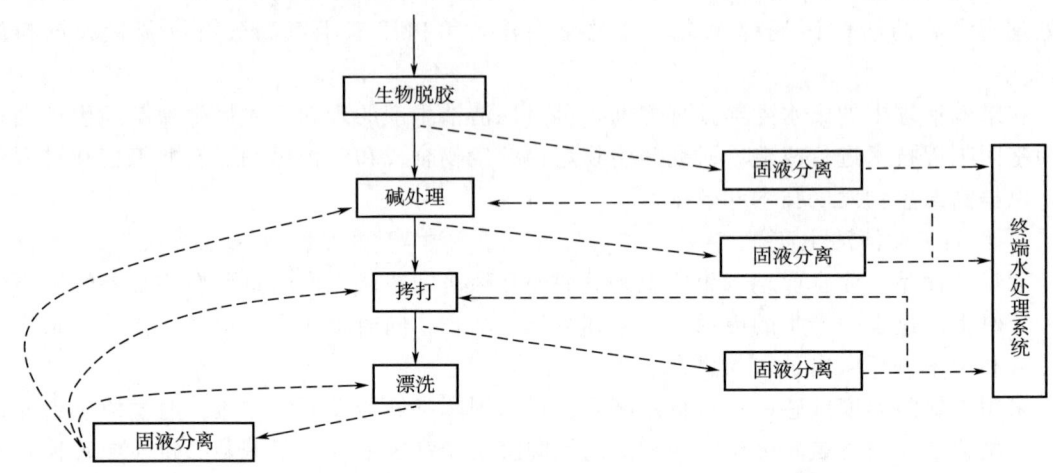

图 16-3　原位脱胶废水分段处理与循环利用具体流程

废水分段处理与循环利用具体策略可简略概述为：针对苎麻韧皮纤维原位微生物法生产过程各步骤废水污染程度不同进行分段处理，其中生物脱胶步骤的脱胶废水因整体污染较小可通过板框过滤或微滤膜过滤等固液分离方法处理后，将液体直接排入终端水处理装置；碱处理步骤和拷打步骤的废水可在经固液分离循环回用一定次数，然后在经过固液分离后排至终端；漂洗步骤的废水因量大且 BOD、COD 都相对偏小，不就可以循环回收利用，还可以套用到拷打步骤或碱处理步骤。通过上述分段处理及回用或套用策略的实施，可以实现总废水量的显著减少以及排至终端水处理装置的废水处理难度根本性降低，进而实现高品质微生物脱胶苎麻精干麻的清洁生产、节能减排。

(2) 清洁生产在造纸工业中的应用　现代造纸工业的发展给环境带来了很大的危害，目前我国制浆造纸工业污水排放量约占全国污水排放总量的 10%～12%，造纸工业已成为我国污染环境的主要行业之一，所以降低造纸工业的污染十分紧迫。在造纸工业的传统末端处理中，对废水的处理只是一个治标不治本的措施，大力推进清洁生产工艺技术，从源头防止和减少污染物产生才是必由之路。随着生物技术的发展，将发酵工程技术用于造纸工业的清洁生产以降低污染具有十分重要的意义。

生物制浆是直接利用微生物降解纤维原料中的木素，解离出纤维，使之成为纸浆。该过程是环境友好型，可降低能耗和化学品用量，因此将生物技术应用于制浆造纸过程有利于克服化学法所存在的缺点（高化学品消耗及高污染负荷），从而降低纤维原料用量和废水污染负荷。研究表明，在机械磨浆前利用真菌处理木片，与传统的木片磨木浆（RMP）法比较可节约 25%～50% 的电能。

纤维素酶和半纤维素酶一般应用于机械制浆，很少用于化学制浆。机械制浆有较高得率、较好的光学性能。然而机械制浆生产的纸浆强度较化学制浆低，通常机械制浆只能使用木纤维为原料，制成的浆料中含有大量的细小纤维、纤维束和纤维碎片，尽管这些机械浆纤维可以用来造纸，但还是有很大的局限性，同时机械浆的一个主要缺点就是高能耗。为了克服这些缺点，以往在机械制浆前加化学预处理，以除去或改变一部分木素结构，改善纸浆强度，但该法降低了纸浆的得率，损害了纸浆的光学特性，且废水的排放量和污染负荷增加。目前，采用生物机械制浆技术，即在制浆过程中使用纤维素酶和半纤维素酶进行处理，该技术结合了机械法制浆和化学机械法制浆的优点，克服了两者的缺点。生物机械制浆除了可以增加纸浆的强度性能外，还能显著降低机械磨浆时的能耗。

（3）清洁生产在甲壳素生产中的应用　现行的甲壳素生产方法为传统的酸碱法，即用盐酸脱除矿物质，用氢氧化钠脱除蛋白质、油脂和色素，这一生产方式会产生一定的副产物。据报道每生产1t甲壳素，产生废水400～1000t，每年向环境排放废水200万～500万t，这种废水非常难处理，严重污染周边环境。利用微生物生长产生的酸脱去虾壳中的矿物质（脱钙）来进行甲壳素的生产，基本上不产生污染，同时可大量降低生产用水，与传统的酸碱法相比，具有显著的优势。

4. 重工业清洁生产

（1）清洁生产在选矿过程中的应用　选矿是用物理分离方法如浮选、磁选、重选、电选等从矿石中回收有价矿物的一种技术，常用的有浮选法。传统的浮选法是利用矿物表面物理化学性质的差异来分选矿石的一种方法，过程中使用化学药剂对矿物进行预处理，这样势必会在后续的工艺中残留化学药剂。使用生物浮选技术，即将微生物技术与传统的浮选工艺结合起来处理各种难选矿石，微生物外膜上的某些特殊基因可选择性地吸附在矿物表面，使矿物表面物理化学性质发生改变，利用此特性实现矿物之间的分离。选矿过程使用细菌或者其代谢产物替代传统的化学选矿药剂，减少了选矿废水中的有机、无机浮选药剂含量，降低了环境污染，达到了清洁生产的目的。

（2）清洁生产在煤炭脱硫中的应用　煤炭脱硫可分为物理法和微生物法两类，物理法如浮选法脱硫等虽然成本较低，但排出的硫废渣中灰分高、精煤产率低、能量损失大；而微生物法具有脱硫反应条件温和、成本低、能耗省、煤损耗较小等优点。

微生物脱硫就是把煤粉悬浮在含细菌的气泡中，细菌产生的酶促使硫氧化为硫酸盐，从而达到了脱硫的目的。用于脱除煤中硫化物的微生物种类较多，但主要的种类是氧化亚铁硫杆菌（$T.\ Ferrooxidans$）和氧化硫杆菌（$T.\ Thiooxidans$）。氧化亚铁硫杆菌是一种典型的化能自养型细菌，它除能利用一种或多种还原态和部分还原态的硫化物作为能源外，还具有通过氧化Fe^{2+}和Fe^{3+}及不溶性金属硫化物获得能量的能力。据研究报道，利用微生物脱硫，黄铁矿的硫去除率可达90%，有机硫的去除率约40%。

5. 发酵工业清洁生产实例

一个年产量为5万t的啤酒厂一年所产生的废酵母泥约1000t。随着啤酒产量的提高，废酵母排放量也增加。许多啤酒厂将废酵母排掉或作为饲料，不但污染了环境，也造成了资源浪费。啤酒废酵母中含有丰富的蛋白质、维生素、矿物质等多种营养成分，而且蛋白质中含有大量的人和家畜必需的氨基酸，因此，啤酒废酵母粉作为人类食品和家畜饲料添加剂都具有很高的营养价值。啤酒废酵母生产饲料酵母粉工艺流程主要为：啤酒废酵母→贮存→成浆→泵送→干燥→粉碎→产品→装袋。

用啤酒废酵母制取超鲜调味剂为啤酒酵母泥的综合利用开辟了新的途径。传统工艺用豆粕酿造酱油产品中只含有十几种氨基酸，而用啤酒废酵母泥作为原料研制出的酱油可含有 30 多种氨基酸和维生素。该技术采用生物技术，结合物理方法使酵母细胞壁破裂，将酵母菌中含有的蛋白质、核酸水解转化为氨基酸和呈味核苷酸，然后提取水解产物制成富含多种氨基酸、呈味核苷酸和 B 族维生素等物质，营养丰富，色香味俱佳的调味酱油。其生产工艺流程为：酵母泥→洗涤→水解反应→一次灭菌→半成品→二次灭菌→成品→化验指标→包装→检验→入库。

该技术的利用使废酵母的 COD 去除率大于 85%，有机氨去除率大于 85%，1t 酵母泥可产 3t 酱油，不仅具有可观的经济效益，而且回收了啤酒酵母泥资源，其环境效益和社会效益也相当可观。

对工业生产废渣的综合利用方法还有很多种，还可以利用现代先进的生物加工技术，从发酵工业生产废渣中提取高附加值产品。随着生物技术的发展，对发酵工业废渣、废液的综合利用会更好，处理会更彻底，产生更高的经济效益、环境效益和社会效益。

发酵工业清洁生产技术的研发工作目前尚属起步阶段，其生命力已开始显现，随着研究和应用的展开，结合必要的末端治理技术，人类将最终实现生产和环境协调发展的美好愿望。

思考题

1. 何为清洁生产？清洁生产的概念是什么时候由谁提出的？
2. 请说明清洁生产的内容和意义。
3. 清洁生产技术的特点和关键是什么？
4. 企业实行清洁生产的程序怎样？
5. 举例说明我国实行清洁生产的情况。

参 考 文 献

[1] 李艳. 发酵工程原理与技术 [M]. 北京：高等教育出版社，2019.
[2] 蒋新龙. 发酵工程 [M]. 杭州：浙江大学出版社，2013.
[3] 奚旦立. 清洁生产与循环经济 [M]. 北京：化学工业出版社，2014.
[4] 雷兆武. 清洁生产及应用 [M]. 北京：化学工业出版社，2013.
[5] 曲向荣. 清洁生产 [M]. 北京：机械工业出版社，2012.